哲学教育丛书

中国传统伦理思想史

第五版

朱贻庭 ◎ 主编

华东师范大学出版社
·上海·

图书在版编目（CIP）数据

中国传统伦理思想史/朱贻庭主编. —5版. —上海：华东师范大学出版社，2021
（哲学教育丛书）
ISBN 978-7-5760-1536-2
Ⅰ.①中… Ⅱ.①朱… Ⅲ.①伦理学－思想史－中国－古代 Ⅳ.①B82-092
中国版本图书馆CIP数据核字（2021）第051019号

中国传统伦理思想史（第五版）

主　　编　朱贻庭
责任编辑　朱华华
特约审读　朱佳莉
责任校对　刘伟敏　时东明
封面设计　卢晓红

出版发行　华东师范大学出版社
社　　址　上海市中山北路3663号　邮　编　200062
网　　址　www.ecnupress.com.cn
电　　话　021-60821666　行政传真　021-62572105
客服电话　021-62865537　门市（邮购）电话　021-62869887
地　　址　上海市中山北路3663号华东师范大学校内先锋路口
网　　店　http://hdsdcbs.tmall.com/

印　刷　者　上海昌鑫龙印务有限公司
开　　本　787×1092　16开
印　　张　33.75
字　　数　547千字
版　　次　2021年11月第1版
印　　次　2021年11月第1次
书　　号　ISBN 978-7-5760-1536-2
定　　价　89.00元

出 版 人　王　焰

（如发现本版图书有印订质量问题，请寄回本社客服中心调换或电话021-62865537联系）

顾问 张岱年

主编 朱贻庭

撰稿 朱贻庭　张善城
　　　　翁金墩　江万秀

丛书序

这是一个英雄的时代,一个过渡的时代,一个需要哲学也必定会产生哲学的时代,一个召唤哲学教育应运而起的时代。哲学者何?爱智慧是也。过渡者何?转识成智,从"知识就是力量"的现代转向"智慧才有力量"的当代是也。英雄者何?怀抱人类最高的希望,直面人类最根本的困境和有限性,在虚无和不确定中投身生生不息的大化洪流是也。

自有哲学以来,它便与教育有着不解之缘。哲学史上的大哲学家往往也是大教育家,如孔子、苏格拉底,如王阳明,如雅斯贝尔斯,如杜威。我们身处一个前所未有的新时代。在这样一个时代,哲学教育的重要性亦是前所未有。在这个时代,科学技术迅猛发展,既带给我们无穷的想象空间,又让我们真切感受到大地与天空的承载包容极限,感受到人与自然的相处之道亟待改善。在这个时代,世界文明新旧交替,它既是波谲云诡的,又是波澜壮阔的,人与人、群与群、国与国的相处之道亟待改善。一言以蔽之,社会生活的彻底变革逼迫我们做出哲学的追问:我们关于人与世界的基本观念和理想需要进行哪些调整?易言之,我们需要在基本观念和理想层面反思现代性,开创出与新的时代相匹配的当代哲学。然而,基本观念和理想的"调整"显然不能局限于理论层面,它必然要求从理论走向实践:通过教育调整人们的基本观念和理想,进而通过人的改变实现社会的改变。在这里,哲学、教育和社会改造携手并进。此套"哲学教育"丛书,其立意正在于此。

华东师范大学以教育为本,自立校以来便追求"智慧的创获,品性的陶熔,民族与社会的发展"。华东师范大学以哲学强校,其哲学系自创立以来便追寻智慧。哲学学科奠基人冯契先生早年从智慧问题开始哲学探索,晚年复以"智慧"名其说,作《认识世界和认识自己》等三篇,以"理论"为体,以"方法""德性"为翼,一体两翼,化理论为方法,化理论为德性,最终关切如何通过转识成智的飞跃获得关于性与天道的认识以养成自由人格。理想人格或自由人格如何培养,既是一个哲学理论问题,也是一个哲学教育实践问题。在几代人探索育人的过程中,"化理论为方法,化理论为德性"逐渐成为华东师范大学哲学学人自觉的教育原则:在师生共同探究哲学理论的过程中,学习像哲学家那样思想(化理论为方法),涵养平民化的自由人格(化理论为德性)。我们深信,贯彻这样的哲学教育原则,有助于智慧的创获,理想人格的培养,以及中国和世界文明的发展。

是为序。

华东师范大学哲学系
2021年,岁在辛丑

目录

张岱年先生给主编的信(摘录)   1

冯契先生序   1

第四版主编序   1

绪论   1

第一章 中国传统(古代)伦理思想的诞生   21

第一节 西周伦理思想的产生与殷周之际的社会变革   23

第二节 西周"有孝有德"的伦理思想   27

    一、以"孝"为主的宗法道德规范   27

    二、"修德配命"和对道德作用的自觉   31

    三、"敬德保民"的"德治主义"雏形   33

第二章 春秋战国时期的伦理思想   39

第一节 春秋战国时期的社会变革及其伦理思想特点   41

第二节 春秋时期伦理思想的新旧更替   44

    一、宗法道德规范的衍化和发展   44

二、"德"概念的发展和对道德作用的不同认识　　49

三、"义利之辨"的发端　　52

第三节　孔子的"仁学"伦理思想　　55

一、"爱人"——"忠恕"的"仁爱"原则　　56

二、"仁""礼"统一——有序和谐的社会伦理模式　　61

三、"仁""智"统一、"仁者安仁"的理想人格　　65

四、学、思结合的修养方法　　70

第四节　墨子的"兼爱"说和功利主义思想　　74

一、与"交别"对立的"兼爱"原则　　75

二、贵义、尚利的功利主义　　79

三、"合其志功而观"的道德评价原则　　82

第五节　《老子》的"无为"道德观　　84

一、"道常无为"及其伦理学意义　　85

二、"大道废,有仁义"的道德蜕化论　　86

三、"复归于朴"的道德理想　　90

四、"无为"作为一种处世之方　　92

第六节　杨朱和杨朱学派的"贵己"、"重生"说　　95

一、"贵己"、"重生"的人生理想　　95

二、"重生"和"全生之道"　　98

三、"贵己"、"重生"的思想实质和历史意义　　99

第七节　孟子的仁义之道和性善论　　102

一、"人伦"说与"仁义"之道　　103

二、以仁政"得民心"的道德作用论　　108

三、"去利怀义"的义利观和道德价值观　　111

四、"性善论"和道德本原说　　113

五、存心养性、反身内省的道德修养论　　116

第八节　庄子的人生论和自由观　　120

一、愤懑世俗桎梏人生的批判精神　　122
　　　二、"逍遥游"——超世"游心"的自由意境　　124
　　　三、顺世安命的处世方法　　131
　　　四、所谓"庄子精神"　　136

　第九节　后期墨家对墨子伦理思想的发展　　137
　　　一、对墨子"兼爱"说的发展　　138
　　　二、对墨子功利主义思想的发展　　140
　　　三、对墨子志、功统一观的发展　　143

　第十节　荀子的性恶论和礼义学说　　145
　　　一、"性恶论"和"性伪之分"说　　145
　　　二、"礼论"、"义分则和"——论"礼义"的起源和道德作用　　149
　　　三、"以义制利"和"荣辱之分"的义利观及道德价值观　　154
　　　四、"化性起伪"、"积善成德"的道德修养论　　158

　第十一节　《中庸》、《易传》、《大学》、《礼运》、《孝经》的伦理思想　　164
　　　一、《中庸》论"中庸"和"诚"　　165
　　　二、《易传》的"天道"与"人道"合一的"宇宙伦理模式"　　170
　　　三、《大学》的"大学之道"　　174
　　　四、《礼运》的"大同"、"小康"说　　178
　　　五、《孝经》论"孝"道　　180

　第十二节　韩非的"自为"人性论和以法代德的非道德主义思想　　183
　　　一、人皆"自为"、人各"利异"的人性论　　184
　　　二、以法代德、"不务德而务法"的非道德主义　　187
　　　三、公私相背、去私行公的公私观　　194

第三章　两汉时期的伦理思想　　197

　第一节　独尊儒术和两汉伦理思想的特点　　199

第二节　董仲舒的"天人合一"论与神学伦理思想　　　　204
　　一、"天人合类"与"道之大原"　　　　205
　　二、道德宿命论与"经"、"权"之说　　　　208
　　三、"三纲五常"——封建伦理纲常体系的建立　　　　210
　　四、人性论与"成性"、"防欲"的教化思想　　　　213
　　五、义利"两养"与"正义不谋利"的义利观　　　　218

第三节　王充的性、命论和对道德神化的否定　　　　220
　　一、对道德神化的否定　　　　221
　　二、"禀气"成性和人性"异化"　　　　223
　　三、驳"福善祸淫"及"性与命异"说　　　　227

第四章　魏晋时期的伦理思想　　　　233

第一节　名教危机与"玄学"伦理思想的产生及其特点　　　　235

第二节　王弼对"名教"的玄学论证　　　　241
　　一、"名教本于自然"的道德本体论　　　　241
　　二、有性有情、以性统情的人性论　　　　245
　　三、"慎终除微"的"自保"之术　　　　247

第三节　嵇康"越名教而任自然"的伦理思想　　　　248
　　一、"越名教而任自然"　　　　249
　　二、"意足"为乐的人生理想　　　　251

第四节　《列子·杨朱》篇的享乐主义人生观　　　　254
　　一、生当行乐的人生理想　　　　254
　　二、纵欲主义的"养生"论　　　　255

第五节　裴頠的"崇有论"及其对"贵无论"伦理思想的批判　　　　257
　　一、"理既有之众,非无为之所能循"　　　　258
　　二、对纵欲主义养生论的批判　　　　259

第六节　郭象"名教即自然"的伦理思想　261
　　一、名教即"天理自然"　262
　　二、"性各有分"、"各安其分"的性命说和人生论　264

第五章　南北朝隋唐时期的伦理思想　267

第一节　佛、道两教的兴盛及儒、佛、道伦理思想的斗争与合流　269
第二节　道教的教义与戒律　273
　　一、道教的产生和衍变　274
　　二、《太平经》中反映的早期道教的道德观念　276
　　三、以葛洪为代表的道教的教义与戒律　277
第三节　《颜氏家训》的家庭道德教育思想　280
　　一、家教的重要性　281
　　二、家教的方法　282
第四节　佛教的宗教伦理思想（一）
　　　　——宗教善恶观和善恶轮回报应说　285
　　一、宗教善恶观　285
　　二、善恶轮回报应说　290
第五节　佛教的宗教伦理思想（二）
　　　　——"佛性"说和宗教人生观　292
　　一、"佛性"说　292
　　二、出世主义的宗教人生观　295
　　三、禅宗的"见性成佛"修行说和"佛性本有"的众生平等观　300
第六节　韩愈以儒排佛的"道统"论和"性三品"说　303
　　一、"抵排异端，攘斥佛老"　304
　　二、以儒排佛的"道统"论　305
　　三、性情论和"性三品"说　308

第七节　李翱的"性善情恶"论和"复性"成圣之道　　310

一、"性善情恶"的人性论　　310

二、"灭情复性"——超凡入圣之道　　312

第六章　宋至明中叶时期的伦理思想　　315

第一节　"理学"的兴起与宋明(中叶)时期伦理思想的特点　　317

第二节　宋代功利主义思潮的始倡

——李觏的伦理思想　　322

一、人性论及其内在矛盾　　323

二、《礼论》中的道德观　　325

三、"利欲可言"、"循公不私"的功利主义思想　　327

第三节　理学伦理思想的开创

——周敦颐的"诚本"论和"主静"说　　329

一、"以诚为本"的道德本体论　　330

二、以"中正仁义"为"人极"的道德标准　　332

三、"无欲"、"主静"的道德修养论　　333

第四节　王安石的人性论及其伦理思想　　334

一、"性情一"的人性论和善恶由"习"的道德观　　335

二、以仁义为"道德"及其功利主义新义　　338

三、教、学成才和"五事"成性的道德教育、道德修养论　　341

第五节　张载的人性"二重"说及其伦理思想　　344

一、"天地之性"与"气质之性"的人性"二重"说　　345

二、"民胞物与"的泛爱主义及其实质　　348

三、"知礼成性，变化气质"的修养之道　　350

第六节　程颢、程颐的"天理"观及其伦理思想　　355

一、天人"一理"的道德本体论　　356

二、天命之性和气禀之性的人性论　　　　　　　　　　358
　　　三、人欲与天理"难一"的理欲对立论　　　　　　　　　360
　　　四、"敬义夹持"、"格物致知"的修养论　　　　　　　　364

第七节　朱熹的"理学"伦理思想体系　　　　　　　　　　　367
　　　一、"理一分殊"和道德本体论　　　　　　　　　　　　368
　　　二、"性同气异"的人性论和性命说　　　　　　　　　　372
　　　三、严辨"义利、理欲"的道义论及其禁欲主义实质　　　374
　　　四、"居敬"与"穷理"互补的道德修养论　　　　　　　380

第八节　朱陆异同与陆九渊的"心学"伦理思想　　　　　　　386
　　　一、"心即理"的道德本原论　　　　　　　　　　　　　387
　　　二、"自存本心"的道德修养"易简功夫"　　　　　　　389

第九节　朱陈之争和陈亮的功利之学　　　　　　　　　　　　394
　　　一、"人道"存于"人事"的道德观　　　　　　　　　　395
　　　二、"功到成处,便是有德"的功利主义　　　　　　　　398

第十节　王守仁"致良知"说的伦理思想　　　　　　　　　　403
　　　一、"良知"说和道德"心本"论　　　　　　　　　　　403
　　　二、"致良知"的道德修养论　　　　　　　　　　　　　409
　　　三、"复其心体之同然"的道德教育方法　　　　　　　　414

第七章　明末清初的伦理思想　　　　　　　　　　　　　　　417

第一节　道德启蒙思想的兴起及其对理学伦理思想的批判总结　419
第二节　李贽的"私心"说及其对"道学"、礼教的批判　　　　424
　　　一、"人必有私"的人性论和"迩言为善"的价值观　　　426
　　　二、"致一之理"的平等观与"任物情"的个性自由说　　429
　　　三、揭露"道学"之虚伪,反对以孔子为偶像　　　　　　433
第三节　黄宗羲对封建君主专制主义的批判　　　　　　　　　437

　　　　一、"天下为主,君为客" 437
　　　　二、臣者"为天下,非为君也" 439
　第四节　王夫之对宋明时期伦理思想的批判总结 441
　　　　一、"性日生则日成"的人性形成过程论 442
　　　　二、"义利之分,利害之别"的义利观 447
　　　　三、天理"必寓于人欲以见"的理欲观 451
　　　　四、"身成"与"性成"统一的"成人之道" 454
　第五节　颜元的人性"气质"无恶论和重"功利"、"习行"的道德观 460
　　　　一、"气质"一元和"气质"无恶的人性论 460
　　　　二、"正义以谋利"的功利主义 464
　　　　三、"实学"、"习行"的成人之道 466
　第六节　戴震"血气心知"的人性论及其对程朱理学的批判 470
　　　　一、"血气心知"的人性"一本"论 471
　　　　二、"理者存乎欲"的理欲统一观 474

附录一　关于中国传统伦理的现代价值研究
　　　　——一种方法论的思考 481
附录二　基本资料书目索引 495
第一版后记 503
第五版后记 507

张岱年先生给主编的信(摘录)

贻庭同志：

四篇文稿都看过了。(一)《中国传统(古代)伦理思想的诞生》，(二)《春秋时期伦理思想的新旧更替》，这两篇对有关的历史资料进行了比较充分的考察，对商代、西周及春秋时期的伦理观念进行了比较深入的分析，取材广博，论证明确，达到了较高的学术水平。(三)《孔子仁学的伦理思想》，对孔子的道德学说进行比较全面的论述，其中有些问题尚待进一步的考虑：(1) 关于"忠恕"的意义，按忠指尽力帮助别人，朱熹所谓"尽己之谓忠"是正确的，应正确理解所谓"尽己"之意义。(2) 关于仁与孝悌的关系，按孝悌是仁之本，但仁的含义主要指爱人，不仅指孝亲敬兄，乃泛指人与人的关系。希望重新考虑，进行适当修改。(四)《庄子的人生论和自由观》，此篇写得很好，分析深刻，观点正确，确实掌握了庄子思想的精髓，达到很高的学术水平，具有很高的学术价值。

1985.5.15.

孔子一节，改得很好，已达到很高的水平。我细看一遍，很满意。个别文句有些问题，写在另纸上，请考虑修正。

1986.3.26.

从五十年代以来，"左"倾思想日见严重，到"文革"而登峰造极，酿成巨祸。但至今"左"的思想仍常常占据了人们的头脑，尤其是在伦理思想研究上，宁左勿右的倾向仍很显著。目前又出现了全盘西化思潮，又左又右，对传统文化持全面否定的态度，丧失了民族自信心，令人忧虑。我们要坚持"科学性与革命性的统一"，既反对颂古，也反对盲目的历史虚无主义。这一精神应贯穿在书稿之中。

1986.4.4.

先秦两汉部分，我已看过，比较满意，条理清楚，分析深刻，论证明确，文笔精炼，确有特色，达到较高的学术水平。其余各篇我不能都看了，望注意审改为盼！

1987.2.2.

张岱年

冯契先生序

近几年来,在中国伦理思想史的研究方面,先后发表了许多文章,出版了几种专著。这是一个很可喜的现象。研究历史,是为了现实。许多同志之所以热衷于中国传统伦理思想的研究,正是因为看到在改革、开放的潮流中,人们正经历着伦理价值观念的剧烈变革,所以迫切需要进行历史的反思,总结历史规律和吸取历史教训,作为现实生活中观念变革的借鉴。

由朱贻庭同志主编的集体著作《中国传统伦理思想史》一书,就是在这样的背景下诞生的。我读了这本书的大部分原稿,感到各章的作者都力求站在现实的高度来回顾历史,因而使本书具有较强的现实感,读后发人深省。这无疑是一个优点。同时,作者也不满足于对历史仅作归纳和描述,而努力根据马克思主义理论来进行具体分析,运用历史和逻辑统一的方法,来揭示中国传统伦理思想的基本特点及其演变规律。这种对特点和规律的理论探讨,在"绪论"中作了简明扼要的阐述,并贯穿于全书之中,因此使得本书比较好地体现了"史"与"论"的结合。这也是本书的一个优点。此外,本书的作者都是大学教师,他们根据亲身的教学经验来编写这本书,写得条理分明,行文流畅,比较适合青年人的需要。它既是一本教材,也是一本具有可读性的知识性读物。我以为,它将会受到读者的欢迎的。

讲到中国传统伦理思想,大家便自然联想到历史遗产(包括传统道德与伦理学说)的批判与继承问题。这是个复杂的问题,从五十年代以来,学术界为此争论不休。要回答这个问题,当然首先需要认识中国传统思想或历史遗产有些什么民族特点(包括优点和缺点)。本书对如何考察中国传统伦理思想的民族特点问题提出了自己的见解,认为这需要从把握中国古代社会结构和中国传统哲学的特点着手：一方面，以血缘为纽带的宗法制的长期存在，构成了中国古代社会人际关系的"天然"形式；而在非常分散的自然经济的基础上，形成了高度集中的君主专制的统治。另一方面，中国传统哲学从一开始就面向"人道"，把伦理道德作为哲学思考的重点，使道德观与宇宙观、认识论交织一体，形成所谓"天人合一"的思想模式。以这两方面的结合作为观察问题的视角，本书作者提出了中国传统伦理思想的若干具体特点，如人道（仁爱）精神屈从于宗法等级关系（"爱有差等"），把"必然之理"（天道）与"当然之则"（人道）合而为一，德性主义的人性论与"义利之辨"上的道义论成为伦理学说的主流，强调道德的政治功能与重视道德修养论，等等。这些具体特点的概括是否精当、全备，这是可以讨论的。不过我以为，采取上述观察问题的视角，正是力图运用马克思主义观点来研究中国传统伦理思想的表现，这是许多同志都会首肯的。

马克思曾把人类社会结构分为三种形态或三个阶段。他说："人的依赖关系（起初完全是自然发生的），是最初的社会形态，在这种形态下，人的生产能力只是在狭窄的范围内和孤立的地点上发展着。以物的依赖性为基础的人的独立性，是第二大形态，在这种形态下，才形成普遍的物质交换，全面的关系，多方面的需求以及全面的能力的体系。建立在个人全面发展和他们共同的社会生产能力成为他们的社会财富这一基础上的自由个性，是第三阶段。"①马克思说的最初形态是以自然经济为主的社会，第二阶段是以商品经济为主的社会，第三阶段是共产主义的社会。中国传统伦理思想是在社会历史的第一阶段产生和发展起来的，它始终以"人的依赖关系"（从自然发生的脐带关系演变而来的宗法制以及封建等级制）为其基础，它所维护的纲常名教后来便成了社会进步的阻力，严重地束缚着商品经济和人的独立性的发展。一直到今天，从一些阻挠改革、开放的保守思想中，还常常可以窥见那和自然经济与"人的依赖关系"相联系着的伦理价值观念。可见，从理论上对中国传统伦理思想作分析、批判的工作，还需要深入地进行下去。

但是，批判并不是简单地说个"不"字，而是要从辩证法的意义上来扬弃它：弃其糟粕，取其精华。虽然在人类历史的第一阶段，人的生产能力（物质的和精

---

① 《政治经济学批判（1857—1858年草稿）》，载马克思、恩格斯：《马克思恩格斯全集》第46卷（上），北京：人民出版社，1979年，第104页。

神的)"只是在狭窄的范围内和孤立的地点上发展着",但中国已有几千年的文明史,这种能力以及它所创造的文化已经积累得相当可观,这是后人必须批判地加以继承的。文化包括着道德与伦理思想,而伦理思想就是人们的道德生活与道德品质的理论表现。我们常说中国人具有勤劳、智慧、勇敢的品质和爱国主义精神等,这种优秀的传统如何反映在伦理学说中,是值得深入研究的。例如,虽然小农经济有其极大局限性,但在农村公社解体以后,小家庭农业(与家庭手工业相结合)是劳动力和劳动条件(土地)保持统一的主要形式。正是这种统一,激发了劳动兴趣,培养了劳动技能和劳动习惯,逐渐形成中国人民的勤劳美德,而在某些思想家那里(如墨子、王充等)勤劳便成了一个重要的道德范畴。这种可贵的传统观念,在克服了小生产者的局限性之后,在社会主义条件下也还需要继续加以发扬。又如,封建专制主义当然必须彻底清除,但同时也应看到,正由于中华民族早已建成了大一统的封建国家,长期的共同生活方式和悠久的文化传统使中国人养成了共同的民族心理。保卫祖国和发展民族优良传统,早就成了中国人民政治和伦理的重要准则之一,这在某些思想家那里(如明清之际的黄、顾、王等)也得到了理论的表现。这种传统的爱国主义思想和民族自豪感,在清除了封建的杂质(如夜郎自大、闭关自守心理)之后,在社会主义条件下也是需要继续加以发扬的。

所以,对传统的道德和伦理思想应作辩证的历史的分析,而这也正是思想史和哲学史本身给我们的重要教训。中国古代哲学家往往从天人关系来论人性,为其伦理学说提供本体论和认识论的根据,但这里面也有形而上学和辩证法之分。封建时代的正统派儒家,从董仲舒到程朱,把一定历史条件下的道德规范——纲常名教形而上学化,把它们说成是超历史的存在,称之为"天命"、"天理";而转过来,"天命之谓性"、"性即理",出于人性的纲常教义即人道,当然就"无所逃于天地之间"了。这种独断论的"天人合一"的伦理学说,后来成了"道学之口实","假人之渊薮","以理杀人"的软刀子。这正如老子早说过的:"慧智出,有大伪。""天下……皆知善之为善,斯不善矣。"但是,不能因此而引导到道德相对主义或虚无主义去,也不能因此一般地否定"天人合一"的思维模式。《易传》说:"天行健,君子以自强不息。""一阴一阳之谓道,继之者善也,成之者性也。"这是辩证法的天人合一论,对后世产生了积极的影响。王夫之发挥了"继善成性"说，把人性看作是不断地（自强不息地）接受自然的赋予而"日生则日成"的过程。他说："色声味之受我也以道，吾之受之也以性。吾授色声味也以性，色声味之授我也各以其道。"就是说，客观事物的色声等感性性质给予我以"道"（客观规律与当然之则），我接受和择取了"道"而使"性"日生日成；我通过感性活动而使"性"得以显现，具有色声等性质的客观事物各以其"道"（不同的途径和规律）而使人的"性"对象化了。这一性与天道交互作用的理论，充满辩证法的光辉，是中国传统哲学的人性论的重要成就。如果把它安置在社会实践的基础上，就可以被理解为：人们在实践中认识世界和认识自己，一方面不断地化自在之物为为我之物，使自然物人化；另一方面又凭着人化的自然（为我之物），不断地发展人的本质力量（人性）。正是在这种天与人的交互作用中，人获得越来越多的自由，奔向马克思所说的"建立在个人全面发展和他们共同的社会生产能力成为他们的社会财富这一基础上的自由个性"的阶段。

  以上所说，也无非是以社会结构和哲学传统两者的结合作为观察问题的视角，来考察和分析中国传统伦理思想。在读了《中国传统伦理思想史》的书稿后，促使我对如何把握中国传统伦理思想的特点和如何批判与继承历史遗产的问题作了一点思考，产生了一点感想。朱贻庭同志早就约我为本书写一篇序言，我只好把这点感想写下来，聊以塞责。

1988 年 1 月

第四版主编序

本书自1989年出版至今,承蒙广大读者的厚爱,已出了三个版本,这次是第四版,共印了七次。每当重印之时,就想要修订一下,但都未能如愿。我感谢学界同仁和读者的理解和宽容,但内心时现愧疚之感。事实上,近二十年来,学界对中国传统伦理思想——无论是通史,还是断代史、范畴史或思想家人物的研究,都取得了显著的成绩,本人在某些方面也有新的研究心得,因此,对原版本进行必要的修订,既是学术发展的要求,又是作者应尽的责任。尤其是,党的十七大提出:"弘扬中华文化,建设中华民族共有精神家园",进一步明确了加强中华优秀文化传统教育的重大意义,这就更增强了对本书进行修订的必要性。问题在于修订什么和怎样修订。

本书写于20世纪80年代。当时,在"拨乱反正"和商品大潮背景下产生的"文化热"——实际上是"西方文化热"中,出现了"以西方异质文化为参照系"对中国传统文化的又一次批判思潮。在这种情势下,如何正确对待中国传统伦理文化,是我们必须解决的问题。张岱年教授在给本书主编的信中明确指出:"从五十年代以来,'左'倾思想日见严重,到'文革'而登峰造极,酿成巨祸。但至今'左'的思想仍常常占据了人们的头脑,尤其是在伦理思想研究上,宁左勿右的倾向仍很显著。目前又出现了全盘西化思潮,又左又右,对传统文化持全面否定的态度,丧失了民族自信心,令人忧虑。我们要坚持'科学性与革命性的统一',既反对颂古,也反对盲目的历史虚无主义。这一精神应贯穿在书稿之中。"(1986.4.4)我们正是在张老师的这一思想的指导下,编撰了这本《中国传统伦理思想史》。我以为这是本书之所以被多次印刷重版的基本缘由。不过,在当时,我国的伦理学研究正处于重建时期,作者的伦理学的理论水平不高,尽管我们努力去把握中国伦理思想史的学科特点,但还是不能摆脱中国哲学史传统框架的束缚,对一些重要思想和概念、命题的分析缺乏伦理学理论的穿透力。当然,本书作为建国以来最早几本"中国伦理思想史"著作之一,自信还是有自己的一些特色的。

为了进行修订,我征求了学界同仁的意见。他们认为本书的总体框架和对中国传统伦理思想的研究方法、运思方式、行文表达,还是应保持原有的特色。而且,多年来读者也已熟识了本书的特点,因而没有必要作大的变动。我感谢同仁们对本书的关切。任何一本同一学科的人文类学术著作或教材,都不可能是唯我独好、唯我独尊的,重要的是要有自己的特色。如上所说,本书写作于20世纪的80年代,受历史条件和作者水平所限,不可能不存在缺陷,希望这次修订能有所提高。

一、我们的研究表明,对史料分析的深浅,在于能否达到一定的历史深度。儒家为什么强调"君德"、"吏德",甚至把"德治"——"人治"推到治国方略的高度?本书原将其根源仅仅归于孔子儒家对西周宗法制的深厚情结。在这次修订中,我们根据马克斯·韦伯提出的统治结构"三类型"即"法理型"、"传统型"和"魅力型"理论,对上述问题作了进一步思考。韦伯认为"魅力型"权力"是建立在具体的个人不用理性和不用传统阐明理由的权威之上的"。只相信或崇拜个人魅力,"相信某一种个人、救世主、先知和英雄的现时的默示或恩宠"。其纯粹的典型形式,就是先民所崇拜、又经后人神圣化的原始部落的首领,被视为"先知先觉者"、"天才"的超人。这种"魅力型"权力——"克里斯玛"(Charisma)权威崇拜,在原始氏族制社会都普遍存在过,非中国独然。但在中国古代,由于原始氏族制在奴隶制以至封建社会有很强的历史延续性,即衍化为宗法制。因此原始的"克里斯玛"权威崇拜也随着宗法制而融入到君主政体的"传统型"权力结构之中,成为维系"君主"权威的光环。反映在儒家的德治思想体系中,就是"德位一体"或"圣王一体"的德治模式,强调"君德"在治国中的作用。揭示了儒家的这一"克里斯玛"权威情结,对儒家德治思想的认识,显然较原来有了一层的历史深度。

关于"礼之用,和为贵"的分析。本书原把这里所说的"和"解释成由于礼所具"仁"的心理基础而产生的道德作用,这显然不达其义。这次修订则根据经文注疏作了重新阐释。指出,在孔子看来,"礼"之所以能维系宗法等级关系,在于

"礼"本身具有"和"的结构性功能和价值属性,用伦理学的术语来说,"礼"内涵着"和"的制度伦理。"礼之用,和为贵",作为一种制度伦理思想,表明了这样一种社会伦理模式——既等级有序又和谐统一(即有序和谐)。这样的解释,既揭示了"礼之用,和为贵"的历史本义,又发现了这一概念的现实意义。由此启发,第四版对荀子关于"分""和"关系的理论作了进一步的分析。荀子以"礼论"著称,他认为人之所以能"群",结合成社会共同体,在于"分",而"义(以)分则和"。就是说,人群只要分(社会资源分配)得适当、合理,各当其位,各行其职,各得其所,就能和谐相处,这就是所谓"义分则和"。这里的"义分",也就是"礼"。显然是对"礼之用,和为贵"制度伦理思想的深化和发展。荀子的"义分则和"命题,其内涵有超时空的普遍意义,是一条很有价值的"古今通理"。这一分析,深化了原有的论述。

又如,关于王夫之的"义利观"。本书原以为王夫之在"义利之辨"上没有突破儒家的正统观点,这一看法显然抹煞了王夫之"义利观"的时代新义和所达到的历史深度。这次修订对此作了进一步的研究和分析。指出,与宋明理学家有别,王夫之论义利之辨,没有局限于"心、性"修养之域,持道义论的思想路线,而是把义利关系与利害关系结合起来,直言"义利之分,利害之别",对义、利"不两重"作了新的论证。认为"义"之所以为重,在于"义之必利";而利之所以为轻,在于"利之必害"。认为只有合乎"义"才不会有害,他解释《易》"利物和义"说:"义足以用,则利足以和。和也者合也,言离义而不得有利也。"这是一种功利主义的论证方式,与正统儒家的道义论的论证方式显然有别。同时,王夫之认为"利之"与"利者"、"害之"与"害者"不可混同,水有润下之用,能产生润下之利(利之),但不可以为水就是"利者"(不会产生害);水也能产生润下之害(害之),但这不足以为水就是"害者"(不会产生利)。"利害之际,其相因也微",水之润下既可以"利之",也可以"害之",这不在于水或水之润下本性,关键在于是否"由义",他说:"由义之润下有水之用",而"润下而溢有水之害","由此观之,出乎义入乎害,而两者之外无有利也"。在王夫之看来,由"义"行事处世,自然就会有利,但又不可以为事物本身就是利者,用来就会得利。反之,如果"出义入利",只是以"利"为目的,那就会产生盲目性,仅仅看到事物有利的一面,而看不到可能有害的一面,于是行为就会失当,其结果必然是害,但这并不说明事物本身就是害者。这就是说，人们行事处世而得利，并不是事物本身就是"利"，而是因为"由义"；行事处世而得害，并不是事物本身是"害"，而是因为"离义"，"离义而不得有利也"。总之，或利或害，不在于行为对象的客体如何（如果不是因为不可抗拒的外力干扰），关键在于主体以怎样的价值理念或价值观作为指导，在于行为主体之是否"由义"，突出了价值观指导对于行为之利害的关键作用。可见，王夫之并不否定"利"，他所反对的是"出义入利"——"离义"而讲"利"；认为仅以"利"为目的，即"唯利是图"，其结果反而"不得有利也"。而"义之必利"——"由义"而利，"义"是行事处世的指导，"利"是由义的结果，这就是义、利"不两重"的本义和实质。王夫之"义利观"的这一思想是深刻的、合理的，他丰富和发展了传统的义利观。在王夫之那里，"义利观"具有了社会实践的品格。

二、应该承认，尽管作者想努力把握中国伦理思想史的学科特殊性，认为："在伦理思想史中，一定要说像哲学史一样贯穿了唯物主义与唯心主义的斗争，是无助于把握伦理思想史的学科特殊性的"（"绪论"），但由于历史的局限，在写作过程中，还是有简单地套用"唯物—唯心"模式的思维方式。而且，严重的还在于用西方的近代哲学"模式"作简单的比附。较为明显的就是关于王守仁哲学思维的特点。本书原采取学术界一般的看法，根据"心外无理"、"心外无事"、"心外无物"和"意之所用，必有其物"，就认为王守仁的"心本论"或"良知说"是主观唯心主义。这种看法显然没有把握王守仁哲学的特点。今据杨国荣等教授的研究成果，对之进行了重新审视。认为，王守仁的"心本论"与17世纪英国哲学家贝克莱"存在即被感知"的主观唯心论有别。贝克莱所讨论的是对象之是否客观存在的存在论问题，运用的是心、物两分的思维方式；而王守仁所讨论的则是对象何以有意义的价值论问题，运用的是心、物关联（"与物无对"）的思维方式。作为"心即理"的"心"或"良知"，"发之事父便是孝，发之事君便是忠……"，显然不是说"心"派生了父亲和君主存在。在王守仁看来，父亲在血缘关系上、君主在政治关系上是客观存在的，而父亲、君主成为孝、忠的对象的伦理意义，即具有伦理意义的"父"、"君"则是由吾心之良知发用（即意之所在）的结果。就是说，"心"并不创造存在对象，而是构建对象的伦理关系或价值关系，如父慈子孝、君仁臣忠、兄友弟恭……这也就是王守仁所说的"意"之所在便是"物"或"事事物物"。正是在这个意义上，故曰："无心外之物。"可见，王守仁哲学的"心"或

"良知"是构建伦理关系或意义世界的价值本体,而不是创造事实世界的宇宙本体,不能简单地归结为主观唯心主义。或许可以说,由于其"良知"是"不虑而知,不学而能"的,王守仁的"心本论"或"良知说",在某种意义上应属于主观主义的价值本体论范畴。当然,把握中国哲学思维方式的特点,并不是说中国哲学不存在哲学的基本问题,不存在唯物主义与唯心主义的哲学分野。

三、"观今宜鉴古,无古不成今。"研究中国传统伦理思想,不能不涉及古今之辨,不能不涉及传统伦理的现代化问题。而通史类的著作不可能对此展开论述。正如有读者所理解的那样,本书采取了点到为止、引而不发的叙述方法,给读者留下想象的空间。而要达到这种效果,关键在于对史料内涵的分析要达到一定的历史深度。本书原来对"礼之用,和为贵"的分析,只是局限于"礼"、"仁"关系的道德含义,即所谓"以仁辅礼",浅尝辄止,读者不能从中体会"和"作为"礼"之内在结构性功能和价值属性,即制度伦理的现代意义。我们认为,发掘传统伦理的现代价值,实现传统伦理和传统文化的现代化,浮浅的史料分析故然不行,同时也不能作表面的古今联系,把今人的思想观念硬加到古人头上,把古人现代化。在重视传统文化现代价值的情况下,特别要谨防"古人现代化"。

同时,古今之辨,不能不涉及中西之辨;中西之辨,其实质还是古今之辨,同样是为了实现传统伦理和传统文化现代化。尤其是在"全球化"日趋强劲的现代,多元的文化既相互碰撞又相互融合,在多元差异中存着一些普适性的"通理"。因此,研究中国传统伦理进行中西比较,不仅是必要的,而且是可行的,可以在科学的比较中加深对中国传统伦理思想的认识,并吸取西方思想理论中合理的成果。我们在本书修订中运用韦伯关于统治结构"三类型"的理论,来分析儒家的"德治"学说,就表明了进行中西比较的必要性和可行性。但是,进行中西比较不能作简单的表面化的类比或比附。本书原来那样对王守仁哲学思想的定性,就是一个明显的例证。中西比较的一个重要形式就是用西方的思想概念对中国传统进行"现代诠释"。在这一方面,学术界已经做了许多工作,也取得了一定的成果,推进了中国传统文化现代化的进程。但同时也出现了一些值得注意的现象,其一就是搞语言"创新"。诚然,要实现传统伦理和传统文化现代化,不可能不进行语言的转换,或语言更新,吸收和应用具有时代气息的外来术语,否则就不能表达新的现代的内容。但是,以为只要把传统的思想文化转换成西方的或时髦的话语,就实现了传统文化的现代转化,那是天真的想法,反映了学术界的一种浮华风气。要进行中西比较,实现传统伦理和传统文化的现代化,首要的还是应该遵循著名社会学家费孝通先生提出的"文化自觉"的要求,坚持文化的"民族主体性"原则,扎扎实实地把握和分析史料,不断探究史料内涵的历史深度。不仅如此,还应当把握并发掘传统伦理和传统文化的民族特点和现代价值,从而在文化多元的世界里确立自己的地位。对此,本书还做得不够,愿与同仁一起继续努力。

还需说明的是,原版关于佛教和道教伦理思想的内容较为薄弱,而且受历史条件所限,有些分析和评述也不甚恰当。在这次修订中,经与原作者沟通并请原作者业露华教授增补了"禅宗的'见性成佛'修行说和'佛性本有'的众生平等观"一目,还对一些不当的评述作了修改。

总之,这次修订的特点,是在保持本书原有特色的情况下,对某些欠缺、不当或浅见之处作了一些增补和修改,以加强分析的历史深度。同时,又以页下注的方式,对一些具有历史通贯性的概念和思想作了辞书式的交待。如"和"、"诚"、"民本"、"天人合一"、"内圣外王"、"孔颜乐处"、"自强不息"等。以范畴史之长补通史之短。

必须承认,这次修订仍有一些不足之处。首先,由于对近二十年来学术界对中国伦理思想史研究的成果未能作系统的考察和总结,同时本人在这方面的研究也不够深入,因此,本次修订也就没有能够全面地吸收和反映学术界已有的研究成果。对此,本人深表遗憾。其二,某些章节的内容不够充实,如第七章"明末清初的伦理思想"。这一时期的伦理思想十分丰富,其历史地位的重要性越来越突出,理应对这一章的内容作必要的补充,计划增加傅山、顾炎武、唐甄的伦理思想。但由于篇幅所限,经反复考虑,决定不另立节、目,仍以页下注的方式暂补所缺,是为修订本的一大遗憾。其三,有同仁曾多次提出,既名"中国传统伦理思想史",理应包括少数民族的传统伦理思想,希望我们能补上少数民族的传统伦理思想。这是一个十分中肯的意见。然而,十分遗憾,这次修订是不可能补上这一缺憾了。其原因就是对少数民族的传统伦理思想没有研究。

另需说明的是,本书2003年的增订本(第三版),增加了第八章"中国传统伦理思想的近代变革"和结语"关于中国传统伦理的现代价值研究——一种方法论的思考"。增加第八章的原意是想"补白",补上"中国近代伦理思想"这块空白。按照编写组的原来计划,本书包括"古代"和"近代"两大块,后因"近代"部分的书稿不够理想,在征得顾问张岱年教授同意后,决定暂缺"近代"部分,并拟书名为《中国传统伦理思想史》。所以,补上"近代"部分一直是我们的一个心愿,然而迟迟未能如愿。2003年,当出版社决定出版第三版时,即想了却这个心愿,但要全面系统地写好"近代"部分,绝非易事,在短期内不可能完成这项工作,于是就以"中国传统伦理思想的近代变革"为题聊以代之,是谓"补白"。但是写得不好。对中国传统伦理思想"近代变革"的概括既不全面,也不深刻。而且也不适合作为"第八章"列入全书框架结构。因此,这次修订决定删除此章,恢复本书原七章的框架体系。而"结语"改为"附录一",并对其内容作了一些修改。另外,根据近二十年来学术界的研究成果,"基本资料书目索引"中新收了五本著作。其中,《中国伦理思想研究》是张岱年教授1989年的著作,对研究中国传统伦理思想仍有着重要的指导意义;《中国伦理学通论(上册)》、《中国伦理思想史》两本专著属于中国伦理思想范畴史性质的著作,可以与本书互相补充;《中国传统道德》全五卷可以弥补本书史料之不足;《中国伦理道德变迁史稿》是研究中国道德史的一部新著,对于深入把握中国伦理思想史具有重要的价值。

最后,我要向读者表明的是,本书原作者中有三位已先后故世,他们是本书顾问张岱年教授,厦门大学哲学系张善城教授,复旦大学哲学系翁金墩教授。因而这次修订工作只能由我自作主张,然孤掌难鸣,我只能尽力而为。有的地方也无权修改,所指就是我与张岱年老师合作的本书"绪论"。我怀念曾共同笔耕八年之久的故师故友。这里,我可告慰他们的是,我们共同的著作《中国传统伦理思想史》的这次修订工作已告一段落,并已选入教育部普通高等教育"十一五"国家级规划教材。

感谢华东师范大学出版社多年来对本书的重视,感谢本书第四版的责任编辑李雯同志为本书出版所付出的辛劳。

作为本书的修订者,有必要就修订工作的情况作一说明。是为第四版序。

朱贻庭
2007年12月

绪论*

张岱年　朱贻庭

---
* 这部分内容先行发表于《中国社会科学》1988年第6期。

在中国思想史中,伦理思想极为丰富,占有十分重要的地位,但是,长期以来,对于中国伦理思想的研究,一直从属于中国哲学史体系之中,没有成为一门独立的分支学科。固守这种格局,束缚了中国伦理思想史的研究,也无益于中国哲学史研究的发展。近几年来,随着中国传统文化研究的深入,也由于学习和研究马克思主义伦理学的需要,以及总结历史道德遗产对建设社会主义精神文明的重要意义,人们正越来越感到建立中国伦理思想史这门学科的必要性和迫切性。也就是在这种心情的驱使下,我们编写了这本《中国传统伦理思想史》。下面,就中国伦理思想史的研究方法,中国传统伦理思想的历史发展、基本特点,谈一谈我们的一些初步看法。

一、中国伦理思想史的研究方法

(一) 把握中国伦理思想史的学科特殊性

在中国哲学史上,道德问题是哲学思考的重点,致使宇宙观、认识论和道德观交融一体,密不可分。因此,十分自然,在中国哲学史的研究中,伦理思想占有十分突出的位置。那么,是否因此就可以用中国哲学史的研究来代替中国伦理思想史的研究呢?不能。伦理学与哲学既有联系,但又有区别。它以道德生活为对象,是人们对道德生活认识的理论概括和理论论证,包括道德的根源和本质、道德与利益、道德的准则,以及道德的作用、评价、修养等各种理论问题。伦理思想史就是历史上各种伦理思想辩证运动的历史总结。上述各种问题的历史就是伦理思想史所要研究的对象。在中国伦理思想史中,这些问题各有其特殊表现形式,如天道与人道("天人之际")、人性与善恶、德与法、知与行、志与功,以及义利之辨、理欲之辨等等,其中有些问题虽也是哲学讨论的问题,但它们的理论意义不尽相同,有的则纯属伦理学的问题。所以,只局限于中国哲学史学科范围内的论述,就不可能对历史上的伦理思想作全面系统的研究,因而也就不可能揭示中国伦理思想丰富的内容及其发展规律。可见,要使中国伦理思想史的研究成为一门独立的学科,就必须与中国哲学史区别开来,把握中国伦理思想史的学科特殊性。当然,这并不意味着可以把哲学思想与伦理思想割裂开来,撇开哲学思想去孤立研究伦理思想,正如中国哲学史的研究必须考察伦理思想一样,在中国伦理思想史的研究中,也必须研究哲学思想对伦理思想的影响。不然的话,就不能如实地反映中国历史上伦理思想的原貌及其理论特点。毫无疑问,研究中国伦理思想史,要十分重视对中国哲学史的研究。

要把握伦理思想史的学科特殊性,还有一个问题需要提出来讨论,这就是:在古代伦理思想史上,是否如哲学史一样,也贯穿着唯物主义与唯心主义两条路线的斗争,是否也划分为唯物主义和唯心主义两大对立的阵营?这个问题比较复杂。首先,就伦理思想史上的主要问题来看,其中有些问题具有哲学意义,如道德的根源、人性的本质、动机与效果的关系,对此可以作哲学性质的判断。但还有许多问题,如个人利益与整体利益的关系、道德原则和道德规范、什么是至善等,它们同样是伦理思想史中的重要问题,但是它们的理论性质却不能用哲学基本问题去概括。因此,我们很难把伦理思想史的基本问题也说成是唯物主义与唯心主义的斗争。其次,就具有哲学意义的问题来看,几乎找不到一种典型的唯物主义理论。不能认为凡是唯物主义者的伦理思想,就是唯物主义的;旧唯物主义一旦涉及社会历史领域,就陷入了历史唯心主义。他们虽然力图把自然观上的唯物主义原则贯彻到社会道德领域,因而与唯心主义者有别,但由于他们不能正确区别自然与社会的本质,没有建立起科学的历史观,因而对道德的根源、人性的本质等问题就不能作出唯物主义的解决,有的虽然含有唯物主义的倾向或因素,或在个别问题(如动机与效果的关系)上具有唯物主义的性质,但从总体来说,不能归结为唯物主义,即使像费尔巴哈那样的唯物主义者,在道德领域中也陷入了唯心主义。可见,在伦理思想史中,一定要说像哲学史一样贯穿了唯物主义与唯心主义的斗争,是无助于把握伦理思想史的学科特殊性的,当然,这并不是说,在伦理思想史的研究中,不必运用哲学基本方法对历史上的伦理思想作理论分析。我们的看法是,应该对伦理思想史上具有哲学意义的问题,作出实事求是的分析。

(二) 历史的方法和逻辑的方法相结合

历史的方法和逻辑的方法相结合,是研究历史的科学方法。不过,作为历史学的研究历史和作为理论的社会科学的研究历史,它们运用这一方法在形式上有所不同,尽管两者的目的都是要达到逻辑和历史的统一。作为理论的社会科学研究历史,例如马克思的"商品"理论,在《资本论》中,商品的历史已经摆脱了原有的历史具体形式和偶然因素,因而表现为经过修正了的理论的逻辑形式。而作为历史学的研究历史,情况就有所不同。对于历史学来说,它的任务是要如实地反映历史的具体过程,因而它并不清除掉具体的历史形式,历史的必然性和规律在这里不是表现为抽象的理论结构,而是寓于具体的历史形式的摹绘,或者说,在摹绘具体的历史形式中体现出其中的本质联系和必然的规律。中国伦理思想史作为一门历史学科,就应按照历史学研究的特点,具体地运用历史和逻辑相结合的方法。

在中国伦理思想史上,每一个比较完整的伦理思想体系,几乎都涉及了伦理学的主要问题;不同学派对各个问题作了不同的回答,形成了各伦理思想之间的对立和斗争。运用历史的方法和逻辑的方法相结合来考察中国伦理思想史,就是要把握各种伦理思想历史发展的根据(社会根源和思想根源),以及各种理论问题在不同历史阶段的表现形式;进而具体考察围绕着各种理论问题而展开的各学派之间的斗争,对各个伦理思想体系进行马克思主义的具体分析,把握它们的基本概念和相互分歧的实质,看它们在斗争中是怎样衍变和发展的,从中揭示出逻辑的联系和发展的规律。这里,最基本的是分析各种伦理思想及其相互斗争的社会根源和思想根源。分析社会根源,最根本的当然是要考察社会经济关系,以及由此而形成的阶级关系。但经济关系并不直接决定伦理思想的具体的形式和特点,因而还必须探究沟通这两者关系的中间环节。在中国古代,宗法关系和等级关系的存在和衍变,对于伦理思想的影响,无疑具有十分重要的作用。此外,不同地区的文化传统,即所谓文化区的特点,对于历史上各具特色的伦理思想派别的形成,也是一个不可忽视的因素。而学派自身的思想特色,又往往作为一种既定的力量制约着某种伦理思想的延续。在分析社会根源的基础上,还必须考察思想根源。首先是分析各种伦理思想的哲学基础,即分析伦理思想与本体论、认识论、历史观的关系。其次,既要研究各种伦理思想在其发展过程中各个阶段上的变化,又要考察它们的思想渊源。这在中国思想史上十分突出,主要表现在儒家和道家的思想历史衍变中,自先秦至宋元明清两千多年,其思想前后承继不绝如缕,后一阶段的思想都可以从前一阶段中找到它的思想来源,这就为把握思想发展的逻辑联系提供了有利条件。同时,也必须考察各种伦理思想在其历史发展过程中相互斗争、相互吸取的复杂关系。这样,才可以从总体上把握中国伦理思想发展的历史过程。

总之,只有在考察各种伦理思想的社会根源和思想根源的基础上,才能把握其历史的逻辑联系,揭示其发展规律,从而生动地摹绘中国伦理思想发展的具体过程,达到历史和逻辑的统一。

(三) 政治分析和理论分析相结合

运用这一方法,目的在于剖析历史上各种伦理思想的政治性质和理论实质,进而作出全面的正确评价。

恩格斯指出:"一切已往的道德论归根到底都是当时的社会经济状况的产物。而社会直到现在还是在阶级对立中运动的,所以道德始终是阶级的道德。"[1]伦理思想是道德生活的理论概括,历史上的伦理思想也都是阶级的伦理思想,是服务于阶级斗争的工具。因此,研究伦理思想史就必须坚持政治分析的方法,考察各种伦理思想的阶级基础,发现它的阶级实质和政治性质。所谓"政治分析",实即阶级分析。不过,由于阶级斗争总是集中地体现为政治斗争,而同一阶级内部也往往存在着不同政治集团的斗争,这种斗争同样左右着思想斗争。这就是我们运用"政治分析"这一术语的缘由。例如在先秦,孟子的伦理思想与韩非的伦理思想,同属新兴地主阶级的思想意识,但两者却如"冰炭之不能同器",势不两立。这是因为在同一阶级中有不同阶层之分,他们的政治倾向有别,因而所考虑问题的角度也就不尽相同,而思想家所受的文化陶冶和个人经历的区别,也是原因之一。还应看到,由于同一个阶级在不同的历史时期所处的社会地位不同,所起的作用又有进步和保守、革命和反动的区别,它的伦理思想,在其发展过程中,所起的历史作用和政治性质也会发生质的变化。儒家伦理思想代表了封建地主阶级的利益,它从产生、衍变、发展到定型、僵化,就经历了一个由进步而逐渐走向反动的过程。从考察伦理思想与政治斗争的关系可

---

[1] 《马克思恩格斯选集》第3卷,北京:人民出版社,1972年,第134页。

见，历史上的伦理思想在政治上有革命与反动、进步与保守之分。凡是反映进步阶级利益的伦理思想，就是进步的和革命的；凡是反映没落、反动阶级利益的伦理思想，就是保守的和反动的。然而，事物是复杂的，在历史上，尤其是在历史变革时期，会产生一些过渡性的或两重性的人物及其伦理思想，往往既有进步的一面，又有保守的一面，这就需要实事求是，承认矛盾，正确地解释这种现象。这里，只抓住一面，以偏概全，是不足取的。

除了政治分析，还应有理论分析。只有把这两种方法结合起来，才能对历史上的伦理思想作出全面的评价。这里的所谓理论分析，就是运用马克思主义伦理学的基本原理对各种伦理思想进行理论上的剖析，分析它们的理论意义和理论实质，总结它们的理论经验和教训，发现它们在伦理思想史的理论贡献，即在人类认识自身道德生活的历程中是否提供了合理的或真理性的思想成果。例如，孟子的性善论，就其对人性来源的主张，其理论性质显然是唯心主义先验论的，但是他对人性作了"人之所以异于禽兽者"的规定，这比把人性说成就是人的生理本能，从而抹煞了人与动物的本质区别，要合理得多。荀子主张"性恶"，但同样把"有义"作为"人之所以为人者"的本质规定，作为人区别于动物的标志，显然受了孟子的影响。孟、荀都没有对人的本质作出科学的认识，但他们提出了人与动物的本质区别的问题，这在人类的自我认识过程中，应该说是一个重要的理论贡献。

伦理思想史是人类对自身道德生活认识的发展史，它与其他领域的认识史一样，也是人类认识史的一支，也是不断进步和发展的。它的进步和发展，就是通过各种伦理思想提供合理的、具有真理性的思想成果而体现的，因此，理论分析是完全必要的，即使是片面的、错误的伦理思想，它也是人类道德认识的一个历史环节，也要通过理论分析，把握它的理论实质，总结它的理论教训。还应看到，在历史上，有些在政治上保守，甚至反动的伦理思想，在其体系中往往含有某些合理的思想成分。例如，先秦道家的伦理思想，主张"绝仁弃义"、无为自然，就包含有反对道德形式主义的合理因素。宋明理学的伦理思想，在道德修养的问题上，强调道德实践的自觉性，也是应该肯定的。而这同样要求运用理论分析的方法。

(四) 运用科学的比较法

在中国史学研究中运用比较法，一般是指中西比较。这一方法，在中国哲学史的研究中,已经取得了一定的成绩。毫无疑问,对中国伦理思想史的研究,也是完全必要的。

进行中西比较,切忌主观主义和形式主义,而是应当客观的、辩证的。首先要具体分析,如实把握中国伦理思想史自身所固有的内容;同时,也必须掌握西方伦理思想史的内容;然后才能对两者在不同阶段上的各种思想学说进行比较(类比),比较它们在本质上的相同之点和相异之点。通过比较,帮助我们更好地概括中国伦理思想的理论实质、理论特点和发展规律。

例如,关于道德与功利的关系,这是贯穿于中西伦理思想史的一个基本问题,在中国历史上称为"义利之辨"。儒家的基本主张是"重义轻利"、"贵义贱利",发展到极端就是存义去利,在宋明理学那里,又表现为"存天理,灭人欲"。与这种义利观相对立,墨家主张义利统一,把"利人"、"利天下"作为义的最高目的和最高准则;法家商、韩则主张唯利无义。以后,与理学的义利观相对立,陈亮、叶适和王夫之、戴震等进步思想家,也强调功利,肯定利欲的合理性,主张"理存于欲"。把这场义利之争与西方伦理思想史上的功利论和道义论的对立相比较,虽然两者产生的历史条件、阶级基础不尽相同,其理论形式和具体内容也互有差异,但它们所讨论的理论实质相同,都属于道德与功利的关系,是关于什么是至善的问题,也就是道德价值的问题。因此,中国历史上的义利关系之争,也可以概括为功利论与道义论的对立。在比较中,不仅要把握中西之间的共同性,也应分析它们之间的差异性,以便发现中国伦理思想的特点。例如,我们比较了墨子的义利观与边沁、穆勒的功利主义的共同特征,即马克思所指出的"带有公益论的性质"[①],从而认为墨子的伦理思想具有功利主义的性质;同时,又要区别墨子的功利主义不同于边沁、穆勒功利主义的阶级特性,而且还要确定两者在理论上的差异。边沁、穆勒的功利主义反映了资产阶级的利益,他们提倡"最大多数人的最大幸福"仅仅是作为实现个人幸福的手段,因而实质上是利己主义的;而墨子的功利主义则反映了劳动人民的利益,把"兴天下之利"作为道德行为的最高目的。墨子既"尚利",又"贵义",他的功利主义在理论上具有更多的合理性。

---

① 《马克思恩格斯全集》第3卷,北京:人民出版社,1960年,第484页。

必须指出,进行中西比较,决不能把西方伦理思想史作为一个既定的模式来套中国伦理思想史,因为这会抹煞中国伦理思想史的自身特点,实际上也就否定了中西比较。"套"是要不得的,而科学的比较是必要的。从某种意义上说,不运用科学的比较法,就不能对中国伦理思想史进行概括和总结,因而也就建设不了科学的中国伦理思想史这门学科。

二、中国传统伦理思想的历史过程

中国伦理思想源远流长,历史悠久,考察它的历史发展过程,应根据思想史与社会史相统一的原则。本书所考察的是从殷周至鸦片战争前的古代伦理思想历史过程,这一阶段,大体可分为两个时期,而在每一历史时期中,又有若干发展阶段。它们前后相续,交相更替,体现了各种伦理思想既相互对立又相互吸取的辩证运动。

不过,在中国传统伦理思想发展的历史运动中,占据主干地位的是儒家伦理思想。这是因为儒家伦理思想更全面、深刻地反映了中国古代社会的经济、政治和社会结构,适应了封建统治的需要。因而成为封建社会的统治思想。据此,中国传统伦理思想史,也可以说是以儒家伦理思想为主干的各种伦理思想相互作用的辩证运动。下文所述,仅作粗略的勾画。

(一)先秦时期(公元前21世纪—前221年)。中经殷周和春秋战国两个阶段,是中国伦理思想发端和奠基时期,也是中国封建地主阶级伦理思想产生并取代奴隶主阶级伦理思想的时期。

自夏代开始,中国进入了奴隶制社会,但至今尚无直接的文字材料反映夏代的伦理思想。"惟殷先人,有册有典"(《尚书·多士》),从考察直接记录殷代历史的文字材料中可见,当时确已有了一些初具理论色彩的伦理思想,具有道德含义的"德"字的出现,就是一个重要的标志。周革殷命,以周公为代表的西周奴隶主贵族的思想家发展了商代的伦理思想,以天命论为思想前提,根据维护宗法等级秩序的需要,不仅倡导"孝"、"友"、"恭"、"信"、"惠"等宗法道德规范,而且主张"修德配命"、"敬德保民"。提出了一个道德与宗教、政治融合一体的思想体系,它包含了以后儒家伦理思想的某些因素,从而开始了中国伦理思想发展的历程。

春秋战国,是中国社会由奴隶制转变为封建制的时代。随着社会性质的变革,在思想领域中产生了诸子蜂起、百家争鸣的局面。在伦理思想方面,围绕着道德作用、道德本原、人性与人的本质、义利之辨、道德准则、道德评价、道德修养等各种理论问题的探讨,出现了儒、墨、道、法等诸子伦理思想。儒家伦理思想由孔子创立;孟子作了进一步的发挥和完善;荀子是先秦哲学的总结者,但作为儒学大师,他的伦理思想仍以孔子为宗。儒家伦理思想就其总体而言:它建立了一个以"仁"为核心、反映封建等级关系、体现"爱有差等"的道德规范体系;强调道德义务,轻视功利目的,"重义轻利",在价值观上具有道义论的倾向;强调并夸大道德的社会作用,在不同程度上又有道德决定论的特点;并提出了一套道德修养方法。孟、荀还在孔子的人性论基础上,以善、恶论人性,探讨了人之所以有善、有恶的根源。儒家伦理思想适应维护封建宗法等级制的需要,基本上反映了新兴地主阶级的利益,奠定了封建地主阶级伦理思想的基础。墨家伦理思想为墨子所创立,代表了小生产者的利益,与儒家的"爱有差等"和道义论相对立,主张"兼相爱,交相利",既贵义又尚利,以"利人"、"利天下"为最高目的和最高准则,具有功利主义的特点。道家伦理思想以老、庄为代表,由自然"无为"之"道"立论,主张"绝仁弃义",反对世俗的道德规范和善恶观念,提倡一种"无知无欲"的"素朴"的"至德"境界;追求个人的绝对自由,以保全自身。在理论上具有自然主义和超善恶论的特点,反映了过着"隐士"生活的那一部分知识分子的消极、厌世的心理。法家伦理思想以韩非为主要代表,主张"不务德而务法",否定道德和道德的社会作用,主张人性"自为",从极端功利主义导向了"以法代德"的非道德主义,反映了新兴地主阶级中激进派的政治需要。道家和法家从各自的立场和理论出发,都批判了儒家和墨家的伦理思想。综上而言,春秋战国时期的诸子伦理思想,内容十分丰富,是中国传统伦理思想的基础。

诸子伦理思想的相互对立,归根到底,表现为各自对西周以来的宗法等级制和传统道德价值(即"周礼")的不同立场和态度。道、法两家虽有本质之别,但对"传统"都采取了否定和批判的态度;墨家也讲"仁"、"义",在形式上似有"传统"痕迹,但在内容上却与"传统"相对立;唯有儒家从形式和内容上对"传统"持"因""革"态度,故而也正是儒家伦理思想,较之其他各家,更适应了封建主义宗法等级统治的需要。

（二）秦汉至明清时期(公元前221—1840年)。中经秦汉、魏晋、南北朝隋唐、宋至明中叶、明末至鸦片战争若干阶段，是中国伦理思想历史发展的封建社会时期，也是中国封建地主阶级伦理思想(主要指作为正统的儒家伦理思想)衍变、发展、完备并走向衰败的时期，包含了中国传统伦理思想的主要内容。

秦亡汉兴，封建统治者汲取秦二世而亡的教训，为维护封建"大一统"的统治秩序，实行"罢黜百家，独尊儒术"的政策。董仲舒推阴阳之变，究"天人之际"，发《春秋》之义，举"三纲"之道，又综合名、法，不废黄老，给"孔子之术"以新的理论形式和思想内容，创立了一个以"三纲五常"为核心，以阴阳五行"天人合类"为宇宙论基础的神学伦理思想体系。从此，儒家伦理思想作为封建"名教"的意识形态而成为封建统治思想的正统。董仲舒的伦理思想是儒家伦理思想之成为封建正统思想的第一形态，因而也是儒家伦理思想在其两千年发展史上的重要一环。

至东汉，儒家伦理思想的神学形式受到了王充等唯物主义者的批判，同时，随着阶级矛盾的激化、统治集团的腐败、经学流于烦琐僵化，以及汉末黄巾起义对封建统治的致命打击，"名教"变得极其虚伪而陷于危机，儒学也就丧失了"独尊"的地位。为了挽救名教的危机，于魏正始年间，产生了适应封建门阀士族统治需要的"玄学"伦理思想。

魏晋玄学以王弼、郭象等为主要代表，他们援道入儒，糅合儒、道，在伦理思想上以论证"名教"与"自然""将无同"为主题，给名教以一种形而上的"玄学"理论形式，这实际上也是儒家伦理思想的一种新的形态——"玄学"形态。王弼首倡"玄风"，提出"名教本于自然"，此后，中间虽出现了嵇康的"越名教而任自然"和裴頠崇"有"(名教)而非"无"(自然)的思想，但从"玄学"自身发展过程来看，不过是"将无同"的一个中间否定环节，最后终于在郭象"名教即自然"那里，达到了两者的完全统一。

由魏晋进到南北朝隋唐时期，中国思想史的演进又发生了重大的变化，这就是外来的佛教和土生土长的道教的兴盛。佛、道两教的兴起和发展，改变了中国思想史的进程和构成，对中国的经济、政治，尤其是对思想文化的发展产生了极为深远的影响。由此，中国的民族文化，形成了以儒学为主的儒、佛、道三者结合的格局。而作为南北朝隋唐时期伦理思想的主要内容和基本趋势,就是儒、佛、道之间的相互斗争、相互影响而渐趋合流。随之,伦理思想领域所讨论的主题,由魏晋时期的"名教"与"自然"异同之争,而转变为伦理世俗主义与宗教出世主义之争,或者说是"人道"原则与"神道"原则之争,也就是"俗世"与"天国"之争。

儒、佛、道斗争的基本趋势,一方面是佛、道不断向儒学靠拢而渐趋世俗化;另一方面是儒学也不断从佛、道汲取思想营养,以补充和丰富儒家的哲学和伦理思想。宋明理学及其伦理思想的产生,正是这一趋势的历史归宿。

自宋以后,中国封建社会进入后期,社会基本矛盾日益深化,民族矛盾异常突出,君主专制统治不断加强。反映在思想领域中,就是"理学"("道学")的产生。"理学"的主体内容是它的伦理思想。"理学"伦理思想继承孔孟"道统",汲取佛、道的思想成分,提出以"天理"为宇宙本体和道德本原,对以往儒家的人性论、义利观、修养论等思想作了总结和发展,进一步把道德观与本体论、认识论融为一体,给儒家伦理思想以"理学"的思辨形态,从而把正统的儒家伦理思想发展到了最高阶段,使儒学重又取得了"独尊"的地位。"理学"伦理思想的产生,标志着中国封建地主阶级正统伦理思想的完备和定型。

从宇宙观的角度,可将"理学"分为三派:以张载、王廷相为代表的唯物主义"气本派",以程颢、程颐、朱熹为代表的客观唯心主义"理本派",以及以陆九渊、王守仁为代表的主观唯心主义"心本派"。其中,程朱理学是"理学"的正统,影响最大,是后期封建社会的统治思想。

在理学伦理思想产生和兴盛的同时,产生了反理学的伦理思想。在北宋有李觏及王安石的"荆公新学",在南宋有陈亮、叶适的"功利之学"。他们的宇宙观基本属于唯物主义范畴,代表了地主阶级内部"改革派"的利益。

理学与反理学的斗争,是宋以后中国思想史的主线,其在伦理思想领域中斗争的主题,由于儒、佛、道的合流,不再是"入世"与"出世"、"俗世"与"天国"之争,而转移为"义利—理欲"之辨。

理学派内部虽互有差异,在某些问题上甚至斗争激烈(如"朱陆之争"),但对"义利—理欲"之辨则根本一致。朱熹把"义利之说"提到"儒者第一义"(《朱子文集》卷二十四)的地位;二程承袭董仲舒"正义不谋利"的观点,更明确地视义与利"不容并立",主张"不论利害,惟看义当为与不当为"(《二程遗书》卷十七)。同时,又进一步严辨"天理人欲",鼓吹"明天理,灭人欲"。这是理学伦理思想的共同思想纲领。朱熹说:"圣贤千言万语,只是教人明天理,灭人欲。"(《朱子语类》卷十二)王守仁也说:"圣人述六经,只是要正人心,只是要存天理,去人欲。"(《传习录上》)

与理学相对立,反理学的伦理思想则认为利欲"可言",反对"贵义贱利",主张"功到成处,便是有德"①,认为"既无功利,则道义乃无用之虚语耳"(叶适),以"功利之学"批判理学家"辟功利"而"尽废天下之实"的"义利之说"。在陈亮与朱熹之间,还发生了一场历史上著名的"义利王霸"之辩,其理论深度,为春秋战国以来所仅见。

两宋时期的"义利—理欲"之辩,其理论性质属于价值观范畴,集中地体现为道义论与功利论的对立,并由此规定了两种不同的理想人格,也影响了道德修养论的分歧。

明末清初,是一个"天崩地解"的时代。中国封建社会的矛盾充分暴露,但还未达到崩溃的程度。正是在这样的历史条件下,产生了封建社会"自我批判"意识,一批进步的思想家,如李贽、黄宗羲、王夫之、顾炎武、陈确、唐甄、颜元以至稍后的戴震等,他们从明王朝的危机和覆亡的历史教训中,以及清统治者利用程朱理学实行思想文化专制的严酷现实中,并在商品经济发展的刺激下,看到了"理学"对社会和民族造成的祸害,继而展开了对宋明理学的批判总结。

明末清初的进步思想家,他们的伦理思想的哲学基础虽不一致,其思想内容也各有侧重,但在人性论、义利—理欲观、道德修养论等方面,都提出了新的观点,并集中批判了理学伦理思想纲领——"存天理,灭人欲",开始把矛头指向封建礼教,具有一定程度的早期民主主义色彩和反封建的启蒙意义,确是中国伦理思想史"别开生面"的一页。

明末清初的进步思想家,都把人的自然欲望作为人性的重要内容,否定了"理学"的人性论。李贽肯定"人必有私",并主张"各获其所愿有",要求个性自由发展,王夫之还提出"性日生则日成"的人性变化论。他们强调功利,肯定人

---

① 这是南宋陈傅良对陈亮功利主义思想的概括。出自《止斋文集》卷36《致陈同甫书》:"功到成处,便是有德;事到济处,便是有理。此老兄之说也。"

欲的合理性，并把"天理"与"人欲"统一起来，认为天理"必寓于人欲以见"，从而否定了"存天理，灭人欲"。在"义利之辨"上，颜元针对"正义不谋利"的传统教条，提出："正其谊以谋其利，明其道而计其功。"（《四书正误》卷一）戴震还从政治上对理学家的"理欲之辨"进行了猛烈的抨击，指出"后儒以理杀人"甚于"酷吏以法杀人"，揭露了理学伦理思想的反动作用，接触到了封建礼教的实质。但是，由于清封建统治趋于稳定，在文化思想上实行怀柔与高压相结合的政策，自乾嘉以后，具有启蒙意义的伦理思想转向沉寂，统治者大力提倡的仍是已僵死的程朱理学。"于无声处听惊雷"，那已是炮声隆隆的鸦片战争时期了。

三、中国传统伦理思想的基本特点

所谓中国传统伦理思想的特点，当然是与西方传统伦理思想相比较而言的，但是，"特点"的形成却不是由于"比较"，而是根基于中国古代社会的自身存在。

考察中国传统伦理思想的特点，首先应把握中国古代社会结构的两个最根本的事实。第一，以血缘为纽带的宗法制的存在，构成了中国古代社会人际关系的"天然"形式。在西周奴隶制社会，体现为自周天子至诸侯、卿大夫、士的垂直的金字塔形式，经过春秋战国的变革，在秦汉以后的封建制社会，则体现为以家族为单位的横向的网络形式。因此，维系宗法关系，也就成了稳定人际关系、巩固社会等级秩序的重要途径。第二，作为社会存在基础的自然经济的高度分散，与作为国家政体的君主专制统治的高度集中，是中国古代社会的基本结构。要使分散的自然经济得以存在、巩固，就必须加强政治上的高度集中；反过来，要维护高度集中的君主专制主义，就必须加强对分散的自然经济的控制和调节。正是这种在下自然经济高度分散与在上国家政体高度集中的互补结合，规定了社会整体与社会个体之间的特殊关系，即分散的个体必须绝对服从以君主为代表的整体，以维护封建统治的稳定和巩固。

中国古代社会的这两种基本存在，相互沟通，即形成所谓"家—国同构"。以父家长制为中心，以"立子立嫡"为继承系统的宗法制，即所谓"宗统"，不仅是凝固一家一户自然经济的社会结构，而且还是维系君主"家天下"统治系统，即

"君统"的"天然"保障。于是,"宗统"与"君统"休戚与共,"国"与"家"彼此沟通,君权与父权互为表里,君与民之间是"君父"与"子民"的关系,形成了几千年一贯的父家长制的宗法体制,体现了如马克思所说的人类社会结构第一种形态,即"人的依赖关系"。由此,不仅直接引出了中国传统伦理思想中关于道德原则、行为规范和关于道德作用的思想及其特点,而且也从根本上规定了群—己、公—私关系的模式,从而也就决定了"义利之辨"即道德价值观的基本倾向,以及对理想人格的塑造,等等。这些思想代代相续,不断完备,形成了一个以儒家伦理思想为主体的用以维护"宗统"和"君统"的封建统治思想的"道统"。我们认为,"宗统"—"君统"—"道统"三位一体,是把握中国传统伦理思想以至中国传统文化及其特点的关键。

其次,考察中国传统伦理思想的特点,还必须与中国传统哲学的特点联系起来。事实上,中国哲学一开始就面向"人道",把伦理道德作为哲学思考的重点,致使道德观与宇宙观、认识论交织一体,密不可分。所谓"天人合一",从伦理思想的角度来看,可以称之为"宇宙伦理模式",即视"人道"(伦理关系)为宇宙的有机构成而与"天道"合一。由此规定了道德本原、人性论、理想人格、道德选择以及道德修养等问题的理论特点。

下面,我们就来谈谈对中国传统伦理思想特点的具体看法。

第一,由人道("爱人")精神屈从于宗法等级关系而产生的"亲亲有术,尊贤有等"("爱有差等"),是中国传统伦理思想所提倡的道德规范或道德要求的基本特点。这一特点,集中地体现为以家族为本位或个体必须服从家族及等级秩序的整体意识。

墨家以"爱无差等"为特征的"兼爱"原则,自秦汉以后几成"绝唱",唯有儒家所制定的一整套"人伦"道德规范被封建统治者奉为"正统"而大加倡导。儒家一方面主张"仁者,爱人",并提出"推己及人"的"忠恕之道"作为实行"仁爱"原则的基本途径,体现了人与人应该相爱互尊的人道精神。但另一方面又主张"克己复礼为仁",坚持"爱人"必须要以"君君、臣臣、父父、子子"的宗法等级关系——"礼"为度,即使如韩愈的"博爱之谓仁"、张载的"民胞物与",同样没有离开宗法等级原则。于是,"仁爱"原则,即体现为君仁臣忠、父慈子孝、兄友弟恭、夫唱妇随等一套宗法等级道德规范,既含情脉脉,又等级森严,而且强调的则是亲亲、尊尊，汉儒概括为"君为臣纲，父为子纲，夫为妻纲"，至宋以后，更突出了"忠"、"孝"、"节"三大德目。这样，人道精神就完全屈从于上下、尊卑、亲疏宗法等级关系，成为维护封建统治秩序的工具，扼制了个体利益和个性自由。因此，儒家的"仁爱"原则，包含但不能归结为人道主义。

第二，根据"天人合一"——"天道"与"人道"合一的宇宙伦理模式，一方面，在道德来源的问题上，尽管唯物主义和唯心主义对"天道"有不同的哲学规定，儒家的"天道"和道家的"天道"含义也各不相同，其对"人道"的理解又相互对立，但都由"天道"直接引出"人道"。

正是由于在道德来源问题上的这一理论特点，因此在儒家特别是正统儒家那里，混淆了"必然"与"当然"、事实与价值的区别。"天道"是"必然"，属事实范畴；"人道"是"当然之则"，属价值范畴。而"人道"既然"是皆得于天之所赋"（朱熹），或如董仲舒所谓"道之大原出于天"，因而也就是"非人之所能为"（朱熹）的必然。于是，"人道"作为人们行为的"当然之则"，又是人所不可违逆的"天命"或"天理"之必然，陷入了道德宿命论。并由此决定了在道德选择上重自觉而忽视自愿、重必然而漠视意志自由的特点。这是中国传统伦理思想在道德来源和道德选择上的基本倾向。

另一方面，就道德主体而言，在性善论或德性主义人性论（这是中国古代人性论的主流）那里，"人道"来自"天道"，体现为德性禀于天命（"天命之谓性"、"性即理"）。反过来，在道德修养中，通过"尽心，知性，知天"或"居敬穷理"、"复性"，在内心中达到"天人合一"，即所谓"万物皆备于我"，"仁者与天地万物一体"，就成了主体的至善极境。这是儒家所理解的"自由"，然而却是排斥了个体的感性情欲和个性自由，实现于内心的"自得"。在道家那里，他们所要达到的"天人合一"即所谓"体道"境界，乃是通过"堕肢体，黜聪明"（"无己"、"丧我"），而"悬解"世俗伦理及一切矛盾达到"游心"于"无何有之乡"的，庄子称之为"逍遥游"，是一种想象中的个体"绝对自由"。正是这两种"自由"的互补，对古代士大夫知识分子产生了重大的影响，成为中国传统伦理思想所理解和倡导的"自由"的特点。

第三，以德性主义人性论为主流，是中国古代人性论的明显特点。与西方一样，中国古代人性论也存在着德性主义和自然主义两种基本主张；但在中国，其主要倾向是以"性善论"为主体的德性主义,而不是"食、色,性也"的自然主义。其主要原因在于以血缘为纽带的宗法制的牢固,因而由天然的血亲之爱而推衍出"孝、悌"为本始的天赋德性(仁、义、礼、智),就是十分自然的了。而自然情欲则被视为恶的根源。由于宗法制的存在和正统儒家在中国思想史上的统治地位,使"人之初,性本善"的德性人性论,成了中国人对人性见解的传统观念。

人性论的这一特点,成为中国古代伦理思想关于人可以为善、可以教而为善("人皆可以为尧舜")的心理根据,并在很大程度上决定了中国古代道德修养论的发达和道德修养的基本路线——"知性"说和"复性"说,同时也为德治主义和道德决定论提供了人性论的根据,而中国传统文化中法制观念不强,也与性善论之作为对人性认识的基本倾向不无关系。

善即根于人性之中,"人皆可以为尧舜",只要充分发挥人之德性,即可达到"至善"境界。人之为善,不需外在的强力作用,这一方面会轻视法的作用,导致缺乏法制观念;另一方面,也是造成中国人宗教信仰淡薄的原因之一。

总之,德性主义人性论的强大,对于中国传统伦理思想和中国传统的民族心理,产生了重要的影响。

第四,在"义利之辨"即道义与功利关系的问题上,"正其义不谋其利,明其道不计其功"(董仲舒)的道义论,是中国传统伦理思想关于道德价值观的主要倾向。在中国古代,虽也不乏功利主义,但始终没有占据主导地位。

"义利之辨"是中国伦理思想史的一个基本问题,尤其在社会变革的历史条件下,显得格外突出,但并没有冲破"重义轻利"、"贵义贱利"的模式。相反,自先秦儒家提出这一观点以后,经汉儒董仲舒的发展、概括,到宋明理学得到了进一步的强化,明确主张主体的行为方针应"不论利害,惟看义当为与不当为"。并由义利之辨,深化为理欲之辨,鼓吹"存天理,灭人欲"。明清之际的进步思想家虽对此作了批判,功利主义价值观一度成为时代思潮,但不久即被扼制。直到近代,传统的道义论价值观才受到了猛烈的打击,然而问题并没有得到根本解决。

中国传统道德价值观的这一特点,是中国古代宗法制和高度集中的君主专制主义的产物。在宗法制和君主专制的统治下,个人利益对于群体利益的关系,既依附又对立:个人没有独立自主的经济权利,更不允许发展个人利益去超越家族和国家的利益,从而形成了个人利益必须绝对服从和从属于家族、国家利益的要求。这种利益关系和要求反映在价值观上,就是道义至上,"正义不谋利"。"义"实即宗族、国家整体利益的价值反映,一切以"义当为与不当为"为标准,不能要求个人利益的满足,走向极端,就是"存义去利"、"存理灭欲"。

这一传统的道义论价值观,直接规定了道德的评价、理想人格的塑造、道德修养的目的。它具有巨大的历史惯性而影响于后世。

第五,由于宗法等级制成为中国古代社会人际关系的基本结构和"天然"形式,维护了宗法等级关系也就稳固了统治秩序。因此,反映和调节宗法等级关系的道德原则和行为规范,也就必然要与治国安邦直接联系在一起,取得了"纲纪天下"的政治功能。从而造成了道德与政治一体化的特点:"三纲",既是最高的政治原则,又是最高的道德准则;"孝"、"忠"、"节"三大德目被纳入刑律而法制化。体现在道德理论上,就是"德治主义"和"道德决定论"。它虽曾遭到法家的批判和否定,但由于秦二世而亡宣告法家"惟法为治"、以法代德路线的破产,反衬出儒家"德治""教化"对于"守国""安民"的特殊功能,因而自汉以后,儒家思想被封建统治者奉为"正统",其道德与政治一体化的特点,更为突出。

第六,由于人性论的德性主义和对道德政治功能的强调,使中国传统伦理思想的道德修养论和道德教育论特别发达,这也是一个重要的特点。

中国古代的教育,实即道德——政治教育。说教育即"教化",虽言过其实,但教育以德教为主,却是事实。而德教的关键在于启发人们内在的"良心"、"良知",因此,德教目的的实现,必须通过个人道德修养的途径。

中国古代关于修养的理论,当然不止儒家一说,还有道教的"修炼",佛教的"修行",但儒家的修养论影响最大,它汲取佛、道思想,因而在理论上也最为丰富。又由于儒家多为教育实践家,这就使得儒家的道德修养论具有许多合理的成分,成为中国传统文化中的一大精神财富。

中国传统道德修养论的基本特征是:重视内心修养,突出了主体内心的理性自觉。从孔子的"内自省"、"内自讼",孟子的"尽心"、"知性",到朱熹的"居敬"、"穷理"以"复其初"("复性"),基本的倾向属于理性主义范畴。当然,从总体上看,这种理性主义多为先验主义,宋明理学的"复性"说就是典型表现。中国传统的修养论,实与认识论不分,唯物主义者的修养论也与其认识论融为一体，他们强调"习"、"行"，主张"习"以成善恶、"习成而性与成"的思想，闪烁着唯物主义和辩证法的思想光辉。

以上所述，只是对中国传统伦理思想特点的粗见略论，尚不包括其他特点。应该指出，"特点"并非"优点"或"缺点"。至于如何站在现实的高度详述中国传统伦理思想的长短、优劣，就留给本书的作者去承担了。

第一章
中国传统(古代)伦理思想的诞生

第一节　西周伦理思想的产生与殷周之际的社会变革

人类早在原始氏族社会就有了道德——原始社会道德。从关于远古社会的神话、传说和出土文物可见，在我国原始社会的氏族血缘共同体内部，就奉行着"天下为公，选贤与能"与平等互助、"讲信修睦"的朴素道德风尚。不过，当时的所谓"道德"，仅仅表现为一种自发的传统习惯而已，人们对于自身的道德生活并没有自觉的意识。而人类具有自觉的道德意识，以及体现这种自觉的道德学说或伦理思想，则是在进入文明社会后才逐渐产生的。

按照史学界的通行见解，我国大约在公元前22世纪至公元前21世纪就开始跨入了文明社会的门槛，出现了第一个奴隶制的国家，即夏朝。关于夏代是否已产生伦理思想，除了一些历史传闻可供推测外，至今尚无直接的夏代文字材料可证。"惟殷先人，有册有典"（《尚书·多士》），为我们研究商代伦理思想提供了一些可靠的文字根据。① 但是，"商俗尚鬼"，对鬼神的绝对崇拜主宰着殷人的政治生活和精神世界。他们"尊神"、"事神"、"先鬼而后礼"（《礼记·表记》），在"神道"的统治下，压抑了对"人道"②的自觉，因而虽或有对道德的某些零碎、粗浅的认识，但却不可能创造出有理论、成体系的伦理思想，而作为中国古代伦理思想诞生的主要标志，当推西周伦理思想的建立。

大约在公元前1027年，周武王率军占领商都朝歌，宣告了商朝的灭亡和周朝的建立。周取代殷统治地位以后，一方面"因于殷礼"，同时又对"殷礼"进行了一番"损益"变革，即所谓"维新"，使由夏朝始基，经商朝发展的奴隶制进入了全盛时期。反映在伦理思想上，也较商代有进一步发展，不仅提出了一套以

---

① 到商后期，我国的汉字基本成熟，甲骨卜辞和器物铭文中的字数已多达三千五百个左右，并产生了如《盘庚》这样珍贵的文字史录。范文澜认为，《盘庚》三篇是无可怀疑的商朝遗文（篇中可能有训诂改字）（范文澜：《中国通史》第一编，北京：人民出版社，1949年，第45页）。
② 这里的所谓"人道"，仅指人类自身的道德生活。

"孝"为主的宗法道德规范,而且创立了一个以"敬德"为核心的道德与宗教、政治融为一体的思想体系。

西周伦理思想的产生,与殷周之际的社会变革有着直接的关系,因而要研究西周的伦理思想,及全面考察中国古代伦理思想的诞生,就必须首先搞清殷周之际社会变革的基本情况。

马克思主义经典作家在论及人类由原始社会进入文明社会的历史进程时,认为东、西方曾经走了两条不同的途径。这就是以古代希腊为代表的"古典的古代"和以古代东方国家为代表的"亚细亚的古代"。具体说来,"古典的古代"是从氏族到私产再到国家;个体私有制冲破了氏族组织,国家代替了氏族。"亚细亚的古代"则是由氏族直接到国家,国家的组织形式与血缘氏族制相结合。中国古代奴隶制的形成就属于"亚细亚"生产方式的类型。它是在没有摧毁原始氏族组织的情况下直接进入奴隶制国家的。于是就形成了两大基本特点:一是生产资料(主要是土地)所有制的王有形式,即所谓"溥天之下,莫非王土;率土之滨,莫非王臣"(《诗·小雅·北山》),实质上是奴隶主贵族的国有形式,且"田里不鬻"(《礼记·王制》),禁止土地买卖;二是劳动力(奴隶)的血缘族团性质。这就是说,整个社会结构保存了以血缘为纽带的氏族遗制,从而严重地阻碍着私有制的发展。这一特点,既是理解我国古代生产方式的关键,又是研究中国古代伦理思想产生及其特点的直接根据。

这种社会结构与血缘为纽带的氏族遗制相结合的特点,发端于禹传子启继承王位的夏代,中经君位继承"兄终弟及"或"以弟及为主而以子续辅之"的商代,而到西周发展得最为典型,这就是所谓西周宗法等级制。它把父系氏族血缘关系与王位继承及"授民授疆土"的等级分封制相结合,成为国家经济、政治结构的基本体制,是周天子用来作为"纲纪天下",即"经国家,定社稷,序民人,利后嗣……"(《左传·隐公十一年》)的根本大法。

周族肇国西土,地处渭水流域,其祖先为传说中的神农后稷的子孙。"周原朊朊"的优厚自然条件和充足的劳力资源,使周人在铁器未产生时就进入了文明社会,因而仍保留了氏族制度。西周建国的基础是以姬姓为主的姜、巳、妠、任等氏族联盟,而土地和人口都为周天子所有。由此,才有周初的"授民授疆土"的大分封。周天子把王畿以外的土地(包括人口)分赐给同姓的和异姓的诸侯,让他们世代享用,但没有所有权,正是为了适应这种土地制的形式。这样,周人利用保留下来的氏族血缘组织形式,在殷制的基础上,建立起一套完整的宗法等级制度。对此,王国维在《殷周制度论》中曾作了明确的概括,至今仍为许多学者所首肯。王国维指出:

> 周人制度之大异于商者,一曰立子立嫡之制,由是而生宗法及丧服之制,并由是而有封建子弟之制,君天子臣诸侯之制。二曰庙数之制。三曰同姓不婚之制。此数者皆周之所以纲纪天下……

这里所说周人创立的三项制度,正构成了西周宗法等级制的总体,即所谓"周礼"①。

所谓"立子立嫡之制",就是应土地和权力分配的需要,按父系氏族血缘嫡庶之分而建立的天子、诸侯的世袭继统法。天子位由周王的嫡长子继承,而周王兄弟和其余诸子则受封为诸侯;诸侯君位也由嫡长子嗣承。王位和君位由此而世代相续,立为定则,形成了所谓"君统"。同时,诸侯的庶子则另立"别子"系统,即于卿大夫、士建立所谓"宗统"。《荀子·礼论》说"大夫士有常宗",正反映了别子立"宗"的古制。据《礼记·丧服小记》和《大传》所载,"宗"有"大宗"和"小宗"之分。大宗由继别子(诸侯的庶子)的嫡长子系统组成。即所谓"别子为祖,继别为宗",它世代相继,"百世不迁",别子的其余庶子则分别组成无数小宗。小宗一系,自高祖以下,"五世则迁"。这里有两个层次,在本宗之内,是父子关系,为纵的一层;在大宗与小宗之间,则为兄弟关系,是横的一层。"宗,尊也,为先祖主也,宗人之所尊也。"(《白虎通·宗族》)在本宗内,宗主(宗子)不仅有主祭权(祭祖庙),而且有统理全族财产(曰"室"或"家")的经济权、处理全族大事的行政权,甚至还有生杀权。总之,宗主处于全族所共尊的崇高地位。在大宗与小宗之间,"大宗能率小宗",实行以兄统弟。这就是说,大宗的宗

---

① "礼"(禮)源出于祭祀。卜辞中"礼"字为 豊 或 豐,王国维说:"盛玉以奉神人之器谓之曲若豐,推之而奉神人之酒醴亦谓醴,又推之而奉神人之事,通谓之礼"(《观堂集林·释礼》),因而其字后来从示。"殷人尊神",执礼器以事神;所执礼器则按祭祀者身份、等级而定,此种法规,即谓礼制。西周建立起更为严密、完备的宗法等级制度,其"礼"也较"殷礼"更繁,诸如祭祀、朝聘、军事、婚、丧等,都有严格的合乎身份的礼节仪式,构成了"礼"的外在形式;而其本质,即是以宗法等级秩序为特点的奴隶主贵族专政。因而,所谓"周礼",也就是西周宗法等级制的总体。

主地位最尊。① 可见,宗法关系既是血缘亲亲,又是等级尊尊,既肃穆威严,又含情脉脉。其实,"君统"也存在着血缘宗法关系。这里,"君统"与"宗统"合一,只是由于君位尊于宗位,所以天子、诸侯一系"无宗名",但"有大宗之实"。就是说,周天子实际上是"天下之大宗",他既是政治上的全国共主,又是宗族上(周朝境内所有同姓宗族)的最高宗主,故有"宗周"之称。相对于周天子来说,诸侯国君是小宗,而在封国内则又是大宗,是该国内各同姓宗族的大宗主,因而有"宗国"之称。其下,卿大夫、士又各有宗族。另外,根据同姓不婚之制,即所谓"男女辨姓,礼之大司也"(《左传·昭公元年》),把异姓贵族联为甥舅,利用姻亲来加强与各异姓宗族之间的团结。这样,周人在灭殷以后,以氏族血缘关系为纽带,建立了一个严密的从天子到诸侯、卿大夫、士、庶民的金字塔式的等级统治秩序,即宗法等级统治体制,形成了所谓"大邦维屏,大宗维翰,怀德维宁,宗子维城"(《诗·大雅·板》)的政治局面。在这个体制中,不仅人分等级,而且,在氏族群体与氏族个体之间,正如马克思在《资本主义生产以前各形态》这一手稿中所指出的,在"亚细亚"的所有制形式中,氏族共同体就是"实体","而个人则只不过是实体的偶然现象,或者只不过是一些纯由自然途径形成的实体的组成部分"②,个人的地位仅仅体现在对公共土地财产的占有上,而毫无独立性可言。这种个体对群体的绝对依附关系,导致个人长期难以割断他同血缘共同体联结的脐带,从而在经济乃至意识发展上缺乏独立性。这一群己关系上的特点,同样为西周宗法等级制所固有。③

周人建立宗法等级制度,王国维认为"其旨则在纳上下于道德","实皆为道德而设",这显然是本末倒置。恰恰相反,西周奴隶主贵族的道德是对宗法等级关系的直接反映,是为维护和巩固这一制度而设的。也就是说,正是在宗法等级制的基础上,产生了西周的一套宗法道德规范和伦理思想,并决定了周人道

---

① 参见瞿同祖:《中国法律与中国社会》,北京:商务印书馆,2017年,第17—21页。
② 马克思:《资本主义生产以前各形态》,日知译,北京:人民出版社,1956年,第7页。
③ 这种个人对群体的依附关系,不仅为西周宗法等级制所固有,而且也是整个中国古代社会的社会结构。马克思在《政治经济学批判(1857—1858年草稿)》中提出的人类社会结构"三形态"或"三阶段"说[《马克思恩格斯全集》第46卷(上),北京:人民出版社,1960年,第104页],其中的第一种形态,即"人的依赖关系",是前商品经济社会所共有的社会结构,在中国古代,体现为宗法等级制。中国传统道德和传统伦理思想就是在这种社会结构中产生和发展起来的,就是以"人的依赖关系"为其基础的。

德意识的特点。

如果说,宗法等级制的建立是西周伦理思想产生的直接根据,那么,商纣亡国的教训,则是激发以周公(旦)为代表的西周政治家、思想家对社会道德生活的自觉意识,进而建立西周伦理思想的历史动力。强大的商朝,居然在"小邦周"的打击下,猝然土崩瓦解,丧失了君天下的统治地位。这一急剧的政权变故,不能不给西周统治者以强烈的震动,促使他们从"殷鉴"中吸取政治上和思想上的教训,从而深刻地影响了周人的宗教意识、政治主张和伦理思想的建立。

西周伦理思想的创立,标志着中国古代伦理思想的诞生。

第二节 西周"有孝有德"的伦理思想

侯外庐曾经指出,"有孝有德"是西周的"道德纲领"。又说:"为了维持宗法的统治,故道德观念亦不能纯粹,而必须与宗教相结合。就思想的出发点而言,道德律和政治相结合"①,从而建立了一个道德、宗教、政治三者融为一体的思想体系。

研究西周伦理思想的主要资料,是《尚书》的《周书》以及《诗经》、《易经》、周金文等。《周书》19篇并不是作于同一时期,但其中大部分可信是周初的作品,且多为周公之言,如《大诰》、《康诰》、《酒诰》、《梓材》、《召诰》、《洛诰》、《多士》、《君奭》、《多方》、《立政》等。所谓西周的伦理思想,主要是以周公(旦)为代表的周奴隶主贵族的伦理思想。

一、以"孝"为主的宗法道德规范

在西周的伦理思想中,关于道德规范的思想占有重要的位置。

---

① 侯外庐主编:《中国思想通史》第1卷,北京:人民出版社,1957年,第92—95页。

周人所提倡的道德规范，最基本的是父慈、子孝、兄友、弟恭，它们是对宗法关系纵（父子）横（兄弟）两个层次的伦理概括，体现了既亲亲、又尊尊的原则，是用以调节宗族内部人伦关系的基本行为准则。所谓西周的道德，实质上就是宗法等级道德。它们作为奴隶主贵族内部的道德要求，同时也要求被统治的宗族恪守遵循，因而其适用的范围很广，具有普遍的意义。据《史记·周本纪》载，周公在平定三监和武庚叛乱后，封康叔于殷地，以加强对殷族"顽民"的统治。周公在代成王给康叔的诰文中，就要求康叔用父慈、子孝、兄友、弟恭这一套宗法道德作为统治的工具，并把他们提到"民彝"（即众民行为）大法的高度。认为"不孝不友"，就是"元恶大憝"，罪大恶极，训令应迅速按照文王所制订的刑法，严加惩处，"刑兹无赦"（《尚书·康诰》）。又《易·离》说：

九四：突如，其来如，焚如，死如，弃如。

据高亨《周易古经今注》，突即㐬的借字。《说文》作㐬，取㐬字上首，其注曰："㐬，不顺忽出也，从倒子。《易》曰：'突如，其来如。'不孝子突出，不容于内也"，是"突"逐出不孝子也。既逐出焉，使彼复来焉，则罪重者焚焉，其次死焉，更次弃焉。① 上述实例，不仅表明孝、慈、友、恭等宗法道德规范的普遍性，而且反映了周人对宗法道德的极端重视，其中尤以"孝"为最。

"孝"作为一种道德观念和行为规范，要求子对父的奉养、尊敬和服从。它虽体现了父子血缘"亲亲"之情，但本质上是对父子之间的权利与义务关系的反映。因此"孝"不是自有人类社会就有的，只是到了私有财产出现，"一夫一妻制使父子关系确实可靠，而且导致承认并确定子女对其先父财产的独占权利"② 的情况下，才开始产生的。既然子女有继承先父财产的权利，因而也就要求子女有奉养、尊敬、服从生父的义务，这就是"孝"这一观念产生的历史根据。

---

① 逐出不孝子，实际上是对不孝子的一种最严厉的惩罚。在原始氏族社会，把氏族成员驱逐出氏族或部落联盟，对这个成员来说就等于判处死刑（参见拉法格：《财产及其起源》，王子野译，北京：生活·读书·新知三联书店，1962年，第37页）。逐出不孝子，就是对原始氏族这种"放逐"惩罚的延续。
② 马克思：《摩尔根〈古代社会〉一书摘要》，中国科学院历史研究翻译组译，北京：人民出版社，1965年，第63页。

反过来,"孝"的实行则能使家庭以至整个宗族得以稳固和延续。当然,"孝"有一个发展的过程。随着以"立子立嫡"的君位继统世袭制为核心的宗法等级制的建立,这一"孝"的观念及其作用,得到了进一步的升华和强化,以至与政治相结合,成为维系奴隶主贵族内部团结和巩固统治地位的重要工具。所以,周人"孝"的观念和对这一观念的提倡,明显地超过了它的前代(商、夏)。例如,在西周文献中普遍地存在着"孝"字,而在商代卜辞中仅见一处,且用于地名。卜辞中有"老"、"考"字,虽然"古老、考、孝本通,金文同"①,但这里是泛指"老成人"。又卜辞中的"教"字,据宋戴侗《六书故》说,即是"孝"字,但显然不及西周那样突出。这正说明殷人对"孝"的道德作用的认识水平比西周低。而不少史籍中所说的商王高宗武丁之子"孝己",被视为孝亲的典型而与曾参齐名,但据王国维考证,"孝己"原名即卜辞中的兄己、父己。可见"孝己"之名及其传说带有很大的附会成分。至于夏代,孔子曾说"禹……致孝乎鬼神"(《论语·泰伯》),只是表明禹的祖先崇拜观念,这或许体现了"孝"的最初形式,但毕竟不是完整意义上的"孝"。总之,"孝"和以"孝"为主的宗法道德规范,到西周才最终确立并完善起来,其主要原因就是经殷周之际的社会变革而造成的宗法等级制的建立。

周人对"孝"的规定,大致有两个方面的内容。

第一,奉养、恭敬父母。《尚书·酒诰》载:

王曰:

> 妹土(即妹邦,殷故土,句中省略中心词"民")嗣尔股肱,纯其艺黍稷,奔走事厥考厥长。肇牵车牛,远服贾,用孝养厥父母。

意思是说,从今以后,你们要尽力劳作,专一于农事,要为你们的父母奔走效力。在农事完毕后,可以赶着牛车,做些买卖,以孝敬奉养你们的父母。不然的话,"子弗祗服厥父事,大伤厥考心",那就是"不孝"。

第二,祭祀先祖。《诗·周颂·雝》说:

---

① 朱芳圃:《甲骨学文字编》,台北:台湾商务印书馆,2011年,第208页。

相维辟公,天子穆穆。於荐广牡,相予肆祀。假哉皇考,绥予孝子。

这是武王祭祀文王时的赋。武王自称"孝子",祭祀先父文王就是他一片孝心的表达。这种"孝"也称为"追孝"、"享孝"。如"用追孝于刺仲"(《师奎父鼎》),"追孝于前文人"(《尚书·文侯之命》),"率见昭考,以孝以享"(《诗·周颂·载见》)。而其实质就是要求继序先王的德业,以显示嗣承先王统治地位的权利。所以《诗·大雅·下武》说:"成王之孚,下土之式",武王所以成为王者之信,而为四方之法,以其能"永言孝思,昭哉嗣服",嗣承先王的德业。后世若能如此,则"受天之祜","於万斯年"。

"孝"的上述规定,第一种含义具有普遍性,对于庶民也适用,因为"庶人工商皂隶牧圉皆有亲昵"(《左传·襄公十四年》)。而第二种含义,则专用于周天子、诸侯和宗子。这是因为他们是宗法系统中的嫡长,只有他们才有继承君位和宗子位的天然资格和权利,因而也只有他们才能祭祖,并决定了他们有维护君统和宗统不绝的义务。追孝先祖,继序先王、先祖德业,正是这种权利与义务的道德反映。

由于"孝"含有如此的道德要求,因而就获得了维护宗法等级秩序的特殊作用。子能奉养和敬服其父,确认父(在家为家长,在族为宗子)的权威,同时,父爱其子以及兄友弟恭,即可维系宗室和整个宗族的和谐、稳定。周公所谓"尔室不睦,尔惟和哉"(《尚书·多方》),正体现了对以"孝"为主的宗法道德作用的认识。而子孙"永言孝思",对先祖祭祀不绝,则可维系宗法系统"於万斯年",从而也就巩固了等级秩序和天子、诸侯、宗子的统治地位。"孝子不匮,永锡尔类"(《诗·大雅·既醉》),其作用昭然若揭。于是,"孝"就成了宗族个体成员的美德,天下之法则,即所谓"有冯有翼,有孝有德,以引以翼,岂弟君子,四方为则"(《诗·大雅·卷阿》)。于是,"孝"作为宗法道德规范获得了强烈的政治色彩,成为维护奴隶主统治的有力工具。它集中地体现了氏族成员必须服从氏族整体利益(即个体依附群体)的伦理实质。正因为如此,"孝"在诸宗法道德规范中占据了主要的地位,特别为周统治者所重视。周人关于"孝"的思想,一直为后世所承袭,在儒家和封建统治者那里,得到了不断的升华和发展,与"忠"相并列,成为封建社会中最基本的道德规范。

至于周人对宗法道德来源的回答,尚无理论上的深入探讨,只是根据宗教天命观,认为父慈、子孝、兄友、弟恭等这些"民彝"大法是"天惟与我"的。正如普列汉诺夫所指出的:"宗教并不创造道德。它只是把在一定的社会制度基础上生长起来的道德规范加以神圣化而已。"①周人的天命观,也只是给宗法道德规范披上了一件神圣的外衣罢了。

二、"修德配命"和对道德作用的自觉

周人不仅形成了以"孝"为主的一套宗法道德规范,而且还提出了关于"德"的思想。郭沫若指出,周人的"德","不仅包含着正心修身的工夫,并且还包含有治国平天下的作用:王者要努力于人事,不使丧乱有缝隙可乘;天下不生乱子,天命也就时常保存着了",这"的确是周人所发明出来的新的思想"。②

"德"字,殷商卜辞作"𢛳"(徝"值"),底下无心符,郭沫若原释"值"为征伐,后在《文史论集》中认定说:值(徝)殆古德字。不过,一般都认为卜辞中的"徝"无道德含义。发表于《中国哲学》第八辑上的《殷周奴隶主阶级"德"的观念》一文,提出了不同看法,认为"徝"与"伐"相通,是就征伐的结果而言的。所以"徝"又与"得"相通,是指得到或占有奴隶、财富之义。于是,"有德"(即"有得")也就成了对奴隶主贵族的一种"美称",而获得了道德意义,并从卜辞中引出四条例证。该文所论,虽在史料上尚有待进一步的补充,但在理论上是站得住的。马克思指出:"财产的任何一种形式都有各自的道德与之相适应。"③拉法格也说:"物质财富的占有是道德的美德存在的基础。"④所以,如果说,"占有固着于土地上的农奴的剩余劳动的制度树立了农奴主的道德"⑤,那么,占有包括人身在内的奴隶劳动成果的财产占有形式,则树立了奴隶主的道德;奴隶主十分自然

---

① 普列汉诺夫:《普列汉诺夫哲学著作选集》第3卷,北京:生活·读书·新知三联书店,1962年,第401页。
② 《先秦天道观之进展》,载郭沫若:《青铜时代》,北京:科学出版社,1957年,第22页。
③ 《马克思恩格斯选集》第2卷,北京:人民出版社,1972年,第431页。
④ 拉法格:《思想起源论》,王子野译,北京:生活·读书·新知三联书店,1963年,第105页。
⑤ 《列宁全集》第1卷,北京:人民出版社,1955年,第361页。

地会把获得、占有和有利于获得和占有奴隶、财富的"德",包括业绩、手段、方法、才能、品德赋予"善"(美德)的价值。①《盘庚》中所谓"无有远迩,用罪伐厥死,用德彰厥善",就是一个明证。当然,殷人的"德",与"道德"范畴相距尚远,这也是事实,但毕竟给周人关于"德"的思想提供了历史的起点。

周人的"德",就其社会内容(不是就其道德含义)而言,仍指获得和占有奴隶、财富之义。《诗·邶风·谷风》说:"既阻我德,贾用不售。"这里的"德"就是指获得财货。《易·益》九五说:"有孚,惠我德。""孚"同俘,"分人以财谓之惠"(《孟子·滕文公上》)。这是说,有了俘虏就分给我一部分,我就"德"(即有得)了。因而,在周人看来,先王灭殷而获得"厥邦厥民"的业绩("文武烈")也就是"德",他们称之为"丕显德",即伟大显赫的业绩。不过,周人强调的是之所以"有德"(有得)的原因。于是,他们把获得天下(包括"民"和疆土)的方法、才能、品德等主观因素,也称为"德";反过来,认为有了这种"德",就能获得"中国民越疆土"(在周人看来,也就是获得了"天命"),就能"永保民"而"至于万年"。从而提出了"修德配命"、"敬德保民"的思想,而"德"也就获得了道德的意义。这就是"周人所发明出来的新的思想"。

所谓"修德配命",或曰"敬德配天",是对周人关于"修德"("敬德")与天命关系的思想概括。《诗·大雅·文王》说:

> 无念尔祖,聿修厥德,永言配命,自求多福。

《尚书·召诰》说:

> 惟王其疾敬德,王其德之用,祈天永命。

---

① 又如"贤",从臤从贝。《说文》:"臤,古文以为贤字。"臤从臣从又。臣,"牵也",像被牵缚的奴隶之形,加手旁突出牵义。奴隶社会以奴隶为私有财产,所以"臤"有财富之义,为了彰明此意,后又加贝旁,写作"賢"。《说文》:"贤,多财也。"段注:"引申之凡多皆曰贤",有所谓"贤人"、"圣贤"云云,"贤"又获得了美德之义。
又如"得",甲骨金文作 🖐(㝵),像手握贝之形。《说文》:"㝵,取也。"从贝从又,所得者贝也。古代以贝为商品交换的一般等价物,故㝵原意为获得财货。金文有惯用语:"㝵屯鲁"(《井仁安钟》),于省吾认为:"纯(即屯),美也;鲁,嘉也。所得者美,所用者嘉。"可见,古人以得贝(财货)为美,具有道德价值之义。此乃"德"、"得"互通之主要根据。

这是说,统治者要一心一意地遵循和实行先祖王者之德,才能永久地享有天命(实即国祚),或者说,"若德裕乃身,不废在王命"(《康诰》)。能否享有天命,关键在于统治者是否"修德"、"敬德","修德"、"敬德"是获得"天命"、国祚的人为根据。周人的这一思想是对殷人天命观的重大修正,它赋予上天以伦理的品格,并否定了天命的绝对性,与商纣王所说:"我生不有命在天"(《尚书·西伯戡黎》),形成了鲜明的对照。在周人看来,天命不是固定不变的,它是根据地上的帝王能否"修德"、"敬德"而转移的,因此,"命不于常"(《康诰》)。周人运用这一理论论证了天命由殷而转移到周的道理。周公明确指出:

> 我不可不鉴于有夏,亦不可不鉴于有殷。我不敢知曰,有夏服天命,惟有历年;我不敢知曰,不其延,惟不敬厥德,乃早坠厥命。我不敢知曰,有殷受天命,惟有历年;我不敢知曰,不其延,惟不敬厥德,乃早坠厥命。(《尚书·召诰》)

而周则由于"勤用明德","天乃大命文王,殪戎殷,诞受厥命,越厥邦厥民"(《康诰》),这就叫"皇天无亲,唯德是辅"(《左传·僖公五年》)。这就是说,天命不是预定的,是靠统治者"修德"而获得的。而获得"天命"(受命)不过是周从殷人手里夺得政权的神学根据,其实质是获得"厥邦厥民"。因此,所谓"修德配命",即是说,只有"修德",才能取得并保持政权。这里包含着周人对道德的一个重要认识——肯定了道德的政治作用,从而取得了人事对天命的主动权。它反映了周人对人类道德生活的某些方面(如政治作用)的自觉,在一定程度上发现了对于社会历史的自主性。周人这种对道德作用的自觉意识,在"敬德保民"中得到了更为明显的体现。

三、"敬德保民"的"德治主义"雏形

上文指出,所谓"修德配命",其实质是获得"厥邦厥民",而这也就叫"敬德保民",王国维说:周人"其所以祈天永命者,乃在德与民二字。……文武周公所以治天下之精义大法胥在于此"(《殷周制度论》)。这是周人"监于殷丧大否"

的历史总结。他们认为,商纣之所以国灭身亡,在于"败乱厥德":他酗酒田猎,穷奢极欲,"不知稼穑之艰难,不闻小人之劳,惟耽乐之从"(《尚书·无逸》);"惟妇言是用",昏弃祖祀,背亲信疏,重用"四方之多罪逋逃";"俾暴虐于百姓,以奸宄于商邑"(《尚书·牧誓》)。最后,"民罔不尽伤心",造成众叛亲离,前途倒戈,至于国亡。周人正是从这一"殷鉴"中认识到"敬德"对"保民"(治理好奴隶和平民)的极端重要性。周公在《康诰》中告诫康叔时说:

> 小人难保,往尽乃心,无康好逸豫,乃其乂(治)民。

在《尚书·梓材》中又说:

> 今王惟曰:"……皇天既付中国民越厥疆土于先王,肆王惟德用,和怿先后迷民。用怿先王受命。已!若兹监。"惟曰:"欲至于万年,惟王子子孙孙永保民。"

意思是说,上天既然把中国的臣民和疆土托付给先王,现在国王只有推行德政("敬德"),殷民才会心悦诚服地服从于我们的统治,先王所受的天命才能长久地保持下去。要使我们的统治千秋万代,就必须使王的子子孙孙永远治理好广大民众。总之,获得"厥邦厥民"是上天根据先王之德所赋,而要维系和巩固对民的统治,也必须"王惟德用"。"天命"—"敬德"—"保民"三者统一(或曰宗教、道德、政治融为一体),其中的关键一项,就是"敬德",这充分体现了周人对道德作用的自觉和重视。

由上可见,周人所提倡的"敬德"、"修德",只是对王者的要求。"德"在周人眼里,主要是指君德、政德,因而称美德如"先哲王德"、"大德"、"元德"、"宁王德"、"文王蔑(美)德"、"文祖德";称恶德如"桀德"、"受(纣)德"、"暴德",显然带有浓厚的贵族色彩,与后来(如儒家)的"德"比较,不具有社会的普遍性。但是,他们对于君德作用的认识,无疑已经具备了后来儒家所主张的意义,即具备了后来儒家所主张的"德治主义"的雏形。所谓"王其疾敬德",包括对祖、对己、对民三方面:

(1) 对祖(也包括对"天"),即"明德恤祀"(《多士》)。"恤祀",就是谨慎地祭祀先祖和上天,不仅要严格遵守祭祀的仪式礼节(例见《尚书·金縢》、《尚书·洛诰》),而且要对先祖、上天持有恭敬之心。上引武王祭祀文王的《雝》赋,正表达了子对先父的一片孝心,而所谓"罔敢失帝",不敢违逆上帝的意旨,则体现了祭天的道德心理。

(2) 对己,即统治者要加强自身的品德修养。周公在告诫康叔(封)时说:

呜呼! 封,敬哉! 无作怨,勿用非谋非彝,蔽时忱。丕则敏德,用康乃心,顾乃德,远乃猷裕。乃以民宁,不汝瑕殄。(《康诰》)

这是说,治国要谨慎,不要有怨恨情绪,不要采用错误的政策和不合国家大法的措施,而隐蔽了自己的诚心。修明品德、安定心思、检查德行、深谋远虑,从而使民安宁,你就不会因过错而被推翻了。这显然是指统治者的修养。这里还包括如:"无康好逸豫"(同上),"不敢自暇自逸"、"罔敢湎于酒"(《酒诰》)等。其典型就是文王。周公称颂文王的品德是:亲自劳作,善良仁慈,和蔼恭谨;爱护小民,惠善鳏寡;自朝至夕,"不遑暇食",不耽游猎,只受庶邦正常贡献,以此"咸和万民",而受天之命,"享国五十年"(《无逸》)。

(3) 对民,即对被统治者要实行德政,其主要内容就是"惠"民。所谓"惠民",一曰惠于庶民,"不敢侮鳏寡",也即"怀保小民,惠鲜鳏寡"(《无逸》),即对民,尤其是对无依无靠的鳏寡应爱护施恩。例如对被征服的殷民实行"勿庸杀之"的宽大政策,主张"无胥戕,无胥虐,至于敬寡,至于属妇(妾妇),合由以容(宽容)"(《梓材》),其目的在于缓和阶级矛盾,勿使"民怨",即"咸和万民",以求"保民"。周公说:"我闻曰:'怨不在大,亦不在小。'惠不惠,懋不懋"(《康诰》),认为民怨不在大小,如果认真对待民怨,虽大也不可怕,如果不认真对待,民怨虽小,也是可怕的。因而治民的关键在于"惠"还是"不惠",在于统治者是否"勤用明德"。这是周公从"殷鉴"中得出的又一条重要教训,成为周统治者治民的主要政策。二曰德教,就是对民进行"训告"、"教诲",使他们心悦诚服("和怿")地服从周的统治。在周初,这主要表现在周天子对殷顽民的"诰文"中,其内容如:用"敬德配命"的理论向殷民论证周灭商的合理性,教训他们要孝养父母,遵循父慈、子孝、兄友、弟恭的宗法道德规范等。《多士》一篇正是这种德教政策的集中体现。三曰"明德慎罚"(《康诰》)。周人对民，不仅持"柔"("惠"、"教")的一手，而且还有"罚"的一手，但罚当慎。所谓"慎罚"，就是要求"明于刑之中"(《尚书·吕刑》)，即量刑要适当。对于量刑，还要考虑犯罪动机和悔罪态度。罪虽小，但不认错，且坚持不改，"乃不可不杀"；罪虽大，但不坚持错误，且知悔过，"时乃不可杀"，可以从轻发落。(见《康诰》)同时，刑人杀人，不可根据统治者本人的主观意愿行事，这就叫"义刑义杀"，在周人看来，这也算是"明德"了。以上所述的周人关于"敬德"的三个方面和治民的三条政德，对后世产生了深远的影响，成为儒家"德治主义"的思想来源。

从周人提倡"孝"德，主张"修德配命"、"敬德保民"的思想可见，中国伦理思想自其诞生之时开始，在对道德及其作用的认识上，首先突出的是宗法道德和"君德"、"政德"，即王者之德及其政治作用。关于后者，同样与宗法等级制度直接相关。在原始氏族社会中，赖以统一整个氏族成员的意志和行动的一个重要力量，就是氏族首领及其道德权威，形成了如马克斯·韦伯所说的"魅力型"——"克里斯玛"(Charisma)型统治结构①。由于中国古代的"亚细亚"特点，原始氏族社会的这一习俗也就随着氏族遗制的保留而影响着奴隶制的宗法统治结构。由于"君统"与"宗统"合一，统治者兼君主与宗子为一体，由此，在君主身上就不能不保留着氏族首领的遗风，上述周公对文王品德的称颂，就是一个明证。当然，其性质已根本变化，强调统治者的道德权威，目的在于加强统治者的政治权威，从而树立起"圣王一体"②的至上形象，再加上"天命"的神威而神圣化，形成了"克里斯玛"式的"圣人崇拜"。而所谓君德、政德也就成了统治人民("保民")

---

① 马克斯·韦伯提出统治结构"三类型"说，即"法理型"、"传统型"和"魅力型"。"魅力型"权力"是建立在具体的个人不用理性和不用传统阐明理由的权威之上的"。只相信或崇拜个人魅力，"相信某一种个人、救世主、先知和英雄的现时的默示或恩宠"。其纯粹的典型形式，就是先民所崇拜、又经后人神圣化的原始部落的首领，被视为"先知先觉者"、"天才"的超人(马克斯·韦伯：《经济与社会》下卷，北京：商务印书馆，1997年，第446—449页)。这种"魅力型"权力——"克里斯玛"(Charisma)权威崇拜，在原始氏族制社会都普遍存在过，非中国独然。但在中国古代，由于原始氏族制与奴隶制以至封建社会有很强的历史延续性，因此原始的"克里斯玛"权威崇拜也随之融入到君主政体的"传统型"权力结构之中，成为维系"君主"权威的光环。反映在儒家的德治思想体系中，就是"德位一体"或"圣王一体"的德治模式。在儒家眼里，唯圣人(至德者)才能为王，即所谓"神圣者王"。尧、舜、禹、汤、文、武，都是"克里斯玛"式的"圣王"，而唯有这样的圣王，才能实行仁政德治。不过，实际的情况却是颠倒着的，不是圣者为王，而是王者为"圣"。
② 后世圣、王连称，如"神圣者王"、"圣王明君"、"天下者，……非圣人莫之能有也"，盖从此出。

的工具。这一特点,在以后的发展中,特别是在儒家"德治"思想那里,得到了进一步的强化和发展,在民族心理中,积淀成一种经久不去的"克里斯玛"权威情结和"圣人崇拜"。

第二章
春秋战国时期的伦理思想

第一节 春秋战国时期的社会变革及其伦理思想特点

春秋战国（公元前770—前476年为春秋时期，公元前475—前221年为战国时期）是我国古代社会由奴隶制转变为封建制的大变革时代。[①] 就社会变革的总体而言，各主要诸侯国开始建立地主阶级政权，确立封建制度，始于春秋战国之际，在这以前的春秋时期则是由奴隶制向封建制缓慢转变的过渡时期。与这一社会变革的历史进程相对应，作为思想领域的一个重要方面的伦理思想，也有前后相继的两个发展阶段。如果说，自春秋末开始，由于孔、墨显学及其伦理思想的产生，标志着先秦伦理思想进入了儒、墨、道、法诸子伦理思想的发展时期，那么，反映社会变革过渡时期的春秋伦理思想，就是诸子伦理思想兴起的前奏。

春秋时期，由于铁器和耕牛的使用、生产力的发展，封建性的私有土地开始出现和发展起来，它促进了私人工商业的发展，并在奴隶起义和"国人"暴动的推动下，动摇以至最终冲垮了原来以"王有"为形式的奴隶制土地制度。而随着旧经济制度的变革，社会关系的各个方面也都发生了深刻的变化：父子相篡，兄弟相残，诸侯争霸，灭国绝嗣，以至君臣易位，"政在家门"。总之，"周之子孙日失其序"（《左传·隐公十一年》），以周天子为"天下之大宗"的宗法等级统治体系四分五裂，出现了所谓"礼废乐坏"的大乱局面。社会经济制度的变革，以及由此而导致的在政治领域中的大乱，无疑会给社会思想意识以巨大的冲击，自然也对社会道德生活和伦理观念的变化产生深刻的影响。不过，春秋时期所发生的社会变革，是一个自发的、缓慢的发展过程，从春秋中叶开始到战国初期，一直延续了两百多年。这样，这个时期的历史，各方面都表现出"过渡"的特点。表现在伦理思想方面，就是新旧杂陈，相互更替：新的观念和思想开始产生，然而尚零碎而不成体系，同时，反映西周宗法等级关系的旧伦理思想仍未退

[①] 关于中国古代史分期问题，史学界见解不同，仍无定论。本书采取战国封建说。

出历史舞台,在某些方面甚至得到了进一步的强化。但由于春秋变革毕竟是两种剥削制度的更替,而且都以农业自然经济为基础,它们的思想意识直接相通,所以,旧的伦理思想被注入新的内容,正逐渐地改造成为封建地主阶级的意识形态。这种新旧更替的特点,不仅表现在宗法道德规范的演化和发展中,而且还反映在对道德作用不同认识以及直接由经济变革而导致的义利之辨中(其具体内容将在本章第二节"春秋时期伦理思想的新旧更替"中评述)。

春秋时期伦理思想的新旧更替,为诸子伦理思想的产生作了必要的理论准备。随着社会变革的深入、封建经济的建立和阶级关系的根本变化,以及专门从事学术文化的知识分子,即"士"阶层的形成,到春秋末、战国初,终于产生了孔、墨显学及其伦理思想,接着就是诸子蜂起、百家争鸣,先秦伦理思想的发展进入了诸子伦理思想时期。诸子伦理思想是诸子思想总体的重要组成部分,其中主要有儒、墨、道、法四家。它们的主要代表有:孔子、孟子、荀子(儒家);墨子、后期墨家(墨家);老子、杨朱、庄子(道家);法家的集大成者韩非。诸子伦理思想的产生,是春秋伦理思想新旧更替的总结,是殷周以来先秦伦理思想史的巨变,因而具有与以往伦理思想不同的特点。如果说,诸子哲学已经从"理想化的、化为思想的宗教领域内"解脱出来而成为相对独立的思想形态,那么,作为诸子伦理思想的一个明显的总体特点,就是伦理思想获得了自身所特有的形态,并建立起许多各自不同的、内容丰富的、具有内在逻辑结构的理论体系,它标志着中国古代伦理思想在理论上开始成熟。

诸子伦理思想所提出和探讨的问题,几乎包括了中国古代伦理思想的所有理论问题,有道德的本原、人性的本质、道德的作用、天道与人道、道德与法制,以及义利之辨、行为准则、道德评价、理想人格、修养方法等。围绕着这些问题,发展并提出了一系列为以后所袭用的成为中国伦理思想史所特有的道德概念和伦理学范畴,诸如:仁、义、礼、智、信、忠、敬、孝、悌、慈、友、惠、诚、忠恕、爱人、兼爱、中庸、无为、寡欲、逍遥、贵己、重生、自为、为我……以及天道、人道、人伦、人性、良知、良能、良心、成人、至德、修身、养心、内省、克己、道与德、义与利、利与害、善与恶、荣与辱、公与私、志与功、性与命、性与情、学与思、知与行、性与伪、经与权、德与法,等等。

人性论,这是战国时期诸子伦理思想体系的重要内容和基本的理论基础,大致可以分为两类：一是以善、恶论人性的德性主义；一是以自然本能论人性的自然主义。具体有"性善论"、"性恶论"、"性无善无不善论"，还有"自为"人性论、人性"素朴"论等，不仅用以解释道德的本原，解释人为什么有善、有恶，或为什么不能为善、为什么可善可恶的原因，而且还用来作为道德修养论和义利观的根据。总之，从不同的人性论出发，引出了不同的甚至根本对立的伦理学说。人性论的产生，使诸子在道德本原的问题上开始摆脱了宗教观的束缚，在一定的意义上，意味着人类对自身道德生活的自觉，因而也是中国古代伦理思想在理论上趋于成熟的一个标志，具有十分重要的理论意义。

提倡什么样的行为准则和道德规范，是诸子伦理思想体系的中心，也是诸子伦理思想相互争鸣的焦点。诸子在这一问题上的斗争，反映了各自对传统道德的不同态度和立场，是诸子在历史观上所谓"古今之争"的体现和贯彻，当然也与各派赖以产生的文化土壤的不同特点有关。这里不仅有儒、墨之别，还有儒、墨与道家的对立，而最突出的并贯穿于百家争鸣始终的则是儒法之争，也就是所谓礼法（德、力）之争。其伦理学的意义在于，如何看待道德的作用和道德与法的关系，儒家继承并改造、发展了传统的道德规范，强调甚至夸大它们的政治作用，法家重法轻德，甚至根本否定道德和道德的作用，以法代德，把法的作用推向极端，从而形成了儒、法之间的道德决定论与非道德主义两种对立的思想倾向。

义利之辨，发端于春秋，至战国成为诸子伦理思想的一个基本理论问题，以后又一直贯穿于中国伦理思想史的全部进程。义与利的含义及其相互关系的规定，在不同的伦理思想中互有差异，甚至相互对立。其在理论上的意义，大致有两个方面的问题：一是指道德与利益何者为重、为第一位；一是指什么是至善，即所谓道德价值观的问题，两者有区别又有联系。义利之辨的实质，归根到底是如何处理个人利益与整体利益，即私与公的关系。在理论上则体现为道义论和功利论的两种倾向，儒家的义利观具有道义论的性质，墨家具有功利主义的特点，法家唯利无义，则是一种极端的功利主义，道家主张摆脱世俗道德和利害冲突的束缚以保全自身，因而对义利之辨采取了超然的态度，这在庄子那里尤为典型。义利之辨作为道德价值观，规定了人们的价值取向或行为方针，指导着人们选择何种行为规范和追求什么样的理想人格，最后还在很大程度上左右着人们的道德修养,因而在诸子的伦理思想中据有十分重要的地位。

道德修养是儒家特别重视的一个问题。这不仅是其体系本身的需要,而且也是他们强调以至夸大道德作用的必然,因为道德的作用必须通过每个道德主体的实践才能实现。这样,个人的道德修养和理想人格的培养就成了儒家伦理思想体系在理论上的最后归宿。

仅就上述内容可见,诸子伦理思想确已具备了伦理学作为一门相对独立学科所应有的理论形态。诸子伦理思想的产生和发展,以其丰富多彩的内容、格调不一的学说、面貌一新的理论,写下了中国伦理思想史上光辉灿烂的一页,为以后两千多年伦理思想的发展奠定了坚实的基础。

第二节　春秋时期伦理思想的新旧更替①

由于春秋社会变革的过渡性特点,造成了春秋时期伦理思想的新旧更替。这种情况,不仅表现为新旧思想的冲突,而且还体现在旧思想本身的历史演变和改造中。这样,春秋时期的伦理思想,就呈现出一幅新旧杂陈、线条不明的动画,令人眼花缭乱,加以整理,大致表现为以下三个方面:

一、宗法道德规范的衍化和发展

面对西周宗法等级制的逐渐解体,一些站在诸侯国君或公室一边的奴隶主贵族政治家主张强化宗法道德,以维护君君、臣臣、父父、子子的统治秩序。例如,卫庄公宠爱庶子州吁,大夫石碏进谏,劝说庄公应"爱子教之以义方,弗纳于邪"。所谓"义方",就是合乎宗法等级制的行为规范。他明确指出:

且夫贱妨贵,少陵长,远间亲,新间旧,小加大,淫破义,所谓六逆也。

---

① 本节所述春秋时期的伦理思想,仅作为一种社会思潮,不包括春秋末开始产生的诸子伦理思想。

> 君义、臣行、父慈、子孝、兄爱、弟敬,所谓六顺也。去顺效逆,所以速祸也。(《左传·隐公三年》)(本节引《左传》,只注鲁公纪年)

齐景公时,大夫田桓积极发展自己的势力,景公深感威胁,问晏婴:"是可若何?"晏婴回答说:"唯礼可以已(止)之。"而所谓"礼",他说:

> 君令臣共,父慈子孝,兄爱弟敬,夫和妻柔,姑慈妇听,礼也。君令而不违,臣共而不贰,父慈而教,子孝而箴,兄爱而友,弟敬而顺,夫和而义,妻柔而正,姑慈而从,妇听而婉,礼之善物也。(《昭公二十六年》)

这是反映春秋时期关于提倡宗法道德的两则典型实例。显然是对西周宗法道德的系统化,表明当时的道德生活领域中占正统地位的仍然是旧宗法道德。但是,在这种宗法道德中存在着微妙的变化,尤其在处理君臣关系上显得更为突出。上述石碏和晏婴所提出的道德规范,都明确地把处理君臣之间的行为规范置于首位,正体现了宗法道德衍化的时代气息。

自春秋伊始,"周德"衰微,"挟天子以令诸侯",天子的权威竟成了某些诸侯国争霸所利用的旗号。当时政治的重心逐渐移到齐、晋、楚、吴、越等几个诸侯霸国,形成了"礼乐征伐自诸侯出"的局面,各诸侯大国实际上已经摆脱了周天子的控制。这样,原来唯"王命"是从的诸侯与周天子的君臣观念逐渐淡薄,而诸侯国的君臣关系则突出起来。这种君臣关系下移的趋势本身就意味着君臣道德观念的衍变,同时也就不能不赋予"忠"这一道德规范以新的含义。

正是由于诸侯国经济和政治权力的加强和国君地位的提高,原来要求"'行归于周,万民所望。'忠也"(《左传·襄公十四年》)的"忠"的内涵,明显地改变为忠于诸侯"社稷"(国家)和国君"公室"。例如,鲁国的季文子连相宣、成、襄三君,当他死后人们发现他很廉洁,就称赞他"忠于公室也。相三君矣,而无私积,可不谓忠乎!"(《襄公五年》)认为"奉君命无私"就是臣对君的"忠"。所以说:"无私,忠也"(《成公九年》),而"以私害公,非忠也"(《文公六年》)。这是"忠"的一层含义。

同时，"忠"还要求"卫社稷"。楚子囊在临死前遗言，谓子庚必须修筑都城郢的城郭。人称"子囊忠"，认为"将死不忘卫社稷，可不谓忠乎！忠，民之望也"（《襄公十四年》）。而在忠君与忠国之间，有人已经意识到后者应高于前者，忠君应该服从于忠国，就是说社稷的利益高于国君的利益，因此，当两者不可兼顾时，就应选择忠国而不应囿于忠君。《左传·襄公二十五年》载：齐晏婴在其国君庄公因个人私怨而被崔杼弑后，有人向他提出三种可能的选择，一是殉君，二是逃亡，三是归家。对此，晏婴一概予以拒绝。他说，君也好，臣也好，都是为了社稷，"故君为社稷死，则死之。为社稷亡，则亡之。若为己死而为己亡，非其私昵，谁敢任之？"晏婴的这一言行，反映了春秋时期在"忠"这一道德观念上的新的内容，即把卫社稷作为"忠"的最高准则。因而在某些较为明智的国君眼里，把"忠"看作是"社稷之固也"（《成公二年》）。这一关于"忠"的观念，虽也可以为保守的奴隶主贵族所利用，但毕竟是适应历史潮流的新的道德意识。《国语·鲁语上》载：晋人杀厉公，鲁成公说："臣杀其君，谁之过也？"众大夫都默而不答，唯里革认为："君之过也。夫君人者，其威大矣。失威而至于杀，其过多矣。且夫君也者，将牧民而正其邪者也。若君纵私回而弃民事，……将安用之？桀奔南巢，纣踣于京，厉流于彘，幽灭于戏，皆是术也。"类似的思想又见《左传·襄公十四年》晋师旷论"卫人出其君"。这就是说，如果君因为有过错而有损于社稷，那么臣杀之、逐之，就是正当的。忠于社稷高于忠君的道德观念，正是对这一新的政治思想的伦理概括。不过，关于"忠"的这种观念，在当时还未成为社会所共同遵循的原则。有些人就因为没能树立这一观念，致使陷入忠君与忠国的道德冲突而不能自拔，甚至造成悲剧。晋大夫钼麑的下场就是一个典型的例证（见《国语·晋语五》）。应该指出，忠国高于忠君的观念，当时实际上成了屈原等人爱国主义的思想基础，在我国历史上产生了积极的影响。但是，它并没能成为以后封建社会关于"忠"的正统原则。事实上，随着中央集权的君主专制政体的确立和强化，在"朕即国家"思想的支配下，忠于社稷被纳入忠君规范，并成了"愚忠"思想的根据。

值得注意的是，春秋时期关于"忠"的观念，还包括君利于民的要求。《左传·桓公六年》载，楚随交战，随国贤臣季梁劝谏随君说：

> 臣闻小之能敌大也,小道大淫。所谓"道",忠于民而信于神也。上思利民,忠也。

这里所说的"忠于民",就是指"三时不害而民和年丰",同时也包括"小大之狱……必以情"(《庄公十年》)。显然,"忠"的这一内容,反映了当时民的社会地位的提高,是对"国将兴,听于民"(《庄公三十二年》)思潮的伦理概括,具有非常进步的意义。

除"忠"外,"孝"是春秋时期又一个极为重要的道德规范。"孝"较"忠"的历史更为悠久,到了春秋时期,由于子弑父的现象层出不穷,又由于父子关系兼是君臣关系,因此,"孝"这一道德要求又与"忠君"相结合,比以往显得格外突出和尖锐。为了维护君的地位,甚至不惜违反"立子立嫡"之制,也要求子恪守孝德。这就是说,孝从属于忠君,服从于忠君。《国语·晋语一》载:晋献公听信骊姬的谗言,将废黜太子申生,而另立庶子奚齐。对此,在大夫中有三种不同的反应,荀息认为要顺从君命;丕郑表示反对:"吾闻事君者,从其义,不阿其惑",认为对于君命不能盲从;里克则沉默不语。而作为当事者的太子申生,则从子对父的道德准则出发,作出了自己的选择。他说:

> 吾闻之羊舌大夫曰:"事君以敬,事父以孝。"受命不迁为敬,敬顺所安为孝;弃命不敬,作令不孝,又何图焉?且夫间父之爱而嘉其贶,有不忠焉;废人以自成,有不贞焉。孝、敬、忠、贞,君父之安所也。弃安而图,远于孝矣,吾其止也。

申生视君、父为一体,恪守孝、敬、忠、贞的道德要求,最后以"孝"为安君、父的最高准则,自杀身死。可见,"孝"直接与"忠君"相连,与当时君臣易位的潮流相对立,在政治上主要起着保守的作用。但是,社会关系的变动,毕竟动摇了"孝"的绝对性,它对于"叛臣"、"逆子"来说,在权力欲的驱使下,已丧失了任何约束力。公元前 626 年,楚世子商臣与其庶弟职争夺王位的继承权,与师潘崇谋弑君父楚成王,自立为穆王,就是一个明证。而上引丕郑反对晋献公废太子的话,则反映了对"孝"的改造。在丕郑看来,在"义"的标准下,"忠君"和"孝父"都不是最高的绝对原则。这一观点显然有利于社会的变革。

就道德认识水平而言,更为明显地反映春秋时期宗法道德规范衍化的,当推"仁"这一范畴的提出。① "仁"的产生,是社会关系大变动在伦理思想上的表现,是对子与父、臣与君,以及国与国等关系的伦理总结,因而具有很丰富的内容。

首先,"仁"体现在父子关系上,就是"爱亲",也就是"孝"。《国语·晋语一》明确指出:"爱亲之谓仁",《左传·成公九年》也说:"不背本,仁也。""本",指父祖,"不背本"正是"孝"的要求。所以《国语·齐语》说:"慈孝于父母,聪慧质仁。"

其次,体现在臣对君的关系上,就是"不怨君"、不弑君,也就是忠于君。上述晋献公听信骊姬的谗言,欲废太子申生而立奚齐一事,据《国语·晋语二》载,有人劝申生逃命,申生拒绝说:"仁不怨君","逃死而怨君,不仁"。当然,弑君篡位就更加不仁了。晋大夫栾武子等要韩献子参与谋弑晋厉公,韩表示反对。其理由是:"弑君以求威,非吾所能为也。威行为不仁。"(《国语·晋语六》)既然以弑君篡位为"不仁",所以"能以国让"就是"仁"。《左传·僖公八年》载宋桓公疾,太子兹父(后为宋襄公)建议说:"目夷(即子鱼,兹父庶兄)长且仁,君其立之。"公命子鱼,子鱼辞之,他说:"能以国让,仁孰大焉!臣不及也,且又不顺",遂走而退。

再次,"仁"还体现在处理国与国的关系上。例如,鲁季康子欲伐小国邾。子服景伯说:"小所以事大,信也;大所以保小,仁也。背大国不信,伐小国不仁。民保于城,城保于德,失二德者,危,将焉保?"(《哀公七年》)又《左传·僖公十四年》载:秦饥,派人乞籴于晋,晋不给。大夫庆郑说:"背施无亲,幸灾不仁,贪爱不祥,怒邻不义,四德皆失,何以守国?"以上两例,一把保护小国谓为仁,一把救助邻国之灾称为仁,内容虽有所区别,但都把"仁"视为处理国与国关系的一种行为规范。

此外,"仁"还有其他的含义,如"恤民为德,正直为正,正曲为直,参和为仁"(《襄公七年》);又与"卫社稷"之谓"忠"相对应,认为"利国之谓仁"。(《国语·晋语一》)

---

① "仁"字虽见于《尚书·金縢》("予仁若考"),但此篇的写作时代,前人曾提出许多理由而疑为伪作。学术界一般认为"仁"作为伦理范畴是春秋时才产生的。

可见,"仁"所适用的范围十分广泛,它包括了各种具体的以宗法道德为主的行为规范,在理论上已具有综合性的特点,是高于各具体道德规范的一般的伦理原则。《国语·周语下》说:"言仁必及人","爱人能仁"。这虽是周单襄公对晋惠伯谈之子周(晋悼公)品行的评述,却具有对"仁"的理论概括的意义。就是说,"仁"是人与人关系的一种伦理原则,它的基本规定就是"爱人"。这样,如果把"仁"作为当时的一种伦理思潮,那么上述所谓"爱亲"、"不背本"、"不怨君"、"能以国让"、"大所以保小"、救援邻国之灾等,实际上都是"爱人"的具体体现。这就是说,"仁"作为一个伦理范畴,已具有抽象与具体、一般与个别相统一的理论形式。"爱亲之谓仁"就是这一理论形式的一种表述。"爱亲"是"仁"的一方面、一部分;"仁"即"爱人"的一般规定则存在于"爱亲"之中,并通过爱亲而得以表现。总之,"仁"确是春秋时期产生的一种新的思潮,它反映了人们对社会伦理关系认识的升华,是道德认识史上的重大发展,孔子"仁学"伦理思想的产生,正是这一发展趋势的历史性总结。

二、"德"概念的发展和对道德作用的不同认识

随着宗法道德规范趋于系统化和理论化,以及对道德生活认识的深化,春秋时期关于"德"的概念也较西周有进一步的发展,不仅把王者"克明德"的"德"明确地表述为"政德",而且把各具体的宗法道德规范和个人的品德也概括为"德"。

《左传·昭公四年》载:晋平公自以为晋国地险、马多,且齐、楚多难,认为持此三者,晋"何敌之有"! 司马侯说:"恃险与马而虞(度)邻国之难,是三殆也。……恃此三者而不修政德,亡于不暇,又何能济?"认为国之兴亡,不在于客观条件,而在于君主能否"修政德"。所谓"政德",就是后来孔子说的"为政以德",是对殷周以来统治经验的一种总结,指统治者本身的道德要求和具有道德形式的统治策略、方法。这是春秋时期"德"的内容之一。

《左传·文公十八年》载鲁太史克语:

孝、敬、忠、信为吉德;盗、贼、藏、奸为凶德。

这实际上是把宗法道德概括为"吉德",而把违反宗法道德的行为概括为"凶德"。这样,"德"成了兼含善、恶的最一般的道德范畴,显然是对以往"德"字的进一步抽象,因而其内容也更为丰富。不过"德"的含义一般是指"吉德",与善同义。其主要内容就是宗法道德。

"德"既然是对宗法道德的概括,因此,它与"礼"有着本质的联系。鲁太史克在论述"德"时又说:"先君周公制周礼曰:则以观德,德以处事,事以度功,功以食民。"(《文公十八年》)杜预注:"则,法也。合法则为吉德。"也就是说,德以礼为法则。晋赵衰明确指出:"礼乐,德之则也。"(《僖公二十七年》)"德"实际上就是合于礼的行为规范,是礼的道德体现。所以晏婴直称"君令臣共,父慈子孝,兄爱弟敬……"的宗法道德规范为"礼"。这样,"德"也就成了维护礼制的道德保障。《左传·僖公十一年》说:

　　礼,国之干也,敬,礼之舆也,不敬则礼不行,礼不行则上下昏,何以长世?

《左传·昭公二年》也说:"忠信,礼之器也,卑让,礼之宗也。"舆与器同义,宗即根据。这是说,没有敬、忠、信之德,礼就不能实行,没有卑让之德,礼就失去了实行的根据。总之,礼引出德,德维护礼,正由于德与礼有这样的关系,从而规定了"德"对于治国安邦所特有的社会作用。

春秋时期所说的"礼",主要的还是"周礼",是诸侯国君用以"经国家,定社稷,序民人,利后嗣"(《隐公十一年》)的宗法等级制度。所以,"礼,国之干也"(《僖公十一年》),"政之舆也"(《襄公二十一年》),是"所以守其国,行其政令,无失其民者也"(《昭公五年》)。于是,作为维护礼制的德也就成了国家得以安治的基本条件。鲁太史克说:"父义、母慈、兄友、弟共、子孝,内平外成。"(《文公十八年》)意思是说,有了德,内可以平安,外可以睦邻。子产概括说:"德,国家之基也。"(《襄公二十四年》)

春秋时期关于道德作用的这种认识,显然是对西周"敬德保民"思想的发展。它揭示了德与礼的本质关系,从而阐发了宗法道德所固有的政治作用。把宗法道德的认识提到了一个新的理论高度,并给以后儒家的"德治主义"以直接、深刻的影响。

春秋时期关于道德作用的认识,还体现在用人的问题上。随着旧宗法制度的日趋解体和现实的政治、战争的需要,原来的"世卿世禄"制受到了冲击,各诸侯国都不得不打破按血缘宗法关系用人的旧制,选拔人才,委以重任,从而开始改变在用人标准上的传统观念,扩大了人们认识道德作用的视野。

《左传·僖公三十三年》载,晋臣臼季向文公推荐冀缺,认为冀缺夫妻"相待如宾",具有"敬"的品德,而"敬,德之聚也,能敬必有德,德以治民,君请用之"。文公说:"其父有罪,可乎?"臼季则认为父与子"不相及也","君取节焉可也"。这里反映了用人标准上两种对立的观点。臼季重在个人的品德,晋文公则根据传统观念,以族论罪,父有罪,子就不能做官。显然,臼季实际上提出了一个"任人唯贤"的观点。到了春秋末期,发展为一种普遍的"举贤"思潮。据《左传·昭公二十八年》载,晋韩宣子卒,魏献子为政(前514年),举其庶子魏戊为梗阳大夫,但又怕别人误解是以亲举官,问于大夫成鱄:"人其以我为党乎?"成鱄说:"何也?戊之为人也,远不忘君,近不逼同,居利思义,在约思纯,有守心而无淫行,虽与之县不亦可乎!……夫举无他,唯善所在,亲疏一也。"很明显,魏献子的担心,正说明"任人唯亲"已为当时舆论所不允,而成鱄所谓举人"唯善",则已成为当时在用人问题上的普遍观念。这种用人"取节"、举人"唯善"观念的提倡,使道德成为用人和鉴别人才的标准,从而提高了道德的地位,反映了人们对道德作用认识的深化。同时,还将推动人们在理想人格观念上的变化,所谓"三不朽"思想的出现就是一个典型的例证,范宣子认为人生在世,应追求保持宗法不绝,以享世禄。穆叔否定这一观点,认为人生在世,应该追求道德的完善("立德"),建树社会的功业("立功"),倡立正确的言论("立言"),这样才能死而"不朽",充分肯定了道德行为对于人生的意义。(见《襄公二十四年》)"三不朽"的提出,树立了一种新的理想人格,是春秋时期伦理观念变化的一个重要的方面。

如果说,礼法之争是战国时期政治思想斗争的中心问题,那么,这一斗争已在春秋时期初现端倪了。它反映在伦理思想上,就是道德与法制、政令的关系。这里有两种情况,一是固执礼、德,反对法制;一是主张礼、法或德、法兼用。这是春秋时期关于道德作用认识的另一侧面。

礼法或德法之争的典型例证,就是众所周知的子产与叔向对铸刑鼎的不同态度。叔向坚持以礼(旧礼)治国,完全排斥"法"的作用,认为"法"是多余之制。子产肯定"法"的作用,认为铸刑鼎是为了"救世"。(见《昭公六年》)其实,子产又何尝不重视礼—德的作用。他说:"夫礼,天之经也,地之义也,民之行也。"(《昭公二十五年》)同时,又认为"为刑罚、威狱,使民畏忌",也是礼的要求。这就是说,在子产看来,礼(德)与法是不矛盾的。他一方面强调,"德,国家之基也",另一方面又说:"夫令名,德之舆也"(《襄公二十四年》),"令名",即政令,其内容当包括法。这种礼(德)法并用的思想,早在管仲那里已有明显的体现。管仲(卒于公元前645年)是春秋时期较早的一位奴隶主贵族的改革派,他相齐桓公时,实行"相地衰征"、"尊贤育才",进行了一些卓有成效的改革,在政治伦理思想上也提出了一些新的观点。《管子》的《牧民》、《权修》等篇中的思想可能是根据管仲遗说而写成的。《牧民》既强调法的作用,主张"严刑罚"、"信庆赏";又充分肯定道德和道德教化的作用,提出"礼义廉耻"为守国治民之"四维",认为"守国之度,在饰四维","四维不张,国乃灭亡"。《权修》还区别了刑政与德教的不同作用,认为刑政慑以"威行",德教化以敬、爱。指出治民仅用刑罚,"不足以服其心",还必须辅以德教;"教训成俗,而刑罚省数也"。后来齐法家主张以法为主,以德为辅,即德法兼用的思想显然是渊源于管仲的。

此外,春秋时期关于道德作用的认识,还有一种观点,就是完全否定道德的作用。这一方面的问题,将在下文提及。

三、"义利之辨"的发端

春秋时期,由于生产工具的变革,牛耕的推广,荒地被大批开发,这些新增加的耕地不属于"公田",成为诸侯和卿大夫的私田。同时通过"夺田"斗争,还使原来的"王土"逐渐变成了私有财产。另外,随着私有土地的发展,私商和私营手工业也开始产生并活跃起来,改变了"工商食官"的格局,形成了一支独立的私有经济力量。正是这种私有经济的膨胀,激发了人们"辟土地"、"好货"的财富贪欲,以及追求政治权力的权势欲。正如恩格斯在谈到黑格尔的伦理思想时所指出的:"自从阶级对立产生以来,正是人的恶劣的情欲——贪欲和权势欲成了历史发展的杠杆,关于这方面,例如封建制度的和资产阶级的历史就是一个独一无二的持续不断的证明。"①春秋时期所产生的这种"恶劣的情欲",齐晏婴称之为"蕴利"之心,就是当时社会变革的杠杆。它驱使着人们干出各种违逆"周礼"的举动,造成了礼乐的崩坏,而在道德领域中所产生的一股"事利而已"的思潮,则支配着人们去冲破旧宗法道德观念的束缚,正是:"周道衰而王泽竭,利害兴而人心动。"(《陈亮集·孟子》)造成春秋时期伦理观念新旧更替的直接动力就在于此。公元前546年,宋国再次约会晋、楚"弭兵",赴宋参加"弭兵"会议的楚人暗中裹甲,谋图取代晋的盟主地位。伯州犁认为这是"不信",请求释甲。令尹子木拒之,他说:"晋楚无信久矣,事利而已,苟得志焉,焉用有信?"(《襄公二十七年》)这就是说,会议的目的仅在于争得盟主地位,只要有利于这个目的,又何必守信呢! 子木的这一思想,集中地反映了"蕴利"之心的伦理意义。在"事利而已"的观念支配下,一切道德信念都将失去其应有的价值而被抛弃,从而给宗法等级制和宗法道德造成了严重的威胁,形成了利欲与道德的尖锐冲突,用晏婴的话说,就叫做"蕴利生孽"。并由此在理论上发端了以后纵贯两千多年伦理思想发展的一个基本的问题,即"义利之辨"。

公元前532年,齐田氏联合鲍氏灭了栾氏、高氏,当时田氏的势力还不够强大,就采取以退为进的手法,把胜利的果实让给原被栾氏、高氏排挤的一些贵族,以此收揽人心。对此,晏婴评说:

> 让,德之主也,让之谓懿德。凡有血气皆有争心,故利不可强,思义为愈。义,利之本也,蕴利生孽,姑使无蕴乎,可以滋长。(《昭公十年》)

这段话,逻辑地反映了春秋时期义利关系问题产生的历史过程。

所谓"义",《中庸》说:"宜也。"《说文》段注:"义之本训谓礼容各得其宜。礼容得宜则善矣。""义"的这一含义在春秋时已较明确。《左传·隐公元年》载郑庄公语:"多行不义必自毙",是说其弟共叔段所居京城之地过百雉(一曰三百方丈),不合"先王之制"。又《左传·庄公二十二年》说:"酒以成礼,不继以淫,义也。"《国语·周语下》也说:"义,所以制断事宜也。"可见,春秋时所谓的"义",意

---

① 《马克思恩格斯选集》第4卷,北京:人民出版社,1972年,第233页。

即行为适宜于"礼",或断事适合于礼。所以周内史兴"礼义"并举,指出:"行礼不疚,义也。"(《国语·周语上》)于是,"义"作为适宜于"礼"的道德要求,其一般含义,就是使自己的行为合乎礼制,达到"义节则度",它的作用就在于"所以节也"(同上)。而当时产生的"蕴利"贪欲和"事利而已"的思潮,与"义"相对立,正是违礼行为的思想根源,这就规定了春秋时期义利之争的内容和实质。

"义"既是宜于礼,因而它作为一种道德要求,在当时反映了奴隶主贵族统治的整体利益。"利"是对私有经济利益的概括,则反映了当时新兴势力和私家大夫的个体利益。这样,春秋时期的义利之辨,在形式上是道德与利益之辨,实质上则是"公"、"私"利益之争。其对立的焦点,表现为对"礼"的态度。所谓"思义为愈"、"居利思义",就是要求求利的行为必须符合礼的规定,目的在于维护礼制。诚然,它并没有完全否定对"利"的欲求,但是却扼制了利欲的发展,主张以"礼"为度,只允许在礼的范围内才可获得自己的利益,也就是所谓"幅利"。晏婴说:

> 且夫富如布帛之有幅焉,为之制度,使无迁也。夫民生厚而用利,于是乎正德以幅之,使无黜嫚,谓之幅利,利过则为败。(《襄公二十八年》)

这就是说,对于民之利欲必须"正德"以限制("幅之"),其实质就是要限制私有经济的发展。与晏婴相同的观点,在春秋时期屡见不鲜。例如:"居利思义"(《昭公二十八年》),"夫义者,利之足也;贪者,怨之本也。废义则利不立,厚贪则怨生"(《国语·晋语二》),"夫义所以生利也……不义则利不阜"(《国语·周语中》),"德义,利之本也"(《僖公二十七年》),"义以建利"(《成公十六年》)。以后将会看到,以孔子为代表的儒家的义利观就是沿着这一理路而展开的。

与"思义为愈"的"幅利"观念相对立,"事利而已"作为一种思潮,把"事利"作为唯一的目的,反映了当时新兴势力和私家大夫要求发展私有经济的欲望,展现了一种前所未有的新的价值观和行为准则,否定了"礼乐,德之则也"的传统价值观和行为准则。尽管它没有形成一种完整的理论,也没能正确地解决义利关系,但对旧的道德秩序和礼制起到了破坏的作用,在当时无疑是进步的,但在理论上则可以引向"唯利无义"的极端功利主义,后来法家韩非的义利观就是它的理论归宿。

与上述两种义利观都不相同,当时还产生了另一种义利观,这就是:"言义必及利。"(《国语·周语下》)认为讲义必须与利相联系,含义深刻,较为合理,后在墨子的思想中得到了系统的发挥。而管仲提出的"仓廪实则知礼节,衣食足则知荣辱"(《管子·牧民》)的观点,则认为人们物质生活资料或物质利益的多寡制约着人们道德水准的高低,与"言义必及利"一样,也具有一定的合理性。

总之,春秋时期的伦理观念和伦理思想,十分复杂,其中,新旧杂陈、相互更替,体现了"过渡时期"的特点。总的说来,较殷周时期的伦理思想有了很大的发展,并为诸子学派伦理思想的产生提供了丰富的思想资料,或者说,反映社会变革的春秋时期的伦理思想,是诸子伦理思想的前奏。

第三节 孔子的"仁学"伦理思想

孔子(前551—前479)名丘,字仲尼,春秋末鲁国陬邑人。其祖先是宋国贵族,因遭政治之难而逃亡鲁国。他幼年丧父,家境破落,自谓"吾少也贱,故多能鄙事"(《论语·子罕》,本节引《论语》只注篇名),及长,曾为管理仓库和畜牧的小吏,后升为"司空",年五十任鲁国司寇,仅三月而罢。孔子一生的主要活动是兴办私学,从事教育实践,相传有弟子三千,其中"身通六艺者七十有二人";同时,又周游列国,积极宣传他的学说主张,力图实现其政治伦理之"道",但终因不见用而告失败。然其学问之渊博,思想之精深,在当时名声之大,对后世影响之深,不失为中华民族历史上第一位伟大的教育家、哲学家和思想家,按其思想的主体内容,又是中国伦理思想史上第一位具有较完整思想体系的伦理学家。

对孔子的评价,学术界至今纷纭未定,这与对古史分期的歧异不无关系,但不管怎样,春秋末期仍处于社会变革的过渡时期。根据本书所取古史分期一说,到春秋末期,一些诸侯国(如齐、晋、鲁)的新兴地主阶级虽已实际掌握政权,封建制开始建立,但旧贵族仍在其位,有些诸侯国(如秦、楚)的旧贵族势力还很强大。这就是说,总的趋势是封建制的确立,但新旧势力的斗争还十分尖锐,新旧交替尚未结束。孔子作为这一时代的产儿,许多学者认为他是一个充满着新旧矛盾的过渡性人物,代表了一部分向封建地主阶级转化中的奴隶主贵族的利益。这一特征,表现在孔子思想的各个方面。就伦理思想而言,既继承了以"周礼"为核心的旧的传统,又总结了以"仁"为代表的新的思潮;创立了一个以"仁"为主的"仁"、"礼"结合的"仁学"伦理思想体系,为先秦儒家伦理思想奠定了基础,后经孟、荀的发展及以董仲舒为代表的汉儒的改造,成为封建地主阶级统治思想的主要构成。①

研究孔子伦理思想的主要史料是《论语》一书。

一、"爱人"——"忠恕"的"仁爱"原则

"孔子贵仁"(《吕氏春秋·不二》),同时又主张"复礼",两者统一,密不可分。但是,统一并非相同,"仁"作为春秋以来的一种新的伦理思潮,经孔子的总结和发展,毕竟有着自身相对独立的思想内容和伦理价值。它体现了孔子思想的根本特征,构成了孔子伦理思想的核心。因而,有必要首先考察"仁"的基本含义,然后再进一步分析关于"仁"与"礼"的关系。

与基督教从"上帝就是爱"出发来宣扬"爱人"不同,也与近代资产阶级为适应自由剥削和反封建的需要而鼓吹"人类之爱"有别,中国思想史上"仁"或"仁爱"思想的提出,一开始就与氏族宗族血缘关系结下了不解之缘。"爱亲之谓仁"(《国语·晋语一》),说明"仁"的最初含义就是对根基于宗法血缘关系的亲子之爱的概括;而周单襄公所谓"言仁必及人"、"爱人能仁"(《国语·周语下》),则是"爱亲"的延伸和扩大。孔子的"仁",正是对以往关于"仁"的思想的总结和发展。

一方面,孔子把"爱亲"规定为"仁"的本始。其学生有子的话说得明白:

> 君子务本,本立而道生。孝弟也者,其为仁之本与。(《学而》)

---

① 作为封建地主阶级统治思想的儒学与孔子原创的先秦儒学,既有联系又有区别,不可混为一谈。关于先秦儒学为何以及怎样被改造成为封建地主阶级的统治思想,本书将在第三章第一节、第二节详论。

孔子自己也说:"君子笃于亲,则民兴于仁。"(《泰伯》)所以孟子说:"亲亲,仁也"(《孟子·尽心上》),"仁之实,事亲是也"(《孟子·离娄上》)。这就是说,血缘的亲子之爱乃是"仁"的最深沉的心理基础;"仁"作为道德意识,首先是指"爱亲"之心。这一点非常重要,它使孔子的"仁学"伦理思想从根本上适应了以宗法血缘关系为特色、农业家庭小生产为基础的社会生活和社会结构,从而在一定程度上影响了"仁学"的历史命运。

另一方面,孔子又把"仁"规定为"爱人"。

樊迟问仁,子曰:"爱人。"(《颜渊》)

"爱人",在逻辑上显然是一个抽象概念。许多学者都不同意把"爱人"的"人"仅解为奴隶主贵族,认为《论语》中所说的"人",是泛指相对于己而言的他者,可以是贵族,也可以是民,甚至是奴隶。《乡党》载:"厩焚,子退朝。曰:'伤人乎?'不问马",即是其证。因此仁者"爱人",其所爱的对象,显然越出了"爱亲"的范围,而获得了"泛爱"的性质。也就是说,"仁"由"爱亲"而推至"爱人",不仅体现了"爱"由近而远,由亲而疏的量的变化,而且包含了质的升华。

"爱亲"而推至"爱人",首先表现为"泛爱众"。《学而》载:

子曰:"弟子入则孝,出则弟,谨而信,泛爱众,而亲仁。"

这是说,"仁"不仅要求爱亲,而且要"泛爱众"。《说文》云:"泛,浮也。"引申有普遍之义。《广雅》释"泛"为"博",其义尤显。"泛爱众",就是普遍地(博)爱众人。不过,这里所说的"爱众",相对于"爱亲"而言,是指爱父兄以外的氏族其他成员,并没有超出氏族宗法关系范围。因而它所产生的社会的和心理的根据,仍是宗法血缘关系以及由此而产生的氏族感情。但"爱亲"与"爱众"毕竟反映了两个不同层次的伦理关系,"爱亲"所涉及的是父子、兄弟关系,而"泛爱众"所涉及的则是氏族成员间的普遍关系,它要求爱氏族的所有成员,而这正体现了族类的整体意识。因此,"泛爱众"所涉及的实际上是个体成员与氏族整体的关系,本质上是对整个氏族或宗族的爱,用以维系氏族内部的团结和稳定。于是,以"爱亲"为根基的"仁"就获得了更高层次的道德规定，这就是个体对氏族以至整个华夏族利益的道德义务和社会责任。这是"仁"由"爱亲"而推及"泛爱众"的一个重要的伦理升华。所以，尽管孔子对管仲的"僭越"行为表示不满，多次斥责他不知"礼"，然而却仍然许其"仁"。《宪问》载：

> 子路曰："桓公杀公子纠，召忽死之，管仲不死。"曰："未仁乎？"子曰："桓公九合诸侯，不以兵车，管仲之力也。如其仁！如其仁！"

在回答子贡同一问题时又进一步说："管仲相桓公，霸诸侯，一匡天下，民到于今受其赐。微管仲，吾其被发左衽矣，岂若匹夫匹妇之为谅也，自经于沟渎，而莫之知也。"显然，"仁"在这里，不仅是指管仲维护了周天子为"天下共主"的声誉，更重要的是指管仲相桓公维护了诸夏的团结和文化习俗。孔子认为，这一功绩的道德价值当高于忠君和对礼仪的遵守。而这，正体现了对整个华夏族的爱，体现了维护氏族整体利益的社会责任和道德义务。

不仅如此，孔子还要求行"仁"德于天下。《阳货》载：

> 子张问仁于孔子。孔子曰："能行五者于天下，为仁矣。"请问之。曰："恭、宽、信、敏、惠。"

这样，"仁"（恭、宽、信、敏、惠是"仁"的德目，体现了"爱人"的具体要求）的适用范围就远远超出了氏族君子的血缘宗法关系，既包括华夏族以外的氏族（"夷狄"），也包括受氏族君子统治的民。

《子路》载：

> 樊迟问仁。子曰："居处恭，执事敬，与人忠，虽之夷狄，不可弃也。"

《子罕》又说："子欲居九夷。或曰：'陋，如之何？'子曰：'君子居之，何陋之有？'"这是说，"仁"或有仁德的君子同样可以行、居于"夷狄"，反映了孔子对华夏文化的自尊心和自信心，同时也表明了孔子已经跳出了以族类辨物的狭隘观念，要求把先进的华夏文化推广到其他氏族,以沟通各氏族之间的文化心理,即所谓"君子所过者化"(《孟子·尽心上》)。这大约正是孔子"欲居九夷"的抱负。孔子主张把"仁"行于"夷狄",符合实现各氏族文化统一的历史要求,是"仁学"进步性的重要体现。

仁者"爱人"之适用于治民,就是"养民也惠"。"惠"是"仁"的五个德目之一,包括"富之"、"教之"(《子路》),"使民以时"(《学而》),"敛从其薄"(《哀公十一年》),"因民之所利而利之"(《尧曰》),甚至要求"博施于民而能济众"(《雍也》),而坚决反对残暴的压迫与剥削。"子为政,焉用杀"(《颜渊》),"不教而杀谓之虐,不戒视成谓之暴"(《尧曰》)。孔子所以称微子、箕子、比干为"殷有三仁"(《微子》),就是因为他们"忧乱宁民",反对暴政。自然,主张施仁于民("惠民")的目的,在于调和君民矛盾,以求"足以使人",但这与奴隶主贵族之对待奴隶的态度相比,毕竟有着很大的区别,表明在孔子的眼里,原先如同牲畜一样的奴隶已经获得了做"人"的资格而受到了重视。史称孔子反对人殉,甚至对以俑代人也表示了极大的义愤:"始作俑者,其无后乎"(《孟子·梁惠王上》),便是一个明证。反映了孔子对春秋以来的奴隶解放、民的地位提高这一历史潮流相顺应的一面。孔子的"惠民"思想,是其"为政以德"(即德治主义)的主要内容,是对周公的"敬德保民"思想的重大发展,并为孟子的"仁政"学说奠定了思想基础。应该肯定,孔子的这一主张,保留了原始氏族中所特有的那种原始人道主义的遗风,而这就是"仁爱"原则之体现于"惠民"主张中的伦理价值,与法家的"惟法为治"的暴力主义形成了明显的对照。

总之,孔子以"爱人"释"仁","仁"作为普遍的伦理原则,体现为一种含有多层次的"爱"的道德要求。同时,孔子又提出"忠恕"作为实行"爱人"原则的根本途径,即所谓行"仁之方"。这样,"爱人"——"忠恕",或曰"爱人"与"忠恕"的统一,就构成了孔子"仁爱"原则的基本内容。

曾参在回答孔子的"吾道一以贯之"时说:

> 夫子之道,忠恕而已矣。(《里仁》)

"忠恕"是孔子提出的新概念,反映了孔子对春秋以来的"仁"这一思想的发展。

《颜渊》载:"仲弓问仁。子曰:'出门如见大宾,使民如承大祭。己所不欲,勿施于人。在邦无怨,在家无怨。'"这里用以释"仁"的"己所不欲,勿施于人",也就是"恕"(《卫灵公》云"其恕乎!己所不欲,勿施于人。")。按子贡的理解,意即"我不欲人之加诸我也,吾亦欲无加诸人"(《公冶长》)。《中庸》称引孔子的话也说:"忠恕违道不远,施诸己而不愿,亦勿施于人。"关于"忠",孔子没有直接作解,根据宋儒的解释("尽己之谓忠"),通常都以《雍也》"夫仁者,己欲立而立人,己欲达而达人"释之。"忠"、"恕"相通而有别,分别从积极(忠)和消极(恕)的两个方面展开了"爱人"原则;而作为行"仁之方",也就是"能近取譬"(《雍也》),后来宋儒又概括为"推己及人"。这里,显然包含了这样一个重要的思想前提,就是人同此心,或人我同欲。由此,才能从"施于己而不愿",推知人亦不欲,即可推己及人,将心比心,"能近取譬"。于是,从"爱人"之心出发,"亦勿施于人"。同样,因为"人同此心",我之所欲,亦人之所欲,故可"己欲立而立人,己欲达而达人",而这也正体现了"爱人"之心。可见,"忠恕"之道实际上成了实行"爱人"的模式,或者说,通过"忠恕"之道而实行"爱人"原则,达到人与人之间的相互尊重和相互宽容。因而与"爱人"相得益彰,同样也是"仁"的基本规定。

从"爱人"作为普遍的伦理原则及其展开为"忠恕"之道来看,孔子的"仁",实际上提出了人皆有道德属性这样一个至关重要的观点。

在孔子看来,人与人的关系和人与动物的关系是有本质区别的。人与人应该相爱调和(尽管这种"爱"是有等差的——下详),而人与动物之间则不存在这种关系,这是因为人有德性,而动物则没有。所以,"鸟兽不可与同群,吾非斯人之徒与,而谁与?"(《微子》)又在论述"孝"时指出:

今之孝者,是谓能养,至于犬马,皆能有养;不敬,何以别乎?(《为政》)

同样表明了人与动物的这一本质区别。因此,人有道德生活,君子以"仁"为道德生活的主要内容,而不可成为"仁者"的小人则可以为仁者所感化。"君子之德风,小人之德草,草上之风必偃。"(《颜渊》)小人也能"学道",并接受教育。"道之以德,齐之以礼,有耻且格"(《为政》),只要君施仁德于民,"民信之矣"。这就是说,小人(民)也有德性,与"仁"相通。所以说,"民之于仁也,甚于水火"

(《卫灵公》)。于是,在孔子看来,"仁"也就成了"人道"的本质。所谓"仁者,人也"(《中庸》),"仁也者,人也;合而言之,道也"(《孟子·尽心下》),其义即在于此。正是在这一意义上,可以说孔子的"仁"是"人的发现",标志着对人类道德生活的某种自觉。孔子"仁学"中所包含的人皆有道德属性的思想,后经孟、荀的发展,一直是儒家伦理思想的理论基石,也就是在这一根本问题上,划清了儒家与道家,尤其与法家伦理思想的界限。

二、"仁""礼"统———有序和谐的社会伦理模式

但是,要全面地把握孔子"仁"的历史形态,还必须进一步考察"仁"与"礼"的关系。在这里,我们将会看到孔子为封建社会提供了一种怎样的社会伦理模式。

孔子盛赞西周的"礼"文化——"周礼",申言:"周监于二代,郁郁乎文哉,吾从周。"(《八佾》)认为周公所制定的一套宗法等级礼仪规范,是迄今为止最好的制度,它"辨君臣上下长幼之位"、"别男女父子兄弟之亲"(《礼记·哀公问》),是维系社会秩序的根本大法。在孔子看来,"礼"之所以能维系宗法等级关系,在于"礼"本身具有"和"的结构性功能和价值属性,用伦理学的术语来说,"礼"内涵着"和"的制度伦理。其弟子有子的一段话说透了这层含义:

> 有子曰:"礼之用,和为贵。先王之道,斯为美;小大由之。有所不行,知和而和,不以礼节之,亦不可行也。"(《学而》)

"和为贵"是对"礼之用"的陈述。据"不以礼节之"所云可知,"礼"的作用在于节制各等级身份及其行为,使其行为符合礼的规定,既不"过",也不"不及",即"中节",体现了孔子的"中庸"思想(下详)。刘宝楠在《论语正义》中明确指出:"有子此章之旨,所以发明夫子中庸之义也。"蔡尚思先生也认为:"'礼之用,和为贵',是他(指孔子)治国之道的中庸。"[①] 杨伯峻《论语译注》正以《中庸》注"和",

---

① 蔡尚思:《孔子思想体系》,上海:上海人民出版社,1982年,第116页。

并引杨树达《论语疏证》:"事之中节者皆谓之和……《说文》云:'龢,调也。''盉,调味也。'乐调谓之龢,味调谓之盉,事之调适者谓之和,其义一也。和,今言适合,言恰当,言恰到好处。"这一解释,与"知和而和,不以礼节之,亦不可行也"相契合。如是,"礼之用,和为贵",其意为:礼的作用,最珍贵的是使各等级身份及其行为既不过,也不不及,达到恰到好处。可见,"和为贵"之"和",按其本义是相对于"礼"而言的。在孔子看来,君臣父子,各有严格的等级身份,若能各按其位,各得其宜,使尊卑上下恰到好处,如乐之"八音克谐,无相夺伦",做到"君君、臣臣、父父、子子",这就是"和",即"和"的制度伦理状态。所以朱熹说:"如天之生物,物物有个分别。如'君君臣臣父父子子'。至君得其所以为君,臣得其所以为臣,父得其所以为父,子得其所以为子,各得其利,便是和。"又说:"君尊于上,臣恭于下,尊卑大小,截然不可犯,似若不和之甚。然能使之各得其宜,则其和也孰大于是!"①显然,"礼"之"和",与一般所理解的和气、和睦、和善、友好有别,是指"无相夺伦"、互不侵犯,也就是各安其位、谐而不乱。用孔子自己的话说,就叫做"和而不同"②(《子路》)。这是"礼"作为宗法等级制度应有之义,就是说,"和是礼中所有"(刘宝楠《论语正义·学而第一》),是"礼"之能"经国家,定社稷,序民人,利后嗣"的内在的结构性功能和价值属性。这是孔子之所以赞美"周礼"的缘由所在,体现了孔子独到的"礼"伦理观。"礼之用,和为贵",作为一种制度伦理思想,表明了这样一种社会伦理模式——既等级有序又和谐统一(即有序和谐),这也就是孔子所理想的"道"。孔子认为"周礼"正符合

---

① 《朱子语类》卷六十八,北京:中华书局,1986年,第1707、1708页。
② 这里的"和而不同"是用来概括"和"的制度伦理的,与孔子的原话"君子和而不同"有别。原义是指君子个体之间的伦理原则和伦理状态。显然,在《论语》中,孔子讲"和"有两层含义,一是指制度伦理,一是指主体间的交往伦理。"和"在中国哲学史和中国伦理思想史上是一个十分重要的概念,指不同事物的统一、和谐或调和、适中,是对社会人际关系以及人与自然关系的价值追求。"和",古字原作"龢"。《一切经音义》六引说文:"龢,音乐调也。"和即龢,原义为音乐和调、和谐。西周末年始作为哲学概念出现。《国语·郑语》载周史伯认为"以他平他谓之和",并提出"和实生物"的观点,认为不同因素的统一,才能使事物得以产生和发展。春秋时晏婴等人论"和",进一步发展了史伯的思想。晏婴认为"和"既是多样性的统一,"若以水济水,谁能食之?若琴瑟之专壹,谁能听之",又是对立面的统一,如"清浊、小大、短长、疾徐、哀乐、刚柔、迟速、高下、出入、周疏,以相济也"(《左传·昭公二十年》)。儒家"贵和",突出了"和"的伦理含义,释为"中庸"、"中和"。孔子提出"礼之用,和为贵"(《论语·学而》),以为"和"乃礼中所有,是"礼"之内在的结构性功能,使社会秩序达致"有序和谐"。孔子还提出"君子和而不同"(《论语·子路》)、"宽以济猛,猛以济宽,政是以和"(《左传·昭公二十年》),则是指主体间的交往伦理和处理事物的方法论原则。孔子论"和",为以后的儒家所继承和发展。

这样一种理想的社会伦理模式。

但是,现实的状况则是"礼崩乐坏"。对此,孔子一方面视之为"天下无道",表示了强烈的不满。"孔子谓季氏:八佾舞于庭,是可忍也,孰不可忍也!"(《八佾》)因为季氏的这种"僭越"行为颠倒了尊卑上下之位,破坏了等级间的有序和谐。这种态度,反映了孔子对"周礼"的保守倾向;另一方面,孔子根据礼制代代有所"损益"的"礼"文化历史观(见《为政》),主张以"仁"辅"礼",首创"仁"、"礼"统一的思想,从而把由周公总结创立的中国古代的"礼"文化推进到了一个新的历史阶段。

孔子分析人们违礼"僭越"的原因时指出:

> 人而不仁,如礼何?人而不仁,如乐何?(《八佾》)

这就是说,人如果具备了"仁"的品德,就能自觉地遵守礼制了,"其为人也孝悌,而好犯上者,鲜矣;不好犯上,而好作乱者,未之有也"(《学而》)。在孔子看来,"礼"不只是一种仪式(礼仪),"礼云礼云,玉帛云乎哉?"(《阳货》)其最本质的东西,是人们对遵守宗法等级差别的自觉意识,即"仁爱"之心。他以"绘事后素"为喻,同意子夏"礼后乎"的说法(见《八佾》)。认为与绘画同理,礼也有质地,就是人们遵守礼制的自觉意识或道德品质。也就是说,礼是以人们道德感情和道德理性为(心理)基础的。所以当宰我认为"三年之丧"太久,"期(一年)可已矣"时,孔子批评说:

> 予之不仁也!子生三年,然后免于父母之怀。夫三年之丧,天下之通丧也。予也有三年之爱于其父母乎?(《阳货》)

认为"三年之丧"这一传统礼制,是以子有父母三年之怀爱为根据的,因而是子爱亲之心(仁)的自然且自觉的要求,既合情又合理。这样,"仁"就获得了比"礼"更重要的地位。"仁"是"礼"的心理基础;没有"仁"这一发自内心的道德意识,就不能遵守礼制。于是,"礼"这一原作为行为规范的约束成了人心的内在要求,提升为人们社会生活的自觉意识,从而使行为规范(礼)与"爱人"心理

（仁）融为一体，"礼"也就由于取得"仁"的心理基础能为人们自觉地遵守了。这是孔子对传统礼制的重大发展和改造。

但是，要实行"爱人"原则而成为仁者，又必须节之以礼。《颜渊》载：

> 颜渊问仁。子曰："克己复礼为仁。一日克己复礼，天下归仁焉。为仁由己，而由人乎哉？"颜渊曰："请问其目？"子曰："非礼勿视，非礼勿听，非礼勿言，非礼勿动。"

按通常的解释，"克己"，就是克制自己不正当的感情欲念，即《宪问》所说："克（好胜）、伐（自夸）、怨（怨恨）、欲（贪欲）不行焉，可以为仁矣。""复礼"，即符合于礼，或归于礼，也就是上述的非礼勿视、勿听、勿言、勿动。孔子认为，为仁能"克己复礼"，就可成为有仁德的人了。这就是说，为仁爱人是不能违背礼的规范的，必须按礼的规定去实行"爱人"的原则。所谓"知及之，仁能守之，庄以莅之。动之不以礼，未善也"（《卫灵公》）。"知和而和，不以礼节之，亦不可行也"（《学而》），其义亦然。这里，"礼"就是为仁的节度。也就是说，要按照宗法等级秩序（即尊卑、贵贱、亲疏的顺序）去爱人。用荀子的话来说，叫做"亲疏有分，则施行而不悖"（《荀子·君子》）。所以，墨家批评儒家的"仁爱"是"亲亲有术"（《墨子·非儒下》）、爱有差等。显然，孔子（儒家）的"仁"决非人类平等之爱，而这正是孔子"仁"的历史形态。于是，所谓"忠恕"之道，推己及人，也就具体体现为："如不欲上之无礼于我，则必以此度下之心，而亦不敢以此无礼使之。不欲下之不忠于我，则必以此度上之心，而亦不敢以此不忠事之。至于前后左右，无不皆然"（朱熹《大学章句》），即《大学》所谓"絜矩之道"。

总之，一方面，"仁"是"礼"的心理基础；另一方面，"礼"是"仁"的行为节度，两者统一，融为一体。于是，就整个社会的人伦关系而言，就呈现出这样的一种伦理模式：既有严格的尊卑、亲疏的宗法等级秩序，又具有相互和谐、温情脉脉的人道关系。例如：在父子、兄弟之间，就是父慈子孝、兄友弟悌，其间又以子孝、弟悌为主。所谓"孝"，主要是子对父要"敬"而"不违"，体现了父与子的尊卑、主从关系，但子又可以对父进行"几谏"。在君臣之间，就是"君使臣以礼，臣事君以忠"。君要做到"好礼"、"好义"、"好信"；臣要"事君敬其事而后其食"

(《卫灵公》),"爱之,能勿劳乎"(《宪问》),但又可以"勿欺也而犯之"、"忠焉,能勿诲乎"(同上),对于有过错的君可以犯颜直谏,为君的不能搞不辨是非的"言莫予违"的个人独裁。而在君民之间,"为政以德,譬如北辰,居其所而众星共之"(《为政》)。君能施德政,就能得到人民的拥护:君"惠民",民则"信之",拥护君的统治;君先正,则下正,"政者,正也。子帅以正,孰敢不正","子欲善,而民善矣","苟子之不欲,虽赏之不窃"(《颜渊》)。① 总之是父慈子孝、兄友弟悌,君礼、臣忠、君惠、民信……如此人伦关系,达到了"有序和谐",体现了"和为贵"的价值。这就是孔子所理想的"道",是孔子从"礼崩乐坏"的现实中对"周礼"进行历史反思的思想成果。它在孔子的时代虽无实现的社会条件,但毕竟适应了正在产生中的以父家长制为基础的封建宗法等级秩序,因而随着封建制的诞生和确立,日益显示出它那持久不竭的生命活力。

三、"仁""智"统一、"仁者安仁"的理想人格

孔子提出"仁"和"仁""礼"统一的思想,归根到底是要塑造能承担历史使命的理想人格——"君子"。因为,在孔子看来,要变"天下无道"为"天下有道",实现其"仁""礼"统一的理想的社会伦理模式,就必须靠"志士仁人"的不懈努力,他自己的一生实践就是一个极好的证明。所以儒家总是强调"修身"作为"齐家、治国、平天下"的根本。"修身",也即"修己",就是要培养自己的理想人格。

自然,孔子心目中理想人格的核心内容,就是与"礼"统一的"仁"德。他说:

> 君子去仁,恶乎成名?君子无终食之间违仁,造次必于是,颠沛必于是。(《里仁》)

这是说,君子之所以为君子,就在于具备"仁"的品德,在于时刻不离开"仁",哪怕是仓促之间、颠沛流离之际,都必须致力于"仁"。这里所说的"君子",不是贵

---

① 在君与臣、君与民的关系上,孔子强调君德、政德的重要作用,正体现了孔子(儒家)的"克里斯玛"权威崇拜的深厚情结;他们深信统治者的道德对于臣民的"克里斯玛"权威魅力。这也正是儒家倡导"德治"的信心所在。

族之称,而是"仁"的人格化,是理想人格的别称。同时,在孔子思想中,作为理想人格的"君子"与"博施于民而能济众"的"圣王"是有区别的(见《雍也》)。因为要达到"圣",还需要有物质条件,而这是一般地位的人所不具备的。"仁"则不同,它是一种道德境界,"为仁由己,而由人乎哉",是可以通过道德修养而达到的。

孔子认为作为一种完善的理想人格,除了"仁",还要有"智"、有"勇"。《子罕》载:

> 子曰:"知者不惑,仁者不忧,勇者不惧。"

"知"即"知人"(《颜渊》),主要指认识人与人之间的伦理关系,其实质是"知礼"。认为有了这种认识,就利于实行"仁"。《里仁》说:"知者利仁。"反之,"未知,焉得仁?"(《公冶长》)"勇",即果敢,有勇必为。反之,"见义不为,无勇也"(《为政》)。所以,"仁者必有勇"(《宪问》),"勇"也是"仁者"的一种必备品德。但是,"勇者不必有仁"(同上),就是说,"勇"必须符合于"仁"。可见,"知"、"勇"都是从属于"仁"的,是"仁者"所应具备的品德。所以,《中庸》称"知、仁、勇三者,天下之达德也"。不过,在孔子思想中,知比勇为重,多以仁、知并举,后来的儒家也以"仁且智"来称道孔子的人格。孟子称引子贡的话说:"学不厌,智也;教不倦,仁也。仁且智,夫子既圣矣。"(《孟子·公孙丑上》)荀子说:"孔子仁知且不蔽。……故德与周公齐,名与三王并。"(《荀子·解蔽》)

在孔子的理想人格中,还包含着一个重要的道德要求,这就是"中庸"。《雍也》载:

> 子曰:"中庸之为德也,其至矣乎!"

足见孔子对"中庸"的推崇。所谓"中庸",要在持"中",孔子说:"不得中行而与之,必也狂狷乎!狂者进取,狷者有所不为也。"(《子路》)"狂"即激进,"狷"即拘谨,是相互对立的两个极端。孔子的主张是,既不偏于狂,也不偏于狷,于两端之间取其中,是谓"中行"。《先进》载:

> 子贡问:"师与商也孰贤?"子曰:"师也过,商也不及。"曰:"然则师愈与?"子曰:"过犹不及。"

这里,"过"和"不及"也是相反的两极端,孔子认为它们同样不好,唯有无过无不及方为"中正之道"。所以朱熹概括说:"中者,无过无不及之名也"(《论语集注》),"无所偏倚,故谓之中"(《中庸章句》)。而"庸"者,"用也"(《说文》),"常也"(《尔雅释诂》)。这样,"中庸"的基本规定,即为据两用中,或以"中"为常道之义。

孔子所主张的"中",原意并非无原则的折衷主义。过和不及都是相对于一定的标准来说的,它们是在相反方向上脱离了标准的两端;而"中"就是符合于一定的标准的"正",是对"过"和"不及"的否定。因此,"中庸"就含有积极的和消极的两个方面的方法论意义。其积极方面,就是要求人们的行为合乎一定的标准(度),这就是"礼"。《礼记·仲尼燕居》载:

> 子曰:"师,尔过,而商也不及。……"子贡越席而对曰:"敢问将何以为此中者也?"子曰:"礼乎礼! 夫礼所以制中也。"

其义与《左传·哀公十一年》所载"君子之行也,度于礼……事举而中"相同。这里,"中庸"即体现为:行为以"礼"为度,既不过,又不不及,也就是"非礼勿视,非礼勿听,非礼勿言,非礼勿动"。其消极方面,就是防止和反对言行之过分、过度。孔子说:"人而不仁,疾之已甚,乱也"(《泰伯》),认为对"不仁"的人痛恨过分,就会激化矛盾,引起暴乱。所以他主张"钓而不纲,弋不射宿"(《述而》),役民不要过度,表明"中庸"确有调和矛盾(即"和")的精神。孟子说:"仲尼不为已甚者"(《孟子·离娄下》),认为孔子不做过分的事,其义即在于此。同时,在德性修养上,要求"君子矜而不争,群而不党"(《卫灵公》),在处理不同意见、不同利益的人际关系上,做到"和而不同"(《子路》曰:"君子和而不同,小人同而不和")。又说:"君子惠而不费,劳而不怨,欲而不贪,泰而不骄,威而不猛"(《尧曰》),都体现了反对偏于一端的"中庸"原则。

结合上述两个方面的含义,"中庸"的哲学意义,就是在保持"度"的原则下的矛盾调和。其义曾被斥为"折衷主义"、"形而上学"。其实,在客观要求事物的"度"处于相对稳定的情况下,"过犹不及","事举而中",显然是必要的、可取的、合理的。其在道德上的意义,也应作如是观。孔子认为,君子能运用这一方法于仁德的实践中,也就获得了一种至高的品德("德者,得也")。因而也就成了仁人君子理想人格所必备的道德要求。所以《中庸》称引孔子的话说:"君子中庸,小人反中庸;君子之中庸也,君子而时中,小人之(反)中庸也,小人而无忌惮也。"

如果说,以"仁"为主的仁、智统一是孔子理想人格的内容,那么,"仁者安仁"则体现了孔子理想人格的价值观特点。而这一特点的规定,就在于孔子对义利关系的主张。

孔子处理义利关系的基本原则是:"义以为上"(《阳货》),"见利思义"(《宪问》)。"义",子路说:"君子之仕也,行其义也"(《微子》),就是君子所应当履行的道德义务,也就是行为的当然之则,或曰"道德律令"。"利",一般是指功利,在孔子那里主要是指个人私利私欲,如富贵利禄。所以义与利的关系,就是道德义务与个人利益的关系。对此,孔子认为君子应该把"义"放在首位,而个人利益则是第二位的。他承认:"富与贵,是人之所欲也","贫与贱,是人之所恶也"(《里仁》),认为人都有对自身利益的欲求,从而在一定程度上肯定了私有经济发展的历史潮流。但同时又接着说:"不以其道得之,不处也","不以其道得之,不去也"(同上)。求富贵,去贫贱,都必须以是否符合正道(义)为前提。就是说,应该"义以为上","见利思义","义然后取"(《宪问》),反之:

不义而富且贵,于我如浮云。(《述而》)

可见,孔子虽不否定个人利益,但认为取利必须要以"义"为度,不能违反"义"的规定。这实际上是对晏婴所谓"思义为愈"的"幅利"原则的发挥,不过,孔子义利观的理论意义不尽如此。

孔子从"君子义以为上"出发,进而提出"君子义以为质"(《卫灵公》),认为君子之所以为君子,在于"行义"。又说:"君子喻于义,小人喻于利"(《里仁》),明昭德义是君子的品格,而只知求私利则是小人的特点。这里,显然包含了轻视个人利益的观点,体现了鄙视劳动人民的贵族偏见。不过,从伦理学的意义看,实际上提出了在道德领域中划分"君子"与"小人"的价值标准,即何为"至善"的标准,表明了孔子(包括以后儒家)在义利观上的道义论特色。据此,他说:

> 君子之于天下也,无适也,无莫也,义之与比。(《里仁》)

按朱熹的解释,意为:君子对于天下之事,既无可又无不可,然必有所依,这就是"义"。也就是说,君子唯义是从。而在孔子的心目中,"行义以达其道"(《季氏》),"求仁"就是"行义"的最高体现,突出了道德的内在价值。因此,仁者"求仁而得仁"(《述而》),即以履行仁德为最高目的,而不注重于道德的外在价值,即实际效果。"君子之仕也,行其义也。道之不行,已知之矣"(《微子》),也不考虑个人的利害得失,虽"饭疏食饮水,曲肱而枕之",但"乐亦在其中矣"。孔子称道颜回说:"贤哉,回也!一箪食、一瓢饮、在陋巷,人不堪其忧,回也不改其乐"(《雍也》),仍以坚持"求仁"的志向为快乐(宋儒称此为"孔颜乐处"①)。反之,虽有志于"仁",却又耻"恶衣恶食",去追求个人的物质利益,这样的人,"未足与议也"(《里仁》),是不值一提的。这就叫"仁者安仁"(同上),"仁者不忧"。就是说,作为以"求仁"为目的的仁者,是不应掺杂个人私利私欲的,相反,甚至在必要的时候,为了实践"仁"这一最高的道德义务,就是牺牲个人的生命也应在所不惜。

---

① 以"求仁而得仁"为乐,虽贫"不改其乐",宋理学家周敦颐称之为"孔颜乐处"。这是一种超乎功利的道德审美境界,即以体验道德的内在价值为人生之最大快乐。孟子表述为"万物皆备于我矣,反身而诚,乐莫大焉"(《孟子·尽心上》)。西汉扬雄明其意:"纡朱怀金者之乐,不如颜氏子之乐。颜氏子之乐也,内;纡朱怀金者之乐也,外。"(《法言·学行》)周敦颐常令其学生程颢、程颐"寻颜子、仲尼乐处,所乐何事",认为孔、颜之所以贫而"不改其乐",在于"道德有于身而已矣"。"天地间,至尊者道,至贵者德而已矣。"君子"以道充为贵,身安为富",以道德为大而以轩冕金玉为小。故能"见其大,而忘其小焉尔。见其大则心泰,心泰则无不足。无不足则富贵贫贱处之一也。处之一则能化而齐,故颜子亚圣"(《通书》)。孔颜乐处,所乐非贫,在于"道"矣。二程进而将"孔颜乐处"提升为"天人合一"境界。"仁者,浑然与物同体",与物无对。如其诗句云:"道通天地有形外,思入风云变态中。"既已"形外",不与物对,即可达致"富贵不淫贫贱乐,男儿到此自豪雄"了。又说:"孟子言'万物皆备于我',须反身而诚,乃为大乐。若反身未诚,则犹是二物有对,以己合彼,终未有之,又安得乐?"(《河南程氏遗书》卷二上)这里的关键是要"识仁",真正体悟到"仁"的内在价值。明代学者曹端深谙其义,指出:"孔颜之乐者仁也,非是乐这仁。仁中自有其乐耳。"(《明儒学案·诸儒学案上》)"孔颜乐处",非以贫为乐,乃以体悟道德之内在价值为乐,与"安贫乐道"有别。理学家崇尚"孔颜乐处",又将其纳入"存天理,灭人欲"的思想体系,把"孔颜乐处"引向了禁欲主义式的"安贫乐道",认为"人欲净尽,天理浑全,则颜氏之乐可识矣"(薛瑄《薛文清公读书录》卷二)。

志士仁人，无求生以害仁，有杀身以成仁。(《卫灵公》)

这就是孔子根据"义以为上"、"义以为质"的原则，对理想人格的最高要求。其实质，就是个体必须服从群体，也就是个人必须服从家庭、宗族、国家(君主即其代表)和民族的利益。这正是孔子以及整个儒家在处理群己关系上的基本原则。

孔子所塑造的理想人格，在后世产生了不同的影响。那种"安贫乐道"，以道德心理自我满足为安身立命之地的人生哲学；那种以"贵义贱利"、"存理灭欲"为行为方针的价值观念；那种压抑个性和自由意志，唯父意、君旨是从的"愚忠"、"愚孝"等心理模式，虽然不能完全和直接归罪于孔子，但与孔子确有一定的历史联系，这是问题的一个方面。而强调个体对整体的道德义务，反映在民族意识上，积淀为维护民族利益和民族团结的崇高品德，表现为坚贞的民族气节，陶冶了不少仁人志士。范仲淹的"先天下之忧而忧，后天下之乐而乐"，文天祥的"孔曰成仁，孟曰取义"，顾炎武的"天下兴亡，匹夫有责"……这些闪烁着爱国主义和民族自尊光华的思想和行为，也都可以溯源于孔子以"仁"为核心的理想人格。同时，"义以为上"、"仁者安仁"，又毕竟包含着反对唯利是求，做一个有道德的人的合理因素，它无疑已成为一种优良的民族传统而应予以充分的肯定。

四、学、思结合的修养方法

如何培养"仁且智"的理想人格，是孔子伦理思想所要解决的又一个重要问题。对此，孔子根据自己长期的教学实践总结出一套道德修养(即所谓"修己")的理论和方法。

孔子的修养论与其认识论是一致的。他一方面认为有"生而知之者"(《季氏》)，并自称"天生德于予"(《述而》)，体现了在知识、德性来源上的先验论倾向。但同时又强调"学而知之"(《季氏》)，主张"学以致其道"(《子张》)，并明确申言"我非生而知之者。好古敏以求之者也"(《述而》)。认为一般人的知识和道德是通过后天学习而获得的，这显然是唯物主义的观点。

孔子的修养论还有其人性论的根据。他说："性相近也，习相远也。"(《阳货》)应该指出，孔子关于人性的观点，《论语》中仅此一见，尚不足以表明孔子对人性的具体看法,我们也不必强为之解。但有一点则是明确的,在孔子看来,人在其本性上原是相差无几的,人之所以有道德品质上的差别,是由于后天习俗的不同所造成的。因此,后天的道德修养就是完全必要,也是十分重要的了。

孔子关于道德修养的基本主张,用其学生子夏的话来说是:

博学而笃志,切问而近思,仁在其中矣。(《子张》)

"笃志",即坚定对"仁"的志趣,是修养的思想前提。孔子总结他的一生修养过程时说:"吾十有五而志于学",把"志于学"看成是修养过程的起点。又说:"苟志于仁矣,无恶也。"(《里仁》)认为要使自己成为"仁人",首先要有"求仁"的崇高志向,并笃守而勿失。这样才会坚持修养的全部过程。而"学"("问"也是学的一种形式)和"思"则是修养的基本方法。两者的关系是:

学而不思则罔,思而不学则殆。(《为政》)

"罔",迷惘而无所得;"殆",偏离正道而陷于危险。因此,必须把"学"和"思"结合起来。这也是孔子的认识论,在孔子的思想中,修养方法和认识方法又是完全一致的。

孔子认为,"志"固然是修养的思想前提,但仅有"好仁"之志而不去学习,则将一无所获。"好仁不好学,其蔽也愚。"(《阳货》)可见,尽管孔子有时过分地强调了修养的内心活动,"我欲仁,斯仁至矣"(《述而》),但他所重视的还是"学"。孔子提倡"学"的内容和范围,主要是指诗、书、礼、乐,即所谓"博学于文"(《颜渊》)。书和礼是指思想伦理方面的道理和礼节条文。就是诗、乐这些原属于文艺类的科目,在孔子看来,同样具有政治伦理的性质。他评述《诗》的内容说:"《诗》三百,一言以蔽之,曰思无邪。"(《为政》)又说:"诗,可以兴,可以观,可以群,可以怨,迩之事父,远之事君,多识于鸟兽草木之名"(《阳货》),强调要从政治伦理的角度去认识《诗》的价值。当然,学《诗》也可以得到一些知识性的东西,那不过是余事罢了(此释从朱熹注)。学《乐》也是这样,《八佾》载:"子谓《韶》,尽美矣,又尽善也。谓《武》,尽美矣,未尽善也。"这就是说,对于乐的评价,有艺术标准,还有道德标准。在孔子看来,《韶》之所以胜于《武》,就在于《韶》既有美的魅力,又具善的价值。所以当颜渊问怎样治国,孔子回答说:"乐则韶舞"(《卫灵公》),难怪他在齐国闻《韶》,竟被陶醉得"三月不知肉味"。总之,孔子所倡导的"学",归结到一点,就是"学道":

> 百工居肆,以成其事。君子学以致其道。(《子张》)

这个"道",就是贯穿于诗、书、礼、乐的政治伦理之道。而"致其道",就是得其道,也就是"德"。朱熹说:"德者得也。得其道于心而不失之谓也。"(《论语集注》)其内容即为"仁"德,所以说:"君子学道则爱人。"(《阳货》)可见,学的目的,就是使外在的"道"转化为内心的"德"("仁")。而要实现这一转化,并保持"德"之不失,孔子认为,关键在于"思"。

"思"是认识过程中的理性活动,是修养的重要一环。它包括对所学内容的伦理思考和对自己言行的自我检查。关于前者,上面所说的"绘事后素",就是一个典型的例证。"子夏问曰:'巧笑倩兮,美目盼兮,素以为绚兮。何谓也?'子曰:'绘事后素。'(子夏)曰:'礼后乎。'子曰:'起予者商也,始可与言诗已矣。'"子夏所问的这三句诗,原意是说,一个妇女长得美,笑得美,眼睛也美,加上素粉,更加美。孔子答以"绘事后素",子夏悟其意,说:"礼后乎",就是说,先有"仁"的德性,然后才能行礼;"仁"是礼的道德心理基础。孔子认为子夏的这一理解,把握了这三句诗的实质。显然,子夏学有所得,正是通过思(这里体现为类比)而实现的。孔子自己所谓"《关雎》乐而不淫,哀而不伤"(《八佾》),同样也是思的结果。

至于对自己言行作自我检查的"思",就是所谓"内省"、"内自省"、"内自讼"。他说:

> 君子有九思:视思明,听思聪,色思温,貌思恭,言思忠,事思敬,疑思问,忿思难,见得思义。(《季氏》)

就是要求思考、检查自己的言行是否符合道德要求。又说:"主忠信,无友不如

己者,过则勿惮改"(《子罕》),这是对"过"的思,孔子称为"内自讼":

> 已矣乎! 吾未见能见其过而内自讼者也。(《公冶长》)

孔子又说:

> 见贤思齐焉,见不贤而内自省也。(《里仁》)

这是说,看到贤人,应该考虑向他看齐;遇到不贤者,应该反省自己有没有同他类似的毛病。如果通过反省,认为自己的行为是符合道德要求的,那就应坚持下去,"内省不疚,夫何忧何惧"(《颜渊》)。总之,"学""思"结合的修养方法,体现了"仁""智"统一的理性主义特点,在一定程度上反映了认识(修养)的内在规律,是值得称道的。

此外,应该指出,孔子还十分重视道德的实践,即所谓"行"。"行"是孔子教育学生的四科(文、行、忠、信)之一。他要求学生言行一致,"始吾于人也,听其言而信其行;今吾于人也,听其言而观其行"(《公冶长》)。认为一个有道德的人,不仅要有高尚的道德意识,而且要把这种意识化为行动,做一个身体力行的"躬行君子"(《述而》)。

孔子实际上提出了这样一个道德修养的过程:志——学——思——行,最后达到修养的最高境界,即所谓"从心所欲不逾矩"。不过,孔子的修养论,显然还包括"知天命"、"顺天命"。孔子认为,这对于培养"仁者安仁"的理想人格,也是不可缺的一环。他总结自己一生的修养过程时说:

> 吾十有五而志于学,三十而立,四十而不惑,五十而知天命,六十而耳顺(一说"耳"同"尔"),七十而从心所欲不逾矩。(《为政》)

意思是说,他15岁就立志"学道",通过学而思,到30岁就确立了对"道"的坚定信念,至40岁终于达到了对"道"的自觉。以上是"学道"和"知道"的阶段。50、60岁,则进入到一个新的阶段,即"知"天命和"顺"天命。在孔子的思想中,尚保留着传统的天命观念,认为人的生死、富贵以及"道"之行与不行(成功与失败),是由"命"决定的。对此,孔子的态度是知而顺之,但这并不妨碍自己去行"道"、尽"义"。正如其学生子路所表白的:"道之不行,已知之矣",但"长幼之节,不可废也;君臣之义,如是何其废之?欲洁其身,而乱大伦"(《微子》),是决不干的。这也就叫做"知其不可而为之",或曰"听天命而尽人事",一方面是顺从天命,另一方面又不弃人事,而前者又是后者的前提,因为达到了"顺天命"的境界,就能超脱利益得失、成败与否的干扰,从而能更坚定地去履行自己应尽的道德义务和历史责任。于是,到70岁时达到了"从心所欲不逾矩"的最高修养境界,即使自己的主观完全符合于"道",没有一点勉强造作,也就是《中庸》所说"从容中道"的"圣人"境界。这是一种道德认识上的"自由",然而是以知天命、顺天命为前提的,因而也就不能不是实现其心中的"自由",说到底,只是心"不违仁"而已。这无疑是"仁者安仁"理想人格的道义论特点在修养论中的逻辑归宿。

第四节　墨子的"兼爱"说和功利主义思想

墨子(约前468—前376),姓墨名翟,战国初期鲁国人,但其一生的活动范围却远远超出鲁国,前后到过宋、齐、卫、魏、楚等国,还在宋昭公时做过宋国大夫。墨子是稍后于孔子的又一位享有盛名的思想家,他所创立的墨家,是当时唯一可以与儒家相抗衡的学派,因而与儒家齐名,时称"儒墨显学"。

墨子是先习儒而后非儒。据《淮南子·要略训》载,墨子曾"学儒者之业,受孔子之术",但"以为其礼烦扰而不悦,厚葬靡财而贫民,(久)服伤生而害事,故背周道而用夏政",抛弃儒学,另创新说。墨子的学说,以"兴天下之利,除天下之害"为宗旨,以"兼爱"、"非攻"、"尚贤"、"尚同"、"非命"、"非乐"、"节用"、"节葬"、"天志"、"明鬼"为内容。其中虽有落后的成分(如"天志"、"明鬼"),但在许多方面,匠心独具,颇有建树。他的"三表"法的认识论,崇尚"强"、"力"的"非命"说,以及逻辑学思想,都在中国古代哲学史上写下了光辉的一页。墨子的伦理思想与其政治思想融为一体,以"兼爱"说为中心和标志,并在义利观上,既

"贵义"又"尚利",在先秦的诸子中首先举起了功利主义的旗帜。其说虽因先习儒而保留了儒家的某些思想资料,包括仁、义、忠、孝等名词术语,但内容与儒家有原则的不同,有自己的特点。儒、墨对立,首先是在伦理思想上的对立。

从墨子的一生活动来看,他属于"士"的阶层。自谓"翟上无君上之事,下无耕农之难"(《墨子·贵义》,本节引《墨子》只注篇名),但他出身工匠,被列入"贱人",其三百(一说一百八十)弟子也大都来自"农与工肆之人",他们自食其力,"多以裘褐为衣,以跂蹻为服,日夜不休,以自苦为极"(《庄子·天下》),过着十分俭朴的生活。这表明,与儒家不同,墨家产生的阶级基础是在社会变革中大量出现的独立个体劳动者。这些人,属于"自由平民"阶层,他们有人身自由,既是劳动者,又是小私有者,地位虽高于奴隶,但也受奴隶主剥削,并在诸侯争霸、贵族倾轧的战乱中备遭摧残。所以他们反对攻伐、侵夺,不满贵族统治,对传统的周礼和宗法制度基本上持否定态度,强烈地要求改变自身的社会地位,具有很高的政治热情。这些,在墨子和墨家的言行中,都有明显的反映。可以说,墨子的学说及其伦理思想基本上代表了从奴隶制向封建制转变过程中小私有劳动者和平民的利益,因而荀子称墨学为"役夫之道"。说墨子是我国历史上第一位"替劳动者阶级呐喊的思想家",是符合历史事实的。

今存《墨子》53篇,除《经上》、《经下》、《经说上》、《经说下》、《小取》、《大取》6篇是后期墨家著作外,大部分可信是墨子学说的记录,其中,《兼爱》、《非攻》、《非乐》、《尚贤》、《贵义》、《非儒》、《鲁问》等篇,比较集中地反映了墨子的伦理思想。

一、与"交别"对立的"兼爱"原则

"兼爱",或曰"兼相爱,交相利",是墨子用以处理社会人际关系的普遍的伦理原则。这里,正如《吕氏春秋·不二》所说:"墨翟贵兼","兼"体现了墨子的"爱人"的根本特点。就儒、墨对立而言,墨子的"兼爱"固然不同于儒家的"仁爱",不过,仅限于此,尚不能全面把握墨子"兼爱"的内容和性质。要知道,墨子提出"兼爱",首先是用来反对"别相恶"的,而"兼爱"的首要含义正体现在同"别相恶"的对立之中。因此,分析墨子的"兼爱"原则,就应从考察"兼"与"别"的对立入手。

墨子贵"兼"而非"别",认为"别"是天下一切祸害的根源。他明确指出:

> 恶人而贼人者,兼与?别与?即必曰,别也。然即之交别者,果生天下之大害者与!(《兼爱下》)

所谓"交别",不仅是指亲疏、厚薄的差别,按其本义,而是指彼此的利益对立,也就是只爱己、利己,而不爱人、利人,作为一种观念就是自私自利。墨子在描述"别士"的言行时指出,"别士之言曰:'吾岂能为吾友之身,若为吾身,为吾友之亲,若为吾亲?'是故退睹其友,饥即不食,寒即不衣,疾病不侍养,死丧不葬埋。"(同上)墨子认为,由"别"为行为方针,就必然导致"亏人利己"、"恶人贼人"。他说:

> 今诸侯独知爱其国,不爱人之国,是以不惮举其国,以攻人之国;今家主独知爱其家,而不爱人之家,是以不惮举其家,以篡人之家;今人只知爱其身,不爱人之身,是以不惮举其身,以贼人之身。是故诸侯不相爱,则必野战;家主不相爱,则必相篡;人与人不相爱,则必相贼。(《兼爱中》)

据此,为了"兴天下之利,除天下之害",墨子提出了与"别"相对立的"兼",主张"兼以易别"(《兼爱下》),即"以兼相爱、交相利之法"来取代"别相恶,交相贼"。

所谓"兼",正与"别"相反,就是视人若己,"为彼犹为己也"(同上),也就是彼此利益不别。墨子认为,人能若此,则必"相爱"、"相利"。"兼士之言曰:'吾闻为高士于天下者,必为其友之身,若为其身;为其友之亲,若为其亲,然后可以为高士于天下。'是故退睹其友,饥则食之,寒则衣之,疾病侍养之,死丧埋葬之。"(同上)《兼爱中》表述得更为明确:

> 然则兼相爱、交相利之法,将奈何哉?子墨子言:"视人之国,若视其国;视人之家,若视其家;视人之身,若视其身。是故诸侯相爱,则不野战;家主相爱,则不相篡;人与人相爱,则不相贼;君臣相爱,则惠忠;父子相爱,则慈孝;兄弟相爱,则和调;天下之人皆相爱,强不执弱,众不劫寡,富不侮

贫，贵不敖贱，诈不欺愚。

这就是墨子"兼爱"的第一要义，它首先反对了独知爱己的自私自利。而既然"兼爱"的要义是视人若己，"爱人若爱其身"（《兼爱上》），"为其友之亲，若为其亲"（《兼爱下》），因而也就包含了"爱无差等"（《孟子·滕文公上》）的规定。于是，墨子的"兼爱"原则，也就否定了儒家"亲亲有术"（《非儒》）的"爱人"原则。就是说，"兼爱"不仅反对了视人我利益对立的自私自利，而且否定了亲疏有别的宗法观念。孟子攻击墨子的"兼爱"，"是无父也"，"无父"，"是禽兽也"（《孟子·滕文公下》），其原因盖在于此。坚持还是否定宗法观念，是导致儒墨"爱人"问题上相互对立的主要根源。总之，墨子"兼爱"原则的伦理内容，就是与"交别"相对立，不分人我，不辨亲疏，以及不别贵贱、强弱、智愚、众寡地彼此相爱、相利。

然而，"兼爱"是否可行呢？"然！乃若兼则善矣，虽然，不可行之物也"（《兼爱中》），这是时人的诘难。于是墨子进一步对"兼爱"原则的可行性进行论证。一方面，他求助于"天志"的神秘力量和君主的政治权威；另一方面，在理论上，提出了所谓"投我以桃，报之以李"的对等互报原则。他说：

> 夫爱人者，人必从而爱之；利人者，人必从而利之。恶人者，人必从而恶之；害人者，人必从而害之。（《兼爱中》）

这就是说，道德主体的每一个作用于客体的行为，必然会受到客体的对等回报。恶人、害人者，必然会遭到别人的损害，终究不能达到利己的目的。因此，"别"倒是行不通的。而视人若己，爱人利人，不仅无损于自己的利益，自己的利益还可通过爱人、利人而得到保障。用后期墨家的话说，就叫："爱人不外己，己在所爱之中。"（《大取》）于是，爱人利人也就与个人的利益取得了一致，正因如此，人们就乐意实行"兼爱"原则。所以墨子深信：实行"兼爱"原则，"此何难之有焉"！

从墨子对"兼爱"原则的可行性论证可见，"兼爱"固然反对了恶人、害人者的利己主义，但并没有否定利己之心。恰恰相反，不论是对等互报原则，还是"兼爱"原则，都是以满足利己心或个人利益为立足点的。如说：孝子之"为亲度"，为自己的父母着想，就希望别人也"爱利其亲也"，"然即吾恶先从事即得此？若我先从事乎爱利人之亲，然后人报我以爱利吾亲乎"（《兼爱下》）。这与春秋时期晋大夫赵衰所说的"欲人之爱己也，必先爱人"（《国语·晋语四》），并无原则区别。这就是说，孝子之所以先从事爱利他人之亲，其立足点就在于可以满足"爱利其亲"的利己之心。而"兼爱"之所以具有诱人的魅力，也正在于它可以获得而不是损害个人利益。可见，墨子的"兼爱"还不是公而无私，也不能归结为"利他主义"，但是，墨子并没有把利己作为"义"（善）的价值尺度或行为准则，相反，而是把"利人"视为行为的准则和"义"的价值尺度。这正体现了墨子的功利主义思想及其特点（详论见下）。因此，全面地考察"兼爱"的伦理性质，我们可以发现，墨子的"兼爱"是利己的行为动机和利他的行为准则的结合，其实质是，调和个人利益与他人利益的矛盾和冲突。而这也就是"兼爱"的特殊功能之所在，它能"合其君臣之亲"、"弥其上下之怨"（《非儒下》），使国与国、家与家、人与人，以及王公大人和万民百姓之间都能互通利益、相爱相利、"和调"相处，社会由此达到安治，天下由此得以富庶。所以，墨子称"兼爱"或"兼相爱、交相利"为"圣王之法，天下之治道也"（《兼爱中》），是"兴天下之利，除天下之害"的根本方法。然而，这只是一种美好的愿望罢了。

在阶级社会中，不同阶级之间的经济利益对抗是不可调和的，在社会制度大变革时期尤其如此。事实上，对于那些王公大人们来说，独知爱己、利己而恶人，是由他们的经济和政治地位所决定的必然现象，因而是不可避免的。在这种情况下，"爱人"、"利人"已属空想，又怎么会有"爱人者，人必从而爱之；利人者，人必从而利之"？于是，"兼爱"原则也就不能不是若"挈泰山而超江河"的"不可行之物"了。显然，墨子主张"兼以易别"，认为"兼爱"可行，实是一种主观的幻想。其认识根源是，把现实存在的相互对抗的个人利益和社会关系作了孤立的道德思考，他排除了人们"别相恶，交相贼"深刻的经济、政治基础，认为产生"相恶"、"相贼"的原因仅仅在于人们独知爱己、利己的"别"的观念。因此，要"除天下之害"而"兴天下之利"也就不必取消上下、贵贱在政治、经济上的对立，只需改变一下人们的行为方针——"兼以易别"，即可万事大吉了。这种企图以道德的力量来改造社会的思想，无疑是唯心主义的道德决定论。而讲"利"，却又离开社会现实的利害关系，于是，这样的"利"也就成了不可实现的虚幻的利，由此而讲"爱人"、"利人"、"相爱"、"相利",就只能是空中楼阁、水中之月。道德原则一旦超离了人们的现实利益关系和政治关系,愈是被描绘得美满无缺,就愈显得苍白无力,愈缺乏现实的可行性。似乎这就是墨子的"兼爱"说不为封建统治者所推行的根本原因,而被其所否定的儒家"亲亲有术"的"仁爱"原则,由于反映了社会实际存在着的宗法、等级关系,而且具有更多的现实可行性而成为封建社会正统的伦理信条。

但是,墨子的"兼爱"说毕竟有其光辉之处。他谴责"强之劫弱,众之暴寡,诈之谋愚,贵之敖贱",要求统治者成为"兼君",对万民实行"饥即食之,寒即衣之,疾病侍养之,死丧葬埋之"(《兼爱下》),反映了身处"饥不得食,寒不得衣,劳不得息"的劳动人民反对压迫、剥削,要求保障生活的心声。而视人若己、"相爱"、"相利",作为一种普遍原则虽属空想,但在劳动人民内部,则不能认为是毫无根据的臆断。它实际上是对劳动人民道德实践的一种概括,反映了劳动者之间的阶级同情心和互助精神。墨子提倡"有力者疾以助人,有财者勉以分人,有道者劝以教人"(《尚贤下》),正体现了在"兼爱"原则中所含有的劳动人民的美德。因此,墨子的"兼爱"原则,具有人民性的品格。

二、贵义、尚利的功利主义

墨子把"兼爱"原则展开为"兼相爱、交相利",认为爱人应以利人为内容和目的,体现了墨子伦理思想的功利主义特点。这一伦理特点,集中地反映在墨子的义利观中。

义利观在墨子思想中的伦理学意义,首先是个何谓至善的问题,也就是道德价值问题。不过,对于问题的回答却与儒家有着原则的分歧。在儒家那里,"义"以礼为最高标准,认为凡符合于礼的言行即是义,而把"利"理解为私利、私欲,并认为对于利的追求必然会妨碍义的实行。从而在道德价值观的范围内把义与利对立起来,主张"仁者安仁"、"何必曰利",走向了道义论。墨子则既贵义又尚利,主张"义"以"利"为内容、目的和标准;而所尚的"利"主要是指"天下之利",他人之利,认为"利人"、"利天下"是仁者从事的最高目的,达到了义利统一,这无疑是一种功利主义思想。

墨子认为,凡是符合于"利天下"、"利人"的行为,就是"义"(善);而"亏人自利"、"害天下"的行为,则是"不义"(恶)。《非攻上》说:

> 今有一人,入人园圃,窃其桃李,众闻则非之,上为政者得则罚之,此何也?以亏人自利也。至攘人犬豕鸡豚者,其不义又甚入人园圃窃桃李。……当此天下之君子,皆知而非之,谓之不义。

而所谓"义"者,就是"利人",如"有力者疾以助人,有财者勉以分人,有道者劝以教人"。以此类推,至于一切善恶之名的区别,也都应以是否"利人"为标准:

> 若事上利天,中利鬼,下利人,三利而无所不利,是谓天德,故凡从事此者,圣知也,仁义也,忠惠也,慈孝也。是故聚敛天下之善名而加之。(《天志下》)

这里的所谓"三利",实即"一利";"利鬼"、"利天",不过是对"利人"的神圣化或对象化罢了。这就是说,有利于天下人的现实利益的,就是至善的标准;世间的一切"善名",都须以此作为价值标准。反之,凡是有害于人的,就是恶:

> 若事上不利天,中不利鬼,下不利人,三不利而无所利,是谓之(天)贼,故凡从事此者,寇乱也,盗贼也,不仁不义,不忠不惠,不慈不孝。是故聚敛天下之恶名而加之。(同上)

同理,"今吾本原兼之所生,天下之大利者也;吾本原别之所生,天下之大害者也,是故子墨子曰:'别非而兼是也。'"(《兼爱下》)可见,"利人"还是"害人","利天下"还是"害天下",是墨子用以区别义与不义(善与恶)的标准。一切行为之或善或恶的道德价值,就在于行为本身对于他人和天下所产生的是利的功效还是害的功效,据此,墨子提出了一条可以"法乎天下"的行为准则或行为路线——"利人乎即为,不利人乎即止"(《非乐上》),充分体现了墨子在回答什么是至善的问题(即道德价值观)上的功利主义特点。

墨子"尚利",视"利人"、"利天下"为"义"的内容、目的和标准;反过来,墨子又把"义"看成是达到"利人"、"利天下"的手段,所以又提倡"贵义",这是墨子义利观的又一层含义。

墨子认为:"义"是天下之可贵"良宝",而"义"之所以可贵,就在于它可以利人、利天下。他说:和氏之璧、隋侯之珠、三棘六异(指九鼎),"此诸侯之所谓良宝也",但不能"富国家,美人民,治刑政,安社稷",即"不可以利人",因此,"非天下之良宝也"。只有"可以利民"者,才是天下之"良宝";"而义可以利人,故曰义天下之良宝也"(《耕柱》)。也正是在这一意义上,墨子提出了"天下莫贵于义"(《贵义》)的命题。这个"义",就其具体形式而言,即指"圣王之法"的"兼爱"原则,当然也包括"忠"、"惠"、"孝"、"慈"等道德规范。

墨子提出以"利"作为行为的道德价值标准,这是对以"礼"为道德价值标准的传统观念的否定,实质上破坏了周礼在道德领域中的主宰地位,体现了道德观念的革命变革,具有反传统的启蒙意义。同时,墨子既肯定"利人"、"利天下"为至善的标准;又倡导"贵义",维护了道德原则的尊严。这在理论上有较大的合理性。

一方面,墨子虽然承认人有利己心,但是他没有把至善的标准归于个人利益的满足,而是给了"利人"、"利天下"的目的和功效。这种价值观,与西方功利主义往往把利己视为行为目的,而利人只是作为达此目的的手段的观点,大相异趣。另一方面,墨子在肯定功利的同时,并没有否定道德原则的作用,而是充分肯定了道德原则。道德原则,归根到底是受一定的利益所决定的,但一经产生,又具有相对的独立性和存在价值,在一定的历史时期内,它代表着一定的阶级、集团、民族、社会的整体利益,并在实践中积淀成稳定的价值信仰,成为人们所共同遵守的规范,起着调节社会关系的作用。因此,强调了功利目的,决不可否定道德原则和道德规范。墨子既"尚利",又"贵义",达到了义与利的统一,从而既与儒家的义务至上的道义论划清了界限,又避免了后来商、韩否定道德作用的极端功利主义,显然是一种独具特色的功利主义,具有十分宝贵的理论意义。

在思想来源上,墨子的功利主义是对春秋以来那种"言义必及利"思潮的继承和发展。不过,它具有自身的阶级特性。墨子所崇尚的"利",既非地主阶级所追求的利益,也非没落奴隶主贵族所要保持和挽救的利益,而是平民和小私有劳动者的利益。所谓"天下之利",包括"天下之富"和"天下之治"。天下之治是实现和保障天下之富的政治条件,而天下之富的主要内容,就是平民和小私有劳动者的物质生活利益,即"民衣食之财"。墨子明确指出:"饥者不得食,寒者不得衣,劳者不得息,三者,民之巨患也。"(《非乐上》)因此,除去民之"三患",保障民衣食之财,就成了"天下之富"的基本要求,也是为政的目的所在。《尚贤中》说:

> 唯能审以尚贤使能为政,无异物杂焉,天下皆得其利……是以民无饥而不得食,寒而不得衣,劳而不得息,乱而不得治者。

这就完全显现了在"天下之利"这一普遍形式的外衣下所包含的十分具体的阶级内容,即平民和小私有劳动者对自身利益的要求。因此,与"兼爱"原则一样,墨子的功利主义思想也具有人民性的品格。但是,由于墨子所代表的平民和小私有劳动者的软弱性,在如何实现"天下之利"的问题上,把希望寄于圣王、"兼君",甚至求助于"天志"的虚幻权威,以及依靠道德力量,这只能缘木求鱼。强调功利,看来十分现实,具有感性的魅力,但若无切实可行的实现的手段、途径和社会条件,也只能是美好的幻想。墨子的功利主义,就是这样一种空想的理论。

三、"合其志功而观"的道德评价原则

墨子把义利统一的功利主义原则贯彻于道德评价上,提出了志功统一的主张。"志",行为的动机;"功",行为的功效。墨子认为,评价一个人或一种行为,应以结合动机与效果为原则。

《鲁问》载,鲁君问墨子:"我有二子,一人者好学,一人者好分人财,孰以为太子而可?"墨子回答说:

> 未可知也。或所为赏与为是也,钓者之恭,非为鱼赐也,饵鼠以虫,非爱之也。吾愿主君之合其志功而观焉。

这是说,同样一种行为,可以出于不同的动机。一个好学,一个好分财与人,正

如钓者之恭，其动机不是为了赐鱼以食一样，他们的动机也可能是出于沽名钓誉。因此，在考察其行为功效的同时，还应考虑他们的行为动机，"合其志功而观焉"。这是墨子道德评价的基本原则。不过，墨子对这一原则的运用在不同情况下，有着不同的表现。《耕柱》载：墨子反对巫马子"不爱天下"的主张。巫马子反驳说："子兼爱天下，未云利也；我不爱天下，未云贼也。功皆未至，子何独自是而非我哉？"

  子墨子曰："今有燎者于此，一人奉水将灌之，一人掺火将益之，功皆未至，子何贵于二人？"
  巫马子曰："我是彼奉水者之意，而非夫掺火者之意。"
  子墨子曰："吾亦是吾意，而非子之意也。"

这是说，当"功皆未至"，尚无功效可鉴时，判断动机（意）之是非，不仅是可能的，而且也是必要的。但墨子以为对于功效也不可忽视，并且认为有益的功效应多多益善，《公孟》载，公孟子反对墨子上说下教，认为一个善人、一件好事，不必多宣扬，譬如一块美玉，放在家里，总会有人来买；一个美女，虽处而不出，而人必争求之。"今子偏从人而说之，何其劳也。"墨子反问说：今有两人，都善于算卦，一个出门算卦，一个居家不出，这两人谁赚的粮食更多呢？公孟子说：当然出门算卦的得粮多。由此，墨子结论说："仁义均，其行说人者其功善亦多，何故不行说人也。"意思是说，同样主张仁义，从事于上说下教的，其功效就大，所以应该努力争取更多的功善。显然，墨子已经注意到了"功"在量上的差别。《鲁问》对此作了更明确的表达。墨子比较了耕而食之、织而衣之和有道而说之这三种行为，认为它们的"功"有大小之别。"一农之耕，分诸天下，不能人得一升粟"，"一妇人之织，分诸天下，不能人得尺布"，然而有道以说人者，情况就不同了。他说：以道"上说王公大人，次匹夫徒步之士。王公大人用吾言，国必治；匹夫徒步之士用吾言，行必修。故翟以为，虽不耕而食饥，不织而衣寒，功贤于耕而食之、织而衣之者也"。这种以职业论"功"之大小，在道德评价上无疑是一种经验论的观点，但是要求行为有更多的善功，对于专事于道德宣传教育而言，不失为是一种合理性的辩护。

墨子对动机与效果关系的论述,在理论上虽未及深入展开,然而重要的是,他在中国伦理思想史上,首先提出志、功这对范畴,并对两者关系作了比较正确的回答。这是对中国伦理思想的又一重要贡献。

总之,墨子的伦理思想,以"兼爱"或"兼相爱,交相利"为标志,以贵义、尚利的功利主义为特点,反映了平民、小私有劳动者的利益,在先秦诸子中独树一帜,具有许多合理的内容。当然也有不可避免的缺点和错误之处,尤其是他的"天志"、"明鬼"思想,更使其伦理思想涂上一层浓厚的宗教色彩。但是,这都无妨其在中国伦理思想史上的重要地位。墨子的伦理思想,在后期墨家那里得到了进一步的发展。

第五节 《老子》的"无为"道德观

《老子》(又名《道德经》),是先秦道家的代表作。关于它的作者和成书年代,学术界至今争论未决。我们取其中一说:《老子》一书包含并发挥了道家的创始人、春秋末期老聃的思想,是老聃后学的作品,约成书于战国中期以前。①

与儒家"述而不作"、"道尧舜之道"有别,老子和《老子》作者对西周文化采取了批判的态度,他们绝弃仁义,抨击礼治,否定传统的宗法等级道德规范。同时,又抱怨封建制取代奴隶制的变革现实,他们不满新兴封建势力实行"法治",反对进步的"尚贤"政治。总之,他们厌旧却又不喜新,明显地体现出当时"避世之士"的那种"来世不可待,往世不可追"的政治态度。在现实面前,他们找不到实际的出路,以致幻想"小国寡民"的远古时代,企图把历史拉向倒退,因而提不出适应新的封建人伦关系的伦理思想。

---

① 1993年出自湖北省荆门市郭店一号楚墓的楚简《老子》,是迄今发现最早的《老子》版本(其篇幅不及通行本《老子》全文的五分之二)。这一发现,不仅对厘清老子其人、其书具有极为重要的价值,而且将影响对老子其"道"的传统看法。当然,由此又会引出郭店楚简《老子》与马王堆帛书《老子》及通行本《老子》的比较研究,并将产生《老子》古版本及其思想的衍变史学。本书(《中国传统伦理思想史》(第一版))出版于1989年,仍以通行本《老子》为据,同时参照帛书《老子》,而郭店楚简《老子》的出土,虽有助于恢复老子其人其书及其道的历史原貌,但不会因此而否定通行本《老子》的文化价值和历史地位。

《老子》的伦理思想,既与儒、墨对立,又与法家有别,以"无为"说立论,反对世俗道德规范对人们行为的约束,企图在现实的社会关系之外寻求一种符合人的"素朴"本性的道德境界,具有自然主义和某种近乎伦理非理性主义的特点①。因此,《老子》的伦理思想,其基本倾向是消极的,然而对周礼和道德虚伪的批判精神,却具有相当的历史深刻性和合理性。

一、"道常无为"及其伦理学意义

"无为",是老子的政治思想,也是老子道德观的中心观念和基本立足点,它取自其哲学体系的最高范畴——"道"。老子"道"的哲学性质如何,学术界至今未有定论,但其具有两重含义,似无多少异议。"道"既是天地之根、"万物之母",是世界的本原;又是宇宙的最高法则。这后一重含义,正是沟通老子的自然观与道德观的根据。老子说:

> 道常无为,而无不为。(《老子》第三十七章,本节引《老子》只注章次)

"无为"是"道"之常,是"道"作为宇宙最高法则的基本规定,就是"生而不有,为而不恃,长而不宰"(第五十一章)。这是说,道生育万物而不把万物据为己有,成就万物而不以为是自己的功劳,领导万物而不对万物实行宰制。因此,道能"善贷且成","无为而无不为"。总之,"无为"就是无意于为,没有自己的目的和追求,老子称此是道的"玄德",它实际上是对自然界的无意志、无目的的本质属性的一种概括。老子认为,道的这种德性应为包括人在内的世界万物所效法,而人能"无为",就是法"道"而有所得,他称之为"常德",这就是老子所理想的道德境界。由此,老子的"道"就由自然观引入了政治伦理领域,"道常无为"也就

---

① "伦理非理性主义"认为人们的理性和科学不能解决道德问题。认为道德只能由人们的"生存意志"、"本能"、情绪和体验而来,是某种非理性力量的产物,否定道德的客观来源和客观标准。伦理非理性主义不仅把人的道德活动看成不受社会条件制约和规范约束的纯粹个人的情感本能,而且夸大个人的情感作用,把道德活动中的感情因素绝对化。伦理非理性主义在西方伦理学史上有广泛的影响。基督教伦理学以及叔本华、尼采的权力意志论、柏格森和弗洛伊德主义、存在主义伦理学都含有伦理非理性主义的思想。参见朱贻庭主编:《伦理学大词典》(修订本),上海:上海辞书出版社,2011年,第8—9页。

获得了政治的和伦理的意义;体现了老子的自然观与伦理观的统一,具有古代伦理自然主义的理论特点。

老子的"无为",如果在政治上体现为一种君主的治国原则和南面之术,那么在伦理上的意义就是一种道德实践原则。它的基本要求就是不执着于一定的道德规范,无意于求得"善"的美名。因此,它不是一般意义上的道德原则,更不是特殊的道德规范,恰恰相反,正与实践具体的道德规范相对立。下面将会看到,它实际上是老子所主观设计的一种"无知无欲"的心理表述。与"无为"相对立的是"有为"。所谓"有为",就是执着于一定的道德规范,以追求"善"的美名为目的,是以知、欲为心理基础的一种道德的实践原则。正是在"无为"与"有为"的这种对立中,包含了老子道德观的全部内容,建立了老子道德观的逻辑结构。这就是:从"道"推衍出伦理的最高原则——"无为",通过"为道"否定"有为",最后"复归"于"无为"之德(即与"道"同体),也就是达到"天道"与"人道"的合一。①

二、"大道废,有仁义"的道德蜕化论

老子根据"无为"与"有为"(在伦理意义上)的对立,把德分为"上德"与"下德"。《老子》第三十八章说:

> 上德不德,是以有德。下德不失德,是以无德。上德无为而无以为,下德为之而有以为。

"上德"正体现了"无为"原则,它不自恃有德,所以有德;"下德"则体现了"有为",它以具体的道德规范而"为之",处处表现自己有德,唯恐失去得到的"善"名,这样的德,只是形式上的,实即无德。据此,老子把崇尚仁、义、礼的行为都归于"下德"范畴,因为它们的共同特征就是"为之",是对"无为"之德的废弃;表明了老子对仁义道德规范的态度,也反映了老子对道德规范的理论认识。

---

① 老子(包括道家)的"天道"与"人道"合一,即指自然法则与伦理原则的合一,与孟子等儒家建立在"宇宙伦理模式"基础上的"天人合一"有别。

在老子看来，儒家所倡导的仁、义、孝、慈等一套道德规范，只是道德之名，与之相对立的是道德之实，两者有着严格的界限，这是他的"无名"论思想在道德观中的贯彻。以孝、慈为例，老子一方面认为"六亲不和，有孝慈"（第十八章），另一方面又主张"绝仁弃义，民复孝慈"（第十九章）。这上下两章所说的"孝慈"，其含义显然有别，前者为"名"，后者为"实"。魏源《老子本义》引陆希声注："上云'六亲不和，有孝慈'，而又言'民复孝慈'，盖人孝慈则无孝慈之名，此名实文质之辨也。"这是切合老子原意的。老子所要反对的就是仁义一类的道德规范或道德之名。

老子认为，仁义道德规范不是从来就有的，它们是"无为"之道丧失、社会关系混乱的产物。《老子》第十八章说：

> 大道废，有仁义。慧智出，有大伪。六亲不和，有孝慈。国家昏乱，有忠臣。

这是说，大道之世，无为自然，六亲和合，国家安治，在这种情况下，人无邪恶，社会也就不需要制定道德规范来制约人们的行为，因而也就不知仁义、孝慈、忠臣为何物；而一旦废弃了"无为"之道，社会关系产生混乱，各种邪恶行为发生，这时，就有圣者、智者出来制定并提倡各种道德规范作为人们行为的准则，于是就有了仁义、孝慈、忠臣之名。正如王弼所注："甚美之名生于大恶……若六亲自和，国家自治，则孝慈、忠臣不知其所在矣。鱼相忘于江湖之道，则相濡之德生也。"（《老子道德经注》）苏辙也说："六亲自和，孰非孝慈？国家方治，孰非忠臣？尧非不孝也，而独称舜，无瞽瞍也。伊尹、周公非不忠也，而独称龙逢、比干，无桀、纣也。"（《道德真经注》）这就是说，道德规范或道德之名的产生，是社会风尚衰败的表现。老子的这一看法，具有一定的历史感。自春秋以降，由于土地私有制的产生和发展，造成了"溥天之下，莫非王土"的宗法制的逐渐瓦解和崩溃，出现了"礼崩乐坏"的局面：兄弟相残，父子相篡，君臣易位，上下错乱，以血缘为自然纽带的西周宗法等级体制日趋解体。正是在这种形势下，人们对反映宗法等级关系的道德规范进行了反思。儒家伦理思想的仁义道德规范体系就是对春秋以来的宗法等级道德规范的总结和发展。老子提出"大道废，有仁义"、

"六亲不和,有孝慈"的道德衍变观点,在一定程度上反映了宗法等级道德规范产生、发展的原因和规律,触及了宗法等级道德的本质。这比之于把仁义道德规范的根源归于抽象的人性和神秘的"天意",显然要合理得多、深刻得多。不过,老子并没有对仁义道德规范予以正面的肯定。

在老子看来,有了道德规范,就树立了评价"善"的标准,于是人们就知道了什么是"善",因而也就知道了什么是"恶"。《老子》第二章说:

> 天下皆知美之为美,斯恶矣;皆知善之为善,斯不善矣。

这样,就会使人们的行为囿于欲"善"而恶"恶"的目的,"为之而有以为",并引导人们卷入毁誉贬褒的道德评价的竞争漩涡,甚至诱发人们采用各种伪善手段以攫取和保持"善"的美名。老子之所以主张"不尚贤,使民不争"(第三章),其道理就在于此。"贤"是一种善名,主要指的是有德。孔子称颜渊为"贤者",就是因为颜渊有"仁"的道德修养,因而所谓"举贤",就是举有德者。孟子主张"进贤",旨在"贵德",也是以德论贤。至于墨子的"尚贤",以"义"为标准,同样以道德为贤的内容。老子反对"尚贤",认为尚贤必然会引导人们归于名利之争,而"贤"的评判标准就是仁义道德规范。这就是说,尚贤之所以使民相争,就是因为有了仁义道德规范。尤其是"礼"这个东西,其作用更坏。老子说:

> 上(尚)礼为之而莫之应,则攘臂而扔之。故失道而后德,失德而后仁,失仁而后义,失义而后礼。夫礼者,忠信之薄,而乱之首。(第三十八章)

意思是说,礼的产生,是人们忠信偷薄的结果,名目繁多的礼仪,就是以外在的法制形式,强调人们服从上下的等级秩序。但其结果,犹如治丝愈棼,反而造成了社会关系的更大混乱。所以礼这个东西,实在就是大乱的祸首。这是对礼治的明确否定。总之,老子把仁义、礼节等道德规范的产生和提倡看作是社会关系紊乱的结果,同时也是引起社会争乱的一个重要原因。这一看法,后来在庄子一派那里得到了更明确的表述。《庄子·马蹄》说:

> 及至圣人,屈折礼乐以匡天下之形,悬跂仁义以慰天下之心,而民乃始踶跂好知,争归于利,不可止也。

这是因为"爱利出乎仁义"。因此,老子把从有仁义而至于有礼,看成是社会道德风尚趋向不断衰败的衍变过程;把从没有道德规范到有道德规范,从没有道德之名到有道德之名,看成是道德自身的蜕化,因而认为制定道德规范不是维护社会关系的良方。这就从根本上否定了道德规范的积极作用。

道德规范的产生是人们在社会实践中对自身道德关系的概括,它体现着对人们行为的共同要求。因此它能指导人们的道德实践,以调节人们在社会各个领域的关系。可见,道德规范的提出,是人们对自身道德生活的自觉,标志着人类道德生活由"自在"向"自为"的转化,反映了人类道德认识的升华。在历史上,当人类刚刚脱离动物界的最初阶段时,尚只有道德的萌芽,当然谈不上有道德规范的提出。只是到了个人利益与集体利益的矛盾日益明显并普遍化以后,人类才需要有道德规范作为自己行为的准则。在这以后的社会发展过程中,每当一种新的生产关系产生,社会上出现一种新的道德关系,就会产生适合这种道德关系的新的道德规范,以取代旧的道德规范。这正体现了道德规范的积极作用。老子的错误,在于把道德之实与道德之名对立起来,反对道德之名,否定道德规范在道德生活中的积极作用。他说:

> 始制有名,名亦既有,夫亦将知止,知止可以不殆。(第三十二章)

这里的"有名",作为一种哲学范畴,无疑也概括了道德之名。所谓"知止",就是不要认识和执着于道德规范。这样,在老子看来,就不会引起争乱("不殆")。因此他主张统治者应"处无为之事,行不言之教"(第二章),其中就包括不要提倡道德规范,不要进行道德教化,使人们不知什么是"善",也不知什么是"恶",以消解"善"与"恶"的对立。"歙歙为天下浑心",使天下人的心思归于浑浑沌沌,无分善恶的道德自然状况。这反映了老子道德观反道德自觉的实质。

但是,老子对仁义道德规范的批判,也不无合理之处。事实上,道德规范一经形成,就获得了认识工具的某种作用,它作为判断善、恶的一种依据,用来对人们的某种行为进行道德概括,成为这种行为"善"的标志。而在私有制的社会中,道德的"善"名又往往直接影响着个人的名誉、地位的享受。正因为这样,无意于实践道德义务,仅以求得形式上的"善"名为目的,甚至欺世盗名,借道德规范之名以掩饰自己丑恶的行径和灵魂,就成了剥削阶级道德生活中的普遍现象。仁义道德的全部历史,正充满了这种名实相悖、真伪不别的例证。所以《庄子·徐无鬼》指出:"捐仁义者寡,利仁义者众。夫仁义之行,唯且无诚,且假乎禽贪者器。"许多人无诚于仁义之行,反而利用它们作为窃取名利的工具,名"为之仁义以矫之",实则并与仁义而窃之,造成"窃钩者诛,窃国者为诸侯,诸侯之门而仁义存焉"(《庄子·胠箧》),仁义道德规范在贪利者那里完全成了有名无实的形式主义的道德躯壳。因此,老子主张"大丈夫处其厚,不居其薄;处其实,不居其华"(第三十八章),的确具有反对道德形式主义的合理因素,从一个侧面揭露了仁义道德的虚伪性,实际上提出了要警惕伪善者对道德规范进行抽象利用这样一个很有意义的问题。①

三、"复归于朴"的道德理想

既然老子认为道德规范或道德之名的产生是道德自身的蜕化,因此,他又主张道德的"复归",即从道德之名复归到未经人为制作的"无名"之朴的道德原始状态,也就是从"下德"而复至"上德",从"有为"而回到"无为"。这是老子的"万物复根"循环论②在道德观中的体现。为此,老子认为不仅要"绝弃仁义",取消仁义一套道德规范,而且还要"绝圣弃智",因为道德规范和道德教化正是由圣者、智者提出并倡导的(见第十九章),庄子一派正是根据这一观点,把仁义道德规范的出现归于"圣人之过"。但是,老子认为这些只是实现道德"复归"的客观条件,最根本的是要消除道德主体的主观原因,即"有为",也就是泯灭知、欲。所以他在讲了要弃绝仁义、圣智、巧利以后,接着又说:"此三者以为文不足,故令有所属(嘱):见素抱朴,少思寡欲"(第十九章),以至无知无欲。《老子》第三章说:

---

① 参见朱贻庭:"'崇本息末'与老子反对道德虚伪的批判精神",载《中国传统道德哲学6辨》,上海:文汇出版社,2017年,第151—167页。
② 《老子》第十六章:"致虚极,守静笃。万物并作,吾以观复,夫物芸芸,各复归其根……"

> 是以圣人之治，虚其心，实其腹，弱其志，强其骨，常使民无知无欲。

在对待知、欲的问题上，除老、庄外，先秦的其他各家在不同程度上都作了这样或那样的肯定。在儒家那里，由于他们强调道德实践的理性自觉，因而对"知"的重视更为突出，主张"仁"、"智"的统一，具有理性主义的特点。就是在"欲"的问题上，虽取轻、贱态度，孟子还主张"寡欲"，但毕竟没有走到"无欲"的极端。而老子不仅主张"寡欲"，且主张"无欲"。更具特色的还在于主张"无知"。当然，老子所否定的"知"，不是体"道"的"玄览"之知，而是对具体的名和物的认识，即"知止"的知。因而所谓"无知无欲"，就是没有名、物之知，没有巧、利之欲。对此，老子称为"素"、"朴"。《老子》第五十七章也说："我无欲而民自朴。""朴素"，就是事物的原始。而称"少思寡欲"为"素朴"，则反映了老子对人性的看法。老子认为，最能体现人的这种素朴天性的，就是知欲未开的婴儿。因此，所谓"复归于朴"，也就是"复归于婴儿"（第二十八章），达到"我泊焉未兆，若婴儿未咳"（第二十八章，从帛书本《老子》）。"泊"，《老子》河上公注本作"怕"，《说文》："怕，无为也。""泊"、"怕"义通，皆指恬静无为。"咳"，《说文》解："小儿笑也。"这句话的意思是说，我恬静无为，无知欲之起，如婴儿之质朴。老子认为，能达到如婴儿之未咳，无知无欲，也就从"有为"回到了"无为"。《老子》第四十八章说：

> 为学日益，为道日损，损之又损，以至于无为。

河上公注"日益者，情欲文饰日以益多"，"日损者，情欲文饰日以消损"。老子主张"绝学"（第二十章），认为学习会增加知、欲，"为道"——以道为对象——才能日减知、欲；而一旦泯灭了知、欲，就达到了"无为"，也就得到了"道"，即所谓"常德乃足"。这是老子的修养方法，后来庄子所说的"无思无虑始知道"（庄子称之为"体道"，见《庄子·知北游》），正与老子一脉相承。老子认为，有了"无知无欲"的心理基础，就能"无为而无以为"。在这里，既没有正常的感性和理性的认识，又无需必要的道德教育。然而这正是老子所要复归的人类道德生活的"本然"或理想境界，即如清代思想家戴震所指出的："彼（指老子）盖以无欲而静，则超乎善恶之上,智乃不如愚"①,是一种没有道德理智,没有善恶观念,不知道德为何物的自然状态。《庄子·天地》对此作了生动的描绘:

> 至德之世,不尚贤,不使能,上如标枝,民如野鹿,端正而不知以为义,相爱而不知以为仁,实而不知以为忠,当而不知以为信,蠢动而相使不以为赐。是故行而无迹,事而无传。

这不过是按照"无为而无以为"的模式对人类蒙昧时期道德生活的一种幻化。与"小国寡民"的历史观一样,老子的这种道德理想,是对人类道德认识的发展和道德自觉的反动,体现了老子的道德观具有伦理非理性主义的某种特征。

但是,老子所主张的这种虚幻的、反现实的道德理想,恰是产生于现实并具有十分现实的目的。老子主张通过"无知无欲"而实现的道德复归,正是他政治上愚民政策在道德领域中的体现。他反对仁义道德之名,是为了使人民老老实实地羁于宗法道德之实("绝仁弃义,民复孝慈")。正因为这样,老子的伦理思想与法家韩非有别,不能归结为非道德主义,在一定的历史条件下,倒可以作为儒家伦理思想的补充,用来论证封建的道德纲常,在消极的形式中显现出积极的意义。魏晋时期的玄学家王弼援"道"入儒,主张"名教"本于"自然",就是一个证明。

四、"无为"作为一种处世之方

除了死人,人不可能无知无欲,"无为"作为理想的道德境界,显然是非现实的。其实,老子又何尝没有自己现实的人生追求呢!他的最大欲望或人生目的,就是保全自身,即所谓"身存"、"成私"。而达此目的的方法,也就是"无为"。这就是说,老子的"无为"主张,一进入到人生实践领域,就成了一种现实的个人的处世方法。《老子》第七章说:

> 天长地久,天地所以能长且久者,以其不自生,故能长生,是以圣人后

---

① 戴震:《戴震集》,汤志钧校点,上海:上海古籍出版社,1980年,第279页。

其身而身先,外其身而身存,非以其无私邪? 故能成其私。

意思是说,若要长生,就应无为于生;若要身先,就应无为于先;若要身存,就应无为于存;若要成私,就应无为于私。《老子》第十三章所谓"吾所以有大患者,为吾有身,及吾无身吾有何患",其义亦然,这是"无为"作为处世方法的积极义的一面。其消极义的一面是"不争",也就是《庄子·天下》所说的"濡(柔)弱谦下"。《老子》第八十一章说:

圣人之道,为而不争。

就是不与人争有,不与人争多,而应先帮助别人,给予别人,其结果却是:

既以为人己愈有,既以与人己愈多。(同上)

老子认为,统治者要保持自己的统治地位也要运用这一方法。他说:

江海所以能为百谷王者,以其善下之,是以能为百谷王。是以圣人之欲上民也,必以其言下之;其欲先民也,必以其身后之。故居上而民弗重也,居前而民弗害。天下皆乐推而弗厌也,不以其无争与? 故天下莫能与争。(第六十六章,从帛书《老子》乙本)

老子还主张统治者应"自谓孤、寡、不穀","受国之垢","受国不祥",主动地承受国家的屈辱和灾殃,以表示自己的谦下。老子认为,这样就能为"社稷主"、"天下王"。这是统治者的"无为"处世之方,其实就是"君人南面术"。

谦下不争还包括虚而不盈。老子认为,在现实生活中,祸与福是相互依存相互转化的。"祸兮,福之所倚;福兮,祸之所伏。"(第五十八章)而人们对此迷惑不解,"孰知其极"? 其实,祸福转化的条件全在于主体自身,"是以圣人方而不割,廉而不刿,直而不肆,光而不耀"(同上),也就是谦下不争、虚而不盈。就是"勿矜"、"勿伐"、"勿骄",就是"知足"、"知止"、"功遂身退"。老子认为,这样就能避免祸咎。例如：

> 祸莫大于不知足,咎莫大于欲得,故知足之足常足矣。(第四十六章)
>
> 名与身孰亲？身与货孰多？得与亡孰病？是故甚爱必大费,多藏必厚亡,知足不辱,知止不殆,可以长久。(第四十四章)
>
> 企者不立,跨者不行,自见者不明,自是者不彰,自伐者无功,自矜者不长,其在道也,曰余食赘行,物或恶之,故有道者不处。(第二十四章)
>
> 不自见,故明；不自是,故彰；不自伐,故有功；不自矜,故长。夫唯不争,故天下莫能与之争。(第二十二章)
>
> 持而盈之,不如其已。揣而锐之,不可长保。金玉满堂,莫之能守。富贵而骄,自遗其咎。功遂身退,天之道。(第九章)

这些说法,实际上是对社会生活中富贵得失、祸福转化现象的经验总结,都是"无为"作为处世方法的体现,形成了一套所谓"持满之戒",具有一定的合理性,发人深省。这体现了在"无为"的消极形式中所包含的积极意义,其目的则是为了"成私"、"身存",保全自身。正是在这一点上,老子与杨朱一派的"贵己"、"重生"的"为我"哲学相同。

老子的无为不争的处世方法之推向极端,就是：

> 塞其兑,闭其门,和其光,同其尘,挫其锐而解其纷,是谓玄同。(第五十六章。从帛书本《老子》)

意思是说,闭塞知欲的通道(耳目感官),涵蓄智慧的光耀,混同尘世,不露锋芒,解脱纷争,达到与无为之道同一。这样,就能在亲疏、利害、贵贱的矛盾面前,不偏执一端:"不可得而亲,亦不可得而疏；不可得而利,亦不可得而害；不可得而贵,亦不可得而贱,故为天下贵"(同上),即可成为天下最被尊重的人。实际上就是以此超脱世俗矛盾的纠缠,而求得自身的保全。魏源说:"塞兑闭门,言其爱身存我也。挫锐解纷,和光同尘,言其处世应物也。忘物我,混内外,则玄同乎道矣。"(《老子本义》)这已与庄子的思想相距不远了。

第六节　杨朱和杨朱学派的"贵己"、"重生"说

杨朱学派，按其学说宗旨，属于道家，但又与老、庄有别，在先秦诸子中独树一帜，杨朱是其代表人物。

杨朱，又称杨子、阳生、阳子居。其生卒年和事迹不详。据《淮南子·泛论训》说："兼爱、尚贤、右鬼、非命，墨子之所立也，而杨子非之；全生葆真，不以物累形，杨子之所立也，而孟子非之。"可以断定，杨朱当生于墨子与孟子之间。其学说影响之大——至少在孟子眼里——足与墨子齐名。孟子说："圣王不作，诸侯放恣，处士横议，杨朱、墨翟之言盈天下；天下之言不归杨，则归墨。"(《孟子·滕文公下》)可惜，他的言论著述，亦无可考。《列子》有《杨朱篇》，但《列子》系伪书，《杨朱篇》所言具有明显的魏晋时代的思想气息，与杨朱思想不合，不足为据。关于杨朱的思想，仅见于《孟子》、《韩非子》等先秦文献中的零星片断，详论有阙。好在《吕氏春秋》的《审为》等篇中保存了杨朱一派的思想史料。他们的思想是对杨朱思想的发挥。

一、"贵己"、"重生"的人生理想

关于杨朱思想的主旨，《吕氏春秋·不二》说：

> 阳生贵己。

何为"贵己"？按照孟子的说法，就是"为我"。他说：

> 杨子取为我。拔一毛而利天下，不为也。(《孟子·尽心上》)
> 杨氏为我，是无君也。(《孟子·滕文公下》)

而照《淮南子·泛论训》的说法是,"全生葆真,不以物累形",也就是《韩非子·显学》所说的"轻物重生"。韩非说:

> 今有人于此,义不入危城,不处军旅,不以天下大利易其胫一毛。世主必从而礼之,贵其智而高其行,以为轻物重生之士也。

显然,孟子和《淮南子》、《韩非子》所说并不完全一致。前者讲的是利我与利他的关系,认为杨朱"取为我"而反对利他,即使是拔自己身上的一根毛,可使天下都得到利益,杨朱也不干。而后者讲的是"生"与"物",即个人生命与个人利益的关系,认为杨朱主张贵重个人的生命而轻视个人的其他利益。即使是用自己身上一根毛的代价,换取享有天下的最大利益,杨朱还是不干。当然,从"轻物重生"的原则出发,可以推出"拔一毛而利天下,不为也"的结论。但是,原则的本身却没有突出"不利天下"的观点。事实上,《吕氏春秋》所载的有关杨朱一派的思想,都是对"轻物重生"原则的发挥,而没有发挥孟子所说的观点,更不见所谓"杨氏为我,是无君也"的思想。据此,我们认为,"阳生贵己"、"为我"意在"重生",就是杨朱和杨朱一派思想的主旨。而"拔一毛而利天下,不为也",很可能是孟子对杨朱思想的个人理解,明显地带有贬义。与批评"墨氏兼爱,是无父也"一样,反映了孟子"距杨墨,放淫辞"的主观感情。由于孟子后来成为封建社会的"亚圣",因而"杨之道,不肯拔我一毛而利天下"(韩愈《圬者王承福传》),也就成了对杨朱思想的传统看法。

杨朱一派认为,对于个人来说,利益是多方面的。而其中最大和最可宝贵的是生命。别的利益只能服务于而不应有损于"生"。就是说,保全我的生命是我个人利益中之最大者。《吕氏春秋·重己》说得明白:

> 今吾生之为我有,而利我亦大矣。论其贵贱,爵为天子,不足以比焉;论其轻重,富有天下,不可以易之;论其安危,一曙失之,终身不复得。此三者,有道者之所慎也。

这完全是对"不以天下大利易其胫一毛"的阐发。爵为天子,富有天下之利,还比不上"吾生"之贵。因为生命一旦丧失,就什么都完了。《审为》载子华子说韩昭厘侯的一席话,持论取喻,也说明了"轻物重生"的旨意。韩与魏相争侵地,昭厘侯为此而有忧色。子华子说:

> 今使天下书铭于君之前,书之曰:左手攫之则右手废,右手攫之则左手废,然而攫之必有天下。君将攫之乎?亡其不与?

昭厘侯答:"寡人不攫也。"子华子进而说:

> 甚善!自是观之,两臂重于天下也,身又重于两臂,韩之轻于天下远,今之所争者其轻于韩又远,君固愁身伤生以忧之,戚不得也。①

《审为》的作者评述说:"子华子可谓知轻重矣",接着又引述詹子言:"重生则轻利",体现了杨朱和杨朱一派"贵己"、"重生"的本义。

杨朱一派还用"所为"与"所以为"的道理来论证"轻物重生"的原则。他们认为,生命是"所为"者,是主体;"物"或"利"是"所以为"者,是服务于"生"的。例如,要帽子是为头,要衣服是为身体,如果"断首以易冠,杀身以易衣,世必惑之"。这就是说:"物也者,所以养性(生)也,非以性(生)养也。"②(《吕氏春秋·本生》)反之,如"以生养物",那就颠倒了"生"与"物"的关系,"不知轻重也"。由此推之:

> 身者,所为也;天下者,所以为也。(《审为》)

这是从理论上对"轻物重生"作的概括。总之,天下"莫贵于生",因而"全生葆真",保全个人的生命就是人生的最高目的,这就是杨朱和杨朱一派所倡导的人生理想。

---

① 此说又见《庄子·让王》。
② "非"下原有"所"字。依俞樾校改。

二、"重生"和"全生之道"

杨朱一派固然以"全生"为人生的最高目的和"我"之最大利益,但是,"所为"的"生"又离不开"所以为"的"物"。正如身需有衣为之饰一样,生命也必须由物质利益来"养"。因此,杨朱一派对人的物质欲望作了充分的肯定。问题在于如何处理好全生与物欲的关系,于是,为了实现"贵己"、"重生"的人生理想,又提出了他们的"全生之道"。

杨朱一派认为,"天生人而使有贪有欲",耳之欲五声,目之欲五色,口之欲五味,"情也",是为人的实情。"贵、贱、愚、智、贤、不肖欲之若一,虽神农、黄帝,其与桀、纣同。"(《吕氏春秋·情欲》)但是,人们对于欲的态度却不相同,或"由贵生动",或"不由贵生动","此二者,死生存亡之本也"(同上)。认为欲望之求,必须以"贵生"为根据和目的。他们明确指出:

> 圣人深虑天下,莫贵于生。夫耳目鼻口,生之役也。耳虽欲声,目虽欲色,鼻虽欲芬香,口虽欲滋味,害于生则止,在四官者,不欲利于生者则弗为。由此观之,耳目鼻口不得擅行,必有所制,譬之若官职不得擅为,必有所制,此贵生之术也。(《吕氏春秋·贵生》)

所谓"贵生之术",即"全生之道"。《本生》说:"是故圣人之于声色滋味也,利于性(生)则取之,害于性(生)则舍之,此全性(生)之道也。"这就是说:要保全生命,必须对声色滋味的欲望有所节制,也就是"适欲",使"六欲皆得其宜也"。

总之,杨朱一派认为,为了"全生",不能没有欲望的满足。不然的话,"与死无择",就与死没有区别了。但是,根据"轻物重生"原则,欲望的满足必须以是否有利于"全生"为限度,因而又提出了"制欲"或"适欲"的"全生之道",也就是所谓"早啬",要求及早地克制欲望,爱惜自己的生命,使"精不尽",从而使"生以寿长。声色滋味能久乐之"(《情欲》)。显然,杨朱一派既看到了"生"与"欲"的统一,又看到了"生"与"欲"的矛盾,因而在对待情欲的态度上,没有走向享乐主义和纵欲主义。《荀子·非十二子》中说:"纵情性,安恣睢,禽兽行……是它嚣、魏牟也。"魏牟就是《吕氏春秋·审为》和《庄子·让王》所记载的中山公子牟,其思想在《庄子·盗跖》中有进一步的发挥。这篇的作者寓意于跖对孔子之言说:"今吾告子以人之情,目欲视色,耳欲听声,口欲察味,志气欲盈",但是,"天与地无穷,人死者有时,操有时之具而托于无穷之间,忽然无异骐骥之驰过隙也,不能说其志意,养其寿命者,皆非通道者也"。这已是享乐主义思想了,后来《列子·杨朱篇》提倡恣意行乐,"且趣当生",正是这种思想的发展。杨朱一派的"全生之道"是不能与此同日而语的。

三、"贵己"、"重生"的思想实质和历史意义

诚然,杨朱和杨朱一派的"贵己"、"重生"的思想,不是享乐主义和纵欲主义,而且,在"轻物重生"的范围内,由于他们轻视富贵利禄,当时的"世主"曾为之而"贵其智而高其行"。《贵生》评曰:"不以天下害其生者也,可以托天下。"越人硬是把王子搜从山穴中请出来做越国的国君,就是因为王子搜"不以国伤其生矣",他们认为"轻物重生",就不会去干争权夺利的事。《老子》所谓"贵以身为天下,若可寄天下;爱以身为天下,若可托天下",其意亦然。在当时,不乏赞誉之辞。但是,其思想实质,不能不是一种独特的"自我主义"[①]的人生哲学。

个人的生命是宝贵的,这似乎是凡人皆知的常识,但生命之所以可贵,又可贵到什么程度,不同的阶级、集团和处于不同境遇的人,却有着不同的,甚至是根本对立的认识,从而表现为各种不同的人生价值观和人生理想。杨朱和墨子在这个问题上的分歧就是如此。墨子也认为生命是宝贵的,其论证方法几乎同杨朱一派无异。他说:"今谓人曰:予子冠履,而断子之手足,子为之乎?必不为,何故?则冠履不若手足之贵也。又曰:予子天下,而杀子之身,子为之乎?必不为,何故?则天下不若身之贵也。"但墨子并没有由此得出天下"莫贵于生"

---

① 费孝通先生认为,杨朱的思想"并不是个人主义,而是自我主义"(参见费孝通:《乡土中国》,北京:生活·读书·新知三联书店,1985年,第26页),较贴切。由于杨朱注重的是自我生命,故而称为"独特的'自我主义'"。

的结论,他认为还有比身(生)更可贵的东西,这就是"义":"争一言以相杀,是贵义于其身也。故曰:万事莫贵于义也。"(《墨子·贵义》)墨子所说的"义"实指"兴天下之利"。这就是说,保护自己的生命不是人生的最高目的,恰恰相反,生命应服从于"兴天下之利",这是墨子的人生价值观和人生理想。而杨朱一派之所以"重生",是因为生之"利我亦大矣",生命的价值仅在于"利我",进而把"全生"作为人生的最高目的,以此为生活的原则,自然会导致凡不利于"吾生"则一概不为的结论,包括"不利天下"、不事君主("无君"),这当然要遭到以维护"君臣之义"、主张"王天下"为宗旨的儒家孟子的攻击。孟子也主张"欲生",但更提倡"欲义",义重于生,认为在欲生与欲义不可兼得时应该"舍生而取义",强调地主阶级的整体利益高于个人利益。相比之下,杨朱一派在对待个人生命价值上的"自我主义"实质是十分明显的。

"贵己"、"重生"作为一种"自我主义",当然是不可取的糟粕。但是作为这种人生论的某些论据,则包含着一些值得肯定的历史意义。

杨朱一派的"重生"论充分肯定个人情欲的自然合理性。认为"耳不乐声,目不乐色,口不甘味,与死无择"(《情欲》)。这就是说,人有感性情欲,并实现对情欲的满足,就是生命的内容。这一思想,实际上体现了对人的这样一种认识,即如18世纪法国唯物论重复表明的:"人是一个感觉体并且只是一个感觉体。"[①]这正是"重生"论的基本立足点,杨朱一派对"人"和个人情欲的这种认识,为先秦诸子的其他各家所不及,即使是主张人性"自为"(利己)的法家商、韩,也没有作出如此彻底的结论。它比之于儒家的"重义轻利"、"去利怀义",在当时显然具有更多的历史合理性。它从一个侧面反映了自春秋以来因私有经济的发展而产生的"蕴利"思潮,也多少体现了从宗法体制长期束缚下解脱出来的对个体利益的自觉,因而构成了对旧宗法等级制的离心力而具有一定的进步性。同时,杨朱一派主张对欲望要有节制,要"适欲",这就是说,他们并没有完全否定理性的作用,而是肯定了对感性欲望和个人利益追求的自觉的理性裁制,因而避免了纵欲主义。就此而言,也不无合理之处。

关于杨朱学派的"贵己"、"重生"说的社会根源和阶级基础,学术界的看法

[①] 普列汉诺夫:《唯物主义史论丛》,王太庆译,北京:生活·读书·新知三联书店,1961年,第67页。

并不一致,其中一种比较普遍的观点,认为杨朱的思想反映了当时"避世之士"的没落奴隶主阶级的精神面貌。对此,我们感到尚有进一步探讨的必要。

毫无疑问,杨朱学派认为天下"莫贵于生"的思想,是春秋战国时期残酷的政治斗争的产物。上述关于越王子搜的故事可为一证。《贵生》载:"越人三世杀其君,王子搜患之,①逃乎丹穴"。《贵生》的作者认为,"……王子搜非恶为君,恶为君之患也。若王子搜者,可谓不以国伤其生矣。"这就是说,王子搜之所以弃君位而逃之山穴避世,就因为怕在权力争夺中遭杀身之祸,也就是"今吾生之为我有,而利我亦大矣,论其贵贱,爵为天子,不足以比焉"。所谓"不以天下大利易其胫一毛"正由此推断而生。这一观点,不仅反映了如王子搜那样逃避君位之争而求"全生"的行为和思想,而且一般地概括了当时在政治斗争中某些势弱者、丧权者、失意者的处世态度和心理状态。其中有些人就是所谓"避世之士"或"隐君子"。但由于当时的政治斗争不仅表现在新兴地主阶级与没落奴隶主贵族之间,而且也存在于奴隶主阶级内部和地主阶级内部。因此,对于上面所说的这些人的阶级属性不能一概而论,把他们都说成是没落的奴隶主贵族的知识分子。春秋末期进步的政治家、思想家范蠡,助越王勾践灭吴之后,"以为大名之下,难以久居,且勾践为人可与同患,难以处安",就功成身退,放弃了上将军之大名和"分国而有之"的大利,乘舟浮海以行,退隐于齐,改变姓名,耕于海畔,苦身戮力,父子治产,后居然致产数十万,又受齐人之尊,"以为相"。范蠡以为"久受尊名,不祥",乃归相印,尽散其财,"闲行以去,止于陶",从事耕畜,经营商贾,竟致赀累巨万,卒老死于陶。(见《史记·越王勾践世家》)这就是所谓"范蠡三徙"。从这一故事中可见,范蠡之所以"三徙",考虑的就是尊名、大利会给自己带来"不祥"之灾。用杨朱一派的话来说,就是"贵己"、"重生"。但是我们决不会认为范蠡的行为和思想,就是没落奴隶主贵族的腐朽、颓废心理的反映。"贵己"、"重生"是一种"自我主义",但主张自我主义不一定就是没落阶级。又从上面分析杨朱一派对个人情欲的充分肯定所具有的历史进步性来看,这种"贵己"、"重生"似与没落奴隶主阶级的思想意识不合。

---

① 《淮南子》云王子搜即越王翳,而按《竹书纪年》,翳为子所弑。越人杀其子立无余。又见弑,立无颛。"是无颛之前方可云三世杀其君,王子搜似非翳也。"(见高诱注)

在以保全自己作为人生目的和意义这一点上来说,杨朱一派确与老、庄道家,尤其与庄子的思想有一致之处,可以说杨朱一派属于道家的一个流派。但他们把"全生"实现为现实的感性欲望的适当满足,具有功利论的特点。而老子则提倡"少私寡欲"、"无知无欲",并明确指出:"夫唯无以生为者,是贤于贵生。"(《老子·七十五章》)庄子甚至主张"无己"、"丧我"、"离形去知"、"无人之情"、"以死生为一条",企求在冥冥的精神虚幻中获得个人的绝对自由。据此,我们认为,不能简单地把杨朱一派的"全生之道"与老、庄的思想相提并论。事实上,老、庄一派却要"削曾、史之行,钳杨、墨之口"(《庄子·胠箧》)。认为杨朱以五色、五声、五味……之满足"自以为得,非吾所谓得也"(《庄子·天地》),并没有引杨朱为同调。

第七节 孟子的仁义之道和性善论

孔子死后,"儒分为八",其中的一个重要学派,就是"孟氏之儒",其代表人物就是孟子。

孟子(约前372—前289),名轲,战国中期邹(今山东邹县)人。《史记·孟轲荀卿列传》说他"受业子思之门人",得孔子学说的嫡传,自称:"乃所愿,则学孔子也。"(《孟子·公孙丑上》,本节引《孟子》只注篇名)当时,正值百家争鸣进入高潮,他又俨然以"孔子之道"的捍卫者自居,"距杨、墨,放淫辞",攻击法家的耕战政策;并上说下教,周游列国,到处宣传他的学说主张,成为战国中期显赫于"百家"论坛的儒学大师。

孟子所处的战国中期,各国先后通过变法都已确立了封建的生产关系,并随着封建经济的发展,出现了在各国范围内建立统一的封建中央集权制的历史趋势。一些诸侯大国,如秦、齐、楚等都雄心勃勃,想统一中国而"王天下"。适应于这种形势,"天下方务于合纵连横,以攻伐为贤"(《史记·孟子荀卿列传》),法家主张"以力争天下",提倡"霸道"、"法治",而孟子则认为"道性善,言必称尧舜"(《滕文公上》),鼓吹"王道"、"仁政",企图通过非暴力的道德的途径和手段实现中国的统一。孟子的这一主张,较为保守,[①]显得"迂远而阔于事情",不符合形势的需要,因而"如者不合",得不到各国当政者的支持,未能实现他"欲平治天下"的远大抱负。但是,孟子思想的历史意义和理论价值,决非以此为限。

与孔子一样,孟子思想的主体是其伦理思想,它是孟子"王道"、"仁政"主张的理论基础,也是孟子哲学的理论形式。孟子的伦理思想,以"仁义"为核心,以性善论为理论基础,在道德规范、道德作用、道德来源以及义利观、修养论等方面,都发展了孔子的思想,使孔子的"仁学"伦理思想得到了进一步的完善,成为更有利于维护封建人伦和巩固封建统治的思想工具,因而在后来的封建社会中,特别自唐宋以后,孟子被冠以"亚圣"尊号,与"至圣先师"的孔子一起,为封建统治者所推崇,而他的思想也与孔子思想合称为"孔孟之道",被奉为封建统治思想的正统。

今存《孟子》七篇,是研究孟子伦理思想的基本史料。

一、"人伦"说与"仁义"之道

孔子"贵仁",并强调"仁"与"礼"的统一,孟子继承了孔子"贵仁"的思想,但不强调"礼",而是突出了"义";"仁"、"义"并举,提出了以"仁义"为主体的仁、义、礼、智四德相统一的道德规范体系。并首创"人伦"概念作为"仁义"之道的思想前提。

"人伦"是孟子伦理思想的一个重要概念。他说:

> 人之有道也。饱食暖衣、逸居而无教,则近于禽兽。圣人有忧之。使契为司徒,教以人伦:父子有亲,君臣有义,夫妇有别,长幼有叙,朋友有信。(《滕文公上》)

这段话,正表明了"人伦"的基本内容。首先,"人伦"即人道,是人区别于禽兽的

[①] 关于孟子思想的阶级属性,学术界有不同看法。一种认为孟子是奴隶主阶级的思想家;另一种认为孟子是封建地主阶级的思想家,只是较为保守,代表了由奴隶主贵族转化过来的那一层地主阶级的利益。本书持后一种意见。

本质特征,其大径不出父子有亲、君臣有义、夫妇有别、长幼有叙、朋友有信五类秩序。①《中庸》称此"五"者为"天下之达道也",后来的封建思想家又直称为"五伦"。其中除"朋友有信"外,其余四伦都体现了封建的等级宗法关系。可见,"人伦"这一概念实质上是对封建制度下社会伦理关系的概括。其次,"人伦"说还包含了孟子对维护封建伦理关系的重视,这是上述规定的题中应有之义。孟子在回答滕文公"问为国"时指出:"人伦明于上,小民亲于下,有王者起,必来取法,是为王者师也"(同上),明确地把"明人伦"作为"新国"以致"王天下"的大法。

正是在"人伦"说的前提下,孟子提出了"仁"、"义"、"礼"、"智"四德,其中又以"仁"、"义"为根本;"礼"与"智"是为仁、义服务的。② 认为明察了"人伦",就应以仁、义为处理伦理关系的基本原则。他说:

> 人之所以异于禽兽者几希,庶民去之,君子存之。舜明于庶物,察于人伦,由仁义行,非行仁义也。(《离娄下》)

因而,遵循仁义而行也就成了人们所应有的道德志向。《尽心上》载:"王子垫问曰:'士何事?'孟子曰:'尚志。'曰:'何谓尚志?'曰:'仁义而已矣。'"

孟子对"仁"、"义"的界说,首先是指"亲亲"、"敬长":

> 亲亲,仁也;敬长,义也。(《尽心上》)

"亲亲",也就是"事亲"、"尊亲"、"爱亲"。主要是指子之孝父,"孝子之至,莫大乎尊亲"(《万章上》)。而且,事亲孝父又是人事或"人伦"之根本,"事亲,事之本也","事孰为大,事亲为大"(《离娄上》)。实际上已经提出了"孝为百行之首"的观点。因而在孟子看来,"事亲"就是"仁"的实质,"仁之实,事亲是也"(同上)。

---

① 《说文》释"伦":一曰"同类之次";一曰"道也,理也"。因此,"人伦"词意即为人之类次或人之事理、人道。后"伦"、"理"并举合为一词。
② 《离娄上》说:"仁之实,事亲是也。义之实,从兄是也。智之实,知斯二者弗去是也。礼之实,节文斯二者是也。"

当然,"亲亲"也包括爱亲属中的其他成员,如兄之爱弟。显然,孟子关于"仁"的这一规定,具有鲜明的宗法性特征。不过,从孟子所主张的"不孝有三,无后为大"①(同上)以及赞同世俗所谓"不孝者五"②可见,他所提倡的"亲亲,仁也"已适用于社会下层的个体家庭关系。因此,孟子主张对黎民百姓在"务其业而勿夺其时"的前提下,要"谨庠序之教,申之以孝悌之义"(《梁惠王上》)。这就是说,以孝为本的"仁",在孟子那里具有更广泛的社会基础,成为适应社会各阶层处理亲属关系的一个普遍的道德规范。

"义",首先是指"敬长"。它不仅体现为"从兄"(即悌),而且要求尊敬长者,是处理"长幼"关系的道德原则。更重要的是要求尊君,所谓"君臣有义",孟子说:"欲为君尽君道;欲为臣尽臣道。"(《离娄上》)"君道",即君之义;"臣道",即臣之义,他说:

> 事君无义,进退无礼,言则非先王之道者,犹沓沓也。故曰,责难于君谓之恭,陈善闭邪谓之敬,吾君不能谓之贼。(同上)

《说文》云:"责,求也。"这是说,臣请求君为善,劝其弃邪,是为敬君(也就是臣事君之义);不然,吾君不能行善,而不谏正,则为贼君。这是对孔子主张事君可以"勿欺也而犯之"的发展。但是对于不行仁义且又拒谏的暴君,孟子认为可以诛之,齐宣王认为汤放桀、武王伐纣是臣弑其君,问孟子曰:"可乎?"孟子回答说:

> 贼仁者谓之"贼",贼义者谓之"残",残贼之人谓之"一夫"。闻诛一夫纣矣,未闻弑君也。(《梁惠王下》)

这就是说,君也必须受仁义的约束,即要求"君正",所以君有君之义。就对臣的关系而言,孟子说:

---

① 赵岐注:"于礼有不孝者三者,谓阿意曲从,陷亲不义,一不孝也;家贫亲老,不为禄仕,二不孝也;不娶无子,绝先祖祀,三不孝也。"
② "惰其四支,不顾父母之养,一不孝也;博弈好饮酒,不顾父母之养,二不孝也;好货财,私妻子,不顾父母之养,三不孝也;从耳目之欲,以为父母戮,四不孝也;好勇斗狠,以危父母,五不孝也。"(《孟子·离娄下》)

> 君之视臣如手足,则臣视君如腹心;君之视臣如犬马,则臣视君如国人;君之视臣如土芥,则臣视君如寇仇。(《离娄下》)

这样,封建的君臣关系,就被涂上了一层浓厚的道德平等的色彩,与法家韩非认为君臣关系只是"牧畜"的关系,形成了鲜明的对照。孟子和孔子一样,也不是绝对的君主专制主义的提倡者。

此外,与孔子把"仁"由"爱亲"而推衍为"爱人"的普遍伦理原则相一致,孟子的"仁义"之道,也有最一般的规定:

> 人皆有所不忍,达之于其所忍,仁也;人皆有所不为,达之于其所为,义也。人能充无欲害人之心,而仁不可胜用也;人能充无穿逾之心,而义不可胜用也。(《尽心下》)

> 恻隐之心,仁也;羞恶之心,义也。(《告子上》)

可见,"仁"、"义"又是凡人皆有的道德心理和道德要求。"仁"即"不忍人之心"或"恻隐之心"。所以孟子又给"仁"下了一个最广义的定义:"仁者爱人"(《离娄下》),它是人之所以为人的本质所在,是凡人所应遵循的普遍原则,所以又说:"仁也者,人也;合而言之,道也。"(《尽心下》)这在理论上是对孔子"仁爱"原则的进一步升华。

所谓"人皆有所不为,达之于其所为,义也",是说人都有不应当干的事,知道了这一点,就要去做应当做的事,这就是"义"。反之,做不应当做的事,则是"非义",例如,"穿逾之类"、"非其有而取之,非义也"(《尽心上》)。因此,"义"也要求对自己和别人不当的行为(非义)报以羞耻和憎恶的态度,所以又说:"羞恶之心,义也。"朱熹注:"羞,耻己之不善也;恶,憎人之不善也。"可见,"义"的一般含义,就是要求区别行为之当为和不当为、善和恶,从而去做当为之事、善事,不做羞恶不当和不善的行为。

更具特色的是关于"仁"、"义"统一的理论。孟子说:

> 仁,人之安宅也;义,人之正路也。旷安宅而弗居,舍正路而不由,哀哉!(《离娄上》)

又说:

> 仁,人心也;义,人路也。舍其路而弗由,放其心而不知求,哀哉!(《告子上》)

这是孟子对仁、义关系的新概括,是对孔子"仁"这一原则的重要发展。"仁"是"爱人"之心,是人心须居而勿失的为善的根本,但爱人之心只能施于当爱者,而不能不分善恶地爱一切人。对此,孔子是用"惟仁者能好人能恶人"(《论语·里仁》)来表述的,但在理论上尚不明确、完善。墨家正忽视了爱人的界限,把"爱人"引向了"兼爱",甚至走到"爱一切人"的极端。孟子在与墨家的论战中克服了孔子"爱人"原则的弱点,提出"义"来规定"爱人"的界限,就是要求区别人、我行为之应当与不应当,从而使爱所当爱,恶所当恶。所以说,"义,人路也",是仁者爱人所应遵循的原则,也即所谓"居仁由义"(《尽心上》),达到了"仁"与"义"的统一。可见,孟子所主张的"仁者爱人",显然包括了仁者恶人,不是"人类之爱",实际上是对地主阶级善恶观的理论反映。其实,在阶级社会中,任何一个阶级及其成员的"爱",都是有其界限的。就此而言,孟子的仁义统一思想倒是具有一定的合理性,比墨家的"兼爱"原则在理论上要高出一筹。

必须指出,孟子关于"仁"、"义"的上述两种规定,又是密切相关的。"仁者爱人"是"亲亲"之"爱"的延伸和扩大,与孔子一样,"爱亲"是"仁"的根本;但"仁者爱人"又不局限于家庭和家族的范围,以至推及"仁民",成为处理人我之间关系的一般的道德原则。然而,这决不由此而抹煞血缘之爱与非血缘之爱的界限,于是就产生了爱有差等的原则。孟子一方面认为"仁者无不爱也",但同时又主张"急亲、贤之为务",首先应该"亲其亲,长其长",所以说"尧舜之仁,不遍爱人,急亲、贤也"(《尽心上》)。由此,在"仁"的实践上,他竭力反对墨子的"兼爱",攻击"兼爱""是无父也",无父"是禽兽也"(《滕文公下》)。提出了一条以"亲亲"为本位(即"一本")的"爱人"原则,体现在己亲与他亲的关系上是:"老吾老,以及人之老;幼吾幼,以及人之幼"(《梁惠王上》);体现在整个社会范围内是:"亲亲而仁民,仁民而爱物"(《尽心上》)。就是说,对于物要爱惜,对于民要施以不忍人之心,而对于自家亲人,则要亲爱。于是,儒家的爱有差等原则,在孟子那里得到了进一步的明确,而这也就体现了"爱人由义"。孟子关于"仁"、"义"的两种含义,就是通过爱有差等的原则而统一起来的。

二、以仁政"得民心"的道德作用论

孟子主张"施仁政于民",这是对孔子"惠民"思想的发展。"仁政",是"仁"的道德要求在君对民关系上的政治体现,既是政治主张,又是社会道德理想;它合政治、道德于一体,集中地反映了孟子关于道德的政治作用的思想。[①] 他明确指出:

> 三代之得天下也以仁,其失天下也以不仁,国之所以废兴存亡者亦然。天子不仁,不保四海;诸侯不仁,不保社稷;卿大夫不仁,不保宗庙;士庶人不仁,不保四体。(《离娄上》)

这就是说,仁与不仁,是统治者能否"王天下"、保社稷的关键,也是士、庶人能否安身立命的根本。而统治者行仁,就是"以不忍人之心,行不忍人之政"(《公孙丑上》),即所谓行"仁政"。孟子认为,这样,"治天下可运之掌上",反之,"不以仁政,不能平治天下"(《离娄上》)。显然,与孔子在主张"为政以德"的同时又强调"为国以礼"有别,也与后来荀子既"隆礼"又"重法"不同,孟子用以平治天下的根本之道,"亦有仁义而已矣"(《梁惠王上》)。

孟子认为,"以仁政"之所以能"平治天下",归根到底是由于能"得民心",即得到人民的拥护。他说:

> 桀纣之失天下也,失其民也;失其民者,失其心也。得天下有道:得其民,斯得天下矣;得其民有道:得其心,斯得民矣。(《离娄上》)

而要得到"民心",就应"所欲与之聚之,所恶勿施尔也"(同上),即实行"仁政",如"制民之产"、"省刑罚,薄税敛,深耕易耨"等,给人民以实际的利益。孟子称

---

① 全面地评论孟子的"仁政"学说,不是本书的任务。本书的着重点,在于揭示"仁政"说的伦理学意义。

为"推恩"于民,认为君"推恩"于民,民则受之感化而感恩于君,于是就会"中心悦而诚服也"(《公孙丑上》),就会"亲其上,死其长矣"(《梁惠王下》)。这就是孟子所向往的君与民之间的道德关系;而君行仁德的作用("得民心")就是通过调节这种道德关系而实现的。应该指出,上"推恩"于民,"民亲其上",即恩赐与感恩的道德关系,实际上是对地主与农民的经济关系的一种歪曲的伦理反映。在封建的土地关系中,地主占有土地,农民无地或少地,其中的佃农、依附农更是靠耕种地主的土地而生活,造成了与地主的人身依附关系。孟子所设计的"井田"制实质上就是佃农制的理想形态。这样,在地主阶级看来,农民似乎是靠着他们租以土地才得以生存的,是他们"养活"了农民,并把这种观念冠以"恩赐"或"惠民"的道德美称。而农民,由于生产规模的狭小和处于愚昧的境地,不能作为一个阶级的整体而自觉其被剥削的地位,因而在一定情况下,与地主阶级的"恩赐"观念相对应,就会自发地产生"感恩"观念,这种观念,又成为"忠君"思想的一个心理条件。可见,"恩赐"与"感恩"的观念以及由此而形成的道德关系,是封建制度的产物,它们作为地主阶级与农民阶级关系的一种道德调节器,掩盖着封建社会的阶级对抗,给残酷的封建剥削和封建统治披上了一层含情脉脉的道德面纱。孟子主张通过"仁政"以发挥"仁"的作用,说到底,就是以"推恩"求感恩,收拢民心,从而调和阶级矛盾,稳固封建统治。

不过,从另一方面来看,孟子主张以"仁政"为"得民心"之道,确实也反映了他对"民心"的高度重视。这是孟子道德作用论的精髓之所在。

孟子显然看到了民心向背的重大作用。他在和梁惠王谈到何以战胜秦、楚而王天下时指出:"王如施仁政于民",就会得到民心归顺,于是,人民就是用木棒也可以抗击秦兵楚甲了。反之,秦、楚不施仁政于民,"彼夺其民时,使不得耕耨以养其父母,父母冻饿,兄弟妻子离散","彼陷溺其民",丧失民心,于是,"王往而征之,夫谁与王敌?"(《梁惠王上》)由此,孟子得出了"仁者无敌"的结论;而"王道"、"仁政"之所以可以统一天下的根据正在于此。孟子还从肯定民心向背的作用出发,提出了一系列著名的命题:

天时不如地利,地利不如人和。(《公孙丑下》)
得道者多助,失道者寡助。(同上)

> 民为贵,社稷次之,君为轻。是故得乎丘民而为天子。(《尽心下》)

孟子关于"得民心"的思想,与《管子·牧民》所谓"政之所兴,在顺民心;政之所废,在逆民心"完全一致,把自春秋以来的"重民"思潮和孔子的"民信不可去"的观点推到了历史新的高度,以其所能达到的思想深度,从一个侧面,反映了劳动人民在实现社会变革和统一天下中的伟大作用,显然包含了某种真理性的认识。孟子重"民心"的思想,后来荀子表述为:"君者,舟也;庶人者,水也。水则载舟,水则覆舟"(《荀子·王制》),成为以后封建统治者中有见识的政治家制定施政方略和统治政策的一个重要的思想依据,并被称为"民本"主义成为儒家政治伦理思想中的一大优良传统。① 当然,作为一个封建地主阶级的思想家,绝不可能真正认识人民的力量,而对"民心"向背作用的认识,也只是出于封建统治者"保社稷"、"王天下"的利益,且局限于道德认识的范围,因而在理论上是片面的,而"得民心"则是靠个别君主的"不忍人之心,行不忍人之政"。这样,孟子的"以仁政""得民心"的思想,就不能不陷入"圣人史观"和道德决定论。

孟子的道德作用论,还包括在对仁义道德用以调节人伦关系作用的认识

---

① "民本",即"民为邦本"、"以民为本"的缩写,是古代儒家德治思想体系的基本理念。意谓治国当以民为根本,实指国家的治乱、兴亡以民心之向背为转移。源自周公的"敬德保民"。《尚书·皋陶谟》也现其端倪:"天聪明自我民聪明,天明畏自我民明威。"《左传·襄公三十一年》引《泰誓》:"民之所欲,天必从之。"《孟子·万章上》引《泰誓》:"天视自我民视,天听自我民听。"借"天"的权威以重民。《古文尚书·五子之歌》则明确提出:"民为邦本,本固邦宁。"孟子直接从君民关系上表述了以民为本的思想。当时,除管子、孟子、荀子等,《吕氏春秋》还提出:"天下非一人之天下也,天下之天下也。"(《贵公》)西汉初年,民本思想也受到重视。贾谊说:"民无不为本也。国以为本,君以为本,吏以为本。故国以民为安危,君以民为威侮,吏以民为贵贱,此之谓民无不为本也。"(《新书·大政》)《淮南子·主术训》:"食者,民之本也;民者,国之本也;国者,君之本也。"西汉郦食其说:"王者以人为天,而民人以食为天。"(《史记·郦生陆贾列传》)西汉谷永说:"方制海内,非为天子;列土封疆,非为诸侯,皆以为民也。垂三统,列三正,去无道,开有德,不私一姓,明天下乃天下之天下,非一人之天下也。"(《汉书·谷永传》)后世儒家大多仍坚持民本观点。东汉王符说:"国之所以为国者,以有民也。"(《潜夫论·爱日篇》)东汉荀悦:"民存则社稷存,民亡则社稷亡。故重民者,所以重社稷而承天命也。"(《申鉴·杂言》)南宋朱熹在《孟子集注》中说:"盖国以民为本,社稷亦为民而立,而君之尊,又系于二者之存亡,故其轻重如此。"南宋叶适也说:"然则有民而后有君,有君而后有国,有国而后有君国之用。"(《水心文集·财计上》)明清之际黄宗羲抨击君主专制,其民本思想更为突出,认为"古者天下为主,君为客"(《明夷待访录·原君》)。"盖天下之治乱,不在一姓之兴亡,而在万民之忧乐。"(《明夷待访录·原臣》)。"民本",是儒学中的一大优良传统。但是,"民本"作为一种政治伦理思想,指的是统治者的一种施政方略和政治活动,根本不同于作为政治体制的"民主"。"民本"与"民主"分属于两种不同的政治层面,不能混为一谈。海外新儒家主张"返本开新",试图从"民本"开出"民主"。然而,开得出来吗?问题可能要这样来提,只有在现代民主政体的保障下,传统的"民本"主义才有可能转化出造福于人民的现代价值。

中。这与孔子的思想一脉相承,所不同的是,孟子的思想更具封建性的特征,即突出了对作为封建社会的基本生产单位——个体家庭的道德教化和道德调节。孟子看到了稳定的个体家庭结构对于巩固封建统治的基础作用,他明确指出:"天下之本在国,国之本在家,家之本在身。"(《离娄上》)因此,他在"制民之产"的构想中,主张在给民以"五亩之宅"、"百亩之田",使之"不饥不寒"的情况下,"谨庠序之教,申之以孝悌之义",做到"入以事其父兄,出以事其长上"(《梁惠王上》)。这样,就能使"人人亲其亲,长其长而天下平"(《离娄上》)。"亲其亲",就是"仁";"长其长"即是"义"。"仁义"作为道德规范,通过调节家庭的人伦关系而发挥其实现"天下平"的政治作用。

三、"去利怀义"的义利观和道德价值观

孟子认为,"仁义"既是处理人伦关系的基本原则,因而也是人们的行为方针——"由仁义行"。而要由仁义行,就必须"去利",即所谓"去利怀仁义"或曰"去利怀义"。这就是孟子对义利关系的基本观点。

在孟子看来,"怀利"与"怀义"是两种根本对立的价值方针。如果,以利己作为决定自己行为和处理人伦关系的方针,那就必然会废弃仁义而相互争夺、篡弑,其结果将致于亡国。他说:

> 为人臣者怀利以事其君,为人子者怀利以事其父,为人弟者怀利以事其兄,是君臣、父子、兄弟终去仁义,怀利以相接,然而不亡者,未之有也。(《告子下》)

反之,如果,"去利怀义",以仁义为行为方针,那就会使君臣、父子、兄弟以仁义相处,即可保社稷而王天下。他说:

> 为人臣者怀仁义以事其君,为人子者怀仁义以事其父,为人弟者怀仁义以事其兄,是君臣、父子、兄弟去利、怀仁义以相接也,然而不王者,未之有也。(同上)

可见，孟子在义利观中所要去的"利"，是指个人私利、私欲；同时，为了"去利"，孟子认为即使是国家的大利，即所谓"大欲"，也不可公开提倡。因为，如果国君首先讲"何以利吾国"，就会诱发私利、私欲："大夫曰'何以利吾家？'士庶人曰'何以利吾身？'"于是，就会造成人人"后义而先利，不夺不餍"，使"上下交征利而国危矣"（《梁惠王上》）。正因如此，孟子针对梁惠王"亦将有以利吾国乎"之问，说："王！何必曰利？亦有仁义而已矣！"（同上）赵岐注："以利为名，则有不利之患矣。"而不"曰利"，提倡"仁义"，使群臣百姓皆"去利，怀仁义以相接"，倒可以实现"王天下"之大利。可见，以王不曰利而求其大利，实际上是要群臣、士、庶人牺牲个人私利去实现国君之大利或统治阶级的整体利益，这就是"去利怀义"的实质。

正是从"去利怀义"这一义利观的基本原则出发，孟子又提出了行为之道德价值标准的问题。

"去利怀义"，集中地反映了孟子对"利"和"义"的道德评价。在孟子看来，"为利"是小人的行为，盗跖的品质；而为义，就是"为善"，则是君子的行为，圣人的德性。因此，与孔子一脉相承，孟子也以"为利"还是"为义"（"为善"）作为区别小人与君子的价值标准。他说：

> 鸡鸣而起，孳孳为善者，舜之徒也；鸡鸣而起，孳孳为利者，蹠（同跖）之徒也。欲知舜与蹠之分，无他，利与善之间也。（《尽心上》）

这个"标准"，也就是行为之善、恶价值之所在。在孟子眼里，小人之为"小人"，恶之为"恶"，就在于"为利"；而君子之为"君子"，善之为"善"，则在于"为义"。这样，孟子在关于何为至善的道德价值问题上，与孔子一样，体现了道义论的立场和特点，并由此规定了他对理想人格的塑造。

既然"为义"是"善"或"君子"的价值标准，因此，在孟子看来，"义"也就成了最可宝贵的东西，他称之为"良贵"、"天爵"。认为"修其天爵"、保持"良贵"，对于人生的意义大大超过"公卿大夫"的"人爵"和财富的获得，甚至"甚于生者"，比生命还贵重。就是说，为了实践"义"而保持人格的完美，即使是牺牲自己的生命也在所不惜。他说：

鱼，我所欲也，熊掌亦我所欲也；二者不可得兼，舍鱼而取熊掌者也。生亦我所欲也，义亦我所欲也；二者不可得兼，舍生而取义者也。（《告子上》）

与孔子的"杀身成仁"相同，"舍生而取义"就是孟子对理想人格的集中表述。孟子认为，人树立了这种理想人格，就会成为顶天立地的"大丈夫"，就能"不为苟得"，不避患难，做到"富贵不能淫，贫贱不能移，威武不能屈"（《滕文公下》），而"志士不忘（不怕）在沟壑，勇士不忘丧其元"（同上），其原因也在于此。显然，这里包含了可贵的合理成分，发人深省，在历史上确也起了积极的作用。

应该指出，孟子"去利怀义"的义利观所涉及的理论问题，是关于行为方针、道德价值标准和理想人格（即道德价值观）的问题，并非包括对道德与利益关系的全部观点。就是说，超出了义利之辨的道德价值观范围，孟子还是肯定物质利益对于道德教化和人们的道德水准的作用的。他明确指出，民"无恒产因无恒心"，如果得不到基本的生活保障，"仰不足以事父母，俯不足以畜妻子，乐岁终身苦，凶年不免于死亡，此惟救死而恐不赡，奚暇治礼义哉"（《梁惠王上》），于是就会"放辟邪侈，无不为已"。正是基于这一认识，他提出要"制民之产"，"必使仰足以事父母，俯足以畜妻子，乐岁终身饱，凶年免于死亡；然后驱而之善，故民之从之也轻"（同上）。孟子的这一观点，与管仲所谓"仓廪实则知礼节，衣食足则知荣辱"相一致，具有一定的合理性。

四、"性善论"和道德本原说

"性善论"是孟子伦理思想体系的理论基础。它不仅回答了"仁"、"义"、"礼"、"智"道德的根源，而且又是"仁政"说、义利观和道德修养论的根据。

孔子对他的人性主张没有展开，墨子提出"疾病祸祟"是"人之所不欲"的观点，似乎也涉及了"人性"的问题，具有自然人性论的倾向，但他始终没有作出"人性"的理论概括。"人性论"作为中国伦理思想的一个重大课题，最早引起广泛的重视和理论论证是在战国时期。仅就儒家内部而言，据王充《论衡·本性》所载，除孟子和荀子，言人性者，还有世硕、密子贱、漆雕开、公孙尼子之徒。孟曰"性善"，荀曰"性恶"，世硕等人则"以为人性有善有恶"，可惜后者的论著（如世硕作《养书》一篇)早佚,其说不得详知。此外,道家和法家也各有自己的"人性"理论。而与孟子直接争辩者,则是告子的人性论。战国时期的各种"人性"理论的提出,表明了人的自我意识的发展,推进了伦理思想的理论深化,并为汉以后"人性论"的发展提供了丰富的思想资料。

孟子"人性论"的内容大致包括四个方面的规定:

其一,"人性"是人之区别于动物的本质属性。

告子主张"生之谓性",又说:"食、色,性也。"(《告子上》)认为人性是人生而具有的饮食、男女的自然本能。孟子反驳说:"然则犬之性犹牛之性,牛之性犹人之性与?"(同上)指出告子的说法抹煞了人与动物的本质区别。在孟子看来,动物"与我不同类也";人之性与动物之性是有本质区别的。人之性就是人之所以为"人"的本质。这就是人所特有的仁、义、礼、智四种道德心理,即恻隐之心、羞恶之心、辞让之心、是非之心。所以:

> 无恻隐之心,非人也;无羞恶之心,非人也;无辞让之心,非人也;无是非之心,非人也。(《公孙丑上》)

显然,这种对于"人性"的界定,比告子的"人性"概念要合理得多。而把"人性"特指为道德心理,又逻辑地包涵着人应该讲道德、有道德的结论,也是值得肯定的。同时,孟子认为人性"四心"是"人皆有之"的人类共性,并由此得出"圣人与我同类者"(《告子上》)的论断,主张人性平等。但是,人的本质属性不仅指、也不主要是指有道德这一方面,而且,在阶级社会中,人们的道德心理又各不相同、相互对立。这样,孟子的"人性"概念就不能不是片面的、抽象的。

其二,人性"四心"是先天的。

孟子明确认为:

> 仁义礼智,非由外铄我也,我固有之也。(《告子上》)

这就是说,人的道德心理不是像销金那样由外在的力量加于我的,而是我内心所本来就具有的。他称之为"良知"("不虑而知者")、"良能"("不学而能者")(《尽心上》),合而谓之"良心"。朱熹注:"良者,本然之善也。"(《孟子集注》)显然,在人性的来源问题上,孟子陷入了先验论的错误。

其三,人性是道德的本源,并由此而给人性以"善"的价值规定。

孟子说:

> 恻隐之心,仁之端也;羞恶之心,义之端也;辞让之心,礼之端也;是非之心,智之端也。……凡有四端于我者,知皆扩而充之矣,若火之始然,泉之始达。(《公孙丑上》)

"端",即始端。这就是说,人性"四心"只要扩而充之,就可成为仁、义、礼、智四德;"四心"若火之始燃,"四德"就是火之燎原。因此,孟子又称人性是为善之"才"。《说文》说:"才,草木之初也。"这样,天赋的人性就成了道德(善)的本源。正是在这一意义上,孟子给人性以"善"的价值规定。他说:"乃若其(指人性)情,则可以为善矣,乃所谓善也。"(《告子上》)这显然是一种循环论证。

其四,人性可失。

从人性是善端这一前提出发,孟子同意"人皆可以为尧舜"(《告子下》)的观点,进而由"人性平等"推出"道德平等"。但是,并非人人都能成为尧舜或都是为善的。这是为什么呢?它是否与"人性本善"相矛盾呢?孟子认为,人之为不善,其原因不在于人性,"若夫为不善,非才之罪也"(《告子上》),是由于环境的浸染和主观不努力,从而丧失其本善"良心"所造成的。他说:

> 富岁子弟多赖,凶岁子弟多暴。非天降才尔殊也,其所以陷溺其心者然也。(同上)

例如,同时播种在同块土地上的麰麦,成熟后会有收获多少之区别,其原因在于"地有肥硗,雨露之养、人事之不齐也"(同上)。又如,山上原有茂盛的树木,由于遭斧斤砍伐,牛羊啃食,结果变为秃山,人"以为未尝有材焉,此岂山之性也哉?"(同上)同样道理,有人为不善,"岂无仁义之心哉?其所以放其良心者,亦犹斧斤之于木也,旦旦而伐之,可以为美乎?"(同上)所谓"放其良心"("放心")也就是"失其本心"。因此,人性本善与人之为不善并不矛盾。这样,孟子对善、恶(不善)的本源作了二元的回答,我们说孟子的道德本原论是先验论,是指其对善的来源回答而言的。

孟子认为人性可失,自然也就意味着人性可求,这也正是他把仁、义、礼、智"四心"称为"性"的根据之一,从而又把"性"与"命"区别开来。孟子也有"天命"的思想,他说:"莫之为而为者,天也;莫之致而至者,命也"(《万章上》),认为非人力所能为、所能至的就是"天命"。而仁、义、礼、智"四心"是人所"固有"的天赋本性,就此而言,"四心"是"命"。但孟子认为,"四心"与耳目感官之欲不同,应称之为"性"(见《尽心下》)。这是因为耳目感官之欲富贵财利,"求之有道,得之有命,是求无益于得也,求在外者也"(《尽心上》)。就是说,它们是非人力所能决定的,完全是受"命"的支配。而仁义礼智道德,"求则得之,舍则失之,是求有益于得也,求在我者也"(同上)。就是说,它们是可以通过人的主观努力而获得的,所以"君子不谓命也"(《尽心下》),而称之为"性"。孟子对"性"与"命"的区别,以及对人性可失又可求的规定,在他的伦理思想中,尤其是对于道德修养论,具有重大的理论意义:这使孟子在道德选择问题上并没有因道德(善)先验论而走向宿命论,恰恰相反,而是肯定了道德实践上的主观能动性,从而为他的道德修养论提供了前提条件。

五、存心养性、反身内省的道德修养论

孟子在性善论的基础上,为培养理想人格,吸收并片面地发展了孔子关于"内自省"的观点,提出了一个比较完整的唯心主义道德修养理论。

《尽心上》载:

> 孟子曰:"尽其心者,知其性也;知其性,则知天矣。存其心,养其性,所以事天也。夭寿不贰,修身以俟之,所以立命也。"[①]

[①] 孟子既提倡"修身",又主张"养心",《尽心下》:"养心莫善于寡欲。""修养"一词盖源于此。

这是孟子道德修养论的基本纲领。在理论上体现了认识论和修养论的一致。孟子所说的"心",一则曰:"仁,人心也";一则又说:"心之官则思"(《告子上》)。既指仁、义、礼、智"四端"善性,即所谓"良心";又指能"思"的理性思维能力。前者是"心"之体;后者为"心"之用。孟子认为,能"思"之心自有认识善性的能力;"思则得之"(同上),只要尽量地发挥理性的作用("尽心"),就能认识作为"心"之体的善性("知性"),而善性是天赋的,因此,尽心、知性也就"知天"了,从而在道德认识中达到了"天人合一"。这里,"性"虽是"思"的对象,但"性"非由外铄我也,所以"知性"的认识论实质,不过就是"心"的自我认识或自觉,它与"尽心"实际是一回事。同时,从道德修养的角度而言,所谓"存心"、"养性",也就是"尽心"、"知性",意为保持天赋"良心"和理性之不失,并扩而充之,使自己成为"大人"君子。可见,道德修养的根本要求就是"存心"。这不仅因为善性本"根于心",而且还由于善性可失("放心")。因此,"存心"又逻辑地包含了"求放心";"求放心"同样也是道德修养的根本要求。孟子明确指出:"学问之道无他,求其放心而已矣。"(同上)孟子认为,人能"存其心,养其性",就是对天赋善性的正确态度,至于或寿或夭,则由"命"定,人是无能为力的;人力所能及的只是修身养心以待天命,也即所谓"尽其道而死者,正命也"(《尽心上》)。这就是说,人应把存心养性的道德修养作为自己安身立命之法。

既然"知性"、"养性"是实现于内心的自我认识,因此,就不需要以感官和感性为基础。相反,孟子认为,感官物欲会妨碍存心养性。这是因为:"耳目之官不思,而蔽于物;物交物,则引之而已矣。"(《告子上》)它会引导人们步入迷途邪道。据此,孟子又提倡"寡欲"。他说:

> 养心莫善于寡欲。其为人也寡欲,虽有不存(心)焉者,寡矣;其为人也多欲,虽有存焉者,寡矣。(《尽心下》)

"多欲"的对立面也就是"尽心",这是两条导致不同结果的修养路线:"从其大体(心)为大人,从其小体(感官)为小人。"(《告子上》)显然,孟子修养方法的根本特点就是从心内求,具有唯心主义唯理论的性质,对于后来宋明理学修养论,尤其是王守仁的"致良知"说产生了很大的影响。

由于修养之道在于从"心"内求,因此,在道德实践上,孟子又主张"反求诸己"。他说:

> 仁者如射,射者正己而后发;发而不中,不怨胜己者,反求诸己而已矣。(《公孙丑上》)

这是说,行仁好比射箭,射而不中,应当反省自己是否端正了射的姿态;不能行仁,也当反求诸己,检查自己是否端正了动机。这里涉及了动机与效果的关系,不过孟子强调的是动机。所以《离娄上》又说:"爱人不亲,反其仁;治人不治,反其智;礼人不敬,反其敬。行有不得者,皆反求诸己,其身正而天下归之。"可见,所谓"反求诸己",就是对自己的思想行为从动机上作自我反省。正因如此,孟子又强调"知耻"。他说:

> 人不可以无耻,无耻之耻,无耻矣。(《尽心上》)

意思是说,人不可以没有羞耻之心,不知羞耻的那种羞耻,是真正的不知羞耻。那就不可能成为有道德的人,甚至连成为人的资格也没有了("无羞恶之心,非人也")。所以,"耻之于人大矣!"(同上)实际上是反求诸己而进行自我反省的一种心理机制,是孟子内省修养方法的重要一环。①

---

① "耻",是中国伦理思想史的一个重要概念。道德主体自觉其思想、行为为非而油然产生的羞愧自责之情,即"知耻";也指对不道德行为的一种评价或指斥,即可耻。思想史上多指前者。孔子提倡"行己有耻"(《论语·子路》),认为士对自己不善的动机和行为应有羞耻之心,这样才能"不辱君命",履行所承担的使命和责任。又说:"知耻近乎勇";孟子认为"知耻"是人之为"人"的基本规定,强调"知耻"对于成就道德人格的重要性。朱熹说:"耻便是羞耻之心,人有耻则能有所不为。"(《朱子语类》卷十三)又说:"知耻是由内心以生,闻过是得之于外,人须知耻,方能过而改,故耻为重。"(《朱子语类》卷九十四)陆九渊强调要"耻所耻","圣贤所贵乎知者,得所耻者也。耻存则心存(本善的"天理"之心)存,耻忘则心忘"(《杂说》)。他还指出:"人而无耻,果何以为人哉?"(《人不可以无耻》)管仲将"耻"纳入"国之四维"。顾炎武指出:"四者之中,耻尤为要。"(《日知录》卷十三《廉耻》)明代吕坤也说:"五刑不如一耻。"(《呻吟语·治道》)晚清龚自珍更有"明耻"一说:"士皆知有耻,则国家永无耻矣。士不知耻,为国之大耻"(《明良论二》),认为庶人无耻,辱其身、家而已,而"士无耻,则名之曰辱国";卿大夫无耻,名之曰辱社稷"。如果合天下之人皆无耻,"举辱国以辱其家、辱其身,混混沄沄,而无所底",如此,"则何以国?"(同上)他据此抨击了寡廉鲜耻的腐败现象。近代康有为承朱熹所说,认为:"人有所不为,皆赖有耻之心。如无耻心,则无事不可为也",并进而提出:"风俗之美,在养民知耻"(《孟子微》卷六),体现了中国传统伦理思想对"耻"、"知耻"的高度重视。

不仅如此,孟子还提出了"诚"或"思诚"的原则和方法。"诚",实也,真实无妄之义。孟子认为:"诚者,天之道也;思诚者,人之道也"(《离娄上》),主张人进行内心修养、反求诸己还必须有"诚",做到"诚身"或"反身而诚"。孟子认为,这对于道德实践至关重要;道德行为能否感动别人,正在于是否心诚。"至诚而不动者,未之有也;不诚,未有能动者也。"(同上)例如,悦亲而不诚,就不能真正"悦于亲";反之,能至诚待人,既可悦亲,又能取信于民,也能得到上位者的信任。可见,"诚"在道德修养中,实际上是一种极高的精神境界,体现为对"善"的坚定信念和真实感情。当然,"诚身"必先"明善",他说:"诚身有道,不明乎善,不诚其身矣。"(同上)因此,能以诚身,也就意味着达到了至善的境界。而善本根于天赋的吾心善性,所以说:"万物皆备于我矣,反身而诚,乐莫大焉。"(《尽心上》)其伦理学的含义是:吾心本来具备一切善性,通过反身内求(尽心、知性、存心、养性),而达到至诚的道德审美境界,故曰"乐莫大焉"。

孟子在讲到道德修养时,还提出所谓"养气"的主张。他说:"我知言,我善养吾浩然之气。"(《公孙丑上》)何为"浩然之气"?"其为气也,至大至刚,以直养而无害,则塞于天地之间。其为气也,配义与道;无是,馁也。是集义所生者,非义袭而取之也。"(同上)这种"气",是心中"义"的道德意识日益积累而产生的,而不是偶然地从心外取得的,因此,它"配义与道";如果没有义与道,它就没有力量了。显然是通过反身内求,在充分扩充仁义本性基础上所产生的一种精神力量,相当于"勇气"、"正气"、"气节"或"理直气壮"的"气",它宏大而刚强,若能以直道培养而不予损害,则可以发挥出"气壮山河"("塞于天地之间")的伟力,成就"大丈夫"的气概。无论在何种情况下,都不动摇对仁义的信念("不动心"),甚至在必须作出牺牲时能自觉自愿地以身殉道,舍生取义。可见,"浩然之气"作为一种精神力量,必然体现为坚强的道德意志,是以理性自觉为基础的("集义所生"),它保证了理想人格的实现。孟子提出的"浩然之气",在宋末民族英雄文天祥所作的《正气歌》中,表述为"浩然正气",对培养民族正气、民族气节产生了积极的作用。[①]

[①] 文天祥身陷囹圄,坚贞不屈,写下气壮山河的《正气歌》:"天地有正气,杂然赋流行。下则为河岳,上则为日星。于人曰浩然,沛乎塞苍冥。""当其贯日月,生死无足论!"充分表达了他决心"成仁"、"取义",以身殉国的英雄气概。随着《正气歌》的广泛传诵,"浩然正气"成了中华民族的民族气节、爱国主义和不畏强暴、大义凛然的英雄气概的代称,成为进步爱国志士的精神支柱,孟子的"浩然之气"的积极内涵得到了充分的发扬。

总之,孟子的道德修养论,就其整体而言,是一种以先验的性善论为前提的唯心主义理论,同时又贯彻了"去利怀义"的原则。但是他强调道德修养的理性自觉和对自己言行的自我反省;重视道德实践的真诚实意和理性自觉基础上的道德意志,毕竟不是无稽之谈,值得批判地吸取其中合理之处。还必须指出,尽管孟子夸大从心内求,轻视甚至排斥感性外求,但他不反对环境的作用,相反,他说:

> 人之有德慧术知者,恒存乎疢疾。(《尽心上》)

认为人之所以有德行、智慧、道术、才智,经常是由于他处在灾患的环境之中。例如,"舜发于畎亩之中,傅说举于版筑之间,胶鬲举于鱼盐之中,管夷吾举于士,孙叔敖举于海,百里奚举于市"(《告子下》),所以要使自己成为能负"大任"的人,应在艰苦的环境中"苦其心志,劳其筋骨,饿其体肤,空乏其身,行拂乱其所为"(同上),经受磨炼。显然,孟子肯定了个人所处的险恶环境和所经历的艰难生活对于培养道德意志和理想人格的作用,这是十分可贵的思想。刘少奇同志在《论共产党员的修养》一书中,引用了孟子的这段话,对它的合理性作了充分的肯定。

第八节 庄子的人生论和自由观

庄子(约前369—前286),姓庄,名周,是继老子后道家学派的最重要的思想代表。

庄子的思想——据司马迁所说——"其要本归于老子之言"(《史记·老子韩非列传》),然而两者又有着很大的区别。在哲学上,庄子把老子的辩证法引向了相对主义,又把老子的"道"衍化为"未始有封"的无差别的绝对的"一",建立了一个以相对主义为认识论基础的唯心主义的庞大体系。在伦理思想上,庄子也非儒墨、毁仁义,批判世俗的伦理、政治,否定自西周以来的社会文明。但庄子的这种批判,是围绕着肯定人的个体存在而展开的,他所关心的主要不是社会治乱和治国之道,而是探索个人何以能在险恶的世俗环境中保全自身。就此而言,庄子更接近于杨朱。庄子伦理思想的重心是人生论。它集中地反映了当时一部分"避世之士"的社会心理和人生态度。而庄子本人就是一个隐士式的贫穷知识分子。

庄子出身于宋国蒙地(今河南商丘县,一说今山东曹县),曾在家乡做过管理漆园的小吏,大概没干多久,就退隐了。他身居穷闾厄巷,以编织草鞋度日,还曾向监河侯借过炊粮,家境贫困,生活潦倒(见《庄子·外物》),然不为功名利禄所动,更不愿从政为官,决意不为权贵所羁,气志孤傲,自命清高。据《史记·老子韩非列传》载,楚威王闻庄子贤,使以厚币迎之,许以为相,却被拒绝了。庄子对楚使说:

> 千金,重利;卿相,尊位也。子独不见郊祭之牺牛乎?养食之数岁,衣以文绣,以入太庙。当是之时,虽欲为孤豚,岂可得乎?子亟去!无污我,我宁游戏污渎之中自快,无为有国者所羁,终身不仕,以快吾志焉。

类似的记载也见于《庄子》中的《秋水》、《列御寇》。它生动地反映了作为一个隐士的思想品格和人生态度。庄子之所以选择"终身不仕,以快吾志"的人生道路,有鉴于"方今之时,仅免刑焉"(《庄子·人间世》,本节引《庄子》只注篇名)的险恶现实。《山木》载庄子遇魏王时的一段话正说明了这一点。庄子说:

> 今处昏上乱相之间,而欲无惫,奚可得邪?此比干之见剖心征也夫!

"惫",就是"士有道德不能行",意为政治上蒙受疲困、潦倒,庄子认为这是政治昏乱所致。他承认自己处于"惫"境,但又怕重蹈比干剖心的老路。于是,在"来世不可待,往世不可追"(《人间世》)的迷茫心理下,对现实和人生采取了隐士式的态度。这就不能不对他的哲学思想和伦理思想产生深刻的影响。

研究庄子伦理思想的资料,本书采取学术界一种较为普遍的意见,以《庄子》的内篇为主,并参考与内篇思想相一致的外篇和杂篇的有关内容。

一、愤懑世俗桎梏人生的批判精神

庄子其文,"汪洋辟阖,仪态万方"①,充满着"谬悠之说,荒唐之言"(《天下》),但字里行间却不乏辛辣的笔调,抒发着他对世俗的愤懑激情,"高论怨诽",俨然若"非世之人"。庄子对世俗的抨击,集中到一点,就是反对世俗对个体人生(身、心两方面)的桎梏。

首先,庄子对儒、墨提倡"仁义之行"进行了猛烈的批判和彻底的否定。认为仁义道德规范"撄人之心",它诱发人们"爱利"贪欲,以致成了贪利者的假借之器。《徐无鬼》借许由之口说:

> 爱利出乎仁义,捐仁义者寡,利(用)仁义者众。夫仁义之行,唯且无诚,且假乎禽贪者器。

从而使人们为得一善名而卷入名利之争,个个都成了借仁义之名而行贪利之实的伪君子。名"为之仁义以矫之",实"则并与仁义而窃之",造成"窃钩者诛,窃国者为诸侯,诸侯之门而仁义存焉"(《胠箧》)等种种昏乱现象。不仅如此,《骈拇》《马蹄》还以自然人性论为理论根据,对仁义桎梏人心作了进一层的批判,认为人性"素朴"即"无知无欲",而仁义的提出和推行正破坏了人的"素朴"天性:

> 且夫待钩绳规矩而正者,是削其性者也;待绳约胶漆而固者,是侵其德者也;屈折礼乐,呴俞仁义,以慰天下之心者,此失其常然也。(《骈拇》)

"失其常然",即丧失了人的天然本性。这里,庄子(或庄子一派)明确地把仁义规范视为桎梏人生的钩绳规矩,并进而认为仁义之"残生损性",实与为货财而殉身没有区别。

---

① 鲁迅:《汉文学史纲要》,载《鲁迅全集》第9卷,北京:人民文学出版社,1981年,第364页。

> 天下尽殉也：彼其所殉仁义也，则俗谓之君子；其所殉货财也，则俗谓之小人。其殉一也，则有君子焉，有小人焉，若其残生损性，则盗跖亦伯夷已，又恶取君子小人于其间哉！（同上）

仁义之桎梏人生如此，"百家"是非之辩亦然。庄子认为，人一旦卷入是非之辩，"其寐也魂交，其觉也形开，与接为构，日以心斗"，从而竭劳"神明"，身心日衰，"莫使复阳也"（《齐物论》）。因此，与仁义之行一样，是非之辩对于人生，就像受黥劓之刑一样，也是人生的一大痛苦。《大宗师》载：

> 意而子曰："尧谓我，汝必躬服仁义而明言是非。"许由曰："……夫尧既已黥汝以仁义，而劓汝以是非矣，汝将何以游夫遥荡恣睢转徙之涂乎？"

这就是说，个人在仁义之行、是非之辩的束缚下，怎么会有自由呢？另外，"贪生失理"、"亡国之事"、"斧钺之诛"、"不善之行"、"冻馁之患"，以及死生之变等等，"皆生人之累也"（《至乐》）。

总之，在庄子看来，现实的人生正处处为物所役，为物所累。这样的人生，虽"谓之不死，奚益"，又有什么意义呢？岂不"可悲"、"可哀"！他问道："人之生也，固若是芒乎？"（《齐物论》）人生难道固然就是如此昏昧吗？这里，庄子以深沉的语调，表明了他志于探究人生真谛，要求摆脱世俗对人生桎梏的强烈愿望。从而提出了人生的一个重大问题，即人的"自由"问题。《养生主》的一则寓言说：

> 泽雉十步一啄，百步一饮，不蕲畜乎樊中。神虽王，不善也。

这是说，生活在草泽中的野鸡，虽然走十步才啄到一口食，走百步才饮到一口水，但它并不祈求被养在笼里。因为畜养在笼里固然可使神态旺盛，然而丧失了自由。庄子寓意于此，正反映了他对现实人生的不满，以及对理想人生——自由的向往，要求变"人为物役"为"物物而不物于物"。

庄子对世俗桎梏人生的批判，明确地显示了他对个人与社会两者关系的基本立场。在庄子看来，现实的社会就是樊笼个人身心的"不善"之物，从而把个人与社会对立起来,突出了人的个体存在。因而庄子所向往的人生自由,是人的个体自由。这在先秦诸子中别无他者。儒、墨、法其具体主张虽各不同,但都要求个人服从于社会的制约,突出了社会的整体利益。老子虽有"成私"、"身存"的观点,然就其思想总体来看,仍以探求社会之治道为主旨。"杨朱为我",主张"全生葆真,不以物累形",确与庄子有一致之处,也是一种与群体观念相对立的、具有反传统意义的个体意识,但据现存史料中所表述的思想分析,其认识的深度和广度显然不及庄子。在庄子那里,作为他的人生论的主题,就是围绕着如何实现人的个体自由而展开的。

二、"逍遥游"——超世"游心"的自由意境

然而,庄子所面临的种种桎梏人生的世俗之"物",毕竟是春秋以来社会变革的历史必然性的体现,这对于庄子来说是无力抗衡的,当然也是无法驾御的。因此,如同孔子把死生、富贵视为"天命"一样,庄子借孔子之口也说:

> 死生、存亡、穷达、贫富、贤与不肖、毁誉、饥渴、寒暑,是事之变,命之行也。(《德充符》)

把人生的种种遭遇归结为"命",这实际上是把客观的必然性抽象为至上的异己力量,并主张"无以故灭命"(《秋水》)。这样,庄子对人生自由的设计和追求,就只能索诸于冥冥的精神世界,而在这种精神世界里,就不得不用想象的方式在他的内心中寻求现实中找不到的满足,不得不逃避到思想的幻境中去。就是说,逃避到主体本身的"内心自由"中去。庄子所能找到的人生自由,正存在于主体本身的"内心自由"之中,即所谓"逍遥游"。因而,实现这种"自由"的途径和方法,也只能依赖这一玄虚的"内心自由"。

"逍遥游"作为庄子的人生理想,集中地体现了庄子的自由观,是庄子人生论的核心内容。列于《庄子》33篇之首的《逍遥游》,以耐人寻味的寓言形式对"逍遥游"的哲理作了生动形象的表述。庄子指出,无论是展翅高飞九万里的大鹏,还是乘风破浪的大舟,无论是举世而非、誉之而不加阻劝的宋荣子,还是御

风而行的列子,他(它)们较之一般的事物和世人,可谓是凤毛麟角,"未数数然也"。然而"犹有所待",大鹏"培风"才能翱翔,大舟靠着积水之深才能航行;宋荣子"定于内外之分,辨乎荣辱之境",而列子之游,虽免于行,然尚有待于风。因此都还算不上是真正的逍遥游:

> 若夫乘天地之正,而御六气之辨,以游无穷者,彼且恶乎待哉!

只有无所待以游无穷者,才是真正的逍遥游。

透过这种独具浪漫色彩的文学笔调去窥视庄子寓言的本义,所谓"犹有所待"(有待),就是对现实人生的哲学概括,其意是说,对世俗之物有所依赖,则必为外物所役、所累,因而就不能获得逍遥自由。与之相反,"恶乎待哉"(无所待,用郭象语或曰"无待"),意即无待于世俗之物,就能不为外物所累——"不物于物",即可"以游无穷",达到逍遥游的境界。所谓"以游无穷",就是超脱有限的现实世界(即世俗),也即所谓"出六极之外,而游无何有之乡"(《应帝王》),即游于无世俗之物之境。庄子又称之为"芒然彷徨乎尘垢之外,逍遥乎无为之业"(《大宗师》),"无为之业",就是"外天下"、"外物",不"以天下为事",不"以物为事"。庄子认为,若能如此,则"死生无变于己,而况利害之端乎!"(《齐物论》)显然,这是一种超世之游,一种摆脱了世俗的伦理、是非、名利、贵贱,以至死生、存亡等一切现实的事变和矛盾之游。因此,能作逍遥游者(庄子称为"神人"、"至人"、"真人"),就完全超脱了世俗的束缚和桎梏,即所谓"悬解",从而变"为物所役"为"物物而不物于物",主宰外物而不为外物所主宰,在"无何有之乡"中"独来独往",甚至"大泽焚而不能热,河汉冱(冻)而不能寒,疾雷破山、飘风振海而不能惊"(《齐物论》),真可谓"神矣"!岂非悠然自得,自由自在!这就是庄子所理想的"逍遥游",即人生的"自由"境界。但是,这决不是在对客观必然性的认识和在对客观世界进行物质改造中所获得的自由,恰恰相反,而是通过对客观必然性的自我超脱而获得的自由。这种自由,只能是在想象的"内心自由"中的神游,所以庄子又称"逍遥游"为"游心"。

超世的"自由",就得通过超世的方法和途径来实现。其一,就是相对主义。即通过齐是非、齐万物、齐死生……达到是非无辨、"万物一齐"、"死生一条",直至"道通为一",进入与"道"合一的神秘境界。庄子的"道",是"非物",是"无有",它的一个基本特征,就是"未始有封",没有界限,没有差别,因而是绝对的"一"或"大全"。这实际上是庄子对相对主义认识的最高概括。因此,人一旦达到了"万物一齐"的认识高度,也就达到了与"道"合一。于是,"以道观之,物无贵贱"(《秋水》)。岂止"无贵贱",世界上的一切差别和对立,都将烟消云散,归于虚无;一个活生生的充满着矛盾的世界就成了一个无矛盾、无差别的"无何有之乡"。于是,束缚人生的一切桎梏即告解脱,人就从"有待"而进入"无待",可以"逍遥乎无为之业"了。下面,仅就"齐死生"、"齐是非"、"齐善恶"的方法,及其对实现"逍遥游"的作用,作一重点论述。

生死问题,在庄子人生论中占有重要的地位。庄子认为,"悦生而恶死",这是人生的一大桎梏。人之所以追名逐利,卷入利害之争而不能自拔,正在于不能超脱死生之变。因此,超脱死生之变,就成了解脱一切"生人之累"而实现逍遥游的前提。他明确指出:

死生亦大矣,而无变乎己,况爵禄乎!(《田子方》)
死生无变于己,而况利害之端乎!(《齐物论》)

《知北游》也说:"若死生为徒,吾又何患?"那么,怎样才能使"死生无变于己"呢?这就是"齐死生"。

庄子从相对主义出发,认为"物之生也,若骤若驰,无动而不变,无时而不移"(《秋水》)。又说:"人生天地之间,若白驹之过隙,忽然而已。"(《知北游》)这就是说,生命瞬息即逝,"方生方死,方死方生"(《齐物论》),没有质的稳定性,因而生与死的界限,犹如彼此"莫得其偶"一样,也是无法确定的。据此,庄子得出了"以死生为一条,以可不可为一贯"(《德充符》)的结论。同时,庄子还认为,人的肉体和生命只是"假于异物,托于同体"(《大宗师》)而已。就一个个具体的人来说,是"异物",但他们又同于一气,都是"气"变而成的。《知北游》说:

人之生,气之聚也,聚则为生,散则为死。……故曰:通天下一气耳。

因此，就"托于同体"而言，"万物一府，死生同状"(《天地》)，生与死本无质的区别。而既然死生无别，人又何必"悦生而恶死"呢？对此，庄子进一步作了论述。

庄子是一位彻底的自然主义者，在他看来，人与自然界的万物一样，同是出于"造化"之功的一物而已，"造化者"并没有给人以特殊的地位：

> 今大冶铸金，金踊跃曰："我且必为镆铘"，大冶必以为不祥之金。今一犯人之形，而曰："人耳人耳。"夫造化者必以为不祥之人。今一以天地为大炉，以造化为大冶，恶乎往而不可哉！(《大宗师》)

人如果把自己与自然物区别开来，申言"我是人！我是人"，"造化者"必定会认为这是"不祥之人"。这样，人在天地间的地位，"犹小石小木之在大山也"，是渺小的，决无可贵之处；生也好，死也罢，有什么不可呢！而死生之变，本来就同"春秋冬夏四时之行"一样，生，"时也"；死，"顺也"，是自然变化而已。庄子认为，若能认识到死生是不可避免的自然之变，于是就不会有乐生恶死之情了，所以他自己的妻子死了，非但不哭，而且"箕踞鼓盆而歌"。(《至乐》)

庄子的生死达观，对于居高官厚禄、享荣华富贵，因而贪生恶死者来说，不失为是一种尖刻的嘲讽；但对于政治上失意，生活上潦倒而又无力改变自己命运者，则是一副自我解脱的精神安慰剂。在庄子看来，现实的人生充满着痛苦和悲哀，生对他来说，本已无"乐"可言，但又无法改变这一现状，于是只能从"齐生死"的精神方法中求得"悬解"，甚至以歌颂死亡来加强对痛苦人生的自我解嘲，认为死亡不仅可以解脱"生人之累"、"人间之劳"，且"无君于上，无臣于下，亦无四时之事"，"虽南面王乐，不能过也"(《至乐》)，把死作为人生自由、幸福的最后归宿。在这种情况下，再苦的人生也都可以忍受了。因而庄子的生死观，又是一种麻醉剂，它决不是人生乐观主义，恰恰相反，而是人生悲观主义。由此可见，庄子追求超世自由的人生理想，正反映了他对现实人生的悲观态度。

此外，通过"齐是非"、"齐善恶"，以解脱是非、善恶对人生的桎梏，这在庄子实现"逍遥游"的相对主义方法中也十分突出。这里涉及庄子的是非观、善恶观、美丑观、价值观，内容十分丰富，构成了庄子伦理思想的一个重要方面。

庄子认为，世俗之所以有是非之辩，在于"道隐于小成，言隐于荣华"(《齐物论》），是偏执"小成"（"一曲"之见），并借浮华之辞以炫耀其智的结果。或者说，是"随其成心而师之"，即由于主观成见所造成的。于是，彼此各自以为是而相互攻讦，"以是其所非而非其所是"，"尧桀之自然（是）而相非"，也是这个道理。而既然彼此都蔽于"一曲"而"成心"自用，因此要判定谁是谁非、谁善谁恶、谁美谁丑，是不可能的。庄子论证说，人睡在湿处就会"腰疾偏死"，难道泥鳅也是这样吗？人爬在树上会"惴惴恂惧"，难道猴子也是这样吗？谁能判定哪里是最恰当的住处（"正处"）呢？人吃牛羊猪肉，麋鹿吃草，蜈蚣爱吃蛇，鸱鸟和乌鸦喜欢吃老鼠，这四者谁能判定什么是世界上最好的食味（"正味"）？毛嫱、骊姬，人都以为美，可鱼儿见了潜入深水，鸟儿见了高飞云端，麋鹿见了迅速跑掉，这四者中谁又能判定什么是世界上真正的美（"正色"）呢？这就是说，处、味、色的"正"与"邪"是依认识主体（"我"）的感觉经验如何而决定的，而感觉经验是千差万别、各不相同的，因而必然会导致"彼亦一是非、此亦一是非"（《齐物论》），在这种情况下，何为"正"、"邪"，是无法确定的，就是说，判定是非的客观标准是没有的。因此，

> 自我观之，仁义之端，是非之涂，樊然淆然，吾恶能知其辨！（同上）

既然如此，参与是非、善恶之辩，除了"劳神明"以自苦，又有什么意义呢？"是以圣人和之以是而非而休乎天均，是之谓两行"（同上），意即混同是非，听其自然均衡、并行，不加以干涉，从是非之争中解脱出来。

同时，庄子还根据事物和认识的相对性来否定善恶之别及其评价标准。在《秋水》中，庄子通过河伯与北海神对话的寓言表明了这一思想：

> 河伯曰：然则吾大天地而小毫末，可乎？
> 北海若曰：否。夫物，量无穷，时无止，分无常，终始无故。……由此观之，又何以知毫末之足以定至细之倪，又何以知天地之足以穷至大之域！

这是说，万物的量是无穷的，其存在的时间是无止境的，它的得失界限是变动无常的，生死（"终始"）也是转化不定的。总之，一切都是相对的，由此看来，何以能知毫末足以定至小的界限，而天地为至大之域呢！河伯又问，那么事物有没

有贵贱的界限呢? 就是说,对行为的善恶评价有没有标准呢? 北海若说:

> 昔者尧舜让而帝,之、哙让而绝;汤、武争而王,白公争而灭。由此观之,争让之礼,尧桀之行,贵贱有时,未可以为常也。(《秋水》)

这就是说,人们的行为,孰善而可贵,孰恶而可贱,因时而变,没有固定不变的标准。所以,

> 三代殊继,差其时,逆其俗者,谓之篡夫;当其时,顺其俗者,谓之义徒。(同上)

这里,庄子根据事物的相对性,肯定了人们行为的时、俗(时间和空间)性,进而认为对行为的善、恶评价也必须因时、俗之变而异,就是说,相同的行为在不同的时期和世俗条件下,会有不同的道德价值,从而肯定了道德评价和道德价值的相对性,其合理性是显而易见的。但是,庄子的目的不在于此,他从事物贵贱因时、俗而异出发,进而夸大了这种相对性,得出了"物无贵贱"的结论,认为事物"无动而不变,无时而不移",根本没有质的稳定性,就是说,事物变化的时间性是不可把握的。所以,

> 以道观之,何贵何贱,是谓反衍。(同上)

事物的贵贱也就反复无端,没有了确定的界限。由此看来,"与其誉尧而非桀,不如两忘而化其道"(《大宗师》),就是说,与其以尧为善,以桀为恶,不如将其善、恶都忘掉,达到不辨善恶的"道"的境界。因而在善恶观和价值观上又陷入了相对主义和虚无主义。

《大宗师》在讲到领悟大道("见独")的过程时说,在"圣人之道"(实指相对主义的超世方法)的指导下,"参日而后能外天下","七日而后能外物","九日而后能外生,已外生矣,而后能朝彻;朝彻而后能见独;见独而后能无古今;无古今而后能入于不死不生"。意即"不知悦生,不知恶死",超乎死生之变。而一旦达

到了这一境界,"其为物无不将也,无不迎也,无不毁也,无不成也,其名为撄宁"。不管外物往来成毁,纷纷扰扰,我自超然宁静,逍遥自在。这段话,可谓庄子对通过相对主义的方法以实现逍遥游的一个总结。

达到逍遥游的方法和途径之二,就是"无己",也就是"坐忘"、"心斋"、"丧我"。这实际上是庄子的修养方法或"体道"工夫。

庄子认为,要从"有待"而进入"无待"的自由境界,除了视所待者(客体)为虚无之外,最彻底的办法就是否定待者即主体自身。所以《逍遥游》在讲了"……以游无穷者,彼且恶乎待哉"后接着就说:

> 故曰:至人无己,神人无功,圣人无名。

"三无"中最高者就是"无己"。在庄子看来,人之所以有外物之累,不只是由于外物的存在(因而要否定外物),关键在于人对外物有主观之"情",即有"我"、有"己"。因此,要摆脱外物的桎梏,还要"无己"。以是非之累为例,庄子以为应该:"有人之形,无人之情。有人之形,故群于人;无人之情,故是非不得于身。"其友惠施不解其意,问道:"既谓之人,恶得无情?"庄子进而说:"吾所谓无情者,言人之不以好恶内伤其身,常因自然而不益生也。"(《德充符》)可见,所谓"无己",就是泯灭我之好恶之情,以致达到"形若槁骸,心若死灰",庄子又称之为"丧我",也就是"坐忘"。《大宗师》的一则寓言说,颜回通过修养,日有所进,先是"忘仁义",继而"忘礼乐"(即否定了"外物")。孔子表示赞许,但认为"犹未也"。最后,颜回说:"回坐忘矣",即"堕肢体,黜聪明,离形去知,同于大通",达到了"丧我"的最高境界。对此,《人间世》又表述为"心斋":"若一志,无听之以耳,而听之以心;无听之以心,而听之以气。听止于耳(应作"耳止于听",见宣颖《南华经解》),心止于符。气也者,虚而待物者也。唯道集虚,虚者,心斋也。"这里的一个"虚"字,概括了"无己"、"丧我"、"坐忘"、"心斋"的基本特征。以此"待物",则"万物无足以挠心",外界有声耳不听,外界有物心不动,岂不可以摆脱一切外物之累而进入逍遥游了吗?①

---

① 明清之际的王夫之对庄子的这一思想作了哲学的概括:"有偶生于有我。我之知见立于此,而此之外皆彼也,彼可与我为偶矣。……故我丧而偶丧;偶丧而我丧,无则俱无。"(《庄子解》卷二)

看来,在庄子的思想中有两个相互对立的"我",一是有知有欲,有好恶之情的感性的我,对于这个"我",庄子主张无之、丧之、忘之;另一个是"丧我"后而有的"我",它"同于大通",与"道"一体,是抽象的神秘的"自我"。然而庄子却把它当作"实存的主体",不是吗?一大批"无己"、"丧我"的"至人"、"神人"、"真人",不正在庄子的笔下栩栩如生吗?这些人,就是被当作"实存的主体","自我"的人格化。而正是这个人格化了的"自我",才有资格在"无何有之乡"中"独来独往"、逍遥自在。可见,庄子所理想的人生自由,不是现实的感性的自由,而是超现实的精神自由。这就是说,庄子的所谓"自由"("逍遥游"),是以牺牲感性的我为条件的,这样,庄子从肯定人的个体存在出发,而为了使个体存在摆脱世俗的桎梏获得自由,在否定世俗的同时,连同被桎梏的个体自身也一起给否定了。就此而言,庄子的伦理思想不仅具有自然主义的特点,而且在人生论上表现出明显的超世主义和虚无主义的倾向。然而,现实的人生与世俗的对立并没有得到实际的解决。

三、顺世安命的处世方法

庄子人生论的根本目的,是要在"仅免刑焉"的当今之世中求得身(生命)心(精神)两全,即所谓"保身"、"全生"、"养亲"(亲,指精神)、"尽年"(《养生主》)。但是,庄子让那个非感性的抽象"自我"在"内心自由"中获得的逍遥游,毕竟是虚幻的,不是现实的自由;也尽管庄子玩弄"梦为蝴蝶"的魔术,把梦当成觉,但一旦梦醒,还得从"无何有之乡"中堕入尘垢俗世而受物所役。显然,"逍遥游"的超世自由并没有实际解决现实的人生与世俗的冲突;没有保障个体的身、心双全。就是说,"逍遥游"的自由只是使心(精神)解脱了世俗的桎梏,却不能使身(形体和生命)免遭世俗的累患。因此,庄子的人生论还没有达到逻辑上的自我完满。

应该指出,庄子不是出世主义的宗教家,也不同意一般隐士"伏其身而弗见(现)"的遁世做法。他不是要出世、遁世,而是要处世、游世,因而没有把追求超世自由,孤立地作为人生理想的终极。于是,他又从"无何有之乡"回到了世俗;把那个丧失的感性的"我"再现于现实之中。然而,"绝迹易,无行地难"(《人间世》),不走路容易,走路而不踏地难,就是说,既要混迹于世俗之中,而又不被世俗所役,这是很困难的。在庄子看来,解决了这个难题,才算是达到了人生的最高境界,为此,他提出了一套富有魅力的处世方法,有人称为"处世艺术"。

面对着矛盾丛生的险恶环境,为了保全自己,庄子提出了一系列处世方法,其基本原则就是一个"顺"字。它包括两重含义:一种是相对意义上的"顺",另一种是绝对意义上的"顺"。庄子的处世艺术,主要是指前一种意义的顺世方法。概而言之,约有三种不同的境界:一曰于世"无所可用";二曰"处乎材与不材之间"("缘督以为经");三曰"与时俱化"、和顺外物("虚己以游世")。

所谓"无所可用",就是要做到对世俗没有用处,即"不材"的样子。庄子认为,这样就可以不为世俗所用,即可免遭祸殃。这也不失为是一种"顺",因为不材者必不被任用,这是世俗常理。例如,"文木"(可作木料的树)之所以遭伐而中道夭,正因为它有用,"此材之患也"。而栎树则因其"不材",故"其大蔽数千牛,絜之百围……能若是之寿"(《人间世》)。又如,白额的牛、高鼻小猪和生痔疮的人,因其于河神不祥而不能用来作为祭品,所以能免遭溺死之灾。据此,庄子结论说:

> 山木,自寇也;膏火,自煎也。桂可食,故伐之;漆可用,故割之。人皆知有用之用,而莫知无用之用也。(《人间世》)

但是,于世"无所可用"并非普遍适用。《山木》有载,一天,庄子和弟子宿于朋友家,朋友命童仆杀雁招待,童仆问主人:"其一能鸣,其一不能鸣,请奚杀?"主人说:"杀不能鸣者。"第二天,弟子问庄子,昨天先生说山中大木:"以不材得终其天年,今主人之雁,以不材死。先生将何处?"庄子笑曰:"周将处乎材与不材之间。"这是又一"顺世"方法。就是说,有用不要有"有用"之名,不然的话,"人怕出名猪怕壮",就会招来祸害。而表现无用,则又不要显得完全无用,因为完全无用也会被淘汰。栎树不成材,不结果,这是无用,但作为社树,又是有用,如果"不为社者,且几有翦乎"(《人间世》),岂不就遭到砍伐了吗(例如当作烧柴)?这一方法,确近乎"中间道路"、"钻空子"。对此,庄子曾以"庖丁解牛"为喻,庖丁的牛刀之所以用19年,解数千牛而"刀刃若新发于石硎",就是因为"以无厚入有间",善游刃于筋骨之间的缝隙虚空之中,这就叫"缘督以为经"(《养生主》),即"顺中以为常也"(《郭象注》)。① 以此处世,便是"为善无近名,为恶无近刑",便是"处乎材与不材之间",即混迹于名与刑、材与不材之间("顺中")以保全自身。

然而,"材与不材之间,似之而非也,故未免乎累"(《山木》)。庄子认为最符合于"道"的顺世方法是:

……乘道德而浮游……无誉无訾,一龙一蛇,与时俱化,而无肯专为。一上一下,以和为量,浮游乎万物之祖。物物而不物于物,则胡可得而累邪! 此神农黄帝之法则也。(《山木》)

这是说,对赞誉和指责都无所谓,即所谓"天下之非誉,无益损焉"(《天地》),顺着时世的变化,时显时隐,与物俱化,不固执于一种行为,时进时退,和顺外物,而游心于虚无的境界。以此处世,就能主宰外物而不为外物所主宰,这样怎么会受到累患呢! 这里,"顺世"原则表现为"与时俱化"(与物俱化)、和顺外物,即所谓"游世"。而要做到这样,就必须首先做到"心斋"、"游心",达到"乘道德而浮游",也就是"同于大通"。所以庄子又把这一方法概括为:"人能虚己以游世,其孰能害之!"(《山木》)可谓是最佳的"除患之术"。《人间世》的寓言有证:卫君无道,专横独断,草菅人命,颜回决意前往劝谏卫君。孔子指出他未脱"名"、"知"之囿,又劝谏的方法不妥,"若殆往而刑耳",最后教以"心斋",认为能"虚而待物",则"入游其樊而无感其名,入则鸣,不入则止"。意谓入卫国之地而不为名利所动,卫君听得进就说,听不进就不说,与之俱化,顺其而行,即可免遭如昔者关龙逢、王子比干之祸。《人间世》又载:颜阖(传说是鲁国贤人)将傅卫灵公太子,而太子天性嗜杀,颜怕受其害,但又不能违抗君命,于是求教于大夫蘧伯玉。蘧以为最好的办法是"顺":

---

① 对庄子的"庖丁解牛",可从不同的视界作解。例如,著名哲学家冯契教授就从认识论和美学的角度,对"庖丁解牛"所蕴涵的"自由"哲学和审美意境作了深刻的阐发[参见冯契:《中国古代哲学的逻辑发展》(上册),上海:上海人民出版社,1983年,第200—221页]。本书则根据:"善哉! 吾闻庖丁之言,得养生焉"(《庄子·养生主》),从人生论的角度作解。

> 彼且为婴儿,亦与之为婴儿;彼且为无町畦,亦与之为无町畦;彼且为无崖,亦与之为无崖,达之,入于无疵。

就是说,一切都顺着太子无拘无束的性子,能做到这点,也就进入了无可挑剔的境地,即可免于危殆。古人说"伴君如伴虎",处世之难莫过于事君。庄子以此两例,道明了处世艺术的最高境界。最后,以养虎为喻:养虎者不敢拿活物给虎吃,怕它因扑吃活物而激起其残杀的天性;也不敢拿全物给虎吃,怕它因撕裂全物而勾起其吼怒的性情。而是等候虎的饥饱,掌握虎的性格,伺机行事。由此可见,"虎之与人异类,而媚养己者,顺也;故其杀者,逆也"(《人间世》)。这就是说,善于事君处世者,也应"顺"而勿"逆"。这确有"滑头主义"或"混世主义"之嫌。为了保全自身,甚至可以见风使舵,迁就邪恶;丧失原则,同流合污。但这不是庄子的本意。

如上所引,"与时俱化"的"游世",是以"虚己"为前提的。《应帝王》更有明确的表述:

> 无为名尸,无为谋府,无为事任,无为知主。体尽无穷,而游无朕。尽其所受乎天而无见得,亦虚而已。至人之用心若镜,不将不迎,应而不藏,故能胜而不伤。

从"无为名尸"至"亦虚而已"一段,是对"心斋"、"虚己"的描述,其意不外乎心要超脱名利之求,绝弃智巧事为,"游心"于"无为之业"。"亦虚而已"以下,是讲"游世"。能以"虚己",则心若明镜,任凭外物来去而不动,应顺外物变化而不藏,即不为是非、名利等世俗之物所诱惑,这样就能胜物而不被外物所伤,也就是"物物而不物于物"。又说:"夫徇耳目内通而外于心知,鬼神将来舍,而况人乎!是万物之化也。"(《人间世》)意谓使耳目不外施而排除心智(达到"虚己"),就能顺应万物的变化,做到"明白入素,无为复朴,体性抱神,以游世俗之间"(《天地》)。这样,即使是"轩冕在身,非性命也。物之傥来,寄者也。……故不为轩冕肆志"(《缮性》)。意思是说,身虽享受荣华高位,但这并不是我的真性本命。犹如外物偶然之来寄托,决不为荣华高位而恣肆自己高尚的心志。由此可见,庄子所谓"与时俱化",和顺外物,不是真的与世俗混体,同流合污。恰恰相反,而是"顺人而不失己"(《外物》),外化而内不化。庄子指出:

> 丧己于物,失性于俗者,谓之倒置之民。(《缮性》)

因此,他一方面主张与物俱化,同时又强调"不与物迁"。他说:

> 审乎无假而不与物迁,命物之化而守其宗也。(《德充符》)

"无假",真也,与"宗"义同,皆指"道"。其意是说,能体认"大道",就不会随外物而"失己",也就是"不以物挫志"(《天地》)。相反,却能主宰外物的变化而坚守"大道"。这就清楚地表明,所谓"与时俱化",顺物之化,是就外形而言,不过是应付世俗的方法("有人之形,故群于人")。所谓"不谴是非,以与世俗处"(《天下》),就是这种方法的具体运用。貌似"混世",实则傲世;形虽顺物,而心则脱俗("无人之情,故是非不得于身")。缘此,全面地讨论庄子的处世方法,实是"游心"与"游世"的统一;"虚己"与顺世的结合。于是,混迹于世俗之间而存志于"山林之中",与物俱化而又不与物迁,身居尘垢而又心志清高。即所谓"古之至人,假道于仁,托宿于义,以游逍遥之虚"(《天运》),就成了庄子的理想人格和人生的最高境界。庄子的这种理想人格,正是庄子自身矛盾性格的真实写照。他既傲世脱俗、不与统治者合作,又无力抗俗,但求自保。"虚己以游世"的处世方法,正满足了他调节这种矛盾心理的需要。

然而,"虚己"、"游心"的超世自由("逍遥游")既属幻想,而顺物"游世"又谈何容易。这在政治上是一种走钢丝式的惊险之举,无怪乎庄子一再说:"戒之!慎之!"如果不想成为同流合污的乡愿,稍有不慎,就会"为颠为灭"。不过,即使是到了这种地步,庄子还有一招,就是求诸于宿命论。他说:

> 吾思夫使我至此极者而弗得也。父母岂欲吾贫哉?天无私覆,地无私载,天地岂私贫我哉?求其为之者而不得也。然而至此极者,命也夫!(《大宗师》)

遭贫是"命",其他的灾难也都是"命之行也"。而对于"命",人力是无法抗衡的,"汝不知夫螳螂乎?怒其臂以当车辙,不知其不胜任也"(《人间世》),也只能"顺"而勿"逆"——"知其不可奈何而安之若命"(同上)。这是绝对意义上的"顺",是庄子对现实的人生与世俗之间冲突的最终解决,然而这正好宣告了庄子的处世方法和追求人生自由的破产。

四、所谓"庄子精神"

从批判世俗对人生的桎梏出发;通过"齐物"、"无己"而在"内心自由"中超脱世俗之累,即获得"逍遥游"的精神自由——"游心";最后又回到世俗之中,"虚己以游世",达到"游心"与"游世"的统一,以求得个体身(生命)心(精神)的保全。这就是庄子人生论的三个基本的逻辑环节,集中地体现了所谓的"庄子精神"。

毫无疑问,庄子的人生论也是一种以保全自身为宗旨的"自我主义"的人生哲理。但是对于它的分析批判应该是具体的、全面的。在第一个环节中,庄子通过对人为物役现象的批判,肯定了人的个体存在,强烈地表现了要求个人从世俗桎梏中解脱出来的自由向往,并由此强调了个体的独立人格,反映了庄子对人的个体存在的自觉意识。它与宗法等级制相对立,显然是对抑制、甚至抹煞了个体存在的封建伦理观的否定,而这正是庄子对世俗的批判精神的思想内驱力,在某种程度上也揭示了社会的深刻矛盾。但是,他却把解脱人生桎梏的实现,寄于玄虚的"内心自由"。因而,一进入第二个环节,这个感性的个体存在就在"万物一齐"和"同于大通"中化为乌有,代之以在"无何有之乡"中作"逍遥游"的抽象"自我"。庄子所获得的不是真实的自由。而在第三个环节中所见到的个体存在,不过是通过"洒心去欲"而以那个抽象的"自我"为灵魂的个体存在,他"有人之形,无人之情",故能"虚己以游世",形随俗而志清高,身处世而心逍遥。这一为人处世的人格范式,是"庄子精神"的集中体现。一般来说,庄子思想对后来封建士大夫知识分子(特别是其中政治失意者)的魅力,就在于此,魏晋时代的嵇康就是一证。它既满足了他们不满世俗、自命清高的心理,又适应了他们软弱无力、但求自保的品格,因而往往成为这些人得以安身立命的精神支柱。不过,由于"庄子精神"含有多种思想因素,因而,它的作用又是多方面的。所谓"顺世安命"的处世方法,实际上是承认并安于现状,因而可以与儒家的"乐天知命"、"安贫乐道"等观念结合起来。例如在魏晋郭象那里,发展成为"各安其分"、各"安于命"的教条,为维护封建等级秩序提供了理论依据。所谓"与时俱化",在现实生活中,也确实可以引出见风使舵、同流合污的乡愿作风。而满足于清高傲世心理的超世自由意境,往往成为愤世者的自我慰藉的精神寄托,但改变不了世俗的一丝一毫。正因为这样,"庄子精神"在封建社会中,就其实际所起的主要作用而言,与儒家思想互为补充,成为封建统治者用来麻痹人们意志的精神工具。但是,它在一定程度上肯定了人的个体存在和独立人格,以及对人生自由的向往,则是与封建专制主义相对立的,而这或许就是"庄子精神"或庄子人生论的精华所在。它那"审乎无假而不与物迁","不以物挫志"和"顺人而不失己"的观点,显然不是什么"阿Q精神"、"滑头主义"和"混世主义"所能概括的。

第九节 后期墨家对墨子伦理思想的发展

墨子死后,"墨离为三"(《韩非子·显学》)。《庄子·天下》称他们为"别墨",其与墨子志趣相异。"倍谲不同",但又"俱诵墨经","以巨子为圣人",在根本学术观点和学术团体组织上大体保持一致,哲学史上称他们为后期墨家。今存《墨子》中《经上》、《经下》、《经说上》、《经说下》和《大取》、《小取》等篇,自清朝中叶以来,学术界一般认为这是后期墨家的著作。

后期墨家克服了墨子关于"天志"、"明鬼"的思想糟粕,继承并发展了墨子思想中的优良传统,在自然观、辩证法、认识论、逻辑学和自然科学等方面都有光辉的建树,为先秦的学术繁荣作出了巨大的贡献。在伦理思想上,对墨子的"兼爱"说和功利主义思想也作了进一步的发展,成为中国伦理思想史的一份十分宝贵的遗产。

一、对墨子"兼爱"说的发展

墨子提倡"兼爱",本义在"交相爱",后期墨家则把爱的对象和范围作了无限的推衍,赋予"兼爱"以"周爱人"或"尽爱"人的新义。《小取》说:

> 爱人,待周爱人,而后为爱人。不爱人,不待周不爱人,不周爱,因为不爱人矣。

认为"爱人"就是要普遍地爱世界上所有的人,如果不是爱所有的人,而只是爱某些人,那就是"不爱人"。并且指出:

> 爱众世与爱寡世相若,兼爱之有(又)相若。爱尚(上)世与爱后世,一若今之世人也。(《大取》)

就是说,爱人多之世的人和爱人少之世的人相同;爱古代的人和将来的人,如同爱今世的人一样。爱人是不受时间、空间和世之人数的多寡所限制的。

对于后期墨家"周爱人"的主张,当时就有人提出诘难。他们指责说,地域无穷,人口多到数不过来,所以周爱人是不可能的。《经下》反驳说:

> 无穷不害兼,说在盈否。

就是说,地域的无穷并不妨害兼爱,其理由在于"盈否"(即充满与否)。《经说下》就此解释说:

> 人若不盈无穷,则人有穷也,尽有穷无难;盈无穷,则无穷尽也,尽有穷无难。

意思是说,人若不充满无穷,那么,人是有穷,尽爱有穷的人是不难的;人若充满了无穷,那么,无穷就是有尽的了,尽爱有穷的人仍无困难。

又有人问难说,不知人数多少,何以知道爱人是尽了呢?《经说下》反驳说:"或者遗乎其问也,尽问人,则尽爱其所问。"这是说,或者有失于人口的调查吧,你能调查尽人数,则我就能尽爱被调查的人。还有人提出,不知人之所在,难以爱之。《经下》说:"不知其所处,不害爱之,说在丧子者。"如儿子失踪,不知去向,这并不妨碍父母对子之爱。

后期墨家对"周爱人"或"尽爱人"的逻辑论证,不无偷换概念之失,如"不知其所处"与"丧子"显然不是同一概念。但其伦理学的意义是明确的,认为"兼爱"就是爱世上所有的人。这样,墨子的兼爱在后期墨家那里就具有了近乎博爱的意味。在理论上变得更加抽象,因而也就成为更加不切实际、不能实行的"人类之爱"了。事实上,后期墨家自己就没有能把这一观点贯彻到底。他们主张"杀盗",正说明他们的爱并不是给所有人的,就是说,"周爱人"在墨者自己那里就行不通,尽管他们辩论说:"不爱盗非不爱人也。杀盗非杀人也"(《小取》),似乎"杀盗"与"周爱人"是不矛盾的。但事实并非如此,"杀盗非杀人"的"人",是指伦理学意义上的人,即与盗相对立的有道德的人。而"周爱人"的"人",是指世上所有的人,并不仅指有道德的人。据此,如果肯定了"杀盗非杀人",那就等于否定了"周爱人",即是说,"周爱人"被限定为尽爱所有有道德的人了;如果坚持"周爱人"的原意,那就应放弃"杀盗"的主张,两者必取其一。可见,"杀盗非杀人"的辩论,非但没有解决"杀盗"与"周爱人"的矛盾,而且对"周爱人"作了合乎逻辑的否定,证明"周爱人"是不可能实行的幻想。

此外,后期墨家还对墨子所主张的视人若己,"为彼犹为己"的兼爱原则作了进一步的发挥,提出"仁,体爱也"(《经上》)作为处理爱人与爱己的原则。所谓"体爱",就是"人"与"己"为一体,爱人如爱己。这是对墨子视人若己,"为彼犹为己"的概括,《经说上》解释说:"仁,爱己者非为用己也,不若爱马。"这就是说,爱自己不是为了使用自己,不像爱马是为了使用马。根据"不若爱马"这段话的意思,这就是说,爱人也要像爱己那样不是为了使用别人。也就是说,爱人不能出于利己的考虑,不然的话就是"利爱"。"利爱"与"体爱"相对立,意指为了个人私利去爱人。墨者认为:"仁而无利爱"(《大取》),真正的爱(仁)是不考虑个人的私利的,也就是不能把个人利益作为爱人的动机和目的,但是这并不排斥爱己。《大取》说：

> 爱人不外己,己在所爱之中,己在所爱,爱加于己。伦列之爱己爱人也。

认为爱别人,别人也爱自己("爱加于己"),体现了墨子所主张的爱的对等互报原则。不过爱人与爱己应有厚薄之分:厚爱人而薄爱己,这就是所谓"伦列之爱己爱人也"。《大取》说:"义可厚,厚之;义可薄,薄之,是谓伦列。"这是因为爱人不是为了爱己,所以又说:"爱无厚薄,举(誉)己非贤也"(《大取》),对别人的爱是不应分厚薄的,如果爱人是为了誉己(即"利爱"),那就不是有道德的人。并进一步主张"士损己而益所为也"(《经上》),"为身之所恶,以成人之所急"(《经说上》),为了他人的利益,虽牺牲个人也在所不惜。这样,后期墨家的"兼爱"说又突出了利他精神,是对墨子思想的又一发展。

二、对墨子功利主义思想的发展

在义利关系上,后期墨家继承墨子既尚利又贵义的义利统一观,对以"利人"、"利天下"为道德价值标准的功利主义作了进一步的理论概括。

首先,后期墨家从价值观的意义上对"利"、"害"作了明确的规定,《经上》说:"利,所得而喜也","害,所得而恶也"。《经说上》解释说:

> 利,得是而喜,则是利也。其害也,非是也。
> 害,得是而恶,则是害也。其利也,非是也。

这就是说,所谓"利"和"害"是"所得"者对"所得"感受到或喜或恶所作的价值评价,它们以喜或恶为主观形式,以"所得"为客观内容。对"利"、"害"的这一规定,具有重要的理论意义,就其客观内容而言,"利"、"害"是确定的;而就其主观形式而言,它们又是不确定的、相对的。不同(如不同阶级、等级等)的所得者,对于确定的所得的东西往往会有不同的感受,从而会作出不同的甚至完全相反的价值判断,形成了不同的利害观和善恶观。

后期墨家根据对"利"、"害"的价值规定,给"义"下了一个定义——"义,利也"(《经上》)。《经说上》解释说:

> 志以天下为芬(分),而能能(后一能字,"读为兼该",从谭戒甫注)利之,不必用。

认为"义"就是以天下事为自己的分内事,使天下人都能得到利益,但自己不必得到利益("用")。这就是说,所谓"义"是以客体"所得而喜"——利——为价值标准的。换句话说,主体行为是否是道德的,要看行为的后果是否给客体带来利益,至于主体是否得利是无关紧要的。因此,后期墨家反对"有爱而无利"(《大取》),认为这是儒者的观点,而强调爱、利统一。他们认为只讲爱人,不一定就是利人,例如,由于臧(奴隶名)善侍我的双亲,因而我爱他,这就等于我爱我的双亲。但是因此而使臧得到利益,却不等于我的双亲得到利益,这就是说,利人是直接的、实际的,爱人是主观的思想感情,两者是有区别的。后期墨家的主张是,爱人就必须利人,而爱人之所以是道德的正在于利人,即所谓"义,利也"。由此,后期墨家对"孝"、"忠"等道德规范作出了自己的解释:

> 孝,利亲也。(《经上》)
> 孝,以亲为芬,而能能利亲,不必得。(《经说上》)

认为"孝"就是以爱亲为己任,又能兼利双亲,但不必得到双亲的赞赏。关于"忠",《经上》说:

> 忠,以为利而强低也。

谭戒甫注:"强低,强毅低下。强则不懈其事,低则不夸其功,和《周易》言'劳谦'同意"(《墨经分类译注》),这是说,"忠"就是尽力地为人谋利又不夸耀自己的功劳。总之,在后期墨家看来,行为的道德价值(义、孝、忠是其形式),就在于使亲人,使别人,使天下人都得到利益。同时又强调自己不必得利("仁而无利爱"),

即利人而不图报。这里,后期墨家实际上修正了墨子所谓"吾先从事乎爱利人之亲"是出于"人报我以爱利吾亲"之图的观点,并进一步提倡舍己为人的自我牺牲精神。他们认为在个人利益与天下之利发生冲突时,如果断指断腕、或死或生就是利于天下,那就无需选择,应该牺牲个人利益乃至"杀己以利天下"。《大取》说:"断指与断腕,利于天下相若,无择也。死生利若一,无择也。"但是,这并不是说后期墨家否定个人利益,相反他们认为只要不妨碍天下之利,个人求利避害是正当的,而且应当权衡利害之大小,实行"利之中取大,害之中取小"的原则,例如,"遇盗人,而断指以免身,利也"(《大取》)。同时,根据爱利统一观点,既然"爱人不外己,己在所爱之中",那么利人也不外己,己在所利之中。不过,他们认为不能把个人的求利避害作为行为的价值方针,不能把个人利益的获得作为道德价值判断的根据,也就是说,于事之中权衡个人利害大小,"非为义也",它只是属于个人日常生活中的利害得失问题,其本身不具有道德价值。而作为行为的道德价值标准的则是利人、利天下。可见,后期墨家的义利观——道德价值观,既与儒家的道义论相对立,又与商、韩的极端利己主义的功利主义有别,在理论上,也与近代资产阶级的以是否满足个人幸福作为善、恶价值标准的功利主义不同,它是一种以利人、利天下为道德价值标准的社会功利主义,或者可以说是以利他为特征的功利主义,而它又不否定正当的个人利益,显然,后期墨家的功利主义,较伦理思想史上一般的功利主义有着更多的合理内容,在理论上应该得到首肯。

但是,与"周爱人"一样,后期墨家所说的"天下之利",虽也有"利民"(《经说上》)之说,但较墨子的"天下之利"显得更为抽象。这里,墨子"天下之利"中所含的"民衣食之财"不见了。墨子提倡"兴利除害"的一个基本要求——"民无饥而不得食,寒而不得衣,劳而不得息"不提了。这样,后期墨家的功利主义就不可能具体地解决爱谁和利谁的问题,而主要是宣扬不分阶级、等级地爱一切人,利一切人,什么"大人之爱小人也,薄于小人之爱大人也;其利小人也,厚于小人之利大人也"(《大取》),尽管有厚薄之不同,但爱利之心则是相通的。后期墨家提倡舍己为人的牺牲精神,作为一种高尚的个人品德是值得称道的,这种品德也就是所谓侠士("游侠")之义。司马迁评价说:"今游侠,其行虽不轨于正义,然其言必信,其行必果,已诺必诚,不爱其躯,赴士之厄困,既已存亡死生矣,而不矜其能,羞伐其德,盖亦有足多者焉"(《史记·游侠列传》),多少体现了墨学的人民性品格,后来在下层劳动人民中广为流传。但是,由于为之牺牲(即所利所爱)的对象是一个不分阶级、等级的抽象,因此往往为统治者所利用,墨者自己也竟成了为统治者利益而牺牲的工具。《吕氏春秋·上德》载:墨者首领孟胜,受楚国阳城君之命为其守城。楚王死,群臣攻击吴起而误伤楚王尸体,阳城君也参与了此事,因而被罪逃亡国外,其封国被收,孟胜因之而不能完成阳城君之命,认为有失信义,且将损害墨者之业。为了"行墨者之义,而继其业",于是率其弟子183人自尽,实际上成了反对变法的旧贵族势力的牺牲品。这一血淋淋的悲剧表明,在严酷的阶级对立的社会现实中,爱一切人、利一切人是不可能的,反而使"为身之所恶,以成人之所急"、"杀己以利天下"的墨者主张成为有利于统治者的工具。

三、对墨子志、功统一观的发展

后期墨家所说的"志"、"功",也指动机和效果。他们的基本观点是,既主张"志工(功),正也"(《经说上》),同时又认为"志功不可以相从也"(《大取》)。

后期墨家认为一个道德行为,首先要有好的动机;如果动机不好,就不可谓善行。《经说上》说:

> 行,所为不善名,行也。所为善名,巧也,若为盗。

这是说,正当的行为不是为了追求善名,即上文所谓"仁者无利爱",反之,为了求得善名而为善,那就同盗窃一样是投机取巧、欺世盗名。这就是说,评价一个行为的善和恶、正当和不正当必须考虑到行为的动机是为己还是利他。对于"功",《经上》说:"功,利民也",《经说上》解释说:

> 功,待时(原作"不待时",从谭戒甫《墨经分类译注》校改),若衣,裘。不待时,若衣,裘。

这就是说,功就是给民以实际的利益(这里所指的是农事),为此,就要像夏穿葛衣,冬穿鹿裘一样,必须适合时令。不然的话,如冬穿葛衣,夏穿鹿裘,不合时令,就不能使民得到实际利益。可见后期墨家所说的"功",主要是指给予他人以实际利益。后期墨家认为,一个正当的道德行为,既要有好的动机,又要获得好的功效("利"),达到动机与效果的结合,即所谓"志工(功),正也"(《经说上》)。这是对墨子"合其志功而观"所包含的志功统一观的概括。

同时,后期墨家还提出"志功为辨"(《大取》),认为:

> 志功不可以相从也。利人也,为其人也;富人,非为其人也,有为也以富人,富人也。

这是说,动机和效果是有区别的,两者不能混同。"利人也",就是使人得到实际利益,是指利人的功效,所以说"为其人也",是真的为别人。"富人",孙诒让注:"言誉人之富",只是一种良好的动机,但这并不能使人真的富起来,所以说"非为其人也",只有通过"为"才能使人富足起来,即获得实际利益。这里区别了"利人也"(功效)与"富人"(动机)的不同,同时也反映了后期墨家在志、功关系上的这样一种观点:要使志转化为功,必须以"为"为条件,即在动机支配下努力行动。《经说上》说:"志行,为也。"动机付诸行动就是行为。只有这样,才能有实际的功效,也反映了后期墨家务实为荣的思想,《经上》说:"实,荣也",反对把好的动机停留在口头上,认为只讲动机不去实行,那是"金声玉服",哗众取誉。这是一种合理的思想。

后期墨家的志功观,是其功利主义原则的直接贯彻和体现,突出了动机和效果的利他性,强调志、功结合及其对行为的道德价值评价的意义,并提出了区别志、功和使志转化为功的观点,从而把墨子的志功观向前推进了一步,丰富了墨家关于动机和效果的学说。在中国古代伦理思想史上,唯有墨家对动机与效果这一伦理学的问题作了比较全面的论述。

墨学(包括它的伦理思想),通过后期墨家的发挥,达到了它历史发展的最高阶段。以后,随着中央集权的封建专制主义统治的建立,至汉武帝实行"罢黜百家,独尊儒术",由于墨学的人民性品格和对儒学所持的批判态度,而被统治者所禁绝。从此,墨学作为一个学术派别已不复存在,但是,学派被禁而传统犹存,它的伦理思想所包含的舍己为人的牺牲精神和"为身之所恶,以成人之所急"的侠义气概，被人民群众和正义之士所继承，并融入中华民族的性格之中。由于墨学长期被禁的历史遭遇，尽管在近代曾出现过复兴墨学的思潮，对于墨学的整理和研究作出了重大贡献，而要科学地完成对这份优秀的文化遗产的总结，仍是一项十分艰巨的任务。

第十节　荀子的性恶论和礼义学说

荀子名况，字卿，又称孙卿。战国末期赵国人。生卒年不可确考。据有关史籍记载，可推知其政治和学术活动的年代约在公元前298年到公元前238年之间。他长期游学齐国的稷下学宫，齐襄王时曾三为"祭酒"，并西行到秦，与秦昭王及其相范雎答问王霸之辨。又至赵与临武君议兵于赵孝成王之前。最后适楚为兰陵令，因春申君死而废官，从此定居兰陵，直到老死。

荀子之学，本宗孔子，不出儒家立场，是先秦儒家的最后一位大师。但他不拘泥于儒学陈说，稽考各家长短，综合诸子之说，成为先秦集大成的唯物主义思想家。在伦理思想方面，以"隆礼"为核心，以"性伪之分"、人性本恶为基本的理论基础，论证了"礼"和"礼义"道德的起源；提出"义分则和"，论述了"和"作为礼的制度伦理及"礼义"道德的社会作用；主张"以义制利"，并以"化性起伪"立论，提倡"强学而求"、"积善成德"，强调道德修养的后天学习，从而使他的伦理思想在许多方面又具有与以往儒家不同的特色。

荀子所处的时代，正值结束诸侯割据状况，建立全国统一的中央集权封建国家的前夕。荀子的伦理思想适应这一历史要求，为新的封建等级秩序的确立创造了理论根据，反映了新兴地主阶级的根本利益。

今存《荀子》一书，是研究荀子伦理思想的基本资料。

一、"性恶论"和"性伪之分"说

与孟子一样，人性论也是荀子伦理思想的基本理论根据，且显得更加突出。

无论是他的"礼论",还是义利观和道德修养论,都与人性论直接相关。因此,分析荀子的伦理思想,须从他的人性论入手。

荀子的人性论,与孟子的"性善论"相对立,主张"性恶"。其理论的基本出发点,就是"性伪之分"。所谓"性伪之分",他说:

> 凡性者,天之就也,不可为,不可事。礼义者,圣人之生也,人之所学而能,所事而成者也。不可学,不可事而在人者,谓之性;可学而能,可事而成之在人者,谓之伪。是性伪之分也。(《荀子·性恶》,本节引此书只注篇名)

这是荀子"明于天人之分"的观点在伦理思想上的直接体现。在荀子看来,"性"是指自然("天")所赋予的"生之所以然者"(《正名》),不是人可以通过学习和作为所得到的。"伪"即人为,如礼义道德,则是人们通过后天的学习和作为而达到的。"性伪之分",就是"天人之分",两者不能混同。这样,荀子就把礼义道德排除出人性范畴,从而使他的"人性"内容从根本上与孟子的"人性"规定对立起来,否定了道德(善)先验论。

荀子的"人性"是指人的自然属性。他明确指出:

> 若夫目好色,耳好声,口好味,心好利,骨体肤理好愉佚,是皆生于人之情性者也;感而自然,不待事而后生之者也。(《性恶》)

又说:

> 凡人有所一同:饥而欲食,寒而欲暖,劳而欲息,好利而恶害,是人之所生而有也,是无待而然者也,是禹桀所同也。(《荣辱》)

这里包括人的生理本能和心理本能两方面。就心理方面而言,主要是指"心好利"或"好利恶害",它是人性的主要内容。可见,荀子的人性论具有自然人性论的特点,它与告子的人性论一脉相承,同时也受了法家人性论的影响。商鞅就明确认为:"民之性,饥而求食,劳而求佚,苦则索乐,辱则求荣,此民之情也。"(《商君书·算地》)但是,荀子对人性的论述并不就此而止,与告子和商鞅(包括以后的韩非)有别,他进一步对人的自然属性作了道德评价。从而得出了孟子"人性善"的反命题——"人性恶"的结论。荀子的论证是:

> 今人之性,生而有好利焉,顺是,故争夺生而辞让亡焉;生而有疾(嫉)恶焉,顺是,故残贼生而忠信亡焉;生而有耳目之欲,有好声色焉,顺是,故淫乱生而礼义文理亡焉。然则从人之性,顺人之情,必出于争夺,合于犯分乱理而归于暴,故必将有师法之化,礼义之道(导),然后出于辞让,合于文理,而归于治。用此观之,然则人之性恶明矣,其善者伪也。(《性恶》)

这是说,顺从自然本性而任其发展,就必然会产生争夺、残杀和淫乱等恶行,而礼义道德正为"矫饰人之情性"使之归于善而设,所以善为"伪",而与之相悖的"性"则是"恶"的。

荀子认为,孟子之所以视人性为"善","是不及知人之性,而不察乎人之性伪之分者也"(《性恶》),因而孟子的"性善"说是错误的。在荀子看来,由于人性是"不事而自然的",它不是可学而能、可事而成的,因而只可"化",但不会丧失。而孟子所说的性善是可以被丧失的,既然认为"今人之性,生而离其朴,离其资,必失而丧之",那么这样的"性"(即孟子的善性)就不能称之为性。荀子又进而反驳说:"所谓性善者,不离其朴而美之,不离其资而利之也"(同上),行为之美德是天性素质的自然发扬。但事实并非如此,以辞让之德为例,如顺从饥而欲饱、寒而欲暖、劳而欲息等情性,弟子见于父兄,"则不辞让矣"。而"今人饥见长而不敢先食者,将有所让也,劳而不敢求息者,将有所代也","此二行者,皆反于性而悖于情也"(同上),由此可见,辞让之心不出于性,而成于伪;人性不是善的,而是恶的。

荀子从"性伪之分"出发,把"人性"规定为人的自然属性,从而否定了孟子的道德(善)先验论,这无疑是正确的。但是,荀子却赋予人的自然属性以"恶"的道德评价,给人之所以为恶寻找人性论的根据,正是在这一意义上,他认为"人之生固小人"(《荣辱》)。这样,在人性与道德的关系上,他虽然否定了把"善"的来源归于天赋人性的先验论观点,却在"恶"的来源上陷入了同样的错误。其实,人的自然属性是"无善无不善"的,本身不具有任何意义上的道德性质。当然,人非木石,善和恶都具有生理的和心理的自然基础,但它们本质上作为一种社会的意识形态,其根源只能是社会存在,都是后天造就的。荀子视人的自然属性为"恶",这就抹煞了"恶"的社会本质及其社会根源,同时也背离了自然人性论的原则,显然,荀子的自然人性论是不彻底的,不仅如此,荀子对人性"好利而恶害"的规定,也远远超出了自然属性的范围,他明确认为:

> 夫贵为天子,富有天下,是人情之所同欲也。(《荣辱》)

这是地主阶级权利欲的最高体现,显然不是人的自然属性。这就清楚地表明,荀子的人性论,本质上是对地主阶级权利欲的抽象化和普遍化,是地主阶级的人性论。不过,在当时,正是这种"恶劣的情欲"驱使着新兴地主阶级去完成封建变革,实现全国统一,建立中央集权的封建国家,"成了历史发展的杠杆"。因此,荀子的"性恶论"在政治上是进步的,在理论上也要比孟子的"性善论"更加深刻,它在一定程度上肯定贪欲和权势欲的历史作用。因而正如黑格尔所指出的:"当人们说人本性是恶的这句话时,是说出了一种伟大得多的思想。"[1]

我们曾经指出,孟子的"人性"概念是指"人所以异于禽兽者",相当于人的本质属性,这是一个合理的思想,而在荀子那里,"人性"概念是指人的自然属性,"人性"与人的本质属性不是如孟子那样是同一个概念。不过,荀子并没有否定"人之所以为人者",恰恰相反,而是充分肯定了人与动物相区别的本质属性,即所谓"有义"。他说:

> 水火有气而无生,草木有生而无知,禽兽有知而无义;人有气、有生、有知亦且有义,故最为天下贵也。(《王制》)

"有义",也即"有辨"。所以又说:"人之所以为人者,何已也?曰:以其有辨也。"(《非相》)"辨"就是"分",也就是"礼"。一句话,就是礼义道德。而它们之

---

[1] 《马克思恩格斯选集》第4卷,北京:人民出版社,1972年,第233页。

作为人的本质属性是"伪",是后天造成的,就此而言,荀子对人的本质属性的观点在世界观上又超过了孟子。现在的问题是,荀子是怎样从"人性"出发来论证礼义道德的产生的?

二、"礼论"、"义分则和"——论"礼义"的起源和道德作用

荀子受法家的影响,主张"重法",但作为儒家,他更提倡"隆礼"。荀子所尊的"礼",既是指"贵贱有等,长幼有差,贫富轻重皆有称者也"(《富国》)的封建等级制度,又是指人们所当为的最高行为准则和社会道德规范。"礼者,人道之极也"(《礼论》),"人主之所以为群臣寸尺寻丈检式也,人伦尽矣"(《儒效》)。所以荀子经常"礼义"连称。"礼"不仅是荀子道德规范体系的核心,而且也是荀子政治伦理思想的核心。荀子不仅论述了礼在治国中的地位和作用,而且论证了礼的产生和起源,从而提出了一个关于封建等级制度和等级道德的理论体系——"礼论"。这是荀子有功于封建统治的一大杰作。

荀子论证礼义道德的起源,首先是从人性论出发,通过人的利欲与社会物质财富的矛盾而展开的。《礼论》下笔即说:

> 礼起于何也?曰:人生而有欲,欲而不得,则不能无求,求而无度量分界,则不能不争。争则乱,乱则穷。先王恶其乱也,故制礼义以分之,以养人之欲,给人之求。使欲必不穷乎物,物必不屈于欲,两者相持而长,是礼之所起也。

这是说,按照人的本性,凡人皆有"好利"之欲求,且"穷年累世,不知不足",是无限的。但是,人们所求的物质财富却是有限的。这就产生了有限之物与无限之欲的冲突,由此必然导致争乱不止,造成财富穷竭。于是就有圣人出来"制礼义以分之"。所谓"分",从经济学的角度说,就是分配;从政治伦理学或制度伦理学的角度说,就是等级之"辨"(等级的制度安排)。合而言之,可谓"等级分配方式",即使社会有限的物质财富按照等级实行有节度的分配。"以养人之欲,给人之求",达到财物之多寡与等级之位相称,使"上贤禄天下,次贤禄一国,下贤

禄田邑,愿悫之民完衣食"(《正论》)。这就是"礼义文理之所以养情也",即所谓"礼以养情",从而确定了等级的社会制度和等级道德,即礼义道德。

那么,为什么对社会有限之物必须作等级之分而不能作平均之分呢?荀子认为:"分均则不偏,势齐则不壹,众齐则不使。"就是说,如果对权势和财物作平均的分配,就会使物的占有不能有等级之差,使国家不能统一,百姓也就不服使役,因为"两贵之不能相事,两贱之不能相使,是天数也"。因此,如"有天有地而上下有差"一样,必须"制礼义以分之,使有贫富贵贱之等"。由此可见,只有等级差别,才能避免争乱,使上下齐一,社会安定,"是养天下之本也"。荀子认为,这就是《尚书·吕刑》所说的"维齐非齐"(以上引语均见《王制》)。

荀子对礼义起源的论述,从"人生而有欲"出发,以"欲"与"物"的矛盾立论,突出了一个"分"字。"分"即体现为一种制度。它源于法家,商鞅就认为要改变"民众而无制"的现象,必须"作为土地货财男女之分"(《商君书·开塞》)。慎到说:"一兔走街,百人追之,贪人具存,人莫之非者,以兔为未定分也。积兔满市,过而不顾,非不欲兔也,分定之后,虽鄙不争。"(《后汉书·袁绍传》注引)"分定",就是制度的确立。[①] 不过,法家言"分"旨在为法制立论,即所谓"法以定分"。而荀子讲"分"则为礼立论,即所谓"礼以定伦",而且使"分"的思想更加理论化。

荀子对礼义起源的论述,与17世纪英国哲学家霍布斯对"自然法"产生的论证,确有一致之处。无论在中国经济思想史上,还是在中国政治伦理思想史上,都具有十分重要的历史地位和理论意义。它以自己所特具的理论力量,一反天命论和先验论的观点,试图用社会自身的原因论证社会实行财富和权力分配的必要性和必然性,并否定了平均主义,从而论证了礼义道德的起源,或多或少地发现了道德与利益之间的联系,应予以充分的肯定。但是,荀子不懂得生产方式,不懂得生产资料占有制的方式对分配方式的决定作用,因而也就不能正确地解释社会为什么历史地产生封建等级之"分"和等级道德的根源。这就是说,荀子对礼义道德起源的论述,本质上是非历史的、抽象的,而把礼义道德的最终原因归于自然人性"好利"之欲及其与财物、权势的冲突和圣人的英明,仍没有摆脱唯心主义的窠臼。

[①] 慎到这里所说的"分定",实质上是指"财产权"的确定,这是一个了不起的观点。很可惜,慎到的这一概念以后并没有得到张扬和发展。

既然礼义道德是为避免因"欲"、"物"冲突所导致的争乱而起,从而也就逻辑地规定了礼义道德的社会作用。荀子认为,人虽有"好利"之性,但人的本质特征,在于能过群居生活。而人类群居所以可能,就在于有等级之"分","分"所以能行,在于有"义"。而"义分"则和。他说:

> (人)力不若牛,走不若马,而牛马为用,何也?曰,人能群,彼不能群也。人何以能群?曰,分。分何以能行?曰,义。故义(以)分则和。①(《王制》)

"义分则和"是荀子的一个十分重要的命题。意思是说,适当或合宜的分就能达致各等级之间和谐。其实质就是要构建一个以"礼"为制度安排的和谐社会,以达到社会的"有序—和谐"。"义",宜也,适当之谓;"义分",意谓上下贵贱的等级分得适当,即所谓"贵贱有等,长幼有差,贫富轻重皆有称者也"(《富国》)。"有称",合宜也;《君子》篇的说法是:"贵贱有等,则令行而不流;亲疏有分,则施行而不悖;长幼有序,则事业捷成而有所休。故……义者,分此者也。"这是对"义分"内容的明确表述。"义"又具体体现为各等级的行为规范,用来调节君臣上下的关系,即所谓"内节于人而外节于万物者也,上安于主而下调于民者也。内外上下节者,义之情也"(《强国》)。这样,社会各等级既分得合宜,又各有自己适宜的行为规范,即所谓"义分相须"。"义分",实际上就是"礼"的制度安排。有了"礼",就能使各等级各安其分、各得其宜,就能使各等级身份及其行为,"无相夺伦",互不侵犯而恰到好处,于是社会在整体上达至和谐。就是说,社会群体只要分得合理,"和"即在其中了,这就是所谓的"义分则和"。"和"实际上就是内涵于"礼"的制度伦理。荀子又说:"和则一,一则多力,多力则强,强则胜物,故宫室可得而居也,故序四时,裁万物,兼利天下,无它故焉,得之分义也。"(《王制》)"和则一",一于礼的要求,也就是孔子说的"齐之以礼",从而使各等级各尽其职,如"农以力尽田,贾以察尽财,百工以巧尽械器,士大夫以上至于公侯,莫不以仁厚知能尽其职"(《荣辱》),若此,岂不"多力"而"强"而"胜物"!而这一切皆得之于"礼"("分义")。所以说:"有分者,天下之本(大)利也。而人君

---

① 宋本有"以"字,元刻本无"以"字。王念孙以为宋本"以"字衍。王先谦《荀子集解》依王说校改,读作"义分则和"。也有学者读作"以义分则和"。

者,所以管分之枢要也"(《富国》),这就叫"明分使群"(《富国》)。据此,荀子称"分义"(即"礼义")为"群道"或"群居和一之道"(《荣辱》)。这是荀子对礼义道德(包括"礼"的制度伦理)所具有的社会作用的集中概括。

荀子抓住人类生活的根本特点——"能群"来论证礼义道德的作用,这在理论上比以往儒家确要高出一筹。"群",实际上就是荀子的"社会"概念。[①] 当然,荀子所说的"群",是指等级制的封建社会。"礼以定伦"(《致士》),道德的作用,就在于协调等级关系,使封建社会的等级群体"分"而"和",避免纷争离乱,从而使不平等的等级制社会得以安宁——有序和谐,即所谓"维齐非齐",这实际上是对孔子所谓"礼之用,和为贵"思想的发展。

正因为礼是"群居和一之道",所以在荀子看来,礼在治国中的作用更大于法的作用,认为"隆礼尊贤而王,重法爱民而霸"(《强国》),"礼治"高于"法治"。又认为"法"须以"礼"为纲。他说:"礼者,法之大分,类之纲纪也。"(《劝学》)因此,在礼法关系上,荀子虽受了法家的影响,但与法家"不务德而务法"的主张有原则区别,仍保持了儒家的本色,并且对"礼"的作用作了进一步发挥:

> 礼者,治辨之极也,强国之本也,威行之道也,功名之总也。王公由之所以得天下也,不由此以陨社稷也。(《议兵》)
>
> 国无礼则不正。礼之所以正国也,譬之犹衡之于轻重也,犹绳墨之于曲直也,犹规矩之于方圆也。既错之而人莫之能诬也。(《王霸》)
>
> 人无礼则不生,事无礼则不成,国家无礼则不宁。(《修身》)

一句话,"人之命在天,国之命在礼"(《强国》)。甚至把"礼"夸大为天地万物人类的普遍法则。他说:

> 天地以合,日月以明,四时以序,星辰以行,江河以流,万物以昌,好恶以节,喜怒以当,以为下则顺,以为上则明,万物变而不乱,贰之则丧也,礼岂不至矣哉!(《礼论》)

---

① 所以近代严复把欧洲资产阶级的社会学译为"群学",把个人和社会的关系称为群己关系。

这样，封建的等级制度和等级道德就成了"与天地同理，与万世同久"的永恒的、绝对的东西了。因而在荀子眼里，"礼"不能不是"人道之极"，成为人人所必须遵循的最高行为准则和道德规范；而"法礼"、"足礼"也就成了对人们行为的最高要求。

如果说，孔子贵仁，又主张"克己复礼为仁"，强调仁与礼的统一；孟子"仁义"并举，但不突出礼。那么，荀子则在"隆礼"的前提下，综合了孔孟关于仁、义、礼的思想，提出了一个以"礼"为核心的仁、义、礼三者统一的道德规范体系，成为荀子"礼论"的重要组成部分。

荀子所说的仁，也指"爱人"，他说："仁，爱也，故亲。"（《大略》）所谓"义"，如上文所引，是使君臣上下各安其分的节制者，是"所以限禁人之为恶与奸者也"（《强国》），其意为人们行为的当然。而仁和义都必须以"礼"为最高准则，《大略》明确指出：

仁有里，义有门。仁非其里而处之，非仁也；义非其门而由之，非义也。

杨倞注："里与门皆谓礼也。"于是，"仁"作为爱人的原则，就有了等差之别，即所谓"亲亲，故故，庸庸，劳劳，仁之杀也"（《大略》）。"杀"，差等也。《君子》也说："亲疏有分，则施行而不悖"，显然坚持了儒家"爱有差等"的传统观念。同样，"义"也体现了等级之别："遇君则修臣下之义，遇乡则修长幼之义，遇长则修子弟之义，遇友则修礼节辞让之义，遇贱而少者则修告导宽容之义。"（《非十二子》）因此，"贵贵，尊尊，贤贤，老老，长长，义之伦也"（《大略》）。"伦"，理也。所以说："义，理也，故行。"（同上）它在实际行为中，体现为忠、孝[①]、悌、敬、让等具体的行为规范。可见，仁和义都统于礼。荀子又说："君子处仁以义，然后仁也；行义以礼，然后义也"，反过来，"制礼反本成末，然后礼也"（《大略》）。上文说："礼以顺人心为本"，"人心"，指仁义之心，是"本"意为"仁义"（见杨倞注），"末"指礼节仪式。这是说，礼包括了仁义（质）和礼仪（文）两个方面。这样，荀子就

---

① 荀子对"忠"、"孝"的看法也有独到之处，认为"逆命而利君谓之忠"，称对君谏争辅拂之人为"社稷之臣"、"国君之宝"，主张"从道不从君"。又主张"从义不从父"，认为"明于从不从之义，而能致恭敬忠信端悫以慎行之，则可谓大孝矣"（《子道》）。

把仁、义、礼三者统一起来,"三者皆通,然后道也"(《大略》),这是荀子对先秦儒家所提出的宗法等级道德规范体系的总结。

三、"以义制利"和"荣辱之分"的义利观及道德价值观

与孔孟一样,义利观也是荀子伦理思想的重要组成部分。"以义制利"(《正论》)或以礼节欲,就是荀子处理义利关系的基本原则。它与孔子的"见利思义"一致,而与孟子的"去利怀义"有别。探其理论根据则是性恶论和"礼以养情"说,但在道德价值观上,不仅与孔子相同,而且与孟子也无二致。

一方面,荀子认为人性"好利",而"性"的实质就是"情","情"的发作就是"欲",所以人有求利欲望是性情之必然。他说:

> 性者天之就也,情者性之质也,欲者情之应也。以所欲为可得而求之,情之所必不免也。以为可而道(达)之,知所必出也。(《正名》)

因此,在荀子看来,无论是卑贱的守门者,还是至贵至尊的天子,都有求利之欲,而且是不能去掉的,因而也是不可禁止的。这就是说,人天生就是感性的存在,人之有利欲是自然合理的。

另一方面,荀子又认为利欲是无止境的,而社会的财物却是有限的,因此利欲实际上是不可能完全满足的,即使是天子,也只能"近尽"而已。在这种情况下,对于利欲就必须有所节制,所以他说:

> 欲虽不可尽,可以近尽也;欲虽不可去,求可节也。所欲虽不可尽,求者犹近尽;欲虽不可去,所求不得,虑者欲求节也。道者,进则近尽,退则节求,天下莫之若也。(《正名》)

"道"即礼义,它是求利和节制利欲的准则和规范。荀子的这一观点,显然是其"礼以养情"说在义利观上的直接体现。

荀子主张"以义制利"或"以礼节欲"的另一个重要根据,就是关于人的本质

属性和人类生活的本质特征的学说。如前所述,荀子虽然承认人是有情欲的感性存在,但他认为人之所以为人者的本质属性在于"有义",从而使人类生活得以"群居和一"。这就是说,人是有道德理性的,社会是由道德来维持的。而人的"好利"欲望虽不可去,但终究是为恶的根源。因此,要使人类"群居和一"而达社会安治,就必须使"好义"的道德理性制胜"欲利"之情,他说:

> 义与利者,人之所两有也。虽尧舜不能去民之欲利,然而能使其欲利不克(胜)其好义也。虽桀纣亦不能去民之好义,然而能使其好义不胜其欲利也。故义胜利者为治世,利克义者为乱世。(《大略》)

这样,荀子的义利观既与纵欲主义和极端的功利主义划清了界限,同时,又避免了禁欲主义和寡欲说,主张在"以义制利"或"以礼节欲"的前提下的义利"两得"。荀子批判它嚣、魏牟的"纵情性,安恣睢"的纵欲主义,认为恣意放纵情欲的行为实与禽兽无别,"不足以合文通治"(《非十二子》)。他明确指出纵欲主义的行为——"争饮食,无廉耻……悻悻然唯利饮食之见"——"是狗彘之勇也"(《荣辱》),而那种唯利无义的极端的功利主义——"为事利,争货财,无辞让,果敢而振,猛贪而戾,悻悻然唯利之见"——"是贾盗之勇也"(同上)。它使人们"唯利所在,无所不倾"(同上),为了一己之利可以不择手段,无所不为。对此,荀子斥为"至贼",即"保利弃义,谓之至贼"(《修身》)。

同时,荀子又反对陈仲、史䲡所主张的"忍情性"(即抑制利欲的禁欲主义),指出这是一种极其片面的观点,因而"不足以合大众,明大分"。他还认为墨翟讲节用、薄葬和宋钘提倡"情欲寡"是一种"寡欲"主义。荀子认为寡欲说违反了人的天性,而"节用"、"薄葬"则是"上(尚)功用,大俭约而僈差等,曾不足以容辨异、县君臣"(《非十二子》),损害了社会的等级秩序。这里,荀子所否定的禁欲主义和寡欲说,显然也包括了老庄道家的"少私寡欲"、"无知无欲"的观点和孟子的"去利怀义"、"养心莫善于寡欲"的主张。由此可见,荀子的义利观在先秦诸子的义利之辨中,除了墨家,是较为合理的。①

---

① 荀子对墨子的批评明显地带有儒家的偏见。其实,墨子既"贵义",又尚利(天下之利),主张义与利的统一(详见本章第四节),其合理性也是显而易见的。

必须指出，荀子的"义"即"礼义"是指封建的等级制度和等级道德。因而又称"义"为"公义"、"公道"，与之相对的"利"则是"私欲"、"私事"。因此，荀子的"义利观"，也就是"公私观"。所谓"以义制利"或"以礼节欲"，也就是以"公义胜私欲"（《修身》）。这实际上是要求各等级地位的人只能取得与自己的等级地位相应的利，要求用等级道德来限制对自身利欲的追求。这样，荀子虽然从人性上承认人人都有求利的自然合理性，而在社会实践中却否定了人有获利的平等权利。天子的欲望是应当尽量满足的，而老百姓不过"完衣食"而已。甚至死人的享受也有等级之差："天子棺椁十（七）重，诸侯五重，大夫三重，士再重，然后皆有衣衾多少厚薄之数，皆有翣菨文章之等"（《礼论》），而等级道德规范正是保证了这种利的等级之差，从而维护了封建的特权制和等级制。这就明显地暴露了荀子"以义制利"、"以礼节欲"的义利观和公私观的封建主义实质。

"以义制利"，就其使各等级得以满足与其等级地位相应的利欲而言，确有地主阶级功利主义的色彩。但功利的获得是以"一礼义"为前提的，他明确指出："故人一之于礼义，则两得之矣，一之于情性，则两丧之矣。"（《礼论》）"两"指"礼义"和"情性"，或义与利。这就是说，得利必须以"义"为前提。显然，荀子处理义利关系的立足点是"义"而不是"利"，认为取利的标准在于其是否"中理"（即合乎礼义）。因而在荀子眼里，义是第一位的，而利是第二位的，用他自己的话来说，就是"重义轻利"（《成相》），"先义而后利"（《荣辱》）。据此，荀子的义利观在道德价值观上的基本倾向仍属于道义论的范畴，而不归结为功利主义。就是说，他对于行为的道德价值的评价标准，不是利，而是义。这首先表现在他对荣辱的区分上。

"荣"与"辱"是道德评价的一对伦理范畴。既用来对他人作道德评价所表示的赞美或憎恶，也用来表示作自我评价时所产生的满足或内疚，即荣感或耻感。一般来说，"好荣恶辱"是"君子小人之所同"（《荣辱》）。但何为"荣"？何为"辱"？不同的学派有不同的观点。主张功利主义的墨子认为"强必荣，不强必辱"（《墨子·非命下》），以事功为荣辱的标准。儒家则以仁、义为判定荣辱的标准。孟子认为"仁则荣，不仁则辱"（《孟子·公孙丑上》），荀子则认为"荣辱之大分"在于"先义"还是"先利"。他说：

荣辱之大分，安危利害之常体。先义而后利者荣，先利而后义者辱。荣

者常通,辱者常穷,通者常制人,穷者常制于人,是荣辱之大分也。(《荣辱》)

这就是说,荣辱之分,在于"先义"还是"先利"。也就是说,行为之所以为"荣",在于"义"而不是"利"。《正论》又进一步把荣辱区分为"两端":"义荣"、"势荣"和"义辱"、"势辱"。"义荣"是指"志意修,德行厚,知虑明,是荣之由中出者也"。"势荣"是指"爵列尊,贡禄厚,形势胜,上为天子诸侯,下为卿相士大夫,是荣之从外至者也"。反之,"流淫污僈,犯分乱理,骄暴贪利,是辱之由中出者也,夫是之谓义辱"。受人斥责,被杖笞刖膝,以致弃市暴死,车裂身死,或沦为刑徒,"是辱之由外至者也,夫是之谓势辱"。荀子认为:

> 君子可以有势辱,而不可以有义辱,小人可以有势荣,而不可以有义荣。有势辱无害为尧,有势荣无害为桀。义荣势荣,唯君子然后兼有之,义辱势辱,唯小人然后兼有之。是荣辱之分也。(《正论》)

这里,尽管荀子没有否定"势荣",并认为"义荣"与"势荣"是可以统一的,但荀子所推崇的显然是"义荣",而不是"势荣",突出的是"荣"的道义性质("义"),而不是它的功利价值。在荀子看来,身虽贫贱而无爵禄,但只要有道德"义荣",终不失为君子;反之,虽有"势荣",而无"义荣",即使是君主,也只能算作小人。正是基于这一认识,荀子要求君子"利少而义多为之"(《修身》),甚至应"唯仁之为守,唯义之为行"(《不苟》)。据此,他一方面肯定齐桓公的霸业,同时又认为不足以"称乎大君子之门"。理由是:"彼以让饰争,依乎仁而蹈利者也",此"小人之杰也"(《仲尼》),认为以仁取利不足为训。所以"仲尼之门,五尺之竖子,言羞称乎五伯"。而能称为君子者,应是"义之所在,不倾于权,不顾其利,举国而与之,不为改视,重死持义而不挠"(《荣辱》),"畏患而不避义死"(《不苟》),达到了与孔子("杀身成仁")、孟子("舍生取义")的相同结论。这就进一步表明荀子的道德价值观是与孔、孟基本一致的,也具有道义论的特点。荀子重"义荣"而轻"势荣"的观点,为后儒所承续,成为儒家"荣辱观"的基本模式,宋儒陆九渊明确表述为"由义为荣,背义为辱"。陆九渊说:"君子义以为质。得义则重,失义则轻;由义为荣,背义为辱。轻重荣辱,唯义与否。"(《陆象山全集·与郭邦逸》)荀子的荣辱观,与封建社会所实际奉行的以功名利禄、门第势位为"荣誉"标志的风尚有别,具有合理的因素,成为以后进步思想家用来抨击腐败风俗的思想工具。

四、"化性起伪"、"积善成德"的道德修养论

与孟子不同,荀子认为礼义道德"非故生于人之性也",而是"生于圣人之伪",因而与法律一样,"非吾所有也",是存在于个人意识之外的社会规范,所以人之有道德"必求于外"。这样,在人何以能有礼义道德意识,即在道德教育和道德修养的问题上,荀子摒弃了孟子的先验主义的"尽心知性"说,而是继承和发展了孔子的"性相近,习相远"的唯物主义因素。以"化性起伪"为理论根据,强调通过"注错习俗"、"强学而求"从而"积善成德",达到"圣人"、"成人"的境界,贯彻了一条朴素唯物主义的认识路线。

荀子认为"好利"之性虽非人为,也不可去,"然而可化也"(《儒效》)。"可化",就是可改造之义,而礼义道德虽"非吾所有也,然而可为也"(同上)。这就是所谓"化性起伪"之说。性既"可化",伪又"可起",从而为"积善成德"的道德修养论提供了重要的理论前提。荀子明确指出,就人之性而言,尧禹之与桀跖,君子之与小人,"其性一也"。但尧禹之所以为尧禹,君子之所以为君子,或者说,尧禹、君子之所以为贵,正在于他们能"化性起伪"。他说:

> 凡所贵尧禹、君子者,能化性起伪。伪起而生礼义,然则圣人之于礼义积伪也,亦犹陶埏而生之也。(《性恶》)

这就是说,如同陶匠和土而生瓦,圣人起伪而生礼义,是"化性"即对性进行加工改造的结果。这里,"性"是"材朴","伪"是对"材朴"(性)的改造。对此,荀子又称之为"性伪合"。他说:"性伪合,然后成圣人之名"(《礼论》),明确肯定了圣人并非天生而成的。

荀子又进一步指出,"化性起伪",做到"性伪合",也是人人都可能为的。据此,他提出了一个与孟子相同的观点,即"涂之人可以为禹"(《性恶》)。这是因为:

> 凡禹之所以为禹者,以其为仁义法正也。然则仁义法正有可知可能之理;然而涂之人也,皆有可以知仁义法正之质,皆有可以能仁义法正之具。然则其可以为禹明矣。(《性恶》)

"理"指仁义法正可以被认识和把握的根据。"质"和"具"是存在于道德主体自身的可以认识和把握仁义法正的素质和条件,实指人的理性能力。因此,人人都具有"可学而能,可事而成"(即"伪")的能力,也就是说,都有可以成为圣人、君子的可能。这里,荀子实际上避开了"性恶论"的观点,而把人之"可以知"、"可以能"的"质"和"具"归结为认识论的范畴。然而,他又明确认为:"凡以知,人之性也。"(《解蔽》)这无疑是说,人对于仁义道德具有"可以知"、"可以能"的"质"、"具"也是人性的规定,显然与其"性恶论"相悖,却与孟子的"是非之心"相合。可见,荀子在反对孟子"性善论"的同时,又接受了其中的某些观点,从而造成了荀子人性论的内在矛盾。然而,肯定人有"可以知"之质对于他的道德修养论则是不可或缺的一环,荀子明确指出:

> ……性之好恶喜怒哀乐谓之情。情然而心为之择,谓之虑。心虑而能为之动,谓之伪(为)。虑积焉能习焉而后成,谓之伪。(《正名》)

所谓"心虑",就是"可以知"的理性能力,它能选择情欲之可否,然后产生合乎礼义的行为动作,并使之积习成德,充分肯定了理性对化性起伪、积善成德的作用。所以他说:

> 今使涂之人伏术(即"服术",指从事道德修养)为学,专心一志,思索孰察,加日县久,积善而不息,则通于神明,参于天地矣。故圣人者,人之所积而致矣。(《性恶》)

然而,人有"可以知"、"可以能"的能力,只是为涂之人化性起伪、积善而为圣人提供了可能性而已,而未必就成为现实,"故涂之人可以为禹则然,涂之人能为禹未必然也"(同上)。荀子认为,这里的关键就在于"肯为"和"不肯为"。他说:

> 圣可积而致，然而皆不可积，何也？曰，可以而不可使也。故小人可以为君子，而不肯为君子；君子可以为小人，而不肯为小人。小人君子者，未尝不可以相为也。然而不相为者，可以而不可使也。（《性恶》）

"使"指强使。就是说，小人可以为君子，涂之人可以为圣人，但不可强使而为，要靠人的主观能动性——"肯为"。由此，荀子提出了实现化性起伪、积善成德而达"圣人"境界的一套"肯为"的修养方法。

一曰"谨注错，慎习俗"。荀子认为，凡人之性一同，而"注错习俗，所以化性也"（《儒效》）；不同的"注错习俗"会造就人的不同品德，形成圣、愚之分。他说：

> 可以为尧禹，可以为桀跖，可以为工匠，可以为农贾，在势注错习俗之所积耳。（《荣辱》）

所谓"注错习俗"，荀子明确指出："譬之越人安越，楚人安楚，君子安雅（通'夏'，指中原），是非知能材性然也，是注错习俗之节异也"（同上），显然是指人所处的生活环境和习俗。总之"蓬生麻中，不扶而直"（《劝学》），为尧禹，为桀跖，"是非天性也，积靡使然也"（《儒效》），是由于所处不同的生活环境和习俗长期磨炼而造成的。既然环境、习俗对于人的品德有如此重大的作用，因此，就必须"谨注错，慎习俗，大积靡"（同上），要选择好的生活环境和习俗。"故君子居必择乡，游必就士，所以防邪僻而近中正也。"（《劝学》）荀子认为，人之所以有君子、小人之别，就在于前者"注错之当"，而后者"注错之过"。如果注错习俗得当，就可不断地改造恶的天性，积累礼义道德，即可以达到"通于神明、参于天地"（《儒效》）即"圣人"的境界。

二曰"强学而求"。《性恶》说：

> 今人之性固无礼义，故强学而求有之也。性不知礼义，故思虑而求知之也。

荀子认为，通过学知礼义，这是化性起伪、积善成德的最根本的途径和方法。他说：

> 吾尝终日而思矣,不如须臾之所学也;吾尝跂而望之,不如登高之博见也。登高而招,臂非加长也,而见者远;顺风而呼,声非加疾也,而闻者彰。假舆马者,非利足也,而致千里;假舟楫者,非能水也,而绝江河。君子生非异也,善假于物也。(《劝学》)

这是说,君子并非天生,而之所以为君子者,在于善于学习。"学不可以已。青,取之于蓝,而青于蓝。……君子博学而日参省乎己,则知明而行无过矣。"(同上)

而学的内容和对象,就是"礼";其最终目的,就是"为圣人"。荀子明确指出:

> 学恶乎始?恶乎终?曰,其数则始乎诵经,终乎读礼,其义则始乎为士,终乎为圣人。(《劝学》)

杨倞注:"义谓学之意,言在乎修身也。"《劝学》又说:

> 礼者,法之大分,类之纲纪也,故学至乎礼而止矣,夫是之谓道德之极。

荀子认为,"学至乎礼"是一个坚持不懈、不断积累的过程。他说:"不积跬步,无以致千里,不积小流,无以成江海。骐骥一跃,不能十步,驽马十驾,功在不舍。锲而舍之,朽木不折,锲而不舍,金石可镂。"(同上)学礼如此,则"终乎为圣人"。这就是所谓"积善成德"。同时,荀子又指出学礼必须"专心一志"、"并一而不二",才能"锲而不舍"获得最后的成功,显然,荀子也很强调意志力对学习的作用。这是因为意志具有自主与专一的特点,荀子说:

> 心者,形之君也而神明之主也,出令而无所受令。自禁也,自使也,自夺也,自取也,自行也,自止也。故口可劫而使墨(通"默")云,形可劫而使诎申,心不可劫而使易意,是之则受,非之则辞。故曰:心容,其择也无禁,必自见;其物也杂博,其情(当作精,从梁启雄注)之至也,不贰。(《解蔽》)

这里说的作为"神明之主"的心,就是意志。它具有"自行"、"自止"……即自主的品格。外力可迫使口或开或闭,可使形体或屈或伸,而意志却不能由外力迫使改变,它以为"是"则接受,以为"非"便拒绝,因而又具有专一的品格。所以,意志作为一种心理,既对外物有自由选择而不受限禁的特点,又有在博杂的外物影响下能使思想至精专一而不分心的作用。缘此,荀子认为,在"积善成德"的道德修养过程中,正确地发挥意志的作用,使学礼专一不二,是十分必要的。不过,荀子认为意志的作用必须以对礼义道德的理性认识为根据,并没有夸大意志的作用。他明确指出:

> 道者,古今之正权也;离道而内自择,则不知祸福之所托。(《正名》)

这里的"道",是指与"蔽于一曲"相对立的反映事物全体的根本道理,在道德认识中,实指"礼义"。这是说,如果离开了这个"道"而去作自由选择,那就是盲目的,就会导致"蔽塞之祸"。因而他主张"壹于道"。"壹"即"不以夫(彼)一害此一",意谓认识"道"而无片面性。荀子认为,"类不可两也,故知者择一而壹焉"(《解蔽》),知者的选择应以"壹于道"为前提。这样,就可以"正志行,察论,则万物官矣"(同上)。如果意志和行为端正,又能明察理论,于是人就成了万物的主人而获得自由了,也即所谓"精于道者兼物物"(同上)。这里,荀子讲了理性与意志,自由与必然(道)的关系。"壹于道",体现了理性的作用,它是"正志行"的根据。而自由(万物官)则来自对必然(道)的全面认识,显然与庄子的自由观不同,在认识论上属于唯物主义理性主义的范畴,对道德实践中自由与必然的理论,作了十分可贵的尝试。

总之,"强学而求",就是运用思虑(理性)而求知礼义道德,并发挥"志"(意志)的作用,使学习"锲而不舍","用心一也",达到"积善成德,而神明自得,圣心备焉"(《劝学》)。

必须指出,荀子在道德修养上不仅重视学习("知"),而且还强调道德实践("行")的重要性。他说:

> 不闻不若闻之,闻之不若见之,见之不若知之,知之不若行之。学至于行之而止矣。行之,明也,明之为圣人。圣人也者,本仁义,当是非,齐言

行,不失毫厘。无它道焉,已乎行之矣。故闻之而不见,虽博必谬,见之而不知,虽识必妄,知之而不行,虽敦必困。(《儒效》)

荀子认为"行"——仁义道德的实行——是道德修养的最高阶段。荀子认为,如果学习了而不去实行,虽有厚实的道德知识,必然还是行不通的。同时,也只有把道德认识付诸实践,才能使道德观念更加明白清楚。这是对先秦儒家道德修养学说的重大发展。在哲学认识论上,虽没有指出知来源于行,但其具有唯物主义的性质则是显而易见的。

此外,荀子还十分重视"贤师"对于道德修养的作用,即所谓"师法之教"。他说:

> 夫人虽有性质美而心辩知,必将求贤师而事之,择良友而友之。得贤师而事之,则所闻者尧舜禹汤之道也;得良友而友之,则所见者忠信敬让之行也,身日进于仁义而不自知也者,靡使然也。(《性恶》)

这是说,贤师良友对于自己的道德修养具有潜移默化的作用。"故君子隆师而亲友"(《修身》),以"师、法(法即礼)"为"大宝"(《儒效》)。这是对孔子"择必处仁"的发挥。

荀子的"化性起伪"、"积善成德"的道德修养论,也就是他培养完全纯粹的完美人格,即所谓"成人"①之道,贯彻了他在认识论上的唯物主义路线,对于后来的唯物主义思想家的道德修养学说产生了积极的影响,成为中国伦理思想史上的一份优良的遗产。但是,作为一个旧唯物主义者,在"认为人是环境和教育的产物"的同时,却不知道"环境正是由人来改变的,而教育者本人一定是受教育的"②。荀子在谈到"注错习俗"时,显然夸大了环境的作用,没有也不可能进一步认识到生活环境和习俗是通过人们的社会实践而造成和改变的。他强调学礼,并提出了一套学习方法,但是,又认为礼是由圣人、圣王制定的;"圣人者,

---

① "成人",由孔子提出(见《论语·宪问》),荀子作了发挥,认为生死都遵循礼义道德,具有真正的"德操";"德操然后能定,能定然后能应。能定能应,夫是之谓成人。"(《劝学》)
② 《马克思恩格斯选集》第1卷,北京:人民出版社,1972年,第17页。

道之极也"(《礼论》)。因此,他一方面认为"圣人者,人之所积而致也";另一方面却说:"今人之性恶,必将待圣王之治,礼义之化,然后皆出于治"(《性恶》),最终还是归于圣人教化之功,陷入了历史唯心主义。

第十一节 《中庸》、《易传》、《大学》、《礼运》、《孝经》的伦理思想

《中庸》、《易传》、《大学》、《礼运》、《孝经》,是儒家经典中五本重要的著作,也是先秦儒家伦理思想不可或缺的组成部分,它们给儒学的发展提供了重要的思想资料,尤其是《中庸》、《大学》、《易传》,对宋明理学的建立产生了很大的影响。

关于这五本著作的作者和年代,历来有不同的看法。

《中庸》,司马迁认为是子思(孔伋)所作(《史记·孔子世家》),宋儒从之。但清崔述在《洙泗考信余录》中对此提出"三疑",认为"《中庸》必非子思所作"。近人中一种较为流行的看法是,《中庸》中虽有一些内容确系秦汉之际儒者所增,但其主体部分则是战国时期思孟学派的作品。

《易传》一书,是对《易经》的解释和发挥,共有十篇,故也称《十翼》,即《彖辞上》、《彖辞下》、《象辞上》、《象辞下》、《系辞上》、《系辞下》、《文言》、《说卦》、《序卦》、《杂卦》。旧传"以为孔子所作",宋欧阳修著《易童子问》,始疑传统之说,后来清崔述及近人钱玄同、顾颉刚、李镜池、郭沫若等都认为孔子未作《易传》,作者也非一人,其成书年代跨度较长,但其中大部分可以认定是著于战国时期。

《大学》一篇,朱熹以为出于曾参,近人中有的认为是思孟学派的著作,有的则认为是荀子后学的手笔。

《礼运》,传统的说法"疑出于子游门人之所记"。近人根据篇中"礼义以为纪"、"礼达而分定"、礼"以治人之情"等观点,认为很可能是荀子后学的作品。但其中五行之说的内容,则为荀子所不容,反与思孟相合。故此篇究为儒家何派之作,未可定论。

《孝经》,司马迁说是曾参所作(《史记·仲尼弟子列传》),但《孝经》开头有"仲尼居,曾子侍"之句,称孔子为"仲尼",而称曾参为"曾子",足见司马迁的说法不可信。《吕氏春秋》的《察微》、《孝行》曾引《孝经》语句,据此,其为战国的作品当属无疑,可能就是曾参的弟子或再传弟子所作。

总之,这五本著作都可以看作是战国或战国中、后期的儒家作品,① 分别对儒家伦理思想的某些方面作了论述和发挥。因此将其置于荀子之后作为一节。

《中庸》、《大学》、《礼运》收于《礼记》②。后来,《中庸》、《大学》被宋儒程、朱所推崇,将它们从《礼记》中抽出与《论语》、《孟子》并列,合为《四书》。《孝经》一篇,汉代列为《七经》之一,后又列入《十三经》。《易传》原与本经(《易经》)分开,至东汉末《传》、《经》才相合,后列入《十三经》。

一、《中庸》论"中庸"和"诚"

《中庸》思想体系的基本特点,与孟子相同,也体现为伦理形式的"天人合一"。而在这一思想体系中,居有特别重要地位的两个范畴,就是"中庸"和"诚"。

1. 论"中庸"

孔子首倡"中庸",但在《论语》中仅见一处,且无直接的明确解释。而在《中庸》中,不仅明确了"中庸"的基本含义,即于两端(过和不及)取其中,不偏不倚,既不"过",也不"不及";而且还赋予"中和"的新义。郑玄《目录》说:"名曰《中庸》者,以其记中和之为用也",提示了《中庸》论"中庸"的特色。

《中庸》提出"中和"这一概念,是以它的人性论为出发点的。《中庸》首章说:

> 天命之谓性,率性之谓道,修道之谓教,道也者,不可须臾离也,可离非道也。是故君子戒慎乎其所不睹,恐惧乎其所不闻,莫见乎隐,莫显乎微。故君子慎其独也。

---

① 参见张岱年:《中国哲学史史料学》,北京:生活·读书·新知三联书店,1982年。
② 《礼记》,《汉书艺文志》著录《记》百三十一篇",为刘向所编定。当时还有两个删节本,一是汉初戴德选定的 85 篇,称作《大戴礼记》;一是戴德的侄子戴圣选定的 49 篇,称《小戴礼记》。今存《十三经》中的通行本《礼记》就是《小戴礼记》。《礼记》是一部战国至汉初儒家关于礼义论著的选集。其中除《中庸》、《大学》、《礼运》外,还保留了一些儒家伦理思想的资料。

与孟子的人性论一样，《中庸》的作者也认为人性是天赋的，而"道"根于人性，是人性的发扬光大，所以说"率性之谓道"。这里的"道"就是"圣人之道"，也就是孟子所说的"五伦"。《中庸》称之为"天下之达道五"，"君臣也，父子也，夫妇也，昆弟也，朋友之交也"，同时又称孔子的"知、仁、勇"为三"达德"，是所以实行五"达道"的品德。《中庸》认为，道既存于天赋之性，所以道不可离，而为了要使本性发扬光大，就必须小心谨慎，特别是在人看不见、听不到的时候，在独居的情况下，则更需如此，即所谓"慎其独"。也就是使性和情达到"中和"的境界。所谓"中和"，它说：

> 喜怒哀乐之未发，谓之中；发而皆中节，谓之和。中也者，天下之大本也；和也者，天下之达道也。致中和，天地位焉，万物育焉。

"中"与"倚"相对立（"中立而不倚"），是指喜怒哀乐之情未发作的状态，实际是指人的本性因无情欲所蔽而"无所偏倚"的状态；"和"与"流"相对立（"和而不流"），即指喜怒哀乐之情发作而能合符节度，使情欲既不过分，又不不及，达到和谐而不流于乖戾。《中庸》认为，人性处"中"而不偏不倚，就能发扬光大其中的天赋之道，所以说"中"是"天下之大本"。而情欲中节（"和"），就能保证本性的发扬光大，因此，"和"也就成了天下所共尊的法则。可见，"中和"是发扬本性，进行道德修养的原则和方法。不仅如此，《中庸》的作者还进一步把"中和"夸大为天地万物的法则，并根据"天人合一"的观点得出了"致中和，天地位焉，万物育焉"的结论。可见，在《中庸》那里，"中庸"既是世界观，又是方法论。而在道德领域中，则体现为道德实践、道德修养的原则和方法。对此，《中庸》又有明确的说明：

> 大哉圣人之道，洋洋乎发育万物，峻极于天。优优大哉！礼仪三百，威仪三千，待其人而后行，故曰：苟不至德，至道不凝焉。故君子尊德性而道问学，致广大而尽精微，极高明而道中庸，温故而知新，敦厚以崇礼……

这里，"极高明而道中庸"与"尊德性而道问学"等，都是成道的修养方法。"高明"原指天的德行,昭昭而无穷,系日月而覆万物。君子"高明配天",达到"天人合一"的境界,就是"极高明"。同时还要"道中庸",也就是要"择乎中庸","依乎中庸"。《中庸》认为:"择乎中庸,得一善,则拳拳服膺而弗失之矣。"就是说,掌握了"中庸"之道,使性、情处于"中和"境界就能坚守善道而不丧失。反之,如果违反了中庸之道,那就必然会使自己的思想、行为离开人伦道德而陷于邪恶。它明确指出:"君子中庸,小人反中庸",又说:"君子之中庸也,君子而时中;小人之(反)中庸也,小人而无忌惮也。""时中",即随时处"中",遵循人伦道德。"无忌惮",就是不遵守人伦道德。而产生这两种对"道"的根本对立的态度,正在于是否"择乎中庸"。十分明显,提倡"致中和"、"道中庸"的目的,就是为了使人们"拳拳服膺"于封建的人伦道德,因而本质上是一种封建地主阶级的道德意识。

2. 论"诚"

《中庸》论"诚",与孟子如出一辙,但相比之下,显得更为详尽、丰富。

《中庸》有所谓"九经"之说:"凡为天下国家有九经,曰:修身也,尊贤也,亲亲也,敬大臣也,体群臣也,子庶民也,来百工也,柔远人也,怀诸侯也。"又说:"凡为天下国家有九经,所以行之者一也。"朱熹注:"一者,诚也。"就是说,要实行"九经"关键在于一个"诚"字,即"诚身"。这与《大学》修、齐、治、平以"修身为本",而修身在于正心、诚意的说法相一致,都表明了"诚"对于道德实践以至于治天下国家的重要作用,"是故君子诚之为贵"。因此,儒家十分重视对"诚"的理论发挥。

在理论上,《中庸》的"诚",不仅是一个道德范畴,而且也是一个哲学范畴,比较典型地体现了儒家融合世界观与道德观为一体的特点。它说:

诚者,天之道也;诚之者,人之道也。

这一说法与《孟子·离娄上》的话基本相同。从字面来看,似乎"诚者"是客观的规律,而"诚之者"(孟子言"思诚者")则是人对"诚者"的反映。其实不然,根据"天命之谓性,率性之谓道"的观点,所谓"诚者"即"性之德也",是本性所固有的一种先天的道德意识,因而又称之为"天之道"。这种道德意识在圣人那里,是

"不勉而中,不思而得"的。它是明善的本能,"自诚明,谓之性"。认为由诚而明善,这是天性。可见,"诚"实际上是指先天的道德自觉性,是本性自我认识的天赋能力。所以说:"唯天下至诚,为能尽其性。"而在一般人那里,"诚"虽也是本性所有,但必须通过"明乎善"而得,这叫"自明诚,谓之教"。"明乎善",就是"博学之,审问之,慎思之,明辨之,笃行之"。认为"诚"的境界是由后天学问思辨而达到的,所以说"诚之者,人之道也"。又说:"诚之者,择善而固执之者也。"这里,前者("自诚明,谓之性")是圣人境界,《中庸》称之为"尊德性";后者("自明诚,谓之教")是贤人境界,称之为"道问学"。两者结合起来,就叫做"尊德性而道问学"。这是达到"诚"(即道德自觉极境)的两条途径。前者固然是神秘主义的直觉,后者也未脱先验论的窠臼。

《中庸》认为,至诚不仅能穷尽自己的先天本性,而且:

> 能尽其性,则能尽人之性;能尽人之性,则能尽物之性;能尽物之性,则可以赞天地之化育;可以赞天地之化育,则可以与天地参矣。

这是孟子所谓"尽心、知性、知天"和"反身而诚"而达到"万物皆备于我"的另一种表达。"天命之谓性",通过"至诚"而尽性明善,最后回到"天"而达到天人合一的境界。宋儒张载明确表述:"儒者则因明致诚,因诚致明,故天人合一"(《正蒙·乾称篇》),体现了《中庸》思想体系的基本结构。

《中庸》还对"诚"作为本性自我认识的天赋本能作了无限的夸大,它不但能知性、尽性,而且还能"前知"。《中庸》说:

> 至诚之道,可以前知。国家将兴,必有祯祥,国家将亡,必有妖孽,见乎蓍龟,动乎四体。祸福将至,善必先知之,不善必先知之。故至诚如神。

至诚的认识能力,如同神一样灵验。

应该指出,《中庸》的"诚",按其伦理本义,如朱熹所说:"诚者,真诚无妄之谓"(《四书集注·中庸章句》),也有如孟子所说的至诚动人的作用。它说:

其次致曲，曲能有诚，诚则形，形则著，著则明，明则动，动则变，变则化，唯天下至诚为能化。

荀子说："诚心守仁则形，形则神，神则能化矣。"（《荀子·不苟》）"化"即"化万民"，与《中庸》说法相同。不过，荀子的"诚"不是先验的。《中庸》认为，以诚处理细节小事（"致曲"），诚则形于外，这样就能感动和教化天下人了，即所谓"成己"、"成物"："诚者物之始终，不诚无物。是故君子诚之为贵。诚者非自成己而已也，所以成物也。"所以"诚"又是"合外内之道也"。

总之，有了诚就可以不断地致力于道德修养（"至诚无息"），久而久之，就能使自己的道德境界如同天地一样，既高明悠远，又深厚博大。于是，"唯天下之至诚，为能经纶天下之大经，立天下之大本，知天地之化育"。即可"为天下国家"了。①

《中庸》论"诚"，强调道德修养的自觉性。主张"诚"则能化，认为真心实意才能"成己成物"，这些都是值得肯定的合理思想。但是，它对"诚"作了神秘主义的哲学升华，把它的作用推崇到了无以复加的地步，则是必须批判的。"诚"在《中庸》的伦理思想中，对于天赋本性的发扬光大，对于封建人伦道德的遵循，与"致中和"、"道中庸"确有"异曲同工"之妙。所谓"尊德性而道问学"、"极高明而道中庸"，被后来宋明理学家奉为道德修养和理想人格的根本，其影响之大直至近代而不息。

---

① 在中国伦理思想史上，"诚"作为"德性"范畴，虽在理论上作了形而上的升华，甚至夸大成"纯粹至善"的宇宙精神实体（周敦颐），但其本义，意谓真实无妄，不自欺。"所谓诚其意者，勿自欺也。"（《礼记·大学》）"诚者，真实无妄之谓。"（朱熹：《四书章句集注·中庸章句》）同时又讲"信"。"信"为"五常"之一，其含义也是诚实不欺，但主要是一种关系范畴，要求与人交往应讲究信用，遵守诺言。"与朋友交，言而有信。"（《论语·学而》）"人而无信，不知其可也。大车无輗，小车无軏，其何以行之哉？"（《论语·为政》）"言之所以为言者，信也。言而不信，何以为言？"（《春秋穀梁传·僖公二十二年》）"诚信"连缀成词最早见于西周成王诰诸侯："汝何不以诚信行宽裕之道于汝众方？"（《尚书·多方》）但并未揭示二者的内在关联。"诚"、"信"是内在统一的，"诚"是基础，推"诚"则见"信"，王通云："推之以诚，则不言而信。"（王通：《中说·周公》）张载亦云："诚故信，无私故威。"（《张载集·正蒙·天道》）二程亦云："诚则信矣，信则诚矣。"（《二程集·河南程氏遗书》卷二十五）与现代社会重契约、讲"信用"有别，"诚信"是熟人社会的产物，它以德性为基础，强调人的内在品德而见之于外信守诺言，是讲道德的根本，现代社会的道德建设仍离不开"诚信"这个根本。"信用"是现代契约社会的产物，是契约伦理，特指经济交往中的信守合约，它以共同利益为基础，以法律为保障。学界常将"诚信"与"信用"混为一谈，显然不利于现代社会信用体系的建设。

二、《易传》的"天道"与"人道"合一的"宇宙伦理模式"

《易传》十篇,在中国古代哲学史上占有突出的地位。它不仅含有丰富的辩证法思想,可以与《老子》相媲美,而且具有足以构成中国传统伦理思想史重要一环的伦理思想。

孔子提出了一个"仁"、"礼"统一的社会伦理模式,《易传》则把这个伦理模式融入宇宙体系,即把"人伦"秩序作为宇宙的有机构成,提出了一个"天道"与"人道"合一,也即"天人合一"的"宇宙伦理模式"。这是《易传》对中国古代伦理思想的重要贡献。

《易传》的宇宙观,是通过对《周易》卦象图式的解释而体现的,这是《易传》哲学思想的独特表述形式。它汲取当时已流行的阴阳学说,以"一阴一阳"解释《周易》爻画"━"、"━ ━"及其变化,给卦象图式以宇宙论的哲理形态。认为"易与天地准,故能弥纶天地之道",它"开物成务,冒天下之道"(《系辞上》),概括了宇宙的生成、结构和变化规律。并赋予《易》卦以伦理的品格,认为整个宇宙秩序是一个和谐("太和")的体系,即所谓:"乾道变化,各正性命,保合大和,乃利贞。首出庶物,万国咸宁。"(《乾卦·彖辞》)这里正体现了"天道"与"人道"的合一。

《易传》在论述宇宙的生成过程时说:

> 有天地然后有万物,有万物然后有男女,有男女然后有夫妇,有夫妇然后有父子,有父子然后有君臣,有君臣然后有上下,有上下然后礼义有所错。(《序卦》)

这是对《咸》卦的解释。[①] 作为一种宇宙观,作者把男女、夫妇、父子、君臣上下的宗法等级关系的产生,统一于宇宙生成的自然过程之中。不仅如此,而且把社会之所以有上下礼义之制,也认为是由"天地"所生的。这是因为天地本身就具有尊卑、贵贱之义,即所谓"天地之大义"。《系辞上》说:

---

① 参见高亨:《周易大传今注》,济南:齐鲁书社,1979年,第648页。

> 天尊地卑,乾坤定矣。卑高以陈,贵贱位矣。

而"乾道成男,坤道成女",因此男女、夫妇,以及父子、君臣,也就有了尊卑、贵贱之别。所以说:"男女正,天地之大义也。"(《家人卦·彖辞》)显然,《易传》把自然与社会、"天道"与"人道"合为一体,视为同构,于是,整个宇宙秩序即体现为上下、尊卑的伦理关系。

《坤卦·文言》也说:

> 阴虽有美,含之以从王事,弗敢成也。地道也,妻道也,臣道也。地道无成而代有终也。

这是对《坤》卦六三爻辞①的解释。"六三"为阴爻,阴象地。地道无独成,成在于天(阳),但地顺天,则能取得生育万物的结果("有终")。同样,妻、臣为阴,与地道同,即妻顺夫、臣顺君,虽有才德之美,必须从事于王,则亦"有终"。"地道"、"妻道"、"臣道"同一于阴阳之道,体现了"天道"与"人道"的合一。

《易传》还从宇宙体系结构的角度,表述了"天人合一"的观点。《系辞下》说:

> 《易》之为书也,广大悉备,有天道焉,有人道焉,有地道焉,兼三材(才)而两之,故六。六者非它也,三材之道也。

"三材",即"天道"、"人道"、"地道"。"六",即卦象六爻。"兼三材(才)而两之",即上、五两爻象天,四、三两爻象人,二、初两爻象地。这是说,《易》卦总括了整个宇宙,其中"人道"与"天道"、"地道"相统一,是宇宙秩序的有机构成。《说卦》又说:

> 昔者圣人之作《易》也,将以顺性命之理,是以立天之道曰阴与阳,立地之道曰柔与刚,立人之道曰仁与义,兼三才而两之,故《易》六画而成卦。分阴分阳,迭用柔刚,故《易》六位而成章。

---

① 《坤》卦(☷)六三爻辞:"含章,可贞。或从王事,无成有终。"注见高亨:《周易大传今注》济南:齐鲁书社,1979年,第80页。

这是对上引《系辞下》语的展开。认为天、地、人各有其性命之理,即天道为阴阳,地道为柔刚,人道为仁义。但根据"《易》以道阴阳"(《庄子·天下》)的本义,"一阴一阳"乃是宇宙的根本规律。因此,地道(柔刚)、人道(仁义)都是阴阳之道的体现,这就是说,人道之仁义本属于天道阴阳之理,换言之,天道阴阳本具仁义之性。如曰"天地之大德曰生"(《系辞下》),这种生成之"德",就是"仁"。在《易传》看来,仁义之道也就是宇宙秩序。

总之,"天道"与"人道"合一,"人道"源于"天道",整个宇宙秩序即体现为上下、尊卑、贵贱、仁义的伦理关系。《易传》的这一宇宙观,用我们的话来概括,就叫作"宇宙伦理模式"。正是根据这一"模式",论述了人性的来源和本质,推衍出"君子之道"、行为品德。

关于人性的来源和本质,《系辞上》说:

> 一阴一阳之谓道,继之者,善也,成之者,性也。

这是说,人性之善,成于人对天道的承继,即所谓"继善成性"。于是,"成性存存,道义之门"(同上),人就获得了道德行为的人性根据。《易传》认为,阴阳之道,"显诸仁,藏诸用"(同上),生育万物(仁),明显易见,而其所以生育万物之"用",却隐藏难见。因此,承继阴阳之道的人性,也就具备了善(仁)的本质。可见,人性之善,来自"天道"。这与思孟的思想有相同之处,但《易传》认为人性来自对"天道"的承继,则与《中庸》所谓"天命之谓性"有别。

关于"君子之道",《系辞下》论证说:

> 阳卦奇,阴卦耦,其德行何也?阳一君而二民,君子之道也。阴二君而一民,小人之道也。

这是说,震(☳)、坎(☵)、艮(☶)的卦画皆五,是奇数,为阳卦。其中,一阳爻,两阴爻,阳爻象君,阴爻象民,一君统治二民,君权集中,阳道盛行,所以是"君子之道"。由一阳二阴、阳尊阴卑推衍出君主专制主义。而巽(☴)、离(☲)、兑(☱)的卦画皆四,是偶数,为阴卦。其中,两阳爻,一阴爻,二君统治一民,君权分散,阴道盛行,不符合阳尊阴卑的天道,所以是"小人之道"。

《易传》还根据卦象,即由阴阳之道,直接推衍出君子的应有品德和统治方法。例如:

> 天行健,君子以自强不息。(《乾卦·象辞》)
> 地势坤,君子以厚德载物。(《坤卦·象辞》)
> 山下有雷,颐。君子以慎言语,节饮食。(《颐卦·象辞》)
> 山下出泉,蒙。君子以果行育德。(《蒙卦·象辞》)
> 天地养万物,圣人养贤以及万民。(《颐卦·彖辞》)
> 雷电皆至,丰。君子以折狱致刑。(《丰卦·象辞》)
> 雷雨作,解。君子以赦过宥罪。(《解卦·象辞》)
> 山上有火,旅。君子以明慎用刑,而不留狱。(《旅卦·象辞》)
> ……①

因此,"夫大人者与天地合其德"(《文言》),就是说,按照阴阳之道而能达到与天地德性一体,就是最高的道德境界,这样的人就是"大人",也就是儒家所冀求的理想人格。

儒家的"天人合一"思想,在思孟那里已初见端倪,而《易传》则把这一思想模式提到了宇宙论的理论高度,扩展为一"宇宙伦理模式",并由此回答了道德的本原、人性的来源,以及理想人格的道德境界等一系列的问题,这是儒家伦理

---

① 其中,"天行健,君子以自强不息"、"地势坤,君子以厚德载物",尤为可贵。"天行健,君子以自强不息。""天行"即"天道","健,故不息"(《朱子语类》卷六十八),意为天道刚健,运行不已,君子以天道为法,从而自强不息。自强不息,要在"自强"。《淮南子·修务训》说:"自人君公卿至于庶人,不自强而能成功者天下未之有也。"而要自强,就要有"锲而不舍"的坚毅品格,要有"克己"、"自胜"的精神,就要有"俛焉日有孳孳,毙而后已"(《礼记·表记》),即不达目标死不罢休的精神。"地势坤,君子以厚德载物。""坤"为地之德,《说卦》:"坤,顺也。"《坤卦·彖辞》释"坤"德说:"至哉坤元,万物资生,乃顺承天。坤厚载物,德合(借为迨,及也)无疆。含弘光大,品物咸亨",意谓地顺承天道,生养万物。其体厚能载万物,其面广能包容万物,万物得以皆美。君子取法于地,也应"厚德载物"。即君子应效法大地的胸怀,以宽厚之德包容万物和他人,使之都得以各遂其生,也包含了对事和人的一种兼容并包的宽容精神,与孔子"君子和而不同"(《论语·子路》)义通,唐韩愈的"博爱之谓仁"(《韩昌黎集·原道》)、北宋张载的"民胞物与"(《正蒙·乾称上》)等思想,皆与"厚德载物"一脉相承。与"天行健,君子以自强不息"一起,构成了中华民族文化的一大优秀传统,国学大师张岱年先生称之是中华民族民族精神的精华。

思想的一个重要的理论特点。以后,无论是汉儒董仲舒的"天人合类",还是宋儒程朱以"天理"为本的道德本体论,都以不同的理论形式体现了这一特点。《易传》提出的这一"天人合一"的宇宙伦理模式,赋予儒家的"仁义之道"(即由孔子始创的儒家"道统")以"天命"或"天道"的绝对权威,为"道统"高于并服务于"君统"("从道不从君")确立了哲学本体论的根据,因而也就成了儒家伦理思想以至整个儒家学说安身立命之根。《易传》在中国传统伦理思想史上的主要贡献就在于此。①

三、《大学》的"大学之道"

如果说《中庸》侧重体现了世界观与道德观融为一体的特点,那么《大学》则把道德与政治融为一体,它所提出的"大学之道",既是政治哲学,又是伦理学说,比较全面地总结了先秦儒家关于道德修养、道德作用及其与治国平天下关系的主张,集中地体现了儒家的"德治主义"思想。"大学"的原意是指王公贵族

---

① "天人合一",是中国古代道德哲学(中国古代哲学)关于"天人之辨"思想的主要概括,是中国传统道德哲学的核心范畴和理论基石。有两层含义:既是一种关于宇宙结构的宇宙观,又是关于道德修养的境界说。作为宇宙结构的思想,即体现为一种"宇宙结构伦理模式",从本体论的高度论说天人同构"合一",回答了"道之大原"即"人道"之本原的根本问题,认为"人道"本原于"天道"。始创于《周易》。《乾卦·象辞》就说:"天行健,君子以自强不息",《坤卦·象辞》说:"地势坤,君子以厚德载物"。经春秋战国时期儒学的发展,至西汉董仲舒进而以天人"相类"为据,提出"道之大原出于天"(《举贤良对策》),"是故仁义制度之数,尽取于天"(《春秋繁露·基义》),"王道之三纲,可求于天"(同上)。宋明理学从形而上的高度作了哲学论证,更明确认为"天人本无二,不必言合"(《程氏遗书》卷六)。道家在理论上虽与儒家有别,但在宇宙观上也持"天人合一",老子提出"道法自然"是宇宙唯一的最高法则,主张人应法"道"之"自然""无为"。庄子更明确表述:"天地与我并生,万物与我为一。"(《庄子·齐物论》)"天人合一"的第二层含义,回答的是宇宙结构的"天人合一"如何转型为道德境界的"天人合一",也就是"天道"如何内化为人的内在德性。对此,先秦儒家思孟学派多有论述,即所谓心性之学。孟子提出"性善论",认为人性之善端是天命的,"我固有之",也就是"良知";而心自有认知善端的功能,即所谓"良能"。通过良能的发挥就能认知"天道"。孟子表述为"尽其心者,知其性也;知其性,则知天矣"(《孟子·尽心上》)。《中庸》又说:"诚者,天之道也;诚之者,人之道也。"通过人心"思诚"(孟子),就能在心中达到"天人合一"的精神境界,即所谓"仁者浑然与物同体"。后在宋明理学更有发展和提升,张载作了一个经典式的概括:"儒者则因明致诚,因诚致明,故天人合一。"(《正蒙·乾称下》)王夫子注曰:"诚者,天之实理;明者,性之良能。性之良能出于天之实理,故明诚合一。"(《张子正蒙注·乾称下》)所谓"明诚合一"也就是"天人合一"。道家庄子则是在"万物与我为一"的宇宙观前提下,运用"万物一齐"的相对主义方法论,通过"坐忘"、"心斋"达到"丧我"即"无己"的修炼工夫,最终使其心"同于大通(道)",与"道"一体。这是不同于儒家的特有形态,即体现为"至人无己"——"与道同体"。"天人合一"还深刻地影响了中国古代的美学、医学、建筑学等,又含有正确处理人与自然关系的生态伦理的哲学智慧。(详见朱贻庭:《"天人合一":中国传统道德哲学的核心范畴和理论基石——论"天人合一"的宇宙结构模式和人生修养境界》,载于《中国传统道德哲学6辨》,上海:上海文汇出版社,2017年,第23—72页)

子弟的学校,朱熹称为"大人之学",也就是培养统治者的学校。所谓"大学之道",即统治者治国之道。其具体内容,就是朱熹所概括的"三纲领"、"八条目"。

1. 三纲领

所谓"三纲领",《大学》说:

> 大学之道,在明明德,在亲民,在止于至善。

"明明德",孔颖达疏曰:"在于章明己之光明之德。"而"明德"者,传文①无具体解释,朱熹以"天理"作注,不足为信。今据传文对"止于至善"的解释,"明德"似为对仁、敬、孝、慈、信等德行的总括,指封建的人伦道德。"亲民",汉唐儒者释为"亲爱于民",朱熹则释为"新民",意即"去其(民)旧染之污"而日新,此说符合传文之意。《礼记·学记》说:"夫然后足以化民易俗,近者悦服,而远者怀之,此大学之道也",就是对"亲民"的解释。"亲民"("新民"),即教化百姓。"止于至善","止",郑玄注:"止犹自处也",传文说:"诗云:'缗蛮黄鸟,止于丘隅。'子曰:'于止,知其所止,何以人而不如鸟乎?'",意为人应知其所当处。其具体的要求是:"为人臣止于敬,为人子止于孝,为人父止于慈,与国人交止于信",最后达到"道盛德至善,民之不能忘也"的最高境界。

三纲领的关系首先是"明明德",然后用"明德"教化百姓("新民"),最终使君臣父子都处于"至善"("止于至善")。《大学》总结说:

> 知止而后有定,定而后能静,静而后能安,安而后能虑,虑而后能得。物有本末,事有终始,知所先后,则近道矣。

这是说,知己之所当处的至善境界,就有了努力的方向,于是,心不妄动,安己所处,这样就能正确地思考并有所得。所谓"物有本末,事有终始",朱熹注:"明德为本,新民为末。知止为始,能得为终"。就是说,统治者的自身修养是本,教化百姓是末。确立"止于至善"的目的为始,获得政事的成功为终。《大学》认为,

---

① 朱熹《大学章句》认为《大学》由经文和传文两部分组成。

能认识三纲领之间的先后关系,就是近乎"大学之道"了。

2. 八条目

《大学》在讲了"三纲领"后接着说:

> 古之欲明明德于天下者,先治其国。欲治其国者,先齐其家。欲齐其家者,先修其身。欲修其身者,先正其心。欲正其心者,先诚其意。欲诚其意者,先致其知。致知在格物,物格而后知至,知至而后意诚,意诚而后心正,心正而后身修,身修而后家齐,家齐而后国治,国治而后天下平。

这里,格物、致知、诚意、正心、修身、齐家、治国、平天下,就是所谓"八条目"或曰平治天下的八个步骤。

"致知在格物"或"物格而后知至",传文无释,孔颖达疏:"致知在格物,言若能学习招致所知",意即通过接触事物获得是非、善恶之知。这是诚意、正心和修身的前提。《荀子·尧问》有"见物然后知其是非之所在"语,似即《大学》"物格而后知至"之所本。后来朱熹根据己意作解,训"致知"为"推极吾之知识",释"格物"为"穷至事物之理"。并作《补大学格物致知传》,认为一旦穷至事物之理,则"吾心之全体大用无不明矣",即吾心所固有之知无不尽也,显然已非《大学》原意。

"知至而后意诚。""意诚"或"诚其意"即真心实意。《大学》认为,有了是非、善恶之知,就应真心实意地好善恶恶,为善去恶,做到诚心而不"自欺","此所谓自谦,故君子必慎其独也"。"谦"读为"慊"、"自谦",朱熹说:"以自快足于己。""慎其独",意即诚心不二,与《中庸》所谓"慎其独"有别。因此,《大学》反对"掩其不善而著其善"的伪善行为,并且认为,"人之视己,如见其肺肝然",不诚之心是难以掩饰的。

"意诚而后心正。"所谓"心正",传文说:"身有所忿懥则不得其正,有所恐惧则不得其正,有所好乐则不得其正,有所忧患则不得其正。""忿懥"、"恐惧"、"好乐"、"忧患",皆属感情欲望,它们是干扰理智(心)的各种因素。《大学》认为,必须排除情欲对理智的干扰,这样才能使心合符人伦道德规范,即达到"心正"。而"意诚"则是"心正"的前提。

"心正而后身修。"《大学》认为,心能符合道德规范,就可以做到"身修"。所谓"身修"或"修身",传文说:"人之其所亲爱而辟焉,之其所贱恶而辟焉,之其所畏敬而辟焉。""辟",郑玄注音"譬","犹喻也,言适彼而以心度之",意即推人之所为而反躬自省。例如,人受到亲爱因其有德,自己也应有德,去恶为善;人受到贱恶因其无德,自己就应以此为鉴,为善去恶。这就是说,要不断地对照别人的言行,做到"好而知其恶,恶而知其美者",通过对比和自省以完善自己的道德,这就是"修身"。

"身修而后家齐。"个人能身修有德,则家可教而齐,使父子兄弟各宜其所当为,达到父慈、子孝、弟悌。这里所说的"家",主要是指君子之家,也包括"帅天下"者,即君主之家。自然,作为对家庭的道德要求,并不排除"庶人"之家。

"家齐而后国治,国治而后天下平。"《大学》视家为国之本,认为家庭道德是国家安治和社会道德风尚的根本,它明确指出:"孝者所以事君也,弟者所以事长也,慈者所以使众也",又说:孝、悌、慈"其为父子兄弟足法,而后民法之也",所以"一家仁,一国兴仁;一家让,一国兴让"。这就叫"家齐而后国治"。就治国本身而言,《大学》还特别注重统治者自身道德的作用。传文说:"尧舜帅天下以仁而民从之,桀纣帅天下以暴而民从之。"所以说:"一人贪戾,一国作乱,其机如此,此谓一言偾事,一人定国。"这就是说,统治者本人的德行对于民来说具有上行下效的示范作用。并由此提出所谓"絜矩之道",即以矩度方,也就是推己及人。《大学》解释说:"所恶于上,毋以使下。所恶于下,毋以事上。所恶于前,毋以先后。所恶于后,毋以从前。所恶于右,毋以交于左。所恶于左,毋以交于右。此之谓'絜矩之道'。"朱熹注:"如不欲上之无礼于我,则必以此度下之心,而亦不敢以此无礼使之。不欲下之不忠于我,则必以此度上之心,而亦不敢以此不忠事之。……"可见,"絜矩之道"实是对孔子忠恕之道的发挥,是用以处理君臣上下左右关系的原则和方法。体现在处理君民关系上,就是"民之所好好之,民之所恶恶之,此之谓民之父母"。这样才能"得众",而获得人民的拥护,天下也就太平了。对此,《大学》总结说:"是故君子先慎乎德,有德此有人,有人此有土,有土此有财,有财此有用。德者本也,财者末也","此谓国不以利为利,以义为利也"。其思想来源可推至春秋时期所谓"义,利之本也","夫义所以生利也"的说法。这里所说的"利",不是指个人私利,而是指国家之利。所谓国"以义为利",正揭示了儒家提倡"德治"、"仁政"在于获得地主阶级统治之利的实质。儒家在轻视甚至反对个人私利的同时,却追求着治国、平天下的大利。

可见,八条目是一个有着先后顺序的系列。其中,"修身"是中心环节,"修身"之前的四个条目是讲个人道德修养的过程和方法,"修身"以后的三个条目是讲以德治国的步骤,修身是其根本。《大学》明确指出:"自天子以至于庶人,壹是皆以修身为本。"这一思想显然来自孟子。孟子说:"天下之本在国,国之本在家,家之本在身"(《孟子·离娄上》),集中地表述了儒家对个人道德修养的高度重视,目的在于"齐家"。就是说,它不是为了发展个人的独立人格和人格自由,恰恰相反,而是把个人束缚于家庭道德,并进而受制于君臣上下的等级制度。所以"大学之道",是封建统治之道,是封建宗法等级道德束缚个性发展之道,它以伦理的形式反映了以父家长制家庭为基本单位的封建等级制的社会结构。而体现在个体身上,则提倡一种由修身立德为本,进而齐家、治国、平天下的人生之道,提倡一种学界概括为"内圣外王"的理想人格。[①] 因而《大学》一文为秦汉以后的儒者,尤其为宋明理学家所重视也就不足为怪了。

四、《礼运》的"大同"、"小康"说

《礼运》是一篇论礼的专著,然其对礼的内容、本质和社会作用的论述,大要

---

① 内圣外王,可以理解为"德位一体"——"圣王一体"的别称。一般是指一种理想人格,意为内修圣人之德,外施王者之政或外务社会事功。语出《庄子·天下篇》:"内圣外王之道,暗而不明,郁而不发,天下之人各为其所欲焉以自为方。"其具体内容随学派而异。先秦儒家已有圣王统一的思想,孔子认为内备仁德,外施德政方为圣人(见《论语·雍也》)。孟子认为:"圣人,人伦之至也。"(《孟子·离娄上》)又说:"行仁政而王,莫之能御。"(《孟子·公孙丑上》)荀子进而"圣"、"王"并举,明确指出:"圣也者,尽伦者也;王也者,尽制者也。两尽者,足以为天下极矣,故学者以圣王为师。"(《荀子·解蔽》)"尽伦"为内圣,"尽制"为外王,两者统一是为最高的理想人格。《大学》提出以"修身为本",而后达致"齐家、治国、平天下",同样体现了"内圣外王"之道。道家也主张圣王统一,《庄子·天下》说:"圣有所生,王有所成,皆原于一。"但他们有自己的"圣王"观,认为圣人超然世俗,"游心"于"无何有之乡","顺物自然,而无容私焉"(《庄子·应帝王》),不以王者自居,不以"为天下"是务,惟其如此,"而天下治矣"(同上)。魏晋时期郭象融合儒道,以道家"自然"原则论证儒家名教的合理与必然,提出:"通天地之统,序万物之性,达死生之变,而明内圣外王之道"(《庄子序》),认为圣人"虽在庙堂之上,然其心无异于山林之中"(《庄子注·逍遥游》),"虽终日见形而神气无变,俯仰万物而淡然自若"(《庄子注·大宗师》)。合内圣与外王于一体,迎合了门阀士族既要清高之名,又不废一切现实权利的需求。宋明理学家的理想人格基本倾向是重"内圣"而轻"外王"。二程提出以孔、颜的"圣贤气象"为理想人格的标准。朱熹则明言"向内便是入圣贤之域,向外便是趋愚不肖之途"(《朱子语类》卷一一九),故反对陈亮的"事功之学"。以儒家内圣外王为主的理想人格,对中国社会的政治、伦理、哲学、文化产生了深远影响,是中国政治伦理一体化格局形成的重要原因,也是中国社会士人与知识分子人生追求的理想目标所在。近代以来,冯友兰提出"只有圣人,最宜于作王"的主张,又认定"哲学"的主要任务是"使人成为圣人之道",成"内圣外王之道"(《新原道·新统》)。海外现代新儒家共同强调"'外王'是'内圣'的延伸,内圣一定要通向外王",赋予"外王"以现代政治的意蕴,亦即"新外王"。

不出荀子之论礼,并无多少独创之见。唯"大同"、"小康"之说,则为儒学所仅见,并在中国思想史上产生了重要的影响。

《礼运》首倡"大同"、"小康"之说,把社会历史的演进分为两个不同的阶段,即由"大同"之世而进入"小康"之世,其意在于论证礼的起源,郑玄解释《礼运》篇名的含义说:"《礼运》者,以其记五帝三王相变易及阴阳转旋之道。"按孔颖达的表述,就是"论礼之运转之事"(《礼记正义》)。这是符合《礼运》提出"大同"、"小康"说的原意的。

在《礼运》的作者看来,礼义道德并非古已有之。在"大道之行"的"大同"之世,"天下为公,选贤与能,讲信修睦",就没有礼义这个东西。所谓"天下为公",郑玄注:"公犹共也",与"小康"之世的"天下为家"相反,意即天下非一姓一家之物,乃为天下人所共有。因此,天子位的继承,不像"天下为家"那样私传于子,而是选贤与能,揖让圣德。这实际上是指三代以前的尧舜禅让的原始氏族制时代。其次,人与人之间虽有血缘关系,但尚无亲亲、尊尊的宗法等级关系,"故人不独亲其亲,不独子其子,使老有所终,壮有所用,幼有所长,矜、寡、孤、独、废、疾者皆有所养"。在这种情况下,社会就无需礼义的制度和规范来调节人与人的关系。同时,在"大同"之世,人人劳动,共享财货,因而"货恶其弃于地也,不必藏于己;力恶其不出于身也,不必为己",尚无私有制的产生,"是故谋闭而不兴,盗窃乱贼而不作,故外户而不闭"。在这种情况下,社会也无需用礼义规定人们的等级地位,实行财物的等级分配。总之,在"大同"之世,既无宗法等级的亲亲、尊尊之别,又无财产为己的私有之制,人们不争不夺,自然和合。因而尚无制定礼义的必要和根据。所谓"大同",也即"大和",郑玄注:"同犹和也、平也。"

"今大道既隐",社会由"大同"而进入"小康"。"小康"之世与"大同"之世的根本区别是:"天下为家,各亲其亲,各子其子,货力为己。"天下成为一姓一家的私物,人与人的关系有了亲疏远近之别,并产生了财货私有现象。一个以宗法等级关系为特点的私有制社会产生了。于是,父子世传,兄弟相及,成了君位继承之礼("大人世及以为礼"),修筑城郭沟池作为卫护君位之固("城郭沟池以为固"),而礼义道德也就成了统治天下的纲纪("礼义以为纪"),"以正君臣,以笃父子,以睦兄弟,以和夫妇"。又用礼仪设为宫室衣服车旗饮食以别上下贵贱之等,并立田、里,使有贫富贵贱之别。同时,"以贤勇知,以功为己",于是,"谋用是作,而兵由此起"。禹、汤、文、武、成王、周公也应时而出,他们为了治理天下,"未有不谨于礼者也",都以礼义为纲纪,以仁让为法则,使人民行有常规。天下由此而安,是谓"小康"之世。可见,"小康"之世是指三代以来的社会,礼义之治就是应"天下为家"、君位世袭、宗法等级、货力为己,以及谋作兵兴而产生的。

《礼运》"大同"、"小康"之说,以"大道"的行、隐论证社会由"大同"进入"小康"的历史过程,显然是抽象的,但它大致符合中国由原始氏族社会发展为宗法等级制的阶级社会的客观实际。就此而言,其准确性超过了以往各种对历史演进过程的描述。从伦理思想史的角度看,它以社会史立论,明确表示礼义之制及其道德规范并非古已有之,而是社会发展到"天下为家"的"小康"时代才产生的事物。这就是说,礼义道德是社会发展的产物,它既非如孟子说的为人性所"固有",也不是如荀子所认为的只是圣人根据人性本恶而制定的。尽管这一思想在《礼运》的作者那里并没有提到理性的高度而贯彻到底,致使在论证礼的作用和地位时,又抬出"大一"、"天"作为礼之所"本",从而与上述的思想相矛盾,但这并不损害它的理论价值和历史地位。事实上,封建社会的礼义道德纲常,正是以"天下为家,各亲其亲,各子其子"的宗法等级关系为其直接的社会基础的。显然,《礼运》关于礼义道德起源的思想揭示了中国古代封建道德纲常的宗法等级性的特点,从而为我们认识古代的传统道德提供了一个足可依据的历史启示。

应该指出,《礼运》提出"大同"、"小康"之说,其目的在于通过对礼义起源的论述,以说明礼治的必要性,为封建的礼教纲常提供了新的理论根据,因而它与道家的"大道废,有仁义"的思想有别,所谓"今大道既隐,天下为家",并不是要"绝仁弃义"。它把历史进程说成是由"大同"而至"小康",实际上是叙述客观的历史,而不是要把"大同"之世作为社会的理想境界,因而在词义上对"大同"之世虽有赞美之意,但无"复古"之志。近代洪秀全、康有为、孙中山都把它作为社会的最高理想,不过是以此作为思想资料而体现其历史影响罢了。

五、《孝经》论"孝"道

自西周始,"孝"就确立为宗法道德规范的核心。"孝"的这种地位虽在春秋战国的社会变革中受到冲击,有过动摇,但随着封建家长制——君主专制统治的建立,以一家一户为生产单位的小农家庭成为社会结构的基础,"孝"这一传统的道德规范获得了更为深广的社会基础,因而它的地位和作用也就更加突出起来。儒家提倡"孝"德,决非复古守旧,而是适应巩固封建制的需要,正因如此,他们对"孝"的地位及其作用的肯定日见增高,至《孝经》,确乎达到了无以复加的程度。

1. "孝"为"至德要道"

《孝经》开卷即借托孔子表明了"孝"在诸德中的地位:"夫孝,德之本也,教之所由生也",是先王"以顺天下",使"民用和睦,上下无怨"的"至德要道"(《孝经·开宗明义》,本节引《孝经》只注章名)。《三才》又说:

夫孝,天之经也,地之义也,民之行也。

更把"孝"抬到"天经地义"的高度。因而,"天地之性,人为贵。人之行,莫大于孝"(《圣治》),"孝"统诸德,成了人伦道德的至上者,"夫圣人之德,又何以加于孝乎?"(同上)于是,"不孝"就是最大的罪恶,"五刑之属三千,而罪莫大于不孝"(《五刑》)。如此抬高"孝"的地位,是《孝经》论"孝"的一大特色。

关于"孝"的基本内容,《孝经》概括说:

夫孝,始于事亲,中于事君,终于立身。(《开宗明义》)

"事亲",也就是"爱亲"、"敬亲",要求"居则致其敬,养则致其乐,病则致其忧,丧则致其哀,祭则致其严"(《纪孝行》)。还要求"居上不骄,为下不乱,在丑(众也)不争"(同上)。不然,"居上而骄则亡,为下而乱则刑,在丑而争则兵。三者不除,虽日用三牲之养,犹为不孝也"(同上)。此外,《孝经》又把"不敢毁伤"自己的身体作为事亲的一项重要规定,并视之为"孝之始也",其理由是,"身体发肤受之父母"(《开宗明义》)。就是说,做儿子的连自己的身体发肤也属于父母而非己有,因而一切理当听从父母;子之于父,若奴隶之于主人,后世有所谓"父要子死,子不得不死"的训条,这也是一条重要的理由。

把"事君"尽忠纳入"孝"的规范,这是《孝经》对先秦儒家关于"孝"、"忠"关系的概括。《圣治》说:

父子之道,天性也,君臣之义也。

父子犹同君臣,"故以孝事君则忠"(《士》),"君子之事亲孝,故忠可移其君"(《广扬名》)。这就是说,事亲就能事君,反过来,事君要求事亲,忠孝一体,反映了封建社会以小农经济为基础的家长制与君主制相一致(即"家—国同构")的特点。

所谓"终于立身",《孝经》说:"立身行道,扬名于后世,以显父母,孝之终也。"(《开宗明义》)这是说,事亲、忠君,终能"行成于内,而名立于后世矣"(《广扬名》),然其实质不在于为子之自身,而是光宗耀祖、以显父母,所以"立身"的价值仍归于"孝"。

此外,《孝经》还进一步把"孝"等级化,提出所谓"五等之孝":"天子之孝"、"诸侯之孝"、"卿大夫之孝"、"士之孝"、"庶人之孝"。这就是说,"孝"作为封建人伦的普遍的道德规范,对于不同等级又体现为不同的要求。"天子之孝"是"爱敬尽于事亲,而德教加于百姓,刑于四海"(《天子》),其目的在于"化民",使"民莫遗其亲"。"诸侯之孝"是"在上不骄"、"制节谨度",实际上是要求对天子尽忠。这样,即可使"富贵不离其身,然后能保其社稷,而和其民人"(《诸侯》)。而在服、言、行三个方面,都能严格遵循先王的规定,"非先王之法服不敢服,非先王之法言不敢言,非先王之德行不敢行","三者备矣,然后能守其宗庙,盖卿大夫之孝也"(《卿大夫》)。即要求不失先王之制,而光宗耀祖。至于"士之孝",则以"忠顺不失,以事其上"(《士》)为行为规范,要求以孝事君、以敬事长,体现了"中于事君"。最后是"庶人之孝":"用天之道,分地之利,谨身节用,以养父母。"(《庶人》)

由"五等之孝"可见,《孝经》对原义为"亲亲"的"孝"作了随意的引申和推衍,不仅要求"忠君"、"顺长",作为统治阶级内部下对上(子孙对先祖)的行为准则,而且要求施德教于民,成为君治民的法则。正因如此,"孝"就成了封建统治者"以顺天下,民用和睦,上下无怨"的"至德要道",从而提出了"以孝治天下"的主张。

2."以孝治天下"

《孝经》说:

> 昔者明王之以孝治天下也,不敢遗小国之臣,而况于公侯伯子男乎?故得万国之欢心,以事其先王。(《孝治》)

这是说,天子以孝治天下,对诸侯和小国之臣接之以礼,即得万国之欢心,"各以其职来助祭也"。于是,诸侯也以孝治国,"不敢侮于鳏寡,而况于士民乎?故得百姓之欢心,以事其先君";卿大夫也以孝治家,"不敢失于臣妾,而况于妻子乎?故得人之欢心,以事其亲"(同上)。显然,所谓"以孝治天下",体现为使万国"事其先王"、百姓"事其先君"、家人"事其亲",其实质是使天下都心悦诚服("欢心")地服从统治者,"是以天下和平,灾害不生,祸乱不作。故明王之以孝治天下也如此"(同上)。

显然,"以孝治天下"还包括以教化民,"教",《广至德》说:"君子之教以孝也。"《孝经》的作者认为,"亲生之膝下",人在孩提时就产生了亲爱父母之心,及长则日增尊敬父母之德,而这正是德教之所"本"。据此,"圣人因严以教敬,因亲以教爱",这就是所谓"以顺天下"。于是,"圣人之教不肃而成,其政不严而治"(《圣治》)。不过,要成其德教,统治者本人就应以身作则,《圣治》说:君子"言思可道,行思可乐,德义可尊,作事可法,容止可观,进退可度,以临其民。是以其民畏而爱之,则而象之,故能成其德教,而行其政令。《诗》云:'淑人君子,其仪不忒'"。

《孝经》把"孝"提到"至德要道"的高度,主张"以孝治天下",其理论虽极为肤浅,并没有什么学术价值,但却适应了封建家长制——君主专制统治的需要。因而首先为汉朝统治者所推崇,用以作为推行"孝悌力田"的选仕标准和提倡"以孝治天下"的工具。此后,始终受到封建统治者的重视,唐玄宗曾亲自为之作注,给《孝经》所论的封建"孝"道更增添了帝王的至上威严。

第十二节 韩非的"自为"人性论和以法代德的非道德主义思想

韩非(约前280—前233),战国末年韩国人,是先秦法家学派的集大成者。

韩非"喜刑名法术之学",一生致力于变法的理论和实践。他曾数次书谏韩王建议变法,但均未见用,于是总结以往变法的实践经验和理论短长,著述十余万言,创立了一个法、术、势三者结合的法治理论。也正是在这一理论中,包含了韩非所特有的伦理思想。

德治与法治的问题,是先秦百家争鸣,尤其是儒法之争的中心,它所涉及的伦理学问题,主要是关于道德有无作用以及人是否能有道德的争论。儒家主张"德治"、"仁政",在伦理思想上就体现为重视人际的道德关系,肯定人有道德是人区别于动物的本质特征,强调以至夸大道德的政治作用,具有"道德决定论"的倾向。法家则与此相反,他们提倡"法治",在韩非那里,正如班固所说:"无教化,去仁爱,专任刑法"(《汉书·艺文志》),对于法的作用的强调,更是无以复加,简直达到迷信的程度。他把法与德绝对地对立起来,只认法,不讲德,否定道德的作用,甚至否定道德的存在,从而体现了韩非伦理思想的以法代德的非道德主义特点。这就是说,韩非的伦理思想是通过对"法治"的论证而展现的,而作为这一思想的主要理论根据,则是人皆利己的"自为"人性论。

现存《韩非子》一书,是研究韩非伦理思想的主要资料。

一、人皆"自为"、人各"利异"的人性论

与其他各家一样,法家也有自己的人性论,而其理论性质则属于自然人性论的范畴,反映在《管子》一书中的齐法家[①]的主张,认为"凡人之情,得所欲则乐,逢所恶则忧,此贵贱之所同有也"。又说:"凡人之情,见利莫能勿就,见害莫能勿避。"(《管子·禁藏》)晋法家的前期代表商鞅也说:"民之性,饥而求食,劳而求逸,苦则索乐,辱则求荣,此民之情也"(《商君书·算地》),都把趋利避害视为人的本性。韩非继承并发挥了以往法家的这些看法,他说:"夫民之性,恶劳而乐佚。"(《韩非子·心度》,本节引此书只注篇名)又说:

---

① 把先秦法家学派区分为"齐法家"和"晋法家",这是学术界的一种观点,两者在伦理思想上有同有异,韩非作为先秦法家的主要代表属晋法家系统。本书受篇幅所限,对齐法家的伦理思想不列专节论述。

> 安利者就之,危害者去之,此人之情也。(《奸劫弑臣》)
>
> 好利恶害,夫人之所有也。(《难二》)

对此,韩非又概括为"自为心"或"计算之心"。"自为"这一概念,原出自慎到(《慎子·因循》),意即替自己打算,也就是为己、利己。《外储说左上》说:

> 夫卖庸而播耕者,主人费家而美食、调布而求易钱者,非爱庸客也,曰:如是,耕者且深,耨者熟耘也。庸客致力而疾耘耕者,尽巧而正畦陌畦畤者,非爱主人也,曰:如是,羹且美钱布且易云也,此其养功力,有父子之泽矣,而心调于用者,皆挟自为心也。

韩非认为,这种利己或"好利"、"喜利"之心,不只存在于雇工和地主的心中,而且"人莫不然"(《难二》)。总之,凡人皆利己("自为"),这就是韩非所认为的人的本性。

按照一般的看法,韩非的人性论与荀子相同,也是"性恶论"。其实,韩非的人性论虽或受了荀子性恶论的影响,但不能归结为"性恶论"。九所高等师范院校合编的《中国哲学史稿》指出了这一点。该书认为韩非的人性论"既否定性善论,又否定性恶论,而是主张性无善恶的自为人性论"(见第132页)。其主要的根据是,韩非根本没有对"好利恶害"的"自为心"作出"善"或"恶"的道德评价。如果韩非视"自为心"为"恶",那就应对"自为心"持否定态度。可是韩非不仅没有从道义上反对"自为心",而且认为"自为心"是不可改变的。他明确指出,要人们"去求利之心,出相爱之道"(《六反》)是根本不可能的。正因为这样,韩非没有走荀子"化性起伪"的道路,正面提出自己的道德主张,恰恰相反,而是主张"因"之立法,不是"化"之积德,从而走向了非道德主义。总之,不给"自为心"以道德评价,不对"自为心"持否定态度,并认为人的这种利己本性是不可改变的,即只能"因"之,而不能"化"之,这就是韩非人性论的基本特点。至于韩非是否将这一人性论的观点贯彻到底,则是属于理论彻底性的问题,应另当别论。

正是基于人性"自为"的观点,在韩非眼里,人与人的关系无非就是赤裸裸的利害关系。

就君臣关系而言,韩非明确认为,君臣"利异",因而"君臣异心……害身而利国,臣弗为也;害国而利臣,君不为也"(《饰邪》)。这样,君臣之间就只能是一种买卖关系:

> 臣尽死力以与君市,君垂爵禄以与臣市,君臣之际,非父子之亲也,计数之所出也。(《难一》)

就是父子家庭关系也是一样:

> 人为婴儿也,父母养之简,子长而怨。子盛壮成人,其供养薄,父母怒而诮之。子、父,至亲也,而或谯或怨者,皆挟相为而不周于为己也。(《外储说左上》)

父子之间各以对方是否对己有利而相待,父养子简,子则供养父也薄,来一个"等价交换"。更有甚者,父母"产男则相贺,产女则杀之,此俱出父母之怀衽,然男子受贺,女子杀之者,虑其后便,计之长利也。故父母之于子也,犹用计算之心以相待也,而况无父子之泽乎!"(《六反》)在韩非的笔下,人类自有家庭以来的血缘伦理关系完全成了冷漠无情的计利关系。如果这种关系再加上权力的因素,那就会导演出一幕幕血淋淋的人间悲剧,《备内》说,万乘之主,千乘之君,其后妃夫人的嫡子立为太子。后妃夫人恐其一旦失宠,"而子疑不为后",于是就希望君之早死,遂而酿成鸩毒扼昧的篡杀政变,以保证"母为后而子为主"。对此,韩非总结说:

> 故后妃夫人太子之党成,而欲君之死也,君不死则势不重,情非憎君也,利在君之死也。

因而"人主不可以不加心于利己死者"。这就是说,君主与其后妃夫人、太子之间同样是各怀利己之心,"同床异梦",勾心斗角。那么,一般的人际关系又是怎样呢?韩非说:

> 舆人成舆则欲人之富贵,匠人成棺则欲人之夭死也,非舆人仁而匠人贼也,人不贵则舆不售,人不死则棺不买,情非憎人也,利在人之死也。(《备内》)

甚至把人与人的关系视同人与动物的关系,认为"医善吮人之伤,含人之血",根本不是出于救死扶伤的人道精神,而是与"王良爱马"旨在为驰一样,都是因为"利所加也"(同上)。又如君对于臣的关系,《外储说右上》说:"明主之牧臣也,说在畜鸟",君对臣就是牧畜关系,君视臣"犹兽鹿也,惟荐草而就"(《内储说上》)。臣在君的眼里,只是鸟兽动物而已。

大量的资料表明,韩非从人性"自为"这一根本观点出发,认为"利之所在"就是人们思想行为的唯一动机、目的和内容。因此人各"利异",不是相互利用、买卖交换,就是勾心斗角、尔虞我诈,这实际上是当时新兴地主阶级冷酷、残忍、贪婪、无耻的自私性的反映。韩非正是根据对人性和人际关系的这种看法,作出了以法代德,否定道德的作用,以至否定道德存在的非道德主义结论。

二、以法代德、"不务德而务法"的非道德主义

韩非所说的人与人的关系与17世纪英国唯物主义哲学家霍布斯所描写的人类"自然状态"确有相同之处——"人对人是狼"。但韩非认为人的"自为"本性是不会改变的,人不会自愿地放弃或转让追求自己利益的"自然权利"或"自然本性",因而要使人自愿地"为吾善"、"以爱为我"是不可能的。就是说,企图用道德来调节人际关系是无济于事的。而唯一行之有效的调节手段就是法,因为它正符合人的"自为"本性。韩非说:"凡治天下,必因人情。人情者有好恶,故赏罚可用。"(《八经》)所谓人情"好恶",就是"好利恶害"。韩非明确指出:"夫严刑者,民之所畏也;重罚者,民之所恶也。故圣人陈其所畏以禁其邪,设其所恶以防其奸。是以国安而暴乱不起。"(《奸劫弑臣》)同样道理,"为人臣者畏诛罚而利庆赏,故人主自用其刑德(德指庆赏——引者),则群臣畏其威而归其利矣"(《二柄》)。总之,

> 圣人之治国，不恃人之为吾善也，而用其不得为非也。恃人之为吾善也，境内不什数；用人不得为非，一国可使齐。为治者用众而舍寡，故不务德而务法。(《显学》)

这就明显地否定了道德的作用。

"不务德而务法"，表明了韩非对道德与法治的根本立场，对此，韩非作了大量的具体论证。认为无论是"治民"还是"牧臣"，都必须用法，而不能用德。

对于治民，韩非明确指出："治民无常，惟治为法。"(《心度》)他举例论道：

> 今有不才之子，父母怒之弗为改，乡人谯之弗为动，师长教之弗为变。夫以父母之爱，乡人之行，师长之智，三美加焉，而终不动，其胫毛不改。州部之吏，操官兵，推公法而求索奸人，然后恐惧，变其节，易其行矣。故父母之爱不足以教子，必待州部之严刑者，民固骄于爱，听于威矣。(《五蠹》)

又说："母积爱而令穷，吏威严而民听从，严爱之笑亦可决矣。"(《六反》)这就是说，要使民服从君主的统治，不能靠道德教化，唯一行之有效的手段就是暴力，就是严刑重罚。"夫严家无悍虏，而慈母有败子，吾以此知威势之可以禁暴，而德厚之不足以止乱也。"(《显学》)他甚至赞同"刑弃灰于街者"。本来，把灰扬撒在街上，就像随地吐痰一样，纯属社会公德问题，理应用道德教育和社会舆论去解决，而韩非却认为必须处以"断手"的严刑。在韩非看来，弃灰于街，虽是"小过"，但加以重罚，就能使"小过不生，大罪不至"，于是，"人无罪而乱不生也"(《内储说上》)。这里，韩非混淆了"过"与"罪"的原则界限，抹煞了道德过错与违法犯禁的性质区别，以法代德，主张用刑罚来解决道德领域的问题。因而，他主张人主治国"不养恩爱之心，而增威严之势"，把刑罚——暴力的作用推向了极端。并由此针对儒家所主张的"仁义"、"德教"，公然提倡"以吏为师"、"以法为教"(《五蠹》)，从而完全否定了道德的教化作用。

对于牧臣，也就是在处理君对臣这一统治集团内部的最重要的关系上，韩非认为，既然君臣"利异"、"异心"，因此，"人臣之情非必能爱其君也"(《二柄》)。就是说，群臣决不会把"忠"看成是对君的道德义务，自愿地"尽智竭力"、事奉君主。他明确指出:"君臣之利异,故人臣莫忠。"(《内储说下》)在这种情况下,君主要统治群臣,使臣下绝对服从君上的唯一手段,决不是如儒家所主张的"君仁"、"臣忠"的道德规范,恰恰相反,而是"君通于不仁,臣通于不忠,则可以王矣"(《外储说右下》)。所谓"不仁",就是"正赏罚";所谓"不忠",就是臣慑于赏罚之威严而不得不"尽死力"以事君。这就是说,君只要凭着赏罚(即法的威严)用以调节君臣关系,就可以王天下了。韩非明确指出:

> 赏罚者,利器也。君操之以制臣,臣得之以拥主。(《内储说下》)

就像"虎之所以能服狗者,爪牙也"(《二柄》)一样,赏罚就是君主用来制服群臣的"爪牙"。除了用"法"来统制群臣外,韩非还提出"术"这一手段。韩非认为,群臣皆有阳货之心,他们无时不在计算权利,窥觎君心,一有机会,就会劫君杀主。因此臣不可信,甚至对妻和子也不可信,如果"大信其子,则奸臣得乘于子以成其私","大信其妻,则奸臣得乘于妻以成其私"。妻和子尚且不可信,"则其余无可信者矣"(《备内》),反之"信人则制于人"。这就是说,君臣之间也不存在"信"这一道德关系。于是,他主张君主应"恃术而不恃信"(《外储说左下》),"固术而不慕信"(《五蠹》)。所谓"术",实际上就是耍手段、施计谋、暗中算计别人的"方寸之计"。韩非认为,人君在公开用法的同时,还必须运用权术于一心,以"偶众端而潜御群臣"(《难三》)。而君主只要掌握了法术,即使是"不贤"、"不智"的平庸之辈,也可以宰制天下。"有术之主,信赏以尽能,必罚以禁邪,虽有驳行,必得所利。"(《外储说左下》)又说:"使中主守法术,拙匠守规矩尺寸,则万不失矣"(《用人》),不然的话,"虽尧舜不能以为治"(《奸劫弑臣》),所谓"君德"、"政德",在韩非的眼里是不屑一顾的。正如郭沫若先生所指出的,韩非主张法、术,"毁坏一切伦理价值"[1]。

我们指出韩非伦理思想的"以法代德"的非道德主义特点,不仅是指上面所述的以法的作用否定或取代道德的作用,而且还进一步表现在对道德自身的否定上。

---

[1] 郭沫若:《十批判书》,北京:人民出版社,2012年,第272页。

既然人皆"自为",各"用计算之心以相待",因而人们的思想行为除了以"利之所在"为唯一的动机、目的和内容之外,就没有什么道德动机和道德良心,所谓道德义务对于利己的本性来说是根本不存在的。无论是舆人之欲人富贵还是匠人之欲人夭死,在韩非看来,都是出于"计利"的自然本性,无所谓道德意义,由此,他拒绝对这些欲念和行为作出道德评价,断然否定这些欲念和行为或"仁"或"贼"(善或恶)的道德价值。这与近代英国资产阶级伦理学家曼德威尔(1670—1733)的思想颇为相似。曼德威尔认为人"是非常自私……的动物",因此,以这种自私心为动机的行为就没有道德价值。他说:"救出一个正掉入水里的无辜婴儿,不就是功德。这行为既非善也非不善。……因为看见他掉下去而不阻止,就会引起一种痛苦,强迫我们去阻止这种痛苦的是自我保持的念头"①,而不是为了拯救婴儿的生命。曼德威尔正是从这里步入迷途,成为近代西方非道德主义的先驱。韩非实际上也把人的私利欲看作动物的本能,因而由这种私利欲所产生的思想、行为当然就无所谓道德价值和道德意义的问题。他把医生精心治人之病与王良爱马相提并论,以及对父母残杀生女的行为不予任何的道德谴责,就是无可辩驳的例证,足见其否定人际道德存在已经达到何等惊人的地步!这实在是一种极端的非道德主义思想。

《五蠹》中有一段话:"山居而谷汲者,媵腊而相遗以水;泽居苦水者,买庸而决窦。故饥岁之春,幼弟不饷;穰岁之秋,疏客必食。……"对此,有人作了韩非有"道德后天论"思想的断语,就是说,韩非并没有否定道德存在。其实,韩非的意思与《管子·牧民》说的"仓廪实则知礼节,衣食足则知荣辱"不同,他并没有给"饥岁之春,幼弟不饷;穰岁之秋,疏客必食"以任何的道德价值。他明确申言:这些行为"非疏骨肉爱过客也,多少之实异也",因而就不具有道德意义,并进而得出结论:

> 是以古之易财,非仁也,财多也;今之争夺,非鄙也,财寡也。

这里,韩非同样没有给"易财"与"争夺"的行为以任何道德价值评价。在他看

---

① 周辅成:《西方伦理学名著选辑》上卷,北京:商务印书馆,1964年,第749—755页。

来，产生上述各种不同的行为，是由于财货多寡所使然，完全受客观因素所支配，就行为主体而言，不存在是否有道德良心、道德义务的问题，因而也就不存在善和恶的问题。后来的王充就不是这样看的。王充说："饥岁之春，不食亲戚，穰岁之秋，召及四邻。不食亲戚，恶行也；召及四邻，善义也。"（《论衡·治期》）王充所说的实例与韩非同，而所作的评价却迥然有别。两相对照，王充之说才是"道德后天论"，而韩非之说恰恰是他非道德主义思想的体现。

正是从非道德主义的立场出发，韩非对"德"、"忠"、"孝"等道德概念和道德规范作了法家的改造。韩非所说的"德"是指君主统制其臣的"二柄"之一的庆赏。他说："二柄者，刑德也。何谓刑德？曰：杀戮之谓刑，庆赏之谓德"（《二柄》），显然属于"法"的范畴。而作为道德的"德"，是决然"不务"的。同时，韩非所主张的"忠"和"孝"也与作为道德规范的"忠"、"孝"有原则的区别。关于"忠"，韩非一方面主张"臣通于不忠"，同时又认为"尽力守法，专心于事主者为忠臣"（《忠孝》）。但这是君临之以法、术威严的结果。他说："君明而严则群臣忠"（《难四》），"明"即"知微"，察知藏匿于群臣的劫君阴情，也就是"术"；"严"即"无赦"，也就是"法"。可见，韩非所谓的"忠"，是臣慑于君所操的法、术威严而不得不效事于君的一种被迫行为，这样的"忠"，不具有道德价值。而具有道德意义的"忠"，韩非认为是不可能的，因为君臣利异，"故人臣莫忠"，所以他又否定有"忠"，《外储说右下》明确指出：臣"尽死力而非忠君也"。其实，韩非视君臣之间为买卖关系和牧畜关系，就已经对君臣之间的道德关系和道德存在作出了原则的否定。韩非所谓的"忠"不过是君主专制主义的极端表现。与"忠"一样，韩非所说的"孝"，只是指子迫于父的威严而不得不"养父"的行为，是父"教答"、"用严"的结果，也不具有道德的价值。由此可见，《忠孝》篇中提出的"臣事君，子事父，妻事夫"的三事原则，尽管也是一种行为规范，却不具有道德价值，就是说，不能算是一种道德规范，而是极端的君主专制主义的政治原则。汉儒提出的"三纲"虽或受此影响，但两者在理论上是不能混为一谈的。[①] 正是从非道德主义出发，韩非对儒、墨的伦理思想，尤其是对儒家的仁义"德治"采取了全盘否定的态度，进行了猛烈的抨击。

---

① 对韩非"忠"、"孝"的分析，参见朱贻庭、赵修义：《评韩非的非道德主义》，载于《中国社会科学》，1982年，第4期。

首先，根据人皆利己的"自为"人性论，韩非认为要人们"贵仁"、"能义"是不可能的，即使有"仁义者"，那只是个别的偶然现象。他说：

> 且民者固服于势，寡能怀于义。仲尼，天下圣人也，修行明道，以游海内，海内说其仁，美其义，而为服役者七十人，盖贵仁者寡，能义者难也。故以天下之大，而为服役者七十人，而仁义者一人。（《五蠹》）

这就是说，仁义之德不合人情，而服威严之势才是出于人性"好恶"之自然。所以，能仁义只是"适然之善"（《显学》）。正如天资与寿命"非所学于人"一样，"以仁义教人"也是徒劳无益的，这就从根本上否定了仁义之道。

同时，他还以历史进化论的观点批判仁义"德治"之不合时宜。韩非认为，"古今异俗"，在古代，"不事力而养足，人民少而财有余，故民不争。是以厚赏不行，重罚不用，而民自治"。而"今人有五子不为多，子又有五子，大父未死而有二十五孙，是以人民众而货财寡，事力劳而供养薄，故民争，虽倍赏累罚而不免于乱"（《五蠹》）。正因为古者"民不争"而今者"民争"，所以"仁义"只适用于古代而不适用于今世。他说：

> 古者文王处丰镐之间，地方百里，行仁义而怀西戎，遂王天下。徐偃王处汉东，地方五百里，行仁义，割地而朝者三十有六国，荆文王恐其害己也，举兵伐徐，遂灭之。故文王行仁义而王天下，偃王行仁义而丧其国，是仁义用于古而不用于今也。（《五蠹》）

总之，"上古竞于道德，中世逐于智谋，当今争于气力"（同上）。这就叫"世异则事异"，"事异则备变"。并以此为理论根据，他进一步批判了仁义之道，认为儒家所鼓吹的仁义之道不仅对治国无益，而且有害。韩非指出，在"当今争于气力"的情况下，世主要是信慕了仁义惠爱一套，"是以大者国亡身死，小者地削主卑"。这是因为：

> 夫施与贫困者，此世之所谓仁义；哀怜百姓，不忍诛罚者，此世之所谓

惠爱也。夫有施与贫困，则无功者得赏，不忍诛罚，则暴乱者不止。国有无功得赏者，则民不外务当敌斩首，内不急力田疾作，皆欲行货财，事富贵，为私善，立名誉，以取尊官厚俸；故奸私之臣愈众，而暴乱之徒愈胜，不亡何待！（《奸劫弑臣》）

因此，他把"言仁义者"斥为国家"五蠹"之一。确实，在以力相争的战国，儒家提倡的一套"王道"、"仁政"，显得"迂远而阔于事情"，不及法家所主张的"霸道"、"法治"现实可行，就此而言，韩非的批判是尖刻的。但是，他对仁义道德采取了绝对否定的态度则是片面的。韩非陷入否定道德和道德作用的非道德主义思想，这也是一个不可忽视的原因。

应该指出，在《韩非子》一书中，偶尔也见有韩非谈及他所理解的仁义。如《解老》说："仁者谓其中心欣然爱人也，其喜人之有福，而恶人之有祸也。生心之所不能已也，非求其报也。"这是对《老子》"上仁为之而无以为"的解释，揭示了老子"无为"道德观的本义，或者说是反映了老子反对以求得善名而为仁的思想。但是，这即使是韩非所理解的"仁"，那也只是"上古"的事（"上古竞于道德"）。而在"争于气力"的当今，则是不可能存在的。因而并不妨碍他主张的以法代德、"不务德而务法"。而《难一》的一段话："忧天下之害，趋一国之患，不避卑辱，谓之仁义"，"仁义者，不失人臣之礼，不败君臣之位者也"，似与儒家之说一致。但他接着又说："……而逆君上之欲，故不可谓仁义"，对此，他主张"非刑则戮"。根据韩非的思想体系，也就是说，要使臣能顺君上之欲，必须依仗刑戮威行。可见，韩非对仁义的这种说法，实质上与其对"忠"的理解一样，也是臣慑于君的威严而不得已的一种被迫行为，体现了极端的君主专制主义的要求。因此，正如我们对韩非的"忠"、"孝"所分析的那样，也不能因为他有"仁义"的提法，而否认其伦理思想具有非道德主义的基本特点。

不过，韩非的非道德主义思想，并没有引出行为放任主义，恰恰相反，而是为了"以法代德"，树立"法"的绝对权威。这样，韩非在陷入非道德主义的同时，走向了"法决定论"。而正是这种"非道德主义"和"法决定论"的相互结合构成了韩非"法治"学说的总体。

三、公私相背、去私行公的公私观

根据非道德主义的原则，人皆利己，只承认私利而否定他人利益和整体利益（即公利）。但根据"法治"的原则，则必须要求人人都服从以君主利益为代表的地主阶级的整体利益，韩非主张以法代德、"惟法为治"，是决不允许个人的私利危及法制、破坏君主的专制统治的。这样，他一方面认为"公私之相背也"，一方面主张"去私心，行公义"，提出了他的"公私观"和"义利观"。

自春秋开始，"公"与"私"的关系，就成为政治伦理思想的一个重要问题，只是由于历史条件和阶级基础的不同，人们对于"公"与"私"的规定及相互关系的处理各不相同罢了。韩非所谓的"公"，亦曰"人主之公义"，是指："明法制，去私恩，夫令必行，禁必止。"（《饰邪》）而这正是君主利益之所在，所以又直称为"人主之公利"（《八说》）（相对于人臣之利而言）。所谓"私"，亦曰"人臣之私义"，是指："必行其私，信于朋友，不可为赏劝，不可为罚沮。"（《饰邪》）它与"人主之公利"相对立，又称之为匹夫之"私便"（即"私利"）。可见，韩非所说的"公"——"公义"，与荀子的"公义"（即指礼义道德）不同，属于法制的范畴。因而韩非的"义"即"利"的观点，虽体现了赤裸裸的功利主义，却不体现为道德与利益的关系。这就是说，在韩非那里，公与私，义与利的问题，仍属于他的"法治"学说。

韩非根据人人"自为"因而人各"利异"的观点，认为"公"与"私"是根本对立的。他说：

> 古者苍颉之作书也，自环者谓之私，背私谓之公，公私之相背也，乃苍颉固以知之矣。（《五蠹》）

这是从"公"与"私"的字形上来说明公私的对立。实际上是指君臣利益之对立。臣有臣的利益（"私便"、"私义"），君有君的利益（"公利"、"公义"），两者不可调和："害身而利国，臣弗为也；害国而利臣，君不为也"（《饰邪》），因而"私义行则乱，公义行则治"（同上）。或曰："私行立而公利灭矣"，这就叫"公私有分"。在这种情况下，韩非认为，为了维护君主的利益，只能是"去私心"而"行公义"，"塞

私便"而"立公利",表明了他对"公"、"私"关系的根本原则。他说:

  明主在上,则人臣去私心,行公义;乱主在上,则人臣去公义,行私心。(《饰邪》)
  匹夫有私便,人主有公利。不作而养足,不仕而名显,此私便也。息文学而明法度,塞私便而一功劳,此公利也。(《八说》)

  "去私行公"、"废私立公",确是韩非提出的作为臣民所必须遵行的行为准则或行为规范。但是,不是所有的行为规范都属于道德范畴,正如上面所指出的,韩非所说的"公",又指"明法制"。所谓"废私立公"就是要求臣民都必须绝对遵守法制,实即要求绝对服从封建君主的专制统治。这就是韩非以法代德,"不务德而务法"的非道德主义思想的实质所在。

  至此,人们不难发现存在于韩非思想体系中的矛盾。韩非否定道德和道德作用的目的是"以法代德",论证"惟法为治"的君主专制主义,而不是要引导人们走行为放任主义。就是说,韩非不是要否定人们行为的一切社会规范,恰恰相反,而是要树立"法"这种社会规范的绝对权威,甚至把"法"夸大为社会的唯一的行为规范,并以是否明法、守法作为判断是非、善恶、正邪的标准。这样,当否定道德和道德作用,论证"以法代德"时,就认为人性"自为"且不可去,但既然人性"自为"、人人"利异",就必然造成"公利"("明法制")与"私便"的对立,于是为了保障君利和维护法制,就必须"废私立公"、"去私行公"。这实际上又承认了利己性是可"去"、可废的,从而违背了"自为心"不可去的理论前提。进而又不得不涉及道德的领域,主张"修身洁白"、"居官无私"(《饰邪》),认为"上有私惠,下有私欲"(《诡使》),也就是说,要使下无"私欲",就得上无"私惠"。而要达到上无"私惠",显然不是靠赏罚的手段,因为赏罚不适用于君主。这样,无论是臣之"修身洁白",还是君之无"私惠",就具有了道德修养的意义,这就清楚地表明,否定道德和道德的作用,实际上是不可能的;"惟法为治",一切以暴力解决问题的"法决定论"也是行不通的,"法"与"德"应是相辅相成,缺一不可的。

  法家主张以法为主,以德为辅,认为"道德定于上,则百姓化于下矣"(《管子·君臣下》),又指出"法立令行",然后"教可立而化可成"(《管子·正世》),对于德与法关系的处理就比较合理。然而,韩非毕竟没有正确地解决"德"与"法"的关系,作为其思想的根本特征是"以法代德"的非道德主义,在"当今争于气力"的战国时代,虽有其产生的历史根据,因而对于变革旧宗法等级制、建立地主阶级的君主专制的封建政权、实现全国统一,起到了一定的积极作用。但在理论上毕竟是片面的,在实践上又终究不是地主阶级治国的长久之策,从而决定了韩非的非道德主义和"法决定论"兼而一体的"法治"学说的历史命运和历史地位。秦始皇以韩非的思想为指导,"奋六世之余烈,挥长策而御宇内,吞二周而亡诸侯"(贾谊《过秦论》),完成了统一中国的大业,建立起统一的封建君主专制的王朝。一时,韩非的"法治"学说成为秦王朝的统治思想。但是,以法代德、"唯法为治"的结果,"刑罚积而民怨背",秦王朝只经过15年的短暂统治,就在农民大起义的风暴中顷刻覆灭,从而宣告了韩非"法治"学说的破产。但是,它对于封建统治者毕竟有其有用的一面。事实上,汉初统治者及其思想家并没有完全放弃韩非的"法治"理论,而只是否定了韩非的以法代德、"不务德而务法"的原则,否定了存在于"法治"学说中的非道德主义。所以,秦王朝短命而亡,与其说是宣告了韩非"法治"学说的破产,毋宁说是宣告了韩非非道德主义的破产。汉初的儒家正是通过对韩非学说的这种取舍,提出了所谓"霸王道杂之"(即"文武并用")的"长久之术",从而创立了两汉新儒学的政治伦理思想。因而从某种意义上说,韩非的"法治"学说,是先秦儒家发展到两汉新儒学的中介。这就是韩非的以法代德的非道德主义思想在中国政治思想史和伦理思想史上的地位。

第三章
两汉时期的伦理思想

第一节 独尊儒术和两汉伦理思想的特点

公元前 206 年,在由陈胜、吴广"奋臂为天下倡始"的农民大起义风暴席卷下,建国仅 15 年的秦王朝覆亡了,接着建立的就是西汉王朝①。中国的封建社会进入了巩固和发展时期。

秦王朝运用法家思想,在统一中国、夺取政权中获得了成功,但在统治人民、巩固政权中却失败了。这对汉朝封建统治者从中吸取教训,重新认识德与法的关系,肯定道德教化对于巩固政权的重要作用,确立以儒学为正统的统治思想——独尊儒术,产生了极为深刻的影响。

刘邦于建汉初年,在陆贾②的启发下,就深感有总结"秦二世而亡"历史教训的必要,他对陆贾说:"试为我著秦所以失天下,吾所以得之者何,及古成败之国。"(《史记·郦生陆贾列传》)于是陆贾著《新语》一书。陆贾指出:

> 秦非不欲为治也,然失之者,乃举措暴众而用刑太极故也。(《新语·无为》)

他认为夺取政权和巩固政权的策略是不同的,前者以"逆取",后者以"顺守"。秦始皇不知这一区别,建国后没有适时地由"逆取"而转变为"顺守",仍"仗威任力"、"任刑法不变";而"以刑罚为巢,故有覆巢破卵之患"(《新语·辅政》)。据此,陆贾提出了"文武并用,长久之术"(《史记·郦生陆贾列传》)的"顺守"策略。这就是说,治国不能单靠刑罚暴力,即"武"的一手,还必须靠"行仁义"即德治教化("文")的一手。而且,刑罚的作用仅在于"诛恶","非所以劝善",要使天下安

---

① 汉朝包括西汉和东汉两朝。公元前 206 年,秦朝灭亡,刘邦建立西汉王朝,又经过四年的楚汉战争,刘邦战胜项羽,统一全国。至公元 8 年,王莽篡汉,更国号为新。公元 23 年,新莽政权又被农民起义军推翻。不久,刘秀镇压了农民军,于公元 25 年称帝建国,是为东汉。
② 陆贾(约前 240—前 170),楚人。协助刘邦统一全国,官至太中大夫,西汉初政论家和辞赋家。其思想以儒学为主,辅以黄老之学。著作有《新语》一书。《史记·郦生陆贾列传》载有他的事迹。

治,当"以仁义为巢","教化"为务。总之,

> 仁者以治亲,义者以利尊。万世不乱,仁义之所治也。(《新语·道基》)

对秦亡教训的总结,在文帝时的思想家贾谊①那里,也有与陆贾基本一致的认识。贾谊在其著名的《过秦论》中,在肯定秦始皇历史功绩的同时,又历数秦朝的种种失策,指出秦亡的主要原因是:"仁义不施,而攻守之势异也。"他认为,陈胜不用汤武之贤,不借公侯之尊,之所以"奋臂于大泽而天下响应者,其民危也";而"牧民之道,务在安之而已"(《史记·秦始皇本纪》)。这就是说,能否"守"国的关键,在于"民危"还是"民安"。因为"闻之于政也,民无不为本也"(《新书·大政上》)。而要使民"安之"就应以"教"为本,也就是对民施行"仁义恩厚"。不过,贾谊对"权势法制"也十分重视,认为它是政治统治的基础;只有在权势已定的前提下,才能行施"仁义恩厚"。他说:

> 仁义恩厚,此人主之芒刃也;权势法制,此人主之斤斧也。势已定,权已足矣,乃以仁义恩厚因而泽之,故德布而天下有慕志。(《新书·制不定》)

这一看法,与陆贾有别,在理论上确有"明申商"之嫌。

编纂于汉初的儒家典籍《礼记》一书,其中有些文章在总结秦亡的经验教训中,也论及了道德与法制的关系。认为"刑罚积而民怨背,礼义积而民和亲";礼义犹如堤防,堤防坏之必有水灾,"以礼义为无用而废之必有乱患"。而秦只行刑罚而不用礼义,致使"祸几及身,子孙诛绝"(《大戴礼记·礼察》)。又《盛德》指出:德法者,"所以御民之嗜欲好恶,以慎天法,以成德法也。刑法者,所以威不行德法者也"。认为刑法"不务塞其源",只是治其表,而德法才是"御民之本"。用《礼察》的话来说,就是:

---

① 贾谊(前200—前168),洛阳人。西汉哲学家、政论家、文学家。汉文帝时,召为博士,后迁为太中大夫,遭排挤被谪为长沙王太傅。其道、德之论源于《老子》,而政治、伦理思想以儒学为主,也吸取了法家主张。著作有《新书》十卷、《治安策》(即《陈政事疏》)等。

> 礼者禁将然之前,而法者禁于已然之后。

两者相较,应以德教为主,充分肯定了道德教化对于治民的作用。

　　陆贾、贾谊等汉初思想家对秦亡教训的总结,体现了新兴地主阶级对自身统治经验的深刻反思,表明汉初封建统治者已经从秦亡的历史教训中认识到先秦儒家思想对于治国牧民的特殊价值。不过,这并不意味着要抛弃法家的法治学说,他们所否定的只是包含于法治学说中的"不务德而务法"的片面性,从而在治国之道上形成了"文武并用"的新概念,用汉宣帝的话来说,就叫"霸王道杂之"(《汉书·元帝纪》)。这不仅是"汉家自有"的"制度",也是以后封建统治者用以统治人民的基本策略。然而在形式上公开打出的则是"王道"、"仁政"的儒家旗号。但是,在西汉初期,"黎民得离战国之苦,君臣俱欲休息乎无为"(《史记·吕太后本纪》),统治者所推崇的是适应于"与民休息"(《汉书·循吏传》)国策的黄老之学①,儒家思想并没有马上取得"独尊"的地位,甚至不时遭到"好黄帝老子言"的当权者的压抑和打击,直到汉武帝时期,才出现了儒学取代"黄老"而定于一尊的客观形势。

　　首先,西汉王朝经过自建国初至"文景之治"的六十多年的休养生息,经济富足,国力强盛,具备了从根本上解除北患(匈奴入侵)的物质条件,因而在对匈奴的态度上,产生了由消极防御而变为主动进攻的战略转移。其次,国家的财力富足正意味着对农民阶级剥削的加剧。自文景以来,"急政暴虐,赋敛不时","役财骄溢,或至并兼"(《汉书·食货志》),阶级矛盾日趋尖锐,小规模的农民起义在黄河、长江流域时有发生。如何更有效地防止农民起义、巩固封建统治,同样是汉武帝所面临的一大难题。再次,中央政权与地方诸侯之间的矛盾,虽经景帝时平定吴楚七国之乱,有所缓和,但问题依然存在,尚待进一步解决。凡此种种,都要求加强中央集权,实现"大一统"的政治局面。正是在这种情况下,"无为而治"的黄老之学就失去了它继续作为治国之策的根据,统治思想的衍变

---

① 黄老之学,或曰黄老之术,是借黄帝之名,取老子之学,兼采各家的一种综合性学术思想,其术主守道任法,无为而治。产生于战国末年而盛行于西汉初期,因而也可称之为汉初的道家思想。1973年长沙马王堆汉墓出土的《经法》、《十大经》、《称》、《道原》等帛书,是研究黄老之学的重要资料,而由淮南王刘安主持下集体编著的《淮南子》一书,则是黄老之学发展的理论总结。任继愈主编的《中国哲学发展史(秦汉)》的"汉初黄老学派"有详细的论述。

已势所必行。元光元年(前134)①,汉武帝诏举贤良对策,要求提供如何能使汉王朝"传之亡穷,而施之罔极"的大道之要(《汉书·董仲舒传》),正反映了在新的历史条件下封建统治者必须调整治国策略和统治思想的客观要求。于是,董仲舒等人应诏对策,向武帝提出了"罢黜百家,独尊儒术"的建议,"以为诸不在六艺之科、孔子之术者,皆绝其道,勿使并进"(《汉书·董仲舒传》)。董仲舒等人的建议得到了武帝的支持。从此以后,汉封建统治者公开打着儒家的旗号,实行儒法糅合、王霸杂用,同时还汲取阴阳家、道家的某些成分,而儒学也就被尊奉为封建统治思想的正统而定于一尊。②

儒学之所以最终被封建统治者选中为正统,固然有上文所述的具体历史原因,而更直接的根据,在于儒学本身所特有的一套政治伦理思想适应了中国封建社会的生产方式和社会结构,或者说,符合了封建地主阶级为使自己的统治得以长治久安的需要。

通过春秋战国的社会变革和秦汉之际封建制的演进,一家一户男耕女织的小农经济普遍建立,成为封建社会赖以生存的经济基础。同时,地区性的郡县制代替分封制,确立了君主专制主义的中央集权制,由此而导致了原来那种氏族宗法体制的解体。但地主化的六国旧贵族却以个体家族的形式存留了下来。因耕、战有功而发迹的军功地主以及官僚地主、"经术传家"(儒宗)等新贵族也一批批产生出来,他们通过任子制、论族性选士等途径,形成按血缘而世袭特权(即宗法与特权结合一体)的望族世家,与原来的宗法性旧贵族一起,构成了一个个各霸一方的强宗豪族,成为封建政权的主要支柱。这样,封建制取代奴隶制以后,又形成了地缘性的以一姓一族为组织形式的新的宗法体系,即所谓家族宗法制度。它用血缘关系的网络,按"五服"、"九族"③制度和亲亲、尊尊的原

---

① 《资治通鉴》作建元元年(前149)。此从《汉书·武帝纪》。参见张岱年:《中国哲学史史料学》,北京:生活·读书·新知三联书店,1982年,第108页。
② 严格说来,"儒学"与"儒术"有别。"儒术"与法家的"权势法制"的法术相对,指"仁义恩厚"的"王道",也就是儒家提倡"德治"的一套礼义道德规范,董仲舒概括为"三纲五常",是治国之道。而"儒学"则是对"儒术"的理论论证和理论展开,或者说是"儒术"的理论形态,主要是儒家政治伦理思想。在这个意义上,"独尊儒术"也可以说是独尊"儒学"。
③ "九族",是指以自己为基点,往上推至高祖,往下推至玄孙,合为九代。"五服",按生者对于死者的亲疏不同,规定不同的丧服等级,包括斩衰、齐衰、大功、小功、缌麻。九族以外,虽然同姓,但亲属感情淡漠,不必服丧,这叫"出五服"。

则，把家庭和家族的内部成员凝聚为一个个组织严密的宗法共同体。这种共同体，具有顽强的再生性功能，可以凭着人口的自然增殖在任何地区建立起来，是社会组织的基本形式，对于调节社会关系、稳定封建秩序具有重大的作用。而依附于强宗豪族的小农家庭，是劳动力的丰富源泉，是社会生产的直接承担者。因此，维系了这种社会结构，也就保证了小农生产的进行，从而巩固农业与手工业相结合的自然经济。这就是汉统治者为什么把"孝悌"与"力田"连在一起而提倡"孝悌力田"的根据所在。正因如此，家族宗法制度就成了巩固封建统治和稳定社会秩序的有力杠杆。而以仁义之道为核心的儒家伦理思想的基本功能，就在于"列君臣父子之礼，序夫妇长幼之别"，维护宗法等级制度。因而在新的历史条件下只需稍加改造即可被利用来作为巩固封建统治的思想工具。这一改造，就是通过对秦亡教训的总结和思想斗争，由陆贾、贾谊、《礼记》的作者等思想家到董仲舒而宣告完成的。

总之，儒学被定于"一尊"，决非如谶纬神学所说是孔子承天命"为汉制法"，也不是由于汉封建君主的主观好恶，而是历史的选择。这在中国古代思想史上具有划时代的重大意义。其一，从此以后，封建统治有了统一的指导思想，它标志着儒家思想（实则儒家伦理思想）正式作为中国封建地主阶级的统治思想而确定下来。在当时，对于促进国家的统一和社会的安定产生了积极的作用。其二，儒学被定于一尊，在本质上是封建君主专制主义在思想领域中的体现。随之而来的是先秦儒家著作（《诗》、《书》、《礼》、《易》、《春秋》等）被冠以孔子之名而尊奉为经典，治学不离经书，经学也就成为学者的治学形式而统治了整个学术领域，从而窒息了"百家争鸣"的生机，开创了"经学独断论"的恶劣风气。原来由各种独立学派之间包括各种伦理思想的"自由"争鸣的格局就此消失，而变为主要在儒学内部的"正宗"与"异端"的斗争。其三，儒学被定于"一尊"，并非是先秦儒学的简单复归，而是在对秦王朝以法家思想治国进行一番总结基础上的重新认识；也是汉初六十多年政治、经济发展的必然要求；而在思想上则是在吸取法家、道家思想和阴阳五行说的同时，对先秦儒学有所改造和发展的结果。于是，作为儒学主体内容的儒家伦理思想就具有了新的特色：以董仲舒为代表，用神学目的论的"天人合一"与"阴阳五行"相结合，对重新概括的以"三纲五常"为核心的儒家伦理思想作了神学宇宙论的论证，或者说，在神学的形式下，把道德纲常的本原提到了宇宙论的高度，赋予封建道德以至高无上的神圣品格，从而建立了一个庞大的神学唯心主义的伦理思想体系。它不仅使儒家伦理思想具有综合性的理论特点，而且获得了神学的思想形式，即神化了儒家伦理思想。正是这种儒家伦理思想，作为汉封建统治的正统思想而被奉为儒家的正宗。与此同时，在儒家内部，产生了反"正宗"的"异端"学说，这在哲学上集中地表现为神学与反神学的斗争。在伦理思想领域中，处于"异端"地位的以王充为代表的唯物主义者的伦理思想，虽然并不否定封建的礼义道德，但他们怀疑以至否定了封建道德的神性——"天意"，并且抨击和揭露世俗道德生活的种种弊端，体现了"异端"思想家的批判精神和战斗品格。

以上三点，也就是两汉时期伦理思想的基本特点。

第二节　董仲舒的"天人合一"论与神学伦理思想

董仲舒（前179—前104），西汉广川（今河北枣强县广川镇）人。专治《春秋公羊传》，探究其"微言大义"，是当时著名的公羊学大师。景帝时任博士，武帝元光元年（前134），诏举"贤良方正直言极谏之士"，董仲舒应诏对策，建议"罢黜百家，独尊儒术"，受武帝重视，并任命他为江都易王相，后又出任胶西王相，不久，以老病辞归，居家修学著书。流传至今的著作主要有《举贤良对策》（又称《天人三策》）和《春秋繁露》。

董仲舒对封建统治的贡献，不仅在于适应巩固"大一统"的需要，提出并从理论上论证"独尊儒术"；更重要的是在新的历史条件下，改造儒学使之成为"独尊"。他推阴阳之变，究"天人之际"，发《春秋》之义，举"三纲"之道，又综合名法，不废黄老，给"孔子之术"以新的理论形式和思想内容，创立了一个庞大的神学唯心主义的思想体系（或曰两汉"新儒学"）。他的伦理思想就是其思想体系的主体构成。董仲舒的伦理思想，以"三纲五常"为核心，以"阴阳五行"的"天人合一"——"天人合类"为理论基础，从神学宇宙论的高度论证道德纲常的本原，又综合先秦儒学的人性论诸说,为"成性"、"防欲"的教化思想立论,强调"教化之功"。在义利观上,既肯定义、利"两养",又提倡"正其谊不谋其利"。董仲舒的伦理思想,就其理论基础而言,确具神学特点,但毕竟是儒家伦理思想发展的新阶段,是儒家伦理思想成为封建正统思想的第一形态——两汉形态,因而也是儒家伦理思想在其两千年发展史上的重要一环。

一、"天人合类"与"道之大原"

论证道德的本原,给封建的道德纲常以神圣的权威,是董仲舒伦理思想的首要议题,并在中国伦理思想史上第一次用了"道之大原"这一概念,足见其对这一问题的认识,已经达到了相当自觉的程度。

在先秦,孟子从人性中寻找道德的本原,而荀子则由人好利之欲与所求财货之间的矛盾论证"礼义"的产生。但两者所论道德的形式有别,前者是指个体"内在道德",后者是指社会"外在道德",即人们所当遵循的社会道德规范。这也正是董仲舒所要为之寻找本原的道德形式。不过,与荀子相对立,在董仲舒看来,道德的根源不在于社会自身,而是"天"。他明确指出:

> 道之大原出于天。天不变,道亦不变。(《举贤良对策》,本节简称《对策》)
>
> 是故仁义制度之数,尽取之天。(《春秋繁露·基义》,本节引《春秋繁露》只注篇名)
>
> 王道之三纲,可求于天。(《基义》)

这是一种道德天命论,然而其论证的方法与以往的简单的天命论有很大的区别。

董仲舒的"天",作为其哲学体系的最高范畴,是指"万物之祖"(《顺命》),"百神之大君也"(《郊语》),是主宰宇宙的至上神。但与偶像化的人格上帝不同。他取战国以来的阴阳五行说纳于宇宙结构系统,把它们与"天"相结合,认为"天"既是宇宙的支配者,却又离不开并需通过构成宇宙的天、地、阴、阳、五行来呈现自己。董仲舒说:

天意难见也，其道难理。是故明阳阴入出、实虚之处，所以观天之志。辨五行本末、顺逆、大小、广狭，所以观天道也。(《天地阴阳》)

有时，甚至直接用自然的天来表述作为至上神的"天"："天高其位而下其施，藏其形而见其光。高其位，所以为尊也；下其施，所以为仁也；藏其形，所以为神；见其光，所以为明。故位尊而施仁，藏神而见光者，天之行也。"(《离合根》)这里，"天高其位"，即是在地之上，"下其施"，是说天化育万物；"藏其形"，实指天虚空无形；"见其光"，就是日月星光，这显然是对自然之天的描述。但董仲舒却赋予天以神秘的性质，成了有意志性和伦理性的精神实体，体现了董仲舒所谓"天"的特点。就是说，董仲舒的"天"，实际上是对自然的天（包括阴阳、五行以及四时、气象等）的拟人化和神秘化。① 而伦理化就是其拟人化的主要体现。于是，"天"也就成了至善的道德化身，成了人类道德的本原。并通过"天人合类"的逻辑环节，他论证了由"天道"到"人道"的道德来源。

董仲舒认为："以类合之，天人一也。"(《阴阳义》)这是因为，"人之为人本于天，天亦人之曾祖父也，此人之所以乃上类天也"(《为人者天》)。不仅人的形体、感情，"类于天"或副于天，而且人的道德"亦宜以类相应"，"皆当同而副天，一也"(《人副天数》)。对此，董仲舒又称为"配天"；视"人道"与"天道"同一。从伦理思想的角度，董仲舒的"天人合类"，也是一种"宇宙伦理模式"。董仲舒正是用这一宇宙论模式，去推衍"人道"的由来，其说举例如下：

一曰："君臣、父子、夫妇之义，皆取诸阴阳之道。"(《基义》)董仲舒说："天道之大者在阴阳"(《对策》)，"阴者阳之助也，阳者岁之主也。天下之昆虫随阳而出入，天下之草木随阳而生落"(《天辨人在》)，以至"三王之正（正朔）随阳而更起。以此见之，贵阳而贱阴也"(《阳尊阴卑》)，认为作为"天道"或"天意"的阴阳之变，具有一贵一贱一尊一卑的伦理关系。而"天人合类"，"天下之尊卑随阳而序位"(《天辨人在》)："君为阳，臣为阴；父为阳，子为阴；夫为阳，妻为阴"(《基义》)，当宜为君尊臣卑、父尊子卑、夫尊妻卑。他说："……不当阳者，臣子是也，当阳者，君父是也。故人主南面，以阳为位也。阳贵而阴贱，天之制也。"(《天辨

---

① 关于董仲舒的"天"的特点，读者可参见冯友兰《中国哲学史新编》第三册，第52—53页；李泽厚《中国古代思想史论》第145—149页。

人在》）"丈夫虽贱,皆为阳;妇人虽贵,皆为阴。"（《阳尊阴卑》）就是说,丈夫的社会地位虽贱,妻子的社会地位虽贵,但依"天之制",丈夫毕竟为"阳尊",而妻子终究是"阴卑",而且,君臣、父子、夫妻间的这种尊卑伦理秩序又是绝对不变的（"天不变,道亦不变"）。这就是所谓"王道之三纲,可求于天"（《基义》）。

二曰:"取仁于天而仁也。"董仲舒说:

> 仁之美者在于天。天,仁也。天覆育万物,既化而生之,有（又）养而成之,事功无已,终而复始,凡举归之以奉人。察于天之意,无穷极之仁也。人之受命于天也,取仁于天而仁也。（《王道通三》）
>
> 天志仁,其道也义。为人主者,予夺生杀,各当其义,若四时。列官置吏,必以其能,若五行。好仁恶戾,任德远刑,若阴阳,此之谓能配天。（《天地阴阳》）

总之,董仲舒说:"是故仁义制度之数,尽取之天。"（《基义》）

三曰:"五行者,乃孝子忠臣之行也。"（《五行之义》）董仲舒认为,"五行"是"天次之序",其次序有二,即"比相生"和"间相胜"①。就"比相生"而言:"木生火,火生土,土生金,金生水,水生木,以其父子也。"（《五行之义》）又说:"水为冬,金为秋,土为季夏,火为夏,木为春。春主生,夏主长,季夏主养,秋主收,冬主藏。藏,冬之所成也。是故父之所生,其子长之;父之所长,其子养之;父之所养,其子成之。诸父所为,其子皆奉承而续行之,不敢不致如父之意,尽为人之道也。……由此观之,父授之,子受之,乃天之道也。故曰,夫孝者,天之经也。"（《五行对》）同时,董仲舒还特别贵重"土"德。他说:"土者,五行之主也。五行之主土气也,犹五味之有甘肥也,不得不成。是故圣人之行,莫贵于忠,土德之谓也。"（《五行之义》）因此,"孝子忠臣之行",原本于"天有五行"。

董仲舒对"道之大原出于天"的论证,以"天人合类"的"宇宙伦理模式"为据,确系运用了"五（伍）其比,隅其类"（《玉杯》）的类比方式,但这绝非是科学的类比。他先把封建的伦理道德从社会关系中抽出而赋予天、地、阴、阳、五行,将

---

① "间相胜":"水胜火,火胜金,金胜木,木胜土,土胜水。"关于五行之间相生相胜的思想,最早盛行于战国时期,董仲舒对之作了神秘主义的发挥。

自然的天神秘化和伦理化。然后主观地构造起由"天"到"人"的桥梁——"天人合类",并通过类比的方法,再从"天"那里召回本来就只属于封建社会的道德纲常,赋予封建的道德纲常以神圣性和至上性。这正是神学唯心主义的逻辑。这里,董仲舒以神学的形式,把道德提到了宇宙本原的高度——"天道",再由"天道"引出"人道"。董仲舒的这一关于道德本原论的模式,在汉代具有普遍的意义,只是在不同的思想家那里,"天道"的哲学形态有所不同,例如,如桓谭所说:"扬雄作玄书(即《太玄》),以为玄者天也、道也,言圣贤制法作事,皆引天道以为本统,而因附属万类:王政、人事、法度。"(《后汉书·张衡传》注)。对于后来宋明理学以思辨形式出现的道德本体论也有一定的影响。

二、道德宿命论与"经"、"权"之说

董仲舒运用"天人合类"和天人类比论证了"道之大原出于天",从而也就回答了人所应当的问题。然而,董仲舒是神学目的论者,他所谓的"天道",就是"天意"、"天志",也即"天命"。因为"天不言",故以"道"示之。于是,"尽取之天"的"人道",也就获得了"天意"的神圣权威。人就应如"奉顺于天者"一样遵循封建的道德纲常,而能遵循封建的道德纲常,也就是"顺命"于天。不然的话,就会遇到"天绝之"的报应。这实际上就等于宣布封建道德对于人们行为选择的绝对性。就是说,个人与封建道德纲常的关系,也就是与"天意"的关系。因此,遵循封建道德纲常,不仅是应当的,而且是绝对的必然,不允许有选择的自由,从而与政治上的封建专制主义相适应,在道德选择的问题上陷入了宿命论。董仲舒的道德宿命论是对先秦儒家伦理思想的一大修正,并影响了以后的正统儒学。可以说,中国伦理思想史上强调自觉服从而忽视、甚至否定自由意志和自愿原则的宿命论传统,董仲舒可谓是"始作俑者"的代表。

不过,在遵奉道德原则的范围内,董仲舒在一定程度上还是肯定了道德主体的能动性,这就是关于"经"、"权"之说。所谓"经",就是道德原则,董仲舒也称之为"常义";所谓"权",就是对原则的灵活运用,董仲舒也称"应变"。例如,"礼"就有"经礼"与"变礼","变礼"是对"经礼"的权变。孟子曾说:"男女授受不亲,礼也;嫂溺则援之以手者,权也"(《孟子·离娄上》),讲的就是"经"与

"权"的关系。① 这个问题,在西汉公羊学家那里讨论得很多,董仲舒对此也作了发挥。

《春秋·桓公十一年》载:"九月宋人执郑祭仲。突归于郑。郑忽出奔卫。"祭仲是郑庄公的宠卿。庄公卒,公子忽(即郑昭公)立。宋欲立公子突(郑厉公),设计执祭仲,迫胁祭仲逐忽立突。祭仲应诺了宋的要求。《公羊传》肯定了祭仲的行为,认为他"知权"。《公羊传》说:"祭仲不从其言,则君必死,国必亡;从其言,则君可以生易死,国可以存易亡";况且,虽然暂时逐出,但仍有回来为君的可能,即使不能回国,无非是祭仲自己承受逐君之罪而已,但毕竟还是保存了郑国。所以说,"古人之有权者,祭仲之权是也"。接着,对"权"及其与"经"的关系作了概括:

> 权者何?权者,反于经然后有善者也。权之所设,舍死亡无所设。行权有道,自贬损以行权,不害人以行权。杀人以自生,亡人以自存,君子不为也。(《公羊传·桓公十一年》)

这里有几层含义。首先,"权"仅对"经"而言;虽不合乎"经",但不违反更高层次的原则及其所反映的利益;其次,只有在事关生死存亡的情况下,才可以"行权";再次,行权不能以考虑个人利害得失为前提。董仲舒在此基础上,对"经"与"权"又作了进一步的规定。他说:

> 权,谲也,尚归之以奉巨经耳。(《玉英》)

这是对《公羊传》"权者,反于经然后有善者"的新概括。所谓"巨经",就是比"权"所反的"经"更要高的道德原则。"权"之所以"反于经然后有善者",其根据就在于"以奉巨经耳"。此外,在行权的条件上,董仲舒说:

> 夫权虽反经,亦必在可以然之域。不在可以然之域,故虽死亡,终弗为也。(《玉英》)

---

① 儒家关于"经"与"权"的思想,渊源于孔子。《论语·子罕》:"子曰:'可以共学,未可与适道;可以适道,未可与立;可以立,未可与权。'"孔子讲"权",就有通权达变之意。

这是说,"行权"要有一定的范围和条件的限制。例如,"天子三年然后称王,经礼也;有故,则未三年而称王,变礼也"(《玉英》)。但是,如果"不在可以然之域",即使是生死攸关,也不可行权。"莒人灭鄫"(《春秋·襄公六年》),即是一例。"莒人灭鄫",并非兵灭,而是以外孙莒公子为后嗣。董仲舒认为,以异姓为后,这样的"权"是绝对不可行的。又如,《春秋》之法,"大夫无遂事",这是"常义"。但如国家有危,为了救危除患,"则专之可也",可以"应变";反之,"无危而擅生事,是卑君也",就不允许"应变"(《精华》)。因此,不是在任何情况下都可对"经"作"应变"的。董仲舒认为,在不可以然之域,坚持原则,"谓之大德"或"正经",在可以然之域,反经行权,"以奉巨经","谓之小德"和"应变"。

"经"与"权",是中国伦理思想史上的一对重要范畴。西汉公羊学家和董仲舒的"经"、"权"之说,是对道德宿命论的修补,承认"在可以然之域"对道德原则的遵循可以有一定的应变自由度。就"经"与"权"——"常义"与"应变"——矛盾统一的模式本身而言:它揭示了道德原则的绝对性与相对性的统一,道德实践的原则性与灵活性的统一,以及实践低层次的道德原则应服从高一层次道德原则的要求。应该肯定,这些都具有普遍的理论意义和实践意义,可以为我们所批判地汲取。

三、"三纲五常"——封建伦理纲常体系的建立

董仲舒在道德本原论中所论证的道德,就是"三纲"、"五常"。所谓"三纲",是指君尊臣卑、父尊子卑、夫尊妻卑,也即"君为臣纲,父为子纲,夫为妻纲"(《白虎通义》引《礼纬·含文嘉》。据张之洞《劝学篇·内篇》)。所谓"五常",就是"仁、谊(义)、礼、知(智)、信"(《对策》)。"三纲"、"五常",合称"纲常"。封建社会的伦理纲常或曰"名教纲常"的体系,就是由董仲舒首先编织而成的。

"三纲"的提出,是对先秦儒家"人伦"说的发展,孟子首创"人伦"五类,董仲舒从中提取三伦——君臣、父子、夫妻。这就抓住了封建宗法等级体制的主干,维护了这三种关系,对于稳固封建统治秩序具有十分重要的意义。而对于这三种关系的理论概括,其内容则因历史条件的变迁而不尽相同。在先秦儒家那里,虽然已明显地体现出上下主从等级关系的特征,但含情脉脉的宗法血缘感

情尚比较突出。他们提倡君仁臣忠、父慈子孝,甚至认为对不仁不义的暴君可以诛之,对不义的父命可以不从。这就是说,君臣、父子、夫妻间的主从等级关系是相对的,两者之间是一种双向义务关系。但是,随着封建君主专制主义政体的确立和不断加强,上述情况就发生了变化。法家韩非有所谓"臣事君、子事父、妻事夫"(《韩非子·忠孝》)之说,从法的角度把这三种关系引向了绝对。《仪礼·丧服》也提出了君、父、夫三"至尊"的思想。到了董仲舒那里,进一步肯定君臣、父子、夫妻间的尊卑、主从关系,其中尤以君尊为重。"君人者,国之本也"(《立元神》),"缘民臣之心,不可一日无君……故屈民而伸君"(《玉杯》)。不仅如此,而且把这三种从属关系纳入宿命论的范畴,规定为命与受命的关系。他明确指出:

> 天子受命于天,诸侯受命于天子,子受命于父,臣妾受命于君,妻受命于夫。诸所受命者,其尊皆天也。虽谓受命于天亦可。(《顺命》)

这就是说,在"天命"的神威下,臣对君之命、子对父之命、妻对夫之命,亦必须"顺"而不逆。不然的话,"臣不奉君命,虽善以叛","子不奉父命,则有伯讨之罪"[①],"妻不奉夫之命,则绝"。总之,"不奉顺于天者,其罪如此"(同上)。尽管董仲舒并不否定君父自身的道德要求,认为"父不父则子不子,君不君则臣不臣"(《玉杯》),也尽管有经、权之说,主张在"可以然之域"对"经"可作"应变",但臣、子、妻"顺命"于君、父、夫,则是绝对的。就是说,君臣、父子、夫妻间的权利与义务是分裂的,臣、子、妻只有尽"顺"的义务,而无权利可言,呈单向的义务关系。这样,董仲舒用"天命"神权加强了政权(君权)、父权(族权)和夫权。"三纲"也就被宣布为永恒不变的"王道"极则,被确立为封建社会最高的政治原则和伦理原则。而臣忠、子孝、妇随(后宋儒改称为"妇节")也就成为封建社会中最重要的道德规范。正如毛泽东所说:"这四种权力——政权、族权、神权、夫权,代表了全部封建宗法的思想和制度,是束缚中国人民特别是农民的四条极

---

① "伯讨之罪",董仲舒举例曰:"卫世子蒯聩是也。"《春秋左传》载:蒯聩欲杀其母(南子),得罪于君父(灵公),事发而逃奔宋。后又与其子(公子辄)争位,立为庄公。公元前478年,晋伯伐卫,卫人逐蒯聩。董仲舒以为蒯聩不奉顺父命,故有如此下场,名之曰"伯讨之罪"。

大的绳索。"①

如果说,"三纲"规定了上下等级之间的伦理关系,那么,"五常"则是作为个人处理人际关系,从而得以实行"三纲"的五种根本的道德要求和道德意识。仁、义、礼、智、信虽早已提出,但把它们概括为"五常之道"的却是董仲舒②,并在具体内容上也作了一些新的发挥。下面就其仁、义和"仁义之别"的思想作一重点论述。

"仁"是五常的核心,其基本规定,也即"爱人"。但董仲舒对"爱人"的内容作了新的解说,这就是"谨翕不争"。它要求:"好恶敦伦,无伤恶之心,无隐忌之志,无嫉妒之气,无感愁之欲,无险诐之事,无辟违之行。"这样,就能使"其心舒,其志平,其气和,其欲节,其事易,其行道。故能平易和理而无争也,如此者,谓之仁"(《必仁且智》)。以"不争"释"仁",是董仲舒讲"仁"的一个重要特点,它更明显地揭露了"仁"作为调和人际矛盾的思想实质。

更具新意的是对"义"和"仁"、"义"关系的规定。董仲舒认为,"义与仁殊",它们是两个不同的道德范畴。"仁者人也","义者我也",仁用以对人,义用以对我。两者的对象不同,因而它们的道德要求也就有别。《仁义法》说:

> 《春秋》之所治,人与我也。所以治人与我者,仁与义也。以仁安人,以义正我。故仁之为言人也,义之为言我也,言名以别矣。……是故《春秋》为仁义法。仁之法,在爱人,不在爱我;义之法在正我,不在正人。我不自正,虽能正人,弗予为义;人不被其爱,虽厚自爱,不予为仁。

因此,处理人我关系应该是"躬自厚而薄责于外"、"自称其恶"而不"称人之恶","自责以备"而不"责人以备"。反之,"闇于人我之分,而不省仁义之所在","反以仁自裕,而以义设人,诡其处而逆其理,鲜不乱矣"。可见,明"人我之分",察"仁义之别",目的在于"纪人我之间",维护等级关系而不乱。

董仲舒对"义"以及"仁"、"义"关系的解释,为中国伦理思想史所仅见,确是

---

① 《毛泽东选集》第1卷,北京:人民出版社,1966年,第31页。
② 董仲舒从诸多的道德规范中提取仁、义、礼、智、信五种,并名之曰"五常",显然是根据"天人合类"与"五行"相比附有关。

他的独特见解。这与汉代今文经学所特有的望文生义、闻音生训的学风不无关系,但作为一种伦理思想则当刮目相看。他把社会人际关系最后归结为"人我之间",并把处理这一关系分析为对人和对己两个方面,认为只要做到"正我"、"爱人",就能使社会关系"顺"而不乱,从而把自我修养与待人处事统一起来。这作为处理人际关系的一种模式,不无合理之处。

对礼、智、信三者,董仲舒也有所论及。主张"质文两备,然后其礼成"(《玉杯》),强调"必仁且智",仁智统一,认为:"不仁不智而有材能,将以其材能以辅其邪狂之心,而赞其僻违之行,适足以大其非而甚其恶耳。"(《必仁且智》)而"智而不仁",就会"知而不为";"仁而不智",则会"爱而不别"(同上)。"信",诚实之谓。董仲舒说:"著其情所以为信也……竭愚写情,不饰其过,所以为信也。"(《天地之行》)显然不限于"朋友之交",更主要的是对臣的要求,"为人臣者比地贵信而悉见其情于主"(《离合根》)。

关于"五常"与"三纲"的关系,董仲舒并无明确论述,但就其所述仁、义、礼、智、信的内容可见,"五常"显然是为"三纲"服务的。智的对象是"别",即尊卑、亲疏之别。而知"别",就是实行"三纲"的认识前提。仁、义、信作为处理"人我之间"的道德要求,基本精神就是"和"。既能"正我",严格要求自己遵循当然之则,并"不饰其过",诚实不欺;同时又能"谨翕不争"、"安人"、"爱人"。而这正是实行"三纲"的道德保障。至于能做到"质文两备",则更直接地维护了"尊卑贵贱大小之位"。可见,与法家韩非主张以法的威严推行"三事"之道不同,董仲舒主要用"五常"的道德手段来实行"三纲",从而建立了一个"三纲"与"五常"相结合的纲常体系。

四、人性论与"成性"、"防欲"的教化思想

尽管董仲舒用神权赋予封建伦理纲常以绝对的权威,但这并没有回答人能否和怎样才能为善的问题。为此,董仲舒又提出了他的人性论和教化思想。

1. 为教化立论的人性论

董仲舒的人性论与孔、孟、荀有思想上的渊源联系,但又独具特色。首先,董仲舒所说的"性",是指普通人("万民"、"中民")与生俱来的一种心理资质。

他说:"性之名非生与？如其生之自然之资谓之性。性者,质也。"(《深察名号》)由于"天人合类",人与天之阴阳相副,所以"生之自然之资"的人性也就具有了"仁"和"贪"、"性"和"情"两个方面的内容。董仲舒说：

> 人之诚有贪有仁,仁、贪之气,两在于身。身之名取诸天,天两有阴阳之施,身亦两有贪、仁之性。(同上)

按照"性者,质也"的说法,所谓"贪、仁之性",也就是贪、仁之质。"贪"是为恶的质,指"情"、"欲";"仁"是为善的质,即所谓"善质",它与"情"相对立,董仲舒亦称之为"性"(狭义的)。这样,董仲舒对人性的内容或结构又作了如下的表述：

> 身之有性情也,若天之有阴阳也。言人之质而无其情,犹言天之阳而无其阴也。(同上)

这确实是关于"人性"的新概念。孟子虽把感性情欲与道德理性都说成是"性也,有命焉",但对于前者,认为"君子不谓性也",没有把"情"归于"性"的范畴。荀子则相反,以"情"为"性",至少在理论上不把道德理性或"善"视为"性"的内容。董仲舒的人性内容,可以说是对孟、荀之说的综合。

其次,董仲舒认为人性虽具"善质",但不能说"性固已善",明确不同意孟子的"人性善"说法。第一,既然人性含性、情——仁、贪两方面的资质,那么,"谓性已善,奈其情何？"(《深察名号》)第二,性具"善质","善质"只是"善"的质地,可以成为善而不可谓"已善"。董仲舒说：

> 善如米,性如禾。禾虽出米,而禾未可谓米。性虽出善,而性未可谓善也。(《实性》)

又以瞑觉为喻:"性有以目,目卧幽而瞑,待觉而后见。当其未觉,可谓有见质,而不可谓见。今万民之性,有其质而未能觉,譬如瞑者,待觉教之然后善。当其未觉,可谓有善质,而不可谓善,与目之瞑而觉,一概之比也。"(《深察名号》)就是说,人性具"善质"只是为"善"提供了心理基础和可能性,但不等于就是"善"。第三,立"人道之善"为"善"的标准,因此一般人的"善质"之性就不能名之为"善"。董仲舒指出,孟子谓"性有善端"为"性善",是因为孟子把"动(苏舆:动疑作童)之爱父母,善于禽兽"作为"善"的标准,然而这不是"圣人之所谓善"。在董仲舒看来,只有"人道之善",即"圣人之所善","乃可谓善"。而这样的"善",是一般的人性所没有的。所以他说:

> 质于禽兽之性,则万民之性善矣;质于人道之善,则民性弗及也。万民之性善于禽兽者,许之;圣人之所谓善者,弗许。吾质之命性者,异孟子,孟子下质于禽兽之所为,故曰性已善;吾上质于圣人之所为,故谓性未善。善过性,圣人过善。《春秋》大元,故谨于正名。名非所始,如之何谓未善已善也。(《深察名号》)

总之,性具"善质",未可谓"善",但可以"出善",从而为"教化"提供了理论根据。

其三,董仲舒所说的含"善质"的人性,不是凡人皆有的普遍人性:它仅是"中民之性",此外,还有"上"和"下"即"圣人之性"和"斗筲之性"。"圣人之性",不待教化,生来就是"人道之善";"斗筲之性",不能教化,生来就几无"善质"可言。而"性者,质也",已善和不能为善的"性"都非"资",所以"名性不以上,不以下,以其中名之"(同上)。在《实性》中又进而解释说:

> 圣人之性,不可以名性。斗筲之性,又不可以名性。名性者,中民之性。中民之性,如茧如卵,卵待覆二十日而后能为雏;茧待缲以涫汤而后能为丝;性待渐于教训而后能为善。善,教训之所然也,非质朴之所能至也,故不谓性。

可见,董仲舒所说"人性"的特点,在于强调"性者,质也",认为"性"的本义是一般人与生俱来的"待渐于教训而后能为善"的资质或质地。但是,把人性分为"上"、"中"、"下"三个等次,毕竟还是具备了"性三品"的形式。这是封建等级制在伦理思想中的曲折反映。不过,我们不能把董仲舒的"三性"机械地与统治者、一般地主阶级成员、劳动人民一一对应起来,认为"斗筲之性"是指劳动人民。事实上,待教化而后能为善的"中民之性",指的就是"万民之性"。而"民之号,取之瞑也",显然是对广大劳动人民的贬称,他们是"王教"的主要对象。如果劳动人民都是"斗筲之性",董仲舒的"教化"就失去了对象,他的"任德不任刑"的主张也没有了着落处。当然,"中民之性"也不排除地主阶级的一般成员,而"斗筲之性"则主要是指劳动人民中那些被统治者诬为"盗贼"的揭竿起义者。

2."成性"、"防欲"的教化思想

董仲舒作为自觉地维护封建"大一统"的儒学大师,特别强调儒家的"德治"、"教化"对于巩固封建统治的重要性。他明确指出:

> 教,政之本也,狱,政之末也。其事异域,其用一也,不可不以相顺,故君子重之也。(《精华》)

所以,"圣人之道,不能独以威势成政,必有教化"(《为人者天》)。而秦二世而亡的原因,正在于:"师申商之法,行韩非之说,憎帝王之道,以贪狼为俗,非有文德以教训于(天)下也。"(《对策》)据此,他建议武帝"退而更化","复修教化而崇起之",奉行"任德不任刑"的"善治"之道。而董仲舒的人性论,就为统治者对民实行礼义教化提供了理论根据。

在董仲舒看来,教化之所以可能和必要,就因为民"两有贪仁之性"。有"善质",则可教而为善,即所谓"成性";有贪欲,则需教而节之,即谓"防欲"。他说:

> 天生民性,有善质而未能善,于是为之立王以善之,此天意也。民受未能善之性于天,而退受成性之教于王。王承天意,以成民之性为任者也。(《深察名号》)

这是说以教化"成民之性"。又说:

> 夫万民之从利也,如水之走下,不以教化堤防之,不能止也。是故教化立而奸邪皆止者,其堤防完也;教化废而奸邪并出,刑罚不能胜者,其堤防

坏也。(《对策》)

这是讲以教化防民之欲。可见,"成性"和"防欲",是教化的两大功能。因而在董仲舒的心目中,教化也就成了维护封建统治的"堤防",从而把"教化之功"提到了一个新的认识高度,体现了儒学作为封建统治思想所具有的特殊价值。

关于以教化防欲,除了"渐民以仁,摩民以谊",主要的是指"节民以礼"。董仲舒说:"人欲之谓情,情非制度不节。"又说:"正法度之宜,别上下之序,以防欲也。"(《对策》)下句是对上句的展开。"正法度",就是"制度",它用以"别上下之序",因而也就是"礼"。以此防欲,即谓"节民以礼"。这一思想实与荀子的观点一致。董仲舒认为,万民之从利乃是出于"贪"性的自然趋势,但是,由于"嗜欲之物无限,其数不能相足",就必然会导致奸邪并出,"大乱人伦",从而使"上下之伦不别,其势不能相治"(《度制》)。又认为,如果上下"各从其欲……大人病不足于上,而小民羸瘠于下,则富者愈贪利而不肯为义,贫者日犯禁而不可得止,是世之所以难治也"(同上)。据此,他主张"制人道而差上下","使富者足以示贵而不至于骄,贫者足以养生而不至于忧。以此为度,而调均之,是以财不匮而上下相安,故易治也"(同上)。这也叫做"度制"以"制其欲",使贫富上下按等级地位而各得其利,名之曰"非夺之情也,所以安情也"(《天道施》),得出了与荀子"礼以养情"说的相同结论。所谓"防欲",就是以"礼"为教,使民之欲利以礼为"度"。这实际上是董仲舒关于"限民名田,以赡不足,塞并兼之路"(《汉书·食货志》)的政治主张在伦理思想上的反映,目的在于调和日趋尖锐的阶级矛盾,以维护"大一统"的封建秩序,具有一定的时代意义。

必须指出,在董仲舒看来,万民虽有"善质"之性,因而具备可以为善的心理基础和可能性,但民没有自成性的能力,必"待外教然后能善"。这就否定了被教育者"能善"的主观能动性,而把这种主观能动性完全交给了承"天意"的"圣王"。他直言不讳地说:

> 天生之,地载之,圣人教之。君者,民之心也;民者,君之体也。心之所好,体必安之;君之所好,民必从之。……故曰"先王见教之可以化民也。"(《为人者天》)

这就是说,民以君为心,自己没有独立人格和自由意志,一切听命于君的训令。这样的"教化",实际上是君主专制主义在思想教育上的体现,是封建家长制教育思想的理论概括,也是宿命论在道德教育问题上的贯彻。这显然是对孔子教育思想的倒退,在中国教育史上造成了十分恶劣的影响。

五、义利"两养"与"正义不谋利"的义利观

与先秦儒家一样,所谓"义利之辨",也是董仲舒伦理思想的一个重要问题,并在理论上与先秦儒家一脉相承。

董仲舒所论述的义利关系,主要是指道德原则与个人利益的关系。对此,他一则主张义利"两养",认为:"天之生人也,使人生义与利。利以养其体,义以养其心;心不得义不能乐,体不得利不能安。义者,心之养也;利者,体之养也"(《身之养重于义》);一则又提倡"正其谊不谋其利,明其道不计其功"[①](《汉书·董仲舒传》)。前后含义不同,反映了董仲舒义利观两个不同的侧面,前者是关于义、利作用的事实判断,后者则为义利之辨的价值判断。

肯定义、利为人所皆有的事实,荀子曾作了明确的表述,他说:"义与利者,人之所两有也。虽尧舜不能去民之欲利……虽桀纣不能去民之好义。"(《荀子·大略》)孔子也有类似的说法。董仲舒则从人生需要(养)的角度作了进一步的肯定,认为"义"是人的精神需要,而"利"是人的物质需要,两者不可缺一,并以"两有贪仁之性"的形式,作了人性论的概括。不过,儒家义利观的主要含义不在这里,而在于对义、利的价值评价,董仲舒也不例外。[②]

尽管董仲舒肯定了义、利"两养",但当涉及道德实践领域时,就暴露了重义轻利、贵义贱利的立场。一般来说,这也是先秦儒家的固有态度。董仲舒认为,人之所以为人的本质特征,是有义而不是为利。他说:"天之为人性命,使行仁义而羞可耻,非若鸟兽然,苟为生,苟为利而已。"(《竹林》)所以,"体莫贵于心",

---

① 《春秋繁露·对胶西王越大夫不得为仁》作"正其道不谋其利,修其理不急其功"。前半句与后半句义不贯通,似应以《汉书》所记为是。
② 中国传统伦理思想史上关于"义利"关系的事实判断和价值评价的两个层面,详见朱贻庭:《"传统'义利观'的两层含义和'重义'精神"》,载《中国传统道德哲学 6 辨》,上海:文汇出版社,2017 年,第 73—124 页。

而"养莫重于义"(《身之养重于义》)。人如果以"为生"、"为利"作为行为方针,那就如同鸟兽,"虽甚富则羞辱大恶",并且,"恶深,祸患重,非立死其罪者,即旋伤殃忧尔……"。反之,以"行仁义"为行为方针,则"虽贫与贱尚荣其行,以自好而乐生"(《身之养重于义》)。因此,"义之养生人大于利"。就对人生的意义和价值而言,"有义"比"有利"更可贵。

其实,在董仲舒看来,在道德实践中,义与利本来就是相互排斥的。"利者,盗之本也。"(《天道施》)"为利"、"谋利"是"忘义"、"去理"的根源,它必然会破坏行义为善。因此,为了"能义",不但要"制欲"、"防欲",而且还应"终日言不及利",以言利为羞耻。他说:

> 凡人之性,莫不善义。然而不能义者,利败之也,故君子终日言不及利,欲以勿言愧之而已,愧之塞其源也。(《玉英》)

正是基于上述认识,当胶西王(一说江都易王)称助越王勾践灭吴的范蠡等三大夫为"越有三仁"时,董仲舒以为不然。认为此三人"设诈以伐吴",忘义为利,不能算是"仁",并由此提出了他的著名命题:

> 夫仁人者,正其谊不谋其利,明其道不计其功。

这就是说,作为"仁人"或理想人格的标准,是"义"而不是"利",当然也不是义与利的结合。这样,"利"就被排除出道德的价值规定。认为行为之是否道德,在于是否符合"道"、"义",不在于是否获得"功"、"利",而且,从行为的动机上就不应掺杂有谋利的欲望。毫无疑问,这还是以道义至上为特征的道德价值观,而在志、功关系上,又是典型的动机论观点。

联系董仲舒义利观的两个不同的侧面,我们不能说董仲舒的义利观是禁欲主义的,而且,"正其谊不谋其利"的价值观,对于个人的道德修养来说,也不无一定合理之处。但是,董氏对"利以养其体"的肯定,是以"度礼"为界限的。例如,"利"对于贫者(劳动人民)来说,仅"足以养生而不至于忧"罢了。而"正其谊不谋其利"的行为要求,正从价值观的角度,为使劳动人民安于贫贱——"虽贫贱自乐也"提供了思想保证。它反映了小农经济生活方式的特点。然而,也正因如此,反过来又成为桎梏小农经济的精神枷锁。① 这也正是后来宋明理学竭力推崇董仲舒的义利观,并在"正义不谋利"的基础上进一步主张"存理灭欲"的根本原因。所以,董仲舒的义利观虽不是禁欲主义,却在一定程度上起到了禁欲主义的作用。

第三节　王充的性、命论和对道德神化的否定

儒学和儒家伦理思想经董仲舒的改造和神化以后,经学家们纷纷以神学解"经",出现了大量的谶文纬书②,荒诞、怪异之言泛滥于整个思想领域,使儒学及其伦理思想的神学化程度愈演愈烈,至东汉章帝建初四年(79)的"白虎观会议"达到了高峰。会后由班固纂成的《白虎通义》一书,进一步把谶纬神学与今文经学相结合,把封建伦理纲常神学化,并以"帝亲称制临决"的方式,宣布它为"国宪","永为后世则"。但在理论上并没有新的发展,相反,而是更加庸俗、粗陋和荒诞。而阶级斗争的尖锐和统治阶级内部矛盾的加剧,以及由之而造成的时俗的败坏,又日益暴露出道德神学化的虚妄不实。正是在这种情况下,在地主阶级的思想家中产生了一批神学唯心主义的批判者和腐败时俗的抨击者,其

---

① 董仲舒的"义利观"(或儒家"重义轻利"—"安贫乐道"义利观)与小农经济的这种关系,稍后在汉昭帝始元六年(前81)"盐铁会议"上的贤良文学言论中得到了明显的展示。传统社会以农为本,小农经济是社会的基础。但贤良文学从"德治主义"出发,把农业与工商——"本"与"末"对立起来,主张"崇本退末"。认为"末盛则本亏,末修则民淫",兴工商就是"示民以利",就会"散敦厚之朴,成贪鄙之化",诱导民背义趋利,造成民俗薄而礼义坏。而"本修则民悫,民悫则财用足",这样,"然后教化可兴,而风俗可移也"(上引文见《盐铁论·本议》)。因而在义利关系上就主张:"贱货而贵德,重义而轻利。"(《盐铁论·世务》)贤良文学的"本末—义利"论其旨虽在反对当时的盐铁专营及其所造成的种种弊端,有一定的历史合理性,但其片面性也显而易见,用此来指导处理农业与工商的关系,就必然会强化"重本抑末"的政策,束缚工商业的发展。
② 谶文纬书,即谶纬神学,是流行于西汉末和东汉时的一种社会思潮。谶是"诡为隐语,预决吉凶"的宗教预言。纬相对"经"而言,它直接"托诸孔子",以迷信方术附会儒家的经义,与董仲舒的神学目的论一脉相承,而其表现形式更为荒诞离奇。《诗》、《书》、《礼》、《乐》、《易》、《春秋》和《孝经》都有纬书,史称"七纬"。谶、纬原非一类,但随着两者的发展而合流,并经过石渠阁和白虎观两次经学会议,与今文经学相结合,成为两汉时期神学经学的重要组成部分。

中最杰出的代表,就是以"疾虚妄"为己任的战斗唯物主义者王充。

王充(27—约97),字仲任,东汉会稽上虞(今浙江上虞)人。出身于"以农桑为业"、"以贾贩为事"的细族孤门。《汉书·王充传》说他"家贫无书,常游洛阳市肆,阅所卖书"。虽做过郡的功曹和州的从事等从属小吏,但都因与当权者意见不合而辞职,在政治上始终未能崭露头角。正是这种低微的社会地位和"仕数黜斥"的坎坷经历,培养了他鄙视世族豪强的孤傲性格和对时俗迷妄的批判精神,这对于他成为一位战斗的无神论者和唯物主义者,产生了重大的影响。

应该指出,王充作为一位杰出的唯物主义哲学家,他的主要倾向是"疾虚妄",即批判神学目的论和各种"浮妄虚伪,没夺正是"的"俗传"、"伪书",因而他的理论重心,在于建立与神学目的论相对立的唯物主义哲学体系,而不是伦理思想体系。但这并不是说王充没有自己的伦理思想,王充既然用唯物主义的元气自然论批判了神学目的论,因而也就否定了道德神化。而所谓"性"、"命"之说,它作为王充伦理思想的主要内容,驳斥了"天道福善祸淫",揭露了"庸人尊显,奇俊落魄"的时俗流弊,体现了时代的特色。王充的伦理思想,尽管不成完整的体系,但在由两汉的神学伦理思想演变为魏晋的玄学伦理思想的过程中起了重要作用。

今存《论衡》一书的《本性》、《率性》、《命义》、《命禄》、《治期》、《非韩》、《刺孟》、《问孔》、《程材》、《定贤》等篇,比较集中地反映了王充的伦理思想。

一、对道德神化的否定

董仲舒把儒家伦理思想神学化,同时也就神化了封建的道德纲常:他赋予"天"以伦理的品格,认为"仁义制度"、"王道三纲"就是"天意"、"天命"。王充在《论衡》一书中,尽管没有对此作直接的理论批判,但是,他用自然的天取代了董仲舒的神秘的"天",用唯物主义的元气自然论批判了神学目的论。因而也就从根本上否定了对道德的神化。

王充所讲的"天",是"天体"与"天气"的统一体。就"体"而言,"宜与地同";就"气"而言,"气若云烟"(《论衡·自然》,本节引《论衡》只注篇名)。"气",又称"元气",乃"天地之精微也"(《四讳》)。所以说:"天地,含气之自然也"(《谈天》),它无始无终,"不生不死",是永恒的物质存在。因而,"天"与人之有"口目之欲"(即"有为")不同,其基本属性(王充称之为"天地之性")是"自然无为"——"无口目之欲"、"于物无所求索",没有意志、没有目的。这是王充用以批判神学目的论的基本理论前提。

王充认为:"天地合气,万物自生"(《自然》),又说:"夫天地合气,人偶自生也"(《物势》)。就是说,万物和人虽由天地合气而生,但这不是天有目的的作为,不是"故生"。以董仲舒为代表的儒者,正是从"天地之生万物也以养人"、"天地故生人"推出"察于天之意,无穷极之仁也",赋予"天"以"仁之美"的道德品格,并认为"天"的仁爱之德是通过春生、夏长、秋成、冬藏来体现的。但在王充看来,"天道无为,故春不为生,而夏不为长,秋不为成,冬不为藏。阳气自出,物自生长,阴气自起,物自成藏"(《自然》),这本来就是客观的自然现象,不是天有目的的安排,如同"汲井决陂,灌溉园田,物亦生长"一样,不存在什么"天意"的支配,也不具有什么道德价值。甚至认为人生于天地,"犹鱼之于渊,虮虱之于人也"(《物势》),与"万物生天地之间"一样,都是"因气而生",而非天所"故生"。这正如宋儒黄震所指责的:"谓天地无生育之恩。"(《黄氏日抄》卷五十七《读诸子》三)从而否定了天地阴阳具有道德属性的神学观点,因而也就从根本上否定了对道德的神化。

诚然,王充反对把天意志化和伦理化,否定对道德的神化,主观上并非要否定封建道德纲常的权威。恰恰相反,他十分重视"礼义之治",把是否坚持礼义之治提到国之存亡的高度。他认为:"国之所以存者,礼义也。民无礼义,倾国危主。"(《非韩》)但是,他毕竟除去了封建道德纲常的神灵圣光,在理论上不能不是对名教纲常统治地位的一个冲击,从而加深了儒家伦理思想和封建道德纲常神学化的危机。后来,魏晋玄学援道入儒,抛弃儒学神学化的形式,为封建的名教纲常另找本体论的根据和理论形式,王充对儒学及其伦理思想神学化的批判,可以说是一个重要的历史环节。

王充否定对道德的神化,也就是否定了道德来源于"天意"的神学观点,这固然具有如上所说的积极意义。但是,在正面讨论道德来源时,却没能作出正确的回答。王充认为:"情性者人治之本,礼乐所由生也。"(《本性》)这实际上回到了先秦儒家的观点,把人性视为道德的本原。所不同的是,王充用元气自然论来解释人性的来源,认为人性在于"禀气"。这就是说,道德的最终来源,在于自然之"气"。

二、"禀气"成性和人性"异化"

王充用"天地合气,万物自生"或"俱禀元气,或独为人,或为禽兽"(《幸偶》),来解释世界的统一性;又用禀气之精粗厚薄多少之不同,来解释世界的多样性。同样,他也用人禀气和所禀之气厚薄多少的不同来解释人性的由来和人性之有善有恶、有贤有愚。他说:

> 禀气有厚泊,故性有善恶也。残则受仁之气泊,而怒则禀勇渥也。仁泊则戾而少慈,勇渥则猛而无义,而又和气不足,喜怒失时,计虑轻愚,妄行之人,罪故为恶。(《率性》)
>
> 人之善恶,共一元气;气有少多,故性有贤愚。(同上)

这就是所谓"禀气成性"。王充试图从自然界寻找人性的物质根源,显然与董仲舒的神学天赋人性论具有某种本质的区别,但把人性的来源归之于宇宙的本体,则与董仲舒相一致。而且,王充怎么也不能解释为什么由禀气的厚薄多少不同就会造成人性善恶贤愚之别。因而,当他说"残则受仁之气泊,而怒则禀勇渥也",也就背离了元气自然论的唯物主义原则,使物质性的"气"带上了道德属性,靠向了董仲舒。历史告诉我们,用自然的原因来解释人性的社会内容,无论在理论上还是在实践上,都是一条走不通的死胡同。

王充根据"禀气有厚泊,故性有善恶"的基本观点,考察了以往的各种"人性"主张。王充指出,孟子"以为人性皆善",荀子"以为人性恶",两者虽"有所缘",但皆"未得实也"。"董仲舒览孙孟之书,作情性之说",以阴阳论人性,"性生于阳,情生于阴。阴气鄙,阳气仁。曰性善者,是见其阳也;谓恶者,是见其阴者也",从而主张人性"有贪有仁"。王充认为:"若仲舒之言,谓孟子见其阳,孙卿见其阴也。处二家各有见可也",但以为性仁情鄙,把"性"与"情"截然分开,视"性"为"纯善",则"未能得实"。他说,人之情性,"同生于阴阳,其生于阴阳,有渥有泊;玉生于石,有纯有驳。情性生于阴阳,安能纯善?"而刘向则曰:"性生而然者也,在于身而不发;情接于物而然者也,出形于外。形外则谓之阳,不发者则谓之阴",认为"性在内不与接物"。其实——王充指出——"性亦与物接",刘向之说,"恐非其实"。且"不论性之善恶,徒议外内阴阳,理难以知"。总之,"自孟子以下,至刘子政,鸿儒博生,闻见多矣。然而论情性竟无定是"。王充认为,只有周人世硕和公孙尼子之徒"颇得其正"。他们"以为人性有善有恶。举人之善性,养而致之则善长;性恶,养而致之则恶长"。在王充看来,"人性有善有恶",如同"人才有高有下"一样,有的为善,有的为恶。此外,他又同意告子和扬雄的观点,认为还有一种"无善恶之分"或"善恶混"的人性,但这只是"中人"之性。这样,王充从"人性有善有恶"的原则出发,把人性分为"上、中、下"三个等次:性善者,"中人以上者也";性恶者,"中人以下者也";性善恶混者,"中人也"。并且以孔子"性相近,习相远也","惟上智与下愚不移"的话为论据,认为可善可恶者,仅指"中人之性","至于极善极恶,非复在习"(以上引文均见《本性》)。就是说,中人以上和以下的性,则是不能"移易"的。这种说法,实与董仲舒无异,而且较董仲舒更为明确地表述了后来唐韩愈所谓"性三品"的观点。但是,应该指出,王充并没有贯彻人性善恶不能"移易"的原则,相反,他在《率性》篇中,提出了"人之性,善可变为恶,恶可变为善",即人性"异化"的观点。正是在这一点上,体现了王充人性论的长处和对以往人性论的发展。

就禀气成性而言,王充认为"论人之性,定有善有恶",人性善、恶是先天的禀赋。但同时又明确指出:

> 凡含血气者,教之所以异化也。(《率性》)

这是说,通过后天的圣教习俗和自我修养,禀气而成的善恶本性是必定可以变易的("性必变易")。王充的这一观点,显然与他在《本性》篇中的"性有善不善,圣化贤教不能复移易也"相对立,然而却符合他"学之乃知"和"愚夫能开精"(《实知》)的唯物主义认识论的原则。或者说,王充从唯物主义认识论的角度提出了人性"异化"或善恶"变易"的思想。事实也正是这样,他说,譬如蓝丹之染丝,"染之蓝则青,染之丹则赤","人之性,善可变为恶,恶可变为善,犹此类也"

(《率性》)。又说：

> 蓬生麻间，不扶自直；白纱入缁，不练自黑。彼蓬之性不直，纱之质不黑，麻扶缁染，使之直黑。夫人之性犹蓬纱也，在所渐染而善恶变矣。（同上）

从这一意义上说，王充认为人之善恶主要决定于后天环境的"渐染"。即所谓"竟在化而不在性也"，"在于教，不独在性也"。从而肯定了"教训之功"。他举例说，子路在未入孔门之时，"戴鸡佩豚，勇猛无礼……恶之甚矣。孔子引而教之，渐渍磨砺，阖导牖进，猛气消损，骄节屈折，卒能政事，序在四科。斯盖变性使恶为善之明效也"（同上）。甚至认为像丹朱那样的坏人，在"学校勉其前，法禁防其后"的条件下，"亦将可勉"，化恶为善。

然而，恶的本性为什么可以通过教育而化为善呢？对此，王充看到了"心"或"心意"的作用。他说：

> 夫性恶者，心比木石，木石犹为人用，况非木石，在君子之迹，庶几可见。（《率性》）

在认识论上，王充不仅强调感觉经验，主张"须任耳目以定情实"（《实知》），而且还肯定了理性（"心"）的作用，"必开心意"（《薄葬》），"以心而原物"（《薄葬》），这是因为"心"具有思考、分析问题和判断是非的能力。王充认为，性恶者的心也具有这种能力，而这正是"教训之功"的根据。因此，王充在强调教育和环境对于变易本性所起作用的同时，也注意到了受教育者的主观能动性，肯定了自身的学习和修养。他说：

> 夫学者，所以反情治性，尽材成德也。（《量知》）

又说：

> 气有少多，故性有贤愚。西门豹急，佩韦以自缓，董安于缓，带弦以自

促,急之与缓,俱失中和。然而韦弦附身,成为完具之人,能纳韦弦之教,补接不足,则豹、安于之名可得参也。(《率性》)

这样,一方面是通过教育、环境以及法禁的作用,另一方面是学习、修养即发挥人的主观能动性,两者相互为用,即可使人性"异化",变恶为善。这是对荀子的"化性起伪"、"积善成德"思想的继承和发挥。

王充不仅肯定了教育、习俗对于善恶变易的作用,而且还看到了人们的物质生活水平对于社会道德状况的影响,进而又提出了"为善恶之行,不在人质性,在于岁之饥穰"的主张。他说:

> 夫世之所以为乱者,不以盗贼众多,兵革并起,民弃礼义,负畔其上乎?若此者,由谷食乏绝,不能忍饥寒。夫饥寒并至,而能无为非者寡;然则温饱并至,而能不为善者希。传曰:"仓廪实,民知礼节;衣食足,民知荣辱。"让生于有余,争起于不足。谷足食多,礼义之心生;礼丰义重,平安之基立矣。故饥岁之春,不食亲戚;穰岁之秋,召及四邻。不食亲戚,恶行也;召及四邻,善义也。为善恶之行,不在人质性,在于岁之饥穰。由此言之,礼义之行,在谷足也。案谷成败自有年岁,年岁水旱,五谷不成,非政所致,时数然也。(《治期》)

王充的这段话,是对管仲思想的发挥。他肯定了以谷食为主的人们生活的物质利益对道德状况的直接影响,甚至抛弃了禀气成性的人性论前提,认为这种影响具有决定性的意义。并以此为据,批评了孔子教子贡"去食存信"。王充认为:"口饥不食,不暇顾恩义也";"去食存信,虽欲为信,信不立矣"(《问孔》)。并且指出,孔子一则"教子贡去食存信",一则又"语冉子先富之而后教之",这两种说法,"所尚不同",自相矛盾。王充的诘问,是属在理,但把谷食多少即人们的物质生活水平与社会道德状况的关系,夸大为决定与被决定的关系,最后又把谷食之足与不足归结为天时历数,陷入了机械决定论。这实际上也就排除了"学以成德"和"教训之功"。所谓"去信存食,虽不欲信,信自生矣"(同上),便是一个明显的例证。

三、驳"福善祸淫"及"性与命异"说

王充既讲"性",又谈"命"。"操行善恶者,性也;祸福吉凶者,命也。"(《命义》)"性"与"命"的关系,也即义"、"命"之辨,它所讨论的问题,实际上与道德操行与吉凶祸福的关系有关。对此,王充用了大量的笔墨,在《论衡》的《逢遇》、《累害》、《命禄》、《气寿》、《幸偶》、《命义》、《吉验》、《骨相》、《初禀》、《福虚》、《祸虚》等篇中作了集中的论述。

道德操行与吉凶福祸的关系,是中国伦理思想史上的一大问题。宿命论者把吉凶福祸视为"命定",但在回答性与命或义与命的关系时,则至少有两种不同的观点。一种观点认为,"命"随"义"而定。善有善报,恶有恶报;一个人的吉凶福祸之命是上帝对他的善恶行为的报应。所谓"皇天无亲,唯德是辅","天道福善祸淫",就是这种义命观的反映。另一种观点则认为,"命"、"义"不相通;个人的吉凶福祸贫富贵贱虽由命定,但与他的善恶操行无关。王充的义命观或性命论,就属于后一种观点。

王充用元气自然论批判神学目的论,不愧为杰出的唯物主义者。但当他用元气自然论解释人的贫富贵贱、吉凶福祸命运时,却是一个不折不扣的宿命论者。自然,王充的宿命论与宗教命定论有原则的区别,体现了无神论和反"天人感应"的批判精神,因而他没有完全同意当时流行的"命有三科"之说。所谓"命有三科",即"正命"、"遭命"和"随命"(《白虎通义·三命》表述为"寿命"、"遭命"和"随命")。王充同意有"正命"、"遭命"。他说:"性然骨善,故不假操行以求福,而吉自至,故曰正命";"行善得恶,非所冀望,逢遭于外而得凶祸,故曰遭命"(《命义》)。但与宗教神学不同,认为它们不是上帝所授,而是禀气而定、偶适自然,至于"随命",王充作了断然的否认。并由此展开了他关于"性与命异"的性命论。

所谓"随命",按《白虎通义》的说法是,"有随命以应行",认为人的吉凶福祸是上天对他的善恶行为的报应。即如王充所说:"戮力操行而吉福至,纵情施欲而凶祸到,故曰随命。"(《命义》)对此,他在《福虚》篇中又作了更明确的揭示:"世论行善者福至,为恶者祸来。福祸之应,皆天也。人为之,天应之。阳恩,人君赏

其行;阴惠,天地报其德。无贵贱贤愚,莫谓不然。"显然,这是一种宗教命定论和"天道福善祸淫"的因果报应论。对此,王充从理论和事实两方面进行了驳斥。

王充认为:

> 命,谓初所禀得而生者也。人生受性则受命矣。性命俱禀,同时并得,非先禀性后乃受命也。(《初禀》)

这是说,性、命同时俱禀,无分先后,因而也就不存在命随性生或吉凶祸福之命"随操行而至"的可能,这就从根本上否定了"随命"说。既无先后之分,岂有因果报应之理? 据此,王充指出,言随操行而至的"命","此命在末不在本也"(《命义》)。"如实论之,非命也。"(《初禀》)所以,在王充看来,儒者谓文王得赤雀、武王得白鱼赤鸟是"文武受命于天",是由于文、武"修己行善,善行闻天,天乃授以帝王之命也"的观点是荒谬的,帝王未践位以前得珍奇异兽的现象,只不过是"黯然谐合,若或使之",实际上是一种偶然的巧合,并无因果的必然的联系。他说:"非天使雀至白鱼来也,吉物动飞而圣遇也。"(《初禀》)

王充又认为,性与命之所以不具有前因后果的报应关系,还在于两者有着各自不同的特点。这就是,"性"可变易,而"命"不可改。因此,道德操行可求而成,而"命则不可勉"(《命禄》)。就是说,与性俱禀的富贵贫贱之命,决不会随着善恶操行而变易,也不会由于后天作为而改变。"命当贫贱,虽富贵之,犹涉祸患矣;命当富贵,虽贫贱之,犹逢福善矣。故命贵从贱地自达,命贱从富位自危。"(同上)显然,在王充看来,性与命或义与命,是两个互不相关、各自独立的系列。所以他说:

> 夫性与命异,或性善而命凶,或性恶而命吉。操行善恶者,性也,祸福吉凶者,命也。或行善而得祸,是性善而命凶;或行恶而得福,是性恶而命吉也。性自有善恶,命自有吉凶。使命吉之人,虽不行善,未必无福;命凶之人,虽勉操行,未必无祸。(《命义》)

例如,颜渊、伯牛,好学行善;屈原、子胥,尽忠辅上。按"福善祸淫"的"随命"之说,他们皆当"福祐随至"。然而,颜渊早夭,伯牛遭疾,屈原自沉,子胥伏剑,皆祸及其身。而"盗跖庄𫏋横行天下,聚党数千,攻夺人物,断斩人身,无道甚矣。宜遇其祸,乃以寿终"。"夫如是,随命之说,安所验乎?"(同上)相反,倒是证明了"性与命异"。

那么,从理论上又怎样概括"行善而得祸"、"行恶而得福"的现象呢?对此,王充提出了"偶会"说,认为这是"自然之道,适偶之数",是两种"必然"系列的偶然会合。例如,子胥伏剑,屈原自沉,并非"子兰、宰嚭诬谗,吴楚之君冤杀之也",而是"偶二子命当绝,子兰、宰嚭适为谗,而怀王、夫差适信奸也。君适不明,臣适为谗,二子之命,偶自不长。二偶三合,似若有之;其实自然非他为也"(《偶会》),其间没有因果联系。同理,吕望享贵,傅说德遂,也只是"文王时当昌,吕望命当贵;高宗治当平,傅说德当遂。非文王、高宗为二臣生,吕望、傅说为两君出也"(同上)。这里,王充确实涉及了必然与偶然的关系。然而,王充所谓的"偶合",是两种无任何内在联系的"命"系列的巧合,乃是一种纯粹的偶然性。因而也就不能"从必然性得到说明"。于是,最后也只能归结为"命",王充称之为"幸偶"(如吕望之遇文王)或"不幸"(屈原之遇怀王)。他明确认为:"凡人遇偶及遭累害,皆由命也。"(《命禄》)其实,从抽象的宿命论立场出发,是必定要割裂必然与偶然的关系的,不是"命定",就是"偶会";不能用"必然"解释的现象,就用"偶然"来说明。王充正是通过这两种形似对立、实则相通的理论形式,来论述他的"性与命异"的观点的。

应该指出,王充的"性与命异"的观点及其对"随命之说"的驳斥,不仅体现了王充对"天人感应"和神学目的论的否定,而且包含了王充的愤世嫉俗和对时俗流弊的批判精神。

由于社会关系的复杂,尤其是在阶级对立的私有制社会中,尽管不同的阶级对善恶标准和祸福含义有着不同的理解,但在一定的道德生活范围内,善与福、恶与祸之间的不一致,甚至相背离的现象无疑是普遍存在的事实。在王充生活的东汉,这种情况显得十分突出。所谓"举孝廉",实际已成了投机者的入仕捷径,许武让产、赵宣葬母的闹剧,就是对"行善者福至"的莫大讽刺。而那些豪门世族则依仗于手中的权力即可直接指定"孝廉",举为官吏,笼为党羽。对此,王充揭露说:"处尊居显未必贤","位卑在下未必愚"(《逢遇》)。一方面是,

"无篇章之诵,不闻仁义之语。长大成吏,舞文巧法,徇私为己,勉赴权利。考事则受赂,临民则采渔,处右则弄权,幸上则卖将。一旦在位,鲜冠利剑,一岁典职,田宅并兼"(《程材》);而另一方面则是,有德者"以忠言招患,以高行招耻"(《累害》)。这种时弊,正戳穿了"随命之说"的虚妄不实,并成了王充"性与命异"说的事实根据。诚然,王充对善恶操行与吉凶祸福相悖现象的解释和概括是非科学的,甚至是荒谬的,但他没有粉饰时俗,实际上这些恰恰体现了他对豪门世族的鄙视。既然"贵贱在命,不在智愚;贫富在禄,不在顽慧"(《命禄》),而"命"又非"天命",是"初禀自然之气",这就除去了权贵们的圣灵神光,就是说,他们没有什么可尊敬之处。他明确申言:

> 身通而知困,官大而德细,于彼为荣,于我为累。偶合容说,身尊体佚,百载之后,与物俱殁。名不流于一嗣,文不遗于一札,官虽倾仓,文德不丰,非吾所臧。(《自纪》)

这是对"以位论德"的断然否定,充分体现了作为"细族孤门"的王充不满豪强、愤懑时弊的鸿志高节。但是,当王充认为富贵贫贱都是禀气命定时,却又无可奈何地承认了行善遭祸、为恶得福的不合理的现实,对贫贱地位采取了"浩然恬忽,无所怨尤"(同上)的消极态度。这是宿命论的题中应有之义,也就是说,在王充思想中,宿命论的观点正压抑了对时俗的批判精神。然而,历史的发展毕竟要冲破宿命论的迷雾。

到了东汉后期,由于外戚、宦官专权,政治更加黑暗,社会危机深重。王充在"性与命异"说中所揭露的社会弊端愈演愈烈,那些官僚豪族利用察举制和征辟制,相互勾结,弄虚作假,大量选拔亲属故旧,出现了一个个累世公卿和门生、故吏遍天下的豪族官僚集团。正是这种"以族举德"、"以位命贤"及由此而造成的"无德而富贵"的腐败现象,又直接带来了名教的危机。在这种情况下,出身微贱的进步思想家王符(约 85—约 162)继王充而起,"指评时短,讨谪物情"(《后汉书·王符传》),作《潜夫论》36 篇。他猛烈抨击"以族举德"、"以位命贤"的腐败现象,把"无德而富贵"者比作是"凶民之窃官位、盗府库者也",指斥他们是"盗天"之贼。而"盗人必诛,况乃盗天乎!"(《遏利》)甚至认为"世主欲无功之人而强富之,则是与天斗也,使无德况之人与皇天斗,而欲久之,自古以来,未之尝有也"(《思贤》)。这就是说,那些无德而居富贵的豪门世族,是不能长久的。因此,他虽说:"凡人吉凶,以行为主,以命为决"(《巫列》),但是在对社会时弊的批判中,实际上冲破了"以命为决"的界限。而这正从一个侧面预示着东汉王朝行将灭亡的趋势,同时也反映了名教纲常日益成为豪门世族用以装饰门面的工具而流为有名无实的道德躯壳,而作为维护名教纲常的神学和经学也终将丧失其欺骗的作用。最后,张角领导的黄巾起义,以武器的批判宣告了神学目的论思想统治的破产。继汉而立的封建统治者需要寻找一种新的理论形式来维护名教纲常,这就是产生于魏晋时期的玄学和玄学伦理思想。

第四章
魏晋时期的伦理思想

第一节 名教危机与"玄学"伦理思想的产生及其特点

公元184年爆发的黄巾起义给东汉王朝以致命的打击,接着就是"天下分崩"、军阀混战的"三国鼎立",从而结束了汉代"大一统"的局面。而自曹丕代汉称帝(220年)到西晋灭亡(316年),仍是一个杀夺无常、动荡不安的乱世。这种情况,至东晋、南北朝犹然。

汉末以后的社会变乱,反映在政治、思想领域中的一个突出现象是,儒学"独尊"地位的丧失和作为魏晋时期主要思潮——"玄学"的兴起。

"玄学",因《老子》"玄之又玄,众妙之门"而得名,始倡于魏齐王芳正始年间(240—249),史称"正始之音"。当时,以何晏、王弼为首的一批名士,一改支离烦琐、神秘僵化的汉代经术,"祖述老庄","辩名析理",以改造了的道家思想解释儒家经典,糅合儒道;出言以玄远为高雅,崇尚虚无无为之理,经常聚相辩论,即所谓"清谈"。后进之士,"递相夸尚,景附草靡","玄风"从此大盛。

由两汉经学而衍变至魏晋玄学,固然有其思想史发展的自身根据,但是,对于伦理思想史来说,还必须考察这一衍变的社会伦理背景,这就是自东汉后期就开始出现的名教危机。

"名教",亦称"礼教",源于孔子的"正名"主张与礼制的结合。汉儒综合"名"、"法",要求等级名位各有其相应的礼义德行,即所谓"名位不同,礼亦异数"(《汉书·艺文志》),以此为教,用来维系封建的宗法等级秩序。汉代品评人物,选拔官吏以德行为标准,正体现了"名教"的要求。但是,自东汉后期开始,名教产生了深刻的危机。这一方面是由于王充等唯物主义者对以论证名教神圣性的神学目的论的批判和黄巾起义对名教统治的有力打击;另一方面也是由于封建统治阶级内部矛盾衍化的结果。

自汉武帝开始实行"独尊儒术"以后,"经学"成为入仕捷径,训诂章句成了时髦学风。而正当儒生们趋之若鹜的时候,经学也就陷于烦琐支离而成为僵死的教条,如"说五字之文,至于二三万言"(《汉书·艺文志》)。于是,"经学"作为推行名教的工具,成了"学者之大患"(同上)而失去其维系人心的作用。

同时,由于"独尊儒术",汉代的大官僚多由经术起家,他们一面做官,一面授徒,死后由子孙继承"家学",逐渐成为按宗法门第而世袭特权,即"累世公卿"的世家望族。正是这些人,利用他们的名望和权力,在选拔官吏中,操纵对选拔官吏至关重要的人物品评,垄断"察举"、"征辟",大量选拔亲属故旧,扩大自己的势力,致使在东汉后期,普遍出现了"以族举德"、"以位名贤",甚至"以钱多为贤,以刚强为上"(《潜夫论·考绩》)等种种弊端,造成了"名实不相副"(即名位与德行相悖)的腐败现象:"举秀才,不知书。察孝廉,父别居。寒素清白浊如泥,高第良将怯如鸡"(《抱朴子·审举》),有道德之名而无德行之实。正如汉末进步思想家徐干所指出的:"详察其为也,非欲忧国恤民;谋道讲德也,徒营己治私,求势逐利而已。"对此,他感叹道:"嗟乎,王教之败乃至于斯乎!"(《中论·谴交》)"王教之败",亦即"名教"之败。名教竟成了"纯盗虚声"的工具而变得极其虚伪了。东汉有个叫赵宣的,"葬亲而不闭埏隧,因居其中行服二十余年,乡邑称孝,州郡数礼请之"(《后汉书·陈王列传》),一时成了名士,高官厚禄唾手可得。可是,当郡里把他荐给太守后,发现他行服二十余年竟在墓道里生了五个儿子。这就完全暴露了他"窃名伪服"、"纯盗虚声"的本质。名教之虚伪、败坏由此可见一斑。

自东汉后期以来的名教危机,到了魏晋时期,由于"九品中正法"的推行和门阀士族腐朽的生活方式而益加严重。

魏文帝曹丕为了纠正汉代任官制的流弊,推行所谓"九品中正法",即由政府设立专门评品人才的"中正官"把人才分为九等,以备各级政府任用。然而,评定人才的标准仍以门第高低为依据,"皆取著姓士族为之"。其结果是,"尊世胄,卑寒士,权归右姓"(《新唐书·柳冲传》),还是"上品无寒门,下品无势族"(《晋书·刘毅传》)。这实际是从制度上否定了以"治经"求仕的捷径,从而使"经学"失去了固有的诱惑力而更趋衰落,又由于它的烦琐和僵化,于是,原作为维护名教工具的汉代"经学"被抛弃就是势所必然的了。

由汉代世家望族衍变来的门阀士族,是魏晋时期的统治者。他们既是政治贵族,又是精神贵族,位居要津,而"身行弊事"、骄奢淫逸、放荡不羁,其生活方式极为腐朽。对此,《世说新语》、《崇有论》、《抱朴子》等多有揭示。《抱朴子》谓士族的生活方式是:"唯在于新声艳色,轻体妙手,评歌讴之清浊,理管弦之长短,相狗马之勤驽,议遨游之处所,比错涂之好恶,方雕琢之精粗,校弹棋樗蒲之巧拙,计渔猎相捔之胜负,品藻妓妾之妍蚩,指摘衣服之鄙野,争骑乘之善否,论弓剑之疏密。招奇合异,至于无限,盈溢之过,日增月甚。"(《崇教》)终日沉湎于酒色淫乐之中。"或乱项科头,或裸袒蹲夷,或濯脚于稠众,或溲便于人前,或停客而独食,或行酒而止所亲……"(《刺骄》)

当然,对于魏晋时期的这种生活方式,我们不能一概而论,有的名士(如嵇康)虽亦放荡不羁,但"立志则高",表示了他们对虚伪名教礼俗的鄙弃。但就总体而言,毕竟反映了门阀士族腐朽、贪婪的阶级本性。正因如此,名教礼义也就在他们身上被败坏殆尽了,有道是:"时俗放荡,不尊儒术,何晏阮籍素有高名于世,口谈浮虚,不遵礼法,尸禄耽宠,仕不事事。至王衍之徒,声誉太盛,位高势重,不以物务自婴,遂相放效,风教陵迟"(《晋书·裴颜传》),"遂令仁义幽沦,儒雅蒙尘,礼坏乐崩,中原倾覆"(《晋书·范宁传》)。这些虽出自正统儒家之口,不无夹杂主观好恶之情,但正说明了魏晋时期由于门阀士族的腐朽生活方式给名教造成了更深刻的危机。

名教虽产生了危机,但并不等于名教礼义已不再适应封建统治的需要。恰恰相反,儒家所提倡的那套纲常名教,一直是魏晋统治者用以翦除异己和统治人民的工具,他们标榜"以孝治天下"就是一个明证。这就是说,门阀士族一方面用自己的行为破坏名教,一方面又要竭力利用和维护名教。这种对待名教的两面性,为封建统治者所共有,只是在门阀士族身上表现得更为突出。由于经学、神学目的论已经到了穷途末路,而统治阶级放荡荒淫的生活态势又难以逆转,那么,要使这一传统的名教利器继续发挥作用,就必须另辟蹊径,寻求新的理论依据和表现形式。这种新的理论,就是以汉末以来因"名实不相副"而引起"名实"之辨的发展作为思想前提,由"正始"名士何晏、王弼所创立,名曰"玄学"。

"玄学"的产生,不但为名教找到了一种新的理论根据,而且还通过"清谈"玄理的方式替门阀士族的腐朽生活方式作了辩护和掩饰。"清谈"作为"玄学"的表现方式和学风,是汉末"清议"的衍变,但与"清议"有本质之别。所谓"清议","上议执政,下讥卿士"(《后汉纪·桓帝纪》延熹九年九月条),以名教为是非标准，评讥时事，臧否人物。而玄学"清谈"，则以抽象的玄理为论题，以精致的思辨形式，一改两汉经学的烦琐支离；以手握麈尾①，宾主自由"通"、"难"②的形式，一反传统的缙绅仪态。对此，儒雅斥之为"悖礼伤教，罪莫斯甚！"(《世说新语·赏誉》注引邓粲《晋记》)而名士却标榜是"玄妙"、"旷达"。因名士皆居"上品"高位，于是贵族子弟竞相仿效，"清谈"玄风遂成时尚。

同时，魏晋名士所以竞尚清谈，还因为清谈玄理也是当时逃避现实、避祸保身的一种方式。魏晋是篡杀之世，曹氏与司马氏历来猜忌，滥加杀伐，造成了"魏晋之际，天下多故，名士少有全者"(《晋书·阮籍传》)的恐怖局面。身居高官而心忧祸殃，吏部尚书何晏诗曰："鸿鹄比翼飞，群飞戏太清；常畏大网罗，忧祸一旦并。"正反映了在得失急骤、生死无常的时局下名士们的心态。而清谈玄理不失为一种避祸保身的妙法。史载："司马昭称，'天下之至慎者，其唯阮嗣宗乎！每与之言，言及玄远，而未尝评论时事，臧否人物，可谓至慎乎！'"(《世说新语·德行》注引《魏氏春秋》)阮籍就是借助清谈玄理，才保住了自家性命的。这也是清谈成风、玄学之所以盛行的原因之一。

总之，"玄学"因名教的危机而产生，然而并非是对名教的否定，恰恰相反，而是对名教危机的挽救。这就规定了"玄学"（这里主要指玄学的伦理思想）具有不同于两汉儒家伦理思想的特点。

首先，伦理思想论证主题的不同。以董仲舒为代表的汉儒，其伦理思想的主要目的是为封建统治建立一套完整的名教纲常体系，并围绕着意志化了的"天道"与"人道"的关系对名教纲常的来源作了神学目的论的论证。与之有别，玄学家的任务不在于重建名教纲常，他们"祖述老庄"，崇尚"自然"，目的在于为名教的存在提供一种新的形而上的根据。于是，论证"自然"与"名教"的统一，就成了玄学伦理思想的主题。这实际上是"天人合一"的玄学形式，是玄学家援道入儒、调和儒道的集中体现。

《晋书·阮瞻传》载：

---

① 麈系麋属动物，体大尾长，是鹿群中的领头者，有群伦领袖之概。麈尾原用于驱蝇，清谈家执之，则为仪瞻之表率。端饰玉柄，以别寒微，成为谈士的象征。不仅在玄谈时握麈尾以指划，甚至死后有随葬麈尾之举。
② "通"，谈主先立论题叙述自己的观点。"难"，即宾方（难者）就谈主的论题进行论辩。

> 戎(即王戎)问曰:"圣人贵名教,老庄明自然,其旨同异?"瞻曰:"将无同。"

这就是所谓"三语椽"的故事。《世说新语·文学》虽指为王衍阮修事,但所述内容则一。"将无同",犹言莫不是相同或该是相同。意谓周孔的名教与老庄的自然是相同的。其语虽出于晋初,但其义概括了自"正始"以来的玄学主题。如何晏,《世说新语·文学》注引《文章叙录》说:

> 自儒者论,以老子非圣人,绝礼弃学。晏说与圣人同,著论行于世也。

其"老子与圣人同"之论著今虽不存,但从张湛《列子·仲尼篇》注引《无名论》片断可见,所说"同"者,正在"无"耳。"夫道者,惟无所有者也。……自然者,道也。道本无名,故老氏曰:'强为之名。'仲尼称尧'荡荡无能名焉'。"王弼则更有"圣人体无"之说(《三国志·王弼传》)。"无"原是老子宇宙观的核心,何、王将其改造成天地万物之虚无本体,主张"天地万物皆以无为本";"无"即"道"、"自然"。他们都说圣人与老子"同"于"无"("自然"),力图调和儒道,把自然与名教统一起来,从而为名教的存在提供"玄学"根据,也为门阀士族的腐朽生活方式作了辩护和掩饰。

我们认为,这一"圣人贵名教"与"老庄明自然"、"将无同"的思潮,是魏晋玄学的主题和主流。自王弼提出"名教本于自然"以后,中间虽出现了嵇康的"越名教而任自然"和裴颁崇"有(名教)"而非"无(自然)"的思想,但从"玄学"发展自身规律来看,不过是一个"将无同"的中间否定环节,最后终于在向秀、郭象"名教即自然"那里,达到了"名教"与"自然"的完全统一,即达到了"玄学"及其伦理思想发展的最高阶段。

其次,在理论形态上,玄学伦理思想以纯哲学的思辨形态取代了汉儒以意志化的阴阳五行为构架的神学形态,这是玄学伦理思想的又一显著特点。标志着中国古代哲学思想和儒家伦理思想在理论形态上的一次重大转型。

"玄学"以《老子》、《庄子》、《周易》(即所谓"三玄")为基本经典,把老子的"有"、"无"问题提到了本体论的高度,并展开为本末、体用、动静之辨,从而把中国古代哲学推进到了一个新的历史阶段,也为中国古代伦理思想的发展提供了新的理论形态;"名教"与"自然"的关系,在理论上是"有无"(本末、体用、动静)之辨在伦理思想中的贯彻和体现。就是说,在哲学本体论上对"有"、"无"之辨的不同观点,也就从理论上规定了对"名教"与"自然"关系的不同回答,从而对名教存在的论证获得了富有思辨性的本体论的理论形态。这在王弼和郭象那里表现得尤为明显。

其三,对人生问题的关注成为伦理思想的一个突出议题。这不仅是因为"玄学"所崇尚的道家思想本身就有一套应时的人生哲理;更根本的还在于魏晋时代的社会现实。

如上所说,魏晋是篡杀之世,而参与杀夺的门阀士族集团,其生活方式又极为贪婪淫逸。因此,当权的门阀士族既想穷奢极欲享乐一生,同时又对于自己的地位、性命,忧心忡忡,不可终日。于是,如何了此一生,又何以"安身"、"自保",就成了他们日思夜虑的人生主题。《列子·杨朱篇》所鼓吹的"尽一生之欢,穷当年之乐"的人生价值观和享乐主义幸福观,正赤裸裸地反映了门阀士族穷奢极欲的生活方式,回答了"如何了此一生"的问题;而王弼提出的"慎终除微"的"自保"之术,则反映了门阀士族(当时指曹氏集团)"常畏大网罗,忧祸一旦并"的恐患心理,回答了"何以'安身'、'自保'"的问题。

同时,在残酷争斗中因其集团遭受失败而失意的一些名士,如"竹林七贤"①中的嵇康、阮籍、刘伶等,他们既不满司马氏集团篡政,因而就有遭杀身之祸的危险,但又无力改变既成的严酷现实,所谓"终身履薄冰,谁知我心焦"(阮籍《咏怀诗》第三十三);"对酒不能言,凄怆怀酸辛"(阮籍《咏怀诗》第三十四),正表明了他们愤俗之志欲发不能、欲罢不愿的心境。于是采取了"愿登太华山,上与松子游。渔父知世患,乘流泛轻舟"(同上·第三十二)的人生态度。他们的人生观似"托好老庄",但又与庄子有别,这在嵇康那里尤为突出,他提出的"养生论",虽以"意足"为"至乐"的人生理想,但其志始终"不与物迁",不"降心顺世",没有屈从恶劣的世道,坚持与世俗礼教不两立的立场和独立人格,至死不屈!其中确有可贵之处。

---

① "竹林七贤":魏晋间七个文人名士的总称。《魏氏春秋》:"(嵇康)与陈留阮籍、河内山涛、河南向秀、籍兄子咸、琅邪王戎、沛人刘伶相与友善,游于竹林,号为七贤。"(《三国志·魏志·嵇康传》裴松之注引)

在魏晋的诸种人生论中,还有如裴颜那样站在儒家立场上批判享乐主义、纵欲主义的人生论和如郭象所鼓吹的"各安其分"、各"安于命"的人生观。前者有一定的合理之处;而后者则把儒家的"知天乐命"与庄子的"顺世安命"结合一体,为封建统治者提供了一种使人民安于名教秩序的精神枷锁,必须予以批判。

显然,考察魏晋时期的各种人生论主张,也是研究这一时期伦理思想的一个重要课题。

第二节　王弼对"名教"的玄学论证

王弼(226—249),字辅嗣,魏山阳(今山东省金乡县西北 40 里一带)人,汉末著名士族王粲的侄孙。"幼而察慧,年十余,好老氏,通辩能言"(《魏志·钟会传》注引何劭《王弼传》),深得何晏赏识,叹称:"仲尼称后生可畏,若斯人者,可与言天人之际乎!"(同上)何晏与王弼同唱"正始之音",开创"玄学"之风,但王弼的思想深度超过了何晏,成为玄学"贵无论"的主要代表。虽年仅 24 而亡,但其著作甚多,主要有:《老子注》、《周易注》、《老子指略》、《周易略例》和《论语释疑》。楼宇烈的《王弼集校释》汇集了王弼现存的全部著作。

王弼援道入儒,建立了一个由"以无为本"的宇宙本体论为基础的玄学体系。其中,在伦理思想方面,着重论述了"名教"与"自然"的关系,主张"名教本于自然",给"名教"的来源和存在以玄学的论证,又及人性论和人生哲学,其内容和形式与汉代儒家神学伦理思想迥然有别。王弼的玄学伦理思想给宋代理学及其伦理思想以重要的影响。

一、"名教本于自然"[①]的道德本体论

西汉董仲舒以神学目的论的"天人合类"说立论,论证了名教纲常的来源;

---

① "名教本于自然",是学术界对王弼关于自然为"本"、名教为"末"思想的一种概括。

王弼则由"以无为本"的客观唯心主义的宇宙本体论立论,不仅论证了名教的来源,而且给名教的存在提供了形而上的根据,用"名教本于自然"的道德本体论取代了董仲舒的"道之大原出于天"的道德本原论;用形而上的哲学思辨形态取代了粗糙的神学形态。完成了儒家伦理思想在哲学形态和理论思维上的一次重大转型。

王弼提出天地万物皆"以无为本",是对《老子》"有生于无"(《老子》第四十章)的继承和改造。在《老子》那里,"无"与"有"的关系,是"母"与"子"的关系,"无"是"先天地生"的"独立"自存的世界本原,基本上属于宇宙生成论的范畴。王弼则有所不同。他说:"母,本也;子,末也"(《老子注》第五十二章),把《老子》的"无"—"母"、"有"—"子",改造为"无"—"本","有"—"末"。他注《老子》"有生于无"说:"有之所始,以无为本。"同时,"无"作为"有"之"本",又是存在于"有"之中的"体",而"有"则是"无"之"用",是"无"的作用和表象。王弼明确指出:"万物虽贵,以无为用,不能舍无以为体也。"(《老子注》第三十八章)"无"与"有",又是体用统一的关系。总之,"无也者,开物成务,无往而不存者也,阴阳恃以化生,万物恃以成形,贤者恃以成德,不肖恃以免身"(《晋书·王衍传》),"无"是天地万物——"有"赖以生成和存在的形而上根据,显然具有宇宙本体论的特点。

王弼的"无",是"无形无名",即没有任何具体规定性的逻辑抽象。惟其如此,王弼认为:"故能为品物之宗主,苞通天地,靡使不经也。"(《老子指略》)这个"无",也就是"道"。"道者,无之称也,无不通也,无不由也,况之曰道,寂然无体,不可为象。"(《论语释疑·述而》)然而它"无为无造",没有意志,没有目的,所以又谓之"自然"(《老子注》第五章);"自然"是道之性,"道不违自然,乃得其性",又说:"自然者,无称之言,穷极之辞也"(《老子注》第二十五章)。可见,在王弼思想中,"无"、"道"、"自然",三者同一。

王弼正是根据他的"无"与"有"的本末、体用的本体论观点,展开了对"自然"与"名教"关系的论述。王弼认为,原始社会,人们无知无欲,处于"情同"而聚、"气合"而群的"朴"或"真"的"自然"状态。后来,"真散"了,于是"百行出,殊类生……圣人因其分散,故为之立官长"(《老子注》第二十八章)。又说:"始制官长,不可不立名分以定尊卑"(《老子注》第三十二章),"因俗立制,以达其礼也"(《论语释疑·泰伯》)。可见这种用来维护"贤愚有别,尊卑有序"的名教,就是本于"自然",由"自然"这个"母"化生出来的"子":

> 仁义,母之所生,非可以为母。形器,匠之所成,非可以为匠也。(《老子注》第三十八章)

因而又称"自然"之"道"——"无"为"五教之母"①(《老子指略》)。"自然"与"名教"的关系,就是"母"与"子"或"本"与"末"的关系;就体用关系而言,则"自然"为"名教"之体,"名教"是"自然"之用。这就是所谓"名教出于自然",或曰"名教本于自然",是"以无为本"的宇宙本体论在伦理观上的体现。

既然"自然"是"母"、是"本"、是"体";"名教"是"子"、是"末"、是"用",那么,要使"仁德之厚",就绝不是"用仁之所能"、"用义之所成"、"用礼之所济"(《老子注》第三十八章),即不是单靠弘扬仁义道德本身所能奏效的。王弼明确指出:"遂任名以号物,则失治之母也。"(《老子注》第三十二章)这种"舍其母而用其子,弃其本而适其末"(《老子注》第三十八章)的办法,不但不能维护名教,反而会导致名教的败坏。要维护名教之不败,就必须"守母"、"崇本";"必反于无也"。只有这样,才能"存其子"、"举其末",达到"形名俱有而邪不生,大美配天而华不作"(同上)。

王弼所谓的"守母"、"崇本",指的就是"寡私欲"、"见素朴",他说:"见素朴以绝圣智,寡私欲以弃巧利,皆崇本以息末之谓也。"(《老子指略》)。在王弼看来,人们之所以邪、淫、盗,破坏名教纲常,不是因为对名教本身倡导不力,捧得不高,恰恰相反,而是过分强调的结果。他说:

> 夫敦朴之德不著,而名行之美显尚,则修其所尚而望其誉,修其所道而冀其利。望誉冀利以勤其行,名弥美而诚愈外,利弥重而心愈竞。(《老子指略》)

这就是说,名教旨在修德,如果只是显尚美名善行,则反而会导致失德;"孝不任

---

① "五教",即《孟子·滕文公上》所谓"父子有亲,君臣有义,夫妇有别,长幼有序,朋友有信"。

诚,慈不任实,盖显名行之所招也"。于是,名教本身也就会被利欲之徒当作欺世盗名、沽名钓誉的工具而愈显虚伪。王弼明确指出:

  患俗薄而兴名行①、崇仁义,愈致斯伪,况术之贱此者乎?(《老子指略》)

这是对汉末以来名教危机的揭露和总结,其意并非要否定名教,而是为了提出一种与汉儒截然不同的维护名教之术,一种不是"扬汤止沸",而是"釜底抽薪"的办法:

  夫邪之兴也,岂邪者之所为乎?淫之所起也,岂淫者之所造乎?故闲邪在乎存诚,不在善察;息淫在乎去华,不在滋章;绝盗在乎去欲,不在严刑……故不攻其为也,使其无心于为也;不害其欲也,使其无心于欲也。……故竭圣智以治巧伪,未若见质素以静民欲;兴仁义以敦薄俗,未若抱朴以全笃实;多巧利以兴事用,未若寡私欲以息华竞。(《老子指略》)

也就是说,要维护名教,不在"竭圣智",而是要"绝圣弃智";不是在"兴仁义",而是要"绝仁弃义"。而"绝圣而后圣功全,弃仁而后仁德厚"。因为,绝圣弃仁,使民返朴归真,无知无欲,即所谓"崇本息末",然后无心为仁而仁存,无心为义而义存。所以,"绝仁,非欲不仁也",恰恰是为了使民行仁义、笃名教——"绝仁弃义,以复孝慈"(以上引文均见《老子指略》),这就叫做:"守母以存其子,崇本以举其末",也就是王弼用以维护名教、挽救名教危机的妙术。

  王弼的这一思想,包含了反对道德说教的合理因素,同时表明,道德行为不应该夹杂私利的动机;从利欲出发践履道德规范,就必然会使道德蜕化为争名逐利的工具,结果徒具空壳,这与老子的"无为"道德观相一致,也具有一定的合理性。但他把智慧当巧伪,把名教看成与知识、欲望乃至利益毫不相容的绝对"圣物",则是完全错误的,这不但排斥了道德认识,而且连自由意志、行为选择也一概否定了。他说:"万物以自然为性,故可因而不可为也,可通而不可执也。"

---

① 原作"名兴行",今据楼宇烈校改。

(《老子注》第二十九章)即要求"在方而法方,在圆而法圆,于自然无所违也"(《老子注》第二十五章)。实际上是一种宿命论的观点。至于他有关"寡私欲"、"绝巧利"的说教,对于劳动人民是一种愚弄,对于门阀士族则是绝对的空话!

还应指出,王弼主张自然为本、名教为末,本意虽在挽救名教的危机,但由于命题本身包含着对名教形式的轻薄,因而并没有达到"自然"与"名教"的统一。"崇本息末",虽然为门阀士族腐朽荒淫的生活方式提供了理论依据,但对于名教本身则是一种危害,有可能导致对名教的否定。

二、有性有情、以性统情的人性论

王弼又根据无与有的体用、动静关系的观点,讨论了性、情问题,主张有性有情、以性统情,进一步为维护名教提供了人性论的根据。

王弼认为"万物以自然为性",人也以"自然"为性;人性"自然","无善无恶",是本体之"无"在人性上的体现。他在解释孔子"性相近也"时说:

> 孔子曰:"性相近也。"若全同也,相近之辞不生;若全异也,相近之辞亦不得立。今云近者,有同有异,取其共是,无善无恶则同也,有浓有薄则异也,虽异而未相远,故曰近也。(《论语释疑·阳货》)

人"性"虽"无善无恶",但人"情"有"正"、"邪"之分。

王弼认为,情是感物而动的人之自然感情和欲望,他说:"喜惧哀乐,民之自然"(《论语释疑·泰伯》),而情之正、邪之分,关键在于是否"性其情"。他说:

> 不性其情,焉能久行其正? 此是情之正也。若心好流荡失真,此是情之邪也。(《论语释疑·阳货》)

"性其情",又谓"以情近性",意即以性统情,使情"顺其性也",这就是"情之正"。所以说:"情近性者,何妨是有欲。"(同上)反之,"若逐欲迁",情远性,也就是"不以顺性命,反以伤自然",就会使目盲、耳聋、口爽、心狂(《老子注》第十二章),便是"情之邪"。王弼指出,"近性"之所以能使"情正",在于性中自有仪则和虚静之体,他说:"能使之(情)正者何？仪也,静也。"(《论语释疑·阳货》)王弼所谓人性"自然"、"无善无恶",实为人性"虚静"朴实之意,而感物而生的情欲则是"动"的,即所谓"性静而情动"。"性其情",就是要做到以静制动,控制情欲,返本归静。他说:

> 静则复命,故曰"复命"也。复命则得性命之常。(《老子注》第十六章)

"性命之常",就是"虚静",于是使情"自正",进入"极笃",即朴实的境界。

在关于"情"的问题上,王弼还提出了"圣人有情"说。这一点,他的观点与何晏不同：

> 何晏以为圣人无喜怒哀乐,其论甚精,钟会等述之。弼与不同,以为圣人茂于人者神明也,同于人者五情也。神明茂,故能体冲和以通无；五情同,故不能无哀乐以应物。然则圣人之情,应物而无累于物者也。今以其无累,便谓不复应物,失之多矣。(何劭《王弼传》)

王弼认为,圣人与一般人一样,也有"五情",如圣人孔子,虽"明足以寻极幽微",可是遇到颜回仍然"不能无乐",颜回死了,也"不能无哀"。圣人不同于一般人的地方,在于圣人智慧超人,能"通远虑微,应变神化",体验寂然至无的本体。所以就能"浊乱不能污其洁,凶恶不能害其性"(《论语释疑·阳货》)；接物,却不累于物,有情,而不累于情。这就是说,感物而产生情欲是自然的,但心能自觉地控制情欲而不害性。也就是说,圣人能真正自觉地"性其情"。这就是王弼所塑造的理想人格,它体现了道家自然原则与儒家自觉原则的统一。

相比之下,何晏的"圣人无情"说是当众撒谎；王弼的"圣人有情"说则显得精微而又圆通。王弼的这一观点,为当时门阀士族放荡荒淫的生活找到了借口：他们虽然过着半人半兽的生活,但能"应物"而"无累于物",所以并不与"名教"相悖,同时,"性其情"对于小民来说,就是"息乱以静"(《周易注·屯》),要求老百姓无知无欲,"见素抱朴",于是天下就会宁而不乱,名教秩序也就得以维持了。

三、"慎终除微"的"自保"之术

在当时众多名士的游世避祸说中,以王弼的"自保"之术,最具理论特色。"自保之术"的理论出发点还是他的"有无本末(动静)"的本体论。王弼认为,作为宇宙本体的"无"是不变之"常","虽古今不同,时移俗易,此不变也"(《老子指略》)。而客观世界,即由"无"所始所成的万事万物则"运化万变"(《周易注·复》),"不可豫设"(《论语释疑·子罕》),"一时之吉,可反而凶也"(《周易略例·明卦适变通爻》)。王弼的这一吉凶无常的思想,深刻地反映了魏晋之际的政治险恶以及士人朝不虑夕的忧患心理。

当时,正是高平陵事变①前夜,曹氏集团与司马氏集团为了争权夺利,正勾心斗角,剑拔弩张。面对这种残酷激烈的政变势态,王弼预感到"天地之将闭,平路之将陂"(《周易注·泰》),一场大的政治变故即将发生。他"知危之至,惧祸之深"(《周易注·萃》),忧心忡忡地提出了以应付时局的"自保"之术。

在王弼看来,"夫安身莫若不竞,修己莫若自保。守道则福至,求禄则辱来",任何欲求,都是"凶莫甚焉"(《周易注·颐》)。因为,"求之者多,攻之者众"(《老子注》第四十四章),使自己"立乎讼地"、"立乎争地",成了"己以一敌人,而人以千万敌己"(《老子注》第四十九章)的众矢之的。所以,什么荣誉、宠爱之类的美名,切不可孜孜以求。"宠必有辱,荣必有患;宠辱等,荣患同"(《老子注》第十三章),迷恋宠荣,必将惹祸。

遗憾的是,人们虽然"惧祸之深",却不善于"自保";自保心切,却不愿反本于"无"。"众人迷于美进,惑于荣利,欲进心竞,故熙熙如享太牢,如春登台也。"(《老子注》第二十章)王弼认为,众人之所以如此,皆起因于不懂"虑终之患如始之祸"(《老子注》第六十四章)的道理。所以,要避祸自保,就必须在日常生活中"慎终除微,慎微除乱"(同上)。他说:

> 凡过之所始,必始于微而后至于著;罚之所始,必始于薄而后至于诛。……

---

① 嘉平元年春,司马懿父子乘曹爽兄弟倾巢出游高平陵之际,突然发动政变,占领京城洛阳,把曹爽兄弟及何晏等人一网打尽。从此,魏国政权实际上落入司马氏手中。

过而不改,乃谓之过。(《周易注·噬》)

可见,欲要免诛,必须无过;欲要无过,必须除微,"不可以微之故而弗散也"(《老子注》第六十四章),而除微的关键又在一个"慎"字。他明确指出:

过而可以无咎,其唯慎乎!(《周易注·大过》)

王弼认为一个人能做到"慎终除微",也就达到无欲无求,反本于"无"了。这时,由于形同赤子,心若枯井,就完全进入足以应万变的状态,哪怕遇上"动天下,灭君主","侮妻子,用颜色"这类国破家亡的巨变,也能处变不惊,自然也就"处于无死之地"(《老子注》第五十章)了。

王弼的"慎终除微"之术,是对老子"无为"处世之方的发挥,也与庄子的"虚己以游世"有一致之处,它作为一种"自我主义"的处世方法,是得失骤变、生死无常时局的产物,然其出发点和归宿,都在于保住自己的脑袋。阮籍[①]正是运用了这一"自保之术",才保全了身家性命的。阮籍不满司马氏专权,司马氏集团欲加害于他,《晋书·阮籍传》载:"钟会数以时事问之,欲因其可否而致之罪,皆以酣醉获免。"诚如司马昭所言:"天下之至慎者,其唯阮嗣宗乎!每与之言,言及玄远,而未尝评论时事,臧否人物,可谓至慎乎!"

第三节 嵇康"越名教而任自然"的伦理思想

嵇康(223—262),字叔夜,谯国铚(今安徽宿州西南)人。在魏官拜中散大

[①] 阮籍(210—263),字嗣宗,陈留尉氏(今属河南)人,三国魏文学家、玄学家。曾任从事中郎、步兵校尉等职。他不满司马氏集团,蔑视礼教,纵酒谈玄,与嵇康齐名,同为"竹林七贤"中之两杰。其代表作有《通易论》、《通老论》、《达庄论》、《大人先生传》等。其中《大人先生传》集中地表述了阮籍的伦理思想。

夫,故又称嵇中散。三国曹魏时期著名的思想家、文学家和音乐家。他"少有儁才","长好《老》、《庄》",在政治上倾向于曹氏集团,及司马氏当政后,隐居不仕,以示不满,与阮籍等人结为"竹林之游",为"竹林七贤"之一。因菲薄"名教",排斥《六经》,反对司马氏的统治,终以"言论放荡,非毁典谟"(《晋书·嵇康传》)之罪名被司马昭所杀。著作有《嵇康集》十卷,其中,《释私论》、《与山巨源绝交书》、《难自然好学论》、《养生论》、《答难养生论》等,反映了嵇康的伦理思想。

一、"越名教而任自然"

嵇康在曹氏集团和司马氏集团的激烈斗争中,一方面,对司马氏集团借名教"以奉其私"的虚伪和凶残表示了极大的义愤,"刚肠疾恶",至死不屈;另一方面,由于曹氏集团的失败,又痛感前途渺茫,因而"托好《老》、《庄》",欲求"游心于寂寞,以'无为'为贵"(《与山巨源绝交书》)。正是这种进退失据的矛盾性格,使他提出了"越名教而任自然"(《释私论》)的思想,嵇康没有离开"玄学"路径,但与王弼却有很大的不同。

王弼主张"名教本于自然",旨在论证名教的存在,嵇康则公开要求摆脱名教的束缚("越名教")。在嵇康看来,名教"非出于自然也"(《难自然好学论》),恰恰相反,而是对"自然"的违反和破坏。

嵇康的所谓"自然",是指人的自然情欲,这也是他的人性观。他说:"夫民之性,好安而恶危,好逸而恶劳",如"口之于甘苦,身之于痛痒,感物而动,应事而作",是"不须学而后能,不待借而后有"的自然本能,嵇康又称此为"必然之理"。因此,"人性以从欲为欢……从欲则得自然"。与庄子一样,他以为"鸿荒之世,大朴未亏"的时代,就是"得自然"的理想社会:人们"饱则安寝,饥则求食,怡然鼓腹,不知为至德之世也。若此,则安知仁义之端,礼律之文?"(以上引文均见《难自然好学论》)

嵇康正是从人性"自然"论出发,展开了对名教的批判。他认为,"人之真性,无为正当",犹如"鸟不毁以求驯,兽不群不求畜"一样,人性也不要求任何外力的束缚,而统治者"造立"名教恰恰违反了人的"真性"。他揭露说:

> 造立仁义,以婴其心;制为名分,以检其外;劝学讲文,以神其教。故六经纷错,百家繁炽,开荣利之涂,故奔骛而不觉。(《难自然好学论》)

就是说,仁义的造立,是为了束缚人们的思想;制定名分,是为了约束人们的行动;提倡读经,是为了神化"名教",而所有这些就是要"抑引"人们去走争名逐利的道路,使人们陷于名缰利锁而不觉,这就破坏了人的"自然"。所以又说:"六经以抑引为主,人性以从欲为欢,抑引则违其愿,从欲则得自然。"(同上)这样,嵇康把"名教"与"自然"对立起来,并由此而提出了"越名教而任自然"也即"越名任心"的主张。

所谓"越名教而任自然",就是要摆脱《六经》、仁义、礼律的束缚,使人回到本性"自然"状态。当时有一"礼法之士"张叔辽,写了一篇《自然好学论》,鼓吹读经,谓"六经为太阳,不学为长夜"。嵇康反驳说:

> 今若以讲堂为丙舍,以讽诵为鬼语,以六经为芜秽,以仁义为臭腐,睹文籍则目瞧,修揖让则变伛,袭章服则转筋,谭礼典则齿龋。于是兼而弃之,与万物为更始。……则向之不学,未必为长夜,六经未必为太阳也。(《难自然好学论》)

这一席"非毁典谟"、唾弃名教的惊世之言,充分表达了"越名教而任自然"的旨意。

不仅如此,嵇康还把矛头直接指向了为名教所推崇的"圣人",他公开声称自己是:"轻贱唐虞,而笑大禹"(《卜疑集》),"非汤武而薄周孔"(《与山巨源绝交书》),反对立言行事"以周孔为关键"(《答难养生论》)。这些看来近乎放肆的"非圣"言论,是董仲舒提出"独尊儒术"、儒学被封建统治者奉为正统思想后的第一声惊雷,对于冲破"名教"禁锢具有积极的作用。出于东晋鲍敬言之手的《无君论》[①],以道家自然无为思想立论,批判君权统治,抨击用以维护"君臣之道"的纲常名

[①] 《无君论》,东晋鲍敬言著。全文已佚,残篇保留于葛洪《抱朴子·诘鲍》。历数君主制的祸害,集中批判了"君臣之道"。认为"曩古之世,无君无臣",主张废除君主制,回到"无君无臣"、"不竞不营"、"不相并兼"、"不相攻伐"的原始淳朴之世,反映了劳动人民反压迫、反剥削的要求。在中国思想史上具有重要的历史地位。

教,主张废除君主制,对嵇康"越名教而任自然"思想作了进一步的发展。

必须指出,嵇康菲薄汤武周孔、批判纲常名教,其真实的政治用意,在于反对司马氏集团的篡代阴谋。鲁迅曾明确指出:"非薄了汤武周孔,在现时代是不要紧的,但在当时却关系非小。汤武是以武定天下的;周公是辅成王的;孔子是祖述尧舜,而尧舜是禅让天下的,嵇康都说不好,那么教司马懿篡位的时候,怎么办才是好呢?没有办法。在这一点上,嵇康于司马氏的办事上有了直接的影响,因此就非死不可了。"[①]

鲁迅还指出,魏晋统治者"所谓崇奉礼教,是用以自利",他们提倡"以孝治天下",目的在于翦除异己,实现篡代。"于是老实人以为如此利用,亵渎了礼教,不平之极,无计可施,激而变成不谈礼教,不信礼教,甚至于反对礼教——但其实不过是态度,至于他们的本心,恐怕倒是相信礼教,当作宝贝,比曹操、司马懿们要迂执得多。"[②]嵇康就是这样一位老实人。他的迂执就在于认为名教必须圣洁无瑕,没有半点虚伪。其愿望虽为良苦,但他根本不了解世上从来就不曾有过这样的名教礼法;名教作为封建社会的统治意识和制度,从它产生的那天起,就是统治阶级用来治人和自利的工具,并同虚伪欺诈结下了不解之缘。所以,嵇康想"越名教",结果却死于"名教"的屠刀之下,这正是嵇康的悲剧。

二、"意足"为乐的人生理想

嵇康对名教的猛烈抨击,表示了他对世俗礼法的深恶痛绝,具有深刻的社会批判意义。然而,在如何实现"越名教而任自然"的问题上,却显得十分软弱无力。确实,他无力改变严酷的现实,于是只能"猗与老庄",寄托于内心的自我修养,即所谓"养生"上。他说:

> 夫气静神虚者,心不存于矜尚;体亮心达者,情不系于所欲。矜尚不存

---

① 鲁迅:《魏晋风度及文章与药及酒之关系》,载《鲁迅全集》第3卷,北京:人民文学出版社,1981年,第512页。
② 鲁迅:《魏晋风度及文章与药及酒之关系》,载《鲁迅全集》第3卷,北京:人民文学出版社,1981年,第513页。

乎心,故能越名教而任自然;情不系于所欲,故能审贵贱而通物情,物情顺通,故大道无违。(《释私论》)

这里,犀利的批判锋芒不见了,代之以韬光养晦的虚静泊然心境,去追求一种足以"全真"、"保身"的人生理想。

嵇康认为,人心之所以被名教所束缚,固然是由于名教的"抑引",但之所以如此,最根本的就是人不能"志在守朴,养素全真"(《幽愤诗》),即不能保持本性自然。据此,他提出了一套"养生"之术,其中最主要的就是"意足"。

嵇康认为要使人心不为外物所诱、所累,就必须破除"五难","五难"即"名利不灭"、"喜怒不除"、"声色不去"、"滋味不绝"、"神虑转发"。嵇康说:"五者无于胸中,则信顺日济,玄德日全,不祈喜而有福,不求寿而自延,此养生大理之所效也。"(《答难养生论》)而要破除"五难"的关键,就是"意足"。他说:

> 世之难得者,非财也,非荣也,患意之不足耳。意足者,虽耦耕畎亩,被褐啜菽,岂不自得;不足者,虽养以天下,委以万物,犹未惬然。(同上)

所谓"意足",就是精神上的自我满足,一种"有主于中"的内心涵养。在嵇康看来,以物为"足",则"无往而不乏",是永远不会有满足的,"虽与荣华偕老,亦所以终身长愁";以"意"为足,则"无适而不足"。人生的乐趣不在于对外物的占有,而在于自足,从内心寻找快乐。所以又说:

> 以大和为至乐,则荣华不足顾也,以恬淡为至味,则酒色不足钦也。苟得意有地,俗之所乐,皆粪土耳,何足恋哉!……故以荣华为生具,谓济万世不足以喜耳,此皆无主于内。借外物以乐之,外物虽丰,哀亦备矣。有主于中,以内乐外,虽无钟鼓,乐已具矣。(同上)

这里,嵇康明确地指出了何为人生之乐的问题。他认为,人生的真正快乐或"至乐",不在"外",而在于"内"。以追求荣华富贵之外物为乐,总愁不足,所以,"外物虽丰,哀亦备矣",不是真正的快乐。相反,如"有主于中",达到这样一种内心涵养:"清虚静泰,少私寡欲","旷然无忧患,寂然无思虑"(《养生论》),于是"爱憎不栖于情,忧喜不留于意,泊然无感,而体气和平"(同上),也即所谓"大和"、"恬淡"。以此为"足",就能视"名位为赘瘤,资财为尘垢";"虽无钟鼓,乐已具矣",这才是人生之极乐。这显然是一种"知足常乐"的人生观和人生理想。它反映了嵇康在酷烈的政治斗争中所持的处世态度。可以成为一个政治失意者得以自我解嘲或自我解脱的心理平衡术。不过在嵇康那里则另有一层深刻的含义。

嵇康这一以"意足"为"至乐"的人生理想,在思想渊源上,确是他"托好老庄"的产物,带有老子、特别是庄子人生论的浓厚色彩。但又与庄子有别,他抛弃了庄子"与时俱化"的顺世主义,而发扬了"不与物迁"的独立人格,使他始终不"降心顺世",没有顺从恶劣的世道。景元二年(261),嵇康的好友山涛,自吏部郎迁散骑常侍,举嵇康为吏部郎掌选要职,企图拉嵇康出来为司马氏集团效力。嵇康书信拒荐,表示要与山涛绝交,这就是著名的《与山巨源绝交书》。在这封信中,表示了他对当时世俗的极端轻蔑,申言做官"有必不堪者七,甚不可者二",概而言之,说自己"非汤武而薄周孔",言论行为不合人伦之礼、朝廷之法,为"世教所不容"。性情疏懒、不善应酬,不会"揖拜上官",更不愿"千变百伎"地阿谀逢迎。总之,"安能舍其所乐,而从其所惧哉?"表示决不向权贵低头,更不愿受名教约束的决心。而"其所乐"者,他说:"吾顷学养生之术,方外荣华,去滋味,游心于寂寞,以'无为'为贵。……今但愿守陋巷,教养子孙,时于亲旧叙阔,浊酒一杯,弹琴一曲,志愿毕矣。"这就是所谓以"意足"为"至乐"的真实写照。可见,嵇康这一看来似避世消极的人生理想,实则包含着他"刚肠疾恶"、决不与世俗同流的独立人格,即使在屠刀之下,仍不屈其志。《世说新语·雅量》载:

> 中散临刑东市,神气不变,索琴弹之,奏《广陵散》。曲终,曰:"袁孝尼尝请学此散,吾靳固不与。《广陵散》于今绝矣!"

这种从容自若、视死如归的气概,不正表明了嵇康以"意足"为乐的人生理想的实质吗?它不但深刻地反映了魏晋社会现实的恶浊与黑暗,而且体现了嵇康在这种恶浊的现实面前至死不屈于权贵的独立人格。

第四节 《列子·杨朱》篇的享乐主义人生观

如果说,嵇康的"越名教而任自然",从左的方面批判了名教的虚伪性,那么,《列子·杨朱》篇鼓吹放荡纵欲的合理性,则从右的方面撕下了披在门阀士族身上的那张名教的虚伪面纱,把门阀士族对名教的破坏推向了极端。

今存《列子》一书,系晋人的伪作,东晋张湛作注后始传于世。其中《杨朱》篇当是西晋时的作品,作者所宣扬的生当行乐的人生理想和纵欲主义的养生论,赤裸裸地表现了门阀士族在西晋王朝灭亡前所持的醉生梦死、极端淫逸的生活方式和人生态度。

一、生当行乐的人生理想

《杨朱》篇认为人生在世,如处"重囚累梏"一样,没有什么可为,也毫无意义可言,人生的唯一目的是:"为美厚尔,为声色尔","尽一生之欢,穷当年之乐。"还认为,人的生命是短暂的,能活到百岁的人,千人中还不到一个。"设有一者,孩抱以逮昏老,几居其半矣。夜眠之所弭,昼觉之所遗,又几居其半矣。痛疾哀苦,亡失忧惧,又几居其半矣。"这样,一生中真正能享乐的时间实在不多,所以,人生在世必须抓紧有限的时光,及时享乐。

《杨朱》篇不但认为要及时行乐,而且主张要无所顾忌地大胆享乐,不必担心死后留下恶名。作者说:

> 万物所异者生也,所同者死也。生则有贤愚贵贱,是所异也,死则有臭腐消灭,是所同也。……仁圣亦死,凶愚亦死。生则尧舜,死则腐骨;生则桀纣,死则腐骨,腐骨一矣,孰知其异?且趣当生,奚遑死后!

就是说,在生时虽有贤愚贵贱的不同,但死了都同归于消灭,留下腐骨一堆,"孰知其异"?既然好人坏人、仁圣凶愚都无从辨认了,活着就应该大胆享乐,至于死后的事情就用不着操心了。因此,尽管"天下之美归之舜、禹、周、孔,天下之恶归之桀、纣",这又有什么关系呢?舜、禹、周、孔"生无一日之欢",辛苦一世,死后虽然得了"四圣"美名,万古流芳,但"称之弗知","赏之不知","美名"又有何意义!桀、纣虽为"二凶",但他们"居南面之尊","肆情于倾宫,纵欲于长夜",享受了无穷的快乐,"不以礼义自苦",死后的恶名,"虽毁之不知,虽称之弗知",同样没有意义。总之,只要穷娱极乐,管它是流芳百世,还是遗臭万年!

"享乐哲学一直只是享有享乐特权的社会知名人士的巧妙说法"①,《杨朱》篇竭力宣扬享乐要及时,而且要大胆,要敢于享乐,正是西晋时期门阀地主阶级极端贪婪荒淫的阶级本性在人生观上的反映;正是他们那种半人半兽的丑恶生活方式的具体写照。

二、纵欲主义的"养生"论

《杨朱》篇从"忧苦,犯性者也;逸乐,顺性者也"的自然人性论出发,认为满足感官的快乐,追求"丰屋、美服、厚味、姣色",肆情纵欲,就是"从心而动,不违自然所好",这就是《杨朱》篇作者的所谓"养生"。他们说:

> 晏平仲问养生于管夷吾。管夷吾曰:"肆之而已,勿壅勿阏。"晏平仲曰:"其目奈何?"夷吾曰:"恣耳之所欲听,恣目之所欲视,恣鼻之所欲向,恣口之所欲言,恣体之所欲安,恣意之所欲行。"

总之,只要不违自然所好,最大限度地满足感官的快乐,就是活一天、一月、一年、十年,也是好的,人生就算是有了意义和价值。否则,就是长命百岁,人生也是枯燥乏味,"非吾所谓养"。显然,《杨朱》篇所说的"养生",实是"乐生",即肆情纵欲。而在诸多的人生快乐之中,酒色之乐远在任何方式的快乐之上。所

---

① 《马克思恩格斯全集》第3卷,北京:人民出版社,1956年,第489页。

以，养生就应该像公孙朝、公孙穆兄弟那样沉于酒色："朝好酒，穆好色。朝之室也，聚酒千钟，积曲成封，望门百步，糟浆之气逆于人鼻。……穆之后庭，比房数十，皆择稚齿婑媠者以盈之。"《杨朱》篇认为，对酒色之徒来说，荒于酒时，连水火兵刃交于前，也不知道；沉于色时，以昼足夜，三月一出，意犹未足。其理由是：生是难得的，而死则是"易及"的，既生就要纵欲乐生，只要不"腹溢"，就应"恣口之饮"；不"力㑌"，就当"肆情于色"，休管什么"名声之丑，性命之危"。

在《杨朱》篇的作者看来，要顺"自然所好"而肆情纵欲，不但要去掉种种对人性的"壅"、"阏"，而且要破除"名教"对人性的束缚。他们说：

> 生民之不得休息，为四事故：一为寿，二为名，三为位，四为货。有此四者，畏鬼、畏人、畏威、畏刑，此谓之遁民也（张湛注："违其自然者也"）。

这是说，有所求，就有所畏；有所畏，就不能顺性纵欲。追求名位、富贵，就要受名教的束缚，因而也就要"犯性"、"矫情"而成为"遁民"。所以为了肆情纵欲，必须破除"名教"，把名位、富贵等置之度外。他们甚至宣称："……欲尊礼义以夸人，矫情性以招名，吾以此为弗若死矣！"总之，人生就是纵欲，不能纵欲，如同死亡；为了纵欲，可以不顾一切。纵欲论者，必然是非道德论者。但是，他们既要纵欲，就不能没有权势名位，不能没有物质条件。没有"聚酒千钟，积曲成封"，好酒之徒就不能"荒于酒也"。端木叔之所以能尽"生民之所欲为，人意之所欲玩者，无不为也，无不玩也"，正是"藉其先赀，家累万金"。可见，他们之所以表示"不矜贵"、"不贪富"，正是因为他们已经占有了富贵，具备了享乐的一切特权。口头上表示不羡寿、不羡名、不羡位、不羡货，骨子里却是唯恐生命不长、名位不保。

享乐纵欲作为剥削阶级的一种人生哲学或人生价值观，当然不自魏晋始，早在奴隶制时代，奴隶主贵族的穷奢极欲就表现了这一人生哲学的实际内容。战国时它嚣、魏牟的"纵情性，安恣睢"，是纵欲主义的最早主张。由于"魏晋之际，天下多故"，以及虚无放达"玄风"的弥漫，促使了纵欲主义思想的泛滥。那些当权人士，在得失急骤、生死无常的政局下，深感前途不测、人生渺茫，他们既无力挽救危局，又对自己的命运无法掌握，只好寄情于酒色逸乐之中麻醉自己，过一天算一天，"熙熙然以俟死"。《杨朱》篇作为中国伦理思想史上不可多得的以宣扬享乐、纵欲为人生宗旨的著作,正反映了魏晋时期门阀士族地主阶级腐朽丑恶的阶级本性,并标志着这一阶级道德生活的堕落。但是,把享乐说成是人性的自然要求,并进而把它宣布为整个社会的人生观,却是虚伪的。正如马克思所指出:"一旦享乐哲学开始妄图具有普遍意义并且宣布自己是整个社会的人生观,它就变成了空话。"①

也应指出,礼法名教与虚伪欺诈历来是一对孪生兄弟,到了魏晋时期,礼法名教更沦为野心家手中用以剪除异己和争权夺利的工具。《杨朱》篇的作者出于对门阀士族丑恶生活的辩护,非圣贤、排名教,声称尧舜桀纣并无善恶之分,周公孔子只是多欲好事的伪君子;声称"忠不足以安君,适足以危身;义不足以利物,适足以害生",将指责伦理名教是危身害生之道,讴歌以纵欲为至乐的端木叔之流,颂为"德过其祖"的"达人",凡此种种言论,歪打正着,恰好揭露了一班"正人君子"借名教以奉其私的丑恶心理,撕下了披在他们身上的伪装,在客观上具有一定的积极意义。而宣扬享乐、纵欲的合理性,认为享乐不但顺乎人性,因而也是人生的权利,而且只有最懂得享乐的人,才是最有德性的"达人"的主张,对于禁欲主义的说教,也不失为一种深刻的嘲讽。

第五节　裴頠的"崇有论"及其对"贵无论"伦理思想的批判

裴頠(267—300),字逸民,河东闻喜(今山西绛县)人。出身世家大族。祖潜,魏尚书令;父秀,晋司空、巨鹿郡公。頠袭父爵,历官国子祭酒、右军将军、左军将军,累迁至侍中、尚书左仆射。后为赵王司马伦所杀,年仅34岁。

裴頠在学术上是一位"通博多闻,兼明医术"的思想家和医学家。他"善谈名理,混混有雅致"(《世说新语·言语》),"时人谓为言谈之林薮"(《世说新语·赏誉》)。他不满玄学"贵无论"的流行,"深患时俗放荡","乃著崇有之论以释其

---

① 《马克思恩格斯全集》第3卷,北京:人民出版社,1956年,第489页。

蔽"(《晋书·裴頠传》),在玄风流荡的时代,独树一帜,对虚诞、纵欲的时俗作了尖锐的批判。其著作《崇有论》,保存在《晋书·裴頠传》中。

一、"理既有之众,非无为之所能循"

自王弼创立玄学"贵无论"后,由于"文者衍其辞,讷者赞其旨"而成时尚,以致"上及造化,下被万事,莫不贵无"(《崇有论》,本节凡引此文,不再注明出处)。当时,从大权在握的行政官史到政治失意的社会名士,无不高唱"无为",以崇尚虚无相标榜,他们"口谈浮虚,不遵礼法,尸禄耽宠,仕不事事",至使"风教陵迟",愈加不可收拾。这种状况,引起了一些人的不满,就是统治阶级内部也有一些有识之士为此担忧。裴頠正是站在儒家正统的立场上,为维护封建名教秩序,改变这种放荡不羁的风尚,乃著《崇有论》,"以释其蔽"。

在《崇有论》中,裴頠对"以无为本"的"贵无论"展开了猛烈的批判。他认为无不能生有,"至无者,无以能生","有"是"自生"的,而"自生"必体有",世间不存在一个虚无的本体("无"),"无"只是"有"的一种表现形式,只"是有之所谓遗者也"。从这点出发,裴頠进而揭露玄学家们鼓吹"贵无之议"对社会伦理、政治的危害。

他指出:

> 阐贵无之议,而建贱有之论。贱有则必外形,外形则必遗制,遗制则必忽防,忽防则必忘礼;礼制弗存,则无以为政矣。

"贵无论"者既然认为一切都是以"无"为根本的,世界的本体是"无",而把各种具体存在的事物当作次要的"末有",那么,也就必然会漠视儒家礼教而逾越名教的各种礼制规范。这样,礼制就会荡然无存,地主阶级的统治也就无以为继了。

裴頠揭露那些崇尚虚无的人是:

> 薄综世之务,贱功烈之用,高浮游之业,埤经实之贤……立言藉于虚无,谓之玄妙;处官不亲所司,谓之雅远;奉身散其廉操,谓之旷达。

他们只说空话,不做实事,名为玄妙,实是虚无;名为高雅,实是懒散;名为旷达,实是寡廉鲜耻。总之,"贵无论"成了他们掩饰一切恶行的遮羞布。

如果口唱虚无,行"悖吉凶之礼,而忽容止之表"的只是一些失意的文人,那影响还不大,可事实上他们大都是身据要津,甚至还是"据在三公之尊"的达官贵人,这就非同小可了。既然他们肩负着治理国家("理既有之众")的职责,那就绝"非无为之所能循也"。他说:

> 欲收重泉之鳞,非偃息之所能获也;陨高墉之禽,非静拱之所能捷也;审投弦饵之用,非无知之所能览也。由此而观,济有者皆有也,虚无奚益于已有之群生哉?

这是说,在世上要做成任何事情,都要依靠有为,不能依赖于无为。要捕鱼就得投钓饵,静卧不动就得不到鱼;要猎取高处的飞鸟,就得张弓发射,拱手静坐就得不到鸟。可见,鼓吹虚无无为对于群生来说只能是有害无益。

裴頠从地主阶级的根本利益出发,揭露了玄学贵无思想对名教的危害性,抨击了门阀士族醉生梦死的腐朽生活态度,强调"有为",反对"无为",认为人既然已经"有"了,就应该以积极的态度来对待,否则于己无益,对统治"已有之群生"也没有好处。

二、对纵欲主义养生论的批判

在《崇有论》中,裴頠还对在玄风时尚中出现的恣情放荡的纵欲主义进行了批判,并针锋相对,提出了"收流遁于既过"的养生论。

当时,玄风所及,人欲横流,放诞成俗,"京城上国,公子王孙贵人","胸中无一纸之诵",却"所论极于声色之间"(《抱朴子·疾谬》)。反映在思想上,就出现了《杨朱》篇那样轻薄名教的纵欲主义。而一些政治上失意的文人名士,也都任达不拘,放浪形骸,声称"使我有身后名,不如即时一杯酒",鼓吹"一手持蟹螯,一手持酒杯,拍浮酒池中,便足了一生"(《世说新语·任诞》)。对此,裴頠指出:

> 人之既生，以保生为全；全之所阶，以顺感为务。若味近以亏业，则沉溺之衅兴；怀末以忘本，则天理之真灭。故动之所交，存亡之会也。

这是说，一个人既已生在世上，就应该保全自己的生命。要保全自己的生命，就必须顺从人与外物的相互关系。如果孜孜于自己爱好的物欲而损害了生命的保全，那么，沉溺于物欲的祸患就会发生。这样，由于怀末利而忘本分，一个人的天性也就随之损坏了，所以，如何与外物相交接，是生命存亡的关键。

裴頠认为人生在世，"欲不可绝"，要维持生存、保全生命，必须使自己的物质欲望得到满足。但人要满足自己的物质欲望，就要"用天之道，分地之利。躬其力任，劳而后飨"。就是说要利用天时、地利的条件，通过自己的劳动以满足自己的享用。裴頠这一合理的思想，对当时崇尚清淡、无所用心、不劳而饷、饱食终日的门阀士族的生活态度和方式，是一个有力的批判。

裴頠指出，人们满足自己的物质欲望，只是在于"保生为全"，保养生命，使生命不受损害。如果欲求过奢，行为放荡，就会适得其反：

> 若乃淫抗陵肆，则危害萌矣。故欲衍则速患，情佚则怨博，擅恣则兴攻，专利则延寇，可谓以厚生而失生者也。

追求物质生活的满足，这本身并没有什么不对，坏就坏在"盈求"与"过用"。欲求无厌，就招来祸患；情欲放纵，必仇怨众多；行为放肆，会引起攻斗；狎揽财利，则邀来盗寇。这样就会走向养生的反面，由"厚生"而丧生。

那么，如何才能达到养生的目的呢？这就是：

> 存大善之中节，收流遁于既过。

所谓"流"，就是纵欲；所谓"遁"，就是禁欲。裴頠认为，"流"与"遁"，即纵欲与禁欲都不合养生之道，都必须反对，既然"欲不可绝"，就需要"择乎厥宜"，并保持"中节"，只有对外界物质的需求有所选择，有所取舍，节制欲望，才能使心情保持清朗纯正的状态，从而达到养生的目的。

裴頠不但把恣情纵欲看成丧生之道,而且指出这种放荡恶习的本身,就是对老子学说的歪曲。他说:

> 老子既著五千之文,表摭秽杂之弊,甄举静一之义,有以令人释然自夷,合于《易》之《损》、《谦》、《艮》、《节》之旨。

裴頠认为老子是为了阐明纵欲放肆之危害,反对当时秽杂之弊而著"贵无之文"的,"以无为辞,而旨在全有",为保全生命而提倡节欲反对盈欲。老子特别强调守静抱一,是教人心情平坦,与《周易》的意思相一致。但是,一批"悠悠之徒"却歪曲老子原意,"阐贵无之议,而建贱有之论"。结果,既"渎弃长幼之序,混漫贵贱之级",又导致人欲横流。所以出于养生的需要,就要破"贵无论",注重名教,用道德规范约束自己,做到"居以仁顺,守以恭俭,率以忠信,行以敬让",这样才能"志无盈求,事无过用",达到养生的目的。可见,裴頠对纵欲主义养生论的批判,其目的是为了维护封建名教。

裴頠《崇有论》的伦理思想,揭示了玄学"贵无论"与名教的矛盾,也暴露了"贵无论"作为名教存在的理论根据的缺陷,从而推进了玄学家对自然与名教关系的思考。

第六节　郭象"名教即自然"的伦理思想

与裴頠批判"贵无之义"几乎同时,在名教与自然的问题上,出现了一种与王弼、嵇康等人都不相同的观点——名教即"天理自然",它合儒道为一,在理论上达到了名教与自然的同一,从而把玄学伦理思想的发展推向了最高阶段。这一新观点的创导者就是"时人咸以为王弼之亚"(《世说新语·文学》注引)的郭象。

郭象(252—312),字子玄,河南(今河南洛阳)人。《晋书》本传说他"少有才理,好《老》、《庄》,能清言",是魏晋时期有很高辩才的清谈家,但又是一个趋炎附势、喜爱弄权的官迷,历官黄门侍郎、豫州牧长史、太傅主簿。据《晋书·向秀传》载,他在向秀《庄子隐解》的基础上,"述而广之",作《庄子注》[①],以注《庄》形式阐发了他的玄学宇宙观及其伦理思想。

一、名教即"天理自然"

王弼用"以无为本"的宇宙本体论来论证名教与自然的关系,与之不同,郭象否定了王弼的"贵无论",代之以物各"自生"、"自化"的"独化"说,并以此作为他回答名教与自然关系的根据。

在"有无"关系上,郭象吸取了裴頠的观点,也认为"无"不能生"有",他说:

> 无既无矣,则不能生有;有之未生,又不能为生……(《庄子·齐物论注》,本节引《庄子注》只注篇名)

并且认为"有"也不能生"有",因为,"有也,则不足以物众形"。"然则生生者谁哉？块然而自生耳！"(同上)"故造物者无主,而物各自造。"(同上)总之,万物的产生、变化、运动,都"无待"于任何力量的主宰和支配,皆"自己而然","掘然自得而独化也"(《大宗师注》)。

所谓"自己而然",义谓非为之而然,乃自己本来如此,因此又称为"天然"(或"天道"、"天理"),这也就是郭象所说的"自然"。他说:

> 自己而然,则谓之天然。天然耳,非为也。故以天言之；以天言之,所以明其自然也。(《齐物论注》)

又说:"命也者,言物皆自然无为之者也。"(《大宗师注》)这样,"自然"又是一种"不可奈何"的绝对的必然性。可见,郭象所谓的"自然",既不是王弼的本体自然("无"),也不是嵇康的与名教礼法相对立的人性自然,它体现了物各"自生"、"自化"、"自造"即"独化"的基本特征。

---

① 关于《庄子注》的作者,《晋书·郭象传》则以为是向秀所作,郭象"窃以为己注"。本书据学术界的考证成果,以为《晋书·向秀传》的说法比较符合事实。

郭象认为名教也是"自己而然"的,它的产生和存在同样没有任何的本原和依据,从而提出了他的"名教即自然"的主张。他明确指出:

> 夫仁义者,人之性也。(《天运注》)
> 君臣上下,手足内外,乃天理自然,岂真人之所为哉!(《齐物论注》)
> 夫尊卑先后之序,固有物之所不能无也。(《天道注》)

郭象所说的"性",与"为"(人为)相对立,是指事物的"自然"规定性,他说:"言自然则自然矣,人安能故有此自然哉?自然耳,故曰性。"(《山木注》)可见,称仁义为"人之性",是说,仁义对于人或人伦来说,不是谁使之然的,而是"自然",即天然如此的。因而他一改庄子以为仁义与人性相悖的原意,又说:"夫仁义自是人之情性,但当任之耳。恐仁义非人情而忧之者,真可谓多忧也。"(《骈拇注》)仁义是"自然"("性"),社会之有君臣上下、尊卑先后的等级秩序,也非人为,同样是"自己而然"、天然如此的,因而就是绝对合理的、不可无的。这样,郭象根据"独化"——"自然"的观点,论证了"名教即自然",把儒家的人道原则同道家的自然原则合而为一了。这是名教即自然的一层含义。

其次,名教即自然,还体现在"游外弘内"——"内圣外王"的理想人格上。郭象认为,既然名教礼法是"自然"合理的,那么"圣人"实行名教统治,即从事"人事"也是"自然"合理的。这里,郭象又与庄子有别。庄子"蔽于天而不知人"(《荀子·解蔽》),认为"牛马四足,是谓天;落马首,穿牛鼻,是谓人",主张"无以人灭天,无以故灭命"(《秋水》)。而郭象的注却说:"牛马不辞穿落者,天命之固当也。苟当于天命,则虽寄之人事,而本在乎天也。"只有过分地使用牛马,"驱步失节,则天理灭矣"。这无疑是说,"人事"也即"自然",统治者对民实行名教统治是合乎人性的。因此,郭象并不主张圣人超脱现实人事。不过,郭象的"圣人"观显然与儒家有别,认为圣人虽处"人事",但心又不执着"人事",而是身处"人事"而心游方外,在精神上是逍遥自得的,即所谓"游外以弘内,无心以顺有"(《大宗师注》),所以能"终日见形,而神气无变;俯仰万机,而淡然自若"(同上)。更形象地说,就是:

> 夫圣人虽在庙堂之上，然其心无异于山林之中，世岂识之哉？徒见其戴黄屋，佩玉玺，便谓足以缨绂其心矣；见其历山川，同民事，便谓足以憔悴其神矣。岂知至至者之不亏哉！（《逍遥游注》）

这就是说，在圣人那里，内外、有无、形神是统一的，圣人精神上的逍遥与日理万机的王事并不矛盾，两者融为一体，即体现了"内圣外王之道"（《庄子序》）。这样，"儒家贵名教"与"老庄明自然"，终于在郭象的"圣人"——理想人格上达到了同一。郭象的思想虽与庄子有别，但其"内圣外王"的理想人格，显然是对庄子"虚己以游世"的发挥。

"名教即自然"的理论对于门阀士族来说是最为合适的。因为这样既可以把现存的等级制度和道德规范说成是"天理自然"，绝对合理的，而把触犯名教纲常说成有悖"天理"、违背"自然"，从而为门阀士族的统治提供了"合理"的根据；同时又可以为他们放荡不羁、荒淫无耻的生活方式作充分的辩护，在"无心以顺有"的幌子下，心安理得地去过他们纸醉金迷的生活。于是当权的门阀士族，既可以有享乐之实，又不废高洁之名；既高扬了自然，又维护了名教。"名教即自然"，确实符合了魏晋门阀士族的阶级特性及其统治的需要。

二、"性各有分"、"各安其分"的性命说和人生论

郭象又从物各"自生"的"独化"说立论，认为物各有性，即各有自己的规定性，人也如此，尊卑、智愚"各有本分"，这就叫"性各有分"。而且，这种各自不同的性分是不可改变的。他说：

> 天性所受，各有本分，不可逃，亦不可加。（《养生主注》）
> 性分各自为者，皆至理中来，故不可免也。（《天地注》）
> 性各有分，故知者守知以待终，而愚者抱愚以至死，岂有能中易其性者也。（《齐物论注》）

这就是说，从万民百官到至上至尊的君主，万品不同，等级森严，但各当其

性分,"若手足耳目,四肢百体,各有所尚,而更相御用"(同上),从而形成了一个上下有别、尊卑有序的等级社会。这里所说的"不可逃"、"不可免",即"理之必然者也"(《人间世注》),也就是"命"。可见,在郭象那里,性、命同一,各等级性分,都是不可逃、不可易的"命"。"性各有分",完全是为论证封建等级制的合理性服务的。

郭象在提出"性各有分"的同时,又鼓吹物各"性足"的观点。他认为,"以形相对",确有"大山大于秋毫"、"厉丑而西施好"的差别,但"若各据其性分,物冥其极,则形大未为有余,形小不为不足;于其性,则秋毫不独小其小,而大山不独大其大"(《齐物论注》)。这是说,如果就物之"性分"而言,都是自满自足的,不多什么,也不少什么,即所谓"性足"(同上)。所以秋毫不能算其小,大山也不能称其大,形体上的大小差别也就无所谓了。正是从这一相对主义的观点出发,郭象提出了"各安其分"、"各安其业",或各"安于命"的人生观。

郭象认为,既然物各"性足",都是自满自足的,不存在大小、寿夭的差别,因此就应"各安其分","是以蟪蛄不羡大椿而欣然自得,斥鴳不贵天池而荣愿以足"(同上)。在郭象看来,人们之所以不能安于自己的社会地位,就因为不懂得这一道理。其实,就物各"性足"来看,贵与贱、富与贫,都是"天性所受"、自满自足的,因此就应安于自己的"性分"("命")。而"各安其分,则大小俱足",就是说,"苟足于其性",则"大小虽殊,逍遥一也"(《逍遥游注》),各自都安于自己所处的等级名分("性"),不存非分之想,于是也就获得了各自的满足和自由了。同时,"各安其分",也就是各"安于命",所以又说:

> 命非己制,故无所用其心也。夫安于命者,无往而非逍遥矣。故虽匡、陈、羑里,无异于紫极闲堂也。(《秋水注》)

总之,安命足性、各守本分,就能知足常乐,即使遭遇不幸,也无异于得到快乐;身陷"匡、陈、羑里"的困境,也等于逍遥于"紫极闲堂"的福地。郭象这条通向"逍遥"的途径,比之庄子,确系简易得多,其影响也恶劣得多。

郭象鼓吹"各安其分"的目的,一方面,是要防止以贱妨贵,以小羡大,企图以"逍遥"的美名使处于社会底层的人们安于自己的卑贱地位。他明确指出:

> 夫物未尝以大欲小,而必以小羡大。故举小大之殊,各有定分,非羡欲所及,则羡欲之累,可以绝矣。夫悲生于累,累绝则悲去,悲去而性命不安者,未之有也。(《逍遥游注》)

于是,"虽复皂隶,犹不顾毁誉而自安其业"(《齐物论注》)。另一方面,是为了在理论上论证门阀士族生活方式的合理性。对于门阀士族来说,他们的安命乐性,就是应该尽情享乐,决不可"弃多任少",放弃自己的既得利益。他说:

> 然少多之差,各有定分,毫芒之际,即不可以相跂。故自守其方,则少多无不自得。而惑者闻多之不足以正少,因欲弃多而任少,是举天下而弃之,不亦妄乎!(《骈拇注》)

郭象的"性各有分"以及由此导出的"各安其分"理论,已完全失去了庄子思想中所涵的那种"不与物迁"的独立人格和愤懑黑暗现实的批判精神,而片面地扩张了"庄子精神"的消极一面。由于《庄子》郭注本的权威性,人们经常通过郭注读《庄》,从而更增强了庄子思想,尤其是庄子人生哲学的消极影响。

第五章
南北朝隋唐时期的伦理思想

第一节　佛、道两教的兴盛及儒、佛、道伦理思想的斗争与合流

由魏晋进入到南北朝隋唐时期,中国思想史的演进又发生了重大的变化,这就是外来的佛教和土生土长的道教的兴盛。佛、道两教的兴起和发展,改变了中国思想史的进程和构成,对中国的经济、政治,尤其是思想文化的发展,产生了极为深刻的影响。由此,中国的民族文化,形成了以儒学为主的儒、佛、道三者结合的格局,而作为在南北朝隋唐时期包括伦理思想在内的思想史的主要内容和基本趋势,就是儒、佛、道之间的相互斗争和渐趋合流。随之,伦理思想领域所讨论的中心问题,与魏晋相比,也发生了重大变化。如果说,魏晋玄学所争论的主题是"名教"与"自然"的关系,那么,南北朝隋唐时期的儒、佛之争(在一定意义上也包括儒、道之争),则是伦理世俗主义与宗教出世主义之争,或者说是"人道"原则与"神道"原则之争,也就是围绕着俗世与天国关系之争。

佛教起源于印度,它之成为中国文化的一部分,即中国化的佛教,经历了一个漫长而曲折的过程,其伦理思想也不例外。

佛教传入中国始于东汉,当时人们只把它看成是一种道术、祠祀,与黄老方术并称,《后汉书》载,汉明帝时楚王刘英"诵黄老之微言,尚浮屠之仁祠"。汉桓帝时大臣襄楷上书称"闻宫中立黄老浮屠之祠"。但由于它是一种外来宗教,与中国传统文化多有抵触,所以"世人学士,多讥毁之"(牟子《理惑论》),并未引起社会的重视。魏晋时期,借助于玄学语言和老庄理论,即通过所谓"格义",大乘佛教空宗的般若学始得在学术界流行开来,但其地位和影响,显然不能与玄学相比。

佛教的兴盛是在东晋南北朝时期。当时,处于兴败遽变、得失急骤而深感祸福无定、人生无常的门阀士族,出于消灾避祸的强烈欲望;同时也为了"柔化人心"、愚弄群众,以巩固自己的统治地位,纷纷皈依佛门,大力提倡佛教,从而使佛教得到了迅速的发展。唐朝诗人杜牧《江南春》绝句有言:"千里莺啼绿映红,水村山郭酒旗风。南朝四百八十寺,多少楼台烟雨中",正刻画了南朝京都

建康的崇佛盛况。

隋唐两代,佛教的发展达到了鼎盛时期。

隋文帝建立隋朝后,就发誓要"归依三宝,重兴圣教"(《广弘明集》卷十九《立舍利塔诏》)。仅仁寿年间(601—604),就先后三次下诏,令全国广建寺塔,听任百姓出家,并令计口出钱营造佛像。在隋朝短短三十余年间,全国共度僧二十三万余,建寺三千九百多所,造像二十余万躯,修塔一百余座,使因北周武帝废佛而挫的佛教,得以重整旗鼓,倍加兴盛。

在隋末农民起义军血泊中建立起来的李唐王朝,鉴于隋朝覆亡的教训,十分重视加强思想统治。他们一面崇儒尊道,一面则大力弘扬佛教。唐高祖李渊舍宅立寺,写经造像。唐太宗李世民虽然口称"至于佛教,非意所遵",甚至斥之为"固弊俗之虚术",但对佛教所宣扬的那套神学说教,却十分欣赏,赞之为"有国之常经"(《全唐文》卷八《贬萧瑀手诏》),予以大力扶植。不仅广修寺刹,而且亲自撰写《圣教序》。武则天借助佛教舆论登基称帝,更是对佛教尊宠有加。这样,在统治者的扶植下,佛教得到了空前的发展,佛教各大宗派,如天台宗、华严宗、唯识宗、禅宗等相继建立,佛教发展到了鼎盛时期。

封建统治者提倡佛教,同时也利用道教,因而道教也得到了不断的发展。唐高祖为了巩固自己的政权,自称是老子(李耳)后裔,于武德三年(620)立老君庙,并亲自前往拜谒。武德八年又正式宣布道教为"三教"(道、儒、佛)之首(关于道教的衍变和发展将在本章第二节详述)。

佛、道两教的发展,在南北朝时期,就与儒家形成了三足鼎立的局面。尽管封建统治者在政治上采取儒、佛、道并用的政策,但三者之间在政治、经济上的斗争时有发生,特别是当佛教势力过于强大,世俗地主与僧侣地主之间的矛盾加深,这时的斗争尤为激烈。北魏太武帝、北周武帝、唐武宗和后周世宗之严厉打击佛教,就是一个明证,释称"三武一宗"之难,或谓"法难"。在哲学上,早有范缜等唯物主义者从形神关系的高度,对佛教的生死轮回说进行了深刻的批判。而在伦理思想上,佛、道教义与封建名教纲常的矛盾,体现了儒家入世主义与佛、道出世主义的对立,这在儒、佛之间显得尤为突出,表现在人生观、道德修养论和道德规范等各个方面。例如,佛教认为人生是"苦海",并视现实为虚幻,主张"出世"、"超脱"现实,而儒家虽也承认现实世界有罪恶,但主张"导之以德,齐之以礼",教人为善不离现世生活;佛教提倡修行成佛,造成"治其心而外天下国家",儒家强调修养,旨在齐家、治国、平天下;儒家鼓吹忠君、孝亲,而佛教却实行落发出家,以佛为崇拜对象,除佛以外,不跪拜任何世俗凡人,无论是生身父母,还是帝王朝贵。"弃礼于一朝,废教(礼教)于当世。"(《弘明集》卷十二《代晋成帝沙门不应尽敬诏》)北周武帝说:

> 六经儒教,文弘治术。礼义忠孝,于世有宜……父母恩重,沙门不敬,勃逆之甚,国法岂容?(《广弘明集》卷十)

儒、佛之间的种种矛盾,至唐犹存。唐初太史令傅奕从维护儒家伦理思想的立场出发,数度上疏清除佛教。他指出,沙门"削发而揖君亲"(《旧唐书·傅奕传》),与儒家提倡忠、孝是对立的,认为佛教"舍亲逐财,畏壮慢老",于百姓无补;"寺多僧众,损费为甚",于国家有害。因而主张"凡是僧尼,悉令归俗"(《广弘明集》卷十一,释法琳《对傅奕废佛僧事》)。继而又有狄仁杰、辛替否、姚崇等人的排佛。而韩愈"抵排异端,攘斥佛老",则把唐代儒家与佛、道的思想斗争推向了高潮。

佛教与作为封建正统的儒家伦理思想的矛盾和冲突,阻碍了佛教在中国的传播与发展。因此,一部分佛教信徒就调和儒、佛,强调佛教教义与儒家伦理思想的一致性。例如:

他们把佛教的"五戒"比附于儒家的"五常",《魏书·释老志》说:佛"有五戒,去杀、盗、淫、妄信、饮酒,大意与仁义礼智信同,名为异耳"。

他们还认为佛教教义并不违背忠君、孝亲的传统道德规范。东晋名僧慧远说:"悦释迦之风者,辄先奉亲而敬君。"(《弘明集》卷五《沙门不敬王者论》)由于忠君是名教的最高德目,有些佛教徒也对皇帝歌功颂德,如北魏道人统法果就把北魏皇帝奉为"当今如来",要求佛教徒对之顶礼膜拜。他们还强调出家奉佛是为了追求"大德",与之相比,沙门毁发只是小节,应该求"大德"而不必拘于小节。孙绰《喻道论》中说,释迦牟尼为了学道而弃国以遁,释须发,变章服,舍华殿,即旷林,解龙衮,衣鹿裘,最后修得道成,回到本国,并使他的父亲也信仰佛教,"以此荣亲,何孝如之?"慧远还明确指出:

> （佛教）能拯溺族于沈流，拔幽根于重劫，远通三乘之津，广开天人之路，是故内乖天属之重而不违其孝，外阙奉主之恭而不失其敬。（《弘明集》卷十二《答桓太尉书》）

以佛教教义的宗旨来说明佛教并不违背名教纲常。所以，慧远又说：

> 道法之于名教，如来之于尧孔，发致虽殊，潜相影响，出处诚异，终期相同。（《沙门不敬王者论》）

认为佛、儒虽有出世、入世之别，但两者的最终目的一致。而这也正是儒、佛调和的根据。

道教为了调和与儒家的矛盾，甚至直接把遵循名教纲常作为长生成仙之"本"。东晋道教理论家葛洪就说：

> 欲求仙者，要当以忠孝和顺仁信为本，若德行不修，而但务方术，皆不得长生也。（《抱朴子·对俗》）

南朝梁代道教思想家陶弘景虚构出一个等级森严的神仙世界，以论证世俗封建等级制的合理性，还把佛教的轮回转生说引入道教，并提出："百法纷奏，无越三教之境"（《华阳陶隐居集·芳山长沙馆碑》），"三教"合流的趋势初见端倪。

其实，佛、道两教自有妙用，它们在"柔化人心"、稳定社会秩序、维护封建统治这一根本问题上，与儒家完全一致。它们调和与儒家的矛盾，目的在于发展自己，更好地适应封建统治的需要。因此，在隋朝以及相继建立的唐朝时期，就有人明确提出了"三教合一"的主张。隋代哲学家王通（584—617）在《文中子·问易》中说：

> 程元曰："三教何如？"子曰："政恶多门久矣。"曰："废之何如？"子曰："非尔所及也。真君、建德之事①，适足推波助澜，纵风止燎尔。子读《洪

---

① "真君"，即北魏太武帝年号；"建德"，即北周武帝年号。这里所说"真君、建德之事"，指"两武"用武力取缔佛教的事件。

范》谠义①,曰:三教于是乎可一矣。"

王通不同意用强力取缔佛教,认为这样只能推波助澜,犹如鼓风止火,是不会有什么成效的。认为根据《洪范》所讲的"王道",应在儒家的基础上使儒、佛、道合流。而当时的统治者在政治上也确实采取了"三教"调和的政策,从而出现了儒、佛、道合流的趋势。

一方面,佛、道在理论上不断向儒学靠拢,而趋于儒学化。禅宗主张"一悟即至佛地",认为成佛只需向自己内心求"悟",不必借于繁琐的修行方式,一旦"豁然开悟",则当下"立地成佛"。唐代禅宗六祖慧能说:"听说依此修行,西方只在目前。"(《坛经·疑问品》)认为天国就在现世的日常生活之中,从而把俗世与天国统一起来,禅宗也就成了完全中国化的佛教。另一方面,儒家也不断从佛、道那里吸取思想资料,以补充和丰富儒家哲学和伦理思想。他们肯定佛教天堂地狱之说"助世劝善,甚利甚优",认为沙门主性善、倡仁慈同封建纲常也有默契之处。柳宗元一面高举无神论的旗帜,一面又认为:"浮屠诚有不可斥者,往往与《易》、《论语》合。"(《送僧浩初序》)李翱在反佛的同时,又"窃取"佛教教义,他的《复性书》就渗透着佛教"佛性"说和"成佛"论的某些思想,使儒学具有了僧侣主义的色彩,体现了儒佛合流的特点(详见本章第七节)。

总之,儒、佛、道三者相互影响,并趋于合流,是隋唐时期伦理思想发展的基本趋势。宋明理学的产生就是这一趋势的发展和完成。

第二节 道教的教义与戒律

道教是中国土生土长的一种传统宗教,始起于东汉,流行于民间,后被封建统治阶级利用、改造,经历了一个产生、衍变、发展的过程,至东晋南北朝时

---

① 谠,正直。《汉书·叙传上》有"谠言"一词,颜师古注:"谠言,善言也。"《洪范》谓:"无偏无陂,遵王之义";"无偏无党,王道荡荡";"无党无偏,王道平平";"无反无侧,王道正直"。王通称之为"谠义",实指"王道"。

期,与儒、佛形成鼎立之势。本节从伦理思想史的角度,着重阐述其宗教教义和戒律。

一、道教的产生和衍变

关于道教的起源,历来众说纷纭。一说道教"出于老子",这显然是片面的。道教虽然将老子推为教主,尊为"太上老君",并把《老子》五千言奉为经典,称之为《道德真经》,在思想上确有一定的联系。但作为一种宗教,道教显然与道家有别。道家崇尚自然,主张无为,提倡清静寡欲;道教则还讲究吐纳导引、丹鼎符箓,追求长生不老、羽化飞升等等,自有其产生的思想渊源和社会根源。

事实上,道教主要是由古代原始宗教的巫术、神仙方术和战国秦汉时的阴阳五行说,以及汉代流行的谶纬神学发展而来的。其最初流行于民间,没有系统的组织形式,也无偶像崇拜及科仪戒律。东汉末年,由于封建统治的腐败和对农民的残酷压迫,一些深受苦难的人民群众,便利用方术、谶纬等作为联络群众、组织团体、进行反抗斗争的手段,从而慢慢地形成了早期的道教组织。这就是张角所创立的"太平道"和张陵所创立的"五斗米道"。张角就是通过"太平道"发动了著名的黄巾起义。

形成于东汉末年的早期道教,由于与农民起义相结合,直接成为农民团结的纽带,所以不久即遭统治阶级的限制和镇压。曹操就曾集中了许多方士在邺城,主要原因是:"诚恐斯人之徒挟奸宄以欺众,行妖隐以惑民,故聚而禁之。"(《全三国文》卷十八曹植《辨道论》)到了两晋南北朝时期,门阀士族统治者出于麻痹人民、掩饰现实政治的需要,在镇压、限制早期道教的同时,着手对之进行改造,使它能够适合地主阶级的需要。于是,流行于民间的早期道教,渐渐演变成为被封建统治阶级所利用的道教。在这一过程中,对早期道教在理论上、科仪上、组织上进行改造的代表人物,有葛洪、寇谦之、陆修静、陶弘景等。

葛洪(284—364)[①],字雅川,自号抱朴子,丹阳句容(今江苏句容市)人。少好神仙导养之法,从葛玄弟子郑隐学道,因参加镇压石冰领导的农民起义有功,

---

[①] 关于葛洪的生卒年,有不同说法,此据近人余嘉锡考证。参见余嘉锡:《余嘉锡论学杂著》,北京:中华书局,1963年,第496页。

得封关内侯,是东晋时期的道教理论家、炼丹家、医学家。著作有《抱朴子》内外篇70卷、《神仙传》、《金匮药方》等。

葛洪竭力攻击民间道教为"妖道",诋毁农民起义是"诳惑黎庶,纠合群愚","招集奸党,称合逆乱",主张对起义农民"刑之无赦,肆之市路"(《抱朴子·道意篇》)。他提倡以神仙养生为内,儒术应世为外,宣扬欲要成仙,应以忠孝仁义为本。从而把道教教义与儒家名教纲常相结合,改变了原始道教的本来面目。

寇谦之(365—448),北魏道士,创北天师道,是北方道教的著名人物。早年入嵩山修道,托言遇"太上老君"授予"天师"之位,要他"清整道教,除去三张(即张陵、张衡、张鲁)伪法","专以礼度为首,而加之以服食闭练"(《魏书·释老志》)。这是说,他的任务就是把早期道教所包括的某些劳动人民平等、互助思想排除出去,代之以封建的礼教规定。由于寇谦之在《云中音诵新科之诫》中制定了新的道教戒律,适应了封建统治的需要,因而受到北魏太武帝的赏识,荣膺了"天师"、"国师"桂冠。

陆修静(406—477),南朝宋道士,吴兴东迁(今浙江吴兴东)人,出身士族,曾在庐山隐居修道,多次奉召入京讲道。他勤于著述,又广集道经,加以校刊,编为"三洞",奠定了以后《道藏》的基础。他还"广制斋仪",以改革五斗米道,所著斋戒仪范百余卷,使道教仪规臻于完备。

陶弘景(456—536),南朝梁代道士,热衷于政治活动,与门阀士族来往甚密。梁武帝萧衍篡齐,他援引图谶,论证天下必归于"梁",因而得到萧衍的赏识。梁武帝即位后,对他"恩礼逾笃,书问不绝,冠盖相望"(《梁书·陶弘景传》),"国家每有吉凶征讨大事,无不前以咨询"(《南史·陶弘景传》)。所撰《真灵位业图》中,按世俗社会的等级秩序,虚构了一个等级森严的神仙世界,所谓"虽同号真人,真品乃有数;俱目仙人,仙亦有等级千亿"(《真灵位业图》序)。为了适应门阀士族对人民加强思想统治的需要,鼓吹"百法纷奏,无越三教之境"(《华阳陶隐居集·芳山长沙馆碑》)。他还把佛教的轮回转生说引入道教,以丰富道教的思想学说。

总之,到了南北朝时期,道教已具备了一套教义与戒律,又参取佛经,吸收儒学,编纂了不少经典,成了一种与早期道教迥然有别的、适应于封建统治需要的一大宗教。

二、《太平经》中反映的早期道教的道德观念

《太平经》,原名《太平清领书》,是早期道教的主要经典。成书于东汉后期,内容庞杂,卷帙浩繁,非出于一人之手。其基本思想来自黄老道家,也吸收了谶纬神学和各种方术思想,东汉襄楷说此书"专以奉天地,顺五行为本,亦有兴国广嗣之术;其文易晓,参同经典"。《后汉书》作者范晔说此书"其言以阴阳五行为家,而多巫觋杂语"(《后汉书·襄楷传》)。不过,其中也包含了不少朴素唯物主义和朴素辩证法的思想,更重要的是,书中还反映了一些农民劳动者的政治思想和道德观念,因而为早期道教所崇奉,成为农民起义的思想武器。张角一派的道教号为"太平道",足见《太平经》与原始道教关系之密切。所以,《太平经》中所反映的农民道德观念,也可以视为是早期道教的伦理思想,或者说,早期道教的教义科律,集中地体现在《太平经》中。

第一,反对剥削和不劳而获,主张人人劳动、自食其力。早期道教认为,天下一切财物都是"天地和气"所生,理应属于社会公有,大家共同享用,不应为少数人独占而据为己有:

> 财物乃天地中和所有,以共养人也。此家但遇得其聚处,比若仓中之鼠,常独足食,此大仓之粟,本非独鼠有也;少内之钱财,本非独以给一人也;其有不足者,悉当从其取也。愚人无知,以为终古当有之,不知乃万户之委输,皆当得衣食于是也。(王明《太平经合校》第247页,本节引此书只注页码)

这是说,天地如同一个大仓库,里面的一切财物,应属大家所有,用以养活众人。但有些人却像老鼠一样,坐食财物,占天下财物为己有。即使是帝王内库(少府、内府)的钱财,也是大家"委输"的,不应归帝王独享。人应当自食其力,"天生人,幸使其人人自有筋力,可以自衣食者"(第242页)。如果不劳以求食,甚至"强取人物","其罪当死明矣"。

第二,主张人与人之间应当互助互爱,反对以强凌弱,"或多智反欺不足者,

或力强反欺弱者,或后生反欺老者,皆为逆"(第 695 页)。有德之人,若不以德教人,"不肯教人开蒙求生","不肯力教人守德养性为谨",同样"其罪不除"(第 241—242 页)。在财产方面,如果"积财亿万,不肯救穷周急,使人饥寒而死,罪不除也"(第 242 页)。如果积聚财物对穷人实行高利贷盘剥,更是罪大恶极。"见人穷困往求,骂詈不予;既予不即许,必求取增倍也;而或但一增,或四五乃止。赐予富人,绝去贫子,令使其饥寒而死,不以道理,反就笑之。与天为怨,与地为咎,与人为大仇,百神憎之。"(第 246—247 页)

以上这些教义规戒,反映了当时劳动人民对官僚豪强集团残酷剥削和掠夺的不满心声,以及在社会关系上的美好理想。

第三,反对等级特权,主张人人均等。《太平经》说:"天地施化得均,尊卑大小皆如一,乃无争讼者。"(第 703 页)这显然是农民的平均主义思想,实质上是对封建特权的否定。所以早期道教主张"不置长吏,皆以祭酒为治"(《三国志·张鲁传》注引《典略》),以实现"尊卑大小皆如一"的人人均等的社会理想。这当然是一种不可能实现的幻想,但却反映了劳动人民要求摆脱封建等级压迫的强烈愿望。

不仅如此,早期道教还反对歧视和虐待妇女。《太平经》明确指出,男人继承天统,女人继承地统,虐待妇女,就是"绝地统,灭人类","其罪何重!"(第 36 页)

当然,《太平经》的内容庞杂繁芜,除了部分反映被压迫农民群众的道德观念和社会理想外,还有许多地方则宣扬了宗教迷信以及维护封建统治阶级利益的思想。因此研究《太平经》,应对其中内容作具体的分析。

三、以葛洪为代表的道教的教义与戒律

到了魏晋南北朝时期,以葛洪为代表的一批道教思想家和道教改革者,一面指责早期道教为"妖术",一面提出了一套完整的迎合封建统治阶级需要的教义与戒律。

追求长生不死、肉体成仙,并要求对长生之道和仙人的存在坚信不疑,是道教教义的根本点。葛洪说:"仙经曰,服丹守一,与天相毕,还精胎息,延寿无

极。"(《抱朴子·对俗》,本节引此书只注篇名)又说:神仙"居高处远,清浊异流,登遐遂往,不返于世,非得道者,安能见闻?"所以,"不见仙人,不可谓世间无仙人"(《论仙》)。这就是说,仙经所说的长生之道和肉体成仙,应该绝对相信。

那么,如何才能长生和成仙呢?道教认为修道之要,在于内修和外养两个方面,即所谓"服丹守一"。

葛洪说:"子欲长生,守一当明","守一存真,乃得通神"(《地真》)。"守一",就是一种仙道长生的内修方法,也指在静修时达到神气混然的境地。道教认为人身藏有魂魄之神,若使魂魄相合,神形相依,就能长生。这实际上是一种"神不灭论",由此立论,他们主张修道者必须无视无听,纳气于鼻中,依数息观,进行吐纳导养,做到守持魂魄,不使为声色财货所累。

道教从追求长生不死的宗旨出发,既反对佛教的禁欲主义,也反对恣情于声色的纵欲主义。"人复不可都绝阴阳,阴阳不交,则生致壅阏之病。故幽闭怨旷,多病而不寿也。任情肆意,又损年命。惟有得其节宜之和,可以不损。"(《释滞》)总之,对于举止行为、声色欲望,应节制有度。诸如,不疾步,不久坐,不久视,起卧有时,饮食有度等,包括性生活在内,也应有所节制,不可过度。这样,就能使元气流于体内,从而保身养性,达到长生不死的目的。

如果说内修守一旨在长生,那么外养服丹是为了成仙。羽化尸解,肉身成仙,是道教修炼的最高目标。仙人"饮则玉醴金浆,食则翠芝朱英,居则瑶堂瑰室,行则逍遥太清",不但生活豪奢,而且"或可以翼亮五帝,或可以监御百灵,位可以不求而自致,……势可以总摄罗酆,威可以叱咤梁柱"(《对俗》),有权、有势,威力无比。还可长生不死,与天地齐寿,这就是道教所宣扬的仙人形象。它反映了封建统治者、世家豪族妄图永享富贵的强烈愿望。史书记北齐文宣帝既留恋人间富贵,又向往仙人生活,因此把所谓"九转金丹"置于玉匣之中,不肯立即服用。他说自己贪世间作乐,不想立即飞升,待临死时取服(《北齐书·方伎·吾道荣传》),露骨地道出了封建统治者贪恋权力的丑恶心境。可见,封建统治者信奉道教,鼓吹长生成仙,实际上反映了一种十分腐朽的人生追求,是一种利己主义人生价值观的神学形态。而对于人民群众来说,道教的教义则是一种教人敬畏神灵、服膺纲常的精神束缚,因而又是封建统治的工具。这主要体现在它的一套戒律中。

道教认为,长生成仙单靠内修外养是不够的,还必须积善立德。

> 欲求仙者,要当以忠孝和顺仁信为本,若德行不修,而但务方术,皆不得长生也。(《对俗》)
>
> 欲求长生者,必欲积善立功。(《微旨》)

于是,道教就把长生成仙的教义同儒家的名教纲常结合起来,并糅合佛教神秘主义的因果报应思想,形成了一套宗教戒律。

道教的戒律分为两类:一类是入道戒律,即道教徒的行为规范,如仙道忌十败(勿好淫,勿阴贼凶恶,勿醉酒,勿秽慢不净,勿食父之本命肉,勿食自己之本命肉,勿食一切之肉,勿食五辛,勿杀一切之昆虫,勿向北大小便和仰视三光,《云笈七签》卷三十三);另一类是积善立功,以忠孝、和顺、仁信为本,这是要想长生成仙所绝不可违背的戒律。其中包括:"戒勿学邪文","戒勿求名誉,戒勿为耳目口所误,戒常当处谦下,戒勿轻躁","戒勿以贫贱强求富贵","戒勿与人争曲直","戒勿称圣名大,戒勿乐兵"(《道藏》力上《道德尊经戒》)。

道教认为,天地间有"司命"之神,如玄天上帝、文昌帝君、城隍、灶君等。这些神时刻窥视着人们的行为过失,并根据人们过失之大小分别予以处罚,"行恶事,大者司命夺纪,小过夺算"(《对俗》),"纪"为三百日,"算"为三日。一个人的寿命,"自有本数,数本多者,则纪算难尽而迟死。若所禀本少而所犯者多,则纪算速尽而早死"(同上)。道教把"欺罔其上,叛其所事","侵克贤者","谤讪仙圣","不顺上命"等都看成是要被"夺纪"的恶事,即使没有这类"恶迹",只要心存此类念头,也要被"夺算"。因此,要长生必须恪守道教的道德规范。此外,还必须"慈心于物,恕己及人,仁逮昆虫,乐人之吉……"(《微旨》)。以仁慈之心,恕己及人之德,推向社会,使达到"君仁、臣忠、父慈、子孝、夫信、妇贞、兄敬、弟顺,天下安静"(《道藏》力下《正一法文天师教戒科经》)。于是,封建的等级秩序也就得以万世长生了。

道教的戒律正是封建名教纲常所要求的。可见,自魏晋南北朝以来,道教被不断改造,其教义、戒律也逐渐向封建正统思想——儒家的社会政治、伦理思想靠拢,衍变成为服务于封建统治的宗教。道教始终把守戒积善,即把遵循名教纲常作为修道成仙、长生不死的第一条件,其社会政治意义是十分清楚的。

第三节 《颜氏家训》的家庭道德教育思想

《颜氏家训》二十篇,北齐著名学者颜之推所撰。颜之推(531—约590),字介,原籍琅邪临沂(今山东临沂市北)。先世随东晋渡江,寓居建康。他初仕梁朝,为梁元帝散骑侍郎,西魏破江陵时,被俘入关,中途逃往北齐,官至北齐黄门侍郎,北齐亡,又入北周为御史上士,至隋初病亡。自称"三为亡国之人"(《北齐书·文苑传》)。

颜之推"生于乱世,长于戎马",一生"流离播越"(《颜氏家训·慕贤》,本节引此书只注篇名),饱经忧患,对南北俗尚的弊端,政治的得失,"闻见渐多"。他信奉儒学,又不废佛教,主张"内外两教,本为一体"(《归心》),对于道教,认为"神仙之事,未可全诬"(《养生》),但"不好"玄学。《家训》之作,与之直接相关。

颜氏认为,玄学虽"剖元(玄)析微,妙得入神","然而济世成俗,终非急务",实于治国无益。"洎于梁世,兹风复阐",致使"贵游子弟,多无学术",他们"熏衣剃面,傅粉施朱","明经求第,则雇人答策;三九公宴,则假手赋诗",沉湎于逸乐之中,"诚驽材也"(以上均见《勉学》)。正是为了不使地主阶级的子孙们因"全忘修学",道德沦丧而危及封建统治,颜之推依据传统的儒家道德学说,总结他一生治家、处世、为人的丰富经验,于晚年撰成《颜氏家训》一书。他明确指出:

> 夫圣贤之书,教人诚孝、慎言、检迹、立身、扬名,亦已备矣。……吾今所以复为此者,非敢轨物范世也,业以整齐门内,提撕子孙。(《序致》)

目的在于使子孙们导习"孝仁礼义"(《教子》),"务先王之道,绍家世之业"(《勉学》),以实践"修齐治平"的政治理想和道德理想。

《家训》着重阐发了儒家的家庭道德教育思想,其中有关家教的理论、原则、方法以及一套为人之道、治学方法,每每有精到之处,对后世产生了重大的影响,被历代学者奉为家庭道德教育的重要教材,有"古今家训,以此为祖"(王三聘《古今事物考》二)之誉。

一、家教的重要性

《家训》首先从家教的特殊作用立论,充分肯定了家庭道德教育的重要性。颜氏认为,少年儿童有一个共同的特点,就是对自己的亲者、长者十分信任,并愿意听其教诲,顺其指令:

> 同言而信,信其所亲;同命而行,行其所服。禁童子之暴谑,则师友之诫,不如傅婢之指挥;止凡人之斗阋,则尧舜之道,不如寡妻之诲谕。(《序致》)

这是因为傅婢、寡妻与孩子们生活在同一家庭之中,朝夕相处,关系最密、感情最深,具有教育儿童的得天独厚的条件。由于父母与子女的亲子之情,增加了教育的感染力,因而易为子女所信,而父母又是长者,对子女享有宗法之权威,因而易为子女所服。所以家庭教育可以收到事半功倍的效果。家教的这种特殊作用,恰恰是其他教育部门所难以达到的。而父母作为子女的第一任启蒙师长,教育的好坏,又直接影响到子女的未来。

在《家训》中,颜之推还通过总结自己少年受教"铭肌镂骨"的教训,来证明家教的重要性。他说:"吾家风教,素为整密,昔在龆龀,便蒙诲诱",幼年时代也曾受到严格的家教。但自九岁丧亲以后,靠"慈兄鞠养",兄长虽然爱他,却"有仁无威,导示不切",对他要求不严,所以"虽读《礼传》,微爱属文",然又"为凡人之所陶染",接受了社会上坏风气影响,以致"肆欲轻言,不修边幅"。到了十八九岁,"少知砥砺",想努力改造,无奈"习若自然,卒难洗荡",一下子改不过来,"每常心共口敌,性与情竞",明知不对,却又抑制不住;对说过的话,做过的事,过后一想又觉不对,往往"夜觉晓非,今悔昨失",老是处于捉摸不定的苦恼之中。他认为这都是由于从小缺乏良好家教的结果:"自怜无教,以至于斯。"(以上均引自《序致》)

二、家教的方法

《家训》主张"礼为教本,敬者身基"(《勉学》),以"仁孝礼义导习之"(《教子》),除了要求学习"薄伎"(下详)这一项,基本上是一套传统的儒家道德。但在家教的方法上,却提出了一些颇有见地的主张。

第一,家庭道德教育,应及早实施,越早越好。

《家训》指出:

> 人生小幼,精神专利,长成已后,思虑散逸,固须早教,勿失机也。(《勉学》)

这就是说,小孩知欲未开,具有很大的可塑性。因此,教子"当及婴稚",在孩子能够"识人颜色,知人喜怒,便加教诲",使他们动静、举止有序,"使为则为,使止则止"。这样,"比及数岁,可省笞罚"。相反,要是不趁子女幼小而施加教诲,到了"习惯如自然"、"骄慢已习,方复制之",那就晚了。这时父母再怒而禁之,只能增加彼此怨恨,造成情绪对立。所以少而不教,"逮于成长,终为败德"(以上均见《教子》)。《家训》不仅提倡"早教",而且主张"胎教":"古者,圣王有胎教之法,怀子三月,出居别宫,目不邪视,耳不妄听,音声滋味,以礼节之。"(同上)当然,"胎教"对于"凡庶"人家来说,是没有这种条件的。至于"保傅之设",像成王那样,还处于襁褓之时,便受三公教诲,那也只是少数达官贵人所能办到的。

第二,教育子女"慎于交游",注意周围环境的习染。

《家训》又根据小孩易于塑造的特点,认为如同白丝之染一样,所染不同,其颜色也不同,要特别注意环境对孩子的"熏渍陶染"。因此,家长应教育子女择善而处,"慎于交游":

> 人在年少,神情未定,所与款狎,熏渍陶染,言笑举对,无心于学,潜移暗化,自然似之,……是以与善人居,如入芝兰之室,久而自芳也;与恶人居,如入鲍鱼之肆,久而自臭也。(《慕贤》)

第三,家庭道德教育必须坚持严与慈、爱与教相结合的原则。

《家训》指出:

父母威严而有慈,则子女畏慎而生孝矣。(《教子》)

对于父母威严,又认为"不可以狎",必须庄重,不然的话,"狎则怠慢生焉"。对于慈爱,则"不可以简",即不能荒废教育而溺爱子女。如果"无教而有爱","饮食运为,恣其所欲"(同上),"列器玩于左右,从容出入,望若神仙"(《勉学》),在吃喝玩乐方面有求必应,唯恐不周。又在子女的品行上一味迁就,竭力护短:"一言之是,遍于行路,终年誉之;一行之非,掩藏文饰,冀其自改",甚至"宜诫翻奖,应诃反笑"(《教子》)。如此溺爱,终使子女"败德"。同时,《家训》还指出"偏宠"的危害:

人之爱子,罕亦能均,自古及今,此弊多矣。贤俊者自可赏爱,顽鲁者亦当矜怜。有偏宠者,虽欲以厚之,更所以祸之。(《教子》)

总之,对子女溺爱、偏爱,都是放弃了教育的责任,名为"爱",实则为"祸",由此铸下大错,将悔之莫及。

从慈严结合的原则出发,《家训》认为父母在教育过程中,应特别注意在日常生活的待人处事方面严格要求子女,做到一丝不苟:"凡有一言一行,取于人者,皆显称之,不可窃人之美,以为己力,虽轻虽贱者,必归功焉"(《慕贤》),更不可"窃人之财"。又说:"借人典籍,皆须爱护,先有缺坏,就为科治。"(《治家》)只有在日常琐事、小事上从严要求,时时处处"规行矩步,安辞定色"(《序致》),才能使子女养成良好的道德习惯。

第四,家长不但要督导子女认真读书,而且还要求子女接触社会,"博学"杂技。

《家训》指出:"自古明王圣帝,犹须勤学,况凡庶乎?"勤学之要,在于读书。儒家经典,具有"开心明目"、"增益德行,敦厉风俗"的作用,务必首先学习。而且,父母在安排学习内容时又须有针对性,根据子女的不同特点选择不同内容:

> 未知养亲者,欲其观古人之先意承颜,怡声下气,不惮劬劳,以致甘腴,……素骄奢者,欲其观古人之恭俭节用,卑以自牧,……素鄙吝者,欲其观古人之贵义轻财,少私寡欲,……素怯懦者,……欲其观古人之达生委命,强毅正直……(《勉学》)

《家训》认为人生在世,不但要通过读书,"增益德行",同时还要"会当有业",通过广泛接触社会,学习各种技艺,"积财千万,不如薄伎在身",指出:

> 农商工贾,厮役奴隶,钓鱼屠肉,饭牛牧羊,皆有先达,可为师表,博学求之,无不利于事也。(同上)

这些人的地位虽然"卑贱",但他们有实际的知识和技能,"可为师表",所以也当"博学求之"。特别是农业生产,作为"务本之道",更不可忽视,"安可轻农事而贵末业哉?"(《涉务》)《家训》认为,那种不知"稼穑之艰难","未尝目观起一坺土,耘一株苗,不知几月当下,几月当收",对农事毫无所知的人,必然"治官则不了,营家则不办"(同上),无以成才。这一见解,确是难能可贵。

读书学艺,必须及早进行,若是年少失教,也不必自暴自弃、悲观失望:

> 人有坎壈,失于盛年,犹当晚学,不可自弃。(《勉学》)

历史上"早迷而晚悟",迟学而成才者,大有人在:孔子"五十以学《易》",洞悉吉凶消长之理,进退存亡之道,所以"无大过";"曾子十七乃学,名闻天下;荀卿五十始来游学,犹为硕儒"(同上)。可见,只要发愤努力,仍可以大器晚成。

《家训》从地主阶级"修、齐、治、平"的治国之道出发,主张教子宜早,反对爱而不教,提出了一套家庭道德教育的方法,在不同程度上反映了家教的某些规律,对于今天仍有一定的借鉴意义。

《颜氏家训》的出现,体现了儒学思想家对盛行已久的"玄学"思潮的历史反思,反映了他们要求振兴儒学的迫切愿望。然而,这一愿望的实现,则经历了儒学与佛、道斗争并逐渐融合的一段漫长的历史过程。

还应指出,《颜氏家训》的出现,开始把自汉代以来处于上层经学和精英文化层面的儒学引向了世俗社会的深层,为儒家文化世俗化或民间化创造了一种有效的形式。自此以后,尤其到了两宋、明、清,各种"家训"及蒙学读物大量产生,遂使儒学中许多哲理名言和伦理思想成为社会的大众文化,对儒家文化之积淀为民族心理起了重大的作用。所谓"古今家训,以此为祖",正充分肯定了《颜氏家训》在儒学世俗化中的地位和意义。

第四节　佛教的宗教伦理思想(一)
——宗教善恶观和善恶轮回报应说[①]

佛教内部的宗派林立,各有相殊的哲学体系,它们的宗教伦理思想也互有差异,但所讨论的问题大致相同。本章仅就其主要的理论问题分两节作一综合阐述;本节先讲佛教的宗教善恶观和善恶轮回报应说。

一、宗教善恶观

在何为善恶的价值判断上,佛教从宗教信仰的立场出发,自有其一套理论体系。

总的说来,佛教认为善就是"顺益"。顺就是要"顺理"、"顺体"等。也就是一切言行要符合佛教的宗教学说,以佛教的教义来指导自己的思想言行。《菩萨璎珞经》下说,一切众生"顺第一义谛(即佛教的真理)起名为善,背第一义谛起名为恶"。《大乘义章》十二又说:"顺理名善……违理名恶。"《成唯识论》卷五说,以顺益此世他世之有漏无漏行为为善,反之为恶。"益"就是益世,即一切思想言行,要有益于佛教的宗教修行实践。这就是说,凡符合佛教宗教教义,有益于佛教宗教修行实践的思想意识、言行举动均为善,反之则为恶。因此,佛教把

[①] 第四、五两节特邀上海市社会科学研究院宗教研究所所长业露华研究员撰稿。

信奉其教的男女信众称为"善男子"、"善女人",或称为"善知识"。根据信徒在宗教修行实践中达到的不同程度,佛教又把善恶分为几类。例如,《大乘义章》将善恶分为三大类:

第一,以顺益为善,以违损为恶。这包括了"人"、"天"以上直至佛、菩萨的所有行果。即所作所为能够得到"人"、"天"以上果报的都属于善行,而我们今世能成人,即是前世行善的结果。因此,每个人本身就是善的体现。如所作所行导致地狱、饿鬼、畜牲"三恶道"时,则是恶行。但佛教又认为众生是处在不断的轮回过程之中,现世的果报,又是无限的轮回锁链中的一个环节,故人天福果,虽于此世是善的果报,但它并未脱离轮回,于来世将堕于何道尚未定,因此这种善也不能算作真正的善。同样,地狱、饿鬼、畜牲的恶报也不能算作真正的恶。故《成唯识论》五说:"能为此世他世顺益,故名为善。人天乐果虽于此世能为顺益,非于他世,故不名善。能为此世他世违损,故名不善。恶趣苦果虽于此世能为违损,非于他世,故非不善。"

第二,以顺理("无相空性"之理)为善,违理为恶。这是要人们懂得佛教所说的"诸行无常,诸法无我"的道理,不要执着于现实世界的种种现象。世俗之人,因为不懂佛教的道理,受现实生活中种种表面现象的迷惑,认为现实世界中的种种事物是"实有",因此违反了"无相空性"之理。这种人无论做种种好事,行种种善行,总不免著于"有相"之行,因此不管如何行事,都不究竟。只有懂得并接受佛教的道理,在修行中不断付诸实践,行事任重不著于行相,那么他们的言行才能称为善行。

第三,以体(法界真性、真如自体)顺为善,体违为恶。这在宗教上提出了更高的要求。认为只有经过宗教修行,达到了"法界真如"的本体,从而使"体性合一",到了这样的境界,自体所行无不符合法界真如。这种"体性合一"之行,才是真正的善行,除此以外均为不善。这实际上就等于说,只有佛乘是完美的、至善的;除佛而外,所有人天行果、罗汉菩萨所行均为不善。

天台宗则将善另分为六类:一、人天之善,二、二乘之善,三、权教菩萨之善,四、通教三乘之善,五、别教菩萨之善,六、圆教菩萨之善。此中,前五类虽亦称为善,但未达到完美至善的程度,故相对而言,亦不为善。如人天之善,即修五戒十善之事。此虽能得人天福果,称之为善,但报尽又堕轮回,不免又入恶趣之中,故亦为恶。其他诸类同样如此。只有第六圆教菩萨之善,天台宗认为已达到了"实相圆融"的境界,因此是完美、至善的。

除了善恶性质的判断之外,关于善恶行为的具体表现,佛教又有四善四恶,五善五恶,十善十恶等多种说法。大乘佛教唯识学派则将善分为自性善、相应善、等起善、胜义善四类。其中自性善十一种,详细地从心理上对善的心理活动作了分析,属五位百法中心所法。它们是:信、惭、愧、无贪(不贪求)、无瞋(不仇恨)、无痴(不愚昧)、精进(努力修行)、轻安(心情舒适)、不放逸(不断努力)、行舍(心情放松)、不害(不杀、非暴力)。

信,就是信念。这不是一般的信念,而是对佛教的教义学说坚信不疑,或绝对信仰,从而对它产生喜悦和追求的欲望,这才是"信",这种信才是善的。《成唯识论》六说:"云何为信?于实德能深忍乐欲,心净为性。"《大乘义章》二说:"于三宝①等净心不疑名信。"佛教认为,只有具备了对佛教教义学说坚定不移的信仰之心的人,才能排除其他一切杂念,并通过不断的宗教修行,使内心得到清净,一意去追求所谓的真谛。因此,《华严经》说:

> 信为道元功德母,增长一切诸善法,除灭一切诸疑惑,示现开发无上道。

信是佛教对其信众的最基本要求。只有具备了坚定的信仰,以至达到丝毫不疑的程度,才会相信和接受佛教的宗教教义学说,并不断付诸实践,成为虔诚的教徒。因此,"心诚则灵",几乎成了所有信徒的一句格言。这也是一切宗教对其教徒的基本要求,是宗教伦理思想的基本特点之一。

惭、愧。惭是对自己而言,愧是对别人而言。对自己所犯过错感到羞耻,从而产生防止重犯的心理作用,这称为惭。对自己所犯过错,在他人面前感到羞耻,害怕受责罚,因而产生不再重犯的心理,称为愧。《大乘义章》二:"于恶自厌名惭;于过羞他称愧。"

佛教所说的惭、愧,实际上是要求教徒在实践中进行道德的自我监督和检查,这种监督和检查的标准,照《大乘广五蕴论》的说法,一是依于佛法,一是依

---

① "三宝":佛教指佛、法、僧。"佛"指佛教创始人释迦牟尼,也泛指一切佛;"法"即佛教教义;"僧"指继承、宣扬佛教教义的僧众。

靠"世间力"。依于佛法,就是信徒由于信仰佛法,产生出一种崇尚贤善的力量;依靠"世间力",就是要按照世俗的法律、社会舆论等力量,使人产生抗拒邪恶、羞耻过罪的力量。佛教认为,惭、愧心理的形成,能使人懂得羞耻,防息恶行,不再重复曾经犯过的过错,在宗教修行实践中,它能凝聚僧伽团体,保证僧律的执行,增强信徒修行的信心。

无贪、无瞋、无痴。贪、瞋、痴被佛教称为"三毒",认为是诸烦恼中最能毒害人们身心的,又是产生其他烦恼的根本。无贪、无瞋、无痴,就是针对这"三毒"提出的,因此被称为"三善根",是产生各种善法的根本。新译《仁王经》言:"治贪、瞋、痴三不善根,起施、慈、慧三种善根。"

佛教认为,人世间所有烦恼、痛苦和争斗,都是由于贪、瞋、痴的缘故。人们为满足私欲,拼命贪求物质和精神的享受,一旦得不到,便互相仇恨(瞋),于是产生了争夺、战争,互相残杀。而贪和瞋的存在,是因为人们不明白佛教所说的真理,愚昧无知(痴)的缘故。所以,佛教认为具有高尚品格的人应是无贪、无瞋、无痴的。无贪,就是要人们不贪求,不仅不能贪求过分的欲望,而且对现实世界的一切都不应执著。佛教认为现实世界是一片苦海,而人身五蕴则是受苦的根本,修行成道就是为了脱离苦海;解脱轮回,是为了摆脱烦恼的缠缚,以求得精神的绝对自由(即佛教所说的不生不灭、永恒的涅槃境界)。

无瞋,就是要求人们要忍受痛苦,忍受现实生活中碰到的种种苦难和不合理的现象,不能发怒,更不能产生仇恨的情绪。因为发怒和仇恨的情绪,会影响人内心的平静,使人们的心灵不能安宁,从而影响宗教修行。因此,能够忍受痛苦,成了佛教所赞许的美德。佛经上所说的"难忍能忍"就是能够忍受一般人所难以忍受的痛苦的意思。佛教宣称,只有具备了如此道德修养的人,才有成佛的资格。

无痴就是不"愚昧",能领受佛教"诸行无常,诸法无我,涅槃寂静"的教义学说,并通过一系列宗教修行实践去达到这种境界。

无贪、无瞋、无痴"三善根",是佛教所说的"善"的重要内容,是佛教重要的道德规范。但是,在中国长期的封建社会中,它们常常被封建剥削阶级所利用,成为牢牢束缚劳动人民思想的精神枷锁。封建统治阶级无偿地占有农民的劳动成果,甚至还占有劳动者本身,残酷地剥削和压榨他们的血汗。由于封建制度本身保障了这种占有和剥削,因此,对封建剥削者来说,贪得无厌、巧取豪夺,并不算贪欲,即使他们过着花天酒地、荒淫挥霍的生活,只要不触动封建社会制度的稳固性,在道德上就不受谴责。而劳动人民为了争取生存条件而作的一切努力,却被斥为贪求和私欲,被认为是大逆不道,就会遭到封建统治的镇压,并以封建的道德意识和佛教的这种宗教道德学说,来规劝不堪忍受压迫的人们放弃反抗、忍受现实的苦难,宣扬只有做到无贪、无瞋、无痴等等,才能得到来世的幸福。由于这种道德说教是以宗教道德的形式出现的,它似乎适用于所有的信奉者,且不具有明显的阶级属性。

精进和不放逸,是佛教对信徒在宗教修行时的具体要求。它要求佛教徒在宗教实践时有一种锲而不舍、努力前进的精神。轻安和行舍,则是一种内心修养时应该保持的心理状态。

不害,也就是不伤害一切众生。这是佛教所说的各种善行中一项重要的善行,被列为诸戒之首。"一切众生"不光是指人,还包括一切动物。从佛教轮回学说观点来看,一切众生都在"六道"(天、人、畜牲、饿鬼、地狱、阿修罗六种生命形态)中不断流转,人和其他动物,只是轮回的趋向不同而已,并没有本质上的差别。现世的人,可能就是由前世的畜牲流转过来的,在来世的轮回中,也有可能重新堕入畜牲道中。因此杀死任何一个生命就等于杀一个人一样,没有多大区别,即使如蝼蚁、蚊蝇也是如此。由此,佛教将不杀生作为一种重要的善行。

恶与善是相对而言的。佛教认为,违背常理的,与佛教教义学说不相符合的,导致现世或来世的苦的报应的思想言行,都是属于恶的。《法界次第》上有"恶是乖理之行,故现在将来,由斯招苦"之说。《三法度论》卷中,则对恶作了具体的说明:"云何为恶?答:恶者恶行、爱、无明。""恶行"包括身、口、意三业十恶。"爱"包括染、恶、慢等。"无明"分为非智、邪智、惑智等。"恶"的根本,是人们无始以来就有的贪、瞋、痴"三毒"。因此,《华严经》有"我昔所造诸恶业,皆由无始贪、瞋、痴"之说。大乘佛教唯识学派又将贪、瞋、痴归于六种"根本烦恼"[①](贪、瞋、痴、慢、疑、恶见)的首三位。《三法度论》则将此"三毒"归入恶行之中。关于此三毒,前面已有分析,这里就不再重复。

---

① 佛教将扰乱人们的身、心,影响人的宗教修行,因而阻碍人们获得解脱的思想意识,称为"烦恼"。而一切烦恼的根源,能够派生其他种烦恼的思想意识,被称为"根本烦恼"。

除贪、瞋、痴"三毒"外,慢、疑、恶见三种亦被归入"根本烦恼"之中。《三法度论》则将此诸种分别归入爱、无明之中。

"慢"是指人们执着于有实在之我的看法,由此而产生的一种傲慢思想,从而对有智慧、有善德的人不表示尊敬之意,违背了佛教"诸法无我"的根本教义,因此会导致种种恶报,慢又分为过慢、慢过慢、增上慢、我慢等七种(小乘佛教又有九慢之说)。

"疑"是指对佛教所说的道理持怀疑的态度,它直接违背了"信",从根本上动摇了人们对佛教的信仰,因而被认为是大大的不善,属"根本烦恼"之一。

所谓"恶见",是指对佛教所宣扬的四谛①、八正道②等基本道德进行颠倒的理解,因而阻碍了人们对"真谛"的正确认识,从根本上违背了佛教的理论基础,因此也被认为是一种"根本烦恼。"

除了六种"根本烦恼"之外,还有一些随从"根本烦恼"而产生的所谓"随烦恼",详细分为忿、恨、恼、嫉、悭、骄、不信、懈怠、放逸等二十余种。按各自的作用,又可归纳为大、中、小三类。这些形形色色的烦恼、随烦恼等,由于都是违背了佛教的教义学说,阻碍了人们获得"解脱",因而都被认为是属于恶的思想意识。由此指导下产生的言行,不用说都是违反佛教的宗教道德标准的恶行了。按照佛教四谛说,它们都属于"集"谛,是招致一切"苦"的根源。

佛教把绝对信仰佛教教义的"信"作为其善法的第一内容,充分说明了佛教善恶观是从信仰主义出发的宗教道德价值观的特点。但是,佛教虽然提倡出世,其徒众却又不能不生存于世俗之中,它的宗教理论和伦理思想必然要受到现实社会条件的制约。因此,佛教关于善恶的评价,除了特有的宗教标准外,还引入了世俗的标准,这就是所谓依于"世间力"。从而把宗教的教义、戒律与现实社会的法律、纲常结合起来;既教人信奉佛法,又要人遵循名教。这也是佛教善恶观的一个特点。

二、善恶轮回报应说

佛教的伦理学说,是为其宗教目的服务的。在个人修行的宗教实践中,佛

---

① "谛",真理之意。"四谛",即苦、集、灭、道。
② 指八种正确的修行途径:正见、正思维、正语、正业、正命、正精进、正念、正定。

教的善恶观是与业报轮回的宗教学说相联系而发生作用的。"业"与"轮回"的学说,不仅是佛教宗教学说的理论基础之一,也是佛教宗教伦理学说的重要构成。

"轮回",本是古印度婆罗门教的基本教义之一。认为一切有生命的东西,总是在"六道"之中生死相续,好像一个车轮,不停地在那里转动,所以叫"轮回"。显然,这是以"神不灭论"为理论前提的一种宗教神秘主义的虚构。

按照佛教的说法,轮回是依据"业力"决定的。"业"意为"造作",泛指人的一切身心活动,包括思想意识、言行举止等等。佛教认为关于"业"的学说,是佛陀为世人所说各种法中最重要的一法。业有"染"有"净",人生的一切祸福际遇,都是由"业"的染净所决定的。《佛说十善业道经》指出,佛曾宣布:"一切众生,心想异故,造业亦异,由是故有诸趣轮转。"轮回趋向的好坏,由"业"的染净而定。"染"业招致恶的果报,因而从伦理角度来讲即是恶业,不善之业。"净"业导致好的果报,因而是善业。这样,佛教的善恶观就与"业报轮回"的学说紧密地结合起来了。芸芸众生,按照各自的业力在六道中不断流转、无可避免。故《有部毗奈耶》卷四十六说:"不思议业力,虽远必相牵,果报成熟时,求避终难脱。"只有信仰佛教,出家修行,才能使"业力"不断地由染转净,从恶业转向善业,最后获得"无漏之行",从而得到最终的解脱。

一个人的祸福果报,是由他本人的业的染净、善恶所决定的。这就好像春蚕一样,自作茧,自受缚。《妙法圣念处经》卷一说:"业果善不善,所作受决定;自作自缠缚,如蚕等无异。"作善业的人,将有好的果报;作恶业的人,必得恶的报应。《佛说十善业道经》载,佛曾对龙王说:你(指龙王)所看到的这些大菩萨,这种奇妙、庄严、美好的形象,都是由于他们的善业所产生的。还有天龙八部,也即八部众(指天众、龙众、夜叉、乾闼婆、阿修罗、迦楼罗、紧那罗、摩睺罗迦这八种佛教所说的神道),有大权威大势力的人,也是由于行了善业而得到的福果。现在大海中所有鱼虾龟鳖等物,形状粗陋,都是因为以前自己心中产生了种种不好的念头,干了种种坏事,由此不善之业而受到这种报应,所以应当记住要好好修行,并要使水族众生都明白这些因果道理,经常修习善业。

按照佛教的理论,行善业,得善报,可获"人天福果";行不善业,得恶报,来世堕入畜牲、饿鬼道,下地狱受尽煎熬。因此,佛教的善恶观与业报轮回的学说紧密结合,在一般信徒的心理上产生了巨大的约束力。"业"不但决定今生,同时也决定来世;今世的祸福由前世的"业"决定,今世的所作所为又决定来世的祸福。从因果关系而言,前世的因,决定今世的果,今世的因又决定来世的果,这就是佛教所说的"三世二重因果",实际上是一种人生祸福宿命论。佛教用这种因果轮回关系来说明现实社会之所以有贫富贵贱的不平等现象,又用追求"来世福果"这一虚幻前景,要求人们对现实的不平等安之若素,放弃争斗。由于这种道德学说强调善恶报应的前世——今世——来世的因果连锁性,对教徒形成了一种无形的心理威慑力,因此,它对人们思想言行的约束作用,在某种程度上远远超过了世俗的道德说教。

第五节　佛教的宗教伦理思想(二)
——"佛性"说和宗教人生观

人能否成佛以及如何才能成佛,是佛教伦理思想所要回答的根本问题。这实际上就是中国传统伦理思想关于"人能否成为圣人和理想人格如何培养"这一问题在佛教思想中的体现。围绕着这一问题,佛教提出并讨论了"佛性"、人生及如何修行成佛的问题。

一、"佛性"说

所谓"佛性"问题,是讲众生由凡转圣,进而得道成佛的原因、根据、可能性的问题。佛性说起源于"心性本净"思想。"本净"之心亦即佛所具有的"真如"本性,因此称为"佛性"。众生若具有这种心性,也就有了成佛的可能。只是众生因被无始以来的"无明"所遮蔽,使本净之心受到染污,成为不净。信佛修道,就是要通过宗教修行,逐渐去染成净,使众生具有的佛性与佛的真如本性相合,从而由凡入圣,悟道成佛。佛性说作为涅槃学的中心思想,在一定的意义上,可以说是从佛教的角度讲人性,是人性论的宗教形态。但与传统的人性概念显然有别。

自东晋至南北朝时期,关于佛性说的最著名的佛教学者是竺道生。竺道生幼年出家,曾在庐山向慧远问学,后又随鸠摩罗什精研佛学,为罗什门下高足之一。他积历年的研学心得,融会贯通,不拘泥于个别经说,提出了一些独到见解,在关于佛性的问题上,显得尤为突出。当时,由于佛经本身对佛性的解说颇多歧义,一些佛教学者对佛性理解的角度又不一致,因而众说纷纭,莫衷一是。争论的主要问题有:什么是佛性;佛性是"本有"还是"始有"(即佛性是先天就有的,还是后天才产生的);是否人人都有佛性,等等。竺道生对此都有精辟的论述。可惜竺道生的著作大部分都已散佚,现在我们只能从一些经注中得以窥其佛性说之一斑。

(一) 什么是佛性?

究竟什么是佛性,在佛教经典中没有明确阐述,因此各家对此说法不一,或以能够成佛的本心为佛性,或着重从"待缘而起"之境界、条件上来界说佛性,有的则以"真如"(宇宙本体)为佛性,以得佛之理为佛性,等等。隋代吉藏《大乘玄论》中总结各家涅槃师说,共分12家。慧均《四论玄义》中归纳当时各种说法,分为根本3家,枝末10家,共13家。

竺道生认为,佛性是众生的本性。如同法性是法的本分一样,佛性就是众生的本分。它内在于人的本性之中,"苟能涉求,便返迷归极,归极得本","涅槃惑灭,得本称性"。佛性即是善性,"善性者,理妙为善,返本为性也"(《大般涅槃经集解》)。这种善性是指《法华经》上所说的"佛知见",即了知照见"诸法实相"的智慧。显然,佛性之"善",与以往儒家所说的人性的"善"有别。

竺道生不仅从主观心神方面讲佛性,强调众生本心的觉悟,还从"理"上讲佛性。所谓"理",就是佛教真理,它是自然的,"不从因有,又非更造",无起无灭,湛然常真。"得理为善,乖理为不善",所以"理"是"佛因",也是"佛性"。他说:"从理故成佛果,理为佛因也","成佛得大涅槃,是佛性也"(《大般涅槃经集解》)。竺道生对佛性的这一规定,是与传统人性概念的又一区别。既然"理"也是佛性,那么,众生要成佛,不但要除惑去迷,恢复内在本性,而且要"得理",去体认佛教的最高真理。竺道生从"心"和"理"两个方面对佛性作了全面的规定,这对后来的佛教史和思想史产生了深远的影响。

(二) 佛性是"本有"还是"始有"?

佛性是"本有"还是"始有"? 这一问题在南北朝时期就已开始争论,并持续了相当一段时间,直到唐代还未解决。所谓"本有",是说佛性是与生俱来的,眼下就有的;所谓"始有",是指佛性要在得到佛果后才有,现在却没有。这两种说法,《涅槃经》虽无明确提及,却都有暗示,因而都可找到根据①,但毕竟模糊不清,所以造成了佛性"本有"、"始有"之辩。除此以外,另有一种调和之说,认为佛性亦本有、亦始有,"佛性有二种,一是理性,二是行性。理非物造,故言本有;行藉修成,故言始有"(吉藏《大乘玄论》卷三)。这是从主客观两方面而言。佛性作为真理,是"客观",不是人为造出的,因此是本有。但人要达到和掌握这种真理,必须凭借不断的修行,从这个意义上说又是始有。

还有一种观点,认为是"本有于当","谓众生本来必有当佛之理,非今始有成佛之义"(均正《大乘四论玄义》)。这是说,众生本无佛性,但如果就当来能成佛之理而言,则可以说是本有;而成佛毕竟在当来,所以又可以说是始有,这已经近乎逻辑游戏了。

竺道生本人则力倡"本有"之说。在《法华经疏》中说:"良由众生本有佛知见分",在《涅槃集解》中又说:"佛性即我","本有佛性,即是慈念众生也"。

"本有"、"始有"之争,长期未决,后来唐玄奘"杖策西迈",去印度求经问法,这也是他想得到解答的疑问之一,其实,所谓"佛性",无非是佛教学说中带有神秘主义倾向的精神实体而已。要想论证这种神秘主义的东西到底是"始有"还是"本有",既无法通过感性认知,也不能借助科学实践获得,只能依仗神秘的宗教体验,因此根本无法辩清,就连佛经中也不得不承认:"佛性者,不可思议。"(《涅槃经·如来性品》)

(三) 是否人人都有佛性?

六卷本《大般泥洹经》明确认为,"一阐提"没有佛性。"一阐提,懈怠懒惰,尸卧终日,言当成佛。若成佛者,无有是处。""一阐提",即梵文 Icchantika 的音译,指作恶多端、贪求欲乐而不悔改的人。佛教认为这种人不具信心,善性灭

---

① 详见吕澄《中国佛学源流略讲》第 6 讲。

尽,不可救药。经文明言,一阐提人没有佛性,永远不能成佛,就好像烧焦的种子、钻破的果核,虽有甘雨,但终不能生芽。

但是,竺道生却大胆地反对这一说法。他根据佛经的基本精神,首倡一阐提人也有佛性,也能成佛。认为诸法实相就是法、佛,众生和法是一体的,法、佛"亦以体法为众"(《注维摩诘经》),所以佛、法、众生都是同一实相。万法既有法性,众生也有佛性。一阐提人既是众生,也应当有佛性。他说:

禀气二仪者,皆是涅槃正因。……阐提是含生之类,何得独无佛性!(《一乘佛性慧日钞》引《名僧传》)

竺道生从众生平等的教义出发,提出包括一阐提人在内的众生都有佛性,都可以成佛,这在当时可谓"孤明先发",极为大胆。对于当时那种"士庶之际,实自天隔"①的锢闭性的等级秩序及等级观念,不能不说是一个巨大的冲击,因而在佛教内部引起了轩然大波,竺道生本人也被"摈而遣之",被逐出僧侣集团。后来,昙无谶译出大本《大般涅槃经》传到南方,经中后半部认为一阐提人也有佛性,也可成佛,这场争端才告平息。

显然,把一阐提人拒之于佛门之外,对于佛教理论的发展是不利的,它只会导致对"佛性"的否定和削弱成佛的诱惑力,从而动摇人们对佛教的信仰。既然佛法是无边的,那么如果无边的佛法竟对某一种人无能为力,岂不自相矛盾?所以,为了理论的彻底性,同时也是逻辑之必然,就必须肯定一阐提人也有佛性,也能成佛,所以得到了封建统治阶级的大力支持和提倡。

二、出世主义的宗教人生观

如果说,佛性说旨在论证众生成佛的可能性,那么,佛教的人生观则在于说明涅槃成佛的必要性与合理性,以及论述怎样成佛。这里包括人生"苦海"说、"涅槃"境界说和修行方法三个方面。

---

① 见《宋书》卷四十二《王弘传》。

佛教认为人生是一个生、老、病、死的过程,而贯穿于这一过程的,只是一个"苦"字。"苦"作为佛教的基本教义"四谛"之一,据说是释迦牟尼成佛后最早阐述的思想理论。《中阿含经》把人的一生概括为"八苦":

> 苦圣谛谓生苦、老苦、病苦、死苦、怨憎会苦、爱别离苦、所求不得苦、五盛阴苦。

其中,第一类"生老病死苦",是人生的自然过程。第二类的"怨憎会"、"爱别离"、"求不得"诸苦,都属于主观欲望得不到满足所引起的苦。第三类"五盛阴苦",是指由色、受、想、行、识("五阴")引起的苦,包括人的精神和物质生活方面的苦。在佛教看来,人世间无异是一个大而无边的苦海,人的一生就沉溺在这一苦海之中,既无乐趣可言,也没有任何意义。"苦",被说成是人生在世俗世界中普遍存在的形式。

佛教视人生为"苦海",固然反映了现实社会的苦难,但把富人为进一步积聚财富而终日焦思竭虑所引起的"苦",同贫者备受剥削和压迫的痛苦相提并论,却充分暴露了这一人生观的神学实质,"就是调和和掩盖绝对对立的两极"[①]。

佛教关于人生"苦海"的说法,在一定程度上反映了阶级社会中劳动人民的苦难。然而,更重要的是要说明这种苦难的根源,以及如何才能消除这种苦难。可是,就在这一至关重要的问题上,佛教却无法正确地解释人们苦难的阶级根源和社会根源。

佛教认为人生之"苦"的最终根源并不在于社会自身,而是在于个人的"无明",也就是对诸法实相、佛教真理的愚昧无知。"无明所复,生颠倒心"(《涅槃经》卷二),结果把"一切皆空"的宇宙万物和自我当成实有,从而产生"法执"和"我执"。有所"执"必有所求,这就产生了欲望。为了满足欲望,便发生争斗,于是社会陷入纷乱,产生了种种苦难。如果明白诸法实相,懂得现实世界一切皆是虚妄,抛弃我、法两执,那么就能脱离"苦海",解脱痛苦,进入常、乐、我、净的涅槃境界。

"涅槃",意为"灭度",即灭障度苦。佛教认为一旦进入"涅槃",便"无明"不

---

① 《马克思恩格斯全集》第1卷,北京:人民出版社,1956年,第536页。

存,"我执"自灭;能拨开烟雾弥漫的迷境,达到真相洞明的悟界。于是,苦因断绝,苦果也就不生了。"涅槃"被说成具有所谓"常"、"乐"、"我"、"净"四德。"常",即常住,也就是超越时空的、无生灭转变的果德;"乐",安乐之意,也就是断决生死逼迫而得大自在、无痛苦的果德;"我",即真我,远离妄我之执;"净",即清净洁白,不稍污秽,根绝了一切惑业。这种境界,脱离了生死差别。佛教正是通过描绘生的极苦,来证明无生为极乐。

佛教修行的最高目标是成佛。在佛教看来,佛是至善尽美的,而菩萨则是处于"候补"地位的佛,是佛在人间的代表。佛经中所极力推崇的地藏、观音等菩萨,被认为是众生所当效法的道德楷模和人格标准。

据说,地藏是继释迦之后,弥勒未生之前,众生所赖以救苦的一个大菩萨。他发誓要度尽"六道"——天、人、畜牲、饿鬼、地狱、阿修罗——众生,拯救诸苦。《地藏菩萨本愿经》说:

> 地藏菩萨,具大慈悲,救拔罪苦众生,生人天中,令受妙乐,是诸罪众,知业道苦,脱得出离,永不再历。

他还具有神力、智慧和辩才,只要信奉他,"至心瞻礼地藏像,一切恶事皆消灭,至于梦中尽得安,衣食丰饶神鬼护"(《地藏菩萨本愿经》)。

观音菩萨相传是阿弥陀佛的左胁侍,西方三圣之一。他慈悲为本,神力无比,又有种种化身。遇难众生只要一念观音菩萨名号,就能刀枪不入,水火不伤,化险为夷,转危为安。他不但拯救众生于遇险之时,而且尽力为众生消除无明,防患于危难之前。

> 若有众生,多于淫欲,常念恭敬观世音菩萨,便得离欲;若多瞋恚,常念观世音菩萨,便得离瞋;若多遇痴,常念观世音菩萨,便得离痴。(《妙法莲华经·观世音菩萨普门品》)

地藏、观音菩萨具有大慈大悲的品性,是善的化身。佛教把菩萨描绘得智勇双全、至善至美,皆在证明芸芸众生的顽冥愚痴,必须拜倒在"真佛"脚下。正如马克思所说:"这些人怀疑整个人类,却把个别人物神圣化。他们描绘出人类的天性的可怕形象,同时却要求我们拜倒在个别特权人物的神圣形象面前。"①佛教所虚构的菩萨形象,不但是芸芸众生的救世主,同时又是佛教的布道者。他们入地狱不是为了摧毁地狱,而是要众生自己克服由于自己的"无明"而产生的种种"烦恼"。他们声称以拯救苦难灵魂为己任,但他们的全部目的却在于让苦难者安于现实,忍受苦难,只是在不改变世俗"地狱"的前提下,给予一些精神上的慰藉。

佛教不仅树立菩萨作为众生的道德理想,而且还提出一个所谓"极乐净土"的理想天国。据《无量寿经》说,极乐净土以金银、玛瑙为地,光耀夺目,瑰丽无比。居民吃好穿好,一想吃饭,面前即呈现七宝做的钵,钵中百味俱全,香美异常。在这一极乐世界中:

> 君率化为善,教会臣下,父教其子,兄教其弟,夫教其妇,家室内外,亲戚朋友,转相教语,作善为道,奉经持戒,各自端守,上下相检。无尊无卑,无男无女,斋戒清净,莫不欢喜,和顺义理,欢乐慈孝,自相约检。(《大阿弥陀佛经下》)

佛教宣扬这种虚幻的极乐净土,只是要人们把注意力投向虚无缥缈的彼岸世界,去追求死后的天国幸福。

在如何成佛的问题上,佛教提出了"三学"、"六度"的修行准则和方法。佛教认为人之大恶,莫过于贪、瞋、痴"三毒"。三毒缠身,则无明炽起。要灭此三毒,就要修"戒"、"定"、"慧""三学"。

> 世尊立教法有三焉:一者戒律也;二者禅定也;三者智慧也。斯三者,至道之由户,泥洹之关要也。戒者,断三恶之干将也;禅者,绝分散之利器也;慧者,齐药病之妙医也。(道安《比丘大戒序》)

这是说,通过"戒"清除贪欲,"定"清除瞋恚,"慧"清除愚痴。贪欲除则慈悲显,

---

① 《马克思恩格斯全集》第1卷,北京:人民出版社,1956年,第80页。

瞋恚除则真勇出，愚痴除则智慧生，这样就可以从"三毒"一变而为"三德"。

佛教认为要是"三毒"不除，则蔓延为"悭贪"、"邪恶"、"瞋恚"、"懈怠"、"散乱"、"愚痴"等"六弊"。为此，又提出"六度"来破除"六弊"。

"六度"又叫"六波罗蜜"，即"布施"、"持戒"、"忍辱"、"精进"、"禅定"、"智慧"。《解深蜜经》说：

> 善男子，菩萨学习，略有六种，所谓布施、持戒、忍辱、精进、静虑、智慧到彼岸。

"六度"是从生死此岸到涅槃彼岸的方法与途径，为大乘佛教修行的主要内容。其中布施、持戒、忍辱是大乘佛教的道德准则，用以处理人际关系的标准，而精进、禅定（静虑）、智慧则属于一种自我修养。

所谓"布施"，有"财施"与"法施"两种。将自己的财物施于他人叫财施，教人以道为"法施"。佛教主张慈悲为本，不但强调对人布施，做到"愍己惠人"（《大乘义章》卷十二），"慈育人物，悲愍群邪"（《六度集经·一章》），而且要恩及畜牲，对动物布施，甚至"投身饲虎"、"割肉与鹰"，不惜身家性命。

所谓"持戒"，就是为禁止一切不符合佛教教义的思想和行为所作的规定，被看成是止恶修善的生活准则。"戒"作为一切善法的根本，内容有"五戒"、"十戒"、"具足戒"等。《大智度论》卷十三中说：

> 大恶病中，戒为良药。大恐怖中，戒为守护。死暗冥中，戒为明灯。于恶道中，戒为桥梁。死海水中，戒为大船。

"持戒"在佛教的宗教生活中的地位和作用由此可见。

所谓"忍辱"，就是内心能安忍外部辱境，不存怨恨之心。释迦自称前世曾作忍辱仙，修忍辱法，毫无怨恨地让国王支解自己的身躯。所以忍辱要求"不念旧恶，不憎恶人"（《八大人觉经》），宽大为怀，决不可"他骂报骂，他瞋报瞋，他打报打，他弄报弄"（《菩萨戒本》），听到"恶骂之毒"，要"如饮甘露"（《佛遗教经》），当作最好的忍力锻炼。

佛教主张"欲得净土,当净其心"(《维摩诘经》卷一),精进、禅定、智慧正是达到"心净"所必需的自我修养功夫。"精进",即要求佛教徒在修行时不断努力,不能中途松懈;"禅定"要求修行时保持心灵的平静,不外思,作到"摄制六情,舍众欲,散诸恶念(《阴持入经注》),从而灭情见性、见性成佛;"智慧"是指掌握佛教真理,不可用正常的言语思维表达的无上智慧,为区别于一般所说的智慧,故常用梵文音译"般若"代替。佛教的修行功夫,集中地体现了它的僧侣主义和禁欲主义的宗教特征。

佛教所主张的破"三毒"、去"六弊",实质上就是运用宗教信念摒除来自内部情欲的干扰与外界物质世界的引诱,依据佛教教义所规定的方向去言行思维,从而去恶从善,由痴而智,转迷启悟;从"染污"到"清净",由世俗世界转向彼岸世界的一种修行方法。它所引导的,也就是佛教宗教道德和宗教人生观的最后归宿。

三、禅宗的"见性成佛"修行说和"佛性本有"的众生平等观①

禅宗自称为"教外别传",是中国佛教中一个很有影响的宗派。由于它反对繁琐的修行方法,提倡不立文字,见性成佛,强调自我体验、内心证悟的修行实践,受到中国知识阶层的欢迎。禅宗以其独特的教义在中国佛教诸派中独树一帜,且影响广泛而深远,故本节单列一目特述其"'见性成佛'修行说和'佛性本有'的众生平等观"的伦理思想。禅宗的创始人相传是南北朝时来华的僧人菩提达摩。他所传的禅法特点是"籍教悟宗",即在禅定的状况中进行思维意识的锻炼。但禅宗的实际创始人是被称为六祖的唐代慧能(638—713)。慧能曾于湖北黄梅五祖弘忍门下作"行者",在厨房做舂米劈柴的杂工。弘忍为选嗣法弟子,命寺僧各作一偈,一试高下。弟子神秀作偈于壁上说:

身是菩提树,心如明镜台,时时勤拂拭,莫使惹尘埃。

慧能认为此偈未得禅学要旨,于是让人代书作偈:

---

① 本目特请本书"佛教的宗教伦理思想"的原作者业露华教授增补。

菩提本无树,明镜亦非台,本来无一物,何处惹尘埃。

此偈深得弘忍赏识,认为已彻悟本性,乃秘密传以衣钵,于是慧能继承为禅宗六祖。慧能主要活动于南方,其所创立的禅宗,史称"南宗",而其影响远超过神秀的"北宗",因而取得了禅宗的正统地位。这里所述的主要是禅宗六祖慧能的伦理思想。其史料主要来自《南宗顿教最上乘摩诃般若波罗蜜经六祖慧能大师于韶州大梵寺施法坛经》(本节凡引此经仅注节次)。

禅宗伦理思想的特点十分鲜明,集中体现为"见性成佛"的顿悟修行说和"佛性本有"的众生平等观。

慧能提倡心性本净,佛性本有,见性成佛。认为每个人的本心就是自性清净的佛性,因此成佛不必向外求。只要识得自性,就能成佛。众生与佛的区别,只在于迷与悟。"自性迷佛即众生,自性悟众生即佛。"(第三十五)因此禅宗的修行强调自我体悟,通过内心的返照,一旦豁然,悟得本来具有的清净本性,便能当下觉悟成佛。由此,禅宗主张不立文字,认为不需诵经拜佛,也不必进行复杂的宗教修行,只要坚决相信自己本来就具有的佛性,经过一定时间的宗教体验和思维、意识方面的锻炼,一旦豁然大悟,就能顿悟成佛。

禅宗认为,人的本心,也就是人的自性清净无染。而这清净无染的本心,或者说是自性,就是真如本性,也就是佛性。一切众生都有此自性清净的本心,因此一切众生都有佛性。慧能说:"世人性本自净,万法在自性。自性常清净,日月常明。世人性净犹如清天,慧如日,智如月,智慧常明。"(第二十)这也就是说,世人本来就具有此清净本性,而且此清净本性,也就是佛性,包容世间一切事物,包括佛教所说的般若智慧。不仅这样,"三世诸佛,十二部经,亦在人性中,本自具有"(第三十一)。因此自性具足,一切万法,都在自身中。

众生都有佛性,因此成佛的根据和机会是平等的;一切众生都有佛性,佛性平等,因此众生平等。慧能生于岭南,在当时是个偏远之地,他自小生活贫困,平时以砍柴为生,这种生活环境,促成了他强烈的平等感。相传慧能初上黄梅参见五祖,五祖弘忍问他,你是何方人,今天到此,来求什么?慧能答道,我是岭南新州人,今天远道而来,礼拜大师,不求别的东西,只愿求作佛。弘忍又问道:你是岭南人,又是葛獠,凭什么想作佛呢?慧能不服,争辩说:"人虽有南北,佛性本无南北。葛獠身与和尚不同,佛性有何差别?"(《六祖坛经·行由品》)认为凡人皆有佛性,因而众生平等,众生与佛也平等。此后,慧能在各种场合多次强调这种平等思想。当然,禅宗的众生平等观,并不是要求在现实生活中实现平等权利,而只是肯定在宗教修行和成佛目标追求方面的平等。但这提出了宗教修行中人的主观作用问题。只有以佛性平等观为前提,才能提出当下直入、顿悟成佛的思想。

既然众生平等,都有佛性,那么,佛和众生又有什么区别呢。禅宗认为区别只在于悟和迷的不同。"不悟即是佛是众生,一念若悟,即众生是佛。"(第三十)"自性迷佛即众生,自性悟众生即是佛。"(第三十五)佛是悟了自性的众生,众生则是还未启悟自性。佛与众生,区别只是在于对佛性的认识上。"菩提般若之知,世人本自有之,即缘心迷,不能自悟。"(第十二)如果悟了,众生就是佛。"自悟"就是"自性内明"。他说:"自性内照,三毒即除,地狱等罪,一时消灭,内外明彻,不异西方。"(《六祖坛经·疑问品》)而这只是一念之间,慧能认为:"佛性本亦无差别,只缘迷悟。迷即为愚,悟即为智。"(第十二)而迷、悟只是一念之别。一念迷悟,决定了佛与众生的区别;一念能悟,当下众生就能成佛。

既然众生与佛的区别只在于迷、悟之间,因此禅宗主张,成佛的修行只在于内心的体悟和自省。"佛是自性作,莫向身外求",成佛只能依靠自己,要从自己内心发现本来就有的清净本性。因此慧能提出,众生应当"各于自身自性自度"(第二十一)。他解释道:"自色身中,邪见烦恼,愚痴迷妄,自有本觉性,将正见度。既悟正见,般若之智,除却愚痴迷妄,众生各各自度。"在这里,慧能强调修行成佛,只能依靠自己,依靠自己自性所具有的般若智慧,除却愚痴迷妄,证得觉悟的本性,这就叫"于自身自性自度"。相传慧能从五祖处得法后,当夜离开黄梅。五祖送至九江驿,要摇橹渡他过江。慧能对五祖说,请和尚坐着,我来摇。弘忍对他说,应当是我渡你。慧能回答:迷时师度,悟了自度。慧能生在边远地区,因语音不正,所以蒙师传法。今已得悟,就应当自性自度。五祖听了他一番话,连声说对。这说明了慧能一直强调体悟自性,必须依靠自己,即所谓自性自度。

禅宗认为,三世诸佛,十二部经,本来众生本性中都具有,如果能够"识自心内善知识,即得解脱"。这个"善知识",实际上就是众生本来就有的自性清净具足之本心,亦就是佛性。慧能说:"若取外求善知识,望得解脱,无有是处。"(第三十一)这就是说,如果谁不依靠自性具足之智慧来顿悟自己的真如本心,就永远不可能得到觉悟。禅宗关于自性自度的主张,以自性本具之般若智慧为自心内善知识的说法,强调了在宗教修行方面个人的主观能动作用,强调了人的主体意识在宗教修行中的作用和地位。这一点在当时是很了不起的。佛教传入中国,学佛者总是被告知,如要修行,必须依靠佛、法、僧,必须经过长期的诵经礼佛,守持各种清规戒律,经过种种修行阶段。小乘佛教修行的最高目标是证得罗汉果位,认为要想成佛,就需经过累劫修行才有可能。大乘佛教虽然将成佛作为自己的修行目标,但也要经过累世修行,历经许多阶段。至于以简便易行为特点的净土宗,更是主张他力往生,认为在此五浊恶世,无法依靠自己的力量获得解脱。慧能创立的禅宗学说,不仅提出了众生成佛的可能性,而且还将成佛的过程大大简化,既不需要累世修行,也不必经过许多阶段,只要经过内心体悟,一念觉悟,当下即能成佛,这自然受到了大众的欢迎。中唐以后,南宗能够取得禅宗的正统地位而广为流行,应该说与六祖慧能所创的这种顿悟成佛说有很大关系。同时,慧能此说在当时佛教界产生了振聋发聩的作用,对以后中国佛教的发展产生了重大的影响。

禅宗所说的识见本心,体悟自性的修行过程,并不需要外界的参与,也不需要对外在的客观世界进行认识,仅仅是一个内心自我认识和自我体悟的历程,其体悟的主体和对象都是自性,也就是佛性本身。因此,禅宗的宗教体悟和修行实践是一个自我内在封闭的体系。但禅宗摆脱了经院式的繁琐理论论证和思维方法,其"明心见性"、"见性成佛"的思想体系和强调自我内心顿悟的宗教修行方法,为宋明理学(尤为陆、王心学)所吸收,对中国诗歌、绘画、美学思想也都产生了重大的影响。

第六节　韩愈以儒排佛的"道统"论和"性三品"说

韩愈(768—824),字退之,河南河阳(今河南孟州市)人,因先世原籍河北昌黎,自称昌黎人。他三岁而孤,自谓"布衣之士",通过科举途径跻入官僚阶层,最后官至吏部侍郎。在政治上虽不赞成"永贞革新",但反对藩镇割据,维护中央集权,代表了庶族地主的利益。

韩愈是唐代著名的文学家,与柳宗元同是唐代古文运动的倡导者,被列为"唐宋八大家"之首。在学术思想上,他"柄任儒术崇丘轲"(《石鼓歌》),以继承和发扬孔孟之道自命,"抵排异端,攘斥佛老"(《进学解》),提出了旨在与佛、道相抗衡的儒家"道统"论,在儒学或儒家伦理思想的发展史上,承前启后,与李翱一起,开了宋明理学的先河。其著作编为《韩昌黎集》,其中,《原道》、《原性》及《谏迎佛骨表》等,比较集中地反映了他的伦理思想。

一、"抵排异端,攘斥佛老"

自隋唐以来,为了适应统一王朝的需要,儒、佛、道由鼎立而渐趋合流,但它们之间为争夺正统地位的斗争仍在继续,特别是当寺院经济恶性膨胀,佛教势力过于强大,导致世俗地主和僧侣地主的矛盾加剧的情况下,儒家反对佛教(同时也反对道教)的斗争就显得格外激烈。韩愈"攘斥佛老",就是继傅奕以后,在意识形态领域中掀起的又一次以儒反佛的思潮,目的在于重振儒学,恢复儒家仁义道德的正统地位,其激烈程度和理论高度,都超过了以往的斗争,对中国伦理思想的发展产生了重要的影响。

唐宪宗元和十四年(819),皇帝派宦官把陕西凤翔法门寺所藏的一块所谓"佛骨"迎入宫中供奉,然后又令各寺庙轮流供奉。对此,韩愈挺身而出,上表(即《谏迎佛骨表》)直谏。指出这是"伤风败俗,传笑四方"的丑事,"臣实耻之",要求皇帝"以此骨付之有司,投诸水火,永绝根本,断天下之疑,绝后代之惑"。并表示:"佛如有灵,能作祸祟,凡有殃咎,宜加臣身。"(《谏迎佛骨表》)陈词激昂,周围为之动容,但却触怒了一心媚佛的皇帝,宪宗欲处以死罪,幸赖群臣谏免,由刑部侍郎贬为潮州刺史。但这并没有动摇韩愈排佛的意志,有诗为证:"一封朝奏九重天,夕贬潮州路九千。欲为圣明除弊事,岂将衰朽惜残年?"(《左迁至蓝关示侄孙湘》)充分表现了这位反佛斗士誓与佛教势不两立、周旋到底的决心。

历来的儒、佛之争,不仅根基于世俗地主与僧侣地主在经济和政治上的矛盾,而且也反映了两种文化形态上之差异,这在韩愈以儒排佛的斗争中得到了更为明显的体现。其一,韩愈指斥佛教(也包括道教)对国计民生的危害。认为古之所谓民者有四,今又增加了和尚和道士"两民",他们不耕而食,不织而衣,造成生产者寡而白食者众,由此,"奈之何民不穷且盗也"(《原道》)。揭露了寺院经济给封建国家的政治、经济所造成的严重恶果。其二,依据"圣人立教"的唯心史观和"夷夏之辨"的狭隘文化观,认为:"夫佛本夷狄之人,与中国言语不通,衣服殊制,口不言先王之法言,身不服先王之法服,不知君臣之义、父子之情。"(《谏迎佛骨表》)所以,推崇佛教就是毁灭"先王之法"、"圣人之道",就是毁灭"圣人"所创造的人类文化之精华。其三,指出佛教破坏世俗人伦"天常":"弃而君臣,去而父子,禁而相生养之道",致使"子焉而不父其父,臣焉而不君其君,民焉而不事其事"(《原道》)。而"天常"既毁,名教秩序也就无以为继了。这二、三两点,正揭示了儒、佛各自所崇尚的文化形态上的差别。韩愈以儒排佛,就是以传统的中国儒家文化反对外来的佛教文化,其中最根本的一条,就是以儒家的世俗伦理道德排斥佛教的宗教出世伦理。它集中地体现了儒、佛在伦理思想领域中论争的主题,即关于俗世与天国的关系。而韩愈用来概括儒家文化的理论,并以此作为排佛的主要武器的,那就是他的儒家"道统"论。

二、以儒排佛的"道统"论

佛教和道教把他们的宗教神学思想体系奉为绝对真理,尤其是佛教的各个宗派,为了使本宗派在竞争中争得"正宗"地位,各自都炮制出一个传法世系或曰法统。韩愈为了与佛、道相抗衡,从天命论和圣人史观出发,也为儒家编造了一个传道系统,即所谓"道统"。他说:

> 斯吾所谓道也,非向所谓老与佛之道也。尧以是传之舜,舜以是传之禹,禹以是传之汤,汤以是传之文武周公,文武周公传之孔子,孔子传之孟轲。轲之死,不得其传焉。(《原道》)

这里,他把荀子和扬雄排除在外,认为"荀与扬也,择焉而不精,语焉而不详"(同上),并俨然以孟子的继承者自居,说:"韩愈之贤不及孟子,孟子不能救之于未亡之前,而韩愈乃欲全之于已坏之后"(《与孟尚书书》),立志要"寻坠绪之茫茫,独旁搜而远绍,障百川而东之,回狂澜于既倒"(《进学解》),决心"使其道由愈而粗传,虽灭死万万无恨"(《与孟尚书书》)。应该指出,韩愈崇孟轲而抑荀、扬,第一次把孟子说成是孔学"醇乎醇者"的继承人,这就大大抬高了孟子在儒学中的地位。从此以后,孔孟并提,"孔孟之道"成了儒学的别称,而孟子也被尊为"亚圣",其《孟子》一书至宋代列为"四书"之一,奉为儒经。

韩愈所谓的"道统"之"道",就是儒家的仁义道德,又称之为"先王之道"或"先王之教":

> 博爱之谓仁,行而宜之之谓义,由是而之焉之谓道,足乎己无待于外之谓德。仁与义为定名,道与德为虚位。(《原道》)

韩愈区别了概念的特定内容(定名)与抽象形式(虚位),认为"道"与"德"作为范畴的抽象形式,为儒、佛、道所共同使用,但三者又各"道其所道"、"德其所德",就是说,各自所说的"道"、"德"的内涵是不同的。这是对先秦以来"道"、"德"这对范畴在逻辑上的发展,也是对古代伦理学理论的一个贡献。韩愈正是依据对"道"与"德"的这一逻辑分析,把儒家与佛、道对立起来。他明确指出:

> 凡吾所谓道、德云者,合仁与义言之也,天下之公言也。老子之所谓道、德云者,去仁与义言之也,一人之私言也。(《原道》)

这是说,就范畴的特定内容而言,儒家讲"道"、"德",是指"仁与义"。而佛、道则是"去仁与义"。并进一步用"公"与"私"概括了两者的区别。韩愈在《原道》中援引《大学》之言,认为"古之所谓正心而诚意者,将以有为也",就是说,通过"正心诚意",使仁义得乎己而后由是行,目的在于齐家、治国、平天下,因此儒家的道德之言是"公言"。佛、道也讲"治心",但只是求得"清静寂灭",其结果却是"外天下国家",弃君臣、去父子、禁相生养之道,而"灭其天常",所以是为自己的"私言"。这里,"公"与"私"的对立,实际上是指儒家入世伦理与佛道出世伦理的分歧。

韩愈所谓的仁义道德,与孟子一脉相承,他用"博爱"释"仁",就是对孟子"亲亲而仁民,仁民而爱物"(《孟子·尽心上》)的发挥。"博爱",即"一视同仁";不仅要把爱施于中国,而且还应及于"夷狄"与"禽兽"(《原人》),但并非是墨家的"爱无差等"。他明确指出:"圣人一视而同仁,笃近而举远"(同上),就是说,"博爱"又必须以"亲亲而尊尊"(《送浮屠文畅师序》)为基本原则,没有越出宗法等级制的名教体系。不过,就"博爱"的历史特点而论,韩愈的"一视同仁"主张,是要求地主阶级内部互相尊重、自爱爱人,反对权贵大族对庶族地主的歧视和压制。他说:"位益尊则贱者日隔","则爱博而情不专愈也"(《与陈给事书》)。这是说,当了大官、有了权势就看不起像他那样的"布衣之士",算不上是真正的"博爱"。同时,"博爱"也要求对一般平民应有"同情"之心,这对统治阶级来说,当然是一句空话。不过韩愈毕竟是出身于"布衣之士"的一名循吏,对此还能勉为其难。他主张轻徭薄赋,反对残民弊政,坚持赎放奴婢,严禁典人为奴,把典贴良人子女为奴看成"既乖律文,实亏政理"(《应所在典贴良人男女等状》)的违法行为。可见,韩愈以"博爱"释"仁",确具有反对权贵以强凌弱的一定的历史进步性。在理论上,对北宋张载的"民,吾同胞;物,吾与也",程颢的"仁者以天地万物为一体",以及朱熹的"理一分殊",都产生了直接的影响。

韩愈的"义",主要是指君臣、父子之道,即臣民必须忠于君王,子女必须孝敬父亲。坚持忠君孝亲之道,对于克服当时由于佛、道蔓延而出现的封建国家内部的离心倾向,削弱拥兵自立的藩镇割据势力,维护和巩固封建大一统的中央政权,无疑有其积极意义。但是,韩愈把忠君推向了极端,鼓吹愚忠。他认为,"唐受天命为天下"(《送殷员外序》),凡唐天子,都是"神圣睿哲"、"功崇德巨",只能服从,不能违抗,即使遭贬受罚,也应自认罪有应得,还要感谢皇恩浩荡。他自己被贬潮州,就立即上表谢恩说:"既免刑诛,又获禄食;圣恩弘大,天地莫量。"这种君叫臣死,臣不得不死的绝对忠君观念,适应了君主专制制度的需要,对后世产生了很坏的影响。同时,韩愈又把"民者出粟米麻丝""以事其上",也看成是"义",宣扬"用力者使于人,用心者使人,亦其宜也"(《圬者王承福传》)。可见,所谓"行而宜之之谓义",就是要求人们的行为合乎封建的等级制度。

韩愈的"道统"说,旨在拯天下受佛、道之溺,把人们从虚无缥缈的"天国"那里召回到君臣、父子的世俗人间,服膺儒道,安于封建的等级制度。韩愈对宋代

第五章 南北朝隋唐时期的伦理思想

"道学"(理学)的影响,其主要之点就在于此。

三、性情论和"性三品"说

在"攘斥佛老"的斗争中,韩愈还提出了他的人性论,作为仁义道德和"先王之教"的理论根据。

韩愈的人性论见于《原性》一文。他认为人人都有性有情,性的构成有五:仁礼信义智;情的构成有七:喜怒哀惧爱恶欲。"性也者,与生俱生也;情也者,接于物而生也。"就是说,性是先天的,情是后天的。但是,人性不是统一的,有上、中、下三"品"之分:

> 上焉者,善焉而已矣;中焉者,可导而上下也;下焉者,恶焉而已矣。

其论据是:上品之性,"主于一而行于四",以仁为主导而通于其余四德;中品之性,五德虽不缺少,但仁这一主德却有所不足,"其于四也混",其余四德也杂而不纯,所以可善可恶;下品之性,"反于一而悖于四",五德都不具备。

与性相对应,"情之品有三",也分三品。上品之情,"动而处其中",既不过也不不及,恰到好处,完全符合道德准则,属于"圣人";中品之情,情动"有所甚,有所亡",有的过之,有的不及,但还知道"求合其中",使调节得当,属于"众人";下品之情,"亡与甚直情而行者也",或者都过,或者都不及,任情而为,全然不顾道德准则,属于"小人"。

人性三品,除中品"可导而上下",上品与下品都是不可改变的,他说:

> 上之性就学而愈明,下之性畏威而寡罪。是故上者可教,而下者可制也,其品则孔子谓不可移也。(以上引文均见《原性》)

这是说,上品的善性,经过学习,愈加光大;而下品的恶性,则不能被教化,只能用刑罚使之减少犯罪。

以上就是韩愈所谓"性三品"的基本主张,它实际上只是对董仲舒的性分三等说的明确化和程式化,在理论上显得十分粗陋而独断,没有什么可肯定的价值。

不过,韩愈的性、情对应或统一的思想,在其反对佛、道的斗争中,当有某种特殊的理论意义。佛教从出世主义的教义出发,把情与性("佛性")对立起来,认为为情欲所累,就会妨碍见性成佛,因而主张通过个人修炼,以灭情见性,提倡禁欲主义。韩愈视之为异端,指出灭情禁欲,其结果必然"欲治其心而外天下国家"(《原道》),毁灭君臣、父子人伦"天常"。在韩愈看来,性与情是相互对应而统一的,"性之于情视其品","情之于性视其品",善恶原于性,但善恶的表现由于情,只能因情以见性,不可灭情以见性,关键在于控制情欲,使之"动而处于中",符合中道;既不主张灭情禁欲,也反对任情纵欲。韩愈的这一性情统一的观点,体现了儒家的道德修养不离人伦日用的特点,其目的当然是要人们持积极"有为"的态度去遵循仁义道德和名教纲常。但在佛教盛行的唐代,确具有反对出世主义和禁欲主义的积极意义。

应该指出,韩愈的人性论虽粗陋而独断,但他的德教思想在中国教育思想史和伦理思想史上是一个积极的贡献。韩愈提倡道德教育,指出:"夫欲用德礼,未有不由学校师弟子者。"(《潮州请置乡校牒》)他不仅在潮州创办乡校,在京师曾任国子监祭酒等职,并总结教育实践,写了著名的《师说》,提出一些十分可贵的思想。他说:

> 古之学者必有师。师者,所以传道、授业、解惑也。人非生而知之者,孰能无惑?惑而不从师,其为惑也终不解矣。生乎吾前,其闻道也固先乎吾,吾从而师之(此五字原本无,从朱熹说增补)。生乎吾后,其闻道也亦先乎吾,吾从而师之。吾师道也,夫庸知其年之先后生于吾乎?是故无贵无贱,无长无少,道之所存,师之所存也。

这是说,教师的天职是"传道"、"授业"、"解惑",而以"传道"为根本。当然,这里所说的"道",是指仁义之道;教育的目的,在于"行之乎仁义之途"(《答李翊书》)。韩愈认为,人非"生知","道"是师教而获得的,即使如古之圣人,"犹且从师而问焉"。而"圣人之所以为圣,愚人之所以为愚",其原因皆在于是否"从师"。并认为择师不论地位高低、年岁长少,应以"道之所存"为标准。所以,"圣人无常师。孔子师郯子、苌弘、师襄、老聃。郯子之徒,其贤不及孔子。孔子曰:'三人行,则必有我师。'是故弟子不必不如师,师不必贤于弟子。闻道有先后,术业有专攻,如是而已"(《师说》)。这些都是很合理的见解。

第七节　李翱的"性善情恶"论和"复性"成圣之道

李翱(772—841),字习子,陇西成纪(今甘肃秦安东)人,是韩愈的学生和挚友,官至山南东道节度使。他积极参加唐代古文运动,文风平易,在文学史上有一定的地位。死后谥文。其著作编为《李文公集》,其中《复性书》三篇,是其伦理思想的代表作,在中国伦理思想史上具有重要的影响。

李翱的伦理思想,突出地发挥了《中庸》的"性命之道"。在李翱看来,"性命之道"是儒学的精华,它由孔子——子思——孟子而传之公孙丑、万章之徒,至"秦灭书"而废缺。而他著《复性书》的目的,就是要使这一"缺绝废弃不扬之道几可以传于时"(《复性书》,本节引文凡不注出处的皆见《复性书》)。不过,李翱对《中庸》"性命之道"的发挥,却包涵了佛教"佛性"说和"成佛"论的某些思想,主张"性善情恶",进而提出了"灭情复性"的成圣之道,体现了儒、佛合流的特点。李翱推崇《中庸》及其"性命"之说,为宋明理学所直接继承,同韩愈的"道统"论一样,成为宋明理学的先声。

一、"性善情恶"的人性论

在关于人性善恶的问题上,李翱没有重复韩愈的"性三品"观点,而是直接回到了孟子,主张"性无不善"、"人之性皆善"。他认为:"性者,天之命也",凡人皆有先天而有的"善"性;虽"百姓之性与圣人之性弗差矣","桀纣之性犹尧舜之性也"。因此,人人皆可以为"圣人"。不过,李翱对人性"善"的界说,却不是对孟子"性善论"的简单复归,他没有套用孟子的"四端"之心,而是一般地称之为

"道德之性"。这个"道德之性",实际上是指与情对立的静寂清明的精神本体。他引用《礼记·乐记》的话说:"人生而静,天之性也",又根据《周易·系辞下》的话说:"妄情灭息,本性清明"。这样,李翱对人性"善"的规定,也就具有了佛教所谓"心性本净"的"佛性"含义。

"妄情灭息,本性清明",讲的虽是"复性"(下详),却也表明了李翱关于性、情对立的观点。李翱论"性",就是与"情"相对立而言的,他说:

> 人之所以为圣人者,性也;人之所以惑其性者,情也。喜怒哀惧爱恶欲七者,皆情之所为也。情既昏,性斯匿矣。非性之过也,七者循环而交来,故性不能充也。水之浑也,其流不清;火之烟也,其光不明。非水火清明之过。

这是说:"性"本清明,其所以匿而不明,即"嗜欲好恶之所昏也,非性之罪也"。犹如"水之性清澈,其浑之者沙泥也",火本光明,其暗之者烟郁也。这种比喻,与佛教禅宗之说相仿。慧能在讲到"佛性本清净"时说:"日月常明,只为云覆盖,上明下暗,不能了见日月星辰。……世人性净,犹如清天。……妄念浮云盖覆自姓(性),不能明。"(《大正藏》第339页)可见,李翱论"性",无疑是受了禅宗"佛性"论影响的。所谓人性"善",即是指一种排除了任何情欲的神秘心境。而把"情"看作是对这种心境的破坏;人之所以为恶,正因性之为情所昏。所以说:"情者,性之邪也","情者,妄也,邪也"。这就是李翱的"性善情恶"说。

不过,李翱的人性论毕竟与"佛性"说有别,他并没有离开儒家的立场。在李翱看来,凡人皆有的"清明"本性,正是人伦道德的基础和本原,认为人若能保持本性清明,不被情欲所昏,就能"视听言行,循礼而动"。又说:"夫性于仁义者未见,其无文也有文",而"仁义与文章生乎内者也"(《寄从弟正辞书》)。也就是在这一意义上,李翱称"性"为"道德之性"。

在情、性关系上,李翱一则认为"性善情恶",两者对立;一则又指出"性与情不相无也",两者不能互相分离。他说:

> 性与情不相无也。虽然,无性则情无所生矣。是情由性而生,情不自情,因性而情;性不自性,由情以明。

这似乎与"性善情恶"是矛盾的。因为,既然"性无不善",那么由性而生的情何以为恶?既然"情本邪也",又怎么能表现无不善的性?对此,李翱自有解释。他说:"情者,性之动也,百姓溺之而不能知其本者也。"就是说,情由性而生,而情之所以为邪、为妄,是因为百姓"惑"于昏性所致。至于"圣人",虽有情,"而不惑者也",就是说,在"圣人"那里,有情而不累于情,喜时不以为喜,怒时不以为怒,即虽有喜怒却同喜怒没有发作一样——"虽有情也,未尝有情也"。这正体现了"清明"之性("由情以明")。因此,"情有善有不善","不惑"("觉")是为"善","溺之"("惑")是为"不善";前者为"圣人",后者是百姓。由此看来,李翱的所谓"性善情恶",主要是对凡人百姓而言的。这样,李翱的"性无不善"这一似乎是人性平等的命题,在"情有善有不善"的理论下,完全暴露了它的虚伪性和欺骗性。李翱的人性论,实质上与韩愈无异,同样是为封建等级制的存在作辩护的,只是不像韩愈"性三品"那样露骨、武断罢了,因而为宋明理学所继承,并进一步完善为"天命之性"与"气质之性"的人性二重说。

二、"灭情复性"——超凡入圣之道

从"性善情恶"出发,为了不使情欲昏性,从而达到"其心寂然,光照天地"的"圣人"境界,李翱又提出了"灭情复性"的道德修养论。

首先应该指出,李翱认为"灭情复性"的主要对象是凡人百姓,而不是"圣人",因为,"圣人者,人之先觉者也","觉则明",不会被情所惑。而凡人则不同,他们的性虽与圣人之性"弗差",却惑于情而昏于性,"故虽终身而不自睹其性焉"。因此,真正需要"灭情复性"的是凡人百姓。所谓"灭情复性",也就是超凡入圣之道。

所谓"复性",就是"教人忘嗜欲而归性命之道",李翱明确指出:

> 妄情灭息,本性清明,周流六虚,所以谓之能复性也。

可见,复性的关键在于灭情。"沙不浑,流斯清矣;烟不郁,光斯明矣。情不作,性斯充矣。"唯有息灭情欲,才能复其本性清明。

那么,什么是"复性"的方法呢？李翱提出了"复性"的两步法。

第一步,即"斋戒其心",使心"无虑无思"。他说:

> 弗虑弗思,情则不生;情既不生,乃为正思。正思者,无虑无思也。……此斋戒其心者也。

"无虑无思",也就是"静"。不过,这还不是彻底的灭情。因为,"有静必有动,有动必有静。动静不息,是乃情也。《易》曰:'吉凶悔吝,生于动者也。'焉能复其性邪？"所以还要有第二步:

> 方静之时,知心无思者,是斋戒也。知本无有思,动静皆离,寂然不动者,是至诚也。《中庸》曰:"诚则明矣。"

就是说,使心无思以静,只是斋戒工夫,虽为"正思",但本身还是一种"思"——"动"。只有达到心本来就没有思虑的认识高度,即觉悟到"本性清明",这时,心境就处于"动静皆离"的绝对静止,即所谓"寂然不动"的"至诚"状态。李翱认为,一旦达到了这一步,于是,"惟性明照,邪何所生",进入了"其心寂然,光照天地",即天人合一的"圣人"境界。这就是李翱所谓的"复性"成圣之道,或曰"尽性命之道"。他总结说:

> 道者至诚也,诚而不息则虚,虚而不息则明,明而不息则照天地而无遗。非他也,此尽性命之道也。

总之,要超凡入圣,就必须根绝思虑、灭息情欲。这无疑是一种神秘的直觉主义的修养方法。

李翱的"复性"成圣之道,虽说是对《中庸》"诚则明"的发挥,但实际上是援佛入儒、儒佛融合的产物。他说:"诚者,定也,不动也",就与天台宗讲的"定慧"("止观")相差无几。而所谓"复性"成圣,不过就是禅宗的"自性悟,众生即是佛",即所谓"见性成佛"的儒家翻版而已。因此,李翱的"复性"说便带有浓厚的僧侣主义色彩，尤其在对待情欲上显得更为突出。韩愈没有以情为恶，李翱则主张"性善情恶"，对情欲持完全否定的态度，"教人忘嗜欲而归性命之道"，从而走向了禁欲主义。而正是这个"忘嗜欲而归性命之道"的口号，到了宋明理学家那里，变成了"存天理，灭人欲"的道德说教。

李翱的"性命"之说，体现了儒佛合流的特点，从而发展了《中庸》和孟子的唯心主义"性命"学说，这就从理论的形态和内容上为儒家伦理思想发展到宋明阶段，作了必要的准备，程、朱、陆、王的"性命道德"之学，都从不同角度直接继承了李翱的"性命"之说。因此，它同韩愈的"道统"论一样，开了宋明理学的先河。

第六章
宋至明中叶时期的伦理思想

第一节 "理学"的兴起与宋明(中叶)时期伦理思想的特点

儒、佛、道之间的长期斗争和互相作用,推进了中国古代哲学、伦理思想的发展。自唐中叶以后,一种以儒学为主体,儒、佛、道三者合流的新儒学(例如在李翱那里)已初见端倪,正是在此基础上,产生了宋明"理学"。"理学",亦称"道学",它的产生,使传统的儒家伦理思想获得了完备的理论形态,达到了最高的发展阶段;它适应了中国封建社会后期地主阶级统治的需要,从而使儒学以新的形态重又取得了"独尊"的地位。

"理学"或"理学"伦理思想的兴起,自有其深刻的社会根源。

公元960年,赵匡胤发动兵变夺取后周政权,建立了宋朝,从此,中国封建社会进入了后期发展阶段。

唐末的黄巢起义扫荡了门阀士族的残余势力,又经过五代战乱,北宋时期的封建生产关系内部有了显著变化,官僚地主阶级替代门阀士族取得了统治地位,租佃关系普遍发展,农民对地主的人身依附关系相对削弱,从而促进了生产的发展和商品经济的增长。但是阶级矛盾也迅速地尖锐起来。北宋统治者为了加强其统治的向心力,同时也为了刺激生产,一开始就实行"不抑兼并"的政策,给整个官僚阶层以优厚的物质待遇,听任他们兼并土地,致使"形势户"①"占田无限",全国70%至80%的土地为官僚地主所占,而军费、赋税、徭役却由农民负担,形成了"恩施于百官者惟恐其不足,财取于万民者不留其有余"(《赵翼《廿二史札记》》)的状况,从而激化了阶级矛盾。建国伊始,就爆发了王小波、李顺领导的农民起义,并第一次提出了"均贫富"的口号。以后,农民起义连绵不绝,而"均贫富"反对财产不均则成了起义农民的基本纲领和主要目标,这是封建社会后期农民起义不同于以往农民起义的基本特点。

---

① 宋代在仕籍的文武官员及州县豪强人户的统称。

两宋时期，民族矛盾也异常尖锐。北宋建立了统一的中央集权政权，但是，北方的辽（契丹）、西北的西夏已经崛起，并不断以武力威胁北宋。辽为金所灭后，北宋又受到金的不断侵犯，最后为金所灭。至南宋，形成与金南北对峙的局面。面对外族的侵扰，宋统治者基本上采取了对外退让、对内镇压的政策。南宋统治者更显昏庸腐败，畏敌如虎，信任投降派，排挤主战派，杀害爱国将士，并向金岁贡大量银两、绢帛。从而又增加了农民的负担，加剧了阶级矛盾。

阶级矛盾和民族矛盾反映在地主阶级内部，造成了官僚大地主与中、小地主阶层矛盾的日益激化，于是在政治上就有改革派与守旧派、"主战派"与"主和派"的斗争。以王安石为代表的改革派与司马光为首的守旧派，即所谓"新党"与"旧党"之争，是北宋时期地主阶级内部矛盾的集中体现。王安石力主变法，打击官僚大地主的兼并势力，其目的虽在改变宋王朝积贫积弱的局面，以挽救日趋严重的社会危机，但对于生产的发展，增强抵抗辽、西夏的力量，毕竟起到了积极作用。

理学以及与之相对应的反理学思想在"义利之辨"、理想人格等问题上的论争，正是两宋时期这种尖锐而复杂的社会矛盾和政治斗争在思想领域中的反映。"理学"的奠基者是通常称为"北宋五子"的周敦颐、邵雍、张载、程颢、程颐，他们在政治上的基本倾向是保守的，或比较保守。邵雍、程颢、程颐都站在司马光一边反对王安石变法。

"理学"奠基于北宋，并由二程形成体系，到南宋，朱熹集其大成。但"理学"并非铁板一块，就宇宙观而言，根据张岱年教授的意见，大致可分为三派：张载持"气一元论"，为"气本派"；程、朱持"理一元论"，为"理本派"；与朱熹同时的陆九渊和明中叶的王守仁持"心一元论"，即所谓"心学"，为"心本派"。其中，程、朱"理本派"为"理学"的正统，被南宋以后的统治者奉为封建社会后期的统治思想。"理学"内部虽有分野，但其政治、伦理思想的根本观点则基本一致。

在"理学"兴起和发展的同时，也产生了反理学的思想。其主要代表有：北宋李觏及王安石的"荆公新学"，南宋陈亮、叶适的"功利之学"等。他们是改革派和主战派，反映了中、小地主阶级的利益。"理学"与反理学的斗争，是宋代阶级矛盾和民族矛盾在地主阶级内部的思想反映，构成了宋代以及以后很长一段时期思想史的主线，同时也伴随着"理学"内部不同派别之争。由于思想方面和社会方面历史条件的特殊性,使得宋至明中叶时期的思想(这里主要指伦理思想)具有与以往不同的特点,概括起来,主要体现在以下三个方面:

第一,"理学"作为儒家伦理思想的完备形态,是儒、佛、道长期斗争和相互作用的产物,因而在理论上具有与以往儒家伦理思想不同的特点。

两汉以降,"玄学"成风,佛道兴盛,儒学丧失了"独尊"地位,是韩愈首倡儒家"道统"之说,举起了复兴儒学的旗帜。理学家一方面接过"道统"之说,一方面却抛开韩愈,以孔孟"道统"的直接继承者自居,认为只是到了他们那里,才"得不传之学于遗经",使"圣人之道"得而"复明"(程颐《明道先生墓表》,《伊川文集》卷七)。不过,这正表明了理学本宗孔孟的根本立场。但是,理学家并非醇儒,他们虽公开排佛斥道,却又暗中吸收佛道思想。如周敦颐《太极图说》就渊源于道教;二程、张载以及朱熹都"出入于老释"甚久,然后才"返而求之六经",无论是宇宙观、道德本体论,还是人性论、"理欲"观、修养论,都直接或间接地打上了佛道的印记。正因如此,才使儒学和儒家伦理思想获得了完备的理论形态和新的特点。例如:在宇宙观和道德本体论上,程、朱把封建道德"三纲五常"抽象化、客观化为天地万物的本原和本体,即"天理";在"理气"(道器)关系上,主张"理在气先"、"理在事先"(这是他们与张载"气一元论"对立之处,也是与陆、王"心一元论"分野之点);然后倒过来再由"天理"推出封建道德。从而在天与人,即"天道"与"人道"的关系上,构建了一个以天人"一理"为形式的"天人合一"的宇宙伦理模式。它抛弃了汉儒"天人合类"的神学形式,而采取了纯哲理的思辨形态,实际上是对"以无为本"的"玄学"本体论的改造,即以"仁义礼智"为内容的"天理"取代了"无"。这就为论证封建道德的合理性、绝对性找到了更为合适的理论形式。

由宇宙论推衍人性论,理学家又提出了"天地之性"与"气质之性"相结合的人性结构"二重"说。他们从理为气"本"、理又不离气的"理一元论"出发,认为人禀理为"性","性即是理",是为"天地之性";人又禀气而生,"气即性",是为"气质之性"。前者为"至善",后者有善、有恶,是恶的根源,从而使儒家的德性人性论沿着先验论的道路达到了"圆备"的形态。二程说:"论性不论气,不备;论气不论性,不明,二之则不是。"(《二程遗书》卷六)在逻辑上,比以往"人性"诸说对善、恶根源的回答,显得更为彻底、更为精致。同时,也把儒家的道德宿命论推向了极端,决定了儒家在道德选择上具有漠视意志自由的特点。理学的这一"性命之学"或曰"心性之学",还从根本上规定了"义利理欲"之辨的基本原则,并由此规定了对理想人格的塑造。关于理学在"义利理欲"之辨和理想人格培养方面的特点,将在下文涉及。

第二,斗争重点的转移——"义利理欲"之辨成为伦理思想斗争的中心问题。

随着儒、佛、道的合流,作为南北朝隋唐时期伦理思想斗争的中心——"入世"与"出世"、"俗世"与"天国"之争也渐趋调和,而"义利"之辨这一中国伦理思想史的基本问题,则随着封建社会步入后期、社会矛盾的发展而尖锐和突出起来,成为宋代伦理思想斗争的中心,并把"义利"之辨提到了一个新的认识水平和历史高度。程颢认为"天下之事,惟义利而已"(《二程遗书》卷十一),指出:"义利云者,公与私之异也"(《二程粹言·论道篇》)。因此,朱熹把"义利之说"提到"儒者第一义"(《朱子文集》卷二十四)的地位,这确是对"义利"之辨认识的跃进。在处理两者关系上,理学家继承了汉儒董仲舒"正义不谋利"的观点,更明确地把义与利对立起来,主张"不论利害,惟看义当为与不当为"(《二程遗书》卷十七)。同时,他们又进一步提出"天理人欲"之辨,从而把"义利"之辨发展为"义利理欲"之辨,并偷运佛、道的宗教禁欲主义,主张"明天理,灭人欲"。"明天理,灭人欲",是"理本派"理学和"心本派"理学的共同思想纲领,朱熹说:"圣贤千言万语,只是教人明天理,灭人欲"(《朱子语类》卷十二),王守仁也说:"圣人述六经,只是要正人心,只是要存天理,去人欲"(《传习录上》)。

理学家严辨"义利理欲",显然是为了反对农民阶级"均贫富"的要求,但同时也是针对地主阶级改革派的。在北宋,改革派从富国强兵的目的出发,在义利观上,强调功利,主张义利统一。李觏肯定利欲"可言",反对"贵义贱利",始倡有宋一代的功利主义思潮;王安石进而提出"理财乃所谓义"的观点,为他的变法路线张目。到南宋,改革派出于抗金复土的需要,主张"功到成处,便是有德",认为"既无功利,则道义乃无用之虚语耳",以"功利之学"反对理学家"辟功利"而"尽废天下之实"的"性命之说"。在陈亮与朱熹之间,发生了一场历史上著名的"义利王霸"之争,其理论深度为春秋战国以来所仅见。总之,"义利理欲"(包括"王霸")之辨,是两宋阶级斗争、民族矛盾在地主阶级内部改革与守旧之争的直接体现,因而也就成了这一时期在伦理思想上理学与反理学斗争的中心议题。其实,在历史上,大凡处于社会变革,特别是在社会经济改革时期,义与利即道德与利益的关系,总是会被人们所注目而成为伦理思考的重要议题。这可以说是一种带有规律性的普遍现象,这一现象在春秋战国、两宋,以及明清之际、近代的历史上,都可以得到程度不同的证明。

两宋时期的"义利理欲"之辨,其理论性质属于价值观的范畴,它集中地体现为道义论与功利主义的对立,成为贯穿于两宋以至以后很长一段时期伦理思想斗争的主线。正是由于这一对立,所以在关于"人性"的探讨中,就有理学家的德性主义与王安石、陈亮等人的自然主义的区别;在关于培养什么样的人的问题上,就有两种不同的价值标准,理学家偏重于"内圣"——"向圣贤之域",而反理学的思想家则注重"外王"——"事功",形成了不同的理想人格,进而又引出了道德修养的问题。

第三,围绕着理想人格培养的问题,通过唯物主义者在"性习"之辨中对先验主义"复性"说的批判,以及理学内部关于"知行"、"格物致知"的争辩,深化了对道德修养论的研究,把传统的道德修养论推进到一个新的历史阶段。

理想人格的培养即道德修养问题,历来为各种伦理思想所关注,在儒家的伦理思想体系中,它甚至成为其伦理思想的最后归宿。宋明时期,出于维护封建统治的需要,以及由于改革与守旧、主战与主和之间斗争激烈,这个问题就更为突出。不仅有理学与反理学之间的尖锐对立,而且在理学内部,在如何培养理想人格的途径和方法上,也存在着激烈的争辩。

改革派和主战派为了实现其变法除弊、抗金复土的目的,从功利主义价值观出发,主张培养"为天下国家之用"的人才,认为"人才以用而见其能否,安坐而能者,不足恃也"(陈亮《上孝宗皇帝第一书》),要求人们做"有救时之志,除乱之功"的"英雄",反对理学家所鼓吹的那种"正心诚意"、"存理灭欲"的"醇儒"、"圣贤"。同时,在如何培养人才的问题上,王安石根据他的"性习"之辨,从"习"以成德性的原则出发,提出了教、学"成材"和"五事"(貌、言、视、听、思)"成性"的唯物主义德育、修养论,反对了理学家的唯心主义先验论的"复性"说,把以往道德修养论中的唯物主义思想提高到了一个新的水平。

在理学内部,"理本派"和"心本派"都以"存理灭欲"作为理想人格("圣人"境界)的标准,也都以"复性"为共同特点。但是,在如何"复性"以达圣人境界的途径和方法即所谓"为学之方"上,却产生了严重的分歧,这可以说是程、朱理学与陆、王心学相互诘辩的焦点。

程、朱与陆、王关于"为学之方"的争辩,是围绕着"格物致知"和"知行"而展开的。这两个问题源于先秦儒学,程、朱和陆、王各自对此作了新的不同的解释。朱熹提出"居敬"与"穷理"互补的"学者工夫",但更注重"穷理",即"格物致知"。他从"理一元论"出发,根据"性即是理"和"物我一理"的观点,解释"格物致知"为:通过"即物穷理"以"致吾之知",即知吾心中之理,也就是"复性"。由此,在"知行"关系上,主张"知先行后"。充分体现了儒家关于道德实践的自觉原则。陆九渊及后来的王守仁则批评朱熹的"即物穷理"、"格物致知"是"支离"烦琐。他们从"心一元论"出发,认为"心外无物"、"心外无理"——"心即理",因此,"复性"明理不必通过向外即物穷理,"格物之功只在身心上做",也就是只须内求"本心"。陆九渊称此为"易简功夫",王守仁进而发展为"致良知"功夫,创立了"致良知"说。并在"知行"问题上,用"知行合一"说否定了朱熹的"知先行后"。

程、朱和陆、王的道德修养论也就是他们的认识论,他们之间的争辩,是理学内部的分歧,前者具有理性主义的特点,后者则有直觉主义的特征。与王安石相反,他们从不同的角度赋予了以往道德修养论中的唯心主义思想以新的形式。当然,其中也不无合理之处,尤其在道德教育问题上,提出了一些合乎教育和道德认识规律的主张,这与他们长期从事教育实践直接相关。

第二节 宋代功利主义思潮的始倡
——李觏的伦理思想

李觏(1009—1059),字泰伯,北宋建昌军南城(今江西省南城县)人。家境清寒,曾两次应试不中,晚年由范仲淹等荐为试太学助教,后为直讲。一生以教授为业,从学者常数十百人,创旴江书院,学者称旴江先生。

李觏生活的时代,土地兼并严重,"富者日长,贫者日削",阶级矛盾日趋尖锐。他站在中、小地主阶级的立场上,主张"平土"、"均役",抑制兼并,以缓和阶级矛盾,体现他作为地主阶级改革派的本色。反映在哲学思想上,李觏提出"阴阳二气会合"而生万物的唯物主义观点。在伦理思想上,适应改革的需要,从"饮食男女,人之大欲"的人性观出发,反对"贵义而贱利"的正统观点,主张"人非利不生",具有明显的功利主义倾向,与理学的"存理灭欲"道义论相对立,始倡有宋一代的功利主义思潮,直接配合了王安石的变法,并对南宋的陈亮、叶适的伦理思想产生了重要的影响。

李觏的著作后人编为《直讲李先生文集》(即《盱江文集》),现有《李觏集》,其中《礼论》、《潜书》、《广潜书》、《富国策》、《安民策》、《庆历民言》等篇,比较集中地反映了李觏的伦理思想。

一、人性论及其内在矛盾

李觏与先秦的孟、荀诸子相似,也以人性论为基础,建立起他的整个伦理思想体系。

李觏从唯物主义自然观出发,认为与万物之生一样,人亦"感阴阳气以生"(《庆历民言·广意》),但人又有优于一般自然物的特性,即道德性。他说:

> 人受命于天,固超然异于群生。入有父子兄弟之亲,出有君臣上下之谊,会聚相遇,则有耆老长幼之施,粲然有文以相接,欢然有恩以相爱,此人之所以贵也。(《删定易图序论》六)

这一把有道德作为人之区别于动物的本质规定,实与自先秦以来的儒学并无二致。但同时,李觏却又吸取唐韩愈的"性三品"说,进而根据道德秉性之优劣和道德境界的高低,提出了他的"人之性三"、"人之类五"的观点。他说:

> 性之品有三:上智,不学而自能者也,圣人也。下愚,虽学而不能者也,具人之体而已矣。中人者,又可以分为三焉:学而得其本者,为贤人,与上智同。学而失其本者,为迷惑,守于中人而已矣。兀然而不学者,为固陋,与下愚同,是则性之品三,而人之类五也。(《礼论》第四)

无需多加分析,这与韩愈的"性三品"说并无实质之异,李觏自己说得明白:"今观退之之辩,诚为得也,孟子岂能专之?"(《礼论》第六)

但是,李觏毕竟是一个唯物主义者,他在讲人的道德之性的同时,又肯定了人之情欲的自然合理性,这实际上是李觏人性论的另一侧面,从而使他的人性论带有某种自然主义的色彩,并构成了李觏人性论的内在矛盾。在谈到人的情欲时,他说:

> 盖利者,人之所欲,欲则存诸心,存诸心则计之熟矣。害者,人之所恶,恶则幸其无之,而不知为谋矣。(《易论》第六)
> 夫饮食男女,人之大欲,一有失时,则为怨旷。(《内治》第四)

又说:"富贵者,是人之所欲也。"(《强兵策》第八)这是说,人人皆有趋利避害、饮食男女之欲。李觏甚至认为,这种利欲之情不仅众人有,而且圣人亦有。他明确指出:

> 形同则性同,性同则情同。圣人之形与众同,而性情岂有异哉?然则众多欲而圣寡欲,非寡欲也,知其欲之生祸也。(《庆历民言·损欲》)

尽管圣人对欲有所节制,但在有情欲这点上与众人无异,而且圣人与众人的"性"也相同。这样,就与他的"性之品三"产生了尖锐的矛盾,从而也就宣告了"性三品"说在理论上的破产。至此,自董仲舒始发、经韩愈总结的"性三品"说,似乎已经走到了它的历史尽头。

李觏人性论的内在矛盾,反映了他作为庶族地主阶层思想和政治代表的二重性品格。就庶族地主与官僚大地主的矛盾而言,前者出于自身的利益,也反对官僚大地主的兼并暴夺,因而与广大人民有一致之处。李觏肯定"饮食男女"、趋利避害的自然合理性不仅为庶族地主的利益,而且也为适当满足人民的生存欲望,提供了理论的依据。但另一方面,庶族地主毕竟是地主阶级的一个阶层,他们与劳动人民的利益又是根本对立的。李觏之所以把人性分为"三品五类",视"众人"为"下愚",污起义农民为"群盗"(《寄上孙安抚书》),正表现了他地主阶级的阶级本质。

还应指出，李觏肯定利欲之情的自然合理性，这在封建社会后期的伦理思想领域中，实际上树立了一条与禁欲主义倾向相对立的思想路线，在其伦理思想中具有十分重要的意义，成为李觏功利主义思想的人性论基础。

二、《礼论》中的道德观

关于"礼"的理论，是李觏政治伦理思想的中心内容，并撰有《礼论》七篇。李觏论礼，不拘泥于训诂、旧注，体现了宋儒重义理的学风，"诵味经籍"而"思之熟矣"，在"礼"的内容、结构，以及道德与上层建筑其他部分的关系等方面，都提出了一些独到见解，从而发展了自荀子以来的儒家"礼论"。

李觏所论的"礼"，当然也是指封建的等级制度，但它又不仅仅是一种具体的制度，其涵盖面极广，几乎包括了行政、法律、艺术、道德及生活方式等封建社会上层建筑的所有方面。在《礼论》中，他集中地论述了礼与乐、刑、政以及仁、义、智、信的关系。

李觏认为，礼、乐、刑、政、仁、义、智、信八者，"是皆礼也"（《礼论》第一）。但礼与其他七者又不是并列的，他说："饮食，衣服，宫室，器皿，夫妇，父子，长幼，君臣，上下，师友，宾客，死丧，祭祀，礼之本也。"就是说，人际宗法等级关系及其生活方式是礼的本根；而乐、刑、政，"礼之支也"；仁、义、智、信，"礼之别名也"（同上）。

乐、刑、政之所以是"礼之支"，这是因为乐、刑、政"同出于礼而辅于礼者也"。值得注意的是李觏对礼与仁、义、智、信关系的论述，他说：

> 在礼之中，有温厚而广爱者，有断决而从宜者，有疏达而能谋者，有固守而不变者，是四者，礼之大旨也，同出于礼而不可缺者也。于是乎又别而异之。温厚而广爱者，命之曰仁；断决而从宜者，命之曰义；疏达而能谋者，命之曰智；固守而不变者，命之曰信。此礼之四名也。（同上）

这是说，在宗法等级的人际关系中，自有仁、义、智、信四德的存在，它们是产生于礼而又为礼所不可或缺的,实际上是礼的道德内容,因其别而有异,故谓礼之"四名"。但是,礼毕竟是"本根",它的本质特征在于"为而节之之谓也"(《礼论》第二),因此,如果"知乎仁、义、智、信之美而不知求之于礼,率私意,附邪说,荡然而不反,此失其本者也"(《礼论》第四)。而失其"本"的仁、义、智、信,就会成为"非礼之仁"、"非礼之义"、"非礼之智"、"非礼之信"。总之,"言乎人,则手足筋骸在其中矣;言乎礼,则乐、刑、政、仁、义、智、信在其中矣"(《礼论》第一),礼"咸统"乐、刑、政,"统乎"仁、义、智、信。李觏的这些观点,在一定程度上反映了宗法等级制与封建的行政、法律、艺术以及道德的关系,体现了封建社会上层建筑的总体结构,对于我们认识儒家提倡的仁义道德的实质、特点和作用具有重要的史料价值,在理论上也有可资借鉴的合理成分。

在《礼论》中,李觏还论述了礼、乐、刑、政与仁、义、智、信的关系,认为礼、乐、刑、政是"法制",并"有其物",即各自通过物的形态而存在。乐之物是十二管、五声八音、干戚羽旄;政之物是号令官府、军旅食货;刑之物是铁钺、刀锯、大辟、宫、刖等;礼之物为饮食、衣服、宫室、器皿、夫妇、父子、长幼、君臣等。而作为道德意识的仁、义、智、信则不同,它们"岂有其物哉"? 这两个系列的关系是:

> 有仁、义、智、信,然后有法制,法制者,礼乐刑政也。有法制,然后有其物。无其物,则不得以见法制。无法制,则不得以见仁、义、智、信。备其物,正其法,而后仁、义、智、信炳然而章矣。(《礼论》第五)

这里,李觏区分了道德与法制的不同特点,并对两者的关系作了明确的概括,认为法制(礼、乐、刑、政)必须通过道德(仁、义、智、信)的作用才得以存在和实行,而仁、义、智、信也需通过"有其物"的礼、乐、刑、政方能得以体现和发扬光大。用我们的话来说就是,道德是法律行政制度得以推行的精神保障,而法律行政制度又是道德实践的物质前提或基础,两者相辅相成,不可缺一。李觏的这一观点,显然是对封建社会上层建筑诸因素功能及其相互关系的总结,在理论上的合理性也是显而易见的。

关于礼和道德的起源,李觏也作了探讨。

上文已述,李觏认为"礼之本"就是人际的宗法等级制度及其生活方式,其本质特征就是"节",也就是使人际关系和人们的生活方式符合一定的秩序。它们的起源,首先是"顺人之性欲而为之节文者也"(《礼论》第一),所谓"人之性欲",是指人对衣、食、住、用的物质需求。在生民之初,"饥渴存乎内,寒暑交乎外",野果、兽肉,都不能满足人们的欲望需求。于是,"圣王有作",殖百谷,燔烹炙,畜养牛羊,制作酱酒,以为饮食;艺麻为布,缫丝为帛,以为衣服;取材于山,取土于地,以为宫室;范金斫木,或为陶瓦,以为器皿,才产生了合乎"节文"的生活方式。而正夫妇、亲父子、分长幼、辨君臣的人际宗法等级制度,则是起因于夫妇不正、父子不亲、长幼不分等混乱的社会关系而"为之节文"的。李觏完全否定了天命论的说教,把礼和道德的起源归之于人类社会生活自身,特别肯定了人的物质需求(虽然把它说成是"性"即生而有之的)对于礼之起源的前提条件,确是对荀子"礼起源论"的继承和发挥。但是,又与荀子一样,也把礼的制定归于圣王之"作",不仅如此,他说:

> 天生圣人,而授之以仁、义、智、信之性。仁则忧之,智则谋之,谋之既得,不可以不节也,于是乎义以节之。节之既成,不可以有变也,于是乎信以守之。四者大备,而法制立矣。法制既立,而命其总名曰礼,……(《礼论》第五)

这样,归根到底,未脱其"性之品有三"的先验论,在礼和道德的起源问题上,陷入了唯心主义的圣人史观。

三、"利欲可言"、"循公不私"的功利主义思想

在义利之辨这一中国伦理思想史的基本问题上,李觏一反儒家"贵义贱利"的传统观点,提出了"利欲可言"、"循公不私"的功利主义价值观。与理学相比,这是李觏伦理思想的最大特色,直接反映了他作为地主阶级改革派的品格。

李觏明确指出:

> 愚窃观儒者之论,鲜不贵义而贱利,其言非道德教化则不出诸口矣。

然《洪范》八政,"一曰食,二曰货"。孔子曰:"足食,足兵,民信之矣。"是则治国之实,必本于财用。……礼以是举,政以是成,爱以是立,威以是行。舍是而克为治者,未之有也。是故圣贤之君,经济之士,必先富其国焉。(《富国策》第一)

李觏所借用的孔子之语,原非功利主义命题,只是涉及人们物质生活资料的多寡与道德水准高低的关系,对此,李觏继承管仲、王充的观点,认为食之足与不足是礼义教化的前提,这在《国用》、《平土书》等文中多有论述。不过,正是在此基础上,并根据"盖利者,人之所欲"的人性论观点,李觏提出了"利欲可言"的功利主义思想。他说:

利可言乎?曰:人非利不生,曷为不可言!欲可言乎?曰:欲者人之情,曷为不可言!言而不以礼,是贪与淫,罪矣。不贪不淫而曰不可言,无乃贼人之生,反人之情,世俗之不喜儒以此。(《原文》)

据此,他明确指出:"孟子谓'何必曰利',激也。焉有仁义而不利者乎?"(同上)这就是说,人有利欲是自然合理的,而且,讲仁义不能离开言利,"利"应该是与仁义相统一的。世俗之所以不喜欢儒者,就在于他们把利欲与仁义对立起来而排斥了利欲,这就从根本上否定了儒家"贵义贱利"的道义论价值观,从而提出了一条与理学家"存天理,灭人欲"相对立的路线。

但是,李觏同时又强调对利欲要"节以制度",尤其着力反对唯利无义、损公利私的极端功利主义;认为讲利必须遵循"循公而灭私"的要求,这就形成了李觏功利主义思想的一个鲜明的特征。他说:

古之君子以天下为务,故思与天下之明共视,与天下之聪共听,与天下之智共谋,孳孳焉唯恐失一士以病吾元元也。如是安得不急于见贤哉?后之君子以一身为务,故思以一身之贵穷天下之爵,以一身之富尽天下之禄,以一身之能擅天下之功名,望望焉唯恐人之先己也。如是谁暇于求贤哉?嗟乎!天下至公也,一身至私也,循公而灭私,是五尺竖子咸知之也。然而

鲜能者,道不胜乎欲也。(《上富舍人书》)

十分明显,李觏所攻击的"望望焉唯恐人之先己"的"后之君子",就是指当时"不耕不蚕,其利自至"(《潜书》一)的贪官污吏,正是这些官僚地主,他们兼并土地、巧取豪夺,损害了宋王朝——地主阶级的"公"利。李觏所反对的"私",就是损"公"的极端利己者,与其主张不贪不淫的"利"并不矛盾。这就是说,李觏肯定功利,但又不轻视道义,只是反对脱离一定利益内容的虚伪空泛的道义,同时也排斥违反道义的极端利己主义的私利。李觏的这一义利——公私观,实质上是北宋地主阶级改革派的价值观,在王安石的伦理思想中,以不同的特点显得更为突出。有宋一代的功利主义思潮就是由李觏所始倡的。

第三节　理学伦理思想的开创
——周敦颐的"诚本"论和"主静"说

周敦颐(1016—1073),字茂叔,北宋道州营道(今湖南道县)人。曾做过几任州县官史。晚年筑室于庐山莲花峰下的小溪旁,寓名濂溪书堂,学者称他为濂溪先生,其学派也被称为濂溪学派。谥元,称元公。

在政治上,周敦颐倾向旧党,与激烈反对王安石变法的赵抃、吕公著、吕陶等人的关系深厚。在学术上,他上承李翱,继续发挥了《易传》和《中庸》的思想,并吸取佛、道(尤其是道家和道教)思想的某些成分,创立了一个"无极而太极"的客观唯心主义宇宙生成论体系,以及"以诚为本"的伦理学说,从而为"理本派"的理学和理学伦理思想奠定了基础,成为理学的开山鼻祖。朱熹称道他"奋乎百世之下,乃始深探圣贤之奥",是孟子死后,继千余年不传之"圣人之道"的第一人。而程颢、程颐则"亲见之而得其传",遂使"圣人之道"复明于世。因而《宋史·道学传》列他为第一名,肯定了周敦颐作为理学开创人的地位。其著作有《太极图说》、《通书》(即《易通》)等,后人编为《周子全书》。

一、"以诚为本"的道德本体论

自先秦思孟学派提出"诚者,天之道也;诚之者,人之道也"(《中庸》)以后,"诚"这一范畴一直为儒学所重视。唐李翱力倡"性命之道",糅合儒、佛,更把"诚"规定为"动静皆离,寂然不动"而与天地合一的"圣人"境界,进一步提高了"诚"在儒家伦理思想中的地位。这在周敦颐那里显得尤为突出,"诚"不仅成了宇宙的精神实体,而且又是"圣人之本"和一切伦理道德的根基。因而也就成了周敦颐道德观的核心范畴。黄宗羲指出:"周子之学,以诚为本,从寂然不动处握诚之本,故曰主静立人极。"(《宋元学案》卷十二)至少对周敦颐的伦理思想来说,可谓一语中的。

《太极图说》和《通书》是周敦颐的主要著作,两文的内容基本一致,都体现了宇宙论和道德观、"天道"与"人道"合一的特点。但前者侧重于讲"无极而太极"的宇宙生成论,后者则重点在于阐发"以诚为本"的道德观。因此,研究周敦颐的伦理思想,当以《通书》为主,而兼涉《太极图说》①。

周敦颐论"诚",把思孟学派的"诚"纳于《易传》的宇宙论体系,从而赋"诚"以新的理论特色。他说:

  诚者,圣人之本。"大哉乾元,万物资始",诚之源也。"乾道变化,各正性命",诚斯立焉,纯粹至善者也。(《通书·诚上》)

《易》以"乾"为天,"乾元",实指《太极图说》的"太极"。周敦颐认为,作为圣人之本的"诚",它来源于万物资始的"太极";是在太极变化、化生万物的过程中确立起来的。它"纯粹至善",是道德的极境,因而也就成了圣人之所以为"圣人"的根据。这里,"诚"与"乾元"(太极)一体,所以朱熹解释说:"诚即所谓太极。"可见,"诚"既是宇宙的精神实体,同时又是道德的本原。与其他的儒学唯心主义一样,在道德本原的问题上,也体现了"天人合一"的模式,只是与董仲舒的神学

---

① 关于《太极图说》中所表述的周敦颐的客观唯心主义宇宙生成论,本书不作详论,读者可见通行的《中国哲学史》教科书和有关专文。

目的论有别,在理论上采取了唯心主义的思辨形式。

为什么圣人以"诚"为本? 这是因为"诚"自有其神妙的功能。周敦颐说:

> 寂然不动者,诚也;感而遂通者,神也;动而未形,有无之闲者,几也。诚精故明,神应故妙,几微故幽。诚、神、几,曰圣人。(《通书·圣》)

"寂然不动",也即《诚几德》章所说的"诚无为",意为至静无思,此谓"诚"之体。"神"即"诚"之用,它能通达明照,是"诚"所固有的一种神妙的认识功能。"几",语本《易·系辞下》:"几者,动之微,吉之先见者也",意即善恶之未形。这是说,"诚"作为道德的本体,本身就是一种先验而神妙的认识主体,一旦感应而动,不必通过思虑,即能明照一切,自可直觉微而未形的善恶。圣人以诚为本,就具备了"诚"、"神"、"几"三者统一的品格。所以说,"圣,诚而已矣"(《通书·诚下》)。所谓:"无思,本也;思通,用也,几动于彼,诚动于此,无思而无不通为圣人。"(《通书·思》)其意亦然。这样的"圣人"就是周敦颐塑造的理想人格。

不仅如此,周敦颐"以诚为本"的道德观,还体现在"诚"与具体德性的关系上。他说:

> 诚,五常之本,百行之源也。静无而动有,至正而明达也。五常百行,非诚非也,邪暗塞也,故诚则无事矣。(《通书·诚下》)

"五常"即仁、义、礼、智、信五德,"百行",指一切有关伦理的行为。"静无",静而无思,是为"至正"不邪;"动有",即"感而遂通",故"明达"而不暗塞。周敦颐认为,"诚"是"纯粹至善"、"静无而动有",因而是五常百行的根基,也就是说,只有诚立,才能具备各种德性并从事一切道德行为。所以说"诚则无事矣",有了诚,就无需在培养具体德行上用力了。周敦颐的这一思想,显然与王弼"名教本于自然"相一致,同样是为名教纲常及其实践寻找了一个得以俱存的本体,也是一种道德本体论的观点。实际上,这个作为"五常之本"、"百行之源"的"诚",不过就是对封建伦理纲常信念的对象化和神秘化。周敦颐明确指出:"无妄,则诚矣。"(《通书·家人睽复无妄》)只有心不存任何妄念,对封建道德绝对诚实,才能践行名教纲常,用朱熹的注释说,就是"不待思勉,而从容中道矣"。这就是周敦颐提出"以诚为本"的宗旨和实质。而在理论上则反映了对道德实践认识的深化。

二、以"中正仁义"为"人极"的道德标准

人们的道德行为固然有内在的心理基础和认识功能,但又必须树立外在的行为准则。对于后者,周敦颐也十分重视。他在《太极图说》中讲了无极而太极然后产生阴阳、天地、五行以及包括人在内的万物后,接着说:

> 唯人也得其秀而最灵。形既生矣,神发知矣,五性感动而善恶分,万事出矣。圣人定之以中正仁义(自注:"圣人之道,仁义中正而已矣"),而主静(自注:"无欲故静"),立人极焉。

这里所说的"五性感动",从上下文义可知,系指人形体五官与外物相感。周敦颐认为,除了圣人,对于一般人来说,形生知出,与外物相感就产生了善恶之分。在《通书·师》中,又把善恶区别为刚善、柔善、刚恶、柔恶四种品行。周敦颐认为这些都有偏颇,唯有"中正仁义"的"圣人之道",才是做人的最高准则("人极")。

所谓"中",周敦颐据《中庸》解释说:"惟中也者,和也,中节也,天下之达道也,圣人之事也"(《通书·师》),意谓不偏不斜,也就是"正"。而"中正"的具体内容,就是"仁义"。"主静"则是达到"中正仁义"的修养工夫,即所谓"主静立人极"。

关于"仁义",周敦颐说:

> 天以阳生万物,以阴成万物。生,仁也;成,义也。故圣人在上,以仁育万物,以义正万民。天道行而万物顺,圣德修而万民化;大顺大化,不见其迹,莫知其然之谓神。故天下之众,本在一人,道岂远乎哉?术岂多乎哉?(《通书·顺化》)

这是说,仁、义本乎天道,其论证方式似与董仲舒的"天人合类"相同,但对仁、义的规定有别。这里,周敦颐既以仁、义为"人极",因而仁、义也就成了封建统治

者用以育物正民的根本方法。所谓"天下之众,本在一人,道岂远乎哉？术岂多乎哉",突出地表明了儒家仁义道德在封建社会后期的作用。当然,周敦颐并不因此而轻视刑法的作用,恰恰相反,他在《通书》中以圣人"法天"的神威,主张对民要"肃之以刑",以禁"利害相攻",他称之为"得刑以治"。既"正王道",又"明大法","文武并用",这是儒家,特别自汉儒总结"秦二世而亡"以来的一贯主张。

三、"无欲"、"主静"的道德修养论

周敦颐把道德境界分为三等：圣、贤、士（《通书·志学》）。"圣人"是最高的理想人格。但又有两种不同情况,一是天生的,即所谓"性焉安焉之谓圣"（《通书·诚几德》）。他保持先验的"寂然不动"、"纯粹至善"的"诚",而"诚则无事矣",无需通过思的功夫"感而遂通",即《思》章所谓："无思而无不通为圣人。"但接着又说："不思则不能通微,不睿则不能无不通。是则无不通生于通微,通微生于思。"这是指另一种圣人,是通过"思"而达到的,所以称"思"为"圣功之本"。就后者而言,周敦颐认为圣人可学,并提出了与"思"二而为一的修养方法,其要就是"无欲"、"静虚",或曰"无欲"、"主静",他说：

> 圣可学乎？曰：可。曰：有要乎？曰：有。请闻焉！曰：一为要。一者,无欲也。无欲则静虚动直。静虚则明,明则通；动直则公,公则溥。明通公溥,庶矣乎！（《通书·圣学》）

这是因为作为圣人之"本"的诚,是"寂然不动"的,只有主静（静虚）,才能达到与"诚"合一的境界,也才能"立人极"。而静虚在于无欲,《通书·乾损益动》也说："君子乾乾不息于诚,然必惩忿窒欲,迁善改过而后至。"这里所谓"静虚则明",实是"思"的体现。《思》章说"通微生于思","通微"就是"明",也就是思则明,正与"静虚则明"合。周敦颐认为,只有无欲静虚,才能发挥圣功之思。这种"思",无疑是排除了感性基础因而也就不是正常理性的神秘直觉,是对"诚"的直接照观。可见,周敦颐的修养功夫,合"无欲静虚"与"思"为一,前者是修养的消极方面,后者是修养的积极方面,由于人们正为物欲所蔽,所以强调的则是"无欲静虚"。

显然,周敦颐的"无欲"、"主静"说,直接吸取了老、庄道家的主张,而改造了孟子的"寡欲"、"养心"说。他在《养心亭说》中针对孟子"养心莫善于寡欲"的观点指出:

> 予谓养心不止于寡焉而存耳。盖寡焉以至于无,无则诚立,明通。诚立,贤也;明通,圣也。是圣贤非性生,必养心而至之。养心之善,有大焉如此,存乎其人而已。

这与李翱的"忘嗜欲而归性命之道"如出一辙。周敦颐虽还没有"体贴"出"天理"二字,但是他提出作为"圣人之本"、"五常之本"的"诚"就与"太极"同体,已经具备了"天理"的内涵,因而所谓"无则诚立",实际上定下了"存天理,灭人欲"这一理学伦理思想根本宗旨的基调。而他要求学者"志伊尹之所志,学颜子之所学"(《通书·志学》),认为达到这一要求,就是大贤,超过了就是圣人,则为"无则诚立"树立了榜样,并为以后的理学家所提倡。

第四节　王安石的人性论及其伦理思想

王安石(1021—1086),字介甫,号半山,抚州临川(今江西省临川)人。出身于地方下级官吏家庭,自叹"舍为仕进,则无以自生"(《答张几书》)。庆历进士,神宗熙宁间(1068—1077)曾两次任宰相,主持改革,推行青苗、均输、市易、免役、农田水利等新法,熙宁九年,新法遭阻再次罢相,从此闲居江宁,不再参与政事。封荆国公,赐谥文。

王安石是"中国十一世纪时的改革家"[①],他在变法革新的政治实践中,与理学相对立,创立了所谓"荆公新学",王安石的人性论及其伦理思想就是其"新学"的重要构成。

---

① 《列宁全集》第 10 卷,北京:人民出版社,1958 年,第 152 页,注②。

王安石是一位唯物主义的哲学家,他的伦理思想也带有功利主义的特色,其"礼论"、义利观、道德教育、道德修养颇似李觏,而人性论则与李觏有别。现存著作主要有《临川先生文集》或《王文公文集》等,其中《洪范传》和《杂著》的《杨孟》、《性情》、《原性》、《性说》、《礼论》、《礼乐论》、《原教》等,比较集中地反映了王安石的伦理思想。

一、"性情一"的人性论和善恶由"习"的道德观

与以往各种关于人性、性情的观点都不相同,在何为"性",以及性与情的关系等问题上,王安石提出了自己的独到见解。

王安石在《性情》一文中指出:

> 性情一也。世有论者曰"性善情恶",是徒识性情之名而不知性情之实也。喜、怒、哀、乐、好、恶、欲未发于外而存于心,性也;喜、怒、哀、乐、好、恶、欲发于外而见于行,情也。性者情之本,情者性之用,故吾曰性情一也。

这段针对"性善情恶"说而发的文字,明确地表述了王安石对"性"和性情关系的基本规定。在王安石看来,"性"就是"人生而有之"(《性情》)的喜、怒、哀、乐、爱、恶、欲的感性心理机能,或者说,是人之所以有情的内在心理根据;"情"则是这一心理机能在"接于物"后而产生的感性活动及其外显,或者说,是喜、怒、哀、乐、爱、恶、欲的外在体现。因此,"性"与"情"是一"体"一"用"、一内一外,实则"一也"。

在《礼乐论》中,王安石所说的"性",还指理性(即思)的本能或机能。他说:

> 气之所禀命者,心也。视之能必见,听之能必闻,行之能必至,思之能必得,是诚之所至也。不听而聪,不视而明,不思而得,不行而至,是性之所固有而神之所自生也,尽心尽诚之所至也。故诚之所以能不测者,性也。贤者尽诚以立性者也,圣人尽性以至诚者也。

王安石根据《中庸》论诚和性的思想资料,认为若能尽心尽诚,就能"不听而聪,

不视而明,不思而得,不行而至",达到神妙不测的境界;而之所以如此,正在于"性之所固有"。所以说,"故诚之所以能不测者,性也"。显然,"性"又是指"思"即理性的内在机能,"不思而得",不需发动即有所得,是圣人境界;"思之能必得",则是贤人境界。

正因为人性具感性和理性两种心理机能,"先王知其然,是故体天下之性而为之礼,和天下之性而为之乐"(《礼乐论》),从而也就区别了人性与动物之性的不同。王安石指出,狙猿之形与人相似,但是"若绳之以尊卑而节之以揖让",狙猿就会逃之深山,这是因为狙猿"天性"中没有为礼的心理根据。显然,王安石对"人性"的规定,体现了自然人性论的特点。但他又把理性能力纳入"性"的范畴,因而又不同于通常所谓"食色,性也"的自然人性论。

接着,王安石探讨了善恶产生的问题。他说:

> 性生(乎)情①,有情然后善恶形焉,而性不可以善恶言也。(《原性》)

这是一种与众不同的观点。王安石认为善恶是有了情才产生的,而作为情之本的"性"是无善恶可言的。就是说,性虽有生情从而产生善恶的心理机能,但性本身不具有善恶的道德属性,因而不可以善恶言。同时,就"情"作为"性之用"而言,情本身也无善恶之分,更不能认为情是恶的。王安石认为,之所以"有情然后善恶形焉",关键在于情"当于理"还是"不当于理"。他说:

> 此七者(喜怒哀乐好恶欲)人生而有之,接于物而后动焉,动而当于理,则圣也,贤也,不当于理,则小人也。(《性情》)

这里所说的"理",即善恶标准,其具体内容,王安石没有明言(当然不会超出封建的仁义道德),但情分善恶以此为标准,而且又是"接于物而后动"的,这就与善恶道德先验论划清了界限,具有唯物主义的因素,在总体上是超乎前人的一个进步。

---

① 据《性情》所说:"性者情之本,情者性之用",以及"……七者(七情)之出于性耳"。这里的"性生(乎)情",当是"情生于性"之误,或当作"性生情"。

不仅如此，在"性习"之辨上，王安石还进一步提出情之所以分善、恶，在于"习"的观点。他说：善恶"皆吾所谓情也，习也，非性也"（《原性》）。这就是说，善恶是有了情然后通过行为修习而形成的。据此，他同意孔子的"性相近也，习相远也"，并对"中人以上可以语上，中人以下不可以语上"和"惟上智与下愚不移"的说法提出了自己的解释。他说：

> 习于善而已矣，所谓上智者；习于恶而已矣，所谓下愚者；一习于善，一习于恶，所谓中人者。（《性说》）

而所谓"不移"者，是指一贯地习于善或习于恶而最终不改之意，"皆于其卒也命（名）之"，并"非生而不可移也"（同上）。王安石的这一"习"以成善恶的思想，为他推行"新政"而培养人才提供了理论根据。

总之，善恶道德是源于情而通过修习，并依据是否"当于理"才有的，而作为情之"本"的性则无善恶可言。正是从这一关于性、情的基本观点立论，王安石对以往各种具有代表性的人性观进行了逐一批评。

孟子"言人之性善"，"以恻隐之心人皆有之，因以谓人之性无不仁"，王安石反驳说，如按孟子所说，人就不应有"怨毒忿戾之心"，但事实并非如此。同样，荀子认为人性皆恶，"其为善者伪也"，依此之说，"必也恻隐之心人皆无之"，这也是不符事实的。其实，不论是"恻隐之心"，还是"怨毒忿戾之心"；是善，还是恶，都是"有感于外而后出乎中者"，都是"情"，而不是"性"。

扬雄言人性善恶混，与孟、荀比较，尚有可取之处，但"犹未出乎以习而言性也"，就是说，把由修习而形成的善恶归于性，以习言性，也未达"性"的本义。事实上，古人都以喜怒爱恶欲为情，情而善，"然后从而命之曰仁也，义也"；情而恶，"然后从而命之曰不仁也，不义也。故曰有情然后善恶形焉。然则善恶者，情之成名而已矣"。总之诸子之所言，"皆吾所谓情也，习也，非性也"。（以上引文均见《原性》）

至于韩愈的"性三品"说，王安石更是不屑一顾。他说："夫太极者，五行之所由生，而五行非太极也。性者，五常之太极也，而五常不可以谓之性。此吾所以异于韩子。"（同上）韩愈以仁、义、礼、智、信五者谓之性，又曰"天下之性恶焉而已矣",五常既已谓性,怎么会有恶之"性"呢?"而恶焉者岂五者之谓哉?"(同上)这种自相矛盾的逻辑,正说明所谓"性恶",只是"习也"。而性本无善恶可言。如果说,李觏人性论的内在矛盾表明"性三品"说在自身的行程中走到了历史的尽头,那么,王安石对韩愈"性三品"说的批评,则宣告了"性三品"说的理论破产。

王安石的人性论,虽未脱"生之谓性"的观念,因而仍然是片面的、抽象的。但是,他的"习"以成善恶的观点,则与善恶先验论相对立,不仅否定了"性善情恶"论和"性三品"说,而且也反对了理学家的所谓"天地之性"与"气质之性"的人性二重说,对以后唯物主义者如王廷相、王夫之的"性习"之辨产生了积极影响,因而在中国古代人性论史上具有重要的地位。

二、以仁义为"道德"及其功利主义新义

在道德规范问题上,王安石对"道德"其名及其内容提出了自己的看法。他说:

> 语道之全,则无不在也,无不为也,学者所不能据也,而不可以不以心存焉。道之在我者为德,德可据也。以德爱者为仁,仁譬则左也,义譬则右也,德以仁为主,故君子在仁义之间,所当依者仁而已。……礼,体此者也;智,知此者也;信,信此者也。(《答韩求仁书》)

这是对孔子"志于道,据于德,依于仁"句的发挥。王安石认为,"道"在自然界就是"气","道有体有用。体者,元气之不动;用者,冲气运行于天地之间"(《道德经注》四章),而在社会伦理范围内,就是仁、义、礼、智、信"五常"之全体,具有最一般普遍性品格,其核心就是"爱"。人们只能通过学习修养去把握它,使之转化为学者的内在德性,即学而心有所得,这就是"德",也就是得"爱",即所谓"仁",而仁爱有宜就是"义"。所以"仁义"统一,但以"仁"为主,君子"当依者仁而已"。这就是说,"道德"就是学道而得之于心之谓,所得者即为"仁义",因此,在王安石看来,"道德"也就是"仁义"。他明确指出:

>不知仁义之无以异于道德，此为不知道德也。（同上）

这就从理论上给"道德"其名、其实作了进一步的规定。其他诸德，礼体现仁，智认识仁，信笃信仁，皆以仁为主体，从而构成了一个以"仁"为主的"五常"规范体系，它统率于"道"，成为划分善、恶的基本标准，也就是上文所说的"理"。

王安石的"仁义"及其"五常"体系，从总体来说，并没有超越儒家思想的基本界限。但是，当王安石对仁义内容作具体解释时，却糅进了功利主义的新义，从而使他的仁义道德具有独特的个性和进步性。具体表现在两个方面：

首先，在道德与物质利益（即义与利）的关系上，王安石提出了"理财乃所谓义"的观点，从而给"义"以新的价值规定。他说：

>孟子所言利者，为利吾国。如曲防遏籴，利吾身耳。至狗彘食人则检之，野有饿莩则发之，是所谓政事。政事所以理财，理财乃所谓义也。一部《周礼》，理财居其半，周公岂为利哉？（《答曾公立书》）

这就是说，在政事的范围内，义与利是统一的；理财是公利，所以是"义"，是不应该反对的。当时，由于官僚大地主的兼并豪夺，而"富商大贾因时乘公私之急"又大发其财，造成"天下之财力日以困穷，而风俗日以衰坏，四方有志之士，愳愳然常恐天下之久不安"（《上皇帝万言书》）。王安石正出于维护国家和中、小地主阶级利益的目的，力倡变法，主张"理财"为治国之本，因而提出了"理财乃所谓义"的命题，为其变法理财张目。然而这恰好触犯了官僚大地主的利益，因而遭到了保守派的攻击。文彦博反对说："衣冠之家罔利于市，缙绅清议尚所不容，岂堂堂大国，皇皇求利，而天意有不示警者乎！"（《续资治通鉴》卷六十九）旧党领袖司马光也攻击说："善理财者，不过头会箕敛尔。"（《宋史·司马光传》）表明了他们与王安石对于"利"的对立态度，这实际上是两种义利观之争，反映了两派在"理财"问题上根本不同的立场。王安石所说的"义"，与"利"相统一，以"利"规定"义"，具有明显的功利主义特点，而司马光等人则仍固守"贵义贱利"的传统道义论立场。还应指出，王安石并没有把义与利等同起来，理财固然是"义"，但"理天下之财"，又"不可以无义"（《乞制置三司条制》），认为求利本身还有一个是否合乎"义"的问题。这里,"义"就是求利的手段,应该以义理财,因而他反对"尽财利于毫末之间","务以求利为功"(《议茶法》)。这在理论上也是一个合理的观点,与先秦墨家的功利主义有相一致之处。

其次,王安石还从"为己"与"为人"的关系上,给"仁义"以新的规定。他认为,只是"为己"、利己,如杨朱那样"利天下拔一毛而不为也",是"不义";只是"为人"、利他,如墨子那样"摩顶放踵以利天下",是"不仁"。在王安石看来,这是两种极端,是"得圣人之一而废其百者也",都不是圣人的"仁义之道"。"是故由杨子之道则不义,由墨子之道则不仁。于仁义之道无所遗而用之不失其所者,其唯圣人之徒欤!"(《杨墨》)王安石认为,"为己,学者之本也";"为人,学者之末也"。"是以学者之事必先为己,其为己有余而天下之势可以为人矣,则不可以不为人。"(同上)这是说,学者当先为己,而当具备可以为人的条件时,又必须为人。而也只有先为己,最终才能为人,"始不在于为人,而卒所以能为人也"(同上)。这里,"为己"是"为人"的前提条件("本"),而"为人"是"为己"的必然要求。杨朱之道之所以"不义",就在于独知为己,"而不能达于大禹之道(即'为人')也"。墨子之道之所以"不仁",就是因为不知为己,其结果,"废人物亲疏之别,方以天下为己任,是其所欲以利人者,适所以为天下害患也"(同上)。总之,先"为己"而又"不可以不为人","为己"与"为人"的统一,或利己与利天下的统一,这才是圣人的"仁义之道"。

王安石提出"为己"与"为人"相统一的原则,显然不能与近代资产阶级的"合理利己主义"同日而语,不仅阶级基础不同,而且在伦理意义上也不相同。后者的出发点和归宿都在于为己、利己,而前者主张"必先为己",卒在"所以能为人也",反过来说,"欲爱人者必先求爱己"(《荀卿》)。这与"人为了自己的利益,应当爱其他的人"[①]的"合理利己主义",实际上是两种不同的行为方针。不过,王安石既用"为己"与"为人"的统一给"仁义之道"以新的规定,则毕竟使"仁义之道"获得功利主义的新义,从而与程颢、程颐的公、私对立观划清了界限。而从他批评"墨子之道"可见,这种功利主义的实质,在于依据"爱有差等"的原则去利地主阶级的"天下"。

---

① 北京大学哲学系外国哲学史教研室:《十八世纪法国哲学》,北京:商务印书馆,1979 年,第 650 页。

三、教、学成才和"五事"成性的道德教育、道德修养论

在"荆公新学"中,培养"为天下国家之用"的人才是一个重要问题,认为能否培养和取任德才兼备之士,直接关系到国家的兴衰、存亡。"国以任贤使能而兴,弃贤专己而衰。此二者必然之势,古今之通义,流俗所共知。"(《兴贤》)又说:"夫才之用,国之栋梁也,得之则安以荣,失之则亡以辱。"(《材论》)为此,王安石根据他的"性习"之辨,在《上皇帝万言书》中提出了一整套"教"、"养"、"取"、"任"的方案,其中以教育为首,内容主要是指道德教育。

王安石指出:

> 所谓教之之道何也?古者天子诸侯,自国至于乡党皆有学,博置教道之官而严其选。朝廷礼乐、刑政之事,皆在于学,学士所观而习者,皆先王之法言德行治天下之意,其材亦可以为天下国家之用。(《上皇帝万言书》)

这是说,人才的德行要通过学校教育和学士本人的"学"、"习"而成。他明确认为:"人之才,未尝不自人主陶冶而成之者也。"(同上)这正是"习"以成善恶思想的贯彻。

王安石认为,要使学士成才,还应实行"养之之道",包括:"饶之以财,约之以礼,裁之以法。"后两项为儒家的一贯主张,值得一提的是第一项。王安石说:"何谓饶之以财?人之情,不足于财,则贪鄙苟得,无所不至。先王知其如此,故其制禄。……使其足以养廉耻,而离于贪鄙之行。"(同上)这尽管不出"富而后教"之大体,但把"制禄"作为养廉耻、离鄙行的一个必要前提,并援人性论为证,这是王安石的新义。当然,王安石又明确指出:"徒富之,亦不能善也"(《洪范传》),善的关键在于教、习,从而修正了"礼义之行,在谷足也"(王充《论衡·治期》)的机械论思想,这也是一个合理的观点。

王安石还认为,道德教育不但要有言教,而且还要靠身教。因而他十分强调教育者要以身作则,"人君"则尤应如此。他说:

> 善教者之为教也,致吾义忠,而天下之君臣义且忠矣;致吾孝慈,而天下之父子孝且慈矣;致吾恩于兄弟,而天下之兄弟相为恩矣;致吾礼于夫妇,而天下之夫妇相为礼矣。(《原教》)

君主治国也应如此,"盖人君能自治,然后可以治人;能治人,然后人为之用;人为之用,然后可以为政于天下。为政于天下者,在乎富之、善之,而善之,必自吾家人始"(《洪范传》)。王安石认为,这种以身作则的教之之道,即所谓"善教者藏其用",可以使"民化上而不知所以教之之源",可以收到使被教育者"诚化上之意"的良效。这一观点,无疑是儒家主张"身教"优于"言教"这一优良传统的继承和发挥。

除了道德教育思想,王安石还从"习"以成德性的观点出发,提出了"五事成性"的道德修养论。他说:

> 五事,人所以继天道而成性者也。(同上)

"五事",即貌、言、视、听、思五个方面的修养环节,王安石明确指出:"五事,人君所以修其心、治其身也"(同上),因而也就是从事培养德性的修养工夫。"成性",是指成就善的德性——"五常"。根据王安石的人性观,所以能貌、言、视、听、思,是人的天赋本性,而发挥这些天赋本性实现貌、言、视、听、思,则是后天的修习。他说:"夫人莫不有视、听、思:目之能视,耳之能听,心之能思,皆天也;然视而使之明,听而使之聪,思而使之正,皆人也。"(《道德经注》五十九章)"天"即天赋之性,"人"即后天修习,在道德领域,就是修养工夫。王安石在《洪范传》中引《洪范》语:"貌曰恭,言曰从,视曰明,听曰聪,思曰睿",盖为此义;而引"恭作肃,从作义,明作哲,聪作谋,睿作圣",则是修养的结果。他解释说:"恭则貌钦,故作肃;从则言顺,故作义;明则善视,故作哲;聪则善听,故作谋;睿则思无所不通,故作圣。"(《洪范传》)为此,他要求修习"五事"必须做到:"'不失色于人,不失口于人,不失足于人。'不失色者,容貌精也;不失口者,语默精也;不失足者,行止精也。"(《礼乐论》)王安石认为,"五事"有先后之序,"恭其貌,顺其言,然后可以学而至于哲;既哲矣,然后能听而成其谋;能谋矣,然后可以思而至于圣"(《洪范传》)。其中,又"以思为主","思"是最重要的一环,它能使"事之所成终而所成始也",而达到"圣"的境界,"思所以作圣也"。"圣"是修养的极境,是王安石要求人们追求的理想人格。

就王安石所述"五事"以"成性"、"作圣"的总体来看,他的道德修养论与包括理学在内的唯心主义先验论相对立,闪耀着朴素唯物主义的思想光辉,是其"待人力而后万物以成"(《老子》)思想在道德修养论中的体现。但是,他对修养的最高境界——"圣",显然作了神秘化的夸大。王安石说:"既圣矣,则虽无思也,无为也,寂然不动,感而遂通天下之故可也。"(《洪范传》)王安石认为,一旦达到了"尽性以至诚"的"圣",即能"不听而聪,不视而明,不思而得,不行而至"(《礼乐论》),也就获得了绝对的"自由"。其思想来源是《易传》《中庸》,而作为一种道德修养的极境,实与周敦颐的"无思而无不通为圣人"并无二致。

王安石所主张的教、习和修养的内容,当然不可能超越封建道德,即仁、义、礼、智、信"五常"。而其目的,是为了"一道德"、"正风俗"而化治天下。他说:"古之取士,皆本于学校,故道德一于上,而习俗成于下,其人材皆足以有为于世。"(《乞改科条制》)而"以仁义礼信修其身而移之政,则天下莫不化之也"(《王霸》)。不过,王安石却不是道德决定论者,他明确指出"任德"的局限性,认为在"任德"的同时,还必须"任察"、"任刑",三者兼用,才是"圣人之道"。"察",实指韩非的"术","刑"即刑罚。他说:

> 昔论者曰:君任德,则下不忍欺;君任察,则下不能欺;君任刑,则下不敢欺。而遂以德、察、刑为次,盖未之尽也。此三人者之为政,皆足以有取于圣人,然未闻圣人为政之道也。……然圣人之道有出此三者乎?亦兼用之而已。(《三不欺》)

这是因为,"任德则有不可化者,任察则有不可周者,任刑则有不可服者"(同上)。三者各有局限性,不可择一而专。王安石的这一思想,实际上修正了儒家的"德治主义",是儒法结合的新的历史形态。王安石把道德教育及其作用置于"德"、"察"、"刑"三者"兼用"的地位上,不失为是一种比较客观的认识。在理论上也有可肯定之处。

王安石的伦理思想是为其改革政治、推行"新法"服务的,因而,同他的政治主张、哲学思想一样,也与反变法的司马光、程颢、程颐的理学伦理思想相对立。北宋时期的伦理思想斗争,主要的就是围绕变法与反变法这一政治中心而展开的。

第五节 张载的人性"二重"说及其伦理思想

张载(1020—1077),字子厚。陕西凤翔郿县横渠镇(今陕西省宝鸡市眉县横渠镇)人,学者称"横渠先生",因讲学于关中,称其学派为"关学"。

张载是北宋理学五子之一,但在哲学自然观上,却与周敦颐、邵雍、程颢、程颐的唯心主义相对立,是一位杰出的唯物主义者。他在批判佛、老的基础上,把王充的元气自然论发展为气一元论,并运用"体用不二"的观点,对自魏晋玄学以来的"有无(动静)"之辨作了一个较正确的总结,为中国古代哲学的发展作出了重要的贡献,成为"气本"理学的主要代表。在政治上,张载虽不赞成王安石的变法措施,显得比较保守,但不像旧党那样与改革势不两立。他关心现实,主张恢复井田制,以缓解严重的土地兼并,还计划"买田一方,画为数井"进行试验,有一定程度的改良要求。

然而,当张载从唯物主义的自然观出发,以气解释人、物之性,说明道德的本原时,由于不懂得人的社会性,从而在伦理思想上陷入了唯心主义,影响了其唯物主义的彻底性。他首创"天地之性"与"气质之性"的人性"二重"说;反对"灭理穷欲",把"天理"与"人欲"对立起来;在"民胞物与"的泛爱主义形式下,鼓吹封建宗法道德的合理性,要求人们应"顺"、"宁"命运的安排。这些思想都受到了二程和朱熹的高度赞赏和推崇,确有功于理学和理学伦理思想的形成,使得张载成为理学奠基人之一。

张载的著作后人辑为《张子全书》,现有《张载集》。其中《正蒙》的《神化》、《诚明》、《中正》、《大心》、《乾称上》(即《西铭》,又称《订顽》)、《乾称下》(即《东铭》,又称《砭愚》)和《语录》等,比较集中地反映了张载的伦理思想。

一、"天地之性"与"气质之性"的人性"二重"说

在宋代,如果说王安石提出的"性情一"的人性论,是对以往人性论的一种总结;那么另一种总结,就是由张载始创的把人性结构分为"天地之性"和"气质之性"的人性二重说。张载说:

> 形而后有气质之性,善反之,则天地之性存焉。(《正蒙·诚明》)

二程、朱熹对此作了进一步的发挥,从而成了理学人性论的基本特征。不过,张载提出的这种人性论的理论基础却与程、朱有别,这就是气一元论的唯物主义自然观。

在自然观上,张载提出了"太虚即气"的气一元论,认为"气"是宇宙万物的本原和本体,它"体用不二":"有无"、"虚实"的统一是其"体";"聚散"、"出入"运动变化是其"用"。"太虚"可称之为"天";"气"的运动变化(即"气化")是有规律的,则称之为"道","亦可谓理"。"道"("天道")也就是"天性"、"性",他说:"所谓性即天道也。"(《正蒙·乾称下》)又说:

> 凡可状皆有也;凡有皆象也;凡象皆气也。气之性本虚而神,则神与性乃气所固有……(同上)

"神",即气化不测之谓。总之,气或天固有其性,其所指者就是气之"道",气之"神"。张载认为,万物(包括人)就是由气之聚、散即气化而产生的,"气不能不聚而为万物,万物不能不散而为太虚"(《正蒙·太和》)。正因如此,当气聚而为万物,万物也就具有了气之性或"天性"。所以说,人"莫不性诸道",又说:

> 天性在人,正犹水性之在冰,凝释虽异,为物一也。(《正蒙·诚明》)

可见,人性来自"天性","天性"与人性为"一"。这就是说,人之性就其本原而

言,也就是气之性,并非人生而后才有的。所以张载称人的这种本性为"天地之性"。这就是张载对人性(这里指"天地之性")来源的论证,以此回答了"性与天道"的问题。

张载认为人与物同出于气,因此,"性者,万物之一源,非有我之得私也"(同上),但两者又有区别。他说:

> 天下凡谓之性者,如言金性刚、火性热、牛之性、马之性也,莫非固有。
> 凡物莫不有是性,由通蔽开塞,所以有人物之别。(《性理大全》引)

这是说,"天性"虽为人、物所俱存,但在物那里,蔽塞不通,无法达到自我觉悟,人虽有蔽塞,但可开通,能够"达于天道,与圣人一"(同上)。于是,物质的气,就被赋予了伦理性的品格,造成了张载气一元论唯物主义的不彻底性。他明确指出:

> 天地以虚为德,至善者虚也。
> 虚者,仁之原,忠恕者与仁俱生。(《语录中》)

又说:"虚则生仁。"(同上)因而来源于"太虚"之性的人性——"天地之性"也"无不善"而"仁"。同时,张载还用"诚"来概括气的德性,"至诚,天性也"(《正蒙·乾称下》)。认为"天所以长久不已之道,乃所谓诚"(《正蒙·诚明》)。"诚"与"伪"对立,乃笃实之谓,它是"天性"至善的本质。"诚有是物,则有终有始;伪实不有,何始终之有!"(同上)而"仁人孝子所以事天诚身,不过不已于仁孝而已"(同上),也在于"诚"。所以说:"人能至诚,则性尽而神可穷矣"(《正蒙·乾称下》),"故君子诚之为贵"(《正蒙·诚明》)。可见,所谓"天性",名曰"气之性",实际上是封建伦理道德的抽象,而人性正来自"天性",也就是在这一意义上,张载给"天地之性"以"无不善"的价值规定。

"性于人无不善",那么,人为什么有恶呢?为什么有善、恶之别呢?为了从理论上回答这一问题,张载又提出了所谓"气质之性"。

与"天地之性"之作为气之本性不同,"气质之性"不是指气之本性。"质,才也。气质是一物"(《经学理窟·学大原上》),"气质"就是气的实体本身;"气质之性"是由人"所禀元气"的实体本身所带来的属性,所以是"形而后有"的,其内容大致不出饮食男女的自然本能,因而又称"气质之性"为"习俗气性"或"攻取之性"。张载说:

> 湛一,气之本;攻取,气之欲。口腹于饮食,鼻舌于臭味,皆攻取之性也。(《正蒙·诚明》)
>
> 饮食男女皆性也,是乌可灭?(《正蒙·乾称下》)

张载认为,气有"刚柔、缓速、清浊"之分,人禀气又有正、偏之别,因此,"人之性虽同,气则有异",而且还有"习"的原因,"习者自胎胞中以至于婴孩时皆是习也"(《语录下》),还包括自然气候、地理环境的作用等。由此而造成"气质之性"的不同,就会影响"天地之性","性犹有气之恶者为病,气又有习以害之,此所以要鞭辟至于齐,强学以胜其气习"。又说:"天下无两物一般,是以不同。孔子曰:'性相近也,习相远也',性则宽褊昏明名不得,是性莫不同也,至于习之异斯远矣。"(同上)于是,人就有了善、恶之别。禀气昏浊,又为习之所害,就会"穷人欲"而"灭天理",这就是恶。禀得气之一偏,也会影响"天地之性",则"善恶混"。如能"化却习俗气性,制得习俗之气",即所谓"善反之,则天地之性存焉",那就是善。这样,张载通过探求"气质之性"及其与"天地之性"的关系,找到了善、恶的来源,然而他的回答仍然是先验论的。

尽管张载认为气质之性"君子有弗性者焉",那是指君子对"气质之性"的态度,并不意味着要从理论上否定"气质之性"。恰恰相反,它正构成了张载人性论的重要内容,并为二程所发挥,得到了朱熹的推崇。朱熹认为,气质之说起于张、程。"某以为极有功于圣门;有补于后学,读之使人深有感于张、程,前此未曾有人说到此";假如张、程之说早出,则以往对人性善恶的种种说法"自不用纷争"。"故张、程之说立,则诸子之说泯矣。"(《朱子语类》卷四)显然,"天地之性"与"气质之性"构成了张载的"人性"总体,即所谓"性,其总,合两也"(《正蒙·诚明》)。这就是我们把张载的人性论概括为人性"二重"说(也可称为人性结构"二重"说)的根据。

从中国古代人性论史的角度考察,张载的人性"二重"说,以气一元论为理论基础,是对以往各种人性学说的又一总结。首先,张载用"天人合一"的原则探求人性的来源和本质。在天人关系上,张载虽与刘禹锡的观点相同,认为"天与人,有交胜之理"(《正蒙·太和》);但是,在伦理观的范围内,却又主张"天人一物"(《正蒙·乾称下》),"天人之本无二"(《正蒙·诚明》),"天地人一,阴阳其气,刚柔其形,仁义其性"(《易说·说卦》),仍属于"天人合一"说。它包括气之体、用和人之身、性两方面的合一,从而既回答了道德理性的来源,又找到了欲望感性的本原。前者为"天地之性",后者为"气质之性",它们都来自一元之气。这种关于人性来源的主张,比以往诸说似乎更具有理论的彻底性,但因此也使张载的人性论更加脱离社会现实、更抽象化了。其次,张载的人性"二重"说,其中"天地之性"实是对孟子"性善论"的概括,而"气质之性"则是对荀子"性恶论"的概括,用这两者的相互作用来说明善、恶及善恶混的不同德性,正包含了韩愈的"性三品说"。可见,张载的人性论,较以往诸说要全面"圆备",但其本质仍然是先验论的,与王安石相比,逊色多矣。

二、"民胞物与"的泛爱主义及其实质

张载从人和物皆具"天地之性"出发,在其著名的《西铭》一文(即《正蒙·乾称上》)中提出了"民胞物与"的主张。他说:

> 乾称父,坤称母;予兹藐焉,乃混然中处。故天地之塞,吾其体;天地之帅,吾其性。民,吾同胞;物,吾与也。

这是说,天地是人和万物的父母,人是渺小的,与万物混然共处于天地之间。充满于天地间的气构成了我的身体,统帅天地的气之性,是我的本性。人民是我的同胞兄弟,万物是我的同伴俦辈,甚至"凡天下疲癃残疾惸独鳏寡,皆吾兄弟之颠连而无告者也"(《西铭》),这就是说,我应爱一切人,一切物。这在形式上具有泛爱主义的特点。《正蒙·诚明》也根据万物共性的原则,重申了这一观点:

> 性者,万物之一源,非我有之得私也,惟大人为能尽其道,是故立必俱

立,知必周知,爱必兼爱,成不独成。

难怪程门弟子杨时以为《西铭》之论与墨子"兼爱"之说无异。

毫无疑问,这种建立在抽象的共同人性基础上的泛爱主义,在理论上是错误的,在实践上也是根本不能实现的。但是,张载的"民胞物与",毕竟在形式上把君主到平民,都看作是天地的儿子,是兄弟,从一个侧面反映了对自魏晋以来的封建门阀制度的历史否定,具有一定的进步意义。同时,也反映了他对穷苦百姓的某种同情心。张载的生活并不富裕,据说在他死时,"贫无以敛,门人共买棺奉其丧还"(《张载传》)。他不满官僚大地主的兼并豪夺,因而对劳动农民的疾苦有所体察。有一年,"岁值大歉,至人相食,家人恶米不凿,将舂之,先生亟止之曰:'饿殍满野,虽疏食且自愧,又安忍有择乎!'甚或咨嗟对案不食者数日"(吕大临《横渠先生行状》)。由此看来,张载提出"民胞物与",不能一概斥之为虚伪和欺骗。

然而,张载的"民胞物与"主张,其意绝非要否定封建的宗法等级制,因而不是在提倡人际平等,所谓"兼爱"(或泛爱)也决不是平等之爱,至多是对孟子所谓"亲亲而仁民,仁民而爱物",以及韩愈"博爱之谓仁"的发挥,并没有超越儒家"爱有差等"的原则。《西铭》在提出"民胞物与"后接着说:

> 大君者,吾父母宗子;其大臣,宗子之家相也。尊高年,所以长其长;慈孤弱,所以幼其幼。

原来,由天地而生的人是划分宗法等级的,君主是天的嫡长子,因而就是我(包括臣民)父母的宗子;百官是君主(天下宗子)的臣仆。而在家族或家庭范围内,则又有长幼之别,应该"长其长","幼其幼"。这里,张载突出了宗法制度,他认为:"宗子之法不立,则朝廷无世臣。且如公卿一旦崛起于贫贱之中以至公相,宗法不立,既死遂族散,其家不传。宗法若立,则人人各知来处,朝廷大有所益。"(《经学理窟·宗法》)他甚至把"宗子之法"提到了"天理"的高度,"天子建国,诸侯建宗,亦天理也"(同上),而所谓"宗子之法",也就是"礼",它是"天叙天秩",是永恒不变的。张载明确指出:

> 礼亦有不须变者,如天叙天秩,如何可变!礼不必皆出于人,至如无人,天地之体自然而有,何假于人?天之生物便有尊卑大小之象,人顺之而已,此所以为礼也。(《经学理窟·礼乐》)

总之,天之生人,自有尊卑、上下的宗法等级之别,这本来就是天的秩序("天理"),因而是人们所遵循的"经"。于是,具有共同人性的"同胞",在现实的人际关系中就成了界限森严的等级,而从共同人性推导出的"兼爱"、泛爱,也就具体表现为不可错位的差等之爱。这才是张载"民胞物与"思想的实质所在,其最集中的体现,就是对"孝"道的提倡。

"孝"是封建道德的始基和核心,张载从天地为父母的高度,把"孝"说成是"天"对子的最高道德要求,"违曰悖德"。作为孝子,就应该像舜那样竭尽全力使顽父致乐,像申生那样以死顺从父意,像曾参那样不亏其体,不辱其亲,像伯奇那样从父令而甘受放逐。对于孝子,"富贵福泽,将厚吾之生也",这是天地(父母)的恩赐;"贫贱忧戚,庸玉女于成也",那是天地(父母)的有意考验,使之有所成就。总之:

> 存,吾顺事;没,吾宁也。(《西铭》)

活着,我恭顺地尽孝子的义务;死了,我安宁地休息。就是说,作为天地之子,就应服服贴贴地顺从"天叙天秩",即封建的宗法等级秩序,而这就是所谓"孝"道。

张载把"孝"道神秘化,把"孝"抬高为天地的最高原则,使之成为维护封建宗法等级制的至上义务,是对儒家孝亲、忠君思想的发展,集中体现了"民胞物与"的保守实质。因而得到了程、朱的高度赞扬,二程认为:《西铭》之为书,推理以存义,扩前圣所未发,与孟子性善养气之论同功。"(《河南程氏文集》卷九)"《订顽》之言极纯无杂,秦汉以来学者所未到"(《张子语录·后录上》),并把《西铭》思想概括为"理一分殊",强调"民胞物与"与墨子"兼爱"之对立。

三、"知礼成性,变化气质"的修养之道

张载的道德修养论和他的"民胞物与"思想一样,也是建立在人性"二重"说

基础之上的。同时,在张载那里,修养论和认识论又是完全统一的。

张载说:

> 为学大益,在自求变化气质。(《语录中》)

吕大临《横渠先生行状》也说:

> 学者有问,多告以知礼成性变化气质之道,学必如圣人而后已。

这可以说是张载对道德修养论基本主张的明确概括。"变化气质"是修养的关键,"知"、"礼"是修养的途径,"成性",即成就"天地之性"而达到"圣人"境界是修养的目标。

为什么道德修养务在"自求变化气质"?要弄清这一问题,就必须弄清张载的"天理人欲"之辨。

"天理"与"人欲"的问题,在张载那里尚不十分突出,其所谓"天理",也非宇宙的精神本体,而且,由于构成人性总体的"天地之性"和"气质之性"都出自气之一元,因而在处理"天理"与"人欲"的关系上与程、朱理学毕竟有所不同。但是,在伦理学的范围内,张载的"理欲观"同样体现了作为理学奠基者的特点。张载所说的"天理",或曰"天之理"、"天之道"(《语录中》)体现于人性,就是"天地性",因此,他一则说"……善反之,则天地之性存焉"(《正蒙·诚明》),一则又说"……今复反归其天理"(《经学理窟·义理》)。"天理"实是对"天地之性"内容的概括,包括"诚"、"仁"等"无不善"的封建道德意识。而所谓"人欲",就是指由"气质之性"或"攻取之性"而产生的"饮食男女"情欲。张载认为,"穷人欲"就必然会伤害"天地之性"而"灭天理",而"人欲"的根源既是在"气质之性",因此,要"立天理"而"成性","故学者先须变化气质"。其实,在修养实践中,"变化气质"与克制"人欲"是一回事。于是,人性论中的"天地之性"与"气质之性"的"二重"关系,在道德修养中,就表现为"天理人欲"之辨。

张载认为,由于人性"二重"性,因而有两个发展趋势,即所谓:"上达反天理,下达徇人欲者与。"(《正蒙·诚明》,"反"同"返")"反天理",就是存"天地之性";"徇人欲",就会伤害"天理"。他说:"徇物丧心,人化物而灭天理者乎!"(《正蒙·神化》)因此,为了"立天理"就要反对"穷人欲"。张载指出:

> 今之人灭天理而穷人欲,今复反归其天理。古之学者便立天理,孔孟而后,其心不传,如荀扬皆不能知。(《经学理窟·义理》)
> 烛天理,如向明,万象无所隐;穷人欲,如专顾影间,区区一物之中尔。(《正蒙·大心》)

不过,"饮食男女皆性也,是乌可灭?"(《正蒙·乾称下》)因此,张载反对"穷人欲",但不提倡"灭人欲",而是主张"寡欲",他说:"仁之难成久矣,人人失其所好,盖人人有利欲之心,与学正相背驰,故学者要寡欲。"(《经学理窟·学大原上》)"寡欲",就是"克己"、克制自己的私欲,"克己要当以理义战退私己"(《易说·下经·大壮》),做到"不以嗜欲累其心,不以小害大、末丧本焉尔"(《正蒙·诚明》)。可见,在对待"欲"的态度上,张载与周敦颐的"盖寡焉以至于无",以及程、朱的"灭人欲"有别,但这不是本质之别。事实上,张载毕竟把"天理"与"人欲"对立起来,崇尚了"天理",贬抑了"人欲"。

但是,"寡欲"而"变化气质",只是"立天理"以"成性"的必要前提,要真正达到"天人合一"的圣人境界,还必须通过"知",自悟"天性"、"天理"。为此,张载提出了"知"的两种途径,即所谓"穷理尽性"和"尽性穷理"。

"穷理尽性",语见《易传·说卦》,张载作了自己的发挥。他说:"穷理亦当有渐,见物多,穷理多,从此就约,尽人之性,尽物之性。"(《易说·说卦》)这里的关键在于一个"悟"字,他明确指出:"人有见一物而悟焉,有终身而悟之者。"(《语录上》)"悟",在佛教那里有"顿悟"、"渐悟"之分,张载批判佛教,同时也吸取佛教的某些成分为己所用,此为一例。张载把见物等穷理方式统称为"学","穷理即是学也,所观所求皆学也"(《语录下》)。学而达悟,即"穷理","理"在人、物为"性",所以"穷理多,如此可尽物之性",就个人修养来说,穷得"天理",即可尽得"天性",于是便进入了"诚"的境界。

所谓"尽性穷理",与"穷理尽性"不同,它无需通过"学"的过程,是凭借内心所固有的"德性之知"或"天德良知",即可自悟"天性"、"天理"的另一种"成性"途径。

因而,张载又主张"大心"或"大其心"。"大心",就是充分发挥内心的"德性之知"。

在认识论上,张载提出了两种认识的形式,即"见闻之知"和"德性之知"。"见闻之知"、"有物则有感"(《语录上》),是指感觉,这当然是唯物论的反映论观点。但是,张载不能正确认识感性与理性的关系,同时也直接受其"理欲观"的影响,而在"德性之知"上陷入了唯心主义和神秘主义。他说:

> 见闻之知,乃物交而知,非德性所知。德性之知,不萌于见闻。(《正蒙·大心》)

这就是说,"德性之知"不以感性之知为基础,从而把"德性之知"与"见闻之知"割裂,甚至对立起来。张载认为,在人心之中自有一种直接照观"天地之性"的认识功能,靠着它即可"尽性穷理"。他说:"合性与知觉,有心之名。"(《正蒙·太和》)"性"即"天性"或"天地之性";"知觉",就是指"德性之知"。两者合一就是"心"。显然,在张载那里,与孟子一样,"心"既是认识对象("天性"),又是自悟"天性"的认识功能("知觉"),因此,只要"大其心",即充分发挥自身具有的"德性之知",就能直接体悟"天地之性"而完全把握"无不善"的"天理",这也就是"德性所知"。可见,所谓"尽性穷理",实际上是不借见闻的内心自我照观,体现了一种神秘主义的直觉,是对孟子"尽心知性知天"修养路线的继承和发挥。张载说:

> 大其心,则能体天下之物;物有未体,则心为有外。世人之心,止于闻见之狭;圣人尽性,不以见闻梏其心,其视天下,无一物非我。孟子谓尽心则知性知天,以此。天大无外,故有外之心,不足以合天心。(《正蒙·大心》)

"无一物非我",就是"尽其性,能尽人物之性"(《正蒙·诚明》),就是穷尽"天理",达到"天人合一"的境界。

为了"大其心",张载还主张"虚心"。所谓"虚心",就是"忘成心"。张载认为妨碍"德性之知"发挥的主要因素,就是"成心","成心者,私意也"(《正蒙·大心》),有了私意,又会产生"必"、"固"、"我"。因此,要"大其心"就必须去"意"、"必"、"固"、"我"四者而"无成心",达到"心虚"。他说:"毋四者则心虚,虚者,止善之本也,若实则无由纳善矣"(《语录上》),"无意乃天下之良心也,圣人则直是无意求斯良心也"(《语录中》),由此才能"尽性穷理"。

张载认为,"穷理尽性",就是《中庸》说的"自明诚";"尽性穷理",就是《中庸》说的"自诚明"。

> "自明诚",由穷理而尽性也;"自诚明",由尽性而穷理也。(《正蒙·诚明》)

学者的道德修养能通过这两种途径的交互作用,就能达到"天人合一"的圣人境界。他明确指出:

> 儒者则因明致诚,因诚致明,故天人合一,致学而可以成圣,得天而未始遗人。(《正蒙·乾称下》)

要"成性"、"成圣",除了"知"("德性之知"),张载还主张"礼",要求学者"以礼性之"。他说:"知及之而不以礼性之,非己有也,故知、礼成性而道义出,如天地设位而易行。"(《易说·系辞上》)"以礼性之",也就是以礼持性。张载认为,"知"是"成性"的认识工夫,而礼是"成性"的实践工夫,努力于礼的实践,是"成性"的必要途径。这是因为,"盖礼之原在心",其"本出于性"。所以礼可以"持性",保持"天地之性",达到"成性"。他说:

> 礼所以持性,盖本出于性。持性,反本也。凡未成性,须礼以持之,能守礼已不畔道矣。(《经学理窟·礼乐》)

又说:"礼即天地之德也,如颜子者,方勉勉于非礼勿言,非礼勿动。勉勉者,勉勉以成性也。"(同上)张载的"礼",其外延极广,包括道德纲常、经济制度、政治刑罚等,"除了礼,天下更无道矣"(同上)。可见,所谓以礼"持性",实际上就是要人们严格遵守全部的封建统治制度。"非知,德不崇;非礼,业不广。"(《易说·系辞上》)没有"知",就没有自觉的德性;没有"礼",就不能建树遵循封建制度的事业。

守礼之所以是修养的重要途径,还在于礼可以"滋养人德性,又使人有常业,守得定,又可学便可行,又可集得义"(《经学理窟·学大原上》)。"集义","犹言积善也,义须是常集,勿使有息,故能生浩然道德之气"(同上)。唯能如此,"则气质自然全好"(《经学理窟·气质》)。可见,举措中礼,又是改变气质的重要途径。

总之,通过"知"、"礼"结合,变化气质,就可"成性"、"成圣",造就理想人格,达到"由仁义行",即"不勉而中,不思而得,从容中道"(《易说·系辞上》)的"自由"境地。张载根据孔子"三十"而至"七十"的修养过程说:

> 三十器于礼,非强立之谓也;四十精义致用,时措而不疑;五十穷理尽性,至天之命,然不可自谓之至,故曰知;六十尽人物之性,声入心通;七十与天同德,不思不勉,从容中道。(《正蒙·三十》)

这是张载从修养过程的角度对其"知、礼成性"道德修养的总结。所谓"不思不勉,从容中道"的"自由"境地,实际上就是对包括封建道德纲常在内的封建制度的完全自觉。这里,充分体现了儒家在道德实践上强调自觉原则的特点。同时,张载指出:"富贵之得不得,天也,至于道德,则在己求之而无不得也。"(《经学理窟·学大原上》)"气质之性"虽由禀气而定,但可"自求变化气质",在一定程度上肯定人能自主地选择"知、礼成性"的道路,确有合理之处。但是,由知、礼而成的"性"却是不能伤害的"天理",而人性之有"天理",又是先天而定的,只能"顺"而不能"灭"。"存,吾顺事;没,吾宁也",显然,在道德选择上,张载基本上还是一个宿命论者。

第六节 程颢、程颐的"天理"观及其伦理思想

在北宋理学五子中,作为理学和理学伦理思想的真正奠基人和初步形成者是程颢、程颐。

程颢(1032—1085),字伯淳,河南洛阳人,世称明道先生。宋仁宗嘉祐进士,曾历官鄠县主簿、上元县主簿,后任监察御史里行。

程颐(1033—1107),字正叔,程颢之弟,世称伊川先生,曾任国子监教授和崇政殿说书等职。与程颢并称"二程"。

在北宋变法与反变法的斗争中,二程站在旧党司马光一边,反对王安石的新法。表现在学术思想上,视"荆公新学"为异端,说什么:"然在今日,释氏却未消理会,大患者却是介甫之学。……如今日,却要先整顿介甫之学,坏了后生学者"(《二程遗书·卷二上》),誓与"新学"势不两立。同时,在吸取张载"关学"的过程中又批评张载的气一元论,从而建立了以"理"为本、天人"一理"的唯心主义"理学"思想体系。因他们长期在洛阳讲学,其学派被称为"洛学"。二程的言论和著作,后人编为《二程全书》,现有《二程集》。

一、天人"一理"的道德本体论

二程曾受学于周敦颐,而作为他们学说的最高范畴——"天理",却是由自己体验出来的。程颐说:

> 吾学虽有所受,天理二字,却是自家体贴出来。(《二程外书》卷十二)

当然,"天理"一词早在《礼记·乐记》中已经提出,在张载那里,也已提到了"气之道"、"人之性"的高度。但把它作为宇宙万物的本体,确系二程首倡,并根据"天人本无二"即天人"一理"的观点,建立了他们的伦理思想体系。

与张载的唯物主义气一元论相对立,二程颠倒了理与气、道与器的关系,提出了唯心主义理一元论的宇宙观。他们认为,道或理是"形而上者",气或器是"形而下者",理与气、道与器虽不可分割,但道(理)毕竟是阴阳之气运动变化的"所以然"者,是气的本原,"形而上者则是密也","密者,用之源"(《遗书》卷十五),并明确反对张载"形聚为物,形溃返原"的气不灭观点,认为"凡物之散,其气遂尽,无复归本原之理"(同上),气只是有生有灭的暂时的派生物,而另有一个生气的"造化者",这就是"理"。所以说:"有理则有气"(《易说·系辞》),"道则自然生万物"(《遗书》卷十五)。总之,二程认为,"道"或"理"是"形而上者",是阴阳之气和天地万物的本原。

二程还认为,"所以谓万物一体者,皆有此理,只为从那里来"(《遗书》卷二上),这是说,万物从"天理"来并又各具"此理"。因此,"万物皆只是一个天理"(同上),都是"天理"的体现;"天理"是万物的本原和本体。二程正是从本体论的意义上,着重论述了"天理"与万物的关系。

在二程看来,既然"万物皆只是一个天理",因此,"天人本无二,不必言合"(《遗书》卷六)。又说:"道未始有天人之别。"(《遗书》卷二十二上)"天道"和"人道"原是"一本",本来就是"一理"。它"不为尧存,不为桀亡",不会"存亡加减"(《遗书》卷二上),是永恒不变的绝对。而其本质规定,不过就是封建伦理纲常的抽象。他们说:

> 理则天下只是一个理,故推至四海而准,须是质诸天地,考诸三王不易之理。故敬则只是敬此者也,仁是仁此者也,信是信此者也。(同上)

> 道之外无物,物之外无道,是天地之间无适而非道也。即父子而父子在所亲,即君臣而君臣在所敬,以至为夫妇,为长幼,为朋友,无所为而非道,此道所以不可须臾离也。然则毁人伦,去四大者,其分于道也远矣。(《遗书》卷四)

> 父子君臣,天下之定理,无所逃于天地之间。(《遗书》卷五)

> 为君尽君道,为臣尽臣道,过此则无理。(同上)

总之,"一理"包含了君臣、父子、长幼、夫妇、朋友各种伦常和仁、义、敬、孝等所有德目,即所谓"是佗(即'天理')元无少欠,百理具备"(《遗书》卷二上)。这里,二程提出了"一理"与"百理"或"万理"的关系,认为"一理"具备"百理",因此"一理"体现于万事万物,就有了父子君臣……之理("百理"、"万理")。而"万理"本于"一理",因此又"归于一理"。这一观点,显然取自佛教华严宗的"事理无碍观",也就是他评价张载《西铭》时所说的"理一分殊",后来朱熹对此作了进一步的发挥。

由此可见,二程所"自家体贴出来"的"天理",无非就是封建人伦纲常具体条目的抽象,而正是这个抽象却成了阴阳之气、天地万物的本原和本体,并通过

"天人本无二"、天人"一理"的逻辑环节,再把"天理"说成是君臣父子"百理"的本原和本体;"百理"出于"一理",又"归于一理"。从而以唯心主义的思辨形式,回答了道德来源的问题,或者说,把道德的来源问题提到了宇宙本体论的高度。这在后来的朱熹那里得到了更为典型的表述。

二、天命之性和气禀之性的人性论

尽管在"理气"之辨上,二程与张载有着原则的不同,但都从他们的宇宙观推演人性论,从理气关系来讨论人性问题。二程说:

> 论性不论气,不备;论气不论性,不明。二之则不是。(《遗书》卷六)

这里所说的"性",即指"天命之性","气",是指气禀,也就是气禀之性。他们认为这两者既相区别又有联系。并由此论证善以及善恶的来源。

二程从所谓"天人本无二"或天人"一理"的观点推演到人性论上,就提出了"理、性、命,一而已"(《外书》十一)的命题。就是说,"性即是理"(《遗书》卷十八),而性之所以是理,则是天之禀命如此。他们明确指出:

> 天之付与之谓命,禀之在我之谓性,见于事业(一作"物")之谓理。(《遗书》卷六)

程颐还说:"在天为命,在人为性,论其所主为心,其实只是一个道"(《遗书》卷十八),所以又称此"心"为"道心"。总之,在二程的学说里,性与心、理(道)、命(天)是一个东西。由于"性即是理",乃天之禀命,所以又称"性"为"天命之性"或"理性"。

既然"性即是理",而"天理""具备万理",它包含了封建道德的各个条目,故曰"性无不善"(《遗书》卷十八)。具体而言:

> 仁、义、礼、智、信五者,性也。仁者,全体;四者,四支。仁,体也;义,宜

也;礼,别也;智,知也;信,实也。(《遗书》卷二上)

道明了"性"具本然之"善"(理)的内在德性结构。

可见,二程所谓的"天命之性",既是先验的道德本体,又是先天的道德理性。此外,二程还认为人有"气禀"之性。他们说:

"生之谓性",性即气,气即性,生之谓也。(《遗书》卷一)

这种"性"是"气禀"("人生气禀")而来的,与"天命之性"不同,它有"善与不善",程颐又称之为"才"。他说:

性出于天,才出于气,气清则才清,气浊则才浊。譬犹木焉,曲直者性也,可以为栋梁,可以为榱桷者才也。才则有善与不善,性则无不善。(《遗书》卷十九)

这是说,气有清、浊之分,因而人也就有了善与不善。"有自幼而善,有自幼而恶,……是气禀有然也。"(《遗书》卷一)又说,"性无不善,而有不善者,才也。……才禀于气,气有清浊,禀其清者为贤,禀其浊者为愚。"(《遗书》卷十八)这是因为,禀得气清,则"无不善"的天命之"性"不被昏蔽;禀得气浊,就会昏蔽天命之"性",使人心丧失明觉,理性变得昏暗。所以说:"人生气禀,理有善恶,然不是性中元有此两物相对而生也"(《遗书》卷一),而是禀气有清浊的缘故。这样,二程就从既"论性"又"论气"、两者相结合的角度回答了人有善、有恶的来源。程颐说:"孟子所言,便正言性之本","扬雄、韩愈说性,正说着才也"(《遗书》卷十九)。二程的人性论,作为对以往人性诸说的一种总结,无非是对孟子的性善论和扬雄、韩愈的"性善恶混"、"性三品"说的综合,把以往的天赋的先验"人性论"说得更为精致、"圆备"而已,实际上这是一种更为绝对的道德宿命论。

应该指出,二程把人性分为"天命之性"和"气禀"之性,与张载的"天地之性"和"气质之性"的人性"二重"说并无二致,也是人性"二重"说。但是,在解释这"二重"人性的来源上却有着原则性的分歧。张载以气一元论为根据,而二程则由理一元论立论,两者的理论出发点是不同的。

三、人欲与天理"难一"的理欲对立论

二程从"天命之性"和"气禀"之性的人性"二重"说出发,进一步提出了人欲与天理"难一"的理欲观。他们说:

> 大抵人有身,便有自私之理,宜其与道难一。(《遗书》卷三)

"难一",意即难于统一。这就是说,人欲(自私)与天理(道)在根本上是相互对立而不可共存的。

《礼记·乐记》说:"人生而静,天之性也;感于物而动,性之欲也。物至知知,然后好恶形焉。好恶无节于内,知诱于外,不能反躬,天理灭矣。夫物之感人无穷,而人之好恶无节,则是物至而人化物也。人化物也者,灭天理而穷人欲者也。"这是关于"天理"与"人欲"对立的最早提法,但并没有提出"灭人欲",只是反对"穷人欲",主张"节欲"。张载的理欲观与此相同,然而在二程那里,不仅反对"穷人欲",而且进而主张"窒欲"、"灭人欲",从而把理、欲对立引向了极端。

程颢认为:"人心莫不有知,惟蔽于人欲,则忘天德(理)也。"(《遗书》卷十一)程颐也说:

> 甚矣欲之害人也。人之为不善,欲诱之也,诱之而不知,则至于天理灭而不知反。故目则欲色,耳则欲声,以至鼻则欲香,口则欲味,体则欲安,此皆有以使之也。然则何以窒其欲?曰思而已矣。学莫贵于思,唯思为能窒欲。(《遗书》卷二十五)

他们认为有了欲就会忘德灭理,因此必须"窒欲"。"窒欲",就是"灭欲"。他们还引用《古文尚书·大禹谟》的四句话即所谓"十六字心传"[①]来表述自己的理欲观。

---

① "十六字心传":"人心惟危,道心惟微,惟精惟一,允执厥中。"

"人心惟危",人欲也。"道心惟微",天理也。"惟精惟一",所以至之。"允执厥中",所以行之。(《遗书》卷十一)

人心私欲,故危殆。道心天理,故精微。灭私欲则天理明矣。(《遗书》卷二十四)

二程把"心"分为"人心"和"道心","人心"即人欲,"道心"即天理。这就清楚地表明,所谓理欲之辨,就是指道德理性与感性情欲的关系。在二程看来,两者对立而不能共存:"不是天理,便是私欲","无人欲即皆天理"(《遗书》卷十五),这是二程理欲观的基本规定。

有时,二程把"人欲"限定为对欲望的过度追求,如"峻宇雕墙"、"酒池肉林"等浮华淫荡,而把适度的宫室、饮食称之为"质朴",是合乎"天理"的(《粹言·论道》)。甚至认为:"富,人之所欲也,苟于义可求,虽屈己可也。"(《论语解·述而》)但是,这不是二程理欲观的主要倾向。实际上,既然认为欲之害理,那么,为了"存天理",即使是最起码的生存欲望,也当属窒灭之列。有人问程颐:"或有孤孀贫穷无托者,可再嫁否?"程颐回答说:"只是后世怕寒饿死,故有是说。然饿死事极小,失节事极大。"(《遗书》卷二十二下)这就明显地暴露了二程理欲观的禁欲主义实质,它对于我国古代妇女来说,更是一把"以理杀人"的软刀子[①],理所当然地要遭到后来进步思想家的揭露和批判。

与理欲对立论相对应,二程还对儒家正统的义利观作了进一步的发挥和升华。首先,他们把义与利的关系明确为"公"与"私"的关系,"义利云者,公与私之异也"(《粹言·论道篇》)。这是自荀子以来对儒家所谓"义"、"利"本义的明确揭示。就是说,"义"是指反映或维护地主阶级整体利益的名教"义理","利"就是个人利欲。二程认为,如何处理义与利的关系,将直接决定人们待人接物

[①] 要求妇女"从一而终"、"夫死不嫁"的贞节观,最早见于《易·恒卦象》:"妇人贞吉,从一而终也。"《礼记·郊特牲》又明言:"信,事人也;信,妇德也。壹之与齐,终身不改,故夫死不嫁。"但"妇女守节死义者,秦、周前可指计,自汉及唐,亦寥寥焉",然而自"北宋以降,则悉数之不可更仆矣"(《方苞集》卷四《岩镇曹氏女妇贞烈传序》)。其数量急剧上升,至明代,"其著于实录及郡邑志者不下万余人……然而姓名湮灭者尚不可胜计"(《明史·烈女传》)。"夫死不嫁"的贞节观衍变成世人的社会心理,节妇、烈女成为一种社会普遍现象——"今之诵言者咸曰:'饿死事极小,失节事大。'"(《陈献章集》卷一《书韩庄二节妇事》)足见程颐等理学家的这一贞节观影响之惨烈,不知吞噬了多少女性美好的年华和身躯,确是一把"以理杀人"的软刀子。(详见朱义禄著:《从圣贤人格到全面发展——中国理想人格探讨》第三章第二节)

的行为方针,因而也是直接关系到个人能否遵循名教纲常的根本问题。因此,程颢明确指出:

> 天下之事,惟义利而已。(《遗书》卷十一)

于是,对义利之辨的讨论,就成了儒家伦理思想的基本问题和首要议题。后来朱熹对此作了明确的表述:"义利之说,乃儒者第一义。"(《朱子文集》卷二十四)这是对中国伦理思想史上"义利之辨"认识的一次新的跃进,反映了二程朱熹等理学家对义利关系的论述达到了相当自觉的程度。

不过,对"义利之辨"意义认识的深化,与能否正确解决"义利之辨"并不是同步的。在处理义利关系上,二程比以往的儒家正统义利观更为片面。程颢说:

> 大凡出义则入利,出利则入义。(《遗书》卷十一)

认为非义即利,非利即义,两者不能同时并存。据此,二程认为,有两种根本对立的行为方针,一是"不论利害",只看"义当为与不当为";二是只知"趋利而避害",而不讲"义"。前者为"圣人",后者为"众人",因此,"孟子辨舜、跖之分,只在义利之间"(《遗书》卷十七)。十分明显,二程所主张的"不论利害,惟看义当为与不当为"的行为方针和价值取向,具有典型的道义论特征。

应该指出,二程所反对的"利",主要是指作为行为方针和价值取向的利。程颐说:"心存乎利,取怨之道也,盖欲利于己,必损于人。"(《论语解·里仁》)所谓"心存乎利"、"欲利于己",意即把利己作为行为的动机和目的。由此而行,就必然会导致"损于人"、"致仇怨"、"忘义理"的恶果,因此,"不独财利之利,凡有利心,便不可。如作一事,须寻自家稳便处,皆利心也"(《遗书》卷十六)。总之,做任何事情,不能有利己的打算。孟子言"何必曰利"者,"盖只以利为心则有害"(《遗书》卷十九)。二程认为,必须反对的是"以利为心"即作为行为方针的利,而非一概不能讲利。程颐说:"凡字只有一个,用有不同,只看如何用。凡顺理无害处便是利,君子未尝不欲利。"(同上)据二程所言,主要有三种"利"是可以说的:一是"圣人以义为利,义安处便是为利"(《遗书》卷十六),这实际上是用"义"吞并"利",取消义利之别;二是"和义"之利,即符合"义"的利,这样的利,"非不善也",也就是孔子所说的"义然后取"的利;三是实行仁义从而维护其亲与君的地位之利。程颐认为,仁义施及亲、君,"不遗其亲,不后其君,便是利。仁义未尝不利"(《遗书》卷十九)。这一观点,确也给"仁义"涂上了一些功利的色彩,但与墨家所谓"利亲,孝也"、"义,利也"的价值观相距尚远,它并不意味着要以"利亲"、"利君"为仁义的内容和目的,恰恰相反,作为道德主体的行为方针,仅在于行仁义。因此,"仁义未尝不利",不是功利论的命题,并没有超越道义论的范畴。

"不论利害,惟看义当为与不当为"的道义论价值观,在处理动机与效果的关系上,就陷入了唯心主义的动机论。二程的这一思想,在程颢《论王霸札子》中有明确的表述:

> 得天理之正,极人伦之至者,尧、舜之道也;用其私心,依仁义之偏者,霸者之事也。……故诚心而王则王矣,假之而霸则霸矣,二者其道不同,在审其初而已。《易》所谓"差若毫厘谬以千里",其初不可不审也。(《文集》卷一)

"审其初",就是考察行为者的动机。程颢认为,决定是"王"还是"霸",关键在于动机如何,诚心于"天理"(仁义)出发,"则王矣";假心于"仁义之偏",即从私心出发,虽有成就,如"汉唐之君,有可称者",也只能称之为"霸"。"故治天下者,必先立其志,正志先立,则邪说不能移,异端不能惑,……苟以霸者之心而求王道之成,是衔石以为玉也。"(《文集》卷一)是"王"还是"霸",决定于"志",即动机。显然是动机论的观点。宋代的"王霸之辨",在李觏那里已初见端倪,不过,李觏所论尚不及动机与效果的关系,认为"皇、帝、王、霸者,其人之号,非其道之目也"(《李觏集》卷三十四),"王"、"霸"仅指等级名号,与"道"无关,"非粹与驳之谓也"(同上)。因此,程颢论王霸,与李觏并非针锋相对。但毕竟开始了"王霸之辨",到南宋,发展成为朱熹与陈亮之间思想斗争的一大议题。

二程"窒欲存理"的理欲观和"不论利害"的道义论,无疑是针对王安石的

"理财乃所谓义"的功利主义思想而发的。程颢曾明确指出:"自安石用事,颢未尝一语及于功利。"(《宋史·道学一》)程颐也有同样的表示,《文集·明道先生行状》说:"时王荆公安石日益信用,先生每进见,必为神宗陈君以至诚仁爱为本,未尝及功利。"尽管二程反对"利己"的行为方针具有一定的合理性,但本质上则是十分保守的。很显然,二程"灭私欲"、非功利的理欲观和义利观,就是他们在政治上反对王安石变法的伦理体现。

自二程接过张载的"理欲之辨",并将它与传统的"义利之辨"结合起来以后,"理欲—义利"之辨就成了整个理学伦理思想的一个纲领性的问题,无论在朱熹那里,还是在王守仁的思想中,都得到了充分的体现。

四、"敬义夹持"、"格物致知"的修养论

道德修养论是二程理学伦理思想体系的最后归宿,其目的就在于"去人欲,存天理","胜其气,复其性"(《遗书》卷十九),达到"与理为一"的圣人境界(理想人格),也就是在自我中达到"天人合一",即所谓"孔颜乐处"。为此,二程提出了两种基本的修养方法,就是"敬义夹持"和"格物致知"。

所谓"敬义夹持",就是既要"主敬",又需"集义",两者结合,方可"上达天德"。(《遗书》卷五)

关于"敬",程颢说:"主一之谓敬","无适之谓一"(《粹言·论道篇》)。就是无适于人欲,心专一于天理,是存理的"涵养"工夫。他说:"敬以涵养也","涵养纯熟,其理著焉"(同上)。又说:

> 纯于敬,则己与理一,无可克者,无可复者。(同上)

反之,"一不敬,则私欲万端生焉,害仁,此为大"(同上),所以,"敬胜百邪"(《遗书》卷一),是存理灭欲的首要工夫。程颢明确指出:

> 学者不必远求,近取诸身,只明人理,敬而已矣,便是约处。(《遗书》卷二上)

这与后来王守仁的"致良知"确有相通之处。总之,"敬"是心志主一于"理"的积极的涵养功夫,因而不同于道、释的"绝圣弃智"、"坐禅入定"。二程认为,人为"活物",不是"槁木死灰","如明鉴在此,万物毕照,是鉴之常,难为使之不照。人心不能不交感万物,亦难为使之不思虑"。若要不为外物所累而"闭邪","唯是心有主","有主则虚,虚谓邪不能入"(《遗书》卷十五),这是二程"主敬"说的特点。

除了"主敬",还需"集义"。程颢说:

> 敬以涵养也,集义然后为有事也。知敬而不知集义,不几于兀然无所为者乎?(《粹言·论道篇》)

程颐在讲到敬、义之别时也说:

> 敬只是持己之道,义便知有是有非,顺理而行,是为义也。若只守一个敬,不知集义,却是都无事也。且如欲为孝,不成只守着一个孝字?须是知所以为孝之道,所以侍奉当如何,温清当如何,然后能尽孝道也。(《遗书》卷十八)

这是说,"主敬"只是坚守天理的内在工夫,"集义"则是基于理性自觉的"顺理"行为。二程认为,道德修养不仅在于培养坚定的道德信念,而且应知其所以然并把对天理的信念付诸实践行为,把"主敬"与"集义"统一起来,这样才能达于"天德"。他们说:"敬义夹持,直上达天德自此。"(《遗书》卷五)不过,敬、义尚需以"格物致知"为前提。

关于"格物致知",其源来自《大学》,二程作了新的解释和发挥,体现了认识论和修养论的合一。

何谓"格物"? 程颐解释说:

> 格犹穷也,物犹理也,犹曰穷其理而已矣。(《遗书》卷二十五)

"格",也解释为"至",因此"穷理"又谓"穷致其理"。程颐认为,"穷理"有不同途

径,且有一个过程,他说:

> ……凡一物上有一理,须是穷致其理。穷理亦多端,或读书,讲明义理;或论古今人物,别其是非;或应事接物,而处其当,皆穷理也。……须是今日格一件,明日又格一件,积习既多,然后脱然自有贯通处。(《遗书》卷十八)

这就是说,穷理致知,虽非"须尽了天下万物之理",但也不是"穷得一理便到",而是一个"积习"或"积累"的过程,这实际上是一种把佛教的"渐修"与"顿悟"相结合的理学形态。还应指出,二程所说的格物穷理,并不是要人去探求客观世界的规律性知识,而是为了唤醒心中的"天理",即所谓"复性"。二程的认识论就是他们的修养论。

二程认为,"万物皆只是一个天理",而"天人本无二",物之理,也即我之理。因此,穷得万物之理,也就会觉悟到我心中之理。程颐说:

> 物我一理,才明彼,即晓此,合内外之道也。(同上)

这就是所谓"观物理以察己"。穷物之理,不过是为了"贯通"我心中的天理,觉悟到"己与理一"(《遗书》卷十五)。其实,"格物之理,不若察之于身,其得尤切"(《遗书》卷十七),正是对先验的"天命之性"的自我观照。这就是二程发明"格物致知"的本义,以后又为朱熹所发挥,形成了程朱理学的"格物"理论。

总之,"涵养须用敬,进学则在致知"(《遗书》卷十八),是道德修养两个不可或缺的工夫。两者的关系是,先致知,即格物穷理,后"以诚敬存之"。程颢说:

> 学者须先识仁,仁者浑然与物同体,义礼智信皆仁也。识得此理,以诚敬存之而已,不须防检,不须穷索。(《遗书》卷二上)

程颐在回答"进修之术何先"的问题时说:"莫先于正心诚意。诚意在致知,致知在格物。"(《遗书》卷十八)这就是说,"用敬"、"诚意"必须以致知明理为前提,然后才能"顺理而行"("集义"),做到"致知"——"诚敬"——"集义"的统一。这里,二程强调了道德行为要以理性认识为指导,"故人力行,先须要知。……譬如人欲往京师,必知是出那门,行那路,然后可往。如不知,虽有欲行之心,其将何之?"(同上)确有合理之处。但是,二程所说的"致知",归根到底,是对心中"天命之性"即"天理"的"贯通",是唯心主义的先验论,贯彻了一条"知先行后"的唯心主义路线。然而,在二程看来,这正是"学以至圣人之道也"(《颜子所好何学论》)。

二程的伦理思想,在理学伦理思想的形成和发展中,具有重要的地位。他们把封建道德抽象为宇宙的"客观"本体——"天理",反过来又把"天理"作为封建道德的本原或本体;进而用"天命之性"和"气禀"之性("生之谓性")的人性二重说,以论证人之善、恶根源;并正式提出"去人欲,存天理"的口号,以及"格物致知"、"敬义夹持"的修养学说。这些都为朱熹所继承和发展,遂形成了我国封建社会后期的正统伦理思想。

第七节　朱熹的"理学"伦理思想体系

由周敦颐开创的理学伦理思想,在程颢、程颐兄弟那里已初步完成,朱熹又作了进一步发展,取得了完备的形态。理学伦理思想的完备,标志着正统儒家伦理思想的发展达到了最高阶段。

朱熹(1130—1200),字元晦,亦字仲晦,号晦庵,别称紫阳,徽州婺源(今属江西)人。因长期寄居福建,并在考亭讲学,其学派被称为"闽学"和"考亭之学"。他学无常师,先后师事胡宪、刘勉之、刘之翚、李侗,并"遍交当世有识之士","出入于释、老者十余年",受到佛、道影响,但其学术渊源直接来自二程"理学",在此基础上,建立了一个庞大的客观唯心主义体系,成为理学和理学伦理思想的集大成者。

朱熹生活的南宋时代,社会矛盾又有了新的发展。南宋初年,继北宋末年方腊、宋江领导的农民起义,又爆发了钟相、杨幺起义,他们提出"等贵贱,均贫富"的口号,较全面地表述了农民在政治上要求平等、经济上主张平均的愿望,反映了封建社会后期阶级斗争的尖锐性和深刻性。与此同时,民族矛盾也十分尖锐。公元1127年,金军攻陷开封,北宋灭亡,宋钦宗弟康王赵构即帝位(高宗)建立南宋政权,开始了南宋与金相对峙的局面。反映在南宋政权内部,就是以宋高宗、秦桧为代表的投降派和以岳飞等为首的主战派之间的激烈斗争。

面对严峻的社会形势,朱熹站在维护封建统治阶级整体利益的立场上,遵循儒家的正统观点,主张调和阶级矛盾,既反对佃户"侵犯田主",也反对田主"挠虐佃户",认为"二者相须,方能存立"(《朱子文集》卷一〇〇,本节简称《文集》)。在抗金问题上,虽主张抵抗,却又缺乏信心,说什么"区区东南,事有不可胜虑者,何恢复之可图乎?"(《文集》卷十一)无奈于"夷狄所恃者力",退而求之儒家"王道",以为"振三纲,明五常,正朝廷,励风俗","是乃中国治夷狄之道"(《文集》卷三十),实为腐儒之见。然而这正是朱熹对自己学术宗旨的表白。

朱熹从政时间不长,他一生的主要精力专从事于讲学和著述,其纲领之大者,乃"明天理,灭人欲"一语。他说:

> 圣贤千言万语,只是教人明天理,灭人欲。(《朱子语类》卷十二,本节简称《语类》)

朱熹的理学伦理思想体系,就是以此为纲领而展开的。

朱熹的著作甚多。《四书章句集注》(简称《四书集注》)、《朱子语类》以及《朱子文集》,是研究朱熹伦理思想的主要资料。

一、"理一分殊"和道德本体论

朱熹的宇宙观是客观唯心主义的理一元论,这是学术界的一致意见,对此,我们不再评论。但从伦理思想史的角度出发,还需要指出,朱熹的宇宙观也是他的道德观。

作为朱熹哲学体系最高范畴的"天理"或"理"(也即"太极"或"道"),其主要规定就是对封建道德纲常的抽象化和客观化。朱熹明确指出：

> 且所谓天理,复是何物？仁义礼智,岂不是天理！君臣、父子、兄弟、夫妇、朋友,岂不是天理！(《文集》卷五十九)
> 理便是仁义礼智。(《语类》卷八十二)

所以说："太极只是个极好至善底道理"(《语类》卷九十四),"其中含具万理,而纲领之大者有四,故命之曰仁义礼智"(《文集》卷五十八)。而正是这个至善的"理",朱熹把它作为二气五行、天地万物的根源和本体："有是理,便有是气,但理是本。"(《语类》卷一)又说：

> 理未尝离乎气,然理形而上者,气形而下者,自形而上下言,岂无先后？(同上)

这是说,理与气虽不可分离,但就谁决定谁而言,或者说在本体论上,理毕竟是气之根本,是理在气先。理与天地万物的关系也是同样。朱熹说：

> 未有天地之先,毕竟也只是理。有此理,便有此天地；若无此理,便亦无天地,无人无物,都无该载了！有理,便有气流行,发育万物。(同上)

与二程一样,朱熹的以理为"本"的宇宙观,就具有了道德本体论的特点。

正是从以理为本的客观唯心主义道德本体论出发,朱熹回答了封建伦理纲常的来源。他说：

> 未有这事,先有这理。如未有君臣,已先有君臣之理；未有父子,已有父子之理。(《语类》卷九十五)

这就是说,在现实的君臣、父子等伦理纲常形成之前,就已经有了君臣、父子等道德原则；现实的"三纲五常",正来源于这个永恒不变的先天地而存在的"天理"。朱熹的逻辑是,先把"人道"抽象为"形而上"的"天道"("天理"),然后再由"天道"推出"人道"。这与董仲舒的"道之大原出于天"并无二致,所不同的只是采取了思辨形式罢了。

为了更具体地论证封建宗法等级道德的来源,朱熹又发挥了二程的"理一分殊"说。

> 伊川说得好,曰:"理一分殊。"合天地万物而言,只是一个理;及在人,则又各自有一个理。(《语类》卷一)

朱熹认为,"自其末以缘本",即从万物(末)的总根源(本)而言,"为一太极而已也",只是一个"理";而"自其本而之末",即从理(本)推之万物(末)而言,则万物分有太极(一理)以为体,即所谓"分之以为体"(《通书解·理性命章》)。但这并不是说万物从太极那里各取一部分,把太极分割了。而是如同"月印万川"一样,作为万物之体的"太极",仍是一个完整的"理",所以说"人人有一太极,物物有一太极"(《语类》卷九十四)。这里,就"理本物末"的宇宙本体论而言,当源自魏晋玄学王弼"无本有末"的思维模式;而"理一分殊"如同"月印万川"这一层意思,又显然吸取了佛教华严宗和禅宗的思想。朱熹曾直截了当地引用慧能的弟子玄觉的话:"一月普现一切水,一切水月一月摄",并赞赏说:"那释氏也窥见得这些道理"(《语类》卷十八)。不过,与华严宗的"一多相容"有所区别,朱熹不讲"多"而言"分殊"。朱熹的"理一分殊",还有进一层的含意。

朱熹说:

> 论万物之一原,则理同而气异;观万物之异体,则气犹相近而理绝不同也。气之异者,粹驳之不齐;理之异者,偏全之或异。(《文集》卷四十六)

这是说,万物虽各有一个全整的理,但由于禀气粹驳之不齐,造成了"理"在万物那里有或偏或全的不同,所以又说"理绝不同"。从而就有了人之理、物之理的"分殊",有了君臣之理与父子之理,牛之理、马之理与草木之理的"分殊"。确实,朱熹论"理一分殊",更多地考察了"分殊"这一面。

朱熹这样解释"理一分殊",其根本目的是为了论证封建的等级差别及其宗法等级道德的合理性。他明确认为:

> 万物皆是此理,理皆同出一原,但所居之位不同,则其理之用不一。如为君须仁,为臣须敬,为子须孝,为父须慈。物之各具此理,事物之各异其用,然莫非一理之流行也。(《语类》卷十八)

朱熹也正是根据这一理论,解释了张载的《西铭》。他说:"天地之间,理一而已。然乾道成男,坤道成女,二气交感,化生万物,则其大小之分,亲疏之等,至于十百千万,而不能齐也。"(《张子全书》卷一)认为《西铭》所言就是"明理一而分殊"。至此,朱熹从客观唯心主义的以理为本的道德本体论出发,通过"理一分殊",论证了封建等级制度及其道德纲常的永恒性和合理性。

还应指出,朱熹的道德本体论对于封建道德纲常的另一个重要意义,就是把封建的道德准则——"当然之则"归于"必然"的范畴,从而完成了对中国伦理思想史上"道德宿命论"的理论总结。朱熹在《大学或问》中说:

> 至于天下之物,则必各有其所以然之故与所当然之则,所谓理也。
> 天道流行,造化发育,凡有声色象貌而盈于天地之间者,皆物也。既有是物,则其所以为是物者,莫不各有其当然之则而自不容已,是皆得于天之所赋,而非人之所能为也。

这里,朱熹对"理"的范畴作了三方面的规定:一是物之"所以然之故"或物之"所以为是物者",是物之规律;二是物之"所当然之则",是人应当遵循的行为规范;三是物之必然即"自不容已"者,"非人之所能为也"。朱熹认为,"所以然之故"和"所当然之则",都是"非人之所能为也"的必然。这是把封建道德纲常升华为宇宙本体("天理")的题中应有之义,并由此而把规范与规律、"当然之则"与"所以然"的必然之理混为一谈,从而把"当然之则"归于"非人之所能为"的"必然"范畴,这显然是一种道德宿命论的说教,它否定了道德规范的特性,否定了人的自由选择。所谓"人伦天理之至,无所逃于天地之间"(《文集·癸未垂拱奏札二》),朱熹的道德宿命论,在他的人性论中表现得更为充分。①

二、"性同气异"的人性论和性命说

在人性论上,朱熹十分推崇张载、二程之说:"某以为极有功于圣门,有补于后学。"(《语类》卷四)他完全赞同二程论性的理论原则:"论性不论气,不备;论气不论性,不明,二之则不是。"认为"孟子只论性,不论气,便不全备。论性不论气,这性说不尽;论气不论性,性之本领处又不透彻"(同上)。二程既讲"天地之性",又论"气质之性",从而避免了以往人性诸说的片面性,使人性的理论"一齐圆备了"(同上)。在朱熹看来,"程子论性所以有功于名教者,以其发明气质之性也"(同上),认为"气质之性"的提出是"理学"对名教的一大贡献。从儒学发展史来看,程朱理学人性论之所以成为儒家人性论的完备形态,其主要表现就在于用"气质之性"补充了"性善论";它没有否定而是包涵了"性恶论"、"性善恶混论"和"性三品说"、"性善情恶说",并使之与"性善论"(程朱概括为"天命之性")结合起来,完成了对儒家人性论的理学总结。朱熹的人性论,就是对张载、二程人性"二重"说的直接继承和发挥,而论述的着重点,如同在讲"理一分殊"时更多地考察了"分殊"一样,似乎就在"气质之性"方面。

朱熹论性,是以其理一元论和"理一分殊"为立论根据的。从宇宙一理而万物"分之以为体",即"人人有一太极,物物有一太极"来说,这个"分"于人、物的"太极"或"理",就是人、物之性。朱熹说:"这个理在天地间时,只是善,无有不善者。生物得来,方始名曰'性'。只是这理,在天则曰'命',在人则曰'性'","性即理也"(《语类》卷五)。这就是所谓"天命之性",或曰"天地之性",凡人同有此性,原无差异。它包涵了仁、义、礼、智"四德"或仁、义、礼、智、信"五常",而其中又以"仁"为主,即所谓"仁包五常"(《论语或问》卷十五),"仁包四德"(《语类》卷六)②。所以"天地之性"亦"仁而已矣"。朱熹认为,"天地之性"就是百行

---

① 本书主编对中国古代伦理思想的研究,受教于前辈冯契先生的《中国古代哲学的逻辑发展》颇多。关于理学道德"宿命论"的论断就是一例。
② 朱熹常以"四德"表述"五常"。除了"仁包四德",还有"信包四德",这是因为,"信是诚实此四者,实有是仁,实有是义,礼智皆然。如五行之有土,非土不足以载四者"(《语类》卷六)。四德存有"信","信"体现于四德之中。

万善的根源,"万行皆仁义礼智中出","百行万善总于五常,五常又总于仁,所以孔孟只教人求仁"(同上)。那么,人为什么又会有"不善"的呢？这就是因为人还有"气质之性"。

朱熹认为:"人之所以生,理与气合而已。天理固然浩浩不穷,然非是气,则虽有是理而无所凑泊。"(《语类》卷四)而人禀气"却有偏处","有昏明厚薄之不同",于是,凑泊于气的,原来"无不全"的"理"也就"不能无偏",于是就有了所谓"气质之性"。朱熹概括说:

> 论天地之性,则专指理言;论气质之性,则以理与气杂而言之。(同上)

就"天地之性"言,不仅人之性"同",而且人、物之性也"本同"。而就"气质之性"言,由于禀气不同,不仅人、物有别,而且人也各异,这就叫性同而气异。朱熹说:"人物性本同,只气禀异。"又说:"人性虽同,禀气不能无偏重。"(同上)这显然是"理一分殊"说在人性论上的体现,也是二程关于"论性"原则的理论贯彻。

朱熹着重论述"气质之性"的理论意义,就在于寻找人为何"有善有不善"的根源。他说:

> 天地间只是一个道理,性便是理。人之所以有善有不善,只缘气质之禀各有清浊。(同上)

就是说,由于气禀有清浊之不同,"理"在气中也就有了偏全之异;全者为善,偏者为不善。他说:

> 有是理而后有是气,有是气则必有是理。但禀气之清者,为圣为贤,如宝珠在清冷水中;禀气之浊者,为愚为不肖,如珠在浊水中。(同上)

又说:"人之性皆善。然而有生下来善底,有生下来便恶底,此是气禀不同。"(同上)此外,甚至是贫富、贵贱、寿夭也都是"气禀不同"所致,而这一切又"都是天所命"。朱熹说:

都是天所命。禀得精英之气便为圣为贤，便是得理之全，得理之正。禀得清明者便英爽，禀得敦厚者便温和，禀得清高者便贵，禀得丰厚者便富，禀得久长者便寿，禀得衰颓薄浊者，便为愚不肖、为贫、为贱、为夭。天有那气生一个人出来，便有许多物随他来。（同上）

这实在是一种极端的道德宿命论和人生宿命论，较之董仲舒有过之而无不及，充分表现了朱熹作为封建制度卫道者的品格。其所谓"人之禀气，富贵、贫贱、长短，皆有定数寓其中"（同上），与当时农民起义军的"等贵贱，均贫富"口号针锋相对，更显其理论维护封建统治的阶级实质。

必须指出，如果按照"气禀之命"，善恶、贤愚皆为"天所命"，自不可改，那就必然要否定道德修养。朱熹自己也发现了这一矛盾，他说："若说气禀定了，则君子、小人皆由生定，学力不可变化。"（《语类》卷二十七）然而，朱熹却极为重视道德修养，这实际上又否定了"气禀之命"。这是存在于程朱"理学"中的一大矛盾。朱熹试图解决它，主张发挥"心"的"主宰"作用去变化"气质"、复明"天理"，从而为其修养论提供根据。但是，矛盾依然存在。因此，在以后的发展中，无论是理学"心本派"的王守仁，还是理学批判者王夫之、颜元、戴震，都抛弃了程朱"理学"的人性"二重"说。

三、严辨"义利、理欲"的道义论及其禁欲主义实质

为了复明"天理"本性，朱熹首先把自己的理论转入到"义利、理欲"之辨。他明确指出：

义利之说，乃儒者第一义。（《文集》卷二十四）
圣贤千言万语，只是教人明天理，灭人欲。（《语类》卷十二）

表明了"义利之说"和"理欲"之辨在理学伦理思想体系中的纲领性地位。

关于"义利之说"，朱熹说："事无大小，皆有义利。"（《语类》卷十三）又说："今人一言一动，一步一趋，便有个为义为利在里。"（《朱子全书》卷五十七）"义

者,天理之所宜"(《论语集注·里仁》),又说:"义者,心之制,事之宜也。"(《孟子集注·梁惠王上》)"为义",就是以"天理"为"当然之则",通过内心的自我制裁而达到事事处处符合"天理"的规定。而"利者,人情之所欲"(《论语集注·里仁》),如"有心要人知,要人道好,要以此求利禄,皆为利也"(《语类》卷六十)。"为利",就是一事当前,先"计较利害",以"利"为行为的动机和目的。朱熹强调:"'宜'字与'利'字不同,仔细看!"(《语类》卷二十七)可见,"为义"还是"为利",是待人接物的两种根本对立的行为方针和价值取向。

因此,朱熹指出:"学无浅深,并要辨义利"(《语类》卷十三),就是要严辨义利之"正邪",使义利、善恶、是非,"毋使混淆不别于其心"。他认为,为义"便是向圣贤之域",而为利"便是趋愚不肖之徒"(《朱子全书》卷五十七),而君子、小人之别,也正在"义"或"利"之"趋向不同"。所以,"为义"才是唯一正确的行为方针和价值取向。朱熹明确断言:

> 凡事不可先有个利心,才说着利,必害于义。圣人做处,只向义边做。(《语类》卷五十一)

即使是"行义"也不可存有功利之心,"若行义时便说道有利,则此心只邪向那边去"(同上)。所以他完全同意董仲舒的观点,指出:

> 圣人要人止向一路做去,不要做这一边,又思量那一边。仲舒所以分明说,"不谋其利,不计其功"。(同上)

总之,"为义之人,只知有义而已,不知利之为利"(《语类》卷三十六),"不顾利害,只看天理当如此"(《语类》卷二十七),这才是君子所当取的行为方针。这也充分体现了朱熹义利观的道义论实质。

如果说,在道德价值观的范围内,朱熹严辨义利,视义利为"不容并立",那么,超出了这一范围,朱熹并不完全否定功利。他在解释《易》所谓"利者义之和"时说:

> 义之和处便是利。如君臣父子各得其宜,此便是义之和处,安得谓之不利!(《语类》卷六十八)

确实,维护君君、臣臣、父父、子子的宗法等级秩序,是地主阶级根本利益之所在,但这并不意味着要从理论上去肯定"利"为行为方针。朱熹明确指出:"只认义和处便是利,不去利上求利了。"(《语类》卷三十六)这就是说,讲"义之和处便是利",目的正是要教人不去另立一个"求利"的目的。在朱熹看来,"盖凡做事只循这个道理做去,利自在其中矣"(同上),但不能因此而"先计其利"。例如,"孟子曰:'未有仁而遗其亲,未有义而后其君。'这个是说利,但人不可先计其利。惟知行吾仁,非为不遗其亲而行仁;惟知行吾义,不为不后其君而行义。"(同上)作为行为方针,只能"为义",而不能"为利"或为利而行义。可见,朱熹讲"利",无论是个人利益还是他人利益,都不具有行为方针和价值取向的意义,因而与二程所谓"仁义未尝不利"一样,不能归结为功利主义范畴,恰好进一步证明了他们义利观的道义论实质。"为义"明明具有强烈的功利目的,但程朱却硬是把它排除出"目的"之外,甚至把"求利"与"为义"对立起来,而这正是道义论价值观的偏颇之处。

朱熹的道义论义利观,是对由孔孟首创、经董仲舒概括的儒家正统义利观的总结,同时也是对以往功利主义思想的否定。在当时,其矛头所向就是陈亮等所提倡的"功利之学",这就产生了朱陈的"义利王霸"之辩,成为中国伦理思想史上道义论与功利论之争的一大公案(详见本章第九节)。

除了严辨"义利",朱熹还进一步严辨"天理人欲"。其实,这两者相互对应、内容一致,所以在程朱理学那里,义利与理欲并举。不过,两者尚有某种区别,存在着一定的关系。朱熹指出:

> 况天理人欲不两立,须得全在天理上行,方见得人欲消尽。义之与利,不待分辨而明。(《语类》卷一百一十三)

这是说,人若能消尽人欲而纯乎天理,就自然不存"为利"之心,从而"处物为义",达到"天理之所宜"。所以,为了能在行为方针上明辨义利,就必须在内心修养上"明天理,灭人欲",这也就是理学家为什么要提出并重视理欲问题的主要缘由。

朱熹严辨天理人欲,认为天理、人欲是"人之一心"中两种"不容并立"的意识。他说:

> 人之一心,天理存,则人欲亡;人欲胜,则天理灭,未有天理人欲夹杂者。学者须要于此体认省察之。(《语类》卷十三)

这里所说的"天理"是指"天地之性",包括仁、义、礼、智诸德;"人欲"是指"计较利害"的心,即所谓"利心",它产生于人之知觉与外物相感,根源于所禀气质有偏。朱熹进而认为,"天理"是"公","人欲"为"私";天理与人欲的对立,就是公与私的对立。他概括说:

> 仁义根于人心之固有,天理之公也;利心生于物我之相形,人欲之私也。(《孟子集注·梁惠王上》)

天理之"公",是因为仁、义、礼、智凡人所共有,"是一个公共的道理",不是"自家私意"。而"利心"作为人欲之"私",正在于它是"自家私意",是对个人利害的计较,因而又称"人欲"为"私欲"。朱熹对"人欲"的规定,从其一般意义而言,是指对个人利益的追求,而不是专指利己主义。他认为:"人心之公,每为私欲所蔽"(《语类》卷十三),使之不能"处物为义","向圣贤之域",而"趋愚不肖之徒"。据此,朱熹主张:

> 学者须是革尽人欲,复尽天理,方始是学。(同上)

认为达到了"存天理,灭人欲",也就达到了"圣人"境界,而这正是理学家所要求的理想人格。以上就是朱熹"理欲观"的基本主张。

不过,要全面地把握朱熹"理欲观"的实质,还需作进一步的考察和分析。

有人问:"饮食之间,孰为天理,孰为人欲?"朱熹回答说:

> 饮食者,天理也;要求美味,人欲也。(同上)

朱熹认为,"饮食者",即"饥则食,渴则饮","这是天教我如此","只得顺也"(《朱子全书》卷四)。就是说,这不是我的"自家私意",而是凡人皆有的自然本能,所以是"天理"。而"要求美味",乃是任私用意,所以是"人欲"。朱熹还认为,统治者的"钟鼓、苑囿、游观之乐,与夫好勇、好货、好色之心",若能"与百姓同之",即能"循理而公于天下者",也属于"天理"范畴。反之,若"纵欲而私于一己者,众人之所以灭其天也"。据此,朱熹同意胡宏①的说法,即所谓"天理人欲,同行异情"(《孟子集注·梁惠王下》),意思是说,行为相同,然而却有天理、人欲之分,其关键就在于"公于天下"还是"私于一己"。这确是朱熹的高明之处,他既肯定了统治者在"与百姓同之"幌子下的富贵享乐生活,因而使其"明天理,灭人欲"的主张不同于一般意义上的禁欲主义。同时,对劳动人民来说,又可以借反对"要求美味"的"天理"威严,遏止他们反对剥削、要求改善生存条件的欲望。朱熹把饮食本能与"要求美味"作性质上的区别,实则是一种形而上学的抽象。其实,人非动物,在现实性上,人的饮食本能总是融为或体现为社会化了的物质需求,尽管这种需求在不同经济地位的人们那里会有所差别甚至根本对立,但总的看来,随着生产力的发展,人们对自己的物质需要有要求不断改善的趋势。毫无疑问,作为社会化了的人,饮食之求已不再如动物那样表现为赤裸裸的自然本能,而"要求美味",正是人之欲望区别于动物本能的特点。朱熹却把它斥为"人欲",而要求劳动者以"饥则食,渴则饮"为物质需求的标准,这实际上是把"动物的东西成为人的东西,而人的东西成为动物的东西"②。如果按照朱熹的观点,那么动物的饮食本能倒是最符合"天理"了。马克思曾揭露资本家"把工人的需要归结为维持最必需的、最可怜的肉体生活"这种论调,称为"关于禁欲的科学"③。显然,对于劳动者而言,朱熹的"革尽人欲,复尽天理",本质上属于禁欲主义范畴。④ 与他在人性论上所持的宿命论一样,起着消磨人民要求"均

---

① 胡宏(约 1102—1161),字仁仲,胡安国季子,学者称五峰先生。不阿权贵,力主抗金。幼时曾师事二程门生杨时和侯仲良。其理学思想虽与程朱有相同之处,但又具特色。主张"性,天下之大本也",反对"以善恶言性"。认为"天理人欲,同体异用",又说,天理人欲,"同行异情"。朱熹反对"同体异用",而同意"同行异情"。
② 参见马克思:《1844 年经济学哲学手稿》,北京:人民出版社,1985 年,第 51 页。
③ 同上书,第 91—92 页。
④ 关于程朱理学鼓吹"存天理、灭人欲"的禁欲主义实质,后来清代思想家戴震也作了深刻的揭露。可见本书第七章第六节。

贫富"这种反抗斗志的作用。

当然,朱熹也反对地主"挠虐佃户",不满官僚地主、地方豪强的穷奢极欲,因而其严辨"理欲",还具有缓和阶级矛盾的社会意义。

与二程一样,朱熹也谈到了"道心"、"人心"的问题,并对二程的观点作了修正和补充。

朱熹认为"心"就是知觉灵明,"道心"和"人心"只是同一个"心"的两种知觉活动:

> 道心是知觉得道理底,人心是知觉得声色臭味底。(《语类》卷七十八)
> 心之虚灵知觉,一而已矣。而以为有人心、道心之异者,则以其或生于形气之私,或原于性命之正,而所以为知觉者不同,是以或危殆而不安,或微妙而难见耳。(《中庸章句序》)

这是说,"道心"原于"天命之性",其所知觉的内容是"天理",主要是指先验的仁义礼智德性,可称之为道德理性的知觉活动;"人心"则生于气质,所知觉的内容是声色臭味、饥食渴饮之类,可称之为物质欲望的知觉活动。朱熹认为"人心"之所以"惟危",是因为"人心"生于"吾身血气形体",而口鼻耳目四肢(吾之形体)是"属自家体段上,便是私有底物,不比道便公共,故上面便有个私底根本"(《语类》卷六十二),这个"私底根本"就是"人心惟危"的根源,"危"是危险之意。朱熹说:"人心不全是不好,若人心是全不好底,不应只下个'危'字。盖为人心易得走从恶处去,所以下个'危'字。"(《语类》卷七十八)因此他不同意程颢所谓"'人心惟危',人欲也",认为"此语有病"。朱熹明确指出:

> 人心是知觉,口之于味,目之于色,耳之于声底,未是不好,只是危。若便说做人欲,则属恶了,何用说危?(同上)

这就是说,"人心"不等于"人欲"。但是,如果"人于性命之理不明,而专为形气所使,则流于人欲矣"(《语类》卷六十二)。因此,要使"人心"不流于人欲,就要像圣人那样,"必使道心常为一身之主,而人心每听命焉,则危者安,微者著"

(《中庸章句序》),达到"人心与道心为一,恰似无了那人心相似。只是要得道心纯一,道心都发见在那人心上"(《语类》七十八)。就是说,饥食渴饮,声色臭味都合乎"天理"了,即所谓"惟精惟一,允执厥中"。

可见,朱熹关于"道心"与"人心"的观点,是其"理欲之辨"的重要构成,是为"明天理,灭人欲"服务的。其中,他要求"道心常为一身之主",肯定了道德理性的重要作用,有一定的合理成分。然其目的却是为了"消尽人欲",泯灭人们一切不符合封建伦理纲常的欲望。

四、"居敬"与"穷理"互补的道德修养论

朱熹严辨"义利理欲",从理论上讲明了为什么必须"明天理,灭人欲"。而怎样才能"明理灭欲"而达"圣贤之域"(理想人格),朱熹又提出了一套道德修养、道德教育的理论和方法。

朱熹的道德修养论,继承和发挥了二程的"敬义夹持"、"格物致知",集中地论述了"居敬"、"穷理"互补的修养方法。他说:

> 学者工夫,唯在居敬、穷理二事。此二事互相发,能穷理,则居敬工夫日益进;能居敬,则穷理工夫日益密。(《语类》卷九)

同时,在"知"(道德认识)与"行"(道德践履)的关系上,主张"知先行后"、"知轻行重"。还在道德教育方面提出了由"小学"而"大学"的阶段说。从而完成了对理本派理学道德修养论的总结。

1. "居敬工夫"

朱熹认为,修养"须先理会'敬'字","敬"是"真圣门之纲领,存养之要法"(《语类》卷十二)。又说:

> "敬"字工夫,乃圣门第一义,彻头彻尾,不可顷刻间断。(同上)

朱熹曾据张栻《主一箴》之意,作《敬斋箴》,"书斋壁以自警",足可见其对"居敬"

工夫的重视。

"居敬",也谓"持敬",作为内心的涵养工夫,朱熹提出了多种内外结合、动静一贯的用工方法,诸如仪表整肃、静坐闭邪、敬义夹持等,其目的就是要使"心地光明"而"天理粲然"。朱熹认为:"人心本明,只被物事在上盖蔽了,不曾得露头面,故烛理难",所以为了能使心烛理,居敬工夫就要求使"心常惺惺",也就是常常"唤醒"本心,"收敛此心",使之"不昏昧"、"不放纵"、不"客虑"即"莫令走作闲思虑",从而使心"自做主宰处"。这样,心"自然知得是非善恶",自然见得"此理"。总之,"人常恭敬,则心常光明","只敬,则心便一",于是,"敬则万理具在","敬则天理常明,自然人欲惩窒消治"(以上引文均见《语类》卷十二)。

为什么"敬则天理常明"？这与朱熹的心、性,或心、理"贯通"说直接相关。朱熹所说的"心",既是指"神明不测"的"虚灵知觉",它"藏往知来"(《语类》卷五),是知觉思虑的认识功能,主要是指人的理性能力,"一身之主宰"(《语类》卷十二)。同时又认为:"心包万理,万理具于一心。"(《语类》卷九)这是因为"理无心,则无着处",因此,在朱熹看来,心与理,既相区别,又"本来贯通"。他说:"灵处只是心,不是性。性只是理。"又说:"性便是心之所有之理,心便是理之所会之处",两者"元不可相离,亦自难与分别。舍心则无以见性,舍性又无以见心,故孟子言心性"(《语类》卷五)。这样,"心"作为认识功能,本身又具认识对象,是"能觉"之"灵"与"所觉"之"理"的合一。朱熹明确指出:

> 所觉者,心之理也;能觉者,气之灵也。(同上)

这是他的人性先验论的必然所致。于是,只要能充分发挥"心"的"能觉"功能,即可"识得此性之善",明得先验之"理"。当然,这里所谓的"心",是指"道心"。所以道德修养当应先在"心"上用工,而这就是所谓"居敬"。

我们并不排除道德修养的内省体察,但朱熹的所谓"居敬",完全是一种心体的自我观照,是能觉之"灵"对先验之"理"的直觉体认,它完成于一"心"之中。因此,尽管他认为居敬应"贯乎动静语默之间",也要求在应事处物、人伦日用上用工;尽管他主张居敬需遇事"济之以义",不离道德活动,做到"敬义夹持",即所谓"活敬",因而与佛、道有别,但都不能改变其唯心主义先验论的实质。

2."穷理工夫"

"穷理",亦谓"即物穷理"。通过"穷理"而"致知",这就是所谓的"格物致知"。朱熹在解释《大学》中"致知在格物"、"物格而后知至"时写道:

> 所谓致知在格物者,言欲致吾之知,在即物而穷其理也。盖人心之灵,莫不有知,而天下之物,莫不有理。惟于理有未穷,故其知有不尽也。是以大学始教,必使学者即凡天下之物,莫不因其已知之理,而益穷之,以求至乎其极。至于用力之久,而一旦豁然贯通焉,则众物之表里精粗无不到,而吾心之全体大用无不明矣。此谓物格,此谓知之至也。(《大学章句·补格物传》)

这段话是程朱学派关于"格物致知"的经典论述,体现了程朱理学的哲学认识论——道德修养论的基本观点,表明了"穷理"与"致知"的关系,以及"穷理"在道德修养中的作用和目的。

"人心之灵,莫不有知",这是心性、心理"贯通"的另一表述,所谓"莫不有知"的"知",是指包含于心中的天赋"知识",即仁义礼智"天理"德性,或曰"明德"。"明德者,人之所得乎天,而虚灵不昧,以具众理而应万事者也。"(《大学章句》)朱熹认为,"心具众理",但由于"为气禀所拘,人欲所蔽,则有时而昏"(同上)。道德修养和道德教育的目的,就是要复明"天理"("复其初"),也就是"致吾之知",达到"知之至也"。为此,除了"居敬",还当"穷理","欲致吾之知,在即物而穷其理也"。这里,"穷理"是"致知"的手段,而"致知"则为"穷理"的目的。

为什么穷理可以致知呢? 这里有一个前提,就是"物我一理"。朱熹认为,"人物性本同","只是一个理"。"天下之物,莫不有理",这"理"与人心所具的"理"本同,对此,朱熹称为"合内外之理"(《语类》卷十五)。正因为"物我一理",因此,"才明彼,即晓此",一旦穷尽了事物的"理",也就明白了吾心之"理",这在逻辑上就是类推。朱熹说:

> ……然虽各自有一个理,又却同出于一个理尔。如排数器水相似:这盂也是这样水,那盂也是这样水,……然打破放里,却也只是个水。此所以

可推而无不通也。所以谓格得多后自能贯通者,只为是一理。(《语类》卷十八)

科学的类推,当然可以获得新的知识。然而,朱熹的"物我一理",却是一个形而上学的抽象,以此为前提进行物我类推,其结论已经包含在前提中了。而且,由此而致的"知",不过就是对天赋知识(吾心之"理")的唤醒或复明。这样,所谓穷理而致知,就是一种先验主义的认识方法和修养工夫。

朱熹的哲学认识论,主要体现为道德修养论。他所要求格的物、穷的理,虽然也不排除"动植大小"、"草木器用",但首要的却是"天理"、"人伦"、"圣言"、"世故"。如果"兀然存心于一草木器用之间,此是何学问!如此而望有所得,是炒沙而欲成饭也"(《朱子全书》卷七)。可见,朱熹所提倡的"格物",实际上是指道德领域;所要穷的"理",就是封建道德纲常——"天理"。他说:"穷理,如性中有仁义礼智,其发动为恻隐、羞恶、辞逊、是非,只此四者,任是世间万事万物,皆不出此四者之内。"(《语类》卷九)所以说:"物格知至,则知所止矣","止者,所当止之也,即至善之所在也"(《大学章句》)。正因由此,朱熹认为穷理虽有"多端",但主要的是三条途径:一是"读书以讲明道义";二是"论古今人物以别其是非邪正";三是"应接事物而审处其当否"(《语类》卷十八)。可见,朱熹的"即物而穷理",主要是指道德认识活动。正是通过这一活动,"今日格一物,明日格一物",不断积累,至于用力之久,就会豁然贯通,于是"众物之表里精粗无不到,而吾心之全体大用无不明",进入了圣人境界。这种认识过程,就其性质,正如上文所说,是先验主义的;就其形式而言,实与禅宗的"顿悟成佛"相似。

应该指出,"穷理"的目的固然是为了复明天赋之"理",但作为一种认识活动,却体现了理性主义特点和对道德自觉原则的重视。朱熹说:

穷理者,欲知事物之所以然与其所当然者而已。知其所以然,故志不惑;知其所当然,故行不谬,非谓取彼之而归诸此也。(《朱子全书》卷三)

"如事亲当孝,事兄当弟之类,便是当然之则。然事亲如何却须要孝,从兄如何却须要弟,此即所以然之故。"(《朱子全书》卷九)这是因为"天理"本身就是"所以然之故与所当然之则"的统一。朱熹认为,穷理不仅是认识"当然之则"是什么,而且还要进一步理会"当然之则"为什么。只有这样,道德行为才能达到自觉的境界。用朱熹在《白鹿洞书院揭示》中的话说:"苟知其理之当然,而责其身以必然,则夫规矩禁防之具,岂待他人设之,而后有所持循哉?"(《文集》卷七十四)为此,朱熹又根据自己长期从事教育和整理古籍的实践经验,提出了一套"穷理"的方法,即所谓"学、问、思、辨"。主张"先博而后约","博观"与"内省"的统一;重视在博学基础上进行"参伍"比较,提出疑问("审问"),然后通过与师友之间反复讨论以促进思辨,实现学问"骤进"(即飞跃);认为"思之谨则精而不杂,故能自有所得而可以施其辨"(《中庸或问》),"辨"即"严密理会,铢分毫析"(《语类》卷八),通过分析见其"所当然而不容已"者,进而"求其所以然者之故",直到"表里精粗无所不尽"(《语类》卷十八),即穷尽事物之"理"为止。这些思想也都有不可忽视的合理之处。

3."知先行后"、"知轻行重"

在中国伦理思想史上,道德修养和道德实践的关系,也就是"知"与"行"的关系。在朱熹那里,又表述为"致知"与"力行"、"理会"与"践行"的关系。对此,朱熹的基本观点是:

> 知、行常相须,如目无足不行,足无目不见。论先后,知为先;论轻重,行为重。(《语类》卷九)

如上所述,朱熹所说的"知"或"致知",就是复明心中天赋之"理",因而其"知先行后"说,无疑是一种唯心主义先验论的观点,但却包含有一定的合理因素,这就是突出了道德认识对道德实践的指导作用,强调了道德行为的自觉性要求。他说:"义理不明,如何践履","若讲得道理明时,自是事亲不得不孝,事兄不得不弟,交朋友不得不信"(同上)。不然的话,如果不知而行,那便是"硬行"、"冥行",即盲目的行。同时,也肯定了"行"对"知"的作用,他说:"知之愈明,则行之愈笃;行之愈笃,则知之愈明"(《朱子全书》卷三),认为知与行"互相发","二者不可偏废"(同上)。而且,就"行"是"知"的目的而论,则"行"比"知"更重要。他明确指出:

> 学之之博,未若知之之要。知之之要,未若行之之实。(《语类》卷十三)

当然,朱熹所说的"行",是对封建道德纲常的践行。但其理论形式,又确有合理之处,即反对徒尚空谈的道德说教。朱熹曾明确认为:"《书》曰:'知之非艰,行之惟艰',工夫全在行上","若不用躬行,只是说得便了"(同上)。说教是容易的,真正要实行起来就艰难了。然而,重要的正在于"行上",他说:"某之讲学,所以异于科举之文,正是要切己行之。"(《朱子全书》卷四)

4. 由"小学"而"大学"的德育阶段说

朱熹还十分重视道德教育,他提出了一个循序渐进的德育阶段说,把学校教育分为"小学"和"大学"的两个阶段。8岁到15岁受"小学"教育,16、17岁后受"大学"教育。朱熹认为,由于受教育者自身年龄层次及其智力水平、心理状态的自然差异,"小学"和"大学"的道德教育就应有不同的内容、方式和方法。儿童的理解能力差,但可塑性强,"小学"教育"只是教之以事",注重行为的训练,"如事君、事父、事兄、处友等事,只是教他依此规矩做去",不必教他们"穷究那理"。到16、17岁入"大学",由于"于小学存养已熟,根基已深厚",理解能力也较强,就应着重"教之以理,如致知、格物及所以为忠信孝弟者"(《语类》卷七)。这就是说,"小学"主要是直观教育,讲清楚"是什么";"大学"则主要是理论教育,"讲明义理",教以"为什么",两者应有区别。但实际上又是前后相续,密切联系的,"小学"是"大学"的基础,"大学"是"小学"的深化。通过"小学"教育,"已有圣贤坯模","大学""只就上面加光饰"(同上)。上面所说的"居敬"、"穷理",就是"大学"教育的主要内容。只有通过"大学"教育,才能使受教育者"复其初"(复明"天理"本性),使一心"尽夫天理之极,而无一毫人欲之私也"(《大学章句》),达到"明天理,灭人欲"的圣贤境界。

同时,朱熹为了贯彻他的德育阶段说,又辑"圣经贤传"和三代以来的"嘉言善行"为《小学》一书,作为"小学"的德育教材;注《大学》、《中庸》、《论语》、《孟子》,即《四书集注》等,作为"大学"教材。这些著作,特别是《四书集注》,后来成为元、明、清历代王朝科举考试和知识分子的必读书目,对中国封建社会后期的道德教育产生了重大影响。

朱熹的道德教育思想,就其内容当然离不开封建道德,其目的在于培养封建"醇儒"以维护名教纲常秩序。但就其形式和方法而言,他的德育阶段说,包含着对人的道德心理、道德意识发展过程某些正确的认识,体现了循序渐进的教育规律,具有一定的可供借鉴之处。

朱熹的"理学"伦理思想体系,以其完备而精致的形态,适应了中国封建社会后期地主阶级为维护其统治秩序的需要。因此,尽管在当时和以后都受到从左和右两方面来的批判,但封建统治者却备加青睐和重视,嘉定元年(1208),宁宗诏赐遗表恩泽,赐"谥曰文",淳祐元年(1241),理宗主张把朱熹列之学官"从祀",其学说也被钦定为官方哲学。至元明清,朱熹的地位益显,所谓"程朱理学",成为我国封建社会后期的统治思想和神圣教条。

第八节　朱陆异同与陆九渊的"心学"伦理思想

朱熹建立起一个庞大的客观唯心主义理学和理学伦理思想体系,在当时就遭到了从左和右两方面来的批评,前者以陈亮、叶适为代表,后者的主要代表就是"心学"的创建者陆九渊,这就是有名的"朱陈之争"(见本章第九节)和"朱陆之争"。

陆九渊(1139—1193),字子静,自号存斋,江西抚州金溪人。于江西贵溪象山聚徒讲学,学者称象山先生。出身于一个没落的豪门大地主家庭,然其"家道之整著闻州里",他从小就受到严格的名教熏陶,自谓:"某七八岁时,常得乡誉,只是庄敬自持,心不爱戏。"(《陆九渊集·年谱》,本节引《陆九渊集》只注篇名)34岁中进士,历任主簿、国子正等职,最后官至知荆门军,到任一年余即卒。陆九渊的影响主要在思想学术领域,他发展了思孟学派的主观唯心主义哲学——伦理思想,并与佛教禅宗思想相结合,开创了与程朱"理学"相对垒的"心学",后经明代王守仁的发挥,形成了著名的陆王学派,对中国封建社会后期以至晚期的思想史产生了重大的影响。

陆九渊不尚著述。除了留下来的少量诗文,大部分是与师友论学的书札和讲学的语录,由其子陆持之编成《象山先生全集》,现有《陆九渊集》。

一、"心即理"的道德本原论

陆九渊与朱熹的争论,是属于唯心主义内部的分歧,是关于如何更好地维护封建名教纲常的不同方法之争。主要表现在两个方面:一是"为学之方"即如何培养人的问题;一是关于心与理的问题。前者是认识论,后者是宇宙观,在伦理学上,也就是道德修养论和道德本原论。这里,先通过论述朱、陆在心与理问题上的异同,以揭示陆九渊道德本原论的实质。

王守仁在为《象山先生全集》作的序中说:"圣人之学,心学也。"作为陆九渊"心学"的一个中心命题,就是"心即理也",陆九渊说:

> 人皆有是心,心皆具是理,心即理也。(《与李宰》)

这一命题,集中地表述了与朱熹"理学"的分野。朱熹主张"性即理也"(《朱子语类》卷五),他虽然认为"理无心,则无着处"(同上),"心包万理,万理具一心"(《朱子语类》卷九),但又明确指出:"灵处只是心,不是性。性只是理"(《朱子语类》卷五),也就是说,心不是理。这是因为朱熹所说的"理"是先于天地万物(包括人类)而独立存在的客观精神实体,"心包万理",只是"理"在心中的体现。而陆九渊却认为"理"本来具是一心,相反,宇宙万物倒是"此心"——"此理"的体现。他说:

> 万物森然于方寸之间,满心而发,充塞宇宙,无非此理。(《语录》)

所以又说:

> 四方上下曰宇,往古来今曰宙,宇宙便是吾心,吾心即是宇宙。(《杂说》)

这样,在陆九渊那里,朱熹以为"客观"的"理",变成了主观的"吾心"。而正是这个"心",才是宇宙的本原,万物的实体。这在形式上似乎是一种主观唯心主义的理论①,不同于朱熹以"理"为本的客观唯心主义②。

但是与朱熹一样,陆九渊所谓的"理",就其社会内容,也是对仁、义、礼、智等封建道德的抽象。他说:

> 仁即此心也,此理也。……爱其亲者,此理也;敬其兄者,此理也;见孺子将入井而有怵惕恻隐之心者,此理也;可羞之事则羞之,可恶之事则恶之者,此理也;是知其为是,非知其为非,此理也;宜辞而辞,宜逊而逊者,此理也;敬,此理也,义亦此理也;内,此理也,外,亦此理也。……孟子曰:所不虑而知者,其良知也;所不学而能者,其良能也。此天之所与我者,我固有之,非由外铄我也。故曰:"万物皆备于我矣,反身而诚,乐莫大焉。"此吾之本心也。(《与曾宅之》)

又说:"礼者理也,此理岂不在我?"(《与赵然道》)"仁、智、勇三德皆备于我。"(《与侄孙濬》)总之,一切有关封建人伦道德及道德意识,就是"理";不过,"此理"不是如朱熹所说原独立于人心之外、之先,而是"我固有之",本来就是"吾之本心"。陆九渊认为,人之所以有道德,"圣贤所以为圣贤",就是"以此为根本"(《与陶赞仲》),是对"此心"、"此理"的扩充。显然,这是一种先验主义的道德本原论。

陆九渊认为,"此心此理"又是人皆有之,是普遍的、永恒的。他说:

> 心只是一个心,某之心,吾友之心,上而千百载圣贤之心,下而千百载复有一圣贤,其心亦只如此。心之体甚大,若能尽我之心,便与天同。(《语录》)

---

① 说陆九渊的"心本论"在形式上似乎是一种主观唯心主义,意在区别西方哲学史上的主观唯心主义,如经验主义的唯我论或唯意志主义。陆九渊所谓"心即理"的"心",不只是我之"心",而是人皆有之、同之的普遍的"心",后在王守仁那里即为"良知",是对封建伦理道德的抽象,它作为形而上的道德价值实体,夸大成为宇宙之本体。因此,在陆九渊的哲学中,所谓"吾心即是宇宙"的"宇宙",实际上是一种伦理的"意义世界",不是作为事实的世界存在。所以,陆九渊的"心本论",本质上是一种主观主义的价值本体论思想,只是其理论较为粗糙,尚不成熟,后来王守仁对此作了详细的论述。见本章第十节。
② 朱陆在宇宙观上的分歧,还表现在"道器"之辨上。淳熙十五年(1188),朱、陆就周敦颐《太极图说》的"无极"与"太极"展开论辩,这在理论上就是"道器"之辨。朱熹主张"道在器先",陆九渊则以为道即器、器即道。朱、陆的这一争论,实际上反映了他们对心、理关系的不同观点。

> 千万世之前,有圣人出焉,同此心、同此理也。千万世之后,有圣人出焉,同此心、同此理也。东南西北海有圣人出焉,同此心、同此理也。(《杂说》)

这是对孟子"性善论"的哲学升华。在陆九渊看来,"理之所在,安得不同?"(同上)与"理""归一"的"心",不只是特殊的"我"之一心,而是普遍的、永恒的,但又不离于吾心、吾友之心、圣贤之心的道德理性。可见,陆九渊的"心本论"不同于经验主义的唯我论。因此,他虽突出了"吾心",但又强调了"理"的绝对性和对人们行为的约束力,"子弟之于家,士大夫之于国,其于父兄君上之事,所谓无所逃于天地之间者"(《赠僧允怀》),达到了与朱熹同样的结论。事实上,陆九渊把"此心此理"普遍化、永恒化,也是一种形而上学的抽象,并未摆脱朱熹"理学"的影响,这是因为朱、陆的共同目的都是为了论证封建道德的永恒性和合理性。

二、"自存本心"的道德修养"易简功夫"

从"心即理也"出发,陆九渊提出了他的"易简"修养方法,这是陆九渊"心学"与朱熹"理学"分歧的又一方面,但是两者倡导道德修养的目的却是完全一致的。

南宋王朝,虽得一时偏安,然矛盾重重,危机四伏。陆九渊深有所虑,忧忧之心不可终日,他说:"今风俗积坏,人材积衰,郡县积弊,事力积耗,民心积摇,和气积伤,上虚下竭","如人形貌未改而脏气积伤,此和、扁之所忧也"(《与王谦仲》)。他主张加强道德修养,正是为了"成孝敬,厚人伦,美教化,移风俗"(《语录》),以此挽救社会危机,维护封建统治秩序。这当然也是朱熹"理学"的目的。但是,由于他们对心、理关系的不同观点,造成了两人在"为学之方",即道德修养方法上的分歧。

朱、陆的修养方法之异,集中地表现在"鹅湖之会"上。淳熙二年(1175),史学家吕祖谦"虑陆与朱议论犹有异同,欲会归于一而定其所适从",邀集朱熹与陆九渊及其兄陆九龄等人到信州(州治今江西上饶)鹅湖寺,进行学术讨论。然而朱、陆双方各执己见,互不相让,"元晦之意欲令人泛观博览而后归之约,二陆之意欲先发明人之本心而后使之博览。朱以陆之教人为太简，陆以朱之教人为支离，此颇不合"(《年谱》)。陆九渊自谓自己的"为学之方"是"易简工夫"，认为此"足以为道"，并赋诗说："易简工夫终久大，支离事业竟浮沉"(《鹅湖和教授兄韵》)，朱熹听罢为之"失色"。所谓"易简"与"支离"之别，也就是"尊德性"与"道问学"之争。后来黄宗羲在评述朱陆之争时指出：陆九渊之学，"以尊德性为宗"，而朱熹之学，"则以道问学为主"(《宋元学案·象山学案案语》)。

《中庸》有"君子尊德性而道问学"一语，朱熹解释说："尊德性，所以存心，而极乎道体之大也。道问学，所以致知，而尽乎道体之细也。二者，修德凝道之大端也。"(《中庸章句》)作为道德修养的方法，前者就是"持敬"，后者就是"穷理"，朱熹认为两者互相补充，不可偏废。不过，他强调了"道问学"即"格物致知"，"即物穷理"，这是因为"理"既包于一心，同时又存于万事万物之中，"物我一理"；一旦穷尽了事物之"理"，也就明白了吾心之"理"。陆九渊则主张"心即理"，认为宇宙万物之"理"不过就是吾心"此理"的体现。因此，要"复本心"、"知此理"，就不必外求，不必如朱熹那样做"即物穷理"的"支离"工夫，而应"尊德性"，即如孟子所谓"先立乎其大者"。他说："既不知尊德性，焉有所谓道问学？"(《语录》)又说：

> 近有议吾者云："除了先立乎其大者一句，全无伎俩。"吾闻之曰："诚然。"(同上)

"大者"，即本心。"先立乎其大者"，就是"正坐拱手，收拾精神，自作主宰"(同上)，不使"放"、"散"，也就是"存心"、"养心"、"求放心"。这样，陆九渊说：

> 苟此心之存，则此理自明。当恻隐处自恻隐，当羞恶、当辞逊，是非在前，自能辨之。(同上)

总之，"万物皆备于我"，吾心"本无欠阙，不必他求，在自立而已"(同上)，为学只须内求"本心"，向内用功，不仅不需要向外求索，甚至也无须读书。有人问他："何不著书？"他回答说："六经注我，我注六经？"又说："学苟知本，六经皆我注脚。"(同上)既然六经都是对"此心此理"的解释,那么能"存心"、"明理",又何必读书、注经呢?反之,不能"存心","亦读书不得","若读书,则是假寇兵,资盗粮"(同上)。所以陆九渊自以为他的修养方法是"简易直截"。

为要"存心",即"保吾心之良",就须"去吾心之害"。陆九渊说:"……欲良心之存者,莫若去吾心之害。吾心之害既去,则心有不期存而自存者矣。"(《养心莫善于寡欲》)他认为"吾心之害"有两种,一是"物欲";二是"意见"。"愚不肖者不及焉,则蔽于物欲而失其本心;贤者智者过之,则蔽于意见而失其本心。"(《与赵监》)

关于"物欲"之害。陆九渊说:

> 夫所以害吾心者何也?欲也。欲之多,则心之存者必寡,欲之寡,则心之存者必多。故君子不患夫心之不存,而患夫欲之不寡,欲去则心自存矣。
> (《养心莫善于寡欲》)

这里涉及陆九渊对"天理"、"人欲"的看法。陆九渊不同意把"理"归属"天",把"欲"归于"人"的提法,他说:"天理人欲之言,亦自不是至论。若天是理,人是欲,则是天人不同矣。"认为这是"裂天人而为二"(《语录》)。据此,他也不同意"人心为人欲,道心为天理"的观点,认为:"此说非是。心一也,人安有二心?"(同上)但这决不是说他不赞成区分理和欲。对于程朱理学的中心思想"存理、去欲",他并无异议,只是认为不能把"欲"称为"人欲",而应叫作"物欲"、"利欲"。对此,陆九渊坚决主张"寡"之、"去"之。

所谓"意见"之害,也即"邪见"、"邪说"。陆九渊说:

> 有所蒙蔽,有所移夺,有所陷溺,则此心为之不灵,此理为之不明,是谓不得其正,其见乃邪见,其说乃邪说。一溺于此,不由讲学,无自而复。
> (《与李宰》)

因此,为了复本心、明此理,还必须去掉"意见"之蔽。陆九渊把"去吾心之害"又称为"剥落"。他说:"人心有病,须是剥落,剥落得一番则一番清明,后随起来又剥落又清明，须是剥落得净尽方是"（《语录》），这与程朱理学的"革尽人欲，复尽天理"，实际上是一回事，同样具有禁欲主义的浓厚气息。

陆九渊的"易简功夫"，还包括"常闭目"。《语录》载：

> 他日侍坐无所问，先生谓曰："学者能常闭目亦佳。"某因此无事则安坐瞑目，用力操存，夜以继日，如此者半月，一日下楼，忽觉此心已复澄莹中立，窃异之，遂见先生。先生目逆而视之曰："此理已显也。"某问先生："何以知之？"先生曰："占之眸子而已。"

这可真是"易简"得不能再易简了，然而其神秘主义的性质也由此暴露无遗，难怪朱熹一派要"诋陆为狂禅"了。

陆学近禅，这是事实，但它始终不失儒家本色。陆九渊在讲到儒、佛之异时强调指出："天秩、天叙、天命、天讨，皆是实理，彼岂有此？"（《语录》）朱熹也多次辨明儒、佛之间的这一根本分野。朱、陆所说的"理"，在理论上虽异，但其所指都是封建道德，他们的共同目的也是为了教人践履名教纲常。因此，陆九渊又十分重视"常践道"，强调道德认识（知）是为了道德实践（行），在知行观上与朱熹有共同之处。

与朱熹一样，陆九渊也是主张"知之在先"、"行之在后"（《语录》）的先验论者，只是"知"即"知此理"的途径和方法有别。同时，陆九渊也强调了"知"对"行"的指导作用，他说：

> 为学有讲明，有践履。……未尝学问思辨，而曰吾唯笃行之而已，是冥行者也。（《与赵泳道》之二）

陆九渊所说的"讲明"或"学问思辨"，当然不是如朱熹那样的"铢分毫析"的穷理工夫，他明确指出："急于辨析，是学者大病。虽若详明，不知其累我多矣。"（《与詹子南》）只有"一意实学，不事空言，然后可以谓之讲明。若谓口耳之学为讲明，则又非圣人之徒矣"（《与赵泳道》之二）。陆九渊认为，唯有这种"讲明"或"学问思辨"，才能成为"行"的指导。而"知"的目的正在于"行"。因此他又主张

"常践道"。陆九渊指出:

> 要常践道。践道则精明,一不践道,便不精明,便失枝落节。(《语录》)

就是说,通过"践道",可使对"此理"更益明白,甚至还能使"气质不美者,无不变化"(《与包敏道》之一)。总之,他要求人们"明实理,做实事"(《语录》)。陆九渊宣称自己平生学问无它,"只是一实"(同上)。对此,朱熹也有称道:在陆九渊的学生中,"躬行皆有可观"(《年谱》)。

值得一提的是,陆九渊关于"知所耻"和"耻得所"的思想。他说:"人惟知所贵,然后知所耻。"(《人不可以无耻》)所贵者,"本心"也,人能认识"本心"为贵,就能知道所当耻者(即陷溺本心的物欲及为不善而不改者)。但要耻所当耻("耻得所"),而不能耻不当耻("耻失所")。他说:

> 道行道明,则耻尚得所,不行不明,则耻尚失所。耻得所者,本心也,耻失所者,非本心也。圣贤所贵乎耻者,得所耻者也。耻存则心存,耻忘则心忘。(《杂说》)

因此,"人而无耻,果何以为人哉?"(《人不可以无耻》)这是对孟子"人不可以无耻"的发挥。"知所耻"作为道德修养的一个环节和一种方法,是包涵于陆九渊"易简工夫"中的合理因素。

陆九渊还明确恢复并强调了孟子关于"人皆可以为尧舜"的观点,这是他对"此心此理"普遍化的理论贯彻,表明了他主张"人性本善"(《语录》)即"性善论"的立场。陆九渊说:

> 人皆可以为尧舜,此心此道,与尧舜元不异,若其才则有不同。学者当量力度德。(《语录》)

即使是下愚不肖之人,"诚能反而求之,则是非美恶将有所甚明,而好恶趋舍将有所不待强而自决者矣。移其愚不肖之所为,而为仁人君子之事,殆若决江疏河而赴诸海,夫孰得而御之?"(《求则得之》)充分肯定了人的主观能动性"自决"在道德修养中的作用,不仅否定了"性三品",而且也否定了存在于朱熹人性论中的道德宿命论,其合理性也是应当肯定的。

如上所述,陆九渊由"心即理"立论而建立起来的"心学"伦理思想,确是自成体系,颇具特色,与程朱的"理学"伦理思想有异,但其根本的理论路线和社会意义则是相同的。关于朱、陆异同,黄宗羲说得明白:"二先生同植纲常,同扶名教,同宗孔孟,即使意见终不合,亦不过仁者见仁,智者见智,所谓学焉而得其性之所近,原无有背于圣人。"(《宋元学案·象山学案案语》)

第九节　朱陈之争和陈亮的功利之学

陈亮(1143—1194),字同甫,原名汝能,浙江永康人,学者称龙川先生,是永康学派的主要代表。其学"专言事功而无所承"(《宋元学案》卷五十六《龙川学案》),与稍后的叶适(1150—1223)[①]一起,力倡"功利"之学,与当时朱熹等"皆谈性命而辟功利"的"理学"相对立,具有明显的功利主义特点。

南宋时期,浙江一带的商品经济发展得较快,在地主阶级中,有一部分中小地主也兼营商业。陈亮反对重农抑商,主张农商互利,认为:古者"农商一事也","商借农而立,农赖商而行,求以相补,而非求以相病"(《陈亮集·四弊》,本节引《陈亮集》只注篇名),因而"于文法之内",不应"折困天下之富商巨室"(《上孝宗皇帝第一书》)。同时,南宋又是民族矛盾异常尖锐的时代,陈亮坚决主张抗金,反对屈辱求和,与主和派进行了激烈斗争。他曾多次上书孝宗皇帝,疾呼抗金,并提出"中兴"、"恢复"方案,还亲临建业(南京)、京口(镇江)观察地形,拟定作战计划。显然,陈亮主张"实事实功"的"功利"之学,与他这种富国强兵的政治立场和重视商业的思想是完全一致的。

[①] 叶适,字正则,浙江永嘉人,学者称水心先生,是"永嘉学派"的集大成者。其学术与陈亮基本一致,也提倡"功利"之学,反对朱熹、陆九渊的性理之学。其著作有《水心文集》、《水心别集》和《习学记言》。本书主要论述陈亮的伦理思想,对叶适的功利之学不列节专述。

由于陈亮力主抗战，反对议和，因而遭到了当权大官僚的嫉恨，先后两次被诬下狱。同时，他的"功利"之学，也遭到了朱熹的攻击。朱熹认为陈亮"专是功利"，比陆九渊的"禅学"更为有害，他说："若功利，学者习之便可见效，此意甚可忧！"（《朱子语类》卷一二三）因而他写信要求陈亮"痛苦收敛"，"以醇儒之道自律"，放弃"功利"之学。陈亮回信予以反驳，从而展开了我国古代思想史上有名的"义利、王霸"之辩。

陈亮的著作编为《龙川文集》，现有《陈亮集》。他的伦理思想主要体现在《问答》、《勉强行道大有功论》、《史传序》以及与朱熹论辩的书信中。

一、"人道"存于"人事"的道德观

朱陈之间的"义利王霸"之辩，就其理论根源而言，首先体现为物与道、人事与人道关系上的分歧，表明了两人在道德本原问题上的对立。

陈亮所说的"道"，一是指客观事物的根本规律，一是指封建道德的基本原则，但这两种含义的区分并不明显，没有摆脱古代唯物主义的通病。陈亮说："夫盈宇宙者无非物，日用之间无非事"，认为宇宙是充满事物的客观存在，而"道"是"事物之故"（《经书发题·书经》），即存在于事物之中而非超越于事物之上的客观规律。他明确指出："夫道非出于形气之表，而常行于事物之间者也。"（《勉强行道大有功论》）这就与朱熹把"道"或"理"抽象为脱离事物的"形而上"的精神实体划清了界线，具有明显的唯物主义倾向。

就人事与"人道"的关系而言，朱熹把封建道德原则绝对化、永恒化，并把它视为超越人类而存在的宇宙本体。陈亮与此不同，他并没有把"人道"或封建道德原则抽象为可以脱离人类的独立存在，相反，与强调"道"在事物之中一样，他认为"人道"不能离开人事。他说：

> 夫道岂有他物哉？喜怒哀乐爱恶得其正而已。行道岂有他事哉？审喜怒哀乐爱恶之端而已。（同上）

陈亮与朱熹在这一方面的分歧，从两人的"义利王霸"的论辩中，更可以清楚地看到。朱熹认为,虽然在"三代"以后长期的历史发展过程中,没有一天真正实行过"王道",但是,"若论道之常存,却又初非人所能预。只是此个自是亘古亘今常在不灭之物,虽千五百年被人作坏,终殄灭他不得耳"(《寄陈同甫书》六)。这就是说,"道"是可以超离人事和历史而存在的"不灭之物"。对此,陈亮批驳说:

> 人之所以与天地并立而为三者,非天地常独运而人为有息也。人不立则天地不能以独运,舍天地则无以为道矣。夫"不为尧存,不为桀亡"者,非谓其舍人而为道也。若谓道之存亡非人所能与,则舍人可以为道,而释氏之言不诬矣。(《又乙巳春书之一》)

这里,陈亮在讲到人与天地的关系时,虽有夸大人的作用的倾向。但是,他却强调了舍人不可以为道,否定了朱熹的"道之常存""非人所能预"的客观唯心主义观点,肯定"道"不能离开人事而独立存在,这应该说是合理的。就是说,道德原则(这里是指"王道")正根植于人事日用之间。尽管陈亮的这一思想尚十分抽象,他没有也不可能对道德的根源及其本质作出科学的解释,但毕竟体现了"夫道非出于形气之表,常行于事物之间者也"这一唯物主义原则。

关于"人道"存于"人事"的观点,陈亮又从人性论的角度作了进一步的论证,并由此在"理欲"之辨上,批判了朱熹的理欲对立论。

什么是人的本性?陈亮说:

> 耳之于声也,目之于色也,鼻之于臭也,口之于味也,四肢之于安佚也,性也,有命焉。出于性,则人之所同欲也;委于命,则必有制之者而不可违也。(《问答》七)

显然,这是自然主义的人性论观点,是对人的感性物质欲望的明确肯定。尽管这不是陈亮独创的,但在当时"理学"人性论,即先验的德性人性论为正统思想的条件下,实属难能可贵。同时,与孟子所说相一致,也认为感官欲望的获得"有命焉",就是说,不是个人所能决定的,其必有不可违的统制者。在陈亮看来,这就是"五典"、"五礼",包括封建的道德和刑赏。所以,统治者虽用"典礼刑赏"制节人们的欲望,但却不能从其私意,而必须顺应人们的自然欲望。他明确指出:"君长非能自制其柄也,因其欲恶而为之节而已"(同上),其目的就是使"耳目鼻口之与肢体皆得其欲",也就是使人们的物质欲望得到适当的满足。而这正是"人道"之所在。

陈亮说:

> 万物皆备于我,而一人之身,百工之所为具。天下岂有身外之事而性外之物哉!百骸九窍具而为人,然而不可以赤立也。必有衣焉以衣之,则衣非外物也;必有食焉以食之,则食非外物也。衣食足矣,然而不可以露处也,必有室庐以居之,则室庐非外物也;必有门户藩篱以卫之,则门户藩篱非外物也。至是宜可已矣。然而非高明爽垲之地,则不可以久也;非弓矢刀刃之防,则不可以安也。若是者,皆非外物也。有一不具,则人道有阙,是举吾身而弃之也。(《问答》九)

这里,陈亮对孟子的"万物皆备于我"作了新的解释。他把衣、食、住以及防身武器等物质生活资料("万物")看作是非"身外"、"性外"之物,其表述虽不精确,然含义可谓深刻,是说这些物质生活资料都是出于人身、人性需要"至是宜可已"的生活必需品和生存方式,因此是不可缺一的。而"人道"就在于对非"身外"、"性外"之物的需要的满足,如果"有一不具",则说明"人道有阙(缺)"。这就清楚地表明,"人道"不能离开"人欲",不能离开人事日用之间,不能离开人的基本物质生活,而"人道"的本质正在于对人们基本物质生活欲望的满足,或者说,在于对人们物质欲望的适当满足。因此,在陈亮看来,"理"与"欲"应是统一的,而不是对立的。据此,他批判了朱熹的理欲对立论,认为理学家之所以把"理"与"欲"对立起来,就在于以心为内、以物为外,"乐其内而不愿乎其外",这是一种"非本末具举之论"(同上)。所以,"圣贤之所谓道,非后世之所谓道者也"(《勉强行道大有功论》),就是说,理学家所谓的"道",不是圣贤所说的道。

陈亮主张"人道"存于"人事",或曰于"人事"求"人道"的观点,反对程、朱"舍人可以为道"的道德观,体现了唯物主义的精神,有可贵的合理之处。但是应该指出，陈亮所说的"人道"，仍没有超出"三纲五常"的封建道德范围。他在同朱熹的辩论中，曾明确申言他的言论是以"三纲五常"为根据的："发出三纲五常之大本，截断英雄差误之几微，而来谕乃谓其非三纲五常之正，是殆以人观之而不察其言也。"(《甲辰答朱元晦书》)朱、陈在人与"道"或人事(人欲)与"人道"关系上的争论，理论上，归根到底是对封建道德根源的不同看法，并由此而支持了各自在"义利王霸"之辩中的观点。

二、"功到成处，便是有德"的功利主义

朱陈的"义利王霸"之辩，就其伦理学的意义，更主要的是在道德价值观上，表现为功利主义与道义论的对立，这可以从以下几个方面来说明：

首先，在道德价值的最后标准的问题上，陈亮主张应以"实事实功"，即取得实际功效为依据。陈亮的朋友陈傅良把陈亮的观点概括为："功到成处，便是有德；事到济处，便是有理。"(《致陈同甫书》)对此，叶适更有一番表述："仁人正谊不谋利，明道不计功，此语初看极好，细看全疏阔。古人以利与人，而不自居其功，故道义光明。后世儒者，行仲舒之论，既无功利，则道义乃无用之虚语尔。"(《习学记言》卷二十三)他们都认为，道德不能脱离功利，道德必须达到一定的功效，实现一定的社会物质利益；道德离开功利并与功利相对立，就是无用的教条，也就失去了道德的价值。显然，这是一种以功利为衡量价值标准和决定行为方针的功利主义思想，是对儒家正统"义利之说"及其道德价值观的否定，更是对"理学"义利对立论的严重挑战。

应该指出，陈亮"功到成处，便是有德"的义利观，突出了"功利"的价值取向，而没有从理论上论述"道义"在价值规定中的地位和作用，因而具有某种片面性的嫌疑，朱熹指斥他"专是功利"，似有一定根据。但是，这恰好体现了陈亮功利主义的时代特征和反理学的战斗性。

朱、陈在道德价值观上的对立，集中地表现在抗金的问题上。陈亮认为，富国强兵、抗金复土是当时最大的"实事实功"；而以朱熹为首的理学家所谈的"性命之学"，鼓吹"不谋其利，不计其功"，教人"只向义边做"，引导人们脱离"实事实功"，即如全祖望和黄百家在《宋元学案》里所概括的："皆谈性命而辟功利"

(《宋元学案》卷五十六《鉴判喻芦隐先生伉》),对"中兴"大业产生了极大的危害。对此,陈亮深感痛切,他说:"自道德性命之说一兴",一些只会死啃书本而不解其义的无能之辈,就专搞所谓"端悫静深",修身养性。"为士者耻言文章行义,而曰'尽心知性',居官者耻言政事书判,而曰'学道爱人'。相蒙相欺,以尽废天下之'实',则亦终于百事不理而已。"(《送吴允成运干序》)这里所说的"天下之实",指的主要是抗金复土的"中兴"事业。正因"性命之说"引导人们"以尽废天下之实",所以,"始悟今之儒士,自以为得正心诚意之学者,皆风痹不知痛痒之人也。举一世安于君父之仇,而方低头拱手,以谈性命,不知何者谓之性命乎?"(《上孝宗皇帝第一书》)陈亮的这些言论,是对理学的深刻批判,击中了理学"谈性命而辟功利"的要害。理学的义利对立论要辟的不仅是个人之利,而且还是抗金复土的民族之利。正因为如此,陈亮针锋相对,"专是功利",主张"功到成处,便是有德"。这不仅是理论斗争的需要,而且也是当时民族斗争的需要。陈亮公开申言,他研究历史的价值取向,就是要总结历史经验教训,"使得失较然,可以观,可以法,可以戒,大则兴王,小则临敌"(《酌古论序》),为"中兴"事业服务,而作为个人行为的价值取向,也应以此实功为准则。当朱熹要他将来不要做"三代以下人物"时,陈亮反驳说:

(亮)以为古今异宜,圣贤之事,不可尽以为法;但有救时之志,除乱之功,则其所为虽不尽合义理,亦自不妨为一世英雄。(《朱文公文集·答陈同甫书》八)

这一段话,概括了陈亮以"功利"作为最后标准的道德价值观的特点及其反理学的进步实质。陈亮认为,只要有拯救民族危亡的大志、大功,即使是不尽符合通行的道义,也可称得上是"一世英雄"!据此,我们又认为,由于陈亮所说的"功利",主要是指当时抗金、复土、"救时"、"除乱"的社会功利,而不是指人与人关系的他利,更不是指个人私利。因此,陈亮的功利主义,既与利己的功利主义相对立,又与利他的功利主义有别,可以称之为"社会功利主义"。

其次,正是由于对道德价值标准的不同取向,导致了朱、陈两人对做什么样的"人",即理想人格的分歧。朱熹劝陈亮"绌去义利双行,王霸并用之说,而从事于惩忿窒欲、迁善改过之事,粹然以醇儒之道自律"(《寄陈同甫书》四)。所谓"义利双行,王霸并用",是朱熹对陈亮义利王霸之辩的概括,其实,陈亮自己并不承认此说。他说:"诸儒自处者曰义曰王,汉唐做得成者曰利曰霸,一头自如此说,一头自如彼做,说得虽甚好,做得亦不恶,如此却是义利双行,王霸并用。如亮之说,却是直上直下只有一个头颅做得成耳。"(《又甲辰秋书》)就是说,义与利、王与霸是统一的,而不是所谓"双行"、"并用"的。不过,朱熹的用意是明确的,就是要求陈亮放弃"功利之学",做个"正心诚意"、"存理灭欲"的"醇儒"。对此,陈亮回答说:

……亮以为学者,学为成人,而儒者亦一门户中之大者耳。秘书(朱熹)不教以成人之道,而教以醇儒自律,岂揣其分量则止于此乎?不然,亮犹有遗恨也。(《又甲辰秋书》)

他断然拒绝了朱熹的要求,明确认为:"学者所以学为人也,而岂必儒哉",表示他自己所理想的"人"——"成人",是"才德双全,智勇仁义交出而并见者"(同上),是于世有用的能者。他说:"人才以用而见其能否,安坐而能者,不足恃也"(《上孝宗皇帝第一书》),决不做"守规矩准绳而不敢有一毫走作,传先民之说而后学有所持循"(《又甲辰秋书》),即像子夏那样脱离实际、泥古不化的"贱儒"。总之,陈亮心目中的理想人格是:"推倒一世之智勇,开拓万古之心胸"(同上)的堂堂正正的人,也就是"有救时之志,除乱之功"的"英雄",竭力想打破儒家的藩篱,从而在理想人格上,把自己与理学家对立起来。这在当时是大胆的、进步的。朱熹曾据此攻击陈亮是"粗豪"。对此,明代李贽极表不平,他说:"堂堂朱夫子,反以章句绳亮,粗豪且亮。悲夫!士惟患不粗豪耳,有粗有豪,而然后真精细出矣;不然,皆假也。"(《藏书·名臣传·陈亮传》)应当说,李贽对朱熹的批评是正确的。

再次,朱、陈在"义利"之辨上的功利主义与道义论的对立,还表现在动机、效果问题上的分歧。朱熹是动机论者,陈亮强调效果而又不否定动机在道德评价中的地位和作用,基本上体现了动机与效果的统一。

朱熹之所以崇扬三代而贬薄汉唐,在方法论上,就因为他把动机与效果对立起来,只强调动机而否认效果。在朱熹看来,三代之所以"得天理之正",就在于当时圣人的动机是"天理"、"道心",没有一丝人欲私意。而汉、唐之君(刘邦、李世民)虽"能建立国家,传世久远","其间虽或不无小康"而"得以成其功",但"察其心","其所以为之田地根本者,则固未免乎利欲之私也",即"无一念之不出于人欲也",因此,不能"谓其得天理之正"。朱熹认为,如果以其成功,"便谓其得天理之正,此正是以成败论是非,但取其获禽之多而不羞其诡遇之不出于正也"。并由此断语,孟子以后至于汉唐千五百年之间,圣人"所传之道"("十六字心传"),"未尝一日得行于天下之间也","所以只是架漏牵补过了时日"(《寄陈同甫书》六、八),从而否定了历史的进化。朱熹反对"以成败论是非",固然不无道理,但是他否定片面的"效果论",其目的却是为论证他的以"心"定善恶,从而陷入了另一个极端——唯心主义动机论。这与他的道义论价值观是完全一致的。

陈亮与朱熹不同,他注重效果,但并不是如朱熹所说的"以成败论是非"的效果论者。陈亮在答朱熹来书中说:

> 某大概以为三代做得尽者也,汉、唐做不到尽者也。……本末感应,只是一理。使其田地根本无有是处,安得有来谕之所谓小康者乎?只曰"获禽之多",而不曰"随种而收",恐未免于偏矣。(《又乙巳春书》二)

其中指出了朱熹把动机与功效对立起来是一"偏"之见。在陈亮看来,动机与功效是"感应""一理"的,即统一的,据此,他认为汉、唐既获"小康"之功,说明刘邦、李世民之心并非一无是处。陈亮在《问答》中明确认为:三代帝王,其心虽以天下为公,而汉、唐之君,"彼其初心,未有以异于汤、武也","而终不失其初救民之心,则大功大德固已暴著于天下矣"。至于利欲之心,"亮以为才有人心便有许多不净洁,《革》道止于革面,亦有不尽概圣人之心者"(《又乙巳秋书》),汉、唐帝王有,三代圣人也有。这就否定了朱熹所谓"三代专以天理行,汉唐专以人欲行"的历史退化论。

陈亮指出:朱熹主张"仁人明其道不计其功"的动机论,也不符合孔子的思想。孔子称许管仲"如其仁,如其仁","观其语脉",如程颐所说,"称其有仁之功用也"。显然,孔子"亦计人之功"。据此,陈亮反驳朱熹说:"若如伊川所云,则亦近于来谕所谓'喜获禽之多'矣。功用与心不相应,则伊川所论心迹元不曾判者,今亦有时而判乎?"(《又乙巳春书》二)这里所说的"心迹",是宋人对动机与效果的表述,其词源于隋王通《中说》:"心迹之判久矣。"陈亮认为,孔子是以"一匡天下,民到于今受其赐"的功用许管仲以"仁"的,程颐的解释符合孔子的原意,说明"心"与"迹"——动机与效果是统一的("不曾判")。而朱熹的观点,则是心迹相"判","功用与心不相应",把动机与功效对立起来,背离了孔子的思想。这里,陈亮突出了功效在道德评判中的地位和作用。但是,正如上文所述,陈亮并不由此而忽视动机的作用。

陈亮对动机的肯定,还可从他对历史人物的评述中得到证明。例如,他在评汉初王陵和陈平时说,两人"发心"(或"生心")都"不欲王诸吕",而欲"刘氏之安",尽管他们"不幸或事未济而死",没有获得成功,但是"其心皎然如日月之不可诬也"。反之,"若只欲得直声"或"若占便宜,半私半公","则济不济皆有遗恨耳","皆有罪耳"(《复吕子阳》)。可见,就总体而论,在动机与效果的问题上,陈亮基本上主张两者的统一,而不是"以成败论是非"的效果论者。

在中国伦理思想上,思想家对动机与效果问题的理论论述不多,除先秦墨子明确提出"合其志功而观焉"之外,多是在论述义利理欲之辨和评价人物时有所涉及。陈亮和朱熹就义利王霸问题的论辩,可以说是中国古代伦理思想史上关于动机与效果关系的一次最为激烈的斗争,值得我们重视。

除此之外,在义利王霸之辩中,陈亮又认为"王道"与"霸道"是统一的。他说:"谓之杂霸者,其道固本于王也。"(《又甲辰秋书》)所以汉唐不只是"以智力把持天下",更非"专以人欲行"。不然的话,"万物何以阜蕃而道何以常存乎!"(同上)按照陈亮的观点,能成霸业,其间必有"王道",而离开了霸业的"王道",则只是虚谈。这种王霸统一的思想,与他义利、心迹统一的观点的联系,是显而易见的。其合理意义,在于从一定的角度,猜测到了历史与道德相统一的总趋势,这是他"人道"存于"人事"道德观的理论贯彻和体现。

陈亮(也包括叶适)"功利之学"的崛起,是对李觏、王安石以来宋代功利主义思潮的发展,它不仅直接与程朱理学相对抗,从而标志着反理学思潮的兴起,而且对以后反理学斗争的发展产生了积极的影响。

第十节 王守仁"致良知"说的伦理思想

明代中期,阶级斗争日益尖锐,大规模的农民起义方兴未艾,统治集团内部也矛盾重重,皇室与藩王、宦官与官僚之间,争权夺利的斗争达到了武力火并的地步,明王朝的统治陷于严重的政治危机。而作为统治思想的程朱理学,由于其自身的"支离"烦琐和科举制度的日趋腐败,已逐渐成为僵化的教条和地主阶级士大夫"汲汲然惟以求功名利达之具",开始失去了维系人心的作用。正是在这种情况下,在"理学"内部,继南宋陆九渊之后,又产生了王守仁的"致良知"学说。

王守仁(1472—1529),字伯安,浙江余姚人,曾筑室家乡阳明洞中,自号阳明子,世称阳明先生。出身官宦世家,28岁中进士,官至南京兵部尚书。他一生镇压过多起农民起义,又因平定宁王朱宸濠之乱有功,受封为新建伯。在学术思想上,早年信奉程朱理学,然终无所得,"谪龙场,穷荒无书,日绎旧闻,忽悟格物致知,当自求诸心,不当求诸于物,谓然曰:'道在是矣!'"遂弃朱熹之说,创立了以"心外无理"——"心理合一"为基础的"致良知"学说,以求克服程朱理学的"支离决裂",补其对破世俗"功利之见",即所谓"破心中贼"之不足。其学盛行一时,影响之大,竟打破了程朱理学的独尊局面,把由陆九渊始倡的"心学"推向了完备形态。

王守仁的著作由门人辑成《王文成公全集》,现有《王阳明全集》,其中《传习录》及《大学问》,集中地反映了王守仁的哲学——伦理思想。

一、"良知"说和道德"心本"论

王守仁自称"圣人之学,心学也"。与陆九渊一样,"心"当然也是王守仁学说的最高范畴。不过,王守仁所说的"心",自有其特色,他常用孟子的"良知"来表述"心","心者,身之主也,而心之虚灵明觉,即所谓本然之良知也"(《传习录中·答顾东桥书》）。又说"良知者，心之本体"（《传习录中·答陆原静书》），用"良知"这一概念来概括他对"心"的基本规定。因此，"良知"也就成了王学的中心："吾将以斯道为网，良知为纲"（《心渔为钱翁希明别号题》），并用"致良知"三字来概括他的全部学说。他说："吾生平讲学，只是致良知三字"（《寄正宪男手墨二卷》），"良知"是王学的基础。据此，论述王守仁的学说，就应从分析其"良知"说入手。

王守仁所说的"良知"，渊源于孟子，概括而言，大致有以下一些规定。

首先，王守仁说：

良知只是个是非之心。是非只是个好恶，只好恶就尽了是非，只是非就尽了万事万变。（《传习录下》）

尔那一点良知，是尔自家底准则。（同上）

"良知"作为"心之本体"的基本规定，就是"孟子所谓'是非之心，人皆有之'者也"（《大学问》）。它"不虑而知，不学而能"（《传习录中·答聂文蔚》），自能判别是非，并进行好"是"而恶"非"的选择。必须指出，所谓"是非之心"，不是指真理论意义上的是非认识，而是价值论意义上的善恶之知。朱熹《孟子章句集注·公孙丑上》释"是非之心"："是，知其善而以为是也；非，知其恶而以为非也。"王守仁的"良知"——"是非之心"，其义亦然，即赋予"是""非"以价值意义。所以说"是非只是个好恶"，又说："是非两字，是个大规矩"（《传习录下》），因此，作为"心之本体"的"良知"本身就是判别是非（善恶）的"自家底准则"，是"胜应""天下之节目时变"，"尽了万事万变"的"规矩、尺度"（《答顾东桥书》）。就是说，"良知"自能判别是非、评价善恶，作出好善恶恶的价值选择。所以又称"良知"是"善恶之机，真妄之辨者"（同上）；"随他千言万语，是非诚伪，到前便明。合得的便是，合不得的便非，如佛家说心印相似，真是个试金石、指南针"（《传习录下》）。显然，王守仁的作为"心之本体"的"良知"，实际上是"自家"（主体）明辨是非善恶的先验的价值标准，下文即明，也是主体构建意义世界的价值本原和价值本体，属于价值论的范畴，而不是存在论意义上的宇宙本体。"良知"的这一界定，对于把握王守仁的"良知"说及其"心学"体系至关重要。

根据"良心"是"自家底准则",王守仁曾明确宣称:"夫学贵得之心,求之于心而非也,虽其言之出于孔子,不敢以为是也,而况其未及孔子者乎!"(《传习录中·答罗整庵少宰书》)这大概就是他敢于批评朱熹这位"理学"权威的精神支撑。王守仁"良知"说的这一积极意义,后来在李贽那里得到了充分的体现。

第二,在"良知"与"天理"的关系上,王守仁说:

> 良知是天理之昭明灵觉处。故良知即是天理,思是良知之发用。若是良知发用之思,则所思莫非天理矣。(《传习录中·答欧阳崇一》)

王守仁所谓的"天理"或"理",也是对封建道德纲常的抽象,无非是指仁、义、礼、智、信和忠、孝、悌、友等一套道德原则和规范。但与朱熹不同,他主张"心外无理"、"心理合一"(《答顾东桥书》),把朱熹的独立于"心"外的"理"移入到"心"中,成为判别是非善恶的"自家底准则"。而"良知"是"心之虚灵明觉",具有"思"的功能,可以昭明心中之"理"。他说:"知是心之本体,心自然会知,见父自然知孝,见兄自然知弟,见孺子入井,自然知恻隐。此便是良知,不假外求。"(《传习录上》)就是说,只要不是"私意安排之思",而是"良知"发用之"思",其所知"莫非天理"。所以,就所思内容而言,"良知即是天理",或者说,"良知"就是对"天理"的昭明。可见,"良知"是"能思"(灵觉)和"所思"(天理)的合一。① 王守仁对"良知"的这一规定,为其"致良知"工夫提供了认识论的根据。

第三,王守仁又说:

> 吾心之良知,即所谓天理也。致吾心良知之天理于事事物物,则事事物物皆得其理矣。(《答顾东桥书》)

这是说,事物的理是由"吾心之良知"派生的。王守仁认为,理"只在此心,心即

---

① 最早把"能思"与"所思"合一于心的是孟子,认为通过心之思(心之用)自能认知心所固有的"四端"善性(心之体)。同样,朱熹也认为"心"既是"藏往知来"的理性能力("虚灵知觉"),又是"理之所会之处",是能觉之"灵"与所觉之"理"的合一。在中国伦理思想史上,大凡德性主义的先验人性论在道德修养论上都有这一特点。

理也"(《传习录上》),因此"心外无理"。事物的理,既非事物所固有,也不是如朱熹所说的太极"在物为理",而是"此心在物则为理"(《传习录下》),是"吾心之良知"发育流行的结果。这与康德说的"心为自然界立法"相似,不过康德讲的是自然界的因果律,而王守仁讲的则是封建的道德纲常。例如"忠孝之理",在王守仁看来,只是"在自己的心上",而不在"君亲身上",他论证说,假如"孝之理"在双亲身上,那么父母去世之后,我的心就没有"孝之理"了吗?(《传习录上》)因此,他认为,只要此"心"纯乎天理,"发之事父便是孝,发之事君便是忠,发之交友治民便是信与仁,只在此心去人欲存天理上用功便是"(同上)。事父、事君、交友、治民等诸多之理,都在于此"心"之发,不必在"父上"、"君上"、"友上"、"民上"求之。可见,王守仁的所谓"吾心之良知",不仅是至善的道德主体,而且是社会的人伦道德纲常之"根",这就是王守仁基于"良知"说的道德"心本论"。

这里需要讨论的问题是,王守仁"道德心本论"或"心本论"的哲学性质及其特点。学术界常把王守仁的"心本论"与17世纪英国哲学家贝克莱"存在即被感知"的主观唯心论或"唯我论"相提并论,认为王守仁的"心本论"也是主观唯心主义。这一看法至少是忽视了王守仁哲学思想的特点。事实上,贝克莱所讨论的是对象是否客观存在的存在论问题,运用的是心、物两分的思维方式;而王守仁所讨论的则是对象何以有意义的价值论问题,运用的是心、物关联("与物无对")的思维方式。上文所引,作为"心即理"的"心"或"良知","发之事父便是孝,发之事君便是忠……"显然不是说"心"派生了父亲和君主存在。在王守仁看来,父亲在血缘关系上,君主在政治关系上是客观存在的,而父亲、君主成为孝、忠的对象的伦理意义,即具有伦理意义的"父"、"君"则是由吾心之良知发用的结果。就是说,"心"并不创造存在对象,而是构建对象的伦理关系或价值关系,如父慈子孝、君仁臣忠、兄友弟恭……这也就是王守仁所谓的"物"或"事事物物"。对此,他又有详细的论述:

心之所发便是意,意之本体便是知,意之所在便是物。如意在于事亲,即事亲便是一物;意在于事君,即事君便是一物;意在于仁民爱物,即仁民爱物便是一物,意在于视听言动,即视听言动便是一物。所以某说,无心外

之理,无心外之物。(同上)

又说:

> 心者,身之主也,而心之虚灵明觉,即所谓本然之良知也。其虚灵明觉之良知应感而动者谓之意,有知而后有意,无知则无意矣。知非意之体乎?意之所用,必有其物,物即事也。……凡意之所用,无有无物者,有是意即有是物,无是意即无是物矣。物非意之用乎?(《答顾桥东书》)

这里的"意"即意向,是"心之本体"——"良知"即"理"的显现,实际就是"孝"、"忠"、"仁民爱物"一类的道德价值取向。因此,"意之所在便是物"或"有是意即有是物"的"物",不是本然的存在,而是"良知"通过价值意向并付之于事(伦理实践)而赋予存在以伦理意义的"物",如"意在于事亲,即事亲便是一物;意在于事君,即事君便是一物",因而此"物"也就是"事"。这里,事亲、事君已是意义关系或伦理关系,而不是作为本然存在的父子、君臣间的事实关系。这就是说,事物间的意义关系或伦理关系即所谓"物"、"事"都是"吾心"之"意"所构建的,故曰:"无心外之物。"①正是在这一意义上,王守仁哲学的"心"或"良知"是构建伦理关系或意义世界的价值本体,而不是创造事实世界的宇宙本体,不能简单地归结为主观唯心主义。或许可以说,由于其"良知"是"不虑而知,不学而能"的"人皆有之"者也,既是普遍的,又是主观的。王守仁的"良知说"或"心本论",在某种意义上应属于主观主义的价值本体论范畴。②

第四,"良知"也就是人的至善本性,王守仁说:"性无不善,故知无不良。"

---

① 《传习录下》载:"先生游南镇,一友指岩中花树问曰:'天下无心外之物,如此花树,在深山中自开自落,于我心亦何相关?'先生曰:'你未看此花时,此花与汝心同归于寂;你来看此花时,则此花颜色一时明白起来,便知此花不在你的心外。'"这段史料也曾被引用来论证王守仁"心本论"是"存在就是被感知"的主观唯心主义。其实,友人所问是个哲学存在论的问题,并没有理解王守仁"心外无物"的哲学本义。这里,王守仁的本意是说,花的审美价值在于你心中的审美情趣。就是说,心与花是审美关系,而不是存在关系。王守仁并未否定花的存在,只是说,你没有看此花时,就不存在此花的美丽(审美价值)和你对此花的美感(审美情趣),即所谓"此花与汝心同归于寂";说此花很美即所谓"此花颜色一时明白起来",那是由于你对此花的审美情趣,所以,"便知此花不在你的心外"。

② 关于王守仁哲学的性质及其特点,详见杨国荣:《心学之思——王阳明哲学的阐释》,北京:生活·读书·新知三联书店,1997年,第96—108页。

(《答陆原静书》)又说：

> 知(即良知)是理之灵处。就其主宰处说,便谓之心,就其禀赋处说,便谓之性。(《传习录上》)
> 心之体,性也,性即理也。(《答顾东桥书》)

可见,在王守仁那里,"性"与"良知"以及"心"、"理",虽名谓不同,实则一事,"缘天地之间,原只有此性,只有此理,只有此良知,只有此一件事耳"(《答聂文蔚》二)。

关于"性"论,王守仁从"心"一元论出发,抛弃了程朱关于人性"二重"的理论,主张性一元论。他说：

> 性一而已。仁义礼知,性之性也,聪明睿知,性之质也；喜怒哀乐,性之情也；私欲客气,性之蔽也。(《答陆原静书》)

这是说,"性"只是一个。仁义礼知(也即"天理"、"良知")是性之"本然"或性之"本体"。聪明睿知是性之质地,也曰"气质"。喜怒哀乐等七情,"俱是人心合有的",是人性(良知)的自然发用。但如有所执着,那就是私欲客气,成为"性"——"良知"之蔽。他说："七情顺其自然之流行皆是良知之用,不可以分别善恶,但不可有所着；七情有着,俱谓之欲,俱为良知之蔽。"(《传习录下》)王守仁还认为："质有清有浊,故情有过不及,而蔽有浅深也；私欲客气,一病两痛,非二物也。"(《答陆原静书》)就是说,由于性之质地有清浊,有"美"有"不美",就会影响情的自然发用,不美且浊的"质"会使情流于物欲,从而障蔽了"良知"本性。这里,王守仁没有说明性之"质"为何有清浊之别(在程朱那里有所谓"气禀"或"气质之性"),但是有一点则是明确的,就是主张人性一元："良知"——"天理"至善,是指性之本体；有善有恶,是性或"良知"的发用,而"恶"(人欲)则是性发用之流弊。他认为,以往的各种人性论,只是执着一边,他说：

> 性无定体,论亦无定体。有自本体上说者,有自发用上说者,有自源头上说者,有自流弊处说者。(《传习录下》)

孟子的"性善"是从源头上说，荀子持"性恶"则从流弊处说。其实，"总而言之，只是这个性，但所见有浅深，尔若执定一边，便不是了。"（同上）这是从"心"一元论出发，对以往人性论诸说的一种总结。

王守仁根据性一元论，认为"良知"作为性之本体，是人人皆有的，虽"愚夫愚妇与圣人同"（《答顾东桥书》），也是不会泯灭的，"良知在人，随你如何不能泯灭，虽盗贼亦自知不当为盗，唤他做贼，他还忸怩"（《传习录下》），并由此作出了"满街人是圣人"的论断。这是对"性三品"说的彻底否定，是对孟子"人性平等"说的恢复。"但在常人，多为物欲牵蔽，不能循得良知。"（同上）这就为他的"致良知"的必要性与可能性提供了理论根据。

二、"致良知"的道德修养论

"存天理，灭人欲"是宋明理学的根本目的，也可以说是理学各派的共同纲领；"理本派"的程朱是这样，"心本派"的陆王也是如此。王守仁说得明白：

> 圣人述六经，只是要正人心，只是要存天理，去人欲。（《传习录上》）
> 学者学圣人，不过是去人欲而存天理耳。（同上）

但是在如何"存天理，去人欲"即培养理想人格（圣人）的途径和方法上，两者却有着明显的分歧。王守仁同陆九渊一样，批判朱熹的"穷理"工夫是"务外遗内，博而寡要"，引导学者去搞"支离决裂"的烦琐哲学。认为真正的学问工夫只是向内用功，"求理于吾心"（《答顾东桥书》）。他说："心外无事，心外无理，故心外无学。"（《紫阳书院集序》）学问只是于吾心求"良知"——"致良知"。王守仁说：

> 良知之外别无知矣，故致良知是学问大头脑，是圣人教人第一义。（《传习录中·答欧阳崇一》）

因此，"致良知"说也就成了王守仁"心学"的主体。

所谓"致良知"，就是"胜私复理"，即克去私欲对"良知"的障蔽，以复明吾心之"天理"。王守仁说：

> ……若良知之发，更无私意障碍，即所谓充其恻隐之心，而仁不可胜用矣；然而常人，不能无私意障碍，所以须用致知格物之功，胜私复理，即心之良知更无障碍，得以充塞流行，便是致其知……(《传习录上》)

这是说，除了圣人，一般常人的"良知"总会被私意私欲所蔽，因此就有必要除灭人欲，充分发挥良知判别是非、昭明天理的灵觉，从而达到"纯乎天理而无人欲之杂"的"圣人"境界，这就是所谓"致良知"。可见，"致良知"也就是"复其本体"(复性)，就是"存理灭欲"的为学功夫。

王守仁也讲"格物"，不过，他既然认为"心外无学"，"致知格物"只是向内用功，"匪自外得也"。因而他对《大学》的"格物"作了与朱熹不同的解释。在王守仁看来，朱熹把"格物"解释为"即物穷理"，是"背叛孔孟之说，昧于《大学》格物之训，而徒务博乎其外，以求益乎其内"(《别黄宗贤归天台序》)，这就等于入污水以求水清，积污垢以求镜明，是不可能"明其心"、明其理的。所以他的解释是：

> 格者，正也，正其不正以归于正之谓也。正其不正者，去恶之谓也；归于正者，为善之谓也。(《大学问》)

这就是说，"如孟子'大人格君心'之格"(《传习录上》)，"格物"就是"格心"——"正心"，即在心中做去恶为善的工夫，也就是充分发挥"是非之心"("良知")，而不是向外"即物"。他说："天下之物本无可格者，其格物之功只在身心上做。"(《传习录下》)据王守仁自己说，这是他按朱熹之说去格"亭前竹子"[①]而终归失败后所得的"彻悟"。这样，"格物致知"在王守仁那里，就完全成了直觉主义的内心修养工夫。

关于"致知格物"，王守仁又说：

---

① 王守仁曾按朱熹的"格物"之说去"格"亭前竹子。对着竹子，"竭其心思"达七日，欲格穷竹子的道理。结果，不仅"不得其理"，而且"劳思致疾"，遂叹"圣贤是做不得的，无他大力量去格物了"。事见《传习录下》。

> 若鄙人所谓致知格物者,致吾心之良知于事事物物也。……致吾心良知之天理于事事物物,则事事物物皆得其理矣。致吾心之良知者,致知也;事事物物皆得其理者,格物也;是合心与理而为一也。(《答顾东桥书》)

这段话,我们在分析王守仁的道德本原论时已有所引,这里所要说明的是王守仁对"格物"的又一解释。他认为,"致良知"不仅是使得吾心之"良知"明白起来,而且还要致"良知"于(意为使"良知"推行于)事事物物,使事物都合乎"天理"秩序。而这就是"格物",也就是"意之所在便是物";"格物",就是"天理"秩序——意义世界的创造。这样一来,原来在朱熹那里的"即物穷理"的"格物"说,就变成由致吾心之良知于"物"而构建意义世界的"创世说"了。

作为"致知格物之功"的一个基本方法,就是"省察克治"。王守仁认为:"必欲此心纯乎天理,而无一毫人欲之私,非防于未萌之先,而克于方萌之际不能也。"(《答陆原静书》)应在"无事时将好色、好货、好名等私欲逐一追究,搜寻出来,定要拔去病根,永不复起,方始为快",并且应如猫之捕鼠,一眼看着,一耳听着,私念一有萌动,"即与克去,斩钉截铁,不可姑容与他方便"。亦如对付盗贼一样,"不可窝藏,不可放他出路",直到"无私可克"为止。这就是所谓"省察克治之功"(《传习录上》),也就是"《大学》致知格物之功,舍此之外无别功矣"(《答陆原静书》)。王守仁认为,不管在"静"还是在"动"之中,都要坚持这种"克治"工夫,"静时念念去人欲,存天理;动时念念去人欲,存天理。不管宁静不宁静"(《传习录上》),"无时而可间"。如此坚持下去,"减得一分人欲,便是复得一分天理",才能最后达到"其心纯乎天理而无人欲之杂"的"圣人"境界。

应该指出,王守仁反对"离了事物"去"着空"地搞"省察克治"。他说:"人须在事上磨,方立得住,方能静亦定,动亦定。"如果"徒知静养","如此临事,便要倾倒"(同上)。有个学生陆澄,一日忽有家信至,言其儿病危,故心忧而闷不能堪。王守仁就此而言:"此时正宜用功,若此时放过,闲时讲学何用?人正要在此等时磨炼。"(同上)因此他要求人们"随时就事上致其良知"(《答聂文蔚》),因为一般常人在待人接物中总有"许多意思皆私"。所以说:"簿书讼狱之间,无非实学,若离了事物为学,却是着空。"(《传习录下》)当然,王守仁的所谓"实学",决非是以客观事物为认识对象的,并没有离开他"意之所在便是物"的立场,与明末清初进步思想家的"实学"思潮有根本的区别(见本书第七章第五节)。但他提倡"在事上磨",毕竟与佛、道不同,具有一定的合理因素。

这里,还必须论及"知行合一"。这一学说,不仅是王守仁"致良知"说的重要构成,而且足以表明"王学"企图取代"朱子之学"的缘由。

王守仁的"知行合一"论,是针对朱熹的"知先行后"说提出来的。他认为朱熹在"知行"之辩上的错误,就是"析知行为先后两截";使许多学者"以为必先知了然后能行",于是只在"讲习讨论"上做"知"的工夫,"待知得了方去做行的工夫",其结果是"终身不行,亦遂终身不知",不着实际地去克治私欲,体履封建道德。王守仁认为,"此不是小病痛,其来已非一日矣"。而"今某说个'知行合一'正是对病的药"(《传习录上》),是"为此补偏救弊"而发的。

在理论上,王守仁指出:

> 外心以求理,此知行之所以二也;求理于吾心,此圣门知行合一之教。(《答顾东桥书》)

认为朱熹一派从"析心与理而为二"出发,主张"外心以求理",就必然会把知、行分作"两截工夫"。而在王守仁看来,"心外无理",因而"心外无学",为学求理即在人的本心上做工夫,这样就会使知行合为一体了。

与把知、行"分作两截用功"相反,王守仁"知行合一"的基本精神,就是强调"知行工夫本不可离",把两者视为同一过程,即所谓"知行并进"。他说:

> 知是行的主意,行是知的功夫;知是行之始,行是知之成。若会得时,只说一个知,已自有行在;只说一个行,已自有知在。(《传习录上》)

这是说,知是行的主导,只有知,"方才行得是",避免"冥行妄作"。而行是知的着实用功之处,只有"着实躬行","方才知得真",避免"悬空思索"、"揣摸影响"。同时,一有知便开始了行,而通过行才能说是有了"真知"。总之,知中含行,行中含知,两者不可分离。所以说,如果不被私欲隔断,"未有知而不行者",反过来,"知而不行,只是未知"。例如,"称某人知孝,某人知弟,必是其人已曾行孝行弟,方可称他知孝知弟"(《传习录上》)。因此,王守仁主张要在习行中学习知识。"夫学问思辨行,皆所以为学,未有学而不行者也。如言学孝,则必服劳奉养,躬行孝道,然后谓之学;岂徒悬空口耳讲说,而遂可以谓之学孝乎?"(《答顾东桥书》)如上所述,王守仁讲"知行合一",就其反对将知行割裂为二,反对因程朱"知先行后"说的影响而造成"学者不能着实体履,而又牵制缠绕于言语之间"的学风而言,确有一定的积极意义。但是,它的立论基础是"心外无理"——"心外无学",因而不可能是对知行关系的正确概括。

必须指出,王守仁所说的"行",决不是客观的社会实践。它既是指"行孝行弟"的道德实践,同时也是指"学问思辨"(知)的修养工夫。他明确肯定:"尽天下之学,无有不行而可以言学者,则学之始,固已即是行矣";"盖学之不能以无疑,则有问,问即学也,即行也";"又不能无疑,则有思,即学也,即行也";"又不能无疑,则有辨,辨即学也,即行也"。这就是所谓"心理合一之体,知行并进之功",所以才有"知之真切笃实处即是行,行之明觉精察处即是知"(《答顾东桥书》)的说法。王夫之据此指出王守仁的"知行合一"是"销行以归知,始终于知",应该说是言之有理的。

更有甚者,王守仁还把行为的意向、动机也说成是"行",他说:"一念发动处便即是行了。"(《传习录下》)例如,《大学》说的"好好色","恶恶臭","见好色属知,好好色属行,只见那好色时已自好了,不是见了后又立个心去好;闻恶臭属知,恶恶臭属行,只闻那恶臭时已自恶了,不是闻了后别立个心去恶"(《传习录上》)。作为一种直觉的本能活动,一有感觉就立即作出反应,"好好色"、"恶恶臭"就是这样。但王守仁把"好"或"恶"的意向归之于"行",这实际上把人们的行为动机也当作了行为本身,尽管行为离不开动机,所以这种说法是完全错误的。然而王守仁之所以硬把意念的发动(意向、动机)说成"即是行",却自有他的良苦用心。他说:

> 今人学问,只因知行分作两件,故有一念发动,虽是不善,然却未曾行,却不去禁止。我今说个知行合一,正要人晓得,一念发动处便即是行了,发动处有不善,就将这不善的念克倒了,须要彻根彻底不使那一念不善潜伏在胸中。此是我立言宗旨。(《传习录下》)

这可真是一语道破天机！王守仁提倡"知行合一"的目的,就是要教人防"私欲"于未萌之先,灭"私欲"于方萌之际,也就是要"格心"、"正人心"——"破心中贼";要人们首先从"一念发动处"起就符合封建的道德原则,从而达到"此心纯乎天理而无人欲之杂"的"圣人"境界。而这也正是"致良知"的要求。

三、"复其心体之同然"的道德教育方法

"致良知"是道德修养,也是道德教育问题。为了使"童子以至圣人"、卖柴人以至公卿大夫、天子皆能"格物致知",王守仁还十分重视圣人之教和对教育方法的研究,认为树人如同树木,要"不忘栽培之功"。

根据"心外无学"和"求理于吾心"的观点,王守仁认为道德教育的基本原则,就是使天下人"复其心体之同然",也就是"开导人心",使之复明本体"良知",这与"致良知"的道德修养是完全一致的。他说:

> 天下之人心,其始亦非有异于圣人也,特其间于有我之私,隔于物欲之蔽,大者以小,通者以塞,人各有心,至有视其父子兄弟如仇雠者;圣人有忧之,是以推其天地万物一体之仁,以教天下;使之皆有以克其私,去其蔽,以复其心体之同然。(《答顾东桥书》)

他还规定了教的内容。"大端"者,"则尧舜禹之相授受,所谓'道心惟微,惟精惟一,允执厥中'"。"节目"者,"则舜之命契,所谓'父子有亲,君臣有义,夫妇有别,长幼有序,朋友有信'"(同上)。这当然是老生常谈,不出儒家的陈腐教条。不过,值得注意的是,他根据自己长期从事教育实践的经验,所提出的一套教育方法。

一曰"顺导其志意,调理其性情"。这一方法尤宜于童子之教。王守仁说:"今教童子,惟当以孝弟忠信礼义廉耻为专务,其栽培涵养之方,则宜诱之歌诗以发其志意,导之习礼以肃其威仪,讽之读书以开其知觉。"(《传习录中·训蒙大意示教读刘伯颂等》)王守仁常以种树为喻表明他的教育培养方法,因而称教育方法为"栽培涵养之方"。教育儿童也如种树一样,他说:

> 大抵童子之情,乐嬉游而惮拘检,如草木之始萌芽,舒畅之则条达,摧挠之则衰痿。今教童子,必使其趋向鼓舞,中心喜悦,则其进自不能已。譬之时雨春风,沾被卉木,莫不萌动发越,自然日长月化。若冰霜剥落,则生意萧索,日就枯槁矣。(《传习录中·训蒙大意示教读刘伯颂等》)

强调应针对儿童身心发展的特点进行教育,例如诱之歌诗,正适应了儿童跳号呼啸、乐嬉游的身心特点,由此而"顺导其志意,调理其性情",使之如春天的草木那样舒畅条达,感到"无厌苦之患,而有自得之美",从而"潜消其鄙吝,默化其粗顽,日使之渐于礼义而不苦其难,入于中和而不知其故"(同上),自愿而乐于接受教育。因此,王守仁坚决反对用"鞭挞绳缚,若待拘囚"的强制方式来对待儿童,因为这样就会使儿童"视学舍如囹狱而不肯入,视师长如寇仇而不欲见",反而会促使儿童走向邪道。王守仁的这一教育方法,不仅符合儿童教育规律,而且反映了他在道德选择的问题上,注重了自愿原则,这在当时确属难能可贵。

二曰"各随分限所及",循序渐进,因材施教。王守仁认为,教人"致知",要根据学生的觉悟程度而循序渐进,不能"躐等"。他说:

> 吾辈致知,只是各随分限所及。今日良知见在如此,只随今日所知扩充到底;明日良知又有开悟,便从明日所知扩充到底,如此方是精一工夫。(《传习录下·答黄以方问》)

就像栽培树木一样,要根据树的生长程度灌溉适量的水,"若些小萌芽,有一桶水在,尽要倾上,便浸坏他了"(同上)。同时,教育还需如治病一样,对症下药,因材施教。他说,良医治病,初无一定之方,而是"随其疾之虚实强弱,寒热内外,而斟酌加减,调理补泄之,要在去病而已……君子养心之学,亦何以异于是?"(《与刘元道书》)这作为一种教育方法,无疑也是合理的。

三曰教育者必须破"好高之病"。王守仁提倡"谦"而反对"傲",认为"谦者众善之基,傲者众恶之魁"(《传习录下》),这对于教育者来说,也是不可或缺的美德。他的学生讲学,听者"有信有不信"。王守仁说:"你们拿一个圣人去与人讲学,人见圣人来,都怕走了,如何讲得行。须做得个愚夫愚妇,方可与人讲学。"(同上)就是说,教育者必须放下架子,破除高傲,与学生平等相处,这样才能使学生乐于接受教育。有学生恭维王守仁的人品如"泰山",说:"有不知仰者,须是无目人。"王守仁说:"泰山不如平地大,平地有何可见?"(《传习录下》)看来,王守仁在处理师生关系上确有可称道之处。据载:"诸生每听讲出门,未尝不跳跃称快。"四方来游者日盛,"夜无卧处,更相就席,歌声彻昏旦"(同上),一派融洽和谐的气氛。王学得以迅速扩大,成为风行全国的学派,这也是一个重要的原因。

王守仁以"良知"为基础的"致良知"说,是对陆九渊"心学"伦理思想的继承和发展,与程朱理学伦理思想确有不少相异之处。但这只是理学内部的分歧,是在如何"存天理、灭人欲"即如何培养封建的理想人格("圣人")上的差别。因而我们不能夸大他们之间的分歧,王守仁自己就说:"吾之心与晦庵之心未尝异也",两人的根本目的则是完全相同的。不过,王学既然是以"补偏救弊"的姿态而产生的,自有其适应封建统治需要的理由,因而在明中期以后,产生了很大的影响,一度几乎取代了程朱理学的地位。而王学中所包含的反传统、反权威的积极因素,通过其学生王艮①所开创的泰州学派②,又影响了如李贽、黄宗羲的具有启蒙意义的反理学思想的产生。

---

① 王艮(1483—1540),字汝止,号心斋。泰州安丰场(今江苏东台)人。盐户出身,本人为灶丁。后师事王守仁,但重"自得"学风,"往往驾师说之上,持论益高远"(《明史·王艮传》)。王守仁死后,始开门授徒,创立了泰州学派。王艮主张"圣人之道,无异于百姓日用"(《心斋王先生全集·语录》),并提出以"安身立本"为核心的"淮南格物"说,把"格物"比作"矩","矩正则方正,方正则成格矣,故曰'格物'"(同上)。而"身"为"矩",天下国家为"方",所以,"安身者,立天下之大本也"(同上)。主张"爱人直到人亦爱"(同上),要求做到"能爱人、敬人,则人必爱我、敬我而我身安矣"(《明儒学案》卷三十二),使人与人之间建立互爱的和谐关系,以实现"人人君子,比屋可封"(《勉仁方》)的社会理想。著作编为《心斋王先生全集》。后又编有《王心斋先生遗集》。

② 泰州学派,以明王艮为代表的学派。因王艮为泰州人,故名。王艮为灶丁,其门人多樵夫、陶匠、田夫,如朱恕、韩乐吾、夏廷芳等;也有官吏、士大夫,如徐樾等。主要人物有王栋(一庵)、王襞(东崖)、林春(子仁)、徐樾(波石)以及颜钧(山农)、何心隐(梁汝元)、罗汝芳(近溪)等。他们的思想各具特色。在道德修养论上,王栋以"意"为"心"之主宰,强调"诚意"、"慎独",以坚定和纯化道德意志。在人性论上,颜钧主张人性天然是善良的。罗汝芳强调"赤子之心"最纯洁,仁爱即出于此;还认为"人无贵贱贤愚,皆以形色天性而为日用"(《近溪语录》)。何心隐更明确地认为"性而味,性而色,性而声,性而安佚,性也"(《寡欲》),具有自然人性论的特色。由此而反对"无欲",主张应当满足人的物质欲望。何、罗都认为"心"是万物本原,主张"以赤子良心不学不虑为的,以天地万物同体彻形骸忘物我为大"(《明儒学案》卷三十四),则具有"狂禅"特点。此派思想观点与宋明理学颇多异义,一定程度上反映了市民阶层的要求,"其人多能赤手以搏龙蛇,传至颜山农、何心隐一派,遂非名教之所能羁络矣"(《明儒学案》卷三十二)。在明中、后期有一定的影响。

第七章
明末清初的伦理思想

第一节　道德启蒙思想的兴起及其对
理学伦理思想的批判总结

明末清初,是一个"天崩地解"的时代。中国封建社会开始步入晚期,随之,中国传统伦理思想也演进到了批判总结阶段,即"自我批判"阶段。

明中叶以后,曾在明初一度缓解的土地兼并又严重起来,不仅皇室率先圈占了大量土地,而且藩王、宦官和地方官吏也都争先恐后地兼并土地,至明末,"遂有一户而连田数万亩,次则三、四、五万至一二万者"(叶梦珠《阅世编·田产》卷一)。土地的高度集中,使得大批农民破产,沦为佃户,出现了"有田者什一,为人佃作者什九"(顾炎武《日知录》卷十),贫富极端不均的情况致使阶级矛盾空前尖锐,最后终于爆发了李自成、张献忠领导的农民大起义。这次农民起义不仅规模之大旷古未有,而且李自成提出"均田免粮"的反封建口号和对这一口号的实践,已经直接触及了封建土地所有制的根本问题。

1644年3月17日,李自成亲率百万大军攻破北京,推翻了明王朝。但不久,吴三桂引清兵入关,起义军在满汉贵族的共同镇压下而归于失败,代之而起的是清王朝。清统治者在南下进军的过程中,对英勇抵抗的汉族人民进行残酷的屠杀,这就激起了汉族人民更为强烈的反抗,一些具有民族气节和爱国心的知识分子,如黄宗羲、顾炎武、王夫之等都加入了反清的斗争,民族矛盾空前激烈。清统治者为了巩固政权,实行严酷的文化专制政策,大兴"文字狱",残杀无辜的知识分子,并大力提倡程朱理学作为统治思想。他们把朱熹抬进孔庙,列为"十哲之次",康熙皇帝还令熊赐履、李光地等编纂《朱子全书》,并亲自作序。序中写道:"朱夫子集大成而绪千百年绝传之学,开愚蒙而立亿万世一定之规。""朕读其书,察其理,非此不能知天人相与之奥;非此不能治万邦于衽席……"把程朱理学钦定为永恒不变的绝对真理和统治思想,程朱理学也由此而更趋腐朽和僵化,从此,正统儒学丧失了发展的活力。

还应看到,自明中叶以后,特别是在嘉靖、万历年间(1522—1620),出现了资本主义生产关系的萌芽。在长江三角洲和沿海商品经济发达地区的丝纺织业中,出现了"机户出资,机工出力"的资本主义雇佣关系,也出现了由商业资本转化为产业资本的包买大商。当然,这种资本主义的萌芽还很微弱,但它毕竟是封建社会内部出现的新的经济因素,是中国封建社会进入晚期的重要标志。同时,随着资本主义的萌芽,在城市形成了市民阶层,他们不堪忍受封建统治者的横征暴敛,多次举行规模不等的反抗斗争,表明市民阶层已经作为一支新兴的力量,投入了反封建的斗争行列。

总之,中国封建社会的矛盾已充分暴露,但还没有达到崩溃的程度。正是在这种特定的历史条件下,产生了封建社会的"自我批判"意识,一批进步的思想家,如李贽、刘宗周、朱之瑜、陈确、傅山、黄宗羲、顾炎武、王夫之、李颙、唐甄、颜元以至戴震等,他们从明王朝的危机和最终衰亡的历史教训中,从清统治者利用程朱理学实行思想文化专制的严酷现实中,并在商品经济发展的刺激下,认识到了宋明理学对社会和民族造成的祸害,从而对宋明理学进行了批判、总结。

明末清初进步思想家对宋明理学的批判,虽各有侧重,由于学术渊源等原因,用以批判的理论武器也有所差别,但是,他们基本上都从地主阶级改革派的立场出发,以"经世致用"的"实学"风格,或多或少地反映了市民阶层的利益要求;有些言论已针对了封建专制主义的反动本质,带有一定程度的早期民主主义色彩。就是说,多少反映了商品经济发展和资本主义萌芽的历史趋势,具有某种反封建的启蒙意义,而这正是他们不同于以往进步思想家的地方,体现了明末清初反理学思想的根本特点。这一特点,在李贽、黄宗羲、王夫之、颜元、戴震等人的政治伦理思想中显得尤为明显;他们的伦理思想是这一时期道德启蒙思潮的杰出代表。

首先,在价值观上,以具时代新义的功利主义,否定了传统的"正义不谋利"及宋儒的"不论利害,惟看义当为与不当为"、"存天理,灭人欲"的道义论和禁欲主义。这是明末清初反理学伦理思想的中心议题,它集中地反映了这一时期由于商品经济发展和社会骤变而造成的道德领域的深刻变化,是明末清初反理学伦理思想之具有启蒙特点的基本标志。与两宋时期的功利主义思潮相比,不仅在理论上有进一步的发展,而且在社会意义上具有前所未有的时代新义。

随着商品经济的发展,自16世纪初期明正德以后,弃农业而经工商者日增。何良俊说:"昔日逐末之人尚少,今去农而改业工商者,三倍于前矣。"(《四友斋丛说》)甚至出现了士大夫商人化的倾向,"由今日而观之,吴松士大夫工商,不可不谓众矣"(《四友斋丛说》),"吴人以织作为业,即士大夫家多以纺织求利,其俗勤啬好殖,以故富庶"(于慎行《谷山笔尘》卷四)。这就不能不给传统的"贱商"观点以强烈的冲击,出现了为商贾鸣不平的呼声:"经商亦是善业","商贾亦何鄙之有",从而产生了一种货利至上并以得利多少为"重轻"的社会心理。"志于货利者,唯知有货利而已,奉天下之物无以易吾之货利也"(刘宗周《刘子全书》卷八)。"凡是商人归家,外而宗族朋友,内而妻妾家属,只看你所得归来的利息多少为重轻。得利多的,尽皆爱敬趋奉;得利少的,尽皆轻薄鄙笑。犹如读书求名的中与不中的归来的光景一般"(凌濛初《二刻拍案惊奇》卷三十七)。甚至不惜"失孝亲"、"忘忠信",其行"多少不仁",一个个将铜钱"务本"。它作为一种新的价值观思潮,向传统的"贵义贱利"、"存理灭欲"的教条提出了严重的挑战。于是,在中国的历史上,又一次展现了新旧价值观相争的场面。① 反映在学术思想上,就是进步思想家在"义利—理欲"问题上,以新的功利主义对宋明理学的道义论和禁欲主义的批判。

明末清初道德领域中新旧价值观之争,在理论上体现为"义利"关系和"理欲"之辨两个方面。

在"义利"关系上,李贽、颜元等进步思想家对旧价值观的批判,其矛头直指自董仲舒以来的"正义不谋利"的道义论,强调"正义"、"明道"的价值正在于"谋利"、"计功"。李贽指出:"夫欲正义,是利之也;若不谋利,不正可矣。"(《德业儒臣后论》)王夫之提出"义利之分,利害之别",认为能否正确处理义利关系,关乎"民之生死,国之祸福"(《尚书引义·禹贡》)。颜元更明确地提出:"正其谊以谋其利,明其道而计其功。"(《四书正误》卷一)并以此为价值尺度,抨击了宋明理学反功利的道义论给社会造成的祸害。

在"理欲"之辨上,新价值观的基本特点是,在肯定"人欲"自然合理性的基

---

① 首先向"贵义贱利"的传统义利观提出挑战的,当推一批"弃儒就贾"或"商而学儒"的所谓"儒贾",或曰"儒商"。"儒商"是明清时期出现的一种兼儒、商于一身的商人群体,他们既从事商业经营,又具有传统儒学的文化修养。而商人重利,儒家贵义,因而在经营实践中就必然要实现对"贵义贱利"、"重义轻利"义利观的突破,对传统的义利之辨实行价值重构,提出了"利缘义取"、"利以义制"的价值模式。这是在新的历史条件下对义利关系的一种新的整合,成为儒商所特有的经营理念。儒商所提出的这一义利关系模式,在明末清初的进步思想家的义利观中,在理论上得到了明确的论证和阐述。

础上,把"理"与"欲"统一起来,否定了"存天理,灭人欲"这一理学的思想纲领。陈确①指出:"人心本无天理,天理正从人欲中见,人欲恰好处,即天理也。向无人欲,则亦并无天理之可言矣。"(《瞽言四·无欲作圣辨》,《陈确集》)王夫之提出:"天理寓于人欲","人欲之各得,即天理之大同"(《读四书大全说》卷四),主张使人的饮食男女之欲都得到合理的满足,反对理学家"绝欲以为理"的说教,否定了禁欲主义。戴震则进一步认为"使人之欲无不遂,人之情无不达",即是"道德之盛"(《孟子字义疏证下》);并强烈地控诉封建统治者"以理杀人"的罪恶,揭露了宋明理学鼓吹"存理灭欲"的反动实质,确有启迪人们反对封建礼教的进步作用。

其次,商品经济的发展和市民阶层的崛起,不仅促成了价值观的深刻变化,而且也激发了人们对个人利益认识的觉醒,反映在伦理思想上,就是对人性的来源、内容和本质作了新的理论概括。其理论形式虽不尽相同,但都这样或那样地把"利欲"纳入人性范畴,并对其自然合理性作了明确的肯定,从而否定了程朱理学的"性即理"以及分"天命之性"和"气质之性"的人性结构"二重"说;且为新的功利主义价值观提供了理论根据。它成为明末清初反理学伦理思想之具有启蒙意义的又一重要标志。

明末清初反理学伦理思想的人性论,可以分为两种基本的理论形式。一是典型的自然主义人性论,可以李贽和黄宗羲为代表。他们或认为"人必有私"、"夫私者,人之心也"(李贽),或肯定"人各自私"、"人各自利"(黄宗羲)。并主张"物各付物",让天下千万人各遂其所欲、"各获其所愿有"(李贽),鼓吹个性自由发展。黄宗羲则把满足天下人的利益称为"公利",并由此提出了君必须为天下人之"公利"服务的"天下为主,君为客"的崭新命题。这种人性论的提出,无疑地是对传统的儒家正统人性论的否定,闪烁着早期民主主义的光辉。

新人性论的另一种形式,可以称之为人性"气质"一本论,以王夫之、颜元、戴震为代表。他们虽未完全摆脱"性善论",即德性主义的束缚,但在具体主张上各有特点,如王夫之突出了"性日生则日成"的人性发展过程;颜元强调了人

---

① 陈确(1604—1677),字乾初,浙江海宁人。受业于刘宗周,但并不固守师说,更于先儒已有成说,"不肯随声附和,遂多惊世骇俗之论"。其人性论,尤其是理欲观,具有鲜明的反理学的性质。著作编入《陈确集》。

性即"气质"之性,并着重批判了程、朱的"气质偏有恶"说;戴震则指出了人性即"血气"与"心知"的统一。但都认为人性来源于"气禀"一元,并肯定人性兼具感性情欲和理性(德性),而前者又是后者的基础。就是说,道德理性离不开感性情欲,同样肯定了情欲的自然合理性,从而否定了程朱理学的人性"二重"说,具有启蒙的意义。

其三,由于价值观的深刻变化,在理想人格上,明末清初的进步思想家也对理学进行了批判,这在李贽那里,表现为对道学家虚伪本质的无情揭露;而颜元则批判了理学在培养人才问题上给社会造成的危害。同时,在道德修养论上,王夫之、颜元以及稍后的戴震都反对理学"主静"、"持敬"的方法和"复其初"(即"复性")的路线,对"习与性成"、"格物致知"等"圣经贤传"作了新的解释,提出了具有唯物主义性质的修养理论,其中,颜元的"实学"、"习行"和王夫之的"习成而性与成"的学说,尤为突出。

最后,还应看到,在对理学的批判中,有的进步思想家还把矛头直接指向了封建正统思想的绝对权威——偶像孔子和封建礼教的核心——"君臣之义"。李贽反对"以孔子之是非为是非",更反对解释儒家经典以朱熹之注为标准,从而为解放思想、批判"理学"、建立新的思想体系开辟了道路。黄宗羲则对"君为臣纲"(即理学所竭力维护的"君臣之义")进行了实质性的批判。顾炎武①在批判"尽天下一切之权而收之在上"的封建专制主义中,还提出"以天下之权,寄之天下之人"(《守令》,《日知录》卷九)的思想。唐甄②则把批判的矛头指向了"君

---

① 顾炎武(1613—1682),初名绛,字宁人,号亭林。江苏昆山人,少时参加"复社"。清兵南下,参加昆山、嘉定一带人民的抗清起义。拒绝清廷征召,时时立志拯救民族的沦亡。学问渊博。治经侧重考据,开清代朴学风气。力倡"经世致用",主张"六经之旨与当世之务"结合。指责当时空谈良知心性的恶劣学风,批判宋明理学。伦理思想上,认为"人之有私,固情之所不能免矣"(《言私其狐》,《日知录》卷三)。主张以"博学于文"、"行己有耻"为理想人格,强调树立民族气节和对天下兴亡的历史责任感,认为"国"与"天下"有别;提出"保天下者,匹夫之贱,与有责焉耳矣"(《正始》,《日知录》卷十三。近代麦孟华、梁启超将此语表述为"天下兴亡,匹夫有责");而"保国"只是统治者的事,并把批判的矛头直指封建专制主义。与黄宗羲、王夫之一起,被称为明末清初"三大家"。主要著作有《日知录》、《天下郡国利病书》、《音学五书》、《亭林文集》等。
② 唐甄(1630—1704),原名大陶,字铸万,后更名甄,别号圃亭,四川达州(今达川)人。8岁随父客居吴江,曾周游各地。后仕途失意,卖田经商,又"尽亡其财","乃为牙",晚年穷困潦倒。然为人刚直,不肯阿俗。表现在伦理思想上,其义利、理欲观和修养论多有独到见解,尤其是关于人际平等的思想,更显其时代特色。提出"人之生也,无不同也"(《潜书·大命》),认为"圣人与我同类者也。人之为人,不少缺于圣人"(《居心》),而"天子之尊,非天命大神也,皆人也"(《抑尊》)。又认为"父母,一也","男女,一也"(《备孝》)。从人性的角度,对传统的"男尊女卑"提出异议,反对"此厚则彼薄,此乐则彼忧"的社会不平现象。著作存《潜书》一书。

权神授"、"天子独尊"的传统观念,指出:"天子之尊,非天帝大神也。"(《潜书·抑尊》)进而主张"抑尊",认为"自秦以来,凡为帝王者皆贼也"(《潜书·室语》)。明末清初进步思想家的这些政治伦理思想,无论在政治上还是在道德上,都体现了早期民主主义的启蒙性。

如果说,以王夫之为代表的明末清初哲学是对中国古代哲学的全面总结,那么,这一时期的反理学伦理思想也有对中国古代传统伦理思想进行总结的意义。它那具有启蒙意义的价值观、人性论等主张,不仅在当时有着批判封建统治思想(程朱理学)和封建礼教的进步作用,而且对近代资产阶级的道德革命也产生了积极的影响。不过,由于清封建统治的迅速稳固,更因受文化专制主义的重压,自戴震以后,具有早期民主主义精神的启蒙思想被抑制而转向沉寂,腐朽的程朱理学仍顽固地统制着思想领域。"于无声处听惊雷",那已是炮声隆隆的鸦片战争时期了。

第二节 李贽的"私心"说及其对"道学"、礼教的批判

明末清初,在最早一批具有反传统品格的思想家中,杰出者当首推李贽。

李贽(1527—1602),原姓林,名载贽,中举人后改姓李,后又因避明穆宗之讳而易名贽。号卓吾,又别号温陵居士。福建泉州人。其先世曾几代从事航海经商,父亲以教书为生。他"自幼倔强难化,不信学,不信道,不信仙、释,故见道人则恶,见僧则恶,见道学先生则尤恶"(《王阳明先生道学钞》附《王阳明先生年谱后语》)。这种"异端"性格,特别是对"道学"(即"理学")的憎恶,及其体现于对某些封建礼教的批判,纵贯李贽一生,至死不"化"。正因由此,他受尽磨难,一生坎坷,"将大地为墨,难尽写也"(《豫约·感慨平生》,《焚书》卷四)。

李贽于 26 岁考中举人以后,做了二十多年小官。为官期间,他不堪忍受礼教束缚,处处与上司权贵抵触,尤其遇"道学有名"的上司,"我之触又甚也"。自 54 岁辞官至 76 岁被害致死,一直从事著书讲学,其中大半时间在湖北麻城龙

潭湖上的芝佛院度过。在这期间,写下了他一生的大部分著作,并与当时以耿定向为代表的假道学家进行了长期的激烈辩难;为反对伪善"道学"和传统教条,倾注了他的全部心血。

李贽学承泰州学派,曾师事王艮之子王襞,钦佩罗汝芳和泰州学派的另一代表何心隐①。其哲学虽未脱王守仁的"心学"传统,但学术之性质与王守仁"心学"有本质不同。他进一步发挥了泰州学派反儒学正统的积极一面:反对"以孔子之是非为是非";主张人以"私"为心,否定"存天理,灭人欲"的理学思想纲领;还提出贵贱高下"致一之理",倡导平等;主张"任物情",使之"各获其所愿有",反对礼教"约束",鼓吹个性的自由发展。李贽的言论,"皆为刀剑上事",刺破了"道学"的伪善面目,冲击了封建礼教,犹如隆隆霹雳,"惊天动地",振聋发聩。正如沈瓒所说:"李卓吾好为惊世骇俗之论,务反宋儒道学之说。其学以解脱直截为宗,少年高旷豪举之士,多乐慕之,后学如狂。不但儒教防溃,而释氏绳检亦多屑弃。"(《近事丛残》)正因如此,他遭到了道学家和封建当权者的屡屡攻击,被视为"异端",备受诬陷。但李贽毫不畏惧,反以"异端"自居,并严正申言:"……我可杀不可去,我头可断而我身不可辱,是为的论,非难明者"(《续焚书》卷一),以"堂堂之阵,正正之旗",誓与恶势力战斗到底!万历二十九年,李贽75岁,当时另一假道学礼科给事中张问达上疏诬告李贽,明政府随即下令,以"敢倡乱道,惑世诬民"的罪名,拿李贽下狱,并令所在官司,将李贽书籍已刊、未刊者"尽行烧毁,不许存留"(《明实录》卷三六九)。此时李贽已重病缠身,审讯时,"侍者掖而入,卧于阶上"。据传当权者要将他遣回原籍,李贽说:"我年七十有六,死耳,何以归为?"于1602年3月15日,在狱中取剃刀自刭,次日死。李贽在临死前的遗诗中说:

> 志士不忘在沟壑,勇士不忘丧其元。
> 我今不死更何待,愿将一命归黄泉。

---

① 何心隐(1517—1579),品性刚直,先因反对征收额外的赋税,得罪当道,被捕入狱;后又因反对当朝宰相张居正毁书院、禁讲学而遭诬陷,于63岁时被捕杖杀。何于被捕后表现坚贞,"坐不肯跪",受笞百余,"于笑而已"。李贽为何心隐屈死辩冤,直称"何心老英雄莫比"(《与焦漪园太史》,《续焚书》卷一)。

这就使人想起魏晋时期的杰出思想家嵇康。李贽与嵇康确有许多相似之处①，但毕竟有着时代之别。李贽不愧是中国 16 世纪末至 17 世纪初的一位敢于冲击礼教禁锢、反对"道学"统制的志士和勇士！他的思想具有反封建的启蒙意义，在伦理思想史上，应享有崇高的历史地位。

李贽的著作几次遭封建统治者的禁止、毁版，但还是流传下来。最重要的有《焚书》、《续焚书》、《藏书》、《续藏书》、《初潭集》、《明灯道古录》等。

一、"人必有私"的人性论和"迩言为善"的价值观

李贽伦理思想的出发点及其批判"道学"、冲击"礼教"的理论基础，就是"人必有私"的自然人性论。

李贽明确认为：

> 夫私者，人之心也。人必有私，而后其心乃见；若无私，则无心矣。（《德业儒臣后论》，《藏书》卷三二）

这就是说，私心私欲，是人们主观意识的基本内容。在李贽看来，人们的一切活动，就是以"私心"为动机和动力的，"此自然之理，必至之符，非可以架空而臆说也"。"如服田者私有秋之获，而后治田必力；居家者私积仓之获，而后治家必力；为学者私进取之获，而后举业之治必力。故官人而不私以禄，则虽召之，必不来矣；苟无高爵，则虽劝之，必不至矣。"甚至像孔子那样的圣人，"苟无司寇之任，相事之摄，必不能一日安其身于鲁也决矣"（《德业儒臣后论》，《藏书》卷三二）。因此，"私心"乃是普遍的人性，即使是"大圣人"，也不能例外。李贽明确指出：

> 财之与势，固英雄之所必资，而大圣人之所必用也，何可言无也。吾故曰：虽大圣人不能无势利之心。则知势利之心，亦吾人秉赋之自然矣。（《明灯道古录》卷上）

---

① 李贽十分赞赏嵇康和阮籍的反传统品格，称赞他们"其人品气骨"，"古今所希"，"千载之下，犹可想见其人"（见《思旧赋》、《绝交书》，《焚书》卷五）。

显然，与韩非的"自为"人性论相一致，李贽的"人必有私"说，也是一种较为彻底的利己主义人性论，与儒家正统的德性主义人性论相对立，属于自然主义人性论的理论范畴。

值得注意的是，李贽不仅从人性之普遍的角度肯定"圣人不能无势利之心"，而且从事实的角度认为圣人也离不开财势之用。这就从根本上否定了理学家所谓"存天理，灭人欲"的"圣人"标准，否定了正统儒家所塑造的"理想人格"，从而把"圣人"从超功利的圣洁殿堂，拉回到不脱凡心的势利俗地，除去了加在"圣人"（如孔子）头上的中世纪的神圣灵光。其意义不可低估。

李贽从肯定"人必有私"为"自然之理"出发，从根本上改变了儒家的正统价值观，不仅提出"迩言为善"，而且批判了理学家的"义利理欲之辨"。

"迩言"，是李贽的特用术语。他说："迩言者，近言也。"（《明灯道古录》卷下）"近"为浅近之意，"近言"就是普通百姓"街谈巷议，俚言野语，至鄙至俗，极浅极近"的言论。所以直称"迩言"为"百姓日用之迩言也"，"如好货，如好色，如勤学，如进取，如多积金宝，如多买田宅为子孙谋，博求风水为儿孙福荫，凡世间一切治生产业等事，皆其所共好而共习，共知而共言者，是真迩言也"（《答邓明府》，《焚书》卷一）。这就是说，凡百姓（主要是指中下层地主阶级和工商业者）出于私利生计的言论，就是"真迩言"。进而，李贽提出了"以百姓之迩言为善"的主张，因为"迩言"反映了"民情之所欲"。反之，"非民情之所欲，故以为不善，故以为恶耳"（《明灯道古录》卷下）。这确是骇世之言。尽管以往的儒家也曾说过"因民之所利而利之"（《论语·尧曰》），但在鼓吹"天理"至善、"人欲"为恶的理学统治下，不仅肯定民之利欲为"自然之理"，而且给"民之所欲"以"善"的价值规定，如果没有极大的理论勇气，是不可能提出这一论点的。据此，李贽又针对理学的"天理人欲之辨"，指出：

> 穿衣吃饭，即是人伦物理；除却穿衣吃饭，无伦物矣。世间种种皆衣与饭类耳，故举衣与饭而世间种种自然在其中，非衣饭之外更有所谓种种绝与百姓不相同者也。（《答邓石阳》，《焚书》卷一）

这是对泰州学派所谓"百姓日用即道"（《王心斋先生遗集》，《年谱》卷三）的发挥，认为在穿衣吃饭（包括好货、好色等民之所欲）这些"百姓日用"之外，再也没有什么道或理，而这种种"百姓日用"的本身又是自然合理的，是"善"的。从而否定了"存天理，灭人欲"的理学思想纲领，无疑是对传统价值观的公开挑战。反映了李贽价值观的功利主义特点，这在他的义利观中显得尤为清楚。

在义利关系上，李贽批判了董仲舒的观点。董仲舒主张"正其谊不谋其利，明其道不计其功"，同时又鼓吹"灾异谴告"说。李贽指出："所言自相矛盾矣"，因为，"夫欲明灾异，是欲计利而避害也"，这不是与"不计功谋利云云"相矛盾吗？（《贾谊》，《焚书》卷五）其实，"……天下曷尝有不计功谋利之人哉！若不是真实知其有利益于我，可以成吾之大功，则乌用正义明道为耶？"（同上）因此，他明确认为：

> 夫欲正义，是利之也；若不谋利，不正可矣。吾道苟明，则吾之功毕矣；若不计功，道又何时而可明也？（《德业儒臣后论》，《藏书》卷三二）

这就是说，所谓"正义明道"，仅仅是在于有利可谋、有功可计，若无利可谋、无功可计，也就没有什么义之正、道之明了。这实际上是以利为义，在理论上是对陈亮"功到成处，便是有德"的进一步发展，或者说，是一种片面的极端功利主义的价值观。同样，李贽所谓"迩言为善"和"穿衣吃饭，即是人伦物理"，在理论上也是片面的。在这里，他抹煞了事实判断与价值判断的界限，把物质生活和道德生活等同起来，由此就可能导致取消道德在社会生活中的作用，甚至取消道德自身，从而鼓励人们任凭情欲放纵妄行，对社会有不利的一面。

但是，历史地看，李贽的功利主义价值观，强调了道德与百姓物质生活的联系，突出了人们的物质利益对于道德生活的基础意义，从而否定了理学家所鼓吹的"不论利害，惟看义当为与不当为"（二程语）的道义论，批判了"存天理，灭人欲"的禁欲主义。这是必须肯定的。同时还应指出，李贽建立在"人必有私"人性论基础上的功利主义价值观，具有明显的时代特色。它反映了当时商品经济发展的要求，反映了正孕育着的资本主义经济关系的萌芽，因而实质上是当时工商业者和市民阶层的价值意识，其历史的进步性也是显而易见的。

二、"致一之理"的平等观与"任物情"的个性自由说

李贽不仅提倡"人必有私"的人性论和功利主义的价值观,否定了"理学"的道义论价值观和禁欲主义,而且还把矛头指向了封建礼教及其对人性的束缚,提出了"致一之理"的平等观和"任物情"使之"各获其所愿有"的个性自由发展说。这是李贽伦理思想之所以具有启蒙意义的又一重要标志。

关于"致一之理"。李贽说:

> 致一之理,庶人非下,侯王非高,在庶人可言贵,在侯王可言贱……(《老子解》下篇,《李氏丛书》)

侯王不知"致一之理",所以"以贵自高",不能"与庶人同等"。其实,"曷尝有所谓高下贵贱者哉?"(同上)可见所谓"致一之理",就是高下贵贱"同等"的道理,就是反对上下贵贱等级之别。对此,李贽提出了以下几个方面的论证:

首先,人人在知、能上是相同的。李贽指出:

> 天下无一人不生知,无一物不生知,亦无一刻不生知者,但自不知耳,然又未尝不可使之知也。(《答周西岩》,《焚书》卷一)

这在理论上当然是对王守仁"良知"说的承袭,是一种先验论的观点。但又是对上智与下愚"不移"这一儒家正统观念的否定,主张人人在认识能力上的"同等"。同时,李贽又认为圣人与百姓在为事能力上也是"同等"的。他说:

> 世人但知百姓与夫妇之不肖不能,而岂知圣人之亦不能也哉?……自我言之,圣人所能者,夫妇之不肖可以与能,勿下视世间夫妇之为也。……夫妇所不能者,则虽圣人亦必不能,勿高视一切圣人为也。(《明灯道古录》卷下)

其次,每个人的德性也是相同的。这可以从两方面得到证明。一方面,每个人都有"私心",即使是圣人也不能没有"势利之心"。这一点上面已经说过了。从另一方面又可以说,圣人和众人都有同样"善"的"德性"。李贽认为:"天下之人,本与仁者一般,圣人不曾高,众人不曾低,自不容有恶耳。"(《复京中友朋》,《焚书》卷一)每个人都有至广、至大而又至精、至微的"德性"。从这个意义上说,"尧舜与途人一,圣人与凡人一"(《明灯道古录》卷上),"过高视圣人"也仍然是错误的。不仅如此,圣人本身是以百姓之善为善的,舜就是这样的"圣人"。他说:"舜惟终身知善之在人,吾惟取之而已"(《答耿司寇》,《焚书》卷一),即使是"耕稼陶渔之人",也无不取。而既然每人都具有同样的"德性",因此,"人人皆可以为圣"。在这里,李贽虽有受王守仁的影响之处,但他的目的在于反对儒家传统的"圣人"观,具有反对封建的等级差别以及由此而造成的不平等现象的意义,自然不能与王守仁同日而语。

再次,李贽在论证人人"同等"、"致一之理"中,更突出地具有反对封建礼教意义的,就是提出了男女平等的思想。他驳斥了"女人见短"的传统观念,指出:

> 余窃谓欲论见之长短者当如此,不可止以妇人之见为见短也。故谓人有男女则可,谓见有男女岂可乎?谓见有长短则可,谓男子之见尽长,女人之见尽短,又岂可乎?(《答以女人学道为见短书》,《焚书》卷二)

其实,女子有些见识,足以使男子"羞愧流汗,不敢出声"。因此,女子同样可以"学道",认为女子见短,实在是冤枉。李贽是这样说的,也是这样做的,他在芝佛院讲学时,收女子作弟子,有时还用通信的方式和一些女子探讨学问,他和大同巡抚梅园的女儿梅澹然的书信来往就是一例。《焚书》中的《复澹然大士》、《观音问》等,就是写给梅澹然的信,以实际行动,批驳了"妇女见短,不堪学道"的封建教条。这自然地招来了理学家的造谣中伤,但李贽毫不畏惧。

还须特别一提的是,李贽同情寡妇,反对程朱所鼓吹的"饿死事极小,失节事极大"的谬说,主张婚姻自主,认为寡妇可以再嫁。他赞许卓文君与司马相如私奔,就是典型一例。李贽认为,如果文君先求其父,父必不同意,但若从父之命,则"徒失佳偶,空负良缘。不如早自抉择,忍小耻而就大计"。并与理学家认为寡妇再嫁、私奔是"失身"、"淫奔"的观点针锋相对,明确指出,卓文君改嫁、私奔,"正获身,非失身"(《司马相如传论》,《藏书》卷三七)。这确是大胆的"异端"之见,在当时,可谓凤毛麟角,着实可贵!

关于"任物情"。李贽首先肯定:

> 夫天下至大也,万民至众也,物之不齐,又物之情也。(《明灯道古录》卷上)

例如,"或欲经世,或欲出世;或欲隐,或欲见;或刚或柔,或可或不可,固皆吾人不齐之物情"(同上)。就是说,天下千万其人,各有不同的个性和追求,对此,李贽主张"圣人且任之矣"(同上),也就是听任个性自由发展,使天下之民各自去追求自己的欲望,各自获得自己的意愿,即所谓"物各付物"、"各获其所愿有"。李贽说:

> 就其力之所能为,与心之所欲为,势之所必为者以听之,则千万其人者,各得其千万人之心;千万其心者,各遂其千万人之欲。是谓物各付物。

也就是使"天下之民,各遂其生;各获其所愿有"(同上)。这就是李贽"任物情"个性说的基本主张。

必须指出,在私有制的社会中,所谓个性的自由发展,即意味着人与人之间的自由竞争,必然会产生弱肉强食的现象。李贽看到了这一点,并认为这是"天道之常"。他说:

> 今子但见世人挟其诈力者,唾手即可立致,便谓富贵可求,不知天与以致富之才,又借以致富之势,畀以强忍之力,赋以趋时之识,如陶朱、猗顿辈,程郑、卓王孙辈,亦天与之以富贵之资也,是亦天也,非人也。(同上)
>
> 夫栽培倾复,天必因材,而况于人乎?强弱众寡,其材定矣。强者弱之归,不归必并之;众者寡之附,不附即吞之。此天道也;虽圣人其能违天乎哉!(《明灯道古录》卷下)

这里，李贽把人之富贵及强凌弱、众吞寡的自由竞争归于"天"和"天道"，当然是历史唯心主义。但他肯定这种现象的必然合理性，正反映了李贽"任物情"的个性自由发展观念的历史深刻性，它实际反映了明末期间正萌芽的资本主义生产关系的客观要求和新兴市民阶层冲破封建制度束缚的愿望，从而使其"个性说"获得了一定程度的历史具体性，成为冲击封建礼教的尖锐武器。他坚决反对以刑法禁止这种强凌弱、众吞寡的自由竞争，认为这是"逆天道之常，反因材之笃"，是"拂人之性"。其结果，则必然会招来祸害，"尚可以治人耶"（《明灯道古录》卷下）？

确实，李贽"任物情"的"个性说"，是针对封建礼教的。这集中地体现在对"礼"的解释上。李贽认为：

《平天下》曰："民之所好，好之；民之所恶，恶之。"好恶从民之欲，而不以己之欲，是之谓"礼"；礼则自齐，不待别有以齐之也。若好恶拂民之性，灾且必逮夫身，况得而齐之耶？（《明灯道古录》卷上）

这就是说，"礼"的实质正在于"任物情"而使之"各获其所愿有"。而"物情"各不相同，因此，"礼"，"本是一个千变万化活泼之理"（同上）。也就是说，"礼"不是"拂人之性"的桎梏，恰恰相反，而是因"物情"而使个性得以自由发展的治世方针。这确是与封建之"礼"相对立的一个崭新的道德观念。据此，李贽批判了封建礼教。

李贽明确认为："今之言政、刑、德、礼者，似未得礼意，依旧说在政教上去了，安能使民格心从化也？"（同上）"旧说"之礼，它作为"一定不可易之物"，从根本上违反了"物情"，它"正以条约之密"，对不齐之物情"一一而约束之，整齐之"。李贽指出，这种以"礼"为"政教"的实质，"是欲强天下使从己，驱天下使从礼"；"拂人之性"，束缚了个性的自由发展。其结果，"人自苦难而弗从，始不得不用刑以威之耳"。这是"俗吏之所为也，非道之以德之事也"（同上），是不可能"使民格心从化"而达到"不齐而齐"的目的的。这里，李贽从"治人"方法上对封建礼教作了明确否定。在李贽看来，真正的"以礼"，是因人而治，即所谓"以人治人"，"因乎人者恒顺于民"（《论政篇》，《焚书》卷三），正是在这个意义上，李贽主张"至道无为,至治无声,至教无言"(《送郑大姚序》,《焚书》卷三)。这一建立在"任物情"思想基础上的理想政治,其形式虽取自《老子》,具有道家色彩,但其内容含有历史的新义,有利于商品经济的发展和资本主义因素的滋长。李贽对"礼"的新解,其进步性就在于此。

李贽自谓"余唯以不受管束之故,受尽磨难",反过来,又深感受人管束之苦,形成了倔强的性格。正是这种个人体验与明末社会的历史条件(如资本主义的萌芽和市民阶层的崛起等)结合在一起,产生了他的"任物情"的个性学说。

当然,李贽对封建礼教和封建道德的批判是不彻底的。他称朱元璋为"千万古之一帝","古唯汤、武庶几近之"(《开国小序》,《续焚书》卷二),并认为明朝是"仁义立国,爱民好贤"(同上)的。同时,又自谓"未尝不言孝弟忠信"(《寄答留都》,《焚书增补一》),认为"忠以事君,敬以立国,委身以报主,忘私忘家又忘身,正是孝之大者"(《续焚书》卷二),诸如此类的话还有很多。说明李贽未能摆脱封建思想的束缚,这本来就是封建社会"自我批判"意识的题中应有之义。但是,这丝毫也不影响李贽提出"致一之理"和"任物情"的历史进步性。

三、揭露"道学"之虚伪,反对以孔子为偶像

李贽不仅批判了"道学"(宋明理学)的学术内容,而且还对道学的学风和品格进行了猛烈的抨击;对道学和道学家的虚伪性作了淋漓尽致的嘲讽和揭露。

李贽对道学和道学家品格的批判,集中到一点上,就是一个"假"字,也就是"伪善"。其批判的理论基础,就是他的"童心说"。

所谓"童心",李贽说:

> 夫童心者,真心也。(《童心说》,《焚书》卷三)
> 夫童心者,绝假纯真,最初一念之本心也。(同上)

这是说,"童心"是人之内心所本来具有的真实思想意识。并进而认为,"护此童心"者,是"真人";而发自"童心"之言,才是"有德之言"。李贽还指出,"童心"不是来自耳目闻见和读书识理,相反,道理闻见会使"童心"丧失。可见,"童心"是

先验的,显然是对王守仁"良知"说的承袭。但是,李贽提出"童心说"的目的,在于批判"道学"和儒家经典。

李贽认为,人皆有本初的"童心",但如果"以闻见道理为心","而童心失","则所言者皆闻见道理之言,非童心自出之言也"。于是,其人就成为"假人";"盖其人既假,则无所不假矣"。不仅"言假言",而且"事假事、文假文"。李贽认为,道学家就是这样的"假人":

> 然则《六经》、《语》、《孟》乃道学之口实,假人之渊薮也,断断乎其不可以语于童心之言明矣。(以上均见《童心说》,《焚书》卷三)

正由此出发,李贽具体地揭露了道学的虚伪本质。

首先,李贽指出,今之荣华富贵者有两种人,一是"有学有才,有为有守"者,一是"无才无学,无为无识"者,而后者就是靠着"讲道学"而"致荣华富贵"的。这就是说,凡道学家都是些"无才无学"之辈,而"道学"不过是这些人"取富贵之资"而已。他说:"夫唯无才无学,若不以讲圣人道学之名要之,则终身贫且贱焉,耻矣,此所以必讲道学以为取富贵之资也。"(《三教归儒说》,《续焚书》卷二)又说:

> 世之好名者必讲道学,以道学之能起名也;无用者必讲道学,以道学之足以济用也;欺天罔人者必讲道学,以道学之足以售其欺罔之谋也。(《道学》,《初潭集》卷二十)

在李贽的笔下,以继承圣教"道统"自居的"道学",不过是一种用来攫取富贵利禄的工具,而道学家则都是满口仁义道德,实际上是贪得无厌的伪君子。他们"阳为道学,阴为富贵,被服儒雅,行若狗彘然也"(《三教归儒说》,《续焚书》卷二)。他们"口谈道德而心存高官,志在巨富;既已得高官巨富矣,仍讲道德、说仁义自若也"。他们"辗转反复,以欺世获利,名为山人而心同商贾,口谈道德而志在穿窬",正如"饿狗思想隔日屎"一样可恶、可耻。他们还装腔作势地叫喊什么"我要改良风俗,感化世人",实际却是"败俗伤世",给社会造成危害。据此,李贽愤怒地指出:"今之讲周、程、张、朱者可诛也。"(《又与焦弱侯》,《焚书》卷二)可见,所谓"道学",即是"假道学";所谓"道学家",就是"假道学家"。

李贽在揭露道学家虚伪本质的战斗中,特别对当时任都察院左副御史的理学家耿定向的丑恶面目作了无情的批判。在李贽看来,耿定向明明与一般人"殊无甚异","种种日用,皆为自己身家计虑,无一厘为人谋者"。可他"开口谈学,便说尔为自己,我为他人;尔为自私,我欲利他"。由此看来,"所讲者未必公之所行,所行者又公之所不讲",如此言行不一,口是心非,难道可称是"孔圣之训"吗?李贽指出,这些以"遵守""孔孟血脉"自居的耿定向之辈,"反不如市井小夫"表里如一,朴实有德,他们"身履是事,口便说是事,作生意者但说生意,力田作者但说力田。凿凿有味,真有德之言,令人听之忘厌倦矣"(以上均见《答耿司寇》,《焚书》卷一)。在李贽看来,市井小夫是保持了"童心"的"真人",与之相反,耿定向之流的道学家则是"失却童心"的"假人"。

最后,还必须大书一笔的是,李贽对道学以为口实和赖以生存的孔子偶像及儒家经典进行了猛烈的抨击。顾炎武说:"自古以来,小人之无忌惮,而敢于叛圣人者,莫甚于李贽。"(《日知录》卷十八)

首先,李贽否定"以孔子之是非为是非",反对把孔子作为偶像崇拜。他说:

> 前三代,吾无论矣。后三代,汉、唐、宋是也。中间千百余年,而独无是非者,岂其人无是非哉?咸以孔子之是非为是非,故未尝有是非耳。(《世纪列传总目前论》,《藏书》卷一)

> 夫天生一人,自有一人之用,不待取给于孔子而后足也。若必待取足于孔子,则千古以前无孔子,终不得为人乎?(《答耿中丞》,《焚书》卷一)

李贽一方面以"人必有私"和"致一之理"为据,认为"孔圣人"也有"势利之心";"圣人"同凡人"致一",不能"高视"孔子和所谓圣人。另一方面,又从真理的相对性出发,认为如同"昼夜更迭,不相一也"一样,是非也是随时势的变化而变化的,所以不应"以孔子之是非为是非",绝不可拿孔子的话作为千古不变的标准、"定本"来"行罚赏"(《世纪列传总目前论》)。后人不能"效颦学步,徒慕前人之迹为也"(《藏书·孟轲传》附《乐克论》)。当然,在是非的标准问题上,李贽最终还是陷入了相对主义,但是,他提出的不能"以孔子之是非为是非"的观点,无论是对是非判断的真理标准,还是对善恶评价的道德标准,都具有解放思想的积极意义。纪昀在《四库全书总目提要》中说:李贽"排击孔子,别立褒贬,凡千古相传之善恶,无不颠倒易位"。虽出自攻击之言,却反映了李贽否定"以孔子之是非为是非"的深刻意义。

其次,李贽还认为《论语》、《孟子》并非"万世之至论"。在他看来,《六经》、《语》、《孟》等儒家经典,都是史官、臣子过分"褒崇"、"赞美"的话,或是那些"迂阔门徒、懵懂弟子记忆师说,有头无尾,得后遗前,随其所见,笔之于书","孰知其大半非圣人之言乎"!纵然是出自圣人之言,也"不过因病发药,随时处方,以救此一等懵懂弟子、迂阔门徒云耳"。然而,"药医假病,方难定执,是岂可遽以为万世之至论乎!"(《童心说》,《焚书》卷三)这是对儒家经典权威性的公然否定,实际上也就否定了宋明理学及其所论证的封建道德纲常的权威性。

再次,李贽还反对了由韩愈首倡,程、朱发挥的儒家"道统"说。李贽以水与地的关系为喻,认为水无不在地,"人无不载道也",从"道"与人的统一关系,否定了有离开具体人事而存在的"道"。他认为韩愈、程朱所谓圣人之道"轲之死不得其传"的说法,"真大谬也"(《德业儒臣前论》,《藏书》卷三二),并用历史事实验斥说:自秦至宋,"若谓人尽不得道,则人道灭矣,何以能长世也?"而宋代被称为重新承接了"道统","何宋室愈以不竞,奄奄如垂绝之人,而反不如彼之失传者哉?"李贽尖锐地指出,宋儒宣扬"道统"说,是妄自尊大,是对千古之君臣的诬罔。显然,李贽对"道统"说的批判,是对南宋陈亮与朱熹之间"义利王霸"之辩的发展,也体现了李贽的功利主义价值观与理学道义论的对立。

李贽批判宋明理学,抨击封建礼教,以及反对以孔子为偶像而"倒翻千古是非案"的惊世之言和战斗精神,确实具有反封建传统的启蒙意义,不仅在当时,而且对后来的进步思想家、文学家也产生了不同程度的积极影响。从黄宗羲、顾炎武、王夫之、戴震、曹雪芹、谭嗣同、严复、章太炎以及吴虞等人的思想中,或多或少地都可以看到与李贽的相通之处。"五四"时期高举"打倒孔家店"旗帜的吴虞,特写《明李卓吾别传》,借介绍和评价李贽,对孔教进行了猛烈的抨击,并竭力颂扬李贽"宁可玉碎兰摧,留英灵之浩气"的战斗精神。李贽在近代之影响由此可见一斑。

第三节　黄宗羲对封建君主
　　　　专制主义的批判

　　黄宗羲(1610—1695),字太冲,号南雷,学者称梨洲先生,浙江余姚人。自幼受东林党人影响,嫉恨阉党,后成为"复社"领导人之一,领导复社进行反对阉党权贵的斗争。清兵南下,他召募义兵,成立"世忠营",在四明山结寨抵抗,明亡,隐居著书,屡拒清廷征召,坚持"身遭国变,期于速朽"的爱国主义立场。晚年恢复刘宗周①的"征人书院",从事讲学活动。著作主要有《宋元学案》、《明儒学案》、《明夷待访录》、《孟子师说》、《南雷文案》等。

　　黄宗羲师事刘宗周,学识渊博,于天文、算术、乐律、经史百家以及释、道之书,无不研究,史学的贡献尤大,开清代浙东史学研究之学风。其哲学虽有"心学""枝叶",但用一种具有泛神论倾向的学说批判了理学唯心主义。所著《明夷待访录》一书,集中地批判了封建君主专制主义。正是在对理学和封建君主专制主义的批判中,阐发了他的伦理思想。而对封建君主专制主义的批判,是黄宗羲思想中具有民主主义因素的突出标志,因此,《明夷待访录》一书,也就成了我们考察黄宗羲伦理思想的主要依据。

一、"天下为主,君为客"

　　黄宗羲主要从君与民、君与臣这两层关系上,展开了对封建君主专制主义的批判。

　　关于君民关系,《明夷待访录·原君》开篇即说:

　　　　有生之初,人各自私也,人各自利也。天下有公利而莫或兴之,有公害

---

① 刘宗周(1578—1645),字起东,号念台,学者称蕺山先生,山阴(今浙江绍兴)人。南明政权覆亡,绝食而死。其学反对宋儒"理在气先"之说,对黄宗羲影响很大。著作有《刘子全书》、《刘子全书遗编》。

而莫或除之。有人者出,不以一己之利为利,而使天下受其利;不以一己之害为害,而使天下释其害。此其人之勤劳必千万于天下之人。(本节引《明夷待访录》只注篇名)

这里,黄宗羲首先提出了以利天下人之利为"公利"的价值观。在黄宗羲看来,人皆"自私"、"自利",各有自己的利益欲求,又说:"好逸恶劳,亦犹夫人之情也。"(《原君》)这种对人性的规定,与一般的自然人性论并无二致,但在黄宗羲那里,不仅由此肯定了人之"自利"的自然合理性,而且进一步认为能满足天下人之利益的就是"公利",反之则为"公害",并反对以一己之私利损害天下人之"公利"。因此,这种价值观,在理论上不能归之为利己主义的功利主义,似与近代西方所谓的"以求最大多数人的最大幸福"为最高道德标准的功利主义相接近。黄宗羲提出以利天下人之利为"公利"的价值观,实际上是以普遍性的形式反映了当时正兴起的市民阶层的利益追求。他主张"工商皆本",反对封建国家的不合理税收,要求"重定天下之赋,必当以下为则"(《田制一》),皆可说明其所谓"公利"的实质。黄宗羲正是从市民阶层的利益出发,根据以利天下人之利为"公利"的价值观,提出了他理想的"君者"形象和君民关系。

黄宗羲认为,人君的产生,正是为天下万民兴"公利"、除"公害",因此为君的就应当是"以千万倍之勤劳而己又不享其利"的道德典范。他在《孟子师说》中也说:

> 天下虽大,万民虽众,只有"欲""恶"而已。故为君者,所操甚约,所谓"易简"而天下之理得矣。(《孟子师说》卷四)

这就是说,满足天下万民的"自利"欲求,就是"天下之理",而这正是为君者的责任和义务。由此,黄宗羲用"主"、"客"的概念概括了君与民的关系:

> 古者以天下为主,君为客,凡君之所毕世而经营者,为天下也。(《原君》)

认为天下万民本是主人,而君者是客,是为万民服务的。

但是君主专制却颠倒了这种关系,"以君为主,天下为客,凡天下之无地而得安宁者,为君也"(《原君》)。正是因为颠倒了主客关系,使君者"以为天下利害之权皆出于我,我以天下之利尽归于己,以天下之害尽归于人","以我之大私为天下之公",视天下为我之"莫大之产业",并"传之子孙,受享无穷"。为此,他们"屠毒天下之肝脑,离散天下之子女,以博我一人之产业";"敲剥天下之骨髓,离散天下之子女,以奉我一人之淫乐"(同上)。据此,黄宗羲作出结论说:

> 然则为天下之大害者,君而已矣。向使无君,人各得自私也,人各得自利也。呜呼,岂设君之道固如是乎!(同上)

黄宗羲认为,这样的君主,理所当然地要受到天下人的"怨恶","视之如寇仇,名之为独夫"。孟子谓汤放桀、武伐纣是"诛一夫纣矣,未闻弑君也",实为"圣人之言"。"而小儒规规焉以君臣之义无所逃于天地之间",硬说桀、纣之暴,"汤、武不当诛之"。而后世之君,"欲以如父如天之空名禁人之窥伺者",反对孟子之言,"至废孟子而不立"(如明太祖朱元璋之毁孟子牌位,删订《孟子》章节),正"导源于小儒"妄言。

黄宗羲以"天下为主,君为客"的崭新观点,批判了封建统治的核心——君主专制,击中了宋明理学的要害——对君主专制的维护,与顾炎武、唐甄等人的进步思想一起,汇成了一股对封建君主专制主义的冲击波。它尽管没有否定封建的君主制度,但毕竟透露了一些近代民主主义的曙光。

二、臣者"为天下,非为君也"

关于君臣关系,黄宗羲根据"以天下为主"和"天下之治乱,不在一姓之兴亡,而在万民之忧乐"(《原臣》)的观点,认为国家设置官吏不是对君一姓负责,而是对天下万民负责。他说:

> 故我之出而仕也,为天下,非为君也;为万民,非为一姓也。(同上)

君之所以需要有臣,只是为了共同分担治理天下的事务,"缘夫天下之大,非一人之所能治而分治之以群工(官)"。黄宗羲比喻说:"夫治天下犹曳大木然,前者唱邪,后者唱许。君与臣,共曳木之人也",两者共事,同为天下兴"公利",释"公害"。所以,"君臣之名,从天下而有之者也"(《原臣》)。

然而,君主专制主义则"视天下人民为人君橐中之私物","以谓臣为君而设者也",臣是替君分治天下人民的,只对君负责。所以不仅要求臣应像子之事父那样"忠君",而且还要求"杀其身以事其君"。对此,黄宗羲作了明确的否定,他说:

> 有人焉,视于无形,听于无声,以事其君,可谓之臣乎?曰:否。杀其身以事其君,可谓之臣乎?曰:否。(同上)

黄宗羲认为,臣、子不并称,"父子一气,子分父之身以为身"。所以儿子可以体察父亲的心意,"视于无形,听于无声",从而随父意而孝敬之。而臣之于君则不同,"吾(臣)以天下万民起见,非其道,即君以形声强我,未之敢从也,况于无形无声乎!"就是说,臣是对天下万民尽责,因此如果君令不符合天下之"公利",就可以不从,更何况是藏于君之胸中的"嗜欲"!显然,这是对视君如父,"故以孝事君则忠"的传统观念的否定。而所谓"杀其身以事其君",黄宗羲认为"此其私昵之事也"(以上引文均见《原臣》),也非为臣之道。实际上否定了"君要臣死,臣不得不死"的"愚忠"训条。

黄宗羲在对君主专制所要求的君臣关系的批判中,还特别指出了廷臣与宦官的根本区别,并对宦官干政进行了猛烈的抨击。他说:

> 且夫人主之有奄宦,奴婢也;其有廷臣,师友也。(《奄宦上》)

黄宗羲认为,宦官既作为君之奴婢,"以君之一身一姓起见,君有无形无声之嗜欲,吾从而视之听之"(《原臣》)。但是阉宦往往都是"不顾礼义,凶暴是闻"(《奄宦下》)之徒,他们乘人主之昏而得其志,遂而控制君主,导演出一幕幕"裂肝碎首"的历史惨剧。所以"奄人之众多,即未及乱,亦厝火积薪之下也"(同上)。然而,人君不辨廷官与阉宦之别,"亦即以奴婢之道为人臣之道",而天下之为人臣者",“亦遂舍其师友之道而相趋于奴颜婢膝之一途。习之既久,小儒不通大义,又从而附会之曰:'君父,天也。'"(《奄宦上》)这就使"一世之人心学术"皆归于奴婢之道,完全败坏了君臣关系。如果说,李贽对封建礼教的冲击,侧重于批判"男尊女卑",那么,黄宗羲严辨臣、宦之别,明确认为廷臣不是君主的奴婢,而是君主的师友,则是对"君为臣纲"的否定,这与"天下为主,君为客"一样,其民主主义的光辉也是显而易见的。

当然,黄宗羲对封建君主专制主义的批判,并不意味着他与封建伦理纲常的完全决裂。相反,他有时仍把"固守名教"作为"天则",冀望封建士大夫在"变乱"、"蹇难"之时,以名教的捍卫者立身于世,"有干城之象"。这固然是有因于民族屡弱、国家危亡而激起的高风亮节,但更多的是对纲常名教沦丧的忧虑。

但是,黄宗羲毕竟是明末清初敢于冲击封建君主专制主义的杰出代表,他的伟著《明夷待访录》对近代资产阶级民主主义思潮的兴起,产生了重要的启蒙作用。梁启超说:"我们当学生时代,(《明夷待访录》)实为刺激青年最有力之兴奋剂。我自己的政治活动,可以说是受这部书的影响最早而最深!"(《中国近三百年学术史》)光绪年间曾大量印发此书,"作为宣传民主主义的工具"(同上),"于晚清思想之骤变,极有力焉"(《清代学术概论》)。

第四节 王夫之对宋明时期伦理思想的批判总结

王夫之(1619—1692),字而农,号薑斋。湖南衡阳人。晚年隐居衡阳的石船山,学者称船山先生。他从小聪颖过人,青年时考中举人。明末张献忠过湘时曾邀其参加农民起义军,他"自刺肢体"以示拒绝。清兵南下,在衡阳举兵抵抗。战败后投奔南明政权,因遭当权者迫害,又见大势已去,就退而隐伏深山。此后,他著书立说达40年之久,对天文、数学、历法、地理学等都有研究,尤精于经学、史学、文学。哲学上,他从气一元论出发,对宋明时期的哲学,实际上也是对整个中国古代哲学作了批判的总结,达到了朴素唯物主义与朴素辩证法的统一,使中国古代唯物主义哲学取得了完备的形态,把中国古代哲学的发展推向了高峰。

王夫之是中国古代伟大的哲学家之一。他的伦理思想是其哲学体系的重要构成,虽不如在自然观、辩证法方面的成就突出,但在人性论、义利观、理欲观、修养论等问题上,也对宋明时期的伦理思想作了批判总结,诸如:"性日生则日成","习成而性与成","义利之分,利害之别","人欲之各得,即天理之大同",天理之节文,"必寓于人欲以见",以及"身成"与"性成"相统一的"成人之道"等思想观点,都涵有历史的新意,对中国伦理思想的发展作出了杰出的贡献。

王夫之的著作很多,后人编为《船山遗书》。其伦理思想主要反映在《尚书引义》、《读四书大全说》等著作中。

一、"性日生则日成"的人性形成过程论

"人性论"是中国伦理思想史(也是西方伦理思想史)的基本理论问题之一;凡是成体系的伦理思想,都提出了自己的人性论,并以此作为伦理思想的基本理论基础。王夫之当然也不例外,不过,王夫之提出"性日生则日成"和"习成而性与成"的命题,使他的人性论具有了与以往不同的特点。在天人"相受"的基础上,王夫之比较正确地解决了性与习的关系,认为人性的形成是一个先天与后天,命与习相统一的过程,从而批判了理学唯心主义和正统儒学的人性"命定"及其道德宿命论,使中国古代人性论达到了较为合理的理论形态。

王夫之在谈到自己的哲学与程朱理学相对立时指出:

> 程子统心、性、天于一理,于以破异端妄以在人之几为心性,而以"未始有"为天者,则正矣。若其精思而实得之,极深研几而显示之,则横渠之说尤为著明。盖言心言性、言天言理,俱必在气上说,若无气处则俱无也。(《读四书大全说》卷十)

认为程朱的理一元论对于破除佛、道的虚无主义,有一定的纠偏作用,但与张载的气一元论相比,同样不符世界的实际存在。这里,王夫之肯定了"横渠之说",

表明了自己哲学的气一元论的根本立场;正由此出发,回答了"天人之际"、人性形成等各种问题。

王夫之继承和发展了张载的气一元论。认为气是宇宙间唯一的实体,"阴阳二气充满太虚,此外更无他物,亦无间隙,天之象,地之形,皆其所范围也"(《正蒙注》卷一)。而所谓"天",亦即是"气","太虚即气,……其升降飞扬,莫之为而为万物之资始者,于此言之则谓之天"(同上)。同时,在"理气"(道器)关系上,又与程朱的"理在气先、道在器先"的唯心主义观点相对立,认为:"气者,理之依也"(《思问录·内篇》),"理即是气之理,气当得如此便是理","是岂于气之外别有一理以游行于气中者乎?"(《读四书大全说》卷十)在王夫之那里,气之理,也就是"天之道"或"天道"。由此出发,他论述了人性的产生。

应该指出,王夫之对人性产生的论述,并未摆脱"天命之谓性"的模式:"天道之本然是命,在人之天道是性。"(《读四书大全说》卷三)又说:"惟天有道,以道成性。"(《正蒙注》卷一)人性来自天道或气之理在人心之"秉彝"。就此而言,王夫之也认为"天人合一"(同上),即天道(理)与人性(人道)是同一的。他说:"道一也,在天则为天道,在人则为人道。"(《正蒙注》卷九)正是在这一意义上,王夫之也说:"性即理也。"(《读四书大全说》卷十)但是,王夫之所谓的"理",是气之理,因而"性在气中"(《正蒙注》卷一);离开气的理和离开气的性都是不存在的。他明确指出:

> 盖万物即天道以为性,阴阳具于中,故不穷于感,非阴阳相感之外,别有寂静空窅者以为性。(《正蒙注》卷九)

因此,性只"是气质中之性","一本然之性也"(《读四书大全说》卷七)。此外,就不存在与"气质之性"相对立的所谓"天地之性"。从而用人性"一本"说否定了程、朱所主张的人性"二重"说。然而,这还不是王夫之论人性的主要特点。

王夫之论人性的主要特点和杰出贡献,在于他提出了"性日生则日成"和"习成而性与成"相统一的人性形成过程论。

在天人关系上,王夫之不仅认为"天人合一",而且还强调人能"造命"、"相天",认为人在与天交往,即"相受"的过程中,能够改造天之所"命"。他明确指出:"修身以俟命,慎动以永命,一介之士,莫不有造焉。"(《读通鉴论》卷二十四)当然,这与王艮说的唯意志论的"造命由我"不同,是指人能按照客观规律行事。王夫之认为,这正是人与动物不同之处,他说:

> 人之道,天之道也。天之道,人不可以之为道者也。语相天之大业,则必举而归之于圣人,乃其弗能相天与,则任之而已矣。鱼之游水,禽之翔集,皆其任天者也,人弗敢以圣自尸,抑岂曰同禽鱼之化哉?(《续春秋左氏传博议》卷下)

认为"人之道"虽来自"天之道",但人不可以消极地循因"天之道"而无所作为,不能像禽鱼那样只是"任天",而应该也能够"相天",即发挥主观能动性来治理自然,有所作为。例如,"天与之目力,必竭而后明焉;天与之耳力,必竭而后聪焉;天与之心思,必竭而后睿焉。天与之正气,必竭之而后强以贞焉。可竭者天也,竭之者人也"(同上)。他甚至认为:"天之所无,犹将有之;天之所乱,犹将治之",并进而提出了"人定而胜天"(同上)的口号。王夫之的这些思想显然是对荀子和柳宗元、刘禹锡的"明于天人之分"和"天人交相胜"辩证观点的发挥,反映了王夫之"天人"观的特点。

正是在这种天人交互作用的观点指导下,王夫之提出了他对人性形成的新见。他说:

> 禽兽终其身以用天而自无功,人则有人之道矣。禽兽终其身以用其初命,人则有日新之命矣。(《诗广传·大雅》)

这是说,人与禽兽不同,禽兽只能一生"用其初命",即只能利用天赋本能生活,人则有自己的行为规则,他"不谌乎天"、"不谌其初",即不满足于天所赋予的本能;他要通过自己的作为,不断地变化"初命","俄顷之化不停也,祗受之牖不盈也"。这就有了"日新之命"。王夫之认为,这是一个"人与天之相受"(同上)即人与天交互作用的过程。因此,在王夫之看来,人性不就是"初生之顷命",就其形成而言,则是一个后天的"日生则日成"的过程,就是说,人性不是人生之初就决定了的。他明确指出:"性也者,岂一受成侀,不受损益也哉?"(《尚书引义》卷三)而是"未成可成,已成可革"(同上)的。总之,他说:

> 夫性者生理也,日生则日成也。则夫天命者,岂但初生之顷命之哉?(同上)

那么,人性为什么可以变革、改造而"日生""日成"呢? 王夫之说:

> 生之初,人未有权也,不能自取而自用也。惟天所授,则皆其纯粹以精者矣。天用其化以与人,则固谓之命矣。已生之后,人既有权也,能自取而自用也。自取自用,则因乎习之所贯,为其情之所歆,于是而纯疵莫择矣。(同上)

"权"即"自取自用"的选择能力和选择自由;"习"包括人的习行、学习、习俗等;"情"指人的志趣爱好。这是说,天所授(即所命)的性,是"纯粹以精"的,但"已生之后",人则运用"权"的能力,顺着自己的"习"和"情",不断地进行"自取自用",于是人性就有了纯疵之别。这就是所谓"习与性成"。他说:"习与性成者,习成而性与成也。"(同上)这个"习成"之性,王夫之又称为"后天之性"。他说:"先天之性天成之,后天之性习成之也。"(《读四书大全说》卷八)这样,一方面是天之所授,另一方面是人的选择;一方面是先天所生,另一方面是后天"习成"。正是在天与人、客观与主观交互作用的过程中,形成了现实的人性。而由于选择取舍的不同,"取之纯,用之粹而善;取之驳,用之杂而恶"(《尚书引义》卷三),因而,"习与性成"既可以"成性之善",也可以"成性之恶"。王夫之说:

> 然则饮食起居,见闻言动,所以斟酌饱满于健顺五常之正者,奚不日以成性之善;而其卤莽灭裂以得二殊五实之驳者,奚不日以成性之恶哉?(同上)

这就是说,就人性的完成形态来说,有善有恶。这里的关键在于后天之"习",在于"自取自用"是否适当,也就是《读四书大全说》卷八所说的"取物"是否"当其时与地"。正因由此,"是以君子自强不息,日乾夕惕,而择之、守之,以养性也"(同上)。王夫之关于习性之辨的这一观点,与王安石"习"以成善恶的思想是相通的。

王夫之所说的"初命"之性,包括"理"与"欲"两方面。他说:

> 盖性者,生之理也。均是人也,则此与生俱有之理,未尝或异;故仁义礼智之理,下愚所不能灭,而声色臭味之欲,上智所不能废,俱可谓之为性。(《正蒙注》卷三)

因此,在王夫之看来,"理与欲皆自然而非由人为",是凡人皆与生俱有的"初命"之性,这实际上是把告子和孟子的人性之说合为一体。他说:"故告子谓食色为性,亦不可谓为非性,而特不知有天命之良能尔。"(同上)王夫之对人性的这一观点,为其"天理"与"人欲"的统一论提供了理论基础。不过,对于人性所具的这两种成分,王夫之所重视的是"仁义礼智之理"(即"良能"),认为这是人之本质所在,他明确指出:"乾道变化,各正性命,理气一源而各有所合于天,无非善也。而就一物言之,则不善者多矣,唯人则全具健顺五常之理。善者,人之独也。"(同上)所以说:"性无有不善。"(《尚书引义》卷四)这就是说,王夫之的所谓"初命"之性,更倾向于孟子的"性善论",并没有跳出先验论的樊篱。

但是,就人性形成的过程而言,王夫之所强调的则是形成人性的后天因素,突出了后天对"初命"之性的改造;人之有善有恶,并非"初命"所定,而是后天"习成"所致。从而否定了人性定于"初生之顷"的形而上学观点,在一定程度上也否定了道德宿命论。王夫之明确指出:

> 悬一性于初生之顷,为一成不易之侀,揣之曰:"无善无不善"也,"有善有不善"也,"可以为善可以为不善"也。呜呼!岂不妄与!(《尚书引义》卷三)

这里对人性"一成不易"说的批判,实际上也是对宋明理学人性论的批判。理学家主张"复性",就是认为"天命之性"是"至善"完满而无需改善的。不仅如此,王夫之还明确批判了程、朱所谓"气禀"为"恶"之根源的说法。他说,人有不善,"此程子之所以归咎于气禀也"。其实不然,气禀形色及外物形色的本身并非不善(亦何不善之有哉),人有不善,关键("几")在于"气禀与物相授之交"不能"当其时与地"。所以,"此非吾形、吾色之咎也,亦非物形、物色之咎也,咎在吾之形色与物之形色往来相遇之几也"(《读四书大全说》卷八)。

还应指出的是,王夫之不但批判了善恶道德宿命论,而且还从"造命"观出发,批判了人生遭遇宿命论。他说:

> 俗谚有云:"一饮一啄,莫非前定。"举凡琐屑固然之事而皆言命,将一盂残羹冷炙也看得闹天动地,真惭惶杀人!且以未死之生,未富贵之贫贱统付之命,则必尽废人为,而以人之可致者为莫之致,不亦舛乎!故士之贫贱,天无所夺,人之不死,国之不亡,天无所予;乃当人致力之地,而不可以归之于天。(《读四书大全说》卷十)

这是王夫之"命力"观的光辉思想,是自先秦墨子提出"非命"说以来在"命力"观上对优秀传统的继承和发扬,反映了王夫之"以身任天下"人生观的积极进取精神。

总之,王夫之的人性论,尽管没有摆脱先验论的束缚,其所谓的"习"非社会实践,因而仍然是一种抽象的人性论。不过,他提出"性日生则日成"和"习成而性与成"的命题,把人性的形成理解为天与人交互作用的过程,肯定了形成人性的后天因素,则是对以往各种人性理论的超越,具有重要的理论意义。

二、"义利之分,利害之别"的义利观

在关于"义利—理欲"这一宋明时期伦理思想的中心问题上,王夫之也作了批判总结,这里先讲他的义利观。

王夫之的义利观集中地反映在《尚书引义》卷二《禹贡》篇中。该篇开卷即言:

> 立人之道曰义,生人之用曰利。出义入利,人道不立;出利入害,人用

> 不生。智者知此者也,智如禹而亦知此者也。

确实,这种观点先儒(如荀子、董仲舒)早有提出:"天之生人也,使之生义与利。利以养其体,义以养其心;心不得义不能乐,体不得利不能安。义者,心之养也;利者,体之养也。"(董仲舒《春秋繁露·身之养重于义》)就是说,在事实判断的层面上,肯定"义"和"利"都是人所必要和必须的,两者不可缺一。而在价值判断的层面上,作为儒家的主流观点则又认为"养莫重于义"。王夫之也明确指出:"生与义不两重也"(《尚书引义》卷五),并同意孟子的观点,"欲知舜与跖之分,无他,利与善之间"(同上),认为"杀人之祸,其始正缘于利;言利之弊,其祸必至于杀人"(《读四书大全说》卷十)。而"义之所自正,害之所自除,无他,远于利而已矣"(《尚书引义·禹贡》,本节引此篇不再注)。就此而言,王夫之的"义利观"确乎未脱"重义轻利"的传统模式。但是,如果深入考察王夫之对义利关系的展开和具体论述,就会发现其"义利观"的特有内涵及其时代新义。

与宋明理学家有别,王夫之论义利之辨,没有局限于"心、性"修养之域,持道义论的思想路线,而是把义利关系与利害关系结合起来,直言"义利之分,利害之别",认为唯有知此者才称得上是"大智"。他说:

> 义利之际,其为别也大;利害之际,其相因也微。夫孰知义之必利,而利之非可以利者乎! 夫孰知利之必害,而害之不足以害者乎! 诚知之也,而可不谓大智乎?

这是对义、利"不两重"的论证,认为"义"之所以为重,在于"义之必利";而利之所以为轻,在于"利之必害"。认为只有合乎"义"才不会有害,他解释《易》"利物和义"说:"义足以用,则利足以和。和也者合也,言离义而不得有利也。"这是一种功利主义的论证方式,与正统儒家的道义论的论证方式显然有别。

同时,王夫之认为"利之"与"利者"、"害之"与"害者"不可混同,水有润下之用,能产生润下之利(利之),但不可以为水就是"利者"(不会产生害);水也能产生润下之害(害之),但这不可以为水就是"害者"(不会产生利)。"利害之际,其相因也微",水之润下既可以"利之",也可以"害之",这不在于水或水之润下本性,关键是在于是否"由义"。他说:"由义之润下有水之用",而"润下而溢有水之害","由此观之,出乎义入乎害,而两者之外无有利也"。他分析了禹和鲧不同的治水理念及其后果来说明这一道理,认为水之润下是"天之生水"的自然本性,只要用得适宜就能有用,"义之润可以泽物,义之下可以运物",即所谓"义之必利",然"非以为利也",不可以为水之"润下"就是"利"。而"细人见以为利而邀之",他们"见为利则不见为害",不知水之润下过分(溢),"适以为害也"。可见,"制害者莫大乎义,而罹害者莫凶于利"。鲧治水失败就是因为"于义不精"、"于害不审",只为求利,"于是乎爱尺寸之土,以与水争命于汙下",采用堵的办法,反而造成更大的洪水泛滥。而禹则"由义"治水,他审乎水之润下的利害,不考虑尺寸之土之利,采取疏导的办法,"地有所不惜,燧有所不忧,草木之材,投之炎火;兖州之作,迟之十有三年,直方正大之志气,伏洪水于方刚,而孑然一人之身,率浩浩荡荡之狂流以归壑而莫能抗"。这就是:"义之所自正,害之所自除,无他,远于利而已矣。"王夫之用"义利—利害"相结合的观点总结了禹、鲧治水的成功与失败的经验,丰富和发展了传统的义利观,在王夫之那里,"义利观"具有了社会实践的品格。

"义者,宜也。"王夫之所说的"义"本质上是一个哲学概念,即"适宜"、"适当"、"合宜"。在一定的境遇下,或适宜于事物的本性、规律,或适宜于伦理规范、道德要求,实际上就是指正确的价值观和指导思想,属于"人道"范畴,所以说"立人之道曰义"。王夫之认为唯有确立了"义"的理念和准则,由"义"行事处世,自然就会有利,但又不可以为事物本身就是利者,用来就会得利。反之,如果"出义入利",只是以"利"为目的,那就会产生盲目性,仅仅看到事物有利的一面,而看不到可能有害的一面,于是行为就会失当,其结果必然是害,但这并不说明事物本身就是害者。这就是说,人们行事处世而得利,并不是事物本身就是"利",而是因为"由义";行事处世而得害,并不是事物本身是"害",而是因为"离义","离义而不得有利也"。总之,或利或害,不在于行为对象的客体如何,如果不是因为不可抗拒的外力干扰,关键在于主体以怎样的价值理念或价值观作为指导,在于行为主体之是否"由义",突出了价值观指导对于行为之利害的关键作用。可见,王夫之并不否定"利",他所反对的是"出义入利"——"离义"而讲"利";认为仅以"利"为目的,即"唯利是图",其结果反而"不得有利也"。而

"义之必利"——"由义"而利,"义"是行事处世的指导,"利"是由义的结果,这就是义、利"不两重"的本义和实质。王夫之"义利观"的这一思想是深刻的、合理的。

值得注意的是,在《尚书引义·禹贡》篇中,王夫之讲"义利—利害"之辨所涉及的除了禹、鲧外,还有汉、宋、元、明等各个朝代的统治者对义、利关系的处置,说明王夫之重视的是统治者或管理者的"义利—利害"观。一般来说,个人有什么样的"义利观",所影响的只是个人的利害,但作为社会统治者或管理者的"义利观",所影响的则是天下生民的利害。王夫之明确指出:

义利之分,利害之别。民之生死,国之祸福,岂有爽哉! 岂有爽哉!

这就把"义利观"提到了社会治理的决策理念,即决策指导思想的层面。王夫之把"义"区分为"一人之正义"、"一时之大义"和"古今之通义",认为三者之间有"轻重之衡,公私之辨";"以一人之义,视一时之大义,而一人之义私矣;以一时之义,视古今之通义,则一时之义私矣;公者重,私者轻矣。权衡之所自定也"。虽然"三者有时而合",但最高的是"古今之通义",它反映的是"天下之大公"(《读通鉴论》卷十四)。所谓"天下之大公",非一人、一姓之私利,而是天下百姓之生计,即民生之大利。他说:"一姓之兴亡,私也;而生民之生死,公也。"(《读通鉴论》卷十七)毫无疑问,在王夫之眼里,作为社会的统治者或管理者所应有的不是"一人之正义",也不仅是"一时之大义",而应是"古今之通义",天下百姓之生计大利。因此,一个社会如果其统治者或管理者"出义入利",只为一人一姓之私利,而"人道不立",那么"其害天下与来世,亦憯(惨)矣哉!"这是已为历史所证明了的。就以治水来说,王夫之说:

今考历代治河之得失,禹制以义,汉违其害,宋贪其利,蒙古(元代)愈贪焉,而昭(明)代沿之;善败之准,昭然易见也。制以义,害不期远而远矣;违其害,害有所不能远矣;贪其利,则乐生人之祸而幸五行之灾也,害之府也。

这里还包涵有深刻的生态哲学智慧——保护和治理生态环境应"制以义",即依生态规律和"天下之大公"而为之,而不可"出义入利",贪其一时之利或一己之利而为之。其现实意义不言自明。

如果说,王夫之的"义之必利","离义而不得有利也",表明了其"义利观"的功利原则的一面,突出了道德的外在价值,体现了道德作为工具理性的意义,那么,

> 生以载义,生可贵;义以立生,生可舍。(《尚书引义》卷五)

则体现了道德作为价值理性的意义,突出了道德的内在价值;这里,王夫之把道德与理想人格联系起来,视道德为人生的准则和价值目标,要求超越"较计筹量于利害之交",表明了王夫之"义利观"的德性原则的一面。可见,王夫之既重视道德的外在价值和手段意义,又肯定道德的内在价值和目的意义,从而在一定程度上超越了功利论和德性论的对立,就是说,在事关国计民生即天下之"大公"、大利的层面上,强调了道德的外在功利价值和手段意义,而在个人人生修养的人格境界上,强调应超越个人的利害得失,注重的是道德的内在精神价值和目的意义,从而把"立功"与"立德"统一起来,这是内涵于王夫之"义利观"的又一合理的思想,具有十分深刻的历史意义和可借鉴的现实价值。

三、天理"必寓于人欲以见"的理欲观

自宋以降,论"义利之辨"总与"理欲之辨"相关联,作为宋明理学批判者的王夫之自然也不例外,只是其观点与理学不同罢了。

"义利之辨"与"理欲之辨"或"义利观"与"理欲观"在学理上是同一层次的两个问题,或者说是作为价值观的两种理论形式,前者体现于行事处世,后者体现于内心修养,两者不是什么本末、因果的关系,所以史学上往往表述为"义利—理欲"之辨。然两者又各有自己的本体论基础,如"理欲观"之于"理气论","义利观"之于"性命论",因而也就使得两者具有了自己的理论形式和内容,形成了各自的理论体系,所以史学上又往往分别论之。因此,尽管王夫之明言"义即理,利即欲",但不可由此而把他的义利观与理欲观在理论上相混淆。在"义利观"中,王夫之不否定"利",所反对的只是"唯利是图";认为利不可"离义",离义而不得有利也。在"理欲观"中,他针对宋明理学的理欲对立观,主张"理寓欲

中",认为天理"必寓于人欲以见",强调理欲统一,凸出了"人欲"的合理性。

首先,王夫之对"欲"作了分析。他认为,一般来说,"盖凡声色、货利、权利、事功之可欲而我欲之者,皆谓之欲"(《读四书大全说》卷六)。具体而言,"欲"又可分为"公欲"与"私欲"。所谓"公欲",是指普遍的即人人皆有的正当欲望,如"饥则食,寒则衣"这些自然本能("天")之表现为"食各有所甘,衣亦各有所好"(《读四书大全说》卷四),对此,王夫之又称为"人欲"。这种"欲"是不可"去"的。如果以为这种欲"害理",则"善人、信人几于无矣"(《正蒙注》卷二)。显然,这与理学家对"人欲"的态度是不同的。所谓"私欲",是指"同我者从之,异我者违之"(同上)的欲望。这是一种与他人之利相对立的利己之欲,它与"公欲"不同,不具有普遍性,实指利己主义。

鉴于以上分析,王夫之认为"人欲"与"天理"是统一的。他说:

> 天下之公欲,即理也;人人之独得,即公也。道本可达,故无所不可,达之于天下。(《正蒙注》卷四)

> 人欲之各得,即天理之大同;天理之大同,无人欲之或异。(《读四书大全说》卷四)

因此,"是礼虽纯为天理之节文,而必寓于人欲以见",即通过饮食(货)之变和男女(色)之情而体现。所以,"终不离人而别有天(礼,天道也,故《中庸》曰:不可以不知天),终不离欲而别有理也"(《读四书大全说》卷八)。据此,他又明确指出:"吾惧夫薄于欲者之薄于理。"(《诗广传》卷二)王夫之的这些言论,显然是针对程朱陆王的理欲对立观而发,无疑是对"存天理,灭人欲"的批判和否定。所谓"人欲之各得,即天理之大同",而"人欲"即指"食各有所甘,衣亦各有所好",实际上是对当时正萌发着的资本主义经济和市民阶层要求维护发展自身利益的肯定。

在"天理"与"私欲"的关系上,王夫之则着重指出两者的矛盾,并据此而主张"遏欲"存理。他说:

> 理,天也;意欲,人也。理不行于意欲之中,意欲有时而逾乎理,天人异用也。(《正蒙注》卷三)

这里的所谓"意欲",就是"私意"、"私欲",是对食色的贪求,即"持其攻取之能而求盈"、"逐物而往,恒不知反"(《正蒙注》卷三)的贪欲。这种"人欲","不能通于天理之广大,与天则相违者多矣"(同上),是与"天理"相对立的。据此,王夫之提出了"遏欲"的主张:"唯遏欲可以养亲,可以事天。"(《正蒙注》卷九)特别是"中人以下,则为忮害贪昧之所杂,而违天者多矣",对此,"必于私欲之发,力相遏闷,使之出而无所施于外,入而无所藏于中,如此迫切用功,方与道中"(《读四书大全说》卷三),达到"所谓'人欲净尽,天理流行'"(《读四书大全说》卷六)的圣人境界。这在形式上与理学家就没有什么区别了。

但是,应该看到,王夫之主张"遏欲"和"人欲净尽",是专就"私欲",即没有普遍性的、与"公欲"对立的利己欲望而言的。而对于佛、道和宋儒的那种不分青红皂白的"灭欲",王夫之不仅不随和,而且予以批判。例如,他反对程颐把"人心"与"人欲"等同,认为"欲生恶死之心,人心也",这是人的自然欲望,是不能"遏"的;如果把它视为"人欲","则是遏人欲于不行者,必患不避而生不可得,以日求死而后可哉?"(《读四书大全说》卷八)那就等于教人日以"求死"。在王夫之看来,宋儒与佛、道"教虽异而实同",都"以其饮食男女为妄",他们所要灭的"人欲",包括了"饮食男女"等自然而合理的欲望。而他主张要"遏"的是"已滥"之欲,他明确指出:"欲非已滥而不可得而窒也。"(《周易外传》卷三)

分析王夫之的义利观以及理欲观可见,王夫之十分重视道德文化对人类物质生活的重要意义。王夫之的这一思想,又体现在他全面分析管子"仓廪实则知礼节,衣食足则知荣辱"的著名命题中。王夫之认为,就历史过程来看,管子的命题是合理的。他说:"从后世而言之,衣食足而后礼义兴",因为在黄帝以前,人类茹毛饮血,无道德文化可言,黄帝以后,随着后稷发明农业,人们的生活日趋安定富裕,"于是而人之异于禽兽者,粲然有纪于形色之日生而不紊"(《诗广传》卷五),才有了人类道德文化的产生和发展,同时也产生了"恶",由此又提出了"善恶赖藉于生计"的命题。

但就人类进入了文明社会而言,则应以"礼乐为本,衣食为末",如果"待其(衣食)足而后有廉耻,待其(财物)阜而后有礼乐,则先乎此者无有矣",在衣食足、财物阜之前就没有廉耻和礼乐,于是,"可以得利者,无不为也"(《诗广传》卷三)。社会就会成为物欲横流、贪欲无度、无廉无耻、无所不为的罪恶世界,这样,物质丰裕又有什么意义呢!王夫之的观点是:"以裕民之衣食,必以廉耻之心裕之,以调国之财用,必以礼乐之情调之。"(《诗广传》卷三)就是说,不是先有物质生活资料的丰裕而后才会有道德水平的提高,而是应以道德文化去调节物质生活和物质生活资料的增长。他充分肯定了道德文化对物质生活的积极作用,这就是"礼乐为本,衣食为末"之本义所在,它克服了管子命题的片面性和机械性,是"义利—利害"理论在社会历史观层面上的运用,是"以理导欲"、"由义"而利、"离义"必害原则的体现。

从总体上说,王夫之的理欲观具有合理性和进步性,但他所说的"天理"仍是指仁义礼智的封建道德纲常,因而在对待"人欲"的态度上,也就很难真正与理学家们划清界限。

四、"身成"与"性成"统一的"成人之道"

在人性论和理欲观上,王夫之既然与程、朱、陆、王相异,因而在道德修养论即"成人之道"上也与他们有别。

如上所述,王夫之认为人性既具"仁义礼智之理",又含"声色臭味之欲",它们"皆自然而非由人为",是"不能灭"、"不能废"的。因而"理"、"欲"统一,"终不离欲而别有理也"。由此出发,在道德修养上,提出了"身成"与"性成"相统一的理论。他说:

> 身者道之用,性者道之体。合气质攻取之性,一为道用,则以道体身而身成。大其心以尽性,熟而安焉,则性成。身与性之所自成者,天也,人为蔽之而不成。以道体天,而后其所本成者安之而皆顺。君子精义研几而化其成心,所以为作圣之实功也。(《正蒙注》卷四)

这是对张载"君子之道,成身成性以为功者也"的发挥。所说的"身",即指"声色臭味之欲"(或曰"形色");所谓"性",就是"仁义礼智之理"(或曰"德性")。"身成"——"成身",就是"以道体身",用仁义礼智之理指导形色,使声色臭味的欲望得到合理的满足;"性成"——"成性",就是弘扬和造就仁义礼智的德性,即达

到"昭然天理之不昧"(《尚书引义》卷六)。但是,"成性"并不离开"成身",两者互相结合,是同一个过程。王夫之说:

> 天以其阴阳五行之气生人,理即寓焉,而凝之为性。故有声色臭味以厚其生,有仁义礼智以正其德,莫非理之所宜。声色臭味顺其道,则与仁义礼智不相悖害,合两者而互为体也。(《正蒙注》卷三)

他甚至认为,"形者性之凝"(《尚书引义》卷四),德性凝于形色,因此"成性"在于"成身",即通过"成身"以"成性"。他说:

> 形者性之凝,色者才之撰也。故曰:"汤、武身之也",谓即身而道在也。道恶乎察?察于天地。性恶乎著?著于形色。有形斯以谓之身,形无有不善,身无有不善,故汤、武身之而以圣。(同上)

这是说,"性"(仁义礼智之理)不能离开形色(身)而显现。也就是说,一个人只有在"饮食起居,见闻言动"中使声色臭味之欲"顺其道",才可以"日以成性之善",才能成为像汤、武那样的圣人。王夫之认为,这是成就"德性"、培养理想人格的根本途径。

可见,王夫之所主张的"成人之道",虽也要求达到"昭然天理之不昧",但不是像理学家那样是通过"灭人欲"而实现的。在王夫之那里,道德修养是"成身"与"成性"的统一,是合理地满足声色臭味欲望与成就仁义礼智德性相互"为体"的过程,由此而达到的理想人格,决不是如理学家所要求的"存天理,灭人欲"的"醇儒",而是形色欲望与天理德性,感性与理性协调发展的人,这种人,能"以身任天下"、治国平天下。这是在道德修养问题上,王夫之不同于理学家的主要特点之一。

王夫之认为,就"成性"而言,道德修养也就是"习成而性与成"的过程,而要实现这一过程的关键,就是"因乎继矣"。他在发挥《易传》所说"一阴一阳之谓道,继之者善也,成之者性也"时指出:

> 甚哉,继之为功于天人乎! 天以此显其成能,人以此绍其生理者也。

> 性则因乎成矣，成则因乎继矣。不成未有性，不继不能成。天人相绍之际，存乎天者莫妙于继。然则人以达天之几，存乎人者，亦孰有要于继乎？（《周易外传》卷五）

就形式而言，王夫之的"继善成性"说，与旧说相同，但其内容却具有不可忽视的新义。他用"继"来说明天人关系，一方面是说人之"生理"即"初命"之性是从天之道继承而来的，另一方面——更重要的——是指"自继以善无绝续"（同上）。王夫之认为，人的"初命"之性是"日新则日成"的，有一个"新故相资而新其故"（同上）的发展过程，这个"成性"的过程，就是"继"的过程。而禽兽则不然，它们虽有"母子之恩"，可"稍长而无以相识"（同上），原因就在于不能相"继"。可见，王夫之所说的"继"，主要是指人对天的主观能动性；人的道德修养就应在"继"字上用功，不断地利用"初命"之性即"善"之资来培养和成就德性，并坚守不失。因此，王夫之称"继"为"作圣之功"。他说：

> 性可存也，成可守也，善可用也，继可学也，道可合而不可据也，至于继，而作圣之功蔑以加矣。（同上）

显然，王夫之的"继善成性"说，与理学家的"复性"说不同。在王夫之那里，"初命"之性，只是修养"成性"的出发点和资借，而不是修养的归宿。

为了"继善成性"，王夫之在修养方法上又论述了"志"、"意"、"情"的关系。

王夫之认为："我者德之主，性情之所恃也"（《诗广传·大雅》），道德修养应发挥意识主体（我）的主宰作用，即所谓"欲修其身者为吾身之言、行、动立主宰之学"（《读四书大全说》卷一），也就是要"以正心为主"（《说四书大全说》卷三）。"正心"，即"以道义为心"，也就是"正志"。他说："以道义为心者，孟子之志也。持其志者，持此也。"（《说四书大全说》卷一）认为这是道德修养的根本：

> 正其志于道，则事理皆得，故教者尤以正志为本。（《正蒙注》卷四）

"志"，意为信念和志向，"正志"，就是确立起对遵从"道"的坚定信念和志向。王夫之认为,只有先正志,而后才能正意。

王夫之在讲到"正志"与"意"的关系时说:

> 意之所发,或善或恶,因一时之感动而成乎私;志则未有事而豫定者也。意发必见诸事,则非政刑所能正之;豫养于先,使其志驯习乎正,悦而安焉,则志定而意虽不纯,亦自觉而思改矣。(同上)

这是说,"意"是因一时之感动而发生的欲念或动机,或善或恶,属于"私"的性质。一旦付诸行动就不是靠用刑法所能匡正的。但只要志向端正,且乐而坚持,那么就能自觉地考虑改正不纯的欲念和动机。这也就是"正心"与"诚意"的关系,王夫之说:

> 《中庸》之言存养者,即《大学》之正心也;其言省察者,即《大学》之诚意也。《大学》云:"欲正其心者先诚其意。"是学者明明德之功,以正心为主,而诚意为正心加慎之事。则必欲正其心,而后以诚意为务;若心之未正,则更不足与言诚意。此存养之功,所以得居省察之先。(《读四书大全说》卷三)

总之,"志正而后可治其意,无志而唯意之所为,虽善不固,恶则无不为矣"(《正蒙注》卷四)。他强调了道德理性的作用,认为行为的欲念和动机必须要接受理性的指导,这实际上是对泰州学派的唯意志论倾向的否定。

关于"情"("喜怒哀乐")。王夫之认为,"如竹根生笋,笋之与竹终各为一物事,特其相通而相成而已","情之于性,亦若是也",一方面,"情固由性生",另一方面,两者毕竟有所区别,乃"一合一离者是也"(《读四书大全说》卷八)。情之所以与性有"离",这是因为"大抵不善之所自来,于情始有而性则无"(同上)。然而,这并不是说性可以离开情,更不是如佛、道和理学家所主张的那样可以"无情"、"忘情"。王夫之明确认为:"性情相需"、"性以发情,情以充性"(《尚书引义》卷一)。又说:

> 情者,性之端也。循情而可以定性也。(《诗广传·齐风》)

因此，问题不在于要不要"情"，而是需要什么样的"情"。自然，在王夫之看来，用以"定性"即"成性"的情，应是"善"的。而"情可以为善"，即使有"过"和"不及者"，"亦未尝不可善"(《读四书大全说》卷八)。这里的关键就是"定其志"。王夫之说：

> 古之善用其民者，定其志而无浮情。(《诗广传·唐风》)

"定其志"，对于道德主体的修养来说，就是"正志"。这就是说，德性的培养，不能没有真挚的感情；而为了去"不善"之情，就应发挥以道义为志向的理性指导作用。

可见，在王夫之看来，理想人格的主体意识，应是"志"、"意"、"情"的统一，而培养对道义的坚定信念和志向是最根本的，"以正心为主"，从而使其意诚、情善，达到三者的全面而协调的发展。这与"成身"、"成性"相统一的观点是一致的。

此外，对"知""行"关系这个认识论与伦理学一致的问题，王夫之对程、朱、陆、王的批判总结显得尤为明确。他批判程、朱"知先行后"之说，认为此说将知与行"立一划然之次序，以困学者于知见之中，且将荡然以失据，则已异于圣人之道矣"(《尚书引义》卷三)。而陆、王"知行合一"之说，"其所谓知者非知，而行者非行也"，实是"销行以归知"，其结果是"以知为行，则以不行为行，而人之伦、物之理，若或见之，不以身心尝试焉"(同上)。危害之大甚于程、朱。

由此，王夫之提出了"知行相资以为用"(《礼记章句》卷三十一)的命题，但同时又提出"行可兼知，不能离行以为知"(《尚书引义》卷三)的观点。认为知与行虽相互依赖，互相作用，但行毕竟是第一位的。其一，知"固以行为功者也"，人要获得知识，就必须"博取之象数，远证之古今"，与外物相接触，"勉勉孜孜"，在"格物"中学；其二，行"可以得知之效也"，将所得的知识，"行于君民、亲友、喜怒、哀乐之间，得而信，失而疑，道乃益明，是行可有知之效也"。就是说，通过行而检验知并发展知。反之，"行不以知为功"，人们虽在"力行"却"无审虑"左右前后；而有了知识，因为时机未到、力量不足，要等待他日才去行动作为，所以"知不得有行之效"。可见：

> 行可兼知，而知不可兼行。下学而上达，岂达焉而始学乎？君子之学，未尝离行以为知也必矣。（以上均见《尚书引义》卷三）

换句话说，就是"知有不统行，而行必统知"（《读四书大全说》卷三），知必须以行为基础，行比知更重要。

根据知、行关系的这种认识，王夫之极力主张要在道德实践中去获得道德认识。例如，为了能"诚于孝"，就应在与父母的日常接触中，在"许多痛痒相关处，随在宜加细察"（《读四书大全说》卷一），才能培养起对父母诚"孝"的道德感情。不然的话，"硬靠着平日知道的定省温清样子"的道理是"做不得"的。就是说，在道德实践上，"亦无先知完了方才去行之理"（同上）。因此，他说："行而后知有道，道犹路也。""盖尝论之，何以为之德？行焉而得之谓也。何以谓之善？处焉而宜之谓也。不行胡得？不处胡宜？"（《思问录·内篇》）"道"、"德"、"善"都必须以"行"为基础，这是王夫之的"知行观"在伦理学中的集中体现，它对于宋儒仅就内心修养的范围谈论"得道"、"为善"，确是一个重大的突破，是对"学道而有所得之谓德"这一传统说法的合理改造。就是说，德性培养，不仅仅是认识——知的问题，而且也是实践——行的问题；后者又是前者的基础，这是王夫之道德修养论的又一重要特点。

因而，在动、静关系上，王夫之主张"动静不可偏废"（《读四书大全说》卷五），并认为"静者静动，非不动也"（《思问录·内篇》），动是绝对的，而静是相对的，并非"废然无动"。在道德领域中，"外物虽感，己情未发，则属静；己情已发，与物为感，则属动"（《读四书大全说》卷五）。然而，"与其专言静也，无宁言动。……性效于情，情效于才。情才之效，皆效以动也"（《诗广传·郑风》）。这是对周敦颐、程颐等宋儒所谓"主静"说的明确否定。

以上，我们仅就王夫之的"成人之道"，即道德修养理论（王夫之还有道德教育思想）作了大略的考察，他在对理学唯心主义（包括佛、道）道德修养论的批判总结中，把中国古代的道德修养理论推进到一个新的历史阶段，具有许多合理的成分。当然，由于他不了解人的社会本质和社会实践，因而不可能达到科学的形态。更由于他的封建士大夫的立场，使他的道德修养、道德教育的目的，仍囿于对封建道德秩序的维护，"尊尊、贤贤之等杀，皆天理自然，达之而礼无不中矣","大小高下分矣,欲逾越而不能"(《正蒙注》卷三)。封建的纲常秩序,都是不能改变的,无法逾越的。确实,在直接批判封建主义纲常秩序方面,王夫之较逊色于李贽和黄宗羲。

第五节　颜元的人性"气质"无恶论和重"功利"、"习行"的道德观

颜元(1635—1704),字易直,又字浑然,号习斋。清直隶(今河北)博野人。其学先好陆、王,后转信程、朱,直到 34 岁,从自己的切身体验中始知"静坐读书,乃程、朱、陆、王为禅学所浸淫",非为学之"正务",遂而反对"理学"(《习斋年谱》)。在自然观上,颜元主张"理气融为一片",基本上属于唯物主义。在伦理思想上,他主张"非气质无以为性"的人性"气质"一元论和"气质"无恶论;倡导"正其义以谋其利"的功利主义;强调"实学"、"习行"及其在道德修养中的作用(这也是他的认识论)。正是在这些问题上,他不惜"身命之虞"、"一身之祸",对当时的统治思想——程朱理学进行了坚决的批判。

颜元一生教书、行医,未涉仕途,晚年主讲肥乡漳南书院,学生李塨续其学说,世称"颜李学派"。其著作有:《四存编》、《四书正误》、《习斋记余》、《习斋言行录》、《朱子语录评》等。后人将颜元和李塨的著作汇集成《颜李丛书》。

一、"气质"一元和"气质"无恶的人性论

关于人性论,颜元有《存性》一篇,他概括其旨说:

> 著《存性》一篇,大旨明理气俱是天道,性形俱是天命,人之性命、气质虽各有差等而俱是此善;气质正性命之作用,而不可谓有恶,其所谓恶者,乃由"引蔽习染"四字为之祟也。期使人知为丝毫之恶,皆自玷其光莹之本体。极神圣之善,始自充其固有之形骸。(《存学编》卷一)

这里表明了人性的来源,人性的形式、内容和本质,以及恶由何起,善自何极。其核心是针对程、朱的"气质偏有恶"论,提出了"气质"无恶、本善说。而其理论基础,则是人性来源的"气质"一元论。

在"理气"之辨上,颜元针对程、朱所谓"理在气先"、两者割裂的观点,主张"理气融为一片"(《存性编》卷二);认为两者完全统一而不可分离,"气即理之气,理即气之理"(《存性编》卷一)。并认为万物之化生就是理气统一、共同作用所为,他说:"莫不交通,莫不化生也,无非是气是理也。"(《存性编》卷二)这就是颜元所谓的"天道"。

颜元所说的"气",即指"阴阳"及其分化的"元亨利贞"("四德"),所以又说:"浑天地间二气四德化生万物"(同上)。而"理"就是气之"所以然者","生成万物者气也……而所以然者理也"(《言行录》),也就是气之"良能"。颜元认为,理气化生万物,分别构成了万物之"气质"(形)和"性","万物之性,此理之赋也;万物之气质,此气之凝也"。人为万物之"粹",也当如此,他说:"二气四德者未凝结之人也,人者已凝结之二气四德也"(《存性编》卷二),而理气"融为一片"。据此,颜元明确指出:

> 非气质无以为性,非气质无以见性。(《存性编》卷一)

这就是说,所谓"人性",就是"气质"之性;"且去此气质,则性反为两间无作用之虚理矣"(《存性编》卷二)。总之,"形(即气质)性不二"(《四书正误》卷六),"更不必分何者是天命之性,何者是气质之性"(《存性编》卷一),从而用人性"气质"一元否定了程、朱的人性"二重"说。

颜元所说的"性之气质",即指人体四肢、五官、百骸之"形",他说:"此形非他,气质之谓也"(同上);气质之"性"是指人之形体的生理和心理的机能(即气之"良能");包括感性欲望和德性两部分。前者,如眼睛,"眶、疱、睛,气质也;其中光明能见物者,性也"(同上)甚至,

> 男女者,人之大欲也,亦人之真情至性也。(《存人编》卷一)

后者,主要指仁义礼智德性,他说:"……人者已凝结之二气四德也。存之为仁、义、礼、智,谓之性者,以在内之元、亨、利、贞名之也。"(《存性编》卷二)颜元的这一人性构成说,与王夫之的"理与欲"统一构成"初命"之性是一致的。

尚须一提的是,颜元还把"人性"分析成"性、情、才"三者统一的有机整体。他说:

> (性之)发者情也,能发而见于事者,才也;则非情、才无以见性,非气质无所为情、才,即无所为性。是情非他,即性之见也;才非他,即性之能也;气质非他,即性、情、才之气质也。(同上)

这是说,以气质为基础,性发而为情,才能得以体现,才能见于事物;而性自有发为情、见于事的能力("才")。例如,仁义礼智德性,只有"发之为恻隐、羞恶、辞让、是非"之情,才得以体现,而"才者,性之为情者也"。这实际上提出了一种人性的内在机制论,涉及了道德理性与道德感情的关系。意思是说,道德理性必须表现为道德感情,并通过道德感情而付诸道德行为("见于事"),而道德理性本身就有这样的能动性。这应该说是一个合理的思想。

正是在人性"气质"一元的基础上,颜元对程、朱所谓"气质偏有恶"说进行了批判,提出了气质之性或"气质"无恶、本善的观点。

颜元认为,"'气质之性'四字,未为不是,所差者,谓性无恶,气质偏有恶耳"(《存性编》卷一)。程、朱的错误,就是把理与气、性与气质视为分离、对立之二物,认为性(即理)是"至善",而气或气质有恶。对此,颜元驳斥说:

> 若谓气恶,则理亦恶,若谓理善,则气亦善。盖气即理之气,理即气之理,乌得谓理纯一善而气质偏有恶哉!(同上)

这是说,理与气本"融为一片",既然理——性为善,那么气或气质亦当为善。

同时,颜元也承认禀气有偏全,但他认为,全者固然是善,"然偏不可谓为恶也,偏亦命于天者也,杂亦命于天者也"(同上)。犹如颜色,五色兼全,固为本色,但"独黄独白非本色乎?即色有错杂独非本色乎?惟灰尘污泥薰渍点染非本色耳"(同上)。气禀虽有正、间、交杂、清厚、蚀薄、长短、偏全以至通塞的不同,但皆"此理此气也",不存在善恶之别。所以他说:"人之性命,气质虽各有差等而具是此善。"

进而,颜元提出了恶由"引蔽习染"的观点,"其所谓恶者,乃由'引蔽习染'四字为之祟也"。"引蔽",即受邪物引动而蔽其性;"习染",就是"习于恶,染于恶"。颜元指出,讨论人性问题,"当必求'性情才'及'引蔽习染'七字之分界,而性情才之皆善,与后曰恶之所从来判然矣"(《存性编》卷一)。虽然"气质偏驳者易流",即容易被引蔽习染而为恶,但这不能归罪于"气质"或"性、情、才"之本身。犹如"手持他人物,足行不正涂,非手足之罪也,亦非持行之罪也",人之为恶,就在于因引蔽习染而"皆误用其情也"(《存性编》卷二)。

在人性论上,颜元盛赞孟子,说"孟子于百说纷纷之中,明性善及才情之善,有功万世"(《存性编》卷一),并以"气质"一元的形态发挥了孟子的性善论,在许多方面与王夫之相一致。不过,王夫之的主要贡献在于提出了"性日生则日成"的人性发展过程论,而颜元的特点在于强调了"形性不二"、"气质"无恶,集中地批判了程、朱的"气质偏有恶"说,与陈确的人性论有更多的契合。① 他不仅指明了后天环境和习行对道德修养的影响,而且揭示了程、朱"气质偏有恶"说的道德宿命论的实质及其危害。颜元指出,程、朱的"气质偏有恶"说,使"人多以气质自诿,竟有'山河易改,本性难移'之谚矣,其误岂浅哉!"遂造成:"天下之为善者愈阻,曰,'我非无志也,但气质原不如圣贤耳。'天下之为恶者愈不惩,曰,'我非乐为恶也,但气质无如何耳。'"(同上)更其甚者,"恶既从气禀来,则指渔色者气禀之性也,黩货者气禀之性也,弑父弑君者气禀之性也,将所谓引蔽习染,反置之不问。是不但纵贼杀良,几于释盗寇而囚吾兄弟子侄矣,异哉!"(同上)"气质偏有恶"说不但使人们丧失为善的自信心,而且竟成了一切为恶者和罪恶行为的遁辞和护身符。这一批判,无疑是对道德宿命论之危害性的

---

① 陈确在颜元之先就提出了人性气质一元论和"气、情、才"皆善说。认为"离却气质"、"复无本体(善性)可言",性本"气质"一元。又认为:"性之善不可见,分见于气、情、才","由性之流露而言谓之情,由性之运用而言谓之才,由性之充周而言谓之气,一而已矣","情、才与气,皆性之良能也",而"天命有善而无恶,故人性亦有善而无恶;人性有善而无恶,故气、情、才亦有善而无恶"(《瞽言三·性情才之辨》,《陈确集》)。还认为气禀清浊与人性之善恶无关,"气清者无不善,气浊者亦无不善","善恶之分,习使然也,……无论气清气浊,习于善则善,习于恶则恶"(《瞽言三·气禀清浊说》,《陈确集》)。陈确的这些观点,在颜元的人性论中得到了进一步的发挥。

深刻揭露。

还应指出的是,颜元用气禀之不同来解释人之性格和个性的区别。例如,"其禀乎四德之'中'者,则其性质调和","其禀乎四德之'边'者,则其性质偏僻","其禀乎四德之'直'者,则其性质端果"(《存性编》卷二)。颜元的这一说法,已经涉及心理学的领域,虽不科学,但不无合理之处。现代心理学和遗传学并不否定形成人们不同性格的先天因素。不仅如此,颜元还主张对人的不同性格或个性应加以引导,予以发展,反对抑而压之。他说:

> 人之质性各异,当就其质性之所近,心志之所愿,才力之所能以为学,则易成圣贤,而无龃龉扞格,终身不就之患。(《四书正误》卷六)

并由此批判了程、朱"变化气质之说",认为这是"平丘陵以为川泽,变川泽以为丘陵,不亦愚乎"(同上)。这实际上提出了要尊重个性发展和道德修养应由自愿的主张,显然是对强调服从、压抑个性发展这一恶劣的传统思想的反叛。

二、"正义以谋利"的功利主义

在"理欲"之辨上,颜元并无什么建树,较王夫之逊色;而对"义利"之辨,则有较大贡献。他提出"正其谊以谋其利,明其道而计其功"(《四书正误》卷一)的命题,以取代由董仲舒提出、受到宋明理学家竭力称道的"正其谊不谋其利,明其道不计其功",标志着自北宋李觏以来功利主义反对道义论斗争的总结。颜元的功利主义义利观,在中国古代"义利"之辨的发展史上,应享有重要的地位。

颜元在谈到义利关系时指出:

> 其实义中之利,君子所贵也。后儒乃云"正其谊不谋其利",过也。宋人喜道之,以文其空疏无用之学。予尝矫其偏,改云:正其谊以谋其利,明其道而计其功。(《四书正误》卷一)
>
> 正谊便谋利,明道便计功。(《言行录》)

这就是说,谋利、计功,正是正义、明道的目的,他说:"世有耕种而不谋收获者乎? 世有荷网持钓而不计得鱼者乎?"(《言行录》)显然,这是一种典型的功利主义价值方针。

应该指出,颜元的功利主义与陈亮等人相同,也强调了社会的功利效用,具有社会功利主义的特点。他认为最大的功利是"富天下"、"强天下"、"安天下"(《年谱》),而这"自是行道所必用"的目的。因此他不同意孟子对旨在富国强兵的耕战政策的攻击,认为孟子的这一观点不符合孔门真正王道的精神,是他所"不愿学处"(《言行录》)。而对王安石富国强兵的新法,则作了肯定的评价。颜元说:"王介甫吾所推服,为宋朝第一有用宰相。""荆公所办,正是宋家对症之药。"(《朱子语类评》)然而王安石的事功之举却多遭诬谤,对此,颜元深为感慨地说:"所恨诬此一人,而遂普忘君父之仇也,而天下后世遂群以苟安颓靡为君子,而建功立业欲揩挂乾坤者为小人也。岂独荆公之不幸,宋之不幸也哉!"(《年谱》)颜元对历史人物及其学说的评价,正体现了他的社会功利主义的价值尺度。

颜元还以社会功利主义的价值尺度总结历史,认为宋朝之所以风气衰败、积弱丧国,其主要原因就在于不务"经济实用",侈谈反功利即"正其谊不谋其利,明其道不计其功"的道义论价值观。他说:

> 宋人但见料理边疆,便指为多事;见理财,便指为聚敛;见心计材武,便憎恶斥为小人,此风不变,乾坤无宁日矣!(同上)

而在朱熹所倡导的所谓"静坐主敬"、"解书修史"、"正心诚意"的风气影响下,反对"实学",鄙视"功利",更造成"士无学术,朝无政事,民无风俗,边疆无吏功"(《习斋记余》卷九)。自诩"圣贤"的道学家虽众,然"上不见一扶危济难之功,下不见一可相可将之材"(《存学编》卷二),可称"上品"者,也不过是"无事袖手谈心性,临危一死报君王"(《存学编》卷一)的无用之辈。其结果,先是"两手以二帝畀金,以汴京与豫矣",后是"两手以少帝付海,以玉玺与元矣"(《存学编》卷二)。反功利的程朱理学道义论的危害,致使两宋落得如此可悲的下场。颜元的这一见地,确有相当的历史深度,发人深省!

鉴于社会功利主义与反功利的道义论之强烈对比,颜元提出了他的理想人格或理想"人才"。他说:

> 人必能斡旋乾坤,利济苍生,方是圣贤。不然,虽矫语性天,真见定静,终是释迦、庄周也。(《言行录》)

就是说,所谓"圣贤",决非是宋儒所倡"只悬空闲说,不向着实处看"的"文墨之人",更非入"空"门的"释迦"、持"虚"道的"庄周",而是"建经世济民之勋,成辅世长民之烈,扶世运,奠生民"(《习斋记余》卷三)的于世有用之才。这样的"人才",一方面具有"为生民办事"的高尚德性,另一方面又有"文足以附众,武足以威敌"的真才实学。显然,这种以社会功利为价值标准的理想人格和理想"人才"是有利于社会进步和改革的。

三、"实学"、"习行"的成人之道

颜元倡导"实学"、"习行",认为"身实学之,身实习之,终身不懈者"(《存学编》卷一),是排除"引蔽习染"而成就理想人格的必由之路。这一"实学"、"习行"的成人之道,合道德教育、道德修养论与哲学认识论于一体,是颜元伦理思想中最具特色的内容。

在关于"学术"的问题上,颜元坚决反对宋明理学家那一套离事离物的"空疏无用之学",提倡一种"见之事"、"征诸物"的实事实物之学,他称之为"实学"①。

---

① "实学"一词最早由北宋理学家程颐提出,后为理学和心学的许多代表人物所沿用。理学家主张"实学",其用意在于反对佛、道"虚无寂灭之教",以标明理学的治学(治经)风格,包括治学的宗旨、对象和方法。申言"理是实理",主张"明道致用",提倡"躬行实践",而其实质是要求人们在现实生活中认真践履名教纲常。然而,由于理学形而上的唯心主义,不可能使其"实学"与佛、道"空无"之学划清界线,尤其是在明中叶后的理学末流那里,终于演成"空谈心性"而堕入"虚文"、"枯禅",促使了明王朝的衰亡。正是在这种情况下,一批进步的思想家通过历史的反思和总结,痛定思痛,鄙弃"空谈心性",提倡"经世致用",讲究"实践"、"实行"、"实习"、"实功"、"实才"、"实政"、"实事"、"实物"、"实风"……形成了一股"崇实黜虚"的"实学"思潮。这一"实学"思潮,继承和发扬儒学所具有的经世传统和"求实"作风,拓展了"实学"的内容,体现了明末清初中国封建社会的"自我批判"精神,具有一定的启蒙意义,显然不能与理学的"实学"同日而语,颜元的"实学"思想就是一个明显的例证。

"实学"的具体内容是:"尧舜之正德、利用、厚生"和"周公之六德、六行、六艺"①。前者,"谓之三事,不见之事,非德,非用,非生也";后者,"谓之三物,不征诸物,非德,非行,非艺也"(《年谱》)。其实,"六德即尧舜所为正德也,六行即尧舜所为厚生也,六艺即尧舜所为利用也"(《习斋记余》卷三)。颜元之所以名其学为"事"、"物",他说:

> 夫尧舜之道而必以"事"名,周孔之学而必以"物"名,俨若预烛后世必有离事离物而为心口悬空之道、纸墨虚华之学。(同上)

可见,颜元所倡导的"学术",虽然未脱"圣经贤传"之古装,但其内容却具有了时代的新义。这里所说的后世"离事离物"之学,就是"诵读诗书,讲解义理",即空谈"心性"的宋明理学,颜元称之为"文"。这是"行外之文",它滥觞于汉儒,而至宋儒益盛,"且章释老附会六经四子中,使天下迷酊"(《习斋记余》卷九),造成"人人禅子,家家虚文"(《年谱》),致使"普地庠塾无一可用之人才,九州职位无一济世之政事"(《习斋记余》卷九)。因此,为了"救生民"于理学"虚文"之"蠹"及讲道"妖氛"之"迷",造就"斡旋乾坤,利济苍生",即"经世济民"之才,就必须提倡实事、实物而有"实功"的"实学"。颜元认为:"文盛之极则必衰,文衰之返则有二",其一"是文衰而返于'实'",其二"是文衰而返于'野'"(《存学编》卷四)。他所理想的并努力争取的是"返于'实'",认为现在正是返于"实"——提倡"实学"的时候了。为此,颜元付出了毕生的精力! 当然,颜元这一"文衰返实"的理想,是封建社会晚期的"自我批判"意识。所谓的"实",仍属"吾儒"范畴,而所谓的"野",则包括"张献忠之焚毁"的农民起义,这是颜元不希望的。他明确指出,一旦返于"野",则"吾儒于斯民沦胥以亡矣"(同上)。

颜元说:"学术者,人才之本也。"(《习斋记余》卷一)人才培养,道德修养,必须以"实学"为内容;而为了实学"三事"、"三物",又必须"实习之",即通过"习行"工夫。

颜元指出,"明道不在诗书章句,学不在颖悟诵读"(《存学编》卷一)。宋明

---

① "六德":知、仁、圣、义、忠、和。"六行":孝、友、睦、姻、任、恤。"六艺":礼、乐、射、御、书、数。

理学家所论的既是"事外之理，行外之文"，即离事离物的"空静之理"，因而其修养方法，必然是"主静"、"持敬"一套"空静之功"。颜元认为，这种工夫虽可谓"妙"，却是"镜花水月"，于学"无用"，且"徒苦半生，为腐朽之枯禅"，"自欺一生而已矣"（《存人编》卷一）。与理学的"空静之功"针锋相对，颜元明确申言：

> 吾辈只向习行上做工夫，不可向语言文字上着力。（《言行录》）

又说："孔子开章第一句，道尽学宗。思过、读过，总不如学过；一学便住也终殆，不如习过；习三两次，终不与我为一，总不如时习方能有得。习与性成，方是'乾乾不息'。"（同上）认为"习行"是"明道"、"成性"的根本工夫，它比思、读、学更重要；而"习"又必须"时习"不息，如此方能成就德性。这与王夫之的"习与性成"是一致的。

颜元要求人们注意"学而时习"的"习"与"习相远也"的"习"之间的差别。他认为，前者是"教人习善"，后者是"戒人习恶"，两者在对象、方向及其后果上是不同的。在颜元看来，人往往"不习于性所本有之善，必习于性之本无之恶"。因此，他要求学者习行"六艺"，"习其性之所本有"，使"性之所本无者，不得而引之蔽之"，而不引蔽，就不会习染，也就可以"得免于恶矣"（同上）。颜元对"习"的这种分析，对于认识和修养不无合理之处。

颜元所倡导的"习"，强调要就"事"、"物"上实际地去做，即所谓"寻事去行"。所以称"习"为"实习"、"实践"、"习行"。颜元认为，读书固然不可一概排除，但"读书特致知之一端耳"，要"致知"就必须通过"习行"；"习行"是"致知"的源泉。例如要知礼，就不能靠熟读礼书，必须"跪拜周旋，捧玉爵，执布帛，亲手下一番，方知礼就是如此，知礼斯至矣"（《四书正误》卷一）。正是根据"习行"的观点，颜元对"格物"作了新的解释。他说："格即手格猛兽之格，手格杀之格。"（同上）认为"格"就是亲自动手去接触事物，即"犯手实做其事"。只有这样，方能"致知"。比如萝卜菜蔬，"虽从形色料为可食之物，亦不知味之如何辛也，必箸取而纳之口，乃知如此味辛"（同上）。

> 故曰：手格其物，而后知至。（同上）

这无疑是唯物主义的观点。不过,颜元所要求格的"物",主要是指:"六德"、"六行"、"六艺",他说:"吾断以为物即'三物'之物",而所谓"致知",也就是"明道"。颜元认为"理在事中",只有通过"格物"、"习行",才能认识"事"中之"理",从而"涵濡性情",成就德性。

还应指出,颜元讲"习行",另有验证德性和学问之义。比如医生的医道是否高明,不在于他读了医书千百卷,而是要看他能否诊脉、制药、给人治病,就是说,看其能否有用。所以说:

> 吾谓德性以用而见其醇驳,口笔之醇者不足恃;学问以用而见其得失,口笔之得者不足恃。(《年谱》)

这里也体现了他的功利主义原则。

在修养工夫上,颜元最痛恨理学家的"主静"或"静坐",为此,他又突出了一个"动"字,故称"习行"为"习动"。他说:

> 宋元来儒者皆习静,今日正可言习动。(《言行录》)

"习动",就是"夙兴夜寐,振作精神,寻事去做,行之有常,并不困疲",充分发挥"习"的主观能动性,这就能使身心"日益精壮"(同上)。他认为,"习动"的结果是,一身动则一身强,一家动则一家强,一国动则一国强,天下动则天下强。"静坐"还是"习动",不仅是造就人才的根本,而且还是世之强弱、兴亡的关键。他说:

> 三皇五帝三王周孔皆教天下以动之圣人也,皆以动造成世道之圣人也,五霸之假,正假其动也。汉唐袭其动之一二,以造其世也。晋宋之苟安,佛之空,老之无,周程朱邵之静坐,徒事口笔,总之皆不动也。而人才尽矣,圣道亡矣,乾坤降矣!(同上)

这里,颜元以"动"、"静"对立来说明人才成废、世道兴衰,虽只是一隅之见,但就治学之道而言,不能不说是对宋明理学唯心主义修养论的致命一击。而且,其意义超出了道德教育和道德修养,涉及了对传统文化特点的考察,至今可资借鉴。

颜元强调"习行"、"习动"在道德认识中的地位和作用,正是在这一方面,不仅深刻地批判了唯心主义的修养论,而且也超过了以往的唯物主义修养论,确有不同凡响之处。不过,他虽也主张"省察",但毕竟忽视了理性思维,因而使他的修养论和认识论不免具有经验论的倾向。

第六节　戴震"血气心知"的人性论及其对程朱理学的批判

戴震(1723—1777),字东原,安徽休宁隆阜(今属屯溪市)人。他出身小商家庭,早年曾做过商贩,教过书。后中乡举,但多次考进士未中。晚年被特召为《四库全书》的纂修官,致力于校订天算地理古籍,不久因积劳成疾病死。戴震不仅是有清一代的考据大师,对经学、语言学作出了重要贡献,而且在哲学伦理思想方面也多有建树,是继颜元、李塨后又一位反理学的杰出思想家。

戴震生活的时代正值清朝的所谓"雍乾盛世"。但毕竟已是封建社会晚期,资本主义经济的萌芽经清初摧残又有所滋长,市民阶层的斗争不断发生;同时土地兼并加剧,阶级矛盾尖锐。清政府为巩固统治,在思想文化领域,进一步加强封建专制,一方面大兴文字狱,实行高压政策;另一方面又大力提倡程朱理学,尊崇程朱理学为唯一的"正学",并倡导考据学,编修《四库全书》,以钳制和笼络知识分子。在这种情况下,许多学者转向训诂考据,形成"乾嘉学派"。清代的考据学开创于顾炎武,他提倡为学应"经世致用",以"明道救世"为目的,反对脱离实际的空谈。但"乾嘉学派"中的多数人并没有继承顾炎武的这一优良学风而是悉心钻研古籍,脱离实际。戴震则与此不同,他作为皖派的开创者,以"由词以通其道"的训诂原则,通过对儒家经典的考辨训诂,发挥自己的学术思想,对程朱理学进行了批判,在哲学伦理思想方面作出了杰出的贡献。他以"气化即道"的唯物主义"理气观",否定了程、朱的"理在气先"的唯心主义;以"血气心知"的人性"一本"论,批判了程、朱的人性"二重"(戴震称之为"二本")说;更以"理者存乎欲"的理欲统一观,抨击了程、朱"存理灭欲"的禁欲主义,并揭露了理学"以理杀人"的反动实质。戴震的这些思想,是对封建礼教的又一冲击,散发着近代启蒙思潮的气息。

戴震的著作,后人编为《戴氏遗书》,现有《戴震集》,其中《原善》、《孟子字义疏证》集中地表述了他的哲学伦理思想。

一、"血气心知"的人性"一本"论

无论是王夫之的"性在气中",性只"是气质中之性",还是颜元的"非气质无以为性",就人性来源而言,都提出了人性"气质"一本说,戴震由此而作了进一步的发展,明确认为"性者,血气心知本乎阴阳五行"(《孟子字义疏证》中,本节简称《疏证》),"一本然也"(同上),"非二本然也"(《原善上》)。从而在理论上深化了对程、朱人性"二重"说的批判。

戴震继承了张载"由气化,有道之名"的气一元论,提出"气化即道"的观点,他说:"道犹行也。气化流行,生生不息,是故谓之道"(《疏证》中),又说:"阴阳五行,道之实体也"(同上)。人、物就是由气化生生而成,"气化之于品物,可以一言尽也,生生之谓与"(《原善上》)。或曰:"人物之初,何尝非天之阴阳絪缊凝成。"(《绪言下》)由此,戴震也用气禀来解释人物之性。

戴震认为,人物之性正本乎阴阳五行,由阴阳五行所成。只是因为"气类之殊",使人物之性有了区别("分")。他说:

> 如飞潜动植,举凡品物之性,皆就其气类别之。人物分于阴阳五行以成性,舍气类,更无性之名。(《孟子私淑录》中)

性由气禀,这当然不是新的观点。不过,戴震的人性气禀说,自有其特点。

戴震提出"血气心知"来表述他的气禀人性。他说:

> 人之血气心知本乎阴阳五行者,性也。(《疏证》上)
> 血气心知,性之实体也。(《疏证》中)

"血气",是指感官及其感性功能;"心知",是指思维器官及其理性功能。他说:"味与声色,在物不在我,接于我之血气,能辨之而悦之"(《疏证》上);"理义在事情之条分缕析,接于我之心知,能辨之而悦之"(同上)。人之欲望(欲)、感情(情)、理性(知)就是因声色之接于血气、理义之接于心知而产生的。他说:"人生而后有欲,有情,有知。三者,血气心知之自然也。"(《疏证》下)这就是说,人性具有体、用两个方面,其体,是感觉器官和思维器官的结合;其用,是感性功能和理性功能的统一。并且,戴震还进一步认为,有血气才有心知,有感性才有理性,对此,他称为"一本"。戴震明确指出:

> 天下唯一本,无所外。有血气,则有心知;有心知,则学以进于神明,一本然也。(《疏证》上)

"一本",即本于血气,实际上也就是本于气禀、气质。这就是戴震的"血气心知"的人性"一本"说。据此,戴震批判了程、朱的人性论。

程、朱认为"性即理也",此为"天命之性",纯一至善。同时又认为理不离气;人受气禀而生,理则堕入气质之中,此谓"气质之性",有善有恶。善者,气质纯粹;恶者,气质偏驳。对此,我们曾就人性结构的角度概括为人性"二重"说,戴震则就其来源称之为"二本",这也就是学术界一般所说的人性"二元"论。戴震指出,宋儒"谓理为生物之本,使之别于气质",即视"理"为独立存在的宇宙本体。因此,他们就"以性专属于理,'人禀气而生之后,此理堕入气质中,往往为气质所坏,如水之源清,流而遇污,不能不浊,非水本浊,地则然耳'"(《绪言下》)。同时又"于性与心视之为二",即"尊理而以心为之舍",把理(即性)与心视为二物。于是,理就"不得不与心知血气分而为二",也就是"以理与气质为二本"(同上)。

戴震认为,程、朱的人性"二本"论,实与荀子的人性论"无二指也"。"荀子之所谓礼义,即宋儒之所谓理;荀子之所谓性,即宋儒之所谓气质。"(同上)这一类比虽是牵强,但却进一步揭示了程、朱"外气质"以论性(理)的形而上学谬误。同时,戴震还指出:宋儒"以气质为理所寓于其中,是外气质也,如老聃、庄周、释氏之专以神为我,形骸属假合是也"。因此,"宋儒以理与气质为二本"与"老聃、庄周、释氏以神与形体为二本"，在理论上是完全一致的，从而揭露了程、朱尊性理贱气质，视性理与气质为"二本"的理论来源及其引佛、道而"杂于儒"的实质。不过，戴震对于宋儒与佛道的态度有所不同，认为"宋儒推崇理，于圣人之教不害也，不知性耳。老聃、庄周、释氏，守己自足，不惟不知性而已，实害圣人之教者也"（《绪言下》）。可见，戴震批判理学，但不抛弃儒家的根本立场，这里，我们同样看到了封建社会晚期"自我批判"意识的特点。

戴震从批判程、朱"以理与气质为二本"之说出发，进而否定了宋儒在道德修养论上的所谓"复初"说。

自李翱融合儒佛提出"复性"说以后，"复性"或"复其初"，成为宋儒道德修养论的基本路线，朱熹认为人生来就具有天赋的至善"明德"，即所谓"天地之性"，"但为气禀所拘，人欲所蔽，则有时而昏"（《大学章句》）。因而道德修养不在于扩充善性、加益德性，只需通过"主静""持敬"、"存理灭欲"的功夫，使"本体之明"得到恢复，"以复其初也"（《大学章句》）。这是"以理与气质为二本"在修养论上的贯彻。对此，戴震也提出了不同的看法。他说：

> 试以人之形体与人之德性比而论之，形体始乎幼小，终乎长大；德性始乎蒙昧，终乎圣智。其形体之长大也，资于饮食之养，乃长日加益，非"复其初"；德性资于学问，进而圣智，非"复其初"明矣。人物以类区分，而人所禀受，其气清明，异于禽兽之不可开通。然人与人较，其材质等差凡几？古贤圣知人之材质有等差，是以重问学，贵扩充。（《疏证》上）

这是说，如同人之形体生之幼小而终乎长大一样，人的德性也有一个始乎蒙昧而终乎圣智的培养、发展的过程，也就是说，人的德性培养，不是"复其初"。在戴震看来，如果按照程、朱、陆、王"复其初"的说法，那么人的德性就将永远停留在"蒙昧"状态，这就等于否定了问学的修养功夫。戴震的这一观点，与王夫之的"性日生则日成"是一致的。

戴震也认为"性善"，但与孟子先验论的"性善"有别，而是指"心"有认识"理义"的能力，他称之为"心之神明"。戴震认为，"理义在事"，并非吾心所固有；但"心能辨夫理义"，即有"自具"照察事物而不谬的功能。而这种功能是可以通过学而不断增益致于极盛的。他说：

> 惟学可以增益其不足而进于智，益之不已，至乎其极，如日月有明，容光必照，则圣人矣。此《中庸》"虽愚必明"，《孟子》"扩而充之之谓圣人"。神明之盛也，其于事靡不得理，斯仁义礼智全矣。故理义非他，所照所察者之不谬也。何以不谬？心之神明也。（《疏证》上）

所以，德性的培养，实际上是由学而不断扩充、增益明辨理义之功能（神明）的过程，而不是什么"复其初"，因此，戴震对宋明理学"复其初"的否定，无论在修养论，还是在认识论上，都具有反映论反对先验论的意义。

应当指出，戴震是我国古代对人性问题论述最详的思想家之一。他的"血气心知"人性"气质"一本说，在气质的基础上，肯定人具有声色情欲和明察理义的自然功能，把人看成是感性与理性相统一的实体，带有近代人性论的意味，并以此为理论根据，提出了他的"理者存乎欲"的理欲统一观，批判了宋明理学的理欲对立论。

二、"理者存乎欲"的理欲统一观

戴震在"血气心知"的人性"一本"说的基础上，进一步提出"自然"与"必然"这对范畴，论述了"理"与"欲"的关系。

戴震所说的"自然"，意谓人物之性本来如此。而所谓"必然"，他说："必然者，不易之则也"（《绪言上》），具体指"理"或"理义"，"理非他，盖其必然也"（同上），又说："至当不可易之谓理"（《疏证》下）。因此，戴震所说的"必然"，与我们所讲的"必然"不尽相同，它兼有"至当"和"不易"，即我们讲的"当然"与"必然"两个方面的含义；既指人的行为准则，又具事物客观规律之义。

"自然"与"必然"的关系之体现于"理"与"欲"的关系上，戴震说：

> 欲者，血气之自然，其好是懿德也，心知之自然……由血气之自然，而审察之以知其必然，是之谓理义；自然之与必然，非二事也。就其自然，明

之尽而无几微之失焉,是其必然也。如是而后无憾,如是而后安,是乃自然之极则。若任其自然而流于失,转丧其自然,而非自然也;故归于必然,适完其自然。(《疏证》上)

这是说,情欲和好德都是人性之"自然"。而对于"血气"之自然的情欲,通过理性的审察而知其不易之则("理义"),使之"无几微之失",从而使欲望得到合理的满足,内心也感到安而无憾,于是达到"自然之极则",也就是"归于必然",如果听任血气之自然而让欲望流于失,使"自然"脱离"必然",反而会损害其"自然"。所以,唯有"归于必然",才能使情欲得到满足,即"适完其自然"。

对于欲望,戴震既反对"无欲",也反对"穷欲",主张"节其欲而不穷人欲"(同上)。所谓"归于必然,适完其自然",其实际含义,就是通过心知的理性审察使情欲"节而不过","依乎天理"(同上)。但是,戴震既以"自然"与"必然"这对范畴来概括"理"与"欲"的关系,那就使他的理欲观获得了理论的和时代的新义。

首先,戴震用"自然"来概括人的感性情欲,从哲学的高度对情欲作了充分的肯定;不仅如此,还对情欲作了充分的论证。他在批判程、朱、陆、王及道、佛的"无欲"说时指出:

凡事为皆有于欲,无欲则无为矣;有欲而后有为,有为而归于至当不可易之谓理。(《疏证》下)

这实际上是从行为科学的角度,肯定"有欲"是人们行为的第一动力,并认为欲望支配人们的行为又必须遵循当然之则。同时,戴震还认为"有欲"才有"生养之道",而"无欲"则"生道穷促",人类也就不会有"人伦日用"和社会生活,这无疑也是一个合理的思想。

其次,"自然之与必然,非二事也","自然"是"必然"的本原和基础,"必然"是"自然之极致"(《原善上》),是"自然"之"无失"。这就是说,不能离开"自然"谈"必然",即不能离开人的自然情欲求"理义"。戴震明确指出:"古贤圣所谓仁义礼智,不求于所谓欲之外,不离乎血气心知。"(《疏证》中)因为"理者存乎欲者也";"理也者,情之不爽失也。未有情不得而理得者也"(《疏证》上)。这里,与宋明理学的理欲对立论相反,戴震不仅认为理欲是统一的,而且认为"欲"是"理"的基础,没有"欲"也就无所谓"理";"理"不过就是"情之不爽失也"。这里的实质在于:人首先是感性实体,而道德的善,正在于感性欲望的合理满足。他说:"善,其必然也;性,其自然也"(《疏证》下),"善"就是自然情欲之"归于必然";而归于必然,"适完其自然",自然情欲达到了合理的满足,"此之谓自然之极致,天地人物之道于是乎尽"(同上)。

最后,戴震提出了一个重要的命题:

> 道德之盛,使人之欲无不遂,人之情无不达,斯已矣。(同上)

而所谓"王道"的价值,也就在于"体民之情,遂民之欲"(《疏证》上)。这就是说,道德之价值,在于满足人的自然情欲;而离开了情欲的满足,也就没有道德可言。显然是一种功利主义的道德价值观。

在理欲关系上,王夫之曾主张"天理""必寓于人欲以见","人欲之各得,即天理之大同"。戴震与之相同,并通过"自然"与"必然"这对范畴,对理欲统一关系作了进一步的理论升华。并且,他还通过对"欲"和"私","理"、"欲"与"正"、"邪"以及"理"与"意见"等概念的分析区别,更彻底地批判了理学家"存理灭欲"的说教。

程、朱视"人欲"为"私欲",从而把"人欲"与"天理"对立起来,主张"存天理,灭人欲"。戴震则区别了"欲"与"私",认为欲不是私,"欲之失为私,私则贪邪随之矣",同样,"情之失为偏,偏则乖戾随之矣"(《疏证》下)。因此,所要反对的是"私"而不是"欲","是故圣贤之道,无私而非无欲"(同上)。而"不私,则其欲皆仁也,皆礼义也;不偏,则其情必和易而平恕也"(《疏证》下)。对此,戴震又表述为:

> 欲不流于私则仁,不溺而为慝则义,情发而中节则和,如是之谓天理。(《答彭进士允初书》)

总之,不能"因私而咎欲","绝情欲以为仁"(《疏证》下)。

戴震指出,朱熹屡言"人欲所蔽",以为无欲就无蔽。其实——戴震认为——

"欲"和"蔽"无关,"欲之失为私,不为蔽"(《疏证》上),蔽是"知之失"。因此,克服"私"和"蔽"的方法也就不同,"去私莫如强恕","解蔽莫如学"(《原善下》);去私在于"通天下之情,遂天下之欲",把个人情欲的满足和天下人情欲的满足结合起来,"遂己之欲,亦思遂人之欲"(同上)。而解蔽则在于发展心知,使之达到"聪明圣贤"的境界。这里,戴震把欲之流于私与知之失为蔽区别开来,从而进一步否定了程、朱以为"人欲所蔽"而主张"灭人欲"的谬说。但是,由此而忽视情欲对认识的影响,也失之偏颇。

程、朱视理欲为正邪之别,理为正,欲为邪,以此论证"存理灭欲"。戴震根据理欲统一观,认为"非以天理为正,人欲为邪也。天理者,节其欲而不穷人欲也。是故欲不可穷,非不可有"(《疏证》上)。

"理"非"意见"。戴震认为,"日用饮食"之情,人我同然("人岂异于我"),所谓"理",就是"情之不爽失也,未有情不得而理得者也"(同上)。同样,"舍是(人我同然之情)而言理,非古贤圣所谓理也"(同上)。据此,他认为:"心之所同然始谓之理,谓之义;则未至于同然,存乎其人之意见,非理也,非义也。"(同上)就是说,离开人心同然之情欲而讲"理",只是"意见"而已,"苟舍情求理,其所谓理,无非意见也"(同上)。

戴震认为,程、朱的所谓"理",就是"己之意见",他说:

> 六经,孔、孟之言以及传记群籍,理字不多见。今虽至愚之人,悖戾恣睢,其处断一事,责诘一人,莫不辄曰理者,自宋以来,始相习成俗,则以理为"如有物焉,得于天而具于心",因此心之意见当之也。(同上)

这里所说"以理为'如有物焉,得于天而具于心'",就是朱熹的观点。朱熹视理与欲相对立,认为"理"是"得之天而具于心者"。对此,戴震批判说:"依然'如有物焉宅于心'。于是辨乎理欲之分,谓'不出于理则出于欲,不出于欲则出于理',虽视人之饥寒号呼,男女哀怨,以至垂死冀生,无非人欲,空指一绝情欲之感者为天理之本然,存之于心。"(《疏证》下)如此,则必然弃"人伦日用"、"生养之道",使人不能"遂其欲"、"达其情",不仅祸及一人,且祸及天下国家。戴震明确指出:

> 苟舍情求理,其所谓理,无非意见也。未有任其意见而不祸斯民者。(《疏证》上)
>
> 凡以为"理宅于心","不出于欲则出于理"者,未有不以意见为理而祸天下者也。(《疏证》下)

从而揭露了程、朱"存理灭欲"的禁欲主义实质。

至此,我们可以清楚地看到,在理欲关系上,戴震与程、朱的对立,不仅表现在对待"人欲"态度上的根本分歧,而且,由此也就决定了他们对"理"的实质和作用的不同理解。在戴震看来,程、朱"舍情求理","理"就脱离了"人伦日用",而成了扼杀"生养之道"的工具,从而他把对程朱理学的批判,提到了政治批判的高度,喊出了"后儒以理杀人"这一自李贽以来反理学的历史最强音:

> 圣人之道,使天下人无不达之情,求遂其欲而天下治。后儒不知情之至于纤微无憾,是谓理。而其所谓理者,同于酷吏之所谓法。酷吏以法杀人,后儒以理杀人,浸浸乎舍法而论理,死矣,更无可救矣!(《与某书》)

这就是说,精神摧残酷于严刑峻法。戴震进一步指出:

> 古人之学在行事,在通民之欲,体民之情,故学成而民赖以生。后儒冥心求理,其绳以理,严于商、韩之法,故学成而民情不知,天下自此多迂儒。及其责民也,民莫能辨,彼方自以为理得,而天下受其害者众也。(同上)

可见,戴震揭露后儒"以理杀人",包括两重含义:一是指"冥心求理"之儒,以理绳心,扼杀了个性的发展,成为不知民情的迂儒;二是指以理责民,民受其害。

对于以理责民的批判,戴震更是不遗余力。他说:

> 尊者以理责卑,长者以理责幼,贵者以理责贱,虽失,谓之顺;卑者、幼者、贱者以理争之,虽得,谓之逆。于是下之人不能以天下之同情、天下所同欲达之于上;上以理责其下,而在下之罪,人人不胜指数。人死于法,犹

有怜之者;死于理,其谁怜之？呜呼！杂乎老、释之言以为言,其祸甚于申、韩如是也！(《疏证》上)

在戴震的笔下,"理学"——礼教"杀人"的凶相跃然纸上,暴露无遗,集中地表达了他对"理学"——礼教摧残民生的强烈控诉,从而明显地体现了戴震伦理思想的进步性和启蒙性。

如果说,颜元主要以实事实物之学,反对了程、朱侈谈"心性"的空疏无用之学;那么,戴震则对程朱理学的思想纲领——"存天理,灭人欲"进行了毁灭性的打击。其批判之激烈和深刻,确已到了封建社会晚期"自我批判"意识所能达到的程度。这在当时统治者加强文化专制,理学统治和学术界脱离实际、悉心考据的恶劣环境下,实属难能可贵！但是,也正是由于这种恶劣的政治、文化环境,使得戴震那闪烁着启蒙光彩的哲学伦理思想,只有少数志同者(如其友人洪榜)为之倾倒(江藩《国朝汉学师承记·洪榜传》:"惟榜以为功不在禹下"),而"时人则谓空读义理,可以无作"(章学诚《文史通义》卷二),和者盖寡,并未发生重大影响。然而这并不损害戴震在中国传统伦理思想史上的历史地位。可以说,戴震对程朱理学伦理思想的批判,是明末清初兴起的反理学思潮的终结,是近代龚自珍之前最后一位反理学的杰出思想家。

附录一
关于中国传统伦理的现代价值研究

——一种方法论的思考

传承与创新的统一,体现了文化发展的一般规律。因此,当摈弃"全盘西化论"、"民族虚无主义"及其思维方式,面对建设有中国特色社会主义的道德文化这一历史性课题时,传统伦理的"现代价值"问题就凸显出来了。其实,在反思和批判中发掘传统伦理的"现代价值对象性",进而实现"现代价值"再创造或曰传统伦理的现代转化,从而为在社会主义市场经济条件下建设社会主义道德体系提供丰富而深厚的文化资源,这本来就是研究中国传统伦理思想的题中应有之义。对于传统伦理文化,现在的问题所在,主要已经不是有没有"现代价值"和要不要实现"现代价值"再创造,而是如何发掘"现代价值"和如何实现"现代价值"再创造,即方法论的问题。因此,在本书之后,有必要谈谈关于中国传统伦理现代价值研究的方法论问题。

一、社会伦理建构成因的"原源之辨"

反思百多年来"伦理变革"过程中在对待传统伦理文化上所出现的不同倾向和各种思潮,就方法论而言,归结到一点,就是中华传统伦理文化是否具有以及如何评价并实现其"现代价值"的问题。为从根本上把握回答这一问题的方法,我们在研究中形成了这样一个概念,即所谓社会伦理建构成因的"原源之辨"。

从发生学的视角看问题,任何一种社会伦理建构(包括某种伦理思想体系)的形成,都有"原"与"源"两个方面的综合成因。"原"即本原、根基,指社会现实的经济关系、社会结构、政治状况及其变革;"源"即渊源、资源,指历史地形成的传统伦理文化(也包括外来的伦理文化影响)。"原"决定一种现实的社会伦理建构的社会性质、价值导向和时代特点;"源"不仅为这种社会伦理建构提供了可资选择的伦理思想、伦理概念、道德规范、价值模式、行为方式、人格范型等文化资源,而且还规定或影响这一社会伦理建构包括道德话语系统的民族形式和民族特点。事实上,传统文化,"它是现在的过去,但它又与任何新事物一样,是现在的一部分"[①]。

---

① 爱德华·希尔斯:《论传统》,傅铿等译,上海:上海人民出版社,2009年,第13页。

因此,一个国家的文化创新和建设,都不可能是超脱传统文化的、无历史的,就是说,都必然要以传统为其文化资源。一种新的社会伦理建构,同样要以传统伦理为其文化渊源,从而体现伦理文化演进的继承性。当然,作为"源"的传统伦理必然要受到现实之"原"的检验、筛选和改造,从而确定其现实价值对象性,以实现"原""源"整合,实现文化发展传承与创新的统一,创造出具有时代特点和民族特色的新的社会伦理建构。这是伦理文化演进中某种新的社会伦理建构成因的一般规律。

"原源之辨"不同于"源流之辨"。"源流之辨"仅就"传统"本身而言,概括了"传统"形成的过程。"源"指源头、统绪;"流"指文化源头在以后历史过程中的流变,即文化"统绪"的变化承传,遂而形成传统。"原源之辨",不仅概括了"源"之流变的动因("原"),而且跳出了"传统"本身,立足于现实,揭示了一种新的社会伦理建构得以创立的原因,即"原""源"整合。因此,我们认为,提出"原源之辨"对于从根本上把握研究传统伦理文化现代价值的方法是有意义的。

先秦儒家伦理的产生,正是本"原"于春秋战国时期现实的社会变革,以及孔子、孟子等自身的社会角色及其价值取向对西周以来的"有孝有德"、"敬德保民"和关于"礼"、"仁"等传统伦理("源")的"因""革"(即传承与创新)。西汉董仲舒推阴阳之变,究"天人之际",发《春秋》之义,举"三纲"之道,给"孔子之术"以新的理论形态和思想内容,从而创立了汉代"新儒学",其本原归于西汉"大一统"的封建秩序,而先秦的原生儒学和诸子思想则是建构其思想体系的文化资源或思想渊源。董仲舒的贡献,就在于根据巩固封建"大一统"秩序的需要,确认"孔子之术"的现实价值对象性,进而对之进行"价值再创造",使之成为"定于一尊"的封建统治思想。至于宋明理学及其伦理思想体系的产生,同样有着"原"、"源"两个方面的成因。所谓"心性之学",固然有儒、佛、道的思想渊源,但其本原还是在于当时社会的经济、政治状况以及复杂的社会心态。而所以有"程朱理学"与"陆王心学"之异,则是各自基于对所处社会现状的不同思考而对传统儒学和佛、道"文本"所作的不同诠释、筛选和整合。

把对伦理文化演进中某种社会伦理建构成因的"原源之辨"这一规律性认识,化为研究传统伦理现代价值的方法,用来审视自近代"伦理变革"以来在对待传统伦理文化上的种种偏向,即可发现:无论是"文化激进主义"对传统儒学

（主要是宋明理学）伦理文化的全盘否定和对西方伦理文化的一味褒扬，甚至主张"全盘西化"，还是"文化保守主义"对传统伦理所持的"复古"立场，在对待"原源之辨"上各自陷入了片面性，前者否认传统伦理作为"源"的价值，后者无视或不能正确把握正处于变革中的"原"，因而也就不可能科学地对待"源"及其与"原"的关系。所以马克思主义既批评"文化激进主义"，又反对"文化保守主义"。这里的问题要点就是如何正确地把握社会伦理建构成因的"原源之辨"。对此，毛泽东同志在《新民主主义论》中明确指出："中国新民主主义文化"，"是在观念形态上反映新政治和新经济的东西，是替新政治新经济服务的"。但是它又"是从古代的旧文化发展而来"，因此，"清理古代文化的发展过程，剔除其封建性的糟粕，吸取其民主性的精华，是发展民族新文化提高民族自信心的必要条件"。这是对自"五四"新文化运动以来在关于如何对待传统文化问题上的方法论总结，体现了"新伦理"和"新文化"成因的"原源之辨"的一般规律。

建国以后，由于复杂的历史条件，在对待传统文化，特别是传统伦理的实际操作中，原先的那种"全盘否定"的思维方式以新的形式重新出现，在"文化大革命"期间发展到了极致，再一次对传统文化这个"源"进行了"史无前例"的批判与否定。而"不破不立"，"破字当头，立也就在其中了"的理论又强化了这种"左"的思维方式，严重地背离了社会伦理建构成因的"原源之辨"，几乎造成了优良的传统伦理文化的"断层"，在建设具有民族特色的现代伦理文化中走了弯路。"文革"以后，在党的基本路线指引下，解放思想，实事求是，对传统文化、传统伦理的研究也逐渐走上了正确的轨道，取得了丰硕的成果，成绩是显著的。但也还存在着一些这样或那样的偏向和问题。在80年代的"文化热"中又一度出现了"全盘西化"的思潮，主张以"西方异质文化为参照系"来检验中国传统文化，从右的方面陷入了民族虚无主义。同时，活跃于海外的"现代新儒学"开始传入并加入了"文化热"，由于它严重脱离建设中国特色社会主义的实践这个"原"，显然不能作为研究传统文化和传统伦理现代价值的指导。尽管这样，也多少影响了一部分学者的研究思路，有的甚至提出"恢复其（指儒学）历史上固有的崇高地位，成为当今中国大陆代表中华民族民族生命与民族精神的正统思想"，陷入一种更为极端的"文化保守主义"和"复古主义"。

这两种思潮在方法论上的错误也都是这样或那样背离了社会伦理建构成因的"原源之辨"。

江泽民同志在党的十五大报告中指出：有中国特色社会主义的文化，"它渊源于中华民族五千年文明史，又植根于有中国特色社会主义的实践，具有鲜明的时代特点；它反映我国社会主义经济与政治的基本特征，又对经济和政治的发展起巨大促进作用"。作为有中国特色社会主义文化的重要构成的伦理道德，当然也渊源（"源"）于五千年积淀下来的传统伦理。植根（"原"）于建设有中国特色社会主义的实践。这就是说，中国现代的伦理建构必须遵循"原源之辨"的历史辩证法。只有这样，才能正确对待传统伦理文化，才能确定传统伦理的"现代价值对象性"，从而才能处理好传统伦理与中国现代伦理建构的关系，实现中国传统伦理文化传承与创新的统一。

二、确定传统伦理的"现代价值对象性"

那么，传统伦理文化作为"源"又是怎样与中国现实之"原"综合而成为现代伦理建构的成因的呢？这个问题，首先就是如何确定传统伦理的"现代价值对象性"的问题。

根据马克思主义的观点，"价值"是人们在改造客体，即变"自在之物"为"为我之物"的实践中的创造，它通过评价而得以显现，而评价的对象就是存在于客体的"价值对象性"，因此，要确当地肯定传统伦理的"现代价值"，就应首先发现传统伦理的"现代价值对象性"。

所谓"价值对象性"，就是存在于客体的可能满足实践主体需要、理想的可用性功能，是实践主体在化"自在之物"为"为我之物"过程中发现的价值可能性。而所谓传统伦理的"现代价值对象性"，则是存在于传统伦理仍有可能满足建设中国特色社会主义实践和创造有中国特色现代伦理建构需要和理想的可用性功能或现代价值可能性。这里，一方面是现实的实践和实践主体的需要和理想，另一方面是客体对象即传统伦理所具有的满足实践需要和理想的文化资源。只有达到这两个方面肯定的价值关联，才能确定传统伦理的"现代价值对象性"。这种"确定"，就是遵循社会伦理建构成因的"原源之辨"，根据中国现实的经济、政治、社会结构及其变革趋势这个"原",以及由此而规定的现代伦理建构的需要,对传统伦理进行检验和筛选。这是一个过程,大致有两种形式:一是学者的创造性研究,包括"文本"研究和对现实传统的实证研究;一是社会大众在实际生活中对那些长期以来已化为世俗形态的传统美德的体验和认知。诸如"敬老爱幼"、"家和睦邻"、"乐善好施"、"推己及人"……这里有必要讨论一下关于如何对待传统儒家伦理文化的"现代价值对象性"的问题。

儒家伦理文化是中国传统伦理文化的主体,对于中国现代伦理建构,无疑是具有"现代价值对象性"的,但是否如有人所说的那样应当"真正成为时代思想的主流","成为当今中国大陆代表中华民族民族生命和民族精神的正统思想"呢?对儒家文化或儒家伦理的现代价值对象性作出这样的"定位",这无异乎从根本上否定了自近代以来的"伦理变革"的历史逻辑。新的现代化理论认为,中国自19世纪60年代自强运动以来这百多年的社会变革,本质上是由传统的"农业社会"向现代的"工商社会"的转型。因此,伴随着这一社会大变革而产生的"伦理变革",其历史定位就是由"传统伦理"向"现代伦理"的历史转换。中国现在正在进行的建设中国特色社会主义的伟大实践,就是要完成包括物质和精神两方面由"传统"向"现代"的转换。在这种情况下,传统的儒家伦理只能作为现代伦理建构的文化资源而接受现实之"原"的检验、筛选和改造。事实上,儒家伦理无论是原生形态,还是秦汉以后的嬗变形态;无论是作为政治文化,还是作为精英文化,或是化为世俗层面的大众文化,都是中国古代农业文明的文化形态,其产生或生存之"原"是以自然经济为基础的宗法等级社会结构,它作为一种社会伦理建构,其主体内容本质上属于中国封建社会的意识形态。正是这种生存之"原"和固有的社会性质,决定了儒家伦理的历史命运——自近代以来,由于社会形态、社会结构和政治状况的变革,逐渐地失去了它的生存之"原",从而也就丧失了作为完整体系而独立存在的历史理由。这就是说,由于生存之"原"的变故,儒家伦理作为一种"农业文明"的文化形态和意识形态,毋庸说其名教纲常体系已与时俱朽,就是作为伦理思想体系和价值体系,在现实的价值层面上也已解体,这就是"五四"新文化运动要把批判的矛头集中指向儒家伦理的缘由,尽管出现了"一概否定"的极端倾向,但其方向是必须肯定的。时至今日,在迅速推进社会主义市场经济建设,实现社会主义现代化的时代背景下，还试图要恢复儒学历史上"固有的崇高地位"，使之成为社会主义中国的"正统思想"，显然是一种逆历史而动的复古主张。当我们摈弃"全盘西化论"和"民族虚无主义"之后，对于这种极端的"复古主义"必须保持高度的警惕；中国的现代化不等于"西化"，也不等于"儒化"。

我们说儒家伦理作为一种价值体系和思想体系在现实的层面上已经解体，这并不意味着儒家伦理对于中国现代伦理建构不具有"现代价值对象性"。其实，也只有通过对儒家伦理体系的解构，才能发现其"现代价值对象性"。这就是说，肯定儒家伦理具有现代价值对象性，并不是指原型的儒家伦理体系，而是根据建设中国特色社会主义的实践之"原"和中国现代伦理建构的需要，对儒家伦理体系进行检验、筛选后的那些对创造中国现代伦理文化的可用性功能。而正是这种"现代价值对象性"，把传统伦理与中国现代伦理建构关联起来。

这里还应指出的是，发掘传统伦理的现代价值对象性，不应仅仅局限于"文本"或精英伦理文化，而应把视域扩展到世俗伦理。例如，儒家所创立的伦理思想，本属于精英文化层面，它通过历代儒学大师的改造和发展，著之于文本，传之于后世，历史地积淀成为传统伦理的主流。同时，它通过各种渠道和形式，影响了世俗生活，并通过世俗生活的消化，转换成为大众伦理文化，因而与精英伦理文化有着许多不同之处。以家庭伦理为例，正统儒家提倡"父为子纲"、"夫为妻纲"，强调父尊子卑、夫尊妻卑，子女对父母要唯命是从，"敬而无违"；妻子对丈夫要"三从四德"、"从一而终"。但是在世俗的家庭生活中，则更多地体现为父母与子女的"亲子之爱"、"亲亲之情"；在夫妻关系上，也存在着与"正统"有别的情况，把夫妻比作鸳鸯鸟、连理枝、比翼鸟、并蒂莲，追求夫妻恩爱、相敬如宾、白头偕老。因此，研究传统伦理，不仅要依据历史"文本"，总结精英伦理文化传统，而且还要十分重视对世俗伦理文化传统的实证研究，去发现其中的优良传统，而正是这后一方面，为学术界所忽视，甚至远在视野之外。其实，世俗伦理文化更具有"传统性"的存在，它正存活于当今人们的现实生活之中，对现实生活发生着这样或那样的作用，其中的优良传统与改善现实的社会风气和社会伦理状况显得尤为密切，在一定意义上具有更明显的现代价值对象性。而且，把握世俗伦理传统及其现代价值对象性，也有助于对传统精英伦理文化及其现代价值对象性的研究。

三、古今"通理"与"现代价值对象性"

我们在研究中发现,传统伦理所具有的"现代价值对象性",一般都是与现实伦理生活可以相通的东西,对此,我们又形成了一个概念,这就是古今"通理",也就是"古今相通之理"。它们是存在于传统伦理中的可以为现实所认同的,并在实践中可以被确定为满足现代伦理建构所需要的"现代价值对象性"的根据,包括一系列的伦理思想、伦理概念、道德规范、行为方式、价值模式、人格范式等。"包公"的戏,代代相传,至今不息,且故事翻新,版本迭出,然而人们百看不厌,个中奥秘就在于戏中贯穿着一条为官者的古今"通理"——刚正不阿,执法如山,清正廉洁。包拯这个人物实际上已经成了这条古今"通理"的人格化,成为一种优秀的传统文化现象,而当今人从心底呼唤"现代包青天"时,传统中的"包公人格"就成了今人评价的"现代价值对象性"。其他如海瑞、岳飞、文天祥等"清官"、"民族英雄"的人格范式,也都具有可显现为"现代价值对象性"的古今"通理"。又如本书所阐述的传统伦理思想中一系列概念、命题、模式和思想:

"仁爱"、"忠恕"、"诚信"、"慎独"、"知耻"、"中庸"、"中和"、"和而不同"、"义分则和"、"见利思义"、"正义谋利"、"舍生取义"、"杀身成仁"、"自强不息"、"厚德载物"、"推己及人"、"上行下效"、"礼义廉耻"、"父慈子孝"、"兄友弟恭"、"朋友有信"、"民胞物与"、"民贵君轻"、"民为邦本"、"天时不如地利,地利不如人和"、"得道者多助,失道者寡助"、"得民心者得天下",以及"内圣外王"、"天人相参"、"天人合一",等等。根据现实之"原",透过其具体的历史形态,都可以发现存在于其中的与今相通之"理",即所谓古今"通理",从而显现其为"现代价值对象性"的存在。例如:

"仁"。这是儒家伦理思想的核心,它与"礼"互为表里,其基本原则是"爱有差等",展开为一个完整的宗法型的规范体系,适应了维护"家国同构"的宗法等级社会结构的需要。就此而言,已与社会主义社会的现实之"原"不合,但是,"仁"体系中所包含的如亲子之爱、恻隐之心、忠恕之道、一视同仁、民胞物与等具有"人道精神"的思想,可以与体系解构而具有古今"通理"之义。以"忠恕"为例,它作为"行仁之方",体现为爱人的行为模式,要求尽己爱人之心,推己及人,

"己所不欲,勿施于人",显然具有古今的普遍性。就是说,"忠恕"之道可以根据现实的人伦关系而确定为"现代价值对象性"。

"义利之说"。这是贯穿于儒家伦理思想的一个基本问题,就其"重义轻利"、"正义不谋利"而言,由于在社会主义市场经济条件下失去了它赖以存在的"原",除了某种特殊的情况外,很难被普遍地确立为"现代价值对象性"。但是,其所包含的"重义"精神,以及"见利思义"、"正义谋利"的模式,既与"见利忘义"、"唯利是图"相对立,又摈弃了"唯义无利"。其所涵的道理,显然可以与在市场经济条件下处理义利关系所要求的原则相通,因而具有古今"通理"之义,可以成为现实的价值对象性。人们强烈地谴责假冒伪劣、坑蒙拐骗等见利忘义的恶劣行径,倡导"企业的社会责任",正是对传统"义利之说"中某些古今"通理"所作的"现代价值对象性"肯定。

"人和"。这是儒家伦理思想处理人伦关系的价值目标。儒家所贵的"和",不是绝对同一、无差别的和,而是"和而不同"、"义分则和",有差序的和谐。尽管其形式和内容具有历史局限性,但作为一种社会人伦关系的理想模式——"有序和谐",实际上已经成为中华民族团结、统一和生存的价值信念,无疑是一种古今相通的"理"。现在我们要构建社会主义和谐社会,就内涵着对"人和"这一古今"通理"的"现代价值对象性"的肯定。

可见,在传统伦理中确实有许多古今相通之"理"。这种"通理"并非是一种单纯的逻辑抽象,也不是如宋明理学"天理"一类的先验"本体",它不仅存在于传统伦理之中,而且作为历史的积淀又存在于民族的群体意识之中,因而既是历时态的东西,又是共时态的存在。当然,发现"通理",就其运思过程而言,的确需要进行理论抽象,但同时又作了现实的检验、筛选和改造,赋予了时代的内容和形式,因而就可以融入现代伦理建构。总之,传统伦理中的古今"通理",其古今形态都是具体的,借用佛学的语言表示,就叫"不变随缘",并非是一种脱离历史和现实("缘")的逻辑存在。

传统伦理中的许多思想、概念、命题、模式、人格形象及其民族的群体心理积淀,所以能成为与今相通之理,其缘由是,尽管古今社会的形态、性质、结构有别,但作为同一个民族共同体及其生命的延续,自古及今,不仅有着共同的语言和共同的习俗、习性,而且都有一些共同的伦理问题,如群己、公私、义利……以及人际和谐、社会安定、民族统一等共同的要求。正是在这些问题上，传统伦理，主要是儒家伦理提供了一系列符合社会共同体赖以生存和发展的具有普遍意义的东西，这就是我们所说的古今"通理"。希尔斯将传统分为"实质性传统"和"非实质性传统"。所谓"实质性传统"，是人类原始心理需要的表露，如依恋家乡和集体、渴求家庭的温情，等等。缺少了它们人类便不能生存下去。因此，希尔斯认为："只要人类还天生就是人类，只要他们还具有爱的能力和性的欲望，只要父母的爱护仍为儿童的生存和成长所必需，那么这些传统都不会消亡。"①其实，中国传统伦理中存在的古今"通理"也就是如希尔斯所说的"实质性传统"，而也正是这些"实质性传统"——古今"通理"成为传统伦理具有"现代价值对象性"的内在根据。我们认为，提出古今"通理"这一概念，为发掘传统伦理的"现代价值对象性"提供了一种操作方法。

四、传统伦理的现代价值是一种价值再创造

确定传统伦理的"现代价值对象性"，并不等于实现了传统伦理的现代价值转化。相对于"历史价值"，传统伦理的现代价值是一种价值再创造。提出这一概念，是想从价值论的角度把传统伦理的现代价值转化落实到实践的操作层面上来。显然，由发掘传统伦理的古今"通理"和"现代价值对象性"到传统伦理的"现代价值再创造"，较之提"创造性转化"，更明确了"创造"的对象和"创造"的含义，因而更具有方法论的意义。

确实，如果对传统伦理现代价值的研究不落实到"现代价值再创造"的层面上来，那就可能把研究仅仅停留在或满足于发现"现代价值对象性"，即一般所说的"现实意义"上。应该肯定，人们在研究中已经发掘出中华传统文化、传统伦理的一系列具有现实意义的精华。但是，研究如果到此为止，说一句"具有可贵的现实意义"，显然是不够的。因为这并没有完成研究的任务，实现研究的目的，重要的还在于使"现代价值对象性"或"现实意义"转化为现实的价值存在，即融合于现代伦理建构，从而创造出中国特色社会主义的现代伦理文化，这就

---

① 爱德华·希尔斯：《论传统》，傅铿等译，上海：上海人民出版社，2009年，第345页。

需要进行"现代价值再创造"。

人们往往喜欢从理论或思想层面上探讨传统伦理,主要是儒家伦理实现现代转型的可能性,现代新儒家为此可谓殚精竭虑。然而,"可能性"不等于"现实"。我们认为,既然"价值"是主体通过实践创造的,那么,要实现传统伦理的现代转型——我们称之为现代价值再创造,本质上就不是一种理论的推导,而是一个实践问题。就是说,必须通过一定的实践主体的实践活动。这里有两个层面的问题:一是谁是"实践主体";二是在实践中实现"现代价值再创造"的运作方法和形式。

关于第一个问题,有人认为要实现传统文化的"创造性转化"应依靠"知识精英",这显然过于褊狭,应该是包括知识分子在内的正在建设中国特色社会主义的各级领导和各行各业的人民大众,尤其是那些已经世俗化的传统伦理文化的价值再创造,更需要有广大群众的直接参与。"文明家庭建设"、"志愿者"、"希望工程"、"社会慈善"、"义务献血"、城市和农村的社区精神文明建设、"窗口"单位的服务规范达标等各种活动,其主体都是人民大众。而正是通过他们的精神文明建设的各种活动,才能使"敬老爱幼"、"家和睦邻"、"助人为乐"、"乐善好施"、"见义勇为"、"勤俭持家"、"推己及人"、"诚信无欺"等传统伦理发扬光大,蔚为成风,融入有中国特色社会主义的伦理文化。显然,要实现传统伦理的现代价值再创造,学术界的研究可以提供现实的理论指导,这是完全必要的,但又是远远不够的,而且,学者的理论创造,最终还得通过群众的实践而化为现实。

关于传统伦理的现代价值再创造的运作方式和实现形式,这个问题相当复杂,很难作出全面的概括,这里只能略述其要。一种基本的方法是,"立足现实",根据实践,对传统伦理中具有"现代价值对象性"的古今"通理"进行确当的诠释、合理的引申,赋予时代的内容和形式,把优良的传统伦理融入现代伦理建构,实现"源""原"整合。在这一方面,在革命战争年代已有先例。例如传统伦理中所倡导的"人固有一死,或重于泰山,或轻于鸿毛"、"杀身成仁,舍生取义"等生死观、人格范式,我们党的领袖毛泽东、刘少奇同志在《为人民服务》《论共产党员的修养》中,根据革命战争实践的需要和无数共产党人的英勇事迹,就运用这样的方法,对之作了无产阶级革命道德的价值再创造。"为人民利益而死,就比泰山还重;替法西斯卖力,替剥削人民和压迫人民的人去死,就比鸿毛还轻。"(毛泽东语)"在我们共产党员看来,为任何个人或少数人的利益而牺牲,是最不值得、最不应该的。但是,为党、为阶级、为人民解放、为人类解放和社会的发展、为最大多数人民的最大利益而牺牲,那就是最值得、最应该的。我们有无数的共产党员就是这样视死如归地、毫无犹豫地牺牲了他们的一切。'杀身成仁'、'舍生取义',在必要的时候,对于多数共产党员来说,是被视为当然的事情。"(刘少奇语)党成为执政党以后,特别在改革开放、建设社会主义市场经济的新的历史条件下,党的各级领导干部能否做到廉洁自律、以身作则,已成为加强党风建设和廉政建设,推动反腐败斗争深入发展的重要一环。就此,江泽民同志引用了孔子的话:"政者正也","其身正,不令而行;其身不正,虽令不从。"并作了诠释和引申,赋予了现实的内容和形式。他说:"(这)是讲为政者必须自正行直,办事公道,不以私害公。""群众对领导干部是要听其言、察其行的,你说的是一套,做的又是一套,台上讲反腐败,台下搞不正之风,群众怎么会信任你呢?这样的人,实际上已经丧失了领导资格。领导干部严于律己,在勤政廉政上作表率,才能把本地区本单位的好风气树起来,也才可能解决好存在的问题。"这就把传统伦理转换成了现代伦理,成为党对领导干部所必须具备的品格的要求,体现了"源"与"原"的整合。又如,传统伦理中的"见利思义"、"正义谋利"的义利观,它与"唯义无利"或"唯利无义"相对立,是具有"现代价值对象性"的古今"通理";在今天建设社会主义市场经济的条件下,既要"充分尊重公民个人合法利益",同时,根据社会主义的本质,又必须"把国家和人民利益放在首位",这是社会主义之"大义",必须反对"见利忘义","唯利是图"。这就形成了"社会主义义利观"。可以说,党的十四届六中全会《决议》所概括的"社会主义义利观",就是"见利思义"、"正义谋利"这一传统义利观的现代价值再创造。应该肯定,在关于实现传统伦理的现代价值再创造的实践中,学术界和广大群众也都作出了可喜的成绩。当然,还有许多疑点、难点有待解决,例如由"内圣"能否开出"科学"、"民主"的"新外王"?这一难题,已经成了现代新儒家的一块心病,大陆的许多学者对此存疑,有的则试图开拓新的思路作出题解。无论怎样,最终恐怕还得接受建设中国特色社会主义实践的检验。

以上是根据实践的一种理论的创造形式。其实还有一种形式,这就是实践主体根据对现实伦理生活的体验在价值上对传统伦理的心理认同,前面所说的群众对"包公人格"的强烈认同并化生出"当代包青天"即"人民公仆"的人格形象,就是一个典型的例证。而理论上的"创造"也只有通过实践主体在价值上的心理认同,才能真正成为现实,才能使优良的传统伦理文化在现实中得到真正的弘扬。为此,就需要有党和政府的有关政策的导向,充分利用大众传媒的正确舆论以及影视、小说、戏曲等种种文艺形式,发动群众积极参与精神文明建设的各种活动。更为基本的是要通过各级、各类学校,根据不同的学历层次,采用各种行之有效的形式和方法,进行中华传统伦理文化和传统美德的教育,从而使传统伦理的现代价值再创造落到实处,并积极吸取外国伦理文化的有益成果,以建构中国现代价值体系。这样,就一定能实现传统伦理文化的传承与创新的统一,创造出既有民族特色又具时代精神的社会主义伦理文化。

(2009年)

附录二
基本资料书目索引*

---

* 本索引是为读者提供的一套关于"中国传统伦理思想史"的基本阅读书目,共分两部分:一是古代思想家有关伦理思想的主要原著,并选择适当的注释本或版本;二是近现代学者研究中国传统伦理思想史的部分论著(选至2007年)。

《尚书》
  《尚书译注》王世舜撰　四川人民出版社　1982年版
《春秋左传》
  《春秋左传注》杨伯峻撰　中华书局　1981年版
管　仲　《管子》：《牧民》、《形势》、《权修》
  《管子校正》清·戴望撰　中华书局1959年重印《诸子集成》本
孔　丘　《论语》
  《论语译注》杨伯峻撰　中华书局　1980年版
墨翟、后期墨家　《墨子》
  《墨子闲诂》清·孙诒让撰　中华书局1959年重印《诸子集成》本
老　聃　《老子》
  《老子新译》任继愈撰　上海古籍出版社　1978年版
子　思　《中庸》
  《礼记正义》卷五十二　汉·郑玄注　唐·孔颖达疏　中华书局1980年影印《十三经注疏》本
孟　轲　《孟子》
  《孟子译注》杨伯峻编著　中华书局　1962年版
庄　周　《庄子》
  《庄子集释》清·郭庆藩撰　中华书局1959年重印《诸子集成》本
《易传》
  《周易大传今注》高亨撰　齐鲁书社　1980年版
荀　况　《荀子》
  《荀子简释》梁启雄撰　北京古籍出版社　1956年版
《大学》
  《礼记正义》卷六十　汉·郑玄注　唐·孔颖达疏　中华书局1980年影印《十三经注疏》本
《礼运》
  《礼记正义》卷二十一　汉·郑玄注　唐·孔颖达疏　中华书局1980年影印《十三经注疏》本
《孝经》
  《孝经注疏》宋·邢昺注疏　中华书局1980年影印《十三经注疏》本

韩　非　《韩非子》
　　　　《韩非子浅解》梁启雄撰　中华书局　1960年版
《吕氏春秋》：《本生》、《重己》、《贵生》、《情欲》、《审为》等汉·高诱注　中华书局1959年重印
　　　　《诸子集成》本
《礼记》：《曲礼》、《檀弓》、《王制》、《丧服小记》、《大传》、《学记》等
　　　　《礼记正义》　汉·郑玄注　唐·孔颖达疏　中华书局1980年影印《十三经注疏》本
陆　贾　《新语》　中华书局1959年重印《诸子集成》本
贾　谊　《贾谊集》：《新书》、《治安策》　上海人民出版社　1976年版
刘　安　《淮南子》：《原道训》、《精神训》、《本经训》、《齐俗训》、《人间训》、《修务训》　汉·高诱注　中华书局1959年重印《诸子集成》本
董仲舒　《举贤良对策》　载《汉书·董仲舒传》
　　　　《春秋繁露》　清·苏舆《春秋繁露义证》　中华书局　1992年版
扬　雄　《扬子法言》　中华书局1959年重印《诸子集成》本
班　固　《白虎通德论》　上海古籍出版社　1990年版
王　充　《论衡》：《命禄》、《幸偶》、《命义》、《率性》、《初禀》、《本性》、《福虚》、《祸虚》、《非韩》、《程材》、《治期》等
　　　　《论衡集解》刘盼遂撰　中华书局　1959年版
王　符　《潜夫论》：《务本》、《遏利》、《论荣》、《浮侈》、《爱日》、《巫列》等
　　　　《潜夫论笺》清·汪继培笺　中华书局1959年重印《诸子集成》本
王　弼　《老子指略》、《老子注》、《论语释疑》等
　　　　《王弼集校释》楼宇烈撰　中华书局　1980年版
嵇　康　《嵇康集》：《养生论》、《释私论》、《难自然好学论》、《与山巨源绝交书》等
　　　　《嵇康集校注》戴明扬撰　人民文学出版社　1962年版
裴　頠　《崇有论》　载《晋书·裴頠传》
郭　象　《庄子注》
　　　　《郭象庄子注校记》王叔岷撰　上海商务印书馆　1950年版
《列子·杨朱篇》
　　　　《列子集释》杨伯峻撰　中华书局　1979年版
鲍敬言　《无君论》　见葛洪《抱朴子·诘鲍篇》
葛　洪　《抱朴子内篇》：《释滞》、《道意》、《明本》等　中华书局1959年重印《诸子集成》本
　　　　《抱朴子外篇》：《君道》、《臣节》、《交际》、《名实》、《疾谬》、《刺骄》等
　　　　同上

颜之推　《颜氏家训》
　　　　《颜氏家训集解》王利器撰　上海古籍出版社　1980年版

牟　子　《理惑论》《中国佛教思想资料选编》第1卷石峻等编　中华书局　1981年版

郗　超　《奉法要》　同上

孙　绰　《喻道论》　同上

慧　远　《沙门不敬王者论》　同上
　　　　《三极论》　同上
　　　　《明报应论》　同上
　　　　《沙门袒服论》　同上

竺道生　《大般涅槃经集解》（节选）　同上

湛　然　《金刚錍》《中国佛教思想资料选编》第2卷第1册石峻等编　中华书局　1983年版

道　宣　《集古今佛道论衡集论》　同上第2卷第3册

慧　能　《六祖大师法宝坛经》
　　　　《坛经校释》郭朋撰　中华书局　1983年版

韩　愈　《韩昌黎文集》：《原道》、《原性》、《原人》、《原毁》、《谏迎佛骨表》等
　　　　《韩昌黎文集校注》马通伯校注　古典文学出版社　1957年版

李　翱　《复性书》　载《中国哲学史资料简编·两汉—隋唐部分》（下册）　中华书局　1963年版

李　觏　《李觏集》：《礼论》、《富国策》、《庆历民言》等　中华书局　1981年版

周敦颐　《周敦颐集》：《太极图说》、《通书》　中华书局　1990年版

王安石　《王文公文集》：《礼论》、《礼乐论》、《性情》、《原性》、《性说》等　上海人民出版社　1974年版

张　载　《张载集》：《正蒙》、《性理拾遗》等　中华书局　1978年版

程颢、程颐　《二程集》：《河南程氏遗书》卷一、二上、三、四、五、六、八、十一、十五、十八、十九、二十二下、二十四、二十五　中华书局　1981年版

朱　熹　《四书集注》　岳麓书社　1985年版
　　　　《朱子语类》卷一、四、五、六、九、十五、十六、十八、七十八、九十四、九十五等　宋·黎靖德编　王星贤点校　中华书局　1986年版

陆九渊　《陆九渊集》：《与曾宅之书》、《与李宰书》、《杂说》、《与朱元晦书》　中华书局　1980年版

陈　亮　《陈亮集》：《上孝宗皇帝第一书》、《问答》、《勉强行道大有功》、与朱熹辩论"王霸义利"书信七封等　中华书局　1974年版

叶　适　《叶适集》：《上孝宗皇帝札子》、《法度总论》等　中华书局　1961年版

	《习学记言序目》卷十五、二十三、四十四、五十　中华书局　1976年版
王守仁	《王阳明全集》：《传习录》、《大学问》、《答顾东桥书》等　上海古籍出版社　1992年版
李　贽	《藏书》：《世纪列传总目前论》、《德业儒臣前论、后论》、《司马相如传论》等　中华书局　1959年版
	《焚书》：《答邓石阳》、《答耿中丞》、《答以女人学道为见短书》、《何心隐论》、《童心说》等　中华书局　1961年版
黄宗羲	《明夷待访录》　北京古籍出版社　1957年版
王夫之	《尚书引义》卷二、三等　中华书局　1962年版
	《读四书大全说》卷三、四、五、六、七、八、十　中华书局　1975年版
	《张子正蒙注》　中华书局　1975年版
	《诗广传》　中华书局　1964年版
颜　元	《四存编》：《存性篇》、《存学篇》　中华书局　1959年版
戴　震	《戴震集》：《孟子字义疏证》、《原善》等　上海古籍出版社　1980年版

※　※　※　※　※

《中国伦理学史》　蔡元培著　商务印书馆　1910年版
《中国伦理学史》　三浦藤作（日）著　张宗元、林科棠译　商务印书馆　1926年版
《人生哲学》　冯友兰著　商务印书馆　1926年版
《中国伦理思想》　余家菊著　商务印书馆　1946年版
《中国文化要义》　梁漱溟著　学林出版社　1987年版
《中国伦理》　唐传基著　台北海外文库出版社　1957年版
《中国伦理学通诠》　黄公伟著　台北现代文艺出版社　1968年版
《比较伦理学》　黄建中著　人民出版社　2011年版
《中外伦理思想比较研究》　高思谦著　台北文物供应社　1983年版
《中国人生哲学概要》　方东美著　台北问学出版社　1984年版
《中国伦理思想发展规律初步研究》　张岱年著　载张岱年《中国哲学发微》　山西人民出版社　1981年版
《中国哲学大纲》　张岱年著　中国社会科学出版社　1982年版
《先秦伦理学概论》　朱伯昆著　北京大学出版社　1984年版
《宋明理学史》（上卷）　侯外庐、邱汉生、张岂之主编　人民出版社　1984年版
《宋明理学史》（下卷）　侯外庐、邱汉生、张岂之主编　人民出版社　1987年版
《中国古代哲学的逻辑发展》（上、中、下）　冯契著　上海人民出版社　1983—1985年版
《中国哲学发展史》（先秦、秦汉）　任继愈主编　人民出版社　1983—1985年版

《中国古代思想史论》 李泽厚著 人民出版社 1986年版
《中国伦理学说史》(上、下) 沈善洪、王凤贤著 浙江人民出版社 1985—1988年版
《中国伦理思想研究》 张岱年著 上海人民出版社 1989年版
《中国传统道德》(全五卷) 罗国杰主编 中国人民大学出版社 1995年版
《中国伦理学通论》(上册) 焦国成著 山西教育出版社 1997年版
《中国伦理思想史》 陈瑛主编 湖南教育出版社 2004年版
《中国伦理道德变迁史稿》 张锡勤、柴文华主编 人民出版社 2008年版

第一版后记

《中国传统伦理思想史》一书的编写，旨在为大专院校的伦理学、中国伦理思想史等课程提供一本简明的教材，也为关心中国传统文化研究的读者提供一种必要的读物。

本书的作者（按撰写章次顺序）是：朱贻庭（华东师范大学哲学系）、张善城（厦门大学哲学系）、翁金墩（复旦大学哲学系）、江万秀（北京师范大学哲学系）。朱贻庭任主编，负责全书的改稿、通稿和定稿。华东师大哲学系黄伟合同志和上海社会科学研究院宗教研究所业露华同志，应邀参加了部分书稿的修改工作，业露华同志还为本书写了"佛教的宗教伦理思想（一）——宗教善恶观和善恶轮回报应说"一节，他们对本书的出版作了重要贡献。

十分荣幸，北京大学教授张岱年先生担任了本书的编写顾问。他不仅与本书主编一起撰写了长篇"绪论"，而且对本书的编写原则、写作大纲以及书稿的撰写和定稿，都作了精心的指导，并仔细审阅了部分书稿，提出了修改意见。为此，他给本书主编的信就有15件之多。毫无疑问，这本《中国传统伦理思想史》的出版，是凝结着张岱年先生的心血的。

同样高兴的是，华东师大教授冯契先生特为本书写了序言。我们认为，这篇精心写就的"序"，表达了冯契先生对"中国传统伦理思想史"的独到见解，既肯定了本书的优点，同时也反衬出了本书的不足之处。对此，我们表示由衷感谢。

在本书的编写过程中，作者参考了学术界有关中国伦理思想史研究的论著，并汲取了其中的一些成果。同时，还得到了周原冰教授、楼宇烈教授，以及沃兴华、施炎平、朱义禄等同志的关心和帮助，复旦大学高若海同志参加了本书大纲的讨论。在此，我们一并致谢！

现在是写书难，出书更难！本书承蒙华东师大出版社的大力支持，才得以顺利出版。但由于作者的水平所限，缺点和错误之处在所难免，还请专家、同行和广大读者批评指正。

作　者
1989年6月

第五版后记

《中国传统伦理思想史》于1989年由华东师范大学出版社出版以来,历经多次修订,迄今已出版了四个版本、十三次印刷,成为我国高校研究生和本科生伦理学学科教学普遍选用的教材之一,得到了学界同仁和读者的广泛好评,于2006年被教育部列入普通高等教育"十一五"国家级规划教材,经修订后的第四版还荣获2011年教育部高等教育司普通高等教育精品教材、2011年上海市普通高校优秀教材一等奖、2011年华东师范大学优秀教材一等奖,2020年又荣获首届"唐凯麟伦理学奖"。

最近,华东师范大学哲学系决定隆重推出一套"哲学教育"丛书,《中国传统伦理思想史》(第四版)有幸被选入其中。当编辑通知我这一决定后,作为本书主编,尽管时间紧迫,但仍尽心尽责对本书第四版进行了一些必要的修订:订正个别文字的错讹,加注经典引文的出处,修改和增补一些重要的注释,如"伦理非理性主义"、"天人合一"以及"功到成处,便是有德"……查核引文和修正一些含义表述不当的语句,同时,出版社还对全书重新排版并设计了新的封面,等等。据此,出版社将本书由第四版升为第五版。

《中国传统伦理思想史》第四版自2009年出版以后,作为主编常沉思于对本书的再一次修订,以跟上新时代中国文化建设和发展的步伐,适应读者对中国传统文化深入认知的需要。但由于一些不确定因素的干扰,一直未能如愿,因而面对这次"新版",仍深感遗憾。然可聊以自慰的是主编有近著《中国传统道德哲学6辨》一书出版(文汇出版社2017年)。此书从哲学的高度对中国传统伦理思想一些根本性问题作了系统的论述和历史展开,在一定程度上揭示了中国古典伦理学的话语体系和思维模式、认知方式,因而在某种程度上凸现了中国古典伦理学的民族特色,可以说是对《中国传统伦理思想史》一书的理论升华。其实,撰写是书的用意之一,就是为《中国传统伦理思想史》的再一次修改作准备的。因而,恕我冒昧,拙著《中国传统道德哲学6辨》一书或将可以弥补《中国传统伦理思想史》第五版之缺憾。是邪?否邪?有待于学界同仁和广大读者的评说。

最后要说的是,本书的这次修订,编辑朱华华和哲学系付长珍教授的博士生丁洪然付出了辛勤的劳动。在此,谨致诚挚谢忱!

朱贻庭
2021年8月